建设部、人事部、国家文物局联合资助项目

王瑞珠 编著

世界建筑史

俄罗斯古代卷

·上册·

中国建筑工业出版社

图书在版编目（CIP）数据

世界建筑史.俄罗斯古代卷/王瑞珠编著.—北京：中国建筑工业出版社，2017.11

ISBN 978-7-112-21279-8

I.①世… II.①王… III.①建筑史—世界②建筑史—俄罗斯—古代 IV.①TU-091

中国版本图书馆CIP数据核字（2017）第239219号

责任编辑：张建　焦扬
责任校对：张颖

世界建筑史·俄罗斯古代卷
王瑞珠　编著
*
中国建筑工业出版社出版、发行（北京海淀三里河路9号）
各地新华书店、建筑书店经销
北京利丰雅高长城印刷有限公司印刷
*
开本：889×1194毫米　1/16　印张：142　字数：4384千字
2018年3月第一版　2018年3月第一次印刷
定价：950.00元（上、中、下册）
ISBN 978-7-112-21279-8
（30929）

版权所有　翻印必究
如有印装质量问题，可寄本社退换
（邮政编码100037）

本卷中涉及的主要城市及遗址位置图

目 录

·上册·

图版简目 ··· 9

导言 ··· 144

第一部分 中世纪早期及莫斯科大公国时期

第一章 中世纪早期

第一节 基辅和切尔尼希夫 ··· 151
一、历史背景和最初的教堂建筑 ··· 151
二、基辅盛期：雅罗斯拉夫一世统治时期 ··· 173
   基辅的圣索菲亚大教堂（175）-切尔尼希夫的主显圣容大教堂（186）
三、修道院教堂 ·· 188
   伊贾斯拉夫统治时期（188）-弗拉基米尔·莫诺马赫及其后代统治时期（193）
四、12世纪切尔尼希夫的教堂 ·· 197
五、12世纪末和13世纪初的建筑 ·· 206

第二节 诺夫哥罗德和普斯科夫 ··· 209
一、历史背景 ··· 209
二、11世纪诺夫哥罗德的建筑 ·· 220
三、12世纪早期的教堂 ··· 227
四、12世纪后期诺夫哥罗德和普斯科夫的建筑 ·· 240
五、12世纪末和13世纪初的城市教堂 ··· 249

第三节 弗拉基米尔和苏兹达尔（蒙古人入侵之前） ··································· 260
一、早期历史：尤里·多尔戈鲁基时期的教堂 ··· 260
二、安德烈·博戈柳布斯基统治时期：石建筑的繁荣 ·································· 268
   执政初期（268）-博戈柳博沃宫殿建筑群（275）
三、弗谢沃洛德三世统治时期的建筑和装饰 ·· 289
四、13世纪早期苏兹达尔地区的教堂：装饰盛期 ··· 308
五、蒙古征服时期 ·· 323

第四节 诺夫哥罗德和普斯科夫建筑的复兴 ··· 326
一、14世纪诺夫哥罗德的教堂建筑 ··· 326

二、15世纪的诺夫哥罗德建筑 ······ 372
　　三、莫斯科统治下的诺夫哥罗德 ······ 385
　　四、15世纪普斯科夫的建筑 ······ 397

第二章　莫斯科大公国时期

第一节　莫斯科：建筑艺术的开始 ······ 418
　　一、城市的创建和早期历史 ······ 418
　　二、15世纪早期的石构教堂 ······ 449
　　三、克里姆林宫的建设：圣母安息大教堂 ······ 495
　　四、克里姆林宫的建设：城墙、塔楼等 ······ 516
　　五、克里姆林宫的建设：大天使米迦勒大教堂和伊凡大帝钟楼 ······ 524

第二节　莫斯科：建筑的发展 ······ 533
　　一、16世纪早期的小型教堂 ······ 533
　　二、修道院大教堂：国家实力的象征 ······ 552
　　三、城堡围墙及塔楼 ······ 586
　　四、科洛缅斯克庄园的耶稣升天教堂 ······ 595

第三节　俄罗斯木构建筑 ······ 615
　　一、教堂 ······ 615
　　二、住宅 ······ 660

第二部分　俄罗斯沙皇国和帝国时期

第三章　16世纪后期建筑

第一节　主要实例（装饰风） ······ 675
　　一、佳科沃施洗者约翰教堂 ······ 675
　　二、圣母代祷大教堂（圣瓦西里教堂） ······ 693
　　三、其他建筑 ······ 728

第二节　戈杜诺夫统治时期 ······ 746

·中册·

第四章　17世纪建筑

第一节　17世纪上半叶 ······ 767
　　一、教堂建筑 ······ 767
　　二、新的装饰形式 ······ 801

第二节 17世纪下半叶 835
  一、雅罗斯拉夫尔的教堂建筑 835
  二、尼孔大主教的建筑活动 877
  三、罗斯托夫大主教治下的建筑 912
  四、修道院建筑的繁荣 936
  五、"纳雷什金巴洛克"和塔楼式教堂的复兴 1001
  六、彼得时期莫斯科建筑的转换 1037

第五章 俄罗斯巴洛克建筑

第一节 圣彼得堡早期巴洛克建筑 1057
  一、早期工程 1057
  二、彼得堡的规划设想 1068
  三、多梅尼科·特雷齐尼和彼得-保罗城堡的重建 1084
  四、教会和国家的早期建筑 1111
  五、宫殿建筑 1136
  六、乡间宫邸 1140
  七、彼得时期建筑的变迁 1163

第二节 巴洛克后期建筑：拉斯特列里的作品 1174
  一、历史背景和拉斯特列里的早期作品 1174
    历史背景和早期建筑师的作品（1174）-拉斯特列里：早期作品（1185）
  二、拉斯特列里：18世纪30~40年代的作品 1196
    30年代莫斯科、彼得堡和库尔兰的作品（1196）-40年代彼得堡的作品（1208）
  三、拉斯特列里：彼得霍夫和皇村的作品 1220
  四、拉斯特列里：彼得堡作品（冬宫及其他） 1259
  五、巴洛克后期的教堂建筑 1292
  六、莫斯科的巴洛克后期建筑 1317

第六章 彼得堡的新古典主义建筑：叶卡捷琳娜大帝时期

第一节 历史背景及法国建筑的影响 1337
  一、历史背景 1337
  二、瓦兰·德拉莫特 1344

第二节 主要建筑师的作品 1358
  一、乔治·弗里德里希·费尔滕 1358
  二、安东尼奥·里纳尔迪 1401
  三、伊万·斯塔罗夫 1415
  四、查理·卡梅伦 1428
  五、温琴佐·布伦纳 1451

六、贾科莫·夸伦吉 1478

·下册·

第七章 18世纪莫斯科及行省的新古典主义建筑

第一节 新古典主义的庄园府邸及教堂 1519
一、历史背景 1519
二、主要庄园府邸 1525
库斯科沃庄园（1525）-奥斯坦基诺庄园（1550）-阿尔汉格尔斯克庄园（1560）-其他庄园府邸（1570）
三、尼古拉·利沃夫和新古典主义的自然观 1581

第二节 莫斯科的新古典主义建筑 1587
一、早期项目（弃儿养育院和军需部大楼） 1587
二、瓦西里·巴热诺夫作品 1590
早期职业生涯（1590）-克里姆林宫改造方案（1604）-察里津诺庄园（1624）-帕什科夫宫邸及后期作品（1641）
三、马特维·卡扎科夫和莫斯科新古典主义风格的创立 1647
纪念性建筑（1647）-城市府邸及庄园（1661）
四、其他建筑师的作品 1668
罗季翁·卡扎科夫等建筑师的作品（1668）-贾科莫·夸伦吉的莫斯科作品（1674）

第三节 行省的新古典主义建筑 1681
一、特维尔和卡卢加 1681
二、科斯特罗马和喀山 1688
科斯特罗马（1688）-喀山（1697）

第八章 19世纪早期：亚历山大时期的新古典主义建筑

第一节 圣彼得堡的新古典主义建筑 1706
一、安德烈·沃罗尼欣：喀山大教堂及矿业学院 1706
二、让-弗朗索瓦·托马斯·德·托蒙：证券交易所 1749
三、安德烈扬·扎哈罗夫：海军部 1765
四、卡洛·罗西 1777
生平及早期作品（1777）-米哈伊洛夫宫（1790）-总参谋部大楼（1802）-亚历山大剧院及周围地区的规划（1810）-参议院及其广场（1821）
五、瓦西里·斯塔索夫 1831
公寓、营房及其他早期作品（1831）-教堂及其他后期工程（1850）
六、其他建筑师 1861

第二节 莫斯科的改建 1867
一、奥西普·博韦 1867

二、多梅尼科·吉拉尔迪 ··· 1893
　　三、阿法纳西·格里戈里耶夫 ··· 1919
　　四、斯塔索夫、梅涅拉斯和季乌林 ··· 1930

第九章　19世纪的传统风格和折中主义

第一节　折中主义的各种表现

　　一、文化及社会背景 ··· 1940
　　　　文化背景（1940）-乌托邦的理想和对新建筑的向往（1947）-废奴改革之后的建筑和城市规划（1960）
　　二、哥特复兴 ··· 1977
　　三、蒙特费朗的作品：彼得堡圣伊萨克大教堂 ··· 2011
　　四、新文艺复兴风格 ··· 2033
　　五、安德烈·施塔肯施奈德等人的皇家工程及私人宅邸 ··· 2054
　　　　施塔肯施奈德设计的皇家工程（2054）-其他建筑师设计的私人宅邸（2080）
　　六、19世纪末的法国古典风格 ··· 2086

第二节　复兴传统风格的各种尝试

　　一、彼得堡的俄罗斯传统风格建筑（基督复活教堂） ··· 2092
　　二、亚历山大·维特贝格和康士坦丁·托恩（莫斯科救世主基督大教堂） ··· 2100
　　三、莫斯科的砖构风格和理性建筑 ··· 2149
　　四、商业及市政建筑，俄罗斯传统风格的复兴 ··· 2175
　　五、阿布拉姆采沃庄园 ··· 2202
　　　　历史及文化背景（2202）-工艺复兴运动（2217）

附录一　地名及建筑名中外文对照表 ··· 2230
附录二　人名（含民族及神名）中外文对照表 ··· 2255
附录三　主要参考文献 ··· 2269

图 版 简 目

·上册·

卷首图：本卷中涉及的主要城市及遗址位置图 ········· 3

导言

图0-1尼古拉·瓦西里耶维奇·果戈里（1809~1852年）像，作者Otto Friedrich Theodor von Möller（1812~1874年），绘于1840年代早期 ········· 144

图0-2亚历山大·尼古拉耶维奇·伯努瓦（1870~1960年）像，作者Léon Bakst，绘于1898年 ········· 145

图0-3伊凡四世·瓦西里耶维奇（伊凡雷帝，1530~1584年）像，作者Viktor Vasnetsov（绘于1897年，现存莫斯科Tretyakov Gallery） ········· 146

图0-4伊丽莎白·彼得罗夫娜（1709~1762年，1741~1762年在位）女皇像，作者Louis Tocqué（1696~1772年），绘于1756年 ········· 147

第一部分 中世纪早期及莫斯科大公国时期

第一章 中世纪早期

图1-1基辅 洞窟修道院。1890年景色 ········· 151
图1-2基辅 洞窟修道院。圣母安息大教堂，1912年状态 ········· 151
图1-3基辅 洞窟修道院。圣母安息大教堂，1942年被毁实况 ········· 152
图1-4基辅 洞窟修道院。全景图 ········· 152
图1-5基辅 洞窟修道院。远景（自东面望去的景色） ········· 152~153
图1-6基辅 洞窟修道院。东侧全景 ········· 153
图1-7基辅 洞窟修道院。东北侧全景 ········· 154~155
图1-8基辅 洞窟修道院。远窟组群，自西面望去的景色 ········· 154~155
图1-9基辅 洞窟修道院。近窟组群，17世纪景色（作者荷兰画家Abraham van Westerveldt，绘于1651年） ········· 155
图1-10基辅 10~11世纪城市总平面，取自Академия Строительства и Архитектуры СССР：《Всеобщая История Архитектуры》，I（Москва，1958年） ········· 155
图1-11基辅 什一税教堂（989~994/996年，1039年重建，1935年被毁）。残迹景色（绘于1828年重建前） ········· 155
图1-12基辅 什一税教堂。立面及剖面（作者Vasily Stasov，1828年） ········· 156
图1-13基辅 什一税教堂。20世纪初景色（老照片，摄于1902年） ········· 156
图1-14基辅 什一税教堂。基础平面，取自George Heard Hamilton：《The Art and Architecture of Russia》（Yale University Press，1983年） ········· 156
图1-15基辅 什一税教堂。首层平面（1826年拟定，位于早先的基础上） ········· 156
图1-16基辅 圣索菲亚大教堂（约1018~1037年）。平面（据Rzyanin） ········· 156
图1-17基辅 圣索菲亚大教堂。平面及剖面：1、最初平面复原图（作者Brunov），2、现状平面，3、图1的剖

面，取自David Roden Buxton：《Russian Mediaeval Architecture》（Cambridge University Press，2014年） ······ 157
图1-18基辅 圣索菲亚大教堂。横剖面（作者Iu.Nelgovskii和L.Voronets），取自William Craft Brumfield：《A History of Russian Architecture》（Cambridge University Press，1997年） ······ 157
图1-19基辅 圣索菲亚大教堂。纵剖面（复原图作者Kresalskii、Volkov和Aseev），取自William Craft Brumfield：《A History of Russian Architecture》（Cambridge University Press，1997年） ······ 157
图1-20基辅 圣索菲亚大教堂。立面及细部复原图：1、东立面，2、拱廊，3、祭坛马赛克；取自Академия Строительства и Архитестуры СССР：《Всеобщая История Архитестуры》，I（Москва，1958年） ······ 158
图1-21基辅 圣索菲亚大教堂。复原图及模型（复原图作者K.J.Conant） ······ 158
图1-22基辅 圣索菲亚大教堂。17世纪景色（版画，作者A.van.Westerveldt） ······ 159
图1-23基辅 圣索菲亚大教堂。南外廊17世纪状况（版画，作者A.van.Westerveldt，绘于1651年），取自George Heard Hamilton：《The Art and Architecture of Russia》（Yale University Press，1983年） ······ 159
图1-24基辅 圣索菲亚大教堂。1918年景色 ······ 159
图1-25基辅 圣索菲亚大教堂。东南侧俯视全景（现状） ······ 160
图1-26基辅 圣索菲亚大教堂。东侧全景 ······ 160
图1-27基辅 圣索菲亚大教堂。东北侧全景 ······ 161
图1-28基辅 圣索菲亚大教堂。北侧景色 ······ 161
图1-29基辅 圣索菲亚大教堂。西北侧全景 ······ 162
图1-30基辅 圣索菲亚大教堂。西南侧外景 ······ 162
图1-31基辅 圣索菲亚大教堂。外露展示的原构部分 ······ 163
图1-32基辅 圣索菲亚大教堂。穹顶近景 ······ 164
图1-33基辅 圣索菲亚大教堂。穹顶细部 ······ 164~165
图1-34基辅 圣索菲亚大教堂。顶塔细部 ······ 165
图1-35基辅 圣索菲亚大教堂。内景，柱墩马赛克装饰 ······ 166
图1-36基辅 圣索菲亚大教堂。内景，半圆室马赛克装饰 ······ 166
图1-37基辅 圣索菲亚大教堂。内景，马赛克装饰细部 ······ 167
图1-38基辅 圣索菲亚大教堂。内景，壁画：上、天使报喜，下、第一次基督教联合会议 ······ 167
图1-39基辅 圣索菲亚大教堂。内景，壁画：上、大洪水，下、审判日 ······ 168
图1-40基辅 圣索菲亚大教堂。钟楼（老照片，摄于1911年） ······ 169
图1-41基辅 圣索菲亚大教堂。钟楼，地段形势及现状外景 ······ 169
图1-42基辅 圣索菲亚大教堂。钟楼，上部近景 ······ 170
图1-43基辅 圣索菲亚大教堂。钟楼，立面花饰细部 ······ 170
图1-44基辅 圣索菲亚大教堂。钟楼，内部仰视景色 ······ 171
图1-45君士坦丁堡 费纳里伊萨清真寺（约930年）。北教堂，平面复原图（据Brunov） ······ 170
图1-46切尔尼希夫 主显圣容大教堂（始建于1034/1035年）。平面：1、据Nekrasov，2、据L.Morgilevskii ······ 171
图1-47切尔尼希夫 主显圣容大教堂。剖面，取自William Craft Brumfield：《A History of Russian Architecture》（Cambridge University Press，1997年） ······ 172
图1-48切尔尼希夫 主显圣容大教堂。西立面远景 ······ 172
图1-49切尔尼希夫 主显圣容大教堂。西侧全景 ······ 172
图1-50切尔尼希夫 主显圣容大教堂。东南侧全景 ······ 172
图1-51切尔尼希夫 主显圣容大教堂。西侧入口近景 ······ 172
图1-52切尔尼希夫 主显圣容大教堂。西侧山墙及穹顶 ······ 173

图1-53 切尔尼希夫 主显圣容大教堂。西侧北塔楼基部 ······ 173
图1-54 切尔尼希夫 主显圣容大教堂。西侧塔楼上部 ······ 173
图1-55 切尔尼希夫 主显圣容大教堂。东北侧近景 ······ 173
图1-56 切尔尼希夫 主显圣容大教堂。内景 ······ 174
图1-57 基辅 洞窟修道院。圣母安息大教堂（始建于1073~1078年），平面（复原图，据L.Morgilevskii） ······ 174
图1-58 基辅 洞窟修道院。圣母安息大教堂，平面及西立面 ······ 174
图1-59 基辅 洞窟修道院。圣母安息大教堂，外景（绘画，作者V.P.Vereschagin） ······ 174
图1-60 基辅 洞窟修道院。圣母安息大教堂，西立面全景（老照片，1880年代） ······ 175
图1-61 基辅 洞窟修道院。圣母安息大教堂，东侧全景（老照片，1930年代） ······ 175
图1-62 基辅 洞窟修道院。圣母安息大教堂，西立面北翼（老照片，1930年代） ······ 175
图1-63 基辅 洞窟修道院。圣母安息大教堂，二战期间残存部分状态 ······ 175
图1-64 基辅 洞窟修道院。圣母安息大教堂，西南侧现状，俯视全景 ······ 176
图1-65 基辅 洞窟修道院。圣母安息大教堂，西南侧俯视夜景 ······ 176
图1-66 基辅 洞窟修道院。圣母安息大教堂，西南侧全景 ······ 177
图1-67 基辅 洞窟修道院。圣母安息大教堂，南侧景观 ······ 177
图1-68 基辅 洞窟修道院。圣母安息大教堂，东侧全景 ······ 178
图1-69 基辅 洞窟修道院。圣母安息大教堂，西北侧景色 ······ 178
图1-70 基辅 洞窟修道院。圣母安息大教堂，西南侧山墙及穹顶鼓座俯视近景 ······ 179
图1-71 基辅 洞窟修道院。圣母安息大教堂，西南侧入口近景 ······ 180
图1-72 基辅 洞窟修道院。圣母安息大教堂，西南侧山墙装饰 ······ 180
图1-73 基辅 洞窟修道院。圣母安息大教堂，东南侧山墙装饰 ······ 181
图1-74 基辅 洞窟修道院。圣母安息大教堂，东北侧近景 ······ 182
图1-75 基辅 洞窟修道院。圣母安息大教堂，东北侧外墙装饰 ······ 182
图1-76 基辅 洞窟修道院。圣母安息大教堂，内景，圣像屏帏及穹顶 ······ 183
图1-77 基辅 洞窟修道院。圣母安息大教堂，保留下来的原构残迹 ······ 184
图1-78 基辅 维杜比茨修道院。大天使米迦勒教堂（1070~1088年），剖析复原图（作者M.Karger） ······ 184
图1-79 基辅 维杜比茨修道院。大天使米迦勒教堂，西立面，现状 ······ 184
图1-80 基辅 维杜比茨修道院。大天使米迦勒教堂，西南侧全景 ······ 184~185
图1-81 基辅 维杜比茨修道院。大天使米迦勒教堂，西南侧近景 ······ 185
图1-82 基辅 维杜比茨修道院。大天使米迦勒教堂，西立面细部 ······ 186
图1-83 基辅 维杜比茨修道院。大天使米迦勒教堂，内景 ······ 186
图1-84 基辅 圣德米特里修道院。大天使米迦勒教堂（"金顶"教堂，始建于1108~1113年，1934~1935年拆除，1990年代重建），20世纪初景色（老照片，摄于1900年代） ······ 186
图1-85 基辅 圣德米特里修道院。大天使米迦勒教堂，重建后全景 ······ 187
图1-86 基辅 圣德米特里修道院。大天使米迦勒教堂，山墙及穹顶近景 ······ 187
图1-87 基辅 别列斯托沃救世主教堂（可能1113~1125年）。平面（复原图，作者M.Karger） ······ 188
图1-88 基辅 别列斯托沃救世主教堂。西北侧现状 ······ 188
图1-89 基辅 别列斯托沃救世主教堂。西南侧全景 ······ 189
图1-90 基辅 别列斯托沃救世主教堂。南立面 ······ 189
图1-91 基辅 别列斯托沃救世主教堂。东侧全景 ······ 190
图1-92 基辅 别列斯托沃救世主教堂。北侧及原构残迹 ······ 190

图1-93基辅 别列斯托沃救世主教堂。东南侧及残迹近景 …… 191
图1-94基辅 别列斯托沃救世主教堂。西立面砖墙细部 …… 192
图1-95基辅 别列斯托沃救世主教堂。南立面砖墙细部 …… 193
图1-96基辅 别列斯托沃救世主教堂。顶塔圣像细部 …… 194
图1-97基辅 别列斯托沃救世主教堂。室内壁画遗存 …… 195
图1-98基辅大主教彼得·莫希拉（1597~1647年）画像 …… 195
图1-99基辅 圣西里尔修道院（始建于1140年后）。总平面（复原图，作者Т.С.Кілесо，示18世纪60年代状况）… 196
图1-100基辅 圣西里尔修道院。圣西里尔教堂（原构12世纪中叶，17和18世纪改建），最初结构剖析复原图（作者Iu.Aseev） …… 196
图1-101基辅 圣西里尔修道院。圣西里尔教堂，西南侧现状 …… 196
图1-102基辅 圣西里尔修道院。圣西里尔教堂，西立面近景 …… 197
图1-103基辅 圣西里尔修道院。圣西里尔教堂，东北侧景色 …… 198
图1-104基辅 圣西里尔修道院。圣西里尔教堂，北立面 …… 198
图1-105基辅 圣西里尔修道院。圣西里尔教堂，南门廊 …… 198
图1-106基辅 圣西里尔修道院。圣西里尔教堂，北门廊 …… 198
图1-107基辅 圣西里尔修道院。圣西里尔教堂，内景 …… 199
图1-108切尔尼希夫 圣鲍里斯和格列布大教堂（可能12世纪中叶）。平面，取自William Craft Brumfield：《A History of Russian Architecture》（Cambridge University Press，1997年） …… 199
图1-109切尔尼希夫 圣鲍里斯和格列布大教堂。西北侧现状 …… 199
图1-110切尔尼希夫 圣鲍里斯和格列布大教堂。东北侧全景 …… 200
图1-111切尔尼希夫 圣鲍里斯和格列布大教堂。东南侧全景 …… 200
图1-112切尔尼希夫 圣鲍里斯和格列布大教堂。半圆室内景 …… 200
图1-113切尔尼希夫 圣鲍里斯和格列布大教堂。室内仰视景色 …… 200
图1-114切尔尼希夫 叶列茨基修道院（11世纪下半叶）。圣母安息大教堂（可能11世纪中叶），平面、立面、剖面及细部（取自Академия Стройтельства и Архитестуры СССР：《Всеобщая История Архитектуры》，I，Москва，1958年） … 201
图1-115切尔尼希夫 圣三一-以利亚修道院。以利亚教堂（12世纪早期，16世纪末和1649年改建及增建），平面及立面（最初结构复原图，作者P.Iurchenko） …… 202
图1-116切尔尼希夫 圣三一-以利亚修道院。以利亚教堂，现状外景及入口 …… 201
图1-117奥夫鲁奇 圣巴西尔教堂（1190~1192年，1907~1909年重建）。20世纪初状态，照片取自莫斯科建筑协会年刊（Annual of the Moscow Architectural Society，1912~1913年） …… 202
图1-118奥夫鲁奇 圣巴西尔教堂。西立面，全景 …… 202
图1-119奥夫鲁奇 圣巴西尔教堂。西南侧全景 …… 203
图1-120奥夫鲁奇 圣巴西尔教堂。东南侧全景 …… 203
图1-121奥夫鲁奇 圣巴西尔教堂。北立面 …… 204
图1-122奥夫鲁奇 圣巴西尔教堂。西北侧景色 …… 204
图1-123奥夫鲁奇 圣巴西尔教堂。内景 …… 204
图1-124切尔尼希夫 圣帕拉斯克娃-皮亚特尼察教堂（12世纪末~13世纪初）。平面及剖面（平面及横剖面据Baranovskii等人资料；纵剖面取自William Craft Brumfield：《Landmarks of Russian Architecture》，Gordon and Breach Publishers，1997年） …… 205
图1-125切尔尼希夫 圣帕拉斯克娃-皮亚特尼察教堂。东立面，取自Академия Стройтельства и Архитестуры СССР：《Всеобщая История Архитектуры》，I（Москва，1958年） …… 205

图1-126 切尔尼希夫 圣帕拉斯克娃-皮亚特尼察教堂。剖析复原图，取自Академия Стройтельства и Архитестуры СССР：《Всеобщая История Архитестуры》，I（Москва，1958年） ········· 205
图1-127 切尔尼希夫 圣帕拉斯克娃-皮亚特尼察教堂。西侧远景 ········· 206
图1-128 切尔尼希夫 圣帕拉斯克娃-皮亚特尼察教堂。西侧全景 ········· 206
图1-129 切尔尼希夫 圣帕拉斯克娃-皮亚特尼察教堂。西南侧全景 ········· 206
图1-130 切尔尼希夫 圣帕拉斯克娃-皮亚特尼察教堂。南侧全景 ········· 207
图1-131 切尔尼希夫 圣帕拉斯克娃-皮亚特尼察教堂。东南侧景观 ········· 207
图1-132 切尔尼希夫 圣帕拉斯克娃-皮亚特尼察教堂。西北侧全景 ········· 207
图1-133 切尔尼希夫 圣帕拉斯克娃-皮亚特尼察教堂。室内，祭坛近景 ········· 208
图1-134 切尔尼希夫 圣帕拉斯克娃-皮亚特尼察教堂。室内，穹顶仰视 ········· 208
图1-135 诺夫哥罗德 11~12世纪城区总平面示意，取自Академия Стройтельства и Архитестуры СССР：《Всеобщая История Архитестуры》，I（Москва，1958年） ········· 209
图1-136 诺夫哥罗德 商业区。历史景色（绘画，作者Apollinary Vasnetsov） ········· 209
图1-137 诺夫哥罗德 城堡。圣索菲亚大教堂（1045~1052年），平面（图版，1899年） ········· 210
图1-138 诺夫哥罗德 城堡。圣索菲亚大教堂，西立面及南立面 ········· 210
图1-139 诺夫哥罗德 城堡。圣索菲亚大教堂，平面、立面、剖面及细部；图版取自Академия Стройтельства и Архитестуры СССР：《Всеобщая История Архитестуры》，I（Москва，1958年） ········· 211
图1-140 诺夫哥罗德 城堡。圣索菲亚大教堂，平面及剖面（平面据N.I.Brunov和N.Travin；剖面据N.Travin和R.Katsnelson） ········· 212
图1-141 诺夫哥罗德 城堡。圣索菲亚大教堂，东北侧俯视全景 ········· 212
图1-142 诺夫哥罗德 城堡。圣索菲亚大教堂，东北侧远景 ········· 212
图1-143 诺夫哥罗德 城堡。圣索菲亚大教堂，南侧远景 ········· 213
图1-144 诺夫哥罗德 城堡。圣索菲亚大教堂，南侧全景 ········· 213
图1-145 诺夫哥罗德 城堡。圣索菲亚大教堂，东南侧俯视景色 ········· 214
图1-146 诺夫哥罗德 城堡。圣索菲亚大教堂，东南侧全景 ········· 214
图1-147 诺夫哥罗德 城堡。圣索菲亚大教堂，东侧雪景 ········· 215
图1-148 诺夫哥罗德 城堡。圣索菲亚大教堂，北侧全景 ········· 215
图1-149 诺夫哥罗德 城堡。圣索菲亚大教堂，西北侧全景 ········· 216
图1-150 诺夫哥罗德 城堡。圣索菲亚大教堂，西侧全景 ········· 216
图1-151 诺夫哥罗德 城堡。圣索菲亚大教堂，西门壁画 ········· 217
图1-152 诺夫哥罗德 城堡。圣索菲亚大教堂，西立面铜门及细部 ········· 216~217
图1-153 诺夫哥罗德 城堡。圣索菲亚大教堂，穹顶近景 ········· 218
图1-154 诺夫哥罗德 城堡。圣索菲亚大教堂，东立面细部 ········· 218
图1-155 诺夫哥罗德 城堡。圣索菲亚大教堂 ········· 218
图1-156 诺夫哥罗德 城堡。圣索菲亚大教堂，室内壁画 ········· 219
图1-157 诺夫哥罗德 城堡。圣索菲亚大教堂，室内，穹隅及穹顶仰视 ········· 219
图1-158 诺夫哥罗德 戈罗季谢区天使报喜教堂（约1103年）。西北侧残迹景色 ········· 220
图1-159 诺夫哥罗德 戈罗季谢区天使报喜教堂。南侧全景 ········· 220
图1-160 诺夫哥罗德 戈罗季谢区天使报喜教堂。西南侧全景 ········· 221
图1-161 诺夫哥罗德 戈罗季谢区天使报喜教堂。西侧近景 ········· 221
图1-162 诺夫哥罗德 戈罗季谢区天使报喜教堂。东侧近景 ········· 221

图1-163诺夫哥罗德 戈罗季谢区天使报喜教堂。半圆室近景 ········ 222
图1-164诺夫哥罗德 戈罗季谢区天使报喜教堂。西南侧仰视 ········ 222
图1-165诺夫哥罗德 彼得里亚廷大院。施洗者约翰教堂（1127~1130年，1453年重建），西南侧现状 ······ 222
图1-166诺夫哥罗德 彼得里亚廷大院。施洗者约翰教堂，东南侧全景 ········ 222
图1-167诺夫哥罗德 彼得里亚廷大院。施洗者约翰教堂，东北侧景色 ········ 223
图1-168诺夫哥罗德 雅罗斯拉夫场院（君主院）。圣尼古拉教堂（1113~1136年），南立面（复原图，作者Grigorii Shtender） ········ 223
图1-169诺夫哥罗德 雅罗斯拉夫场院（君主院）。圣尼古拉教堂，东南侧全景 ········ 223
图1-170诺夫哥罗德 雅罗斯拉夫场院（君主院）。圣尼古拉教堂，东南侧近景 ········ 224
图1-171诺夫哥罗德 雅罗斯拉夫场院（君主院）。圣尼古拉教堂，东北侧景色 ········ 224
图1-172诺夫哥罗德 雅罗斯拉夫场院（君主院）。圣尼古拉教堂，北侧全景 ········ 224~225
图1-173诺夫哥罗德 雅罗斯拉夫场院（君主院）。圣尼古拉教堂，室内，廊道及拱顶仰视 ········ 225
图1-174诺夫哥罗德 雅罗斯拉夫场院（君主院）。圣尼古拉教堂，室内，穹顶仰视 ········ 226
图1-175诺夫哥罗德 雅罗斯拉夫场院（君主院）。圣尼古拉教堂，室内，券洞壁画 ········ 226~227
图1-176诺夫哥罗德 雅罗斯拉夫场院（君主院）。圣尼古拉教堂，室内，墙面壁画 ········ 227
图1-177诺夫哥罗德 安东涅夫修道院。圣母圣诞堂（1117~1119年），西南侧外景 ········ 228
图1-178诺夫哥罗德 安东涅夫修道院。圣母圣诞堂，南侧雪景 ········ 228
图1-179诺夫哥罗德 安东涅夫修道院。圣母圣诞堂，东南侧全景 ········ 229
图1-180诺夫哥罗德 安东涅夫修道院。圣母圣诞堂，东侧现状 ········ 229
图1-181诺夫哥罗德 安东涅夫修道院。圣母圣诞堂，西南侧近景 ········ 230
图1-182诺夫哥罗德 安东涅夫修道院。圣母圣诞堂，东侧砌体及洞口细部 ········ 230
图1-183诺夫哥罗德 安东涅夫修道院。圣母圣诞堂，半圆室，仰视内景 ········ 231
图1-184诺夫哥罗德 安东涅夫修道院。圣母圣诞堂，半圆室，俯视景色 ········ 232
图1-185诺夫哥罗德 安东涅夫修道院。圣母圣诞堂，柱墩及拱顶，仰视效果 ········ 232~233
图1-186诺夫哥罗德 安东涅夫修道院。圣母圣诞堂，穹顶仰视 ········ 233
图1-187诺夫哥罗德 圣乔治（尤里耶夫）修道院。圣乔治大教堂（1119~1130年），平面：1、取自William Craft Brumfield：《A History of Russian Architecture》（Cambridge University Press，1997年），2、取自George Heard Hamilton：《The Art and Architecture of Russia》（Yale University Press，1983年） ········ 232
图1-188诺夫哥罗德 圣乔治（尤里耶夫）修道院。圣乔治大教堂，外观复原图，取自Академия Стройтельства и Архитестуры СССР：《Всеобщая История Архитестуры》，I（Москва，1958年） ········ 233
图1-189诺夫哥罗德 圣乔治（尤里耶夫）修道院。圣乔治大教堂，东北侧俯视远景 ········ 234
图1-190诺夫哥罗德 圣乔治（尤里耶夫）修道院。圣乔治大教堂，东北侧全景 ········ 234
图1-191诺夫哥罗德 圣乔治（尤里耶夫）修道院。圣乔治大教堂，东南侧全景 ········ 234
图1-192诺夫哥罗德 圣乔治（尤里耶夫）修道院。圣乔治大教堂，南侧全景 ········ 235
图1-193诺夫哥罗德 圣乔治（尤里耶夫）修道院。圣乔治大教堂，西南侧全景 ········ 235
图1-194诺夫哥罗德 圣乔治（尤里耶夫）修道院。圣乔治大教堂，西北侧景色 ········ 235
图1-195诺夫哥罗德 圣乔治（尤里耶夫）修道院。圣乔治大教堂，内景 ········ 236
图1-196诺夫哥罗德 圣乔治（尤里耶夫）修道院。圣乔治大教堂，穹顶内景 ········ 236
图1-197诺夫哥罗德 圣乔治（尤里耶夫）修道院。西南侧俯视全景 ········ 236
图1-198诺夫哥罗德 圣乔治（尤里耶夫）修道院。东侧远景 ········ 237
图1-199诺夫哥罗德 圣乔治（尤里耶夫）修道院。大院西北角景色 ········ 237

图1-200 诺夫哥罗德 圣乔治（尤里耶夫）修道院。救世主大教堂，东北侧远景 …………………… 238
图1-201 诺夫哥罗德 圣乔治（尤里耶夫）修道院。救世主大教堂，东南侧全景 …………………… 238
图1-202 诺夫哥罗德 圣乔治（尤里耶夫）修道院。十字架节教堂（18世纪），西南侧全景 ……… 238~239
图1-203 诺夫哥罗德 圣乔治（尤里耶夫）修道院。十字架节教堂，东侧，自院墙外望去的景色 … 238~239
图1-204 普斯科夫 米罗日救世主修道院。主显圣容大教堂（1140~1150年代），平面及剖面（据G.Alferova; Iu.Spegalskii复原） ……………………………………………………………………………………… 239
图1-205 普斯科夫 米罗日救世主修道院。主显圣容大教堂，东南侧远景 ……………………………… 240
图1-206 普斯科夫 米罗日救世主修道院。主显圣容大教堂，东南侧近景 ……………………………… 240
图1-207 普斯科夫 米罗日救世主修道院。主显圣容大教堂，东北侧全景 ……………………………… 241
图1-208 普斯科夫 米罗日救世主修道院。主显圣容大教堂，北侧全景 ………………………………… 241
图1-209 普斯科夫 米罗日救世主修道院。主显圣容大教堂，西侧全景 ………………………………… 241
图1-210 普斯科夫 米罗日救世主修道院。主显圣容大教堂，西南侧全景 ……………………………… 241
图1-211 普斯科夫 米罗日救世主修道院。主显圣容大教堂，南侧景色 ………………………………… 242
图1-212 普斯科夫 米罗日救世主修道院。主显圣容大教堂，室内，墙面壁画 ………………………… 242
图1-213 普斯科夫 米罗日救世主修道院。主显圣容大教堂，室内，拱顶及券面壁画 ………………… 242
图1-214 普斯科夫 米罗日救世主修道院。主显圣容大教堂，室内，半圆室细部 ……………………… 243
图1-215 普斯科夫 米罗日救世主修道院。主显圣容大教堂，室内，穹隅近景 ………………………… 243
图1-216 普斯科夫 米罗日救世主修道院。主显圣容大教堂，室内，穹顶仰视 ………………………… 244
图1-217 诺夫哥罗德 涅列迪察河畔主显圣容教堂（1198年）。平面及剖面（据P.Pokryshkin） …… 244
图1-218 诺夫哥罗德 涅列迪察河畔主显圣容教堂。西南侧外景（老照片，示1900年状况） ………… 244
图1-219 诺夫哥罗德 涅列迪察河畔主显圣容教堂。东南侧远景 ………………………………………… 245
图1-220 诺夫哥罗德 涅列迪察河畔主显圣容教堂。西侧现状 …………………………………………… 245
图1-221 诺夫哥罗德 涅列迪察河畔主显圣容教堂。西北侧全景 ………………………………………… 245
图1-222 诺夫哥罗德 涅列迪察河畔主显圣容教堂。东北侧全景 ………………………………………… 245
图1-223 诺夫哥罗德 涅列迪察河畔主显圣容教堂。东立面（各时期因粉刷呈现不同的色调） ……… 246
图1-224 诺夫哥罗德 涅列迪察河畔主显圣容教堂。东南侧全景 ………………………………………… 246
图1-225 诺夫哥罗德 涅列迪察河畔主显圣容教堂。入口及台阶近景 …………………………………… 246
图1-226 诺夫哥罗德 涅列迪察河畔主显圣容教堂。山墙及穹顶细部 …………………………………… 246
图1-227 诺夫哥罗德 涅列迪察河畔主显圣容教堂。室内，穹顶仰视效果 ……………………………… 247
图1-228 诺夫哥罗德 涅列迪察河畔主显圣容教堂。半圆室及祭坛内景 ………………………………… 247
图1-229 诺夫哥罗德 涅列迪察河畔主显圣容教堂。半圆室仰视景色 …………………………………… 247
图1-230 诺夫哥罗德 涅列迪察河畔主显圣容教堂。室内壁画细部 ……………………………………… 248
图1-231 诺夫哥罗德 米亚奇诺天使报喜修道院。天使报喜教堂（1179年），现状外景 ……………… 248
图1-232 诺夫哥罗德 米亚奇诺天使报喜修道院。天使报喜教堂，北半圆室壁画 ……………………… 248
图1-233 诺夫哥罗德 锡尼恰山圣彼得和圣保罗修道院。圣彼得和圣保罗教堂（1185~1192年），现状外景 … 249
图1-234 诺夫哥罗德 雅罗斯拉夫场院（君主院）。市场区圣帕拉斯克娃-皮亚特尼察教堂（1207年，14和16世纪改建，1960年代部分修复），平面及剖面（据G.Shtender） ……………………………………… 249
图1-235 诺夫哥罗德 雅罗斯拉夫场院（君主院）。市场区圣帕拉斯克娃-皮亚特尼察教堂，外景复原图（作者G.Shtender） ……………………………………………………………………………………… 249
图1-236 诺夫哥罗德 雅罗斯拉夫场院（君主院）。市场区圣帕拉斯克娃-皮亚特尼察教堂，西北侧全景 … 250
图1-237 诺夫哥罗德 雅罗斯拉夫场院（君主院）。市场区圣帕拉斯克娃-皮亚特尼察教堂，西侧景观 … 250

图1-238 诺夫哥罗德 雅罗斯拉夫场院（君主院）。市场区圣帕拉斯克娃-皮亚特尼察教堂，西南侧俯视全景 ⋯ 250
图1-239 诺夫哥罗德 雅罗斯拉夫场院（君主院）。市场区圣帕拉斯克娃-皮亚特尼察教堂，西南侧全景 ⋯⋯ 251
图1-240 诺夫哥罗德 雅罗斯拉夫场院（君主院）。市场区圣帕拉斯克娃-皮亚特尼察教堂，南侧景色 ⋯⋯ 251
图1-241 诺夫哥罗德 雅罗斯拉夫场院（君主院）。市场区圣帕拉斯克娃-皮亚特尼察教堂，东南侧全景 ⋯⋯ 252
图1-242 诺夫哥罗德 雅罗斯拉夫场院（君主院）。市场区圣帕拉斯克娃-皮亚特尼察教堂，东北侧景观 ⋯ 252~253
图1-243 诺夫哥罗德 雅罗斯拉夫场院（君主院）。市场区圣帕拉斯克娃-皮亚特尼察教堂，北立面 ⋯⋯⋯⋯ 253
图1-244 诺夫哥罗德 雅罗斯拉夫场院（君主院）。市场区圣帕拉斯克娃-皮亚特尼察教堂，西侧近景 ⋯⋯⋯⋯ 253
图1-245 斯摩棱斯克 大天使米迦勒教堂（1180~1190年）。平面、立面、剖面及剖析图，图中：1、西立面，2、纵剖面，3、平面，4、剖析图（1~3取自Академия Стройтельства и Архитестуры СССР：《Всеобщая История Архитектуры》，I，Москва，1958年；剖析图据S.S.Pod''iapol'skii） ⋯⋯⋯⋯⋯⋯⋯⋯ 254~255
图1-246 斯摩棱斯克 大天使米迦勒教堂。西南侧现状 ⋯⋯⋯⋯⋯⋯⋯⋯⋯⋯⋯⋯⋯⋯⋯⋯⋯⋯⋯⋯⋯⋯⋯⋯⋯ 254
图1-247 斯摩棱斯克 大天使米迦勒教堂。西北侧景观 ⋯⋯⋯⋯⋯⋯⋯⋯⋯⋯⋯⋯⋯⋯⋯⋯⋯⋯⋯⋯⋯⋯⋯⋯⋯ 254
图1-248 斯摩棱斯克 大天使米迦勒教堂。东南侧近景 ⋯⋯⋯⋯⋯⋯⋯⋯⋯⋯⋯⋯⋯⋯⋯⋯⋯⋯⋯⋯⋯⋯⋯⋯⋯ 255
图1-249 斯摩棱斯克 大天使米迦勒教堂。穹顶，仰视内景 ⋯⋯⋯⋯⋯⋯⋯⋯⋯⋯⋯⋯⋯⋯⋯⋯⋯⋯⋯⋯⋯⋯ 255
图1-250 波洛茨克 救世主修道院。大教堂（12世纪50年代），平面、立面及剖面（取自Академия Стройтельства и Архитестуры СССР：《Всеобщая История Архитектуры》，I，Москва，1958年） ⋯⋯ 256
图1-251 诺夫哥罗德 佩伦圣母圣诞修道院。圣母圣诞堂（13世纪上半叶），平面及剖面，图中：1、平面，2、横剖面（以上取自Академия Стройтельства и Архитестуры СССР：《Всеобщая История Архитектуры》，I，Москва，1958年），3、纵剖面（据R.Katsnelson） ⋯⋯⋯⋯⋯⋯⋯⋯⋯⋯⋯⋯⋯⋯⋯⋯⋯⋯⋯⋯⋯⋯⋯⋯⋯⋯ 256
图1-252 诺夫哥罗德 佩伦圣母圣诞修道院。圣母圣诞堂，东北侧远景 ⋯⋯⋯⋯⋯⋯⋯⋯⋯⋯⋯⋯⋯⋯⋯⋯⋯ 257
图1-253 诺夫哥罗德 佩伦圣母圣诞修道院。圣母圣诞堂，西南侧全景 ⋯⋯⋯⋯⋯⋯⋯⋯⋯⋯⋯⋯⋯⋯⋯⋯⋯ 257
图1-254 诺夫哥罗德 佩伦圣母圣诞修道院。圣母圣诞堂，东南侧景色 ⋯⋯⋯⋯⋯⋯⋯⋯⋯⋯⋯⋯⋯⋯⋯⋯⋯ 257
图1-255 诺夫哥罗德 佩伦圣母圣诞修道院。圣母圣诞堂，东北侧近景 ⋯⋯⋯⋯⋯⋯⋯⋯⋯⋯⋯⋯⋯⋯⋯⋯⋯ 258
图1-256 圣彼得堡 基督复活大教堂。圣亚历山大·涅夫斯基像（马赛克，位于北神坛处） ⋯⋯⋯⋯⋯⋯⋯⋯ 259
图1-257 《谁要与我们刀剑相对，那就是自取灭亡》（油画，作者Сергéй Николáевич Присéкин，1983年） ⋯ 259
图1-258 弗拉基米尔 12~13世纪城市总平面（取自Академия Стройтельства и Архитестуры СССР：《Всеобщая История Архитектуры》，I，Москва，1958年） ⋯⋯⋯⋯⋯⋯⋯⋯⋯⋯⋯⋯⋯⋯⋯⋯⋯⋯⋯⋯⋯⋯⋯⋯⋯⋯⋯⋯ 260
图1-259 基代克沙 圣鲍里斯和格列布教堂（1152年，17世纪60年代和1780年更新）。平面及南立面（平面据Iu.Savitskii，立面复原图作者I.Ern） ⋯⋯⋯⋯⋯⋯⋯⋯⋯⋯⋯⋯⋯⋯⋯⋯⋯⋯⋯⋯⋯⋯⋯⋯⋯⋯⋯⋯⋯⋯⋯⋯⋯⋯ 260
图1-260 基代克沙 圣鲍里斯和格列布教堂。西北侧全景（部分已重新粉刷） ⋯⋯⋯⋯⋯⋯⋯⋯⋯⋯⋯⋯⋯ 261
图1-261 基代克沙 圣鲍里斯和格列布教堂。西侧全景 ⋯⋯⋯⋯⋯⋯⋯⋯⋯⋯⋯⋯⋯⋯⋯⋯⋯⋯⋯⋯⋯⋯⋯⋯ 261
图1-262 基代克沙 圣鲍里斯和格列布教堂。西立面 ⋯⋯⋯⋯⋯⋯⋯⋯⋯⋯⋯⋯⋯⋯⋯⋯⋯⋯⋯⋯⋯⋯⋯⋯⋯ 262
图1-263 基代克沙 圣鲍里斯和格列布教堂。西南侧全景 ⋯⋯⋯⋯⋯⋯⋯⋯⋯⋯⋯⋯⋯⋯⋯⋯⋯⋯⋯⋯⋯⋯⋯ 262
图1-264 基代克沙 圣鲍里斯和格列布教堂。南立面 ⋯⋯⋯⋯⋯⋯⋯⋯⋯⋯⋯⋯⋯⋯⋯⋯⋯⋯⋯⋯⋯⋯⋯⋯⋯ 263
图1-265 基代克沙 圣鲍里斯和格列布教堂。东南侧远景 ⋯⋯⋯⋯⋯⋯⋯⋯⋯⋯⋯⋯⋯⋯⋯⋯⋯⋯⋯⋯⋯⋯⋯ 263
图1-266 基代克沙 圣鲍里斯和格列布教堂。东南侧近景 ⋯⋯⋯⋯⋯⋯⋯⋯⋯⋯⋯⋯⋯⋯⋯⋯⋯⋯⋯⋯⋯⋯⋯ 264
图1-267 基代克沙 圣鲍里斯和格列布教堂。东面近景 ⋯⋯⋯⋯⋯⋯⋯⋯⋯⋯⋯⋯⋯⋯⋯⋯⋯⋯⋯⋯⋯⋯⋯⋯ 264
图1-268 基代克沙 圣鲍里斯和格列布教堂。西立面南端近景 ⋯⋯⋯⋯⋯⋯⋯⋯⋯⋯⋯⋯⋯⋯⋯⋯⋯⋯⋯⋯⋯ 264
图1-269 基代克沙 圣鲍里斯和格列布教堂。南立面西端近景 ⋯⋯⋯⋯⋯⋯⋯⋯⋯⋯⋯⋯⋯⋯⋯⋯⋯⋯⋯⋯⋯ 265
图1-270 基代克沙 圣鲍里斯和格列布教堂。墙面伦巴第式拱券细部 ⋯⋯⋯⋯⋯⋯⋯⋯⋯⋯⋯⋯⋯⋯⋯⋯⋯ 265
图1-271 基代克沙 圣鲍里斯和格列布教堂。室内，拱券及穹顶仰视景色 ⋯⋯⋯⋯⋯⋯⋯⋯⋯⋯⋯⋯⋯⋯⋯ 265

图1-272基代克沙 圣鲍里斯和格列布教堂。室内，壁画遗存 ········ 266
图1-273基代克沙 圣鲍里斯和格列布教堂。室内，天棚画 ········ 266
图1-274佩列斯拉夫尔-扎列斯基 主显圣容大教堂（1152~1157年）。平面、立面及剖面（取自Академия Строительства и Архитестуры СССР：《Всеобщая История Архитектуры》，I，Москва，1958年） ········ 266
图1-275佩列斯拉夫尔-扎列斯基 主显圣容大教堂。东南侧全景 ········ 267
图1-276佩列斯拉夫尔-扎列斯基 主显圣容大教堂。东北侧雪景 ········ 268
图1-277佩列斯拉夫尔-扎列斯基 主显圣容大教堂。西北侧景色 ········ 268
图1-278佩列斯拉夫尔-扎列斯基 主显圣容大教堂。南侧景观 ········ 269
图1-279佩列斯拉夫尔-扎列斯基 主显圣容大教堂。南侧入口近景 ········ 269
图1-280佩列斯拉夫尔-扎列斯基 主显圣容大教堂。半圆室细部 ········ 269
图1-281佩列斯拉夫尔-扎列斯基 主显圣容大教堂。室内，半圆室下部 ········ 270
图1-282佩列斯拉夫尔-扎列斯基 主显圣容大教堂。室内，半圆室上部 ········ 270
图1-283佩列斯拉夫尔-扎列斯基 主显圣容大教堂。半圆室内景 ········ 271
图1-284佩列斯拉夫尔-扎列斯基 主显圣容大教堂。半圆室仰视 ········ 271
图1-285佩列斯拉夫尔-扎列斯基 主显圣容大教堂。西廊及穹顶仰视景色 ········ 272
图1-286佩列斯拉夫尔-扎列斯基 主显圣容大教堂。半圆室边跨雕饰 ········ 272
图1-287佩列斯拉夫尔-扎列斯基 主显圣容大教堂。圣坛画《耶稣显容》，约1403年，作者Феофан Грек（约1340~1410年），原作现存莫斯科Tretyakov Gallery ········ 272
图1-288安德烈一世·尤里耶维奇大公（约1111~1174年）画像，作者Viktor Vasnetsov ········ 273
图1-289弗拉基米尔"金门"（1158~1164年，1795年大火后改建）。西侧远景 ········ 273
图1-290弗拉基米尔"金门"。西南侧远景 ········ 274
图1-291弗拉基米尔"金门"。南侧远景 ········ 274
图1-292弗拉基米尔"金门"。西侧近景 ········ 275
图1-293弗拉基米尔"金门"。南侧近景 ········ 276
图1-294弗拉基米尔"金门"。券门内景 ········ 276
图1-295博戈柳博沃 圣母圣诞大教堂（1158~1165年）。平面（据N.N.Voronin，经改绘） ········ 277
图1-296博戈柳博沃 圣母圣诞大教堂。建筑群立面（复原图，作者S.A.Sharova-Delaunay） ········ 277
图1-297博戈柳博沃 圣母圣诞大教堂。建筑群透视复原图（作者N.N.Voronin） ········ 277
图1-298博戈柳博沃 圣母圣诞大教堂。建筑群透视复原图（作者Sergey V. Zagraevsky） ········ 277
图1-299博戈柳博沃 圣母圣诞大教堂。西立面复原图（作者V.K.Emelina） ········ 277
图1-300博戈柳博沃 圣母圣诞大教堂。剖析复原图（作者N.N.Voronin） ········ 277
图1-301博戈柳博沃 圣母圣诞大教堂。建造图（16世纪编年史插图） ········ 278
图1-302博戈柳博沃 圣母圣诞大教堂。现状全景 ········ 278
图1-303博戈柳博沃 圣母圣诞大教堂。立面盲券细部 ········ 278
图1-304博戈柳博沃 涅尔利河畔圣母代祷教堂（1165/1166年）。平面、立面、剖面及细部 ········ 279
图1-305博戈柳博沃 涅尔利河畔圣母代祷教堂。平面及剖面（平面据Nekrasov，剖面取自David Roden Buxton：《Russian Mediaeval Architecture》，Cambridge University Press，2014年） ········ 280
图1-306博戈柳博沃 涅尔利河畔圣母代祷教堂。剖面（人工台地及基础示意部分据N.N.Voronin） ········ 280
图1-307博戈柳博沃 涅尔利河畔圣母代祷教堂。最初形式复原图（带外廊，作者N.N.Voronin） ········ 280
图1-308博戈柳博沃 涅尔利河畔圣母代祷教堂。西北侧远景 ········ 280
图1-309博戈柳博沃 涅尔利河畔圣母代祷教堂。西侧远景 ········ 281

图1-310博戈柳博沃 涅尔利河畔圣母代祷教堂。西南侧远景 ⋯⋯ 281
图1-311博戈柳博沃 涅尔利河畔圣母代祷教堂。东南侧远景 ⋯⋯ 282
图1-312博戈柳博沃 涅尔利河畔圣母代祷教堂。西北侧全景 ⋯⋯ 282~283
图1-313博戈柳博沃 涅尔利河畔圣母代祷教堂。西南侧全景 ⋯⋯ 283
图1-314博戈柳博沃 涅尔利河畔圣母代祷教堂。东南侧全景 ⋯⋯ 282
图1-315博戈柳博沃 涅尔利河畔圣母代祷教堂。东北侧全景 ⋯⋯ 284
图1-316博戈柳博沃 涅尔利河畔圣母代祷教堂。西南侧近景 ⋯⋯ 284~285
图1-317博戈柳博沃 涅尔利河畔圣母代祷教堂。西立面近景 ⋯⋯ 285
图1-318博戈柳博沃 涅尔利河畔圣母代祷教堂。西立面山墙及穹顶 ⋯⋯ 286
图1-319博戈柳博沃 涅尔利河畔圣母代祷教堂。门券细部 ⋯⋯ 287
图1-320博戈柳博沃 涅尔利河畔圣母代祷教堂。墙面盲券拱廊细部 ⋯⋯ 286~287
图1-321博戈柳博沃 涅尔利河畔圣母代祷教堂。半圆室盲券拱廊及狭窗 ⋯⋯ 288~289
图1-322博戈柳博沃 涅尔利河畔圣母代祷教堂。鼓座及穹顶近景 ⋯⋯ 289
图1-323博戈柳博沃 涅尔利河畔圣母代祷教堂。南立面中央嵌板雕刻：坐在宝座上的大卫王，鸟类及动物（约1170年） ⋯⋯ 288
图1-324博戈柳博沃 涅尔利河畔圣母代祷教堂。立面雕饰细部 ⋯⋯ 290
图1-325弗拉基米尔 圣母安息大教堂（1158~1160/1161年，1185~1189年扩建）。平面（据苏联建筑科学院资料） ⋯⋯ 291
图1-326弗拉基米尔 圣母安息大教堂。西立面及纵剖面（取自Академия Стройтельства и Архитестуры СССР：《Всеобщая История Архитестуры》, I, Москва, 1958年） ⋯⋯ 291
图1-327弗拉基米尔 圣母安息大教堂。西南侧俯视全景 ⋯⋯ 291
图1-328弗拉基米尔 圣母安息大教堂。西北侧地段全景 ⋯⋯ 292
图1-329弗拉基米尔 圣母安息大教堂。西侧远景 ⋯⋯ 292
图1-330弗拉基米尔 圣母安息大教堂。东南侧远景 ⋯⋯ 293
图1-331弗拉基米尔 圣母安息大教堂。东北侧远景 ⋯⋯ 293
图1-332弗拉基米尔 圣母安息大教堂。西侧景观 ⋯⋯ 294
图1-333弗拉基米尔 圣母安息大教堂。西南侧全景 ⋯⋯ 294
图1-334弗拉基米尔 圣母安息大教堂。南侧近景 ⋯⋯ 295
图1-335弗拉基米尔 圣母安息大教堂。东北侧全景 ⋯⋯ 295
图1-336弗拉基米尔 圣母安息大教堂。东北侧雪景 ⋯⋯ 296
图1-337弗拉基米尔 圣母安息大教堂。西南角近景 ⋯⋯ 296
图1-338弗拉基米尔 圣母安息大教堂。南侧近景 ⋯⋯ 297
图1-339弗拉基米尔 圣母安息大教堂。东北侧近景 ⋯⋯ 297
图1-340弗拉基米尔 圣母安息大教堂。内景，壁画：《最后的审判》，作者Андрéй Рублёв（1360~1428年） ⋯⋯ 298
图1-341弗拉基米尔 圣母安息大教堂。内景，壁画（使徒及天使，作者Андрéй Рублёв） ⋯⋯ 298
图1-342弗拉基米尔 圣母安息大教堂。内景，壁画：《三先祖》（作者Андрéй Рублёв，1408年） ⋯⋯ 298
图1-343弗拉基米尔 圣德米特里大教堂（1193~1197年）。平面（图版，1899年） ⋯⋯ 299
图1-344弗拉基米尔 圣德米特里大教堂。平面及剖面：1、平面，2、横剖面（以上据A.Rukhliadev），3、纵剖面（取自Академия Стройтельства и Архитестуры СССР：《Всеобщая История Архитестуры》, I, Москва, 1958年） ⋯⋯ 299
图1-345弗拉基米尔 圣德米特里大教堂。南立面及盲券连拱雕饰细部（取自Академия Стройтельства и Архитестуры СССР：《Всеобщая История Архитестуры》, I, Москва, 1958年） ⋯⋯ 299
图1-346弗拉基米尔 圣德米特里大教堂。西立面 ⋯⋯ 300

图1-347 弗拉基米尔 圣德米特里大教堂。西南侧景观 ……… 300~301
图1-348 弗拉基米尔 圣德米特里大教堂。南立面 ……… 300
图1-349 弗拉基米尔 圣德米特里大教堂。东南侧全景 ……… 301
图1-350 弗拉基米尔 圣德米特里大教堂。东立面 ……… 302
图1-351 弗拉基米尔 圣德米特里大教堂。东北侧全景 ……… 302
图1-352 弗拉基米尔 圣德米特里大教堂。西北侧全景 ……… 302~303
图1-353 弗拉基米尔 圣德米特里大教堂。南立面近景 ……… 303
图1-354 弗拉基米尔 圣德米特里大教堂。东侧近景 ……… 303
图1-355 弗拉基米尔 圣德米特里大教堂。鼓座及穹顶近景 ……… 304
图1-356 弗拉基米尔 圣德米特里大教堂。门券雕饰细部 ……… 304~305
图1-357 弗拉基米尔 圣德米特里大教堂。墙面雕饰细部 ……… 304
图1-358 弗拉基米尔 圣德米特里大教堂。盲券拱廊雕饰细部 ……… 306
图1-359 弗拉基米尔 圣德米特里大教堂。室内，半圆室近景 ……… 306~307
图1-360 弗拉基米尔 圣德米特里大教堂。室内，半圆室仰视 ……… 307
图1-361 弗拉基米尔 圣德米特里大教堂。室内，穹顶仰视 ……… 308
图1-362 弗拉基米尔 圣德米特里大教堂。室内，雕饰细部 ……… 308
图1-363 弗拉基米尔 圣德米特里大教堂。壁画：《最后的审判》（12世纪后期）……… 309
图1-364 弗拉基米尔 克尼亚吉宁圣母安息修道院。圣母安息大教堂（1200年，约1505年改建），东南侧外景 ……… 310
图1-365 苏兹达尔 圣母圣诞大教堂（1222~1225年，上层于1528年用砖进行了改建）。立面复原图（作者Dr.Sergey Zagraevsky）……… 310
图1-366 苏兹达尔 圣母圣诞大教堂。20世纪初景色（老照片，1912年）……… 310
图1-367 苏兹达尔 圣母圣诞大教堂。现状，北侧远景 ……… 311
图1-368 苏兹达尔 圣母圣诞大教堂。西北侧远景 ……… 311
图1-369 苏兹达尔 圣母圣诞大教堂。西南侧全景 ……… 312
图1-370 苏兹达尔 圣母圣诞大教堂。南立面 ……… 312
图1-371 苏兹达尔 圣母圣诞大教堂。西侧，穹顶及山墙近景 ……… 313
图1-372 苏兹达尔 圣母圣诞大教堂。东南角近景 ……… 313
图1-373 苏兹达尔 圣母圣诞大教堂。东侧近景 ……… 314
图1-374 苏兹达尔 圣母圣诞大教堂。南门廊细部 ……… 314
图1-375 苏兹达尔 圣母圣诞大教堂。"金门"及细部（可能1233年）……… 314~315
图1-376 苏兹达尔 圣母圣诞大教堂。"王门"细部 ……… 315
图1-377 尤里耶夫-波利斯基 圣乔治大教堂（1229/1230~1234年）。西立面复原图（作者G.Vagner）……… 316
图1-378 尤里耶夫-波利斯基 圣乔治大教堂。北立面现状（取自Академия Строительства и Архитестуры СССР：《Всеобщая История Архитестуры》，I，Москва，1958年）……… 316
图1-379 尤里耶夫-波利斯基 圣乔治大教堂。外景（老照片，1899年）……… 316
图1-380 尤里耶夫-波利斯基 圣乔治大教堂。北立面全景 ……… 316
图1-381 尤里耶夫-波利斯基 圣乔治大教堂。东北侧景色 ……… 317
图1-382 尤里耶夫-波利斯基 圣乔治大教堂。东立面 ……… 317
图1-383 尤里耶夫-波利斯基 圣乔治大教堂。东南侧全景 ……… 318
图1-384 尤里耶夫-波利斯基 圣乔治大教堂。南侧景观 ……… 318
图1-385 尤里耶夫-波利斯基 圣乔治大教堂。西南侧全景 ……… 318

图1-386尤里耶夫-波利斯基 圣乔治大教堂。北门廊近景 ········· 319
图1-387尤里耶夫-波利斯基 圣乔治大教堂。北门廊近景及细部 ········· 320
图1-388尤里耶夫-波利斯基 圣乔治大教堂。南门廊近景 ········· 320
图1-389尤里耶夫-波利斯基 圣乔治大教堂。南门廊雕饰 ········· 320
图1-390尤里耶夫-波利斯基 圣乔治大教堂。西门廊雕饰 ········· 320
图1-391尤里耶夫-波利斯基 圣乔治大教堂。南墙雕饰 ········· 321
图1-392尤里耶夫-波利斯基 圣乔治大教堂。北墙雕饰 ········· 322
图1-393尤里耶夫-波利斯基 圣乔治大教堂。门廊雕饰细部 ········· 322
图1-394尤里耶夫-波利斯基 圣乔治大教堂。墙面雕饰细部 ········· 323
图1-395尤里耶夫-波利斯基 圣乔治大教堂。室内，穹顶仰视 ········· 324
图1-396尤里耶夫-波利斯基 圣乔治大教堂。塌落的石雕板块及壁画遗存 ········· 324
图1-397下诺夫哥罗德 大天使米迦勒大教堂（1227年）。现状外景 ········· 325
图1-398卡尔卡河战役（绘画，作者不明） ········· 325
图1-399利普诺岛（诺夫哥罗德附近） 圣尼古拉教堂（1292年）。平面、立面及剖面（平面及剖面取自 Академия Строительства и Архитестуры СССР：《Всеобщая История Архитестуры》，I，Москва，1958年；西立面复原图作者P.Maksimov） ········· 326
图1-400利普诺岛 圣尼古拉教堂。外景复原图（取自Академия Строительства и Архитестуры СССР：《Всеобщая История Архитестуры》，I，Москва，1958年） ········· 326
图1-401利普诺岛 圣尼古拉教堂。远景 ········· 326
图1-402利普诺岛 圣尼古拉教堂。东南侧现状 ········· 326~327
图1-403利普诺岛 圣尼古拉教堂。东北及西北侧雪景 ········· 327
图1-404利普诺岛 圣尼古拉教堂。内景：窗口及壁画 ········· 328
图1-405利普诺岛 圣尼古拉教堂。圣像画（耶稣） ········· 328
图1-406诺夫哥罗德 科瓦列沃救世主显容教堂（1345年，二战后重建）。西立面全景 ········· 328~329
图1-407诺夫哥罗德 科瓦列沃救世主显容教堂。西南侧全景 ········· 329
图1-408诺夫哥罗德 科瓦列沃救世主显容教堂。东南侧全景 ········· 329
图1-409诺夫哥罗德 科瓦列沃救世主显容教堂。东立面 ········· 330
图1-410诺夫哥罗德 科瓦列沃救世主显容教堂。东北侧全景 ········· 330
图1-411诺夫哥罗德 科瓦列沃救世主显容教堂。壁画：救世主显容 ········· 331
图1-412诺夫哥罗德 布鲁克圣狄奥多尔·斯特拉季拉特斯教堂（1360~1361年）。平面及纵剖面（据L.Shuliak） ··· 331
图1-413诺夫哥罗德 布鲁克圣狄奥多尔·斯特拉季拉特斯教堂。东立面（取自Академия Строительства и Архитестуры СССР：《Всеобщая История Архитестуры》，I，Москва，1958年） ········· 331
图1-414诺夫哥罗德 布鲁克圣狄奥多尔·斯特拉季拉特斯教堂。建筑群，西南侧全景 ········· 332
图1-415诺夫哥罗德 布鲁克圣狄奥多尔·斯特拉季拉特斯教堂。东南侧远观 ········· 332
图1-416诺夫哥罗德 布鲁克圣狄奥多尔·斯特拉季拉特斯教堂。西南侧景色 ········· 333
图1-417诺夫哥罗德 布鲁克圣狄奥多尔·斯特拉季拉特斯教堂。东南侧全景 ········· 333
图1-418诺夫哥罗德 布鲁克圣狄奥多尔·斯特拉季拉特斯教堂。东立面 ········· 333
图1-419诺夫哥罗德 布鲁克圣狄奥多尔·斯特拉季拉特斯教堂。西北侧全景 ········· 334
图1-420诺夫哥罗德 布鲁克圣狄奥多尔·斯特拉季拉特斯教堂。西北侧近景 ········· 334~335
图1-421诺夫哥罗德 布鲁克圣狄奥多尔·斯特拉季拉特斯教堂。东南侧近景 ········· 334
图1-422诺夫哥罗德 布鲁克圣狄奥多尔·斯特拉季拉特斯教堂。墙面近景 ········· 335

图1-423 诺夫哥罗德 布鲁克圣狄奥多尔·斯特拉季拉特斯教堂。塔楼近景 …… 336
图1-424 诺夫哥罗德 布鲁克圣狄奥多尔·斯特拉季拉特斯教堂。室内，半圆室景色 …… 336
图1-425 诺夫哥罗德 布鲁克圣狄奥多尔·斯特拉季拉特斯教堂。穹顶仰视 …… 336
图1-426 诺夫哥罗德 布鲁克圣狄奥多尔·斯特拉季拉特斯教堂。柱墩及拱券仰视 …… 337
图1-427 诺夫哥罗德 布鲁克圣狄奥多尔·斯特拉季拉特斯教堂。壁画残迹 …… 338~339
图1-428 诺夫哥罗德 以利亚大街主显圣容教堂（1374年）。平面及剖面（取自Академия Стройтельства и Архитестуры СССР：《Всеобщая История Архитестуры》，I，Москва，1958年）…… 338
图1-429 诺夫哥罗德 教堂平面比较图：1、救世主教堂（1198年），2、主显圣容教堂（1374年）…… 338
图1-430 诺夫哥罗德 以利亚大街主显圣容教堂。西南侧远景 …… 338~339
图1-431 诺夫哥罗德 以利亚大街主显圣容教堂。西侧全景 …… 339
图1-432 诺夫哥罗德 以利亚大街主显圣容教堂。西南侧景色 …… 339
图1-433 诺夫哥罗德 以利亚大街主显圣容教堂。南侧全景 …… 340
图1-434 诺夫哥罗德 以利亚大街主显圣容教堂。东南侧景色 …… 340
图1-435 诺夫哥罗德 以利亚大街主显圣容教堂。东立面 …… 340
图1-436 诺夫哥罗德 以利亚大街主显圣容教堂。东北侧景色 …… 341
图1-437 诺夫哥罗德 以利亚大街主显圣容教堂。北墙近景 …… 341
图1-438 诺夫哥罗德 以利亚大街主显圣容教堂。西立面，主入口处壁画近景 …… 342
图1-439 诺夫哥罗德 以利亚大街主显圣容教堂。室内，穹顶仰视效果 …… 342
图1-440 诺夫哥罗德 以利亚大街主显圣容教堂。穹顶救世主基督画像 …… 343
图1-441 诺夫哥罗德 以利亚大街主显圣容教堂。壁画：柱头三修士 …… 343
图1-442 诺夫哥罗德 斯拉夫诺圣彼得和圣保罗教堂（1367年）。西南侧现状 …… 343
图1-443 诺夫哥罗德 斯拉夫诺圣彼得和圣保罗教堂。东立面 …… 344
图1-444 诺夫哥罗德 斯拉夫诺圣彼得和圣保罗教堂。西侧入口近景 …… 344
图1-445 诺夫哥罗德 斯拉夫诺圣彼得和圣保罗教堂。内景 …… 344
图1-446 诺夫哥罗德 大墓地。圣诞堂（1381~1382年），西南侧现状 …… 344~345
图1-447 诺夫哥罗德 大墓地。圣诞堂，西北侧景色 …… 345
图1-448 诺夫哥罗德 大墓地。圣诞堂，南侧景色 …… 345
图1-449 诺夫哥罗德 大墓地。圣诞堂，东侧近景 …… 346
图1-450 诺夫哥罗德 大墓地。圣诞堂，北侧近景 …… 346
图1-451 诺夫哥罗德 米哈利察圣母圣诞堂。西南侧外景 …… 346
图1-452 诺夫哥罗德 米哈利察圣母圣诞堂。东南侧全景 …… 346
图1-453 诺夫哥罗德 米哈利察圣母圣诞堂。西北侧全景 …… 346
图1-454 诺夫哥罗德 米哈利察圣母圣诞堂。穹顶近景 …… 347
图1-455 诺夫哥罗德 拉多科维奇圣约翰神明教堂（1383~1384年）。南侧远景 …… 347
图1-456 诺夫哥罗德 拉多科维奇圣约翰神明教堂。东南侧远景 …… 347
图1-457 诺夫哥罗德 拉多科维奇圣约翰神明教堂。东南侧全景 …… 348
图1-458 诺夫哥罗德 拉多科维奇圣约翰神明教堂。东侧全景 …… 348~349
图1-459 诺夫哥罗德 拉多科维奇圣约翰神明教堂。东北侧全景 …… 349
图1-460 诺夫哥罗德 拉多科维奇圣约翰神明教堂。西北侧景观 …… 349
图1-461 诺夫哥罗德 拉多科维奇圣约翰神明教堂。东南侧近景 …… 348
图1-462 诺夫哥罗德 拉多科维奇圣约翰神明教堂。南立面近景 …… 349

图1-463诺夫哥罗德 科热夫尼基圣彼得和圣保罗教堂（1406年）。东南侧远景 ⋯⋯ 349
图1-464诺夫哥罗德 科热夫尼基圣彼得和圣保罗教堂。西北侧全景 ⋯⋯ 350
图1-465诺夫哥罗德 科热夫尼基圣彼得和圣保罗教堂。东南侧全景 ⋯⋯ 350~351
图1-466诺夫哥罗德 科热夫尼基圣彼得和圣保罗教堂。西立面 ⋯⋯ 350
图1-467诺夫哥罗德 科热夫尼基圣彼得和圣保罗教堂。南立面 ⋯⋯ 351
图1-468诺夫哥罗德 科热夫尼基圣彼得和圣保罗教堂。西立面细部 ⋯⋯ 350~351
图1-469诺夫哥罗德 科热夫尼基圣彼得和圣保罗教堂。南立面细部 ⋯⋯ 352
图1-470诺夫哥罗德 科热夫尼基圣彼得和圣保罗教堂。东北侧近景 ⋯⋯ 352
图1-471诺夫哥罗德 沃洛索夫大街圣弗拉西教堂（1407年）。西南侧全景 ⋯⋯ 352
图1-472诺夫哥罗德 沃洛索夫大街圣弗拉西教堂。西侧景色 ⋯⋯ 353
图1-473诺夫哥罗德 沃洛索夫大街圣弗拉西教堂。西北侧全景 ⋯⋯ 353
图1-474诺夫哥罗德 沃洛索夫大街圣弗拉西教堂。东北侧全景 ⋯⋯ 353
图1-475诺夫哥罗德 沃洛索夫大街圣弗拉西教堂。北门廊近景 ⋯⋯ 354
图1-476诺夫哥罗德 米亚奇诺湖畔圣约翰体恤教堂（1421~1422年，17世纪改造）。西南侧现状 ⋯⋯ 354
图1-477诺夫哥罗德 米亚奇诺湖畔圣约翰体恤教堂。东南侧全景 ⋯⋯ 354
图1-478诺夫哥罗德 沟壑边的十二圣徒教堂（1454~1455年）。西侧景色 ⋯⋯ 354
图1-479诺夫哥罗德 沟壑边的十二圣徒教堂。东南侧全景 ⋯⋯ 355
图1-480诺夫哥罗德 城堡。多棱宫（主教觐见厅，1433年）。平面及剖面（取自William Craft Brumfield：《A History of Russian Architecture》，Cambridge University Press，1997年） ⋯⋯ 354
图1-481诺夫哥罗德 城堡。多棱宫（主教觐见厅）。南侧地段全景 ⋯⋯ 355
图1-482诺夫哥罗德 城堡。多棱宫（主教觐见厅）。南侧近景 ⋯⋯ 356
图1-483诺夫哥罗德 城堡。多棱宫（主教觐见厅）。北侧现状 ⋯⋯ 356
图1-484诺夫哥罗德 城堡。多棱宫（主教觐见厅）。廊道内景 ⋯⋯ 356
图1-485诺夫哥罗德 城堡。多棱宫（主教觐见厅）。大厅内景 ⋯⋯ 357
图1-486诺夫哥罗德 城堡。多棱宫（主教觐见厅）。室内壁画遗存 ⋯⋯ 358
图1-487诺夫哥罗德 城堡。叶夫菲米钟塔（1443年，1673年重建）。西侧远景 ⋯⋯ 358
图1-488诺夫哥罗德 城堡。叶夫菲米钟塔。南侧全景 ⋯⋯ 359
图1-489诺夫哥罗德 城堡。叶夫菲米钟塔。顶部近观 ⋯⋯ 359
图1-490诺夫哥罗德 米亚奇诺湖畔圣徒托马斯信服教堂（耶稣复活教堂，1195~1196年，1464年改建）。东侧景色 ⋯⋯ 360
图1-491诺夫哥罗德 圣德米特里教堂（1381~1383年，1463年重建）。东南侧全景 ⋯⋯ 360
图1-492诺夫哥罗德 圣德米特里教堂。南侧现状 ⋯⋯ 361
图1-493诺夫哥罗德 圣德米特里教堂。东北侧景色 ⋯⋯ 361
图1-494诺夫哥罗德 圣德米特里教堂。西北侧近景 ⋯⋯ 361
图1-495诺夫哥罗德 圣德米特里教堂。山墙及鼓座花饰 ⋯⋯ 362
图1-496诺夫哥罗德 圣德米特里教堂。穹顶近景 ⋯⋯ 363
图1-497诺夫哥罗德 雅罗斯拉夫场院（君主院）。现状全景 ⋯⋯ 362~363
图1-498诺夫哥罗德 雅罗斯拉夫场院（君主院）。施洗者圣约翰教堂，东南侧全景 ⋯⋯ 364
图1-499诺夫哥罗德 雅罗斯拉夫场院（君主院）。施洗者圣约翰教堂，西南侧全景 ⋯⋯ 364
图1-500诺夫哥罗德 雅罗斯拉夫场院（君主院）。施洗者圣约翰教堂，西北侧现状 ⋯⋯ 364
图1-501诺夫哥罗德 雅罗斯拉夫场院（君主院）。商业拱廊，俯视全景 ⋯⋯ 365

图1-502 诺夫哥罗德 雅罗斯拉夫场院（君主院）。商业拱廊，北侧景观 ⋯⋯ 365
图1-503 诺夫哥罗德 雅罗斯拉夫场院（君主院）。市场圣母升天教堂，东南侧全景 ⋯⋯ 365
图1-504 诺夫哥罗德 雅罗斯拉夫场院（君主院）。市场圣母升天教堂，西南侧景观 ⋯⋯ 366
图1-505 诺夫哥罗德 雅罗斯拉夫场院（君主院）。市场圣母升天教堂，西北侧现状 ⋯⋯ 366
图1-506 诺夫哥罗德 雅罗斯拉夫场院（君主院）。市场圣乔治教堂，西北侧远景 ⋯⋯ 366
图1-507 诺夫哥罗德 雅罗斯拉夫场院（君主院）。市场圣乔治教堂，东南侧全景 ⋯⋯ 367
图1-508 诺夫哥罗德 雅罗斯拉夫场院（君主院）。市场圣乔治教堂，南立面现状 ⋯⋯ 367
图1-509 诺夫哥罗德 雅罗斯拉夫场院（君主院）。市场圣乔治教堂，南侧近景 ⋯⋯ 368
图1-510 诺夫哥罗德 城堡（砖城墙1484~1490年，塔楼13~17世纪）。西侧城墙及入口 ⋯⋯ 368
图1-511 诺夫哥罗德 城堡。西门内侧 ⋯⋯ 368
图1-512 诺夫哥罗德 城堡。宫廷塔楼和救世主塔楼，现状 ⋯⋯ 369
图1-513 诺夫哥罗德 城堡。宫廷塔楼，内侧景色 ⋯⋯ 369
图1-514 诺夫哥罗德 城堡。救世主塔楼，内侧景色 ⋯⋯ 369
图1-515 诺夫哥罗德 城堡。科奎塔和庇护塔，外景 ⋯⋯ 370
图1-516 诺夫哥罗德 城堡。科奎塔（1691年），内侧景色 ⋯⋯ 370
图1-517 诺夫哥罗德 城堡。菲奥多罗夫塔楼，内侧现状 ⋯⋯ 370~371
图1-518 诺夫哥罗德 城堡。弗拉基米尔塔楼 ⋯⋯ 370~371
图1-519 诺夫哥罗德 城堡。兹拉图斯托夫塔楼，现状 ⋯⋯ 371
图1-520 诺夫哥罗德 城堡。钟楼，东南侧景色 ⋯⋯ 372
图1-521 诺夫哥罗德 城堡。钟楼，西南侧现状 ⋯⋯ 372
图1-522 诺夫哥罗德 雅罗斯拉夫场院（君主院）。没药女教堂（1508~1511年），剖面（最初形式复原图，作者T.Gladenko）⋯⋯ 372
图1-523 诺夫哥罗德 雅罗斯拉夫场院（君主院）。没药女教堂，东北侧地段全景 ⋯⋯ 373
图1-524 诺夫哥罗德 雅罗斯拉夫场院（君主院）。没药女教堂，东南侧景色 ⋯⋯ 373
图1-525 诺夫哥罗德 雅罗斯拉夫场院（君主院）。没药女教堂，东侧全景 ⋯⋯ 374
图1-526 诺夫哥罗德 雅罗斯拉夫场院（君主院）。没药女教堂，东北侧现状 ⋯⋯ 374
图1-527 诺夫哥罗德 雅罗斯拉夫场院（君主院）。没药女教堂，西侧全景 ⋯⋯ 374~375
图1-528 诺夫哥罗德 雅罗斯拉夫场院（君主院）。没药女教堂，西北侧景色 ⋯⋯ 374~375
图1-529 诺夫哥罗德 雅罗斯拉夫场院（君主院）。圣普罗科皮教堂（1529年），地段全景 ⋯⋯ 375
图1-530 诺夫哥罗德 雅罗斯拉夫场院（君主院）。圣普罗科皮教堂，西南侧景色 ⋯⋯ 376
图1-531 诺夫哥罗德 雅罗斯拉夫场院（君主院）。圣普罗科皮教堂，西北侧全景 ⋯⋯ 376~377
图1-532 诺夫哥罗德 雅罗斯拉夫场院（君主院）。圣普罗科皮教堂，北侧现状 ⋯⋯ 377
图1-533 诺夫哥罗德 雅罗斯拉夫场院（君主院）。圣普罗科皮教堂，东北侧全景 ⋯⋯ 377
图1-534 诺夫哥罗德 胡腾修道院。显容大教堂（1515年），东北侧地段全景 ⋯⋯ 376~377
图1-535 诺夫哥罗德 胡腾修道院。显容大教堂，西南侧外景 ⋯⋯ 378
图1-536 诺夫哥罗德 胡腾修道院。显容大教堂，东北侧近景 ⋯⋯ 378~379
图1-537 诺夫哥罗德 胡腾修道院。显容大教堂，西侧入口门廊 ⋯⋯ 378
图1-538 诺夫哥罗德 胡腾修道院。显容大教堂，北侧入口 ⋯⋯ 378~379
图1-539 诺夫哥罗德 胡腾修道院。显容大教堂，墙面及窗饰细部 ⋯⋯ 380
图1-540 诺夫哥罗德 普洛特尼基圣鲍里斯和格列布教堂（1536年）。西南侧俯视全景 ⋯⋯ 380
图1-541 诺夫哥罗德 普洛特尼基圣鲍里斯和格列布教堂。西南侧远景 ⋯⋯ 381

图号	说明	页码
图1-542	诺夫哥罗德 普洛特尼基圣鲍里斯和格列布教堂。西南侧全景	381
图1-543	诺夫哥罗德 普洛特尼基圣鲍里斯和格列布教堂。北侧全景	382
图1-544	诺夫哥罗德 普洛特尼基圣鲍里斯和格列布教堂。东侧现状	382
图1-545	诺夫哥罗德 普洛特尼基圣鲍里斯和格列布教堂。东南侧近景	383
图1-546	诺夫哥罗德 普洛特尼基圣鲍里斯和格列布教堂。南侧墙龛细部	383
图1-547	诺夫哥罗德 普洛特尼基圣鲍里斯和格列布教堂。东墙镶嵌细部	383
图1-548	诺夫哥罗德 圣灵修道院。三一教堂（1557年），东北侧全景	384
图1-549	诺夫哥罗德 圣灵修道院。三一教堂，西南侧全景	384
图1-550	诺夫哥罗德 圣灵修道院。三一教堂，东侧近景	385
图1-551	诺夫哥罗德 圣灵修道院。三一教堂，北立面东端近景	385
图1-552	诺夫哥罗德 圣灵修道院。三一教堂，穹顶近景	385
图1-553	诺夫哥罗德 商业区。大天使米迦勒教堂和天使报喜教堂（14~15世纪，16世纪中叶改建），16世纪中叶组群外貌复原图（据L.Krasnorechev）	386
图1-554	诺夫哥罗德 商业区。大天使米迦勒教堂和天使报喜教堂，西侧全景	386
图1-555	诺夫哥罗德 商业区。大天使米迦勒教堂和天使报喜教堂，东侧全景	387
图1-556	诺夫哥罗德 商业区。大天使米迦勒教堂和天使报喜教堂，西侧中部，近景	387
图1-557	普斯科夫 多夫蒙特城。遗址现状	388
图1-558	普斯科夫 多夫蒙特城。教堂残迹	388
图1-559	普斯科夫 城堡。三一大教堂（1365~1367年，1682年后重建），现状	389
图1-560	普斯科夫 城堡。三一大教堂，17世纪景色（画稿，苏联建筑科学院资料）	390
图1-561	普斯科夫 希洛克圣巴西尔教堂（1413年，17和19世纪改建）。平面及纵剖面（据K.Firsov）	390
图1-562	普斯科夫 希洛克圣巴西尔教堂，东立面（取自Академия Строительства и Архитестуры СССР：《Всеобщая История Архитектуры》，I，Москва，1958年）	390
图1-563	普斯科夫 希洛克圣巴西尔教堂，西北侧全景	390
图1-564	普斯科夫 希洛克圣巴西尔教堂，南侧现状	391
图1-565	普斯科夫 希洛克圣巴西尔教堂，东南侧全景	391
图1-566	普斯科夫 希洛克圣巴西尔教堂，东侧景色	392
图1-567	普斯科夫 希洛克圣巴西尔教堂，东北侧全景	392
图1-568	普斯科夫 希洛克圣巴西尔教堂，东北侧近景	393
图1-569	普斯科夫 典型教堂平面及剖面（图版取自David Roden Buxton：《Russian Mediaeval Architecture》，Cambridge University Press，2014年）	393
图1-570	普斯科夫 桥边的圣科斯马和达米安教堂（1462年，16世纪重建）。轴测复原图（示1462年形式，作者Iu.Spegalskii）	393
图1-571	普斯科夫 桥边的圣科斯马和达米安教堂。西北侧全景	394
图1-572	普斯科夫 桥边的圣科斯马和达米安教堂。西南侧景观	394
图1-573	普斯科夫 桥边的圣科斯马和达米安教堂。西立面近景	395
图1-574	普斯科夫 坡地上的圣乔治教堂（1494年，后期改建）。西侧远景	395
图1-575	普斯科夫 坡地上的圣乔治教堂。西侧全景	396
图1-576	普斯科夫 坡地上的圣乔治教堂。南侧全景	396
图1-577	普斯科夫 坡地上的圣乔治教堂。北侧景色	397
图1-578	普斯科夫 坡地上的圣乔治教堂。西北侧全景	397

图号	说明	页码
图1-579	普斯科夫 坡地上的圣乔治教堂。西南侧近景	397
图1-580	普斯科夫 坡地上的圣乔治教堂。半圆室近景	398
图1-581	普斯科夫 坡地上的圣乔治教堂。穹顶细部	398
图1-582	普斯科夫 主显教堂(1496年)。南侧远景	398
图1-583	普斯科夫 主显教堂。东南侧远景	399
图1-584	普斯科夫 主显教堂。东南侧全景	399
图1-585	普斯科夫 主显教堂。南侧全景	400
图1-586	普斯科夫 主显教堂。西南仰视景色	400
图1-587	普斯科夫 主显教堂。西侧冬景	401
图1-588	普斯科夫 主显教堂。西北全景	401
图1-589	普斯科夫 主显教堂。北侧景色	402
图1-590	普斯科夫 主显教堂。东侧近景	402
图1-591	普斯科夫 主显教堂。钟墙,东北侧景色	402
图1-592	普斯科夫 主显教堂。钟墙近景	403
图1-593	普斯科夫 渡口圣母安息教堂(1521年)。东侧全景	403
图1-594	普斯科夫 渡口圣母安息教堂。东北侧景色	404
图1-595	普斯科夫 渡口圣母安息教堂。西北侧全景	404
图1-596	普斯科夫 渡口圣母安息教堂。西侧全景	405
图1-597	普斯科夫 渡口圣母安息教堂。南侧全景	405
图1-598	普斯科夫 渡口圣母安息教堂。东南侧全景	406
图1-599	普斯科夫 渡口圣母安息教堂。东侧近景	406
图1-600	普斯科夫 渡口圣母安息教堂。北侧近景	406
图1-601	普斯科夫 渡口圣母安息教堂。钟楼,东北侧景色(绘画,取自Академия Стройтельства и Архитестуры СССР:《Всеобщая История Архитектуры》,I,Москва,1958年)	407
图1-602	普斯科夫 渡口圣母安息教堂。钟楼,东南侧景色	407
图1-603	普斯科夫 渡口圣母安息教堂。钟楼,西北侧景色	407
图1-604	普斯科夫 洞窟修道院。钟楼(16~17世纪),地段形势	408
图1-605	普斯科夫 洞窟修道院。钟楼,西北侧景色	408
图1-606	普斯科夫 洞窟修道院。钟楼,近景	408~409
图1-607	普斯科夫 干地的圣尼古拉教堂(1371年,1535~1537年改建)。20世纪初景色(东北侧,老照片)	409
图1-608	普斯科夫 干地的圣尼古拉教堂,西侧景观	409
图1-609	普斯科夫 干地的圣尼古拉教堂,西南侧外景	410
图1-610	普斯科夫 干地的圣尼古拉教堂,东南侧全景	410
图1-611	普斯科夫 干地的圣尼古拉教堂,东南侧近景	411
图1-612	普斯科夫 干地的圣尼古拉教堂,东北侧近景	411
图1-613	普斯科夫 史密斯圣阿纳斯塔西亚教堂(16世纪早期,后经改造)。西南侧全景	412
图1-614	普斯科夫 史密斯圣阿纳斯塔西亚教堂。东北侧全景	412
图1-615	普斯科夫 史密斯圣阿纳斯塔西亚教堂。南侧近景	412~413
图1-616	普斯科夫 圣诞及圣母代祷教堂(可能16世纪)。西南侧俯视全景	413
图1-617	普斯科夫 圣诞及圣母代祷教堂。西侧全景	412~413
图1-618	普斯科夫 圣诞及圣母代祷教堂。东南侧全景	414

图1-619普斯科夫 圣诞及圣母代祷教堂。北侧全景 …… 414
图1-620普斯科夫 圣诞及圣母代祷教堂。西北侧景色 …… 415
图1-621普斯科夫 圣诞及圣母代祷教堂。西北侧雪景 …… 415
图1-622普斯科夫 圣诞及圣母代祷教堂。西侧近景 …… 416

第二章 莫斯科大公国时期

图2-1莫斯科 尤里一世·弗拉基米罗维奇（"长枪尤里"，约1099~1157年）纪念碑（1954年，雕刻作者Sergueï Orlov） …… 418
图2-2卡缅斯克 圣尼古拉教堂（14世纪后半叶）。西南侧全景 …… 418
图2-3卡缅斯克 圣尼古拉教堂。西南侧全景 …… 419
图2-4卡缅斯克 圣尼古拉教堂。南侧入口近景 …… 419
图2-5兹韦尼哥罗德 萨维诺-斯托罗热夫斯基修道院。圣母安息教堂（可能1399年），平面、北立面及纵剖面（据B.Ognev） …… 419
图2-6兹韦尼哥罗德 萨维诺-斯托罗热夫斯基修道院。圣母安息教堂，19世纪末景色（老照片，1899年） …… 419
图2-7兹韦尼哥罗德 萨维诺-斯托罗热夫斯基修道院。圣母安息教堂，东北侧远景 …… 420
图2-8兹韦尼哥罗德 萨维诺-斯托罗热夫斯基修道院。圣母安息教堂，东北侧全景 …… 420~421
图2-9兹韦尼哥罗德 萨维诺-斯托罗热夫斯基修道院。圣母安息教堂，北侧全景 …… 420
图2-10兹韦尼哥罗德 萨维诺-斯托罗热夫斯基修道院。圣母安息教堂，西北侧全景 …… 421
图2-11兹韦尼哥罗德 萨维诺-斯托罗热夫斯基修道院。圣母安息教堂，南侧景色 …… 422~423
图2-12兹韦尼哥罗德 萨维诺-斯托罗热夫斯基修道院。圣母安息教堂，南门近景 …… 422
图2-13兹韦尼哥罗德 萨维诺-斯托罗热夫斯基修道院。圣母安息教堂，西侧近景 …… 422~423
图2-14兹韦尼哥罗德 萨维诺-斯托罗热夫斯基修道院。圣母安息教堂，半圆室近景 …… 423
图2-15兹韦尼哥罗德 萨维诺-斯托罗热夫斯基修道院。圣母安息教堂，墙面雕饰条带 …… 423
图2-16兹韦尼哥罗德 萨维诺-斯托罗热夫斯基修道院。圣母安息教堂，柱头细部 …… 424
图2-17兹韦尼哥罗德 萨维诺-斯托罗热夫斯基修道院。圣母安息教堂，室内，壁画遗存 …… 424
图2-18兹韦尼哥罗德 萨维诺-斯托罗热夫斯基修道院。圣母圣诞大教堂（可能1405年），平面及北立面（据V.Kaulbars） …… 424
图2-19兹韦尼哥罗德 萨维诺-斯托罗热夫斯基修道院。圣母圣诞大教堂，西北侧远景 …… 425
图2-20兹韦尼哥罗德 萨维诺-斯托罗热夫斯基修道院。圣母圣诞大教堂，西北侧全景 …… 425
图2-21兹韦尼哥罗德 萨维诺-斯托罗热夫斯基修道院。圣母圣诞大教堂，北侧近景 …… 426
图2-22兹韦尼哥罗德 萨维诺-斯托罗热夫斯基修道院。圣母圣诞大教堂，东侧现状 …… 426
图2-23兹韦尼哥罗德 萨维诺-斯托罗热夫斯基修道院。圣母圣诞大教堂，南侧全景 …… 426
图2-24兹韦尼哥罗德 萨维诺-斯托罗热夫斯基修道院。圣母圣诞大教堂，西南侧近景 …… 427
图2-25兹韦尼哥罗德 萨维诺-斯托罗热夫斯基修道院。圣母圣诞大教堂，西门廊近景 …… 427
图2-26兹韦尼哥罗德 萨维诺-斯托罗热夫斯基修道院。圣母圣诞大教堂，山墙及穹顶近景 …… 428
图2-27叠置拱券山墙，构造示意（取自Академия Строительства и Архитестуры СССР：《Всеобщая История Архитестуры》，I，Москва，1958年） …… 428
图2-28扎戈尔斯克 圣谢尔久斯三一修道院。三一大教堂（1422~1423年），平面及立面（据V.Baldin） …… 428
图2-29扎戈尔斯克 圣谢尔久斯三一修道院。三一大教堂，屋顶复原图（取自Академия Строительства и Архитестуры СССР：《Всеобщая История Архитестуры》，I，Москва，1958年） …… 428

图2-30 扎戈尔斯克 圣谢尔久斯三一修道院。三一大教堂,模型 ········· 429
图2-31 扎戈尔斯克 圣谢尔久斯三一修道院。三一大教堂,东侧远景 ········· 429
图2-32 扎戈尔斯克 圣谢尔久斯三一修道院。三一大教堂,北侧全景 ········· 429
图2-33 扎戈尔斯克 圣谢尔久斯三一修道院。三一大教堂,东南侧景色 ········· 430
图2-34 扎戈尔斯克 圣谢尔久斯三一修道院。三一大教堂,东南侧近景 ········· 430~431
图2-35 扎戈尔斯克 圣谢尔久斯三一修道院。三一大教堂,西南侧近景 ········· 430
图2-36 扎戈尔斯克 圣谢尔久斯三一修道院。三一大教堂,中央穹顶鼓座细部 ········· 431
图2-37 扎戈尔斯克 圣谢尔久斯三一修道院。三一大教堂,尼孔礼拜堂,穹顶东侧近景 ········· 431
图2-38 扎戈尔斯克 圣谢尔久斯三一修道院。三一大教堂,尼孔礼拜堂,山墙及半圆室屋顶近景 ········· 432
图2-39 扎戈尔斯克 圣谢尔久斯三一修道院。三一大教堂,内景(版画,1856年) ········· 432
图2-40 扎戈尔斯克 圣谢尔久斯三一修道院。三一大教堂,室内,圣像屏帏和圣谢尔久斯圣骨匣 ········· 432
图2-41 安德烈·鲁布列夫纪念像(位于莫斯科安德罗尼克救世主修道院入口前,作者Oleg Komov) ········· 433
图2-42 扎戈尔斯克 圣谢尔久斯三一修道院。三一大教堂,圣像屏帏细部:《旧约三位一体》(可能1410年,原画现存莫斯科特列季亚科夫画廊) ········· 433
图2-43 莫斯科 安德罗尼克救世主修道院。主显圣容大教堂(约1410~1427年),剖析复原图(取自Академия Строительства и Архитестуры СССР:《Всеобщая История Архитестуры》,I,Москва,1958年) ········· 435
图2-44 莫斯科 安德罗尼克救世主修道院。主显圣容大教堂,西侧全景 ········· 434
图2-45 莫斯科 安德罗尼克救世主修道院。主显圣容大教堂,西南侧全景 ········· 435
图2-46 莫斯科 安德罗尼克救世主修道院。主显圣容大教堂,南侧全景 ········· 435
图2-47 莫斯科 安德罗尼克救世主修道院。主显圣容大教堂,东南侧地段形势 ········· 436
图2-48 莫斯科 安德罗尼克救世主修道院。主显圣容大教堂,东南侧全景 ········· 436
图2-49 莫斯科 安德罗尼克救世主修道院。主显圣容大教堂,东侧地段形势 ········· 437
图2-50 莫斯科 安德罗尼克救世主修道院。主显圣容大教堂,东北侧全景 ········· 436~437
图2-51 莫斯科 安德罗尼克救世主修道院。主显圣容大教堂,北侧雪景 ········· 438
图2-52 莫斯科 安德罗尼克救世主修道院。主显圣容大教堂,入口近景 ········· 439
图2-53 莫斯科 安德罗尼克救世主修道院。主显圣容大教堂,西立面近景 ········· 439
图2-54 莫斯科 安德罗尼克救世主修道院。主显圣容大教堂,南立面近景 ········· 440
图2-55 莫斯科 安德罗尼克救世主修道院。主显圣容大教堂,穹顶及山墙,东南侧近景 ········· 440
图2-56 扎戈尔斯克 圣谢尔久斯三一修道院。圣灵教堂(1746年),模型 ········· 441
图2-57 扎戈尔斯克 圣谢尔久斯三一修道院。圣灵教堂,西北侧全景 ········· 440~441
图2-58 扎戈尔斯克 圣谢尔久斯三一修道院。圣灵教堂,西侧全景 ········· 442
图2-59 扎戈尔斯克 圣谢尔久斯三一修道院。圣灵教堂,东南侧景色 ········· 442~443
图2-60 扎戈尔斯克 圣谢尔久斯三一修道院。圣灵教堂,东侧全景 ········· 443
图2-61 扎戈尔斯克 圣谢尔久斯三一修道院。圣灵教堂,北侧形势 ········· 443
图2-62 莫斯科 克里姆林宫。圣袍教堂(1484~1485年),东南侧,自教堂广场上望去的景色 ········· 444
图2-63 莫斯科 克里姆林宫。圣袍教堂,东南侧全景 ········· 444
图2-64 莫斯科 克里姆林宫。圣袍教堂,室内,半圆室装饰细部 ········· 444
图2-65 莫斯科 克里姆林宫。天使报喜大教堂(1484~1489年),平面及立面(取自William Craft Brumfield:《A History of Russian Architecture》,Cambridge University Press,1997年;平面据V.Suslov) ········· 445
图2-66 莫斯科 克里姆林宫。天使报喜大教堂,平面及剖面(取自David Roden Buxton:《Russian Mediaeval Architecture》,Cambridge University Press,2014年) ········· 445

图2-67莫斯科 克里姆林宫。天使报喜大教堂，立面（取自Академия Строительства и Архитестуры СССР：《Всеобщая История Архитестуры》，II，Москва，1963年） ……… 445

图2-68莫斯科 克里姆林宫。天使报喜大教堂，外景（水彩画，1848年，绘于1860年代重修前） ……… 445

图2-69莫斯科 克里姆林宫。天使报喜大教堂，外景（图版取自David Roden Buxton：《Russian Mediaeval Architecture》，Cambridge University Press，2014年） ……… 446

图2-70莫斯科 克里姆林宫。天使报喜大教堂，东北侧俯视全景 ……… 446

图2-71莫斯科 克里姆林宫。天使报喜大教堂，东北侧地段形势 ……… 447

图2-72莫斯科 克里姆林宫。天使报喜大教堂，东北侧全景 ……… 447

图2-73莫斯科 克里姆林宫。天使报喜大教堂，东南侧全景 ……… 448

图2-74莫斯科 克里姆林宫。天使报喜大教堂，南侧全景 ……… 448

图2-75莫斯科 克里姆林宫。天使报喜大教堂，西南侧俯视景色 ……… 449

图2-76莫斯科 克里姆林宫。天使报喜大教堂，东南侧门廊近景 ……… 450

图2-77莫斯科 克里姆林宫。天使报喜大教堂，半圆室及穹顶，东侧景色 ……… 451

图2-78莫斯科 克里姆林宫。天使报喜大教堂，穹顶，东北侧近景 ……… 450

图2-79莫斯科 克里姆林宫。天使报喜大教堂，内景，[绘画，1866年，作者Степан Михайлович Шухвостов（1821~1908年）] ……… 450~451

图2-80莫斯科 克里姆林宫。天使报喜大教堂，室内，穹顶仰视 ……… 452

图2-81莫斯科 克里姆林宫。天使报喜大教堂，室内，西南柱墩壁画：《圣君士坦丁和海伦娜》 ……… 452

图2-82莫斯科 克里姆林宫。天使报喜大教堂，室内，圣像屏帏 ……… 453

图2-83莫斯科 克里姆林宫。天使报喜大教堂，大天使加百利礼拜堂，圣像屏帏 ……… 454

图2-84莫斯科 克里姆林宫。天使报喜大教堂，室内，门饰细部 ……… 455

图2-85莫斯科 克里姆林宫。天使报喜大教堂，室内，柱雕细部 ……… 455

图2-86莫斯科 纳普鲁德内圣特里丰教堂（1490年代）。平面、立面及剖面（取自Академия Строительства и Архитестуры СССР：《Всеобщая История Архитестуры》，II，Москва，1963年） ……… 455

图2-87莫斯科 纳普鲁德内圣特里丰教堂，西南侧全景 ……… 456

图2-88莫斯科 纳普鲁德内圣特里丰教堂，东南侧全景 ……… 456

图2-89莫斯科 纳普鲁德内圣特里丰教堂，东北侧景色 ……… 456~457

图2-90莫斯科 纳普鲁德内圣特里丰教堂，北侧全景 ……… 456~457

图2-91莫斯科 纳普鲁德内圣特里丰教堂，南侧入口近景 ……… 457

图2-92莫斯科 纳普鲁德内圣特里丰教堂，西北侧山墙，近景 ……… 457

图2-93莫斯科 纳普鲁德内圣特里丰教堂，西南侧钟墙，近景 ……… 458

图2-94莫斯科 中国城。角上的圣安妮怀胎教堂（可能16世纪30年代），现状外景 ……… 458

图2-95莫斯科 圣诞女修道院。圣母圣诞大教堂（可能1500~1505年，后期增建），剖析复原图（取自William Craft Brumfield：《A History of Russian Architecture》，Cambridge University Press，1997年） ……… 458

图2-96莫斯科 圣诞女修道院。圣母圣诞大教堂，现状外景 ……… 459

图2-97莫斯科 克里姆林宫。圣母安息大教堂（1475~1479年），平面：1、据F.Rikhter；2、取自David Roden Buxton：《Russian Mediaeval Architecture》（Cambridge University Press，2014年）；3、据Nekrasov ……… 459

图2-98莫斯科 克里姆林宫。圣母安息大教堂，纵剖面（取自Академия Строительства и Архитестуры СССР：《Всеобщая История Архитестуры》，II，Москва，1963年） ……… 460

图2-99莫斯科 克里姆林宫。圣母安息大教堂，南立面（取自William Craft Brumfield：《A History of Russian Architecture》，Cambridge University Press，1997年） ……… 460

图2-100 莫斯科 克里姆林宫。圣母安息大教堂，14世纪立面复原图（作者Сергей Заграевский） ……… 460
图2-101 莫斯科 克里姆林宫。圣母安息大教堂，东南侧外景（取自David Roden Buxton：《Russian Mediaeval Architecture》，Cambridge University Press，2014年） ……… 460
图2-102 莫斯科 克里姆林宫。圣母安息大教堂，东南侧外景（19世纪水彩画，作者Henry Charles Brewer） … 461
图2-103 莫斯科 克里姆林宫。圣母安息大教堂，南侧地段形势 ……… 461
图2-104 莫斯科 克里姆林宫。圣母安息大教堂，东南侧俯视全景 ……… 462
图2-105 莫斯科 克里姆林宫。圣母安息大教堂，东南侧景色 ……… 462
图2-106 莫斯科 克里姆林宫。圣母安息大教堂，东侧全景 ……… 462~463
图2-107 莫斯科 克里姆林宫。圣母安息大教堂，东立面 ……… 463
图2-108 莫斯科 克里姆林宫。圣母安息大教堂，东北侧雪景 ……… 462
图2-109 莫斯科 克里姆林宫。圣母安息大教堂，西南侧景观 ……… 464
图2-110 莫斯科 克里姆林宫。圣母安息大教堂，南立面，入口近景 ……… 464
图2-111 莫斯科 克里姆林宫。圣母安息大教堂，南立面，入口处壁画及柱列 ……… 465
图2-112 莫斯科 克里姆林宫。圣母安息大教堂，西立面入口近景 ……… 464~465
图2-113 莫斯科 克里姆林宫。圣母安息大教堂，东南侧近景 ……… 466
图2-114 莫斯科 克里姆林宫。圣母安息大教堂，东立面山墙壁画 ……… 467
图2-115 莫斯科 克里姆林宫。圣母安息大教堂，穹顶近景 ……… 467
图2-116 莫斯科 克里姆林宫。圣母安息大教堂，立面小窗细部 ……… 468
图2-117 莫斯科 克里姆林宫。圣母安息大教堂，墙角十字架装饰 ……… 468
图2-118 莫斯科 克里姆林宫。圣母安息大教堂，室内，柱墩及墙面壁画 ……… 469
图2-119 莫斯科 克里姆林宫。圣母安息大教堂，沙皇位 ……… 468
图2-120 莫斯科 克里姆林宫。圣母安息大教堂，大主教赫尔摩根墓寝华盖（17世纪） ……… 470
图2-121 莫斯科 克里姆林宫。圣母安息大教堂，仰视内景 ……… 471
图2-122 莫斯科 克里姆林宫。总平面 ……… 471
图2-123 莫斯科 克里姆林宫。全景图 ……… 472
图2-124 莫斯科 克里姆林宫。立面（17世纪末景观，取自Академия Стройтельства и Архитестуры СССР：《Всеобщая История Архитестуры》，II，Москва，1963年） ……… 472
图2-125 莫斯科 克里姆林宫。全景图（1664年） ……… 473
图2-126 莫斯科 克里姆林宫。总平面（1760年代） ……… 472
图2-127 莫斯科 克里姆林宫。总平面（1842年） ……… 473
图2-128 莫斯科 克里姆林宫。总平面（1852~1853年，取自A.Khotev：《Atlas of Moscow-Kremlin and Kitaigorod Area》） ……… 474
图2-129 莫斯科 克里姆林宫。总平面（1910年，取自С.П.Бартенев：《Московский Кремль в старину и теперь》） ……… 474~475
图2-130 莫斯科 克里姆林宫。总平面（1914年） ……… 475
图2-131 莫斯科 克里姆林宫。总平面（1917年） ……… 475
图2-132 莫斯科 克里姆林宫。17世纪末景色（绘画，作者Аполлинарий Михайлович Васнецов） ……… 476
图2-133 莫斯科 克里姆林宫。城墙及救世主桥，17世纪景色（绘画，作者Аполлинарий Михайлович Васнецов，约绘于1900年） ……… 476
图2-134 莫斯科 克里姆林宫。大教堂广场（绘画，作者Аполлинарий Михайлович Васнецов） ……… 476~477
图2-135 莫斯科 克里姆林宫。东侧景色（版画，作者Августин Мейерберг，1661~1662年） ……… 476

图2-136莫斯科 克里姆林宫。西侧景色（版画，作者Августин Мейерберг，1661~1662年） ········· 478
图2-137莫斯科 克里姆林宫。全景图（绘画，作者贾科莫·夸伦吉，1797年） ············· 476~477
图2-138莫斯科 克里姆林宫。自宫内平台外眺景色（绘画，1797年，作者Gerard Delabart） ········· 478~479
图2-139莫斯科 克里姆林宫。全景图（彩画，约1800年，作者不明） ························· 479
图2-140莫斯科 克里姆林宫。全景图[1839年，作者Johann Philipp Eduard Gaertner（1801~1877年）] ········ 480
图2-141莫斯科 克里姆林宫。全景图（版画，作者André Durand，1843年） ······················· 480
图2-142莫斯科 克里姆林宫。外景（速写，作者Robert Schumann，1844年） ······················· 481
图2-143莫斯科 克里姆林宫。卫星图 ·· 481
图2-144莫斯科 克里姆林宫。南侧俯视全景 ·· 481
图2-145莫斯科 克里姆林宫。东北侧俯视景色 ·· 481
图2-146莫斯科 克里姆林宫。东北侧现状（局部） ·· 482
图2-147莫斯科 克里姆林宫。西南侧远景 ·· 483
图2-148莫斯科 克里姆林宫。东南侧景色（局部） ·· 483
图2-149莫斯科 克里姆林宫。自宫内向莫斯科河方向望去的景色 ································ 484
图2-150莫斯科 克里姆林宫。弗罗洛夫塔楼[斯帕斯克（救世主）塔楼，1464~1466年，1491年改建，上部结构1624~1625年增建]，北侧全景 ·· 485
图2-151莫斯科 克里姆林宫。弗罗洛夫塔楼[斯帕斯克（救世主）塔楼]，东侧全景 ············· 486
图2-152莫斯科 克里姆林宫。弗罗洛夫塔楼[斯帕斯克（救世主）塔楼]，东南侧近景 ········ 486~487
图2-153莫斯科 克里姆林宫。弗罗洛夫塔楼[斯帕斯克（救世主）塔楼]，东北侧近景 ············· 487
图2-154莫斯科 克里姆林宫。弗罗洛夫塔楼[斯帕斯克（救世主）塔楼]，大钟细部 ············· 488
图2-155莫斯科 克里姆林宫。弗罗洛夫塔楼[斯帕斯克（救世主）塔楼]，塔尖近景 ············· 488
图2-156莫斯科 克里姆林宫。别克列米舍夫塔楼（莫斯科河塔楼，1487~1488年，尖塔1680年增建），东南侧，地段形势与近景 ·· 488~489
图2-157莫斯科 克里姆林宫。别克列米舍夫塔楼（莫斯科河塔楼），西北侧景色 ··············· 490
图2-158莫斯科 克里姆林宫。别克列米舍夫塔楼（莫斯科河塔楼），塔顶仰视 ················· 490
图2-159莫斯科 克里姆林宫。水塔（1488年，尖塔1672~1686年增建），南侧全景 ··········· 490~491
图2-160莫斯科 克里姆林宫。水塔，东侧全景 ·· 491
图2-161莫斯科 克里姆林宫。水塔，上部尖塔近景 ·· 492
图2-162莫斯科 克里姆林宫。隐秘塔，南侧景观 ·· 492
图2-163莫斯科 克里姆林宫。三一塔（1495年），西侧景观 ······································ 492
图2-164莫斯科 克里姆林宫。警钟塔（1495年），东南侧景色 ···································· 493
图2-165莫斯科 克里姆林宫。沙皇塔（1680年），东南侧景色 ···································· 493
图2-166莫斯科 克里姆林宫。博罗维奇塔楼（1490~1493年），南侧，自宫墙外望去的景色 ····· 493
图2-167莫斯科 克里姆林宫。博罗维奇塔楼，西侧全景 ·· 494
图2-168莫斯科 克里姆林宫。博罗维奇塔楼，东北侧，自宫城内部望去的景色 ················· 494
图2-169莫斯科 克里姆林宫。博罗维奇塔楼，塔顶近景 ·· 494
图2-170莫斯科 克里姆林宫。君士坦丁与海伦娜塔楼（1490~1493年，角锥形屋顶17世纪），东南侧景色 ····· 495
图2-171莫斯科 克里姆林宫。君士坦丁与海伦娜塔楼，东北侧全景 ······························· 496
图2-172莫斯科 克里姆林宫。圣尼古拉塔楼（1490~1493年），东侧全景 ··················· 496~497
图2-173莫斯科 克里姆林宫。圣尼古拉塔楼，入口近景 ·· 497
图2-174莫斯科 克里姆林宫。圣尼古拉塔楼，顶塔近景 ·· 498

图2-175 莫斯科 克里姆林宫。禁角武库塔楼（索巴金塔），1812年受损状态（版画，作者A.Bakarev） …… 498
图2-176 莫斯科 克里姆林宫。禁角武库塔楼（索巴金塔），西侧远景 …… 498
图2-177 莫斯科 克里姆林宫。禁角武库塔楼（索巴金塔），西侧全景 …… 499
图2-178 莫斯科 克里姆林宫。禁角武库塔楼（索巴金塔），塔顶仰视 …… 500
图2-179 莫斯科 克里姆林宫。多棱宫（1487~1491年），平面、立面及大厅剖面（取自Академия Строительства и Архитестуры СССР：《Всеобщая История Архитектуры》，II，Москва，1963年）…… 500
图2-180 莫斯科 克里姆林宫。多棱宫，东侧地段形势 …… 500
图2-181 莫斯科 克里姆林宫。多棱宫，东侧俯视景色 …… 501
图2-182 莫斯科 克里姆林宫。多棱宫，东北侧远景 …… 501
图2-183 莫斯科 克里姆林宫。多棱宫，东北侧全景 …… 502
图2-184 莫斯科 克里姆林宫。多棱宫，东南侧近景 …… 502
图2-185 莫斯科 克里姆林宫。多棱宫，窗饰细部 …… 503
图2-186 莫斯科 克里姆林宫。多棱宫，室内，西墙大门 …… 504
图2-187 莫斯科 克里姆林宫。多棱宫，大厅内景 …… 505
图2-188 莫斯科 克里姆林宫。多棱宫，东墙壁画：王朝的首批大公（1882年）…… 505
图2-189 莫斯科 克里姆林宫。多棱宫，皇后金堂，内景 …… 506
图2-190 莫斯科 克里姆林宫。多棱宫，皇后金堂，拱顶画（17世纪）…… 506
图2-191 乌格利奇 大公宫邸（15世纪80年代，1890~1892年部分修复）。西北侧全景 …… 507
图2-192 乌格利奇 大公宫邸。北侧雪夜 …… 507
图2-193 乌格利奇 大公宫邸。东侧景色 …… 507
图2-194 乌格利奇 大公宫邸。南侧细部 …… 508
图2-195 莫斯科 克里姆林宫。大天使米迦勒大教堂（1505~1508年），平面（图版，作者Yevlashev）…… 508
图2-196 莫斯科 克里姆林宫。大天使米迦勒大教堂，平面（据Nekrasov）…… 508
图2-197 莫斯科 克里姆林宫。大天使米迦勒大教堂，平面及剖面（据A.Vlasiuk）…… 508
图2-198 莫斯科 克里姆林宫。大天使米迦勒大教堂，立面（取自Академия Строительства и Архитестуры СССР：《Всеобщая История Архитектуры》，II，Москва，1963年）…… 508
图2-199 莫斯科 克里姆林宫。大天使米迦勒大教堂，外景（版画，取自David Roden Buxton：《Russian Mediaeval Architecture》，Cambridge University Press，2014年）…… 509
图2-200 莫斯科 克里姆林宫。大天使米迦勒大教堂，东北侧俯视全景 …… 509
图2-201 莫斯科 克里姆林宫。大天使米迦勒大教堂，东北侧全景 …… 510
图2-202 莫斯科 克里姆林宫。大天使米迦勒大教堂，北侧全景 …… 510
图2-203 莫斯科 克里姆林宫。大天使米迦勒大教堂，西北侧全景 …… 511
图2-204 莫斯科 克里姆林宫。大天使米迦勒大教堂，西南侧全景 …… 511
图2-205 莫斯科 克里姆林宫。大天使米迦勒大教堂，南侧全景 …… 512
图2-206 莫斯科 克里姆林宫。大天使米迦勒大教堂，东南侧全景 …… 513
图2-207 莫斯科 克里姆林宫。大天使米迦勒大教堂，东侧全景 …… 514
图2-208 莫斯科 克里姆林宫。大天使米迦勒大教堂，西侧大门近景 …… 514~515
图2-209 莫斯科 克里姆林宫。大天使米迦勒大教堂，西立面侧门近景 …… 515
图2-210 莫斯科 克里姆林宫。大天使米迦勒大教堂，穹顶及山面近景 …… 514
图2-211 莫斯科 克里姆林宫。大天使米迦勒大教堂，室内，仰视景色 …… 516
图2-212 莫斯科 克里姆林宫。大天使米迦勒大教堂，室内，穹顶仰视 …… 516

图2-213 莫斯科 克里姆林宫。大天使米迦勒大教堂，室内，柱墩及墙面壁画 ············ 517
图2-214 莫斯科 克里姆林宫。大天使米迦勒大教堂，室内，圣像屏帏（正面，局部） ············ 518
图2-215 莫斯科 克里姆林宫。大天使米迦勒大教堂，室内，圣像屏帏（侧面） ············ 519
图2-216 莫斯科 克里姆林宫。大天使米迦勒大教堂，室内，圣像屏帏，门饰细部 ············ 519
图2-217 莫斯科 克里姆林宫。大天使米迦勒大教堂，大天使米迦勒圣像 ············ 520
图2-218 莫斯科 克里姆林宫。大天使米迦勒大教堂，德米特里王子陵寝及华盖 ············ 520~521
图2-219 莫斯科 克里姆林宫。大天使米迦勒大教堂，南墙边14~16世纪陵寝 ············ 520~521
图2-220 莫斯科 克里姆林宫。伊凡大帝钟楼组群（1505~1508年，上层及穹顶1600年增建），平面及立面（渲染图作者Ivan Yegotov，1815年；线条平面图取自Академия Строительства и Архитестуры СССР：《Всеобщая История Архитестуры》，II，Москва，1963年） ············ 521
图2-221 莫斯科 克里姆林宫。伊凡大帝钟楼组群，立面及剖面（渲染图作者Giovanni Gilardi，1815年） ············ 522
图2-222 莫斯科 克里姆林宫。伊凡大帝钟楼组群，17世纪广场景色（彩画） ············ 523
图2-223 莫斯科 克里姆林宫。伊凡大帝钟楼组群，17世纪广场景色[彩画，作者Аполлинáрий Михáйлович Васнецо́в（1856~1933年），绘于1903年] ············ 523
图2-224 莫斯科 克里姆林宫。伊凡大帝钟楼组群，外景（1805年版画，作者Gustav Hoppe） ············ 523
图2-225 莫斯科 克里姆林宫。伊凡大帝钟楼组群，1812年损毁状况（版画，作者John James，绘于1813年） ············ 523
图2-226 莫斯科 克里姆林宫。伊凡大帝钟楼组群，1839年状态[彩画，作者Johann Philipp Eduard Gaertner（1801~1877年）] ············ 524
图2-227 莫斯科 克里姆林宫。伊凡大帝钟楼组群，1880年代状态（版画，取自1883年出版的《Through Siberia》第333页） ············ 524~525
图2-228 莫斯科 克里姆林宫。伊凡大帝钟楼组群，东南侧远景 ············ 525
图2-229 莫斯科 克里姆林宫。伊凡大帝钟楼组群，东侧全景 ············ 525
图2-230 莫斯科 克里姆林宫。伊凡大帝钟楼组群，西北侧俯视景色 ············ 526
图2-231 莫斯科 克里姆林宫。伊凡大帝钟楼组群，西北侧全景 ············ 527
图2-232 莫斯科 克里姆林宫。伊凡大帝钟楼组群，西南侧夜景 ············ 527
图2-233 莫斯科 克里姆林宫。伊凡大帝钟楼组群，西侧全景 ············ 528
图2-234 莫斯科 克里姆林宫。伊凡大帝钟楼组群，南侧景色 ············ 528~529
图2-235 莫斯科 克里姆林宫。伊凡大帝钟楼组群，西北侧近景 ············ 530
图2-236 莫斯科 克里姆林宫。伊凡大帝钟楼组群，塔楼，西南侧仰视近景 ············ 531
图2-237 莫斯科 克里姆林宫。伊凡大帝钟楼组群，主塔上部 ············ 531
图2-238 莫斯科 克里姆林宫。伊凡大帝钟楼组群，北塔近景 ············ 532
图2-239 莫斯科 克里姆林宫。伊凡大帝钟楼组群，主塔内景 ············ 533
图2-240 苏兹达尔 圣母代祷修道院（16~18世纪）。西南侧俯视全景 ············ 534
图2-241 苏兹达尔 圣母代祷修道院。东北侧俯视全景 ············ 534
图2-242 苏兹达尔 圣母代祷修道院。东北侧远景 ············ 534
图2-243 苏兹达尔 圣母代祷修道院。东侧全景 ············ 534
图2-244 苏兹达尔 圣母代祷修道院。东南侧近景 ············ 535
图2-245 苏兹达尔 圣母代祷修道院。圣母代祷大教堂（1510~1514年），西南侧全景 ············ 535
图2-246 苏兹达尔 圣母代祷修道院。圣母代祷大教堂，西北侧全景 ············ 535
图2-247 苏兹达尔 圣母代祷修道院。圣母代祷大教堂，东侧全景 ············ 535
图2-248 苏兹达尔 圣母代祷修道院。圣母代祷大教堂，西侧近景 ············ 535

图2-249苏兹达尔 圣母代祷修道院。天使报喜门楼教堂（约1516年），西南侧外景 ……… 535
图2-250苏兹达尔 圣母代祷修道院。天使报喜门楼教堂，东南侧景色 ……… 535
图2-251亚历山德罗夫-斯洛博达 圣母代祷大教堂（1513年）。西侧远景 ……… 536
图2-252亚历山德罗夫-斯洛博达 圣母代祷大教堂。西南侧全景 ……… 536
图2-253亚历山德罗夫-斯洛博达 圣母代祷大教堂。南侧全景 ……… 536~537
图2-254亚历山德罗夫-斯洛博达 圣母代祷大教堂。东南侧全景 ……… 537
图2-255亚历山德罗夫-斯洛博达 圣母代祷大教堂。东北侧景色 ……… 536~537
图2-256亚历山德罗夫-斯洛博达 圣母代祷大教堂。西侧入口近景 ……… 538
图2-257亚历山德罗夫-斯洛博达 圣母代祷大教堂。穹顶近景 ……… 538
图2-258亚历山德罗夫-斯洛博达 圣母代祷大教堂。室内全景 ……… 538
图2-259亚历山德罗夫-斯洛博达 圣母代祷大教堂。圣像屏帏 ……… 539
图2-260德米特罗夫 圣母安息大教堂（1509~1533年，后期改建）。西南侧全景 ……… 538
图2-261德米特罗夫 圣母安息大教堂。南侧全景 ……… 539
图2-262德米特罗夫 圣母安息大教堂。东北侧全景 ……… 540
图2-263德米特罗夫 圣母安息大教堂。西北侧全景 ……… 540
图2-264德米特罗夫 圣母安息大教堂。室内，圣像屏帏 ……… 541
图2-265佩列斯拉夫尔-扎列斯基 丹尼洛夫三一修道院。东侧全景 ……… 541
图2-266佩列斯拉夫尔-扎列斯基 丹尼洛夫三一修道院。东北侧景色 ……… 541
图2-267佩列斯拉夫尔-扎列斯基 丹尼洛夫三一修道院。圣三一大教堂（1530~1532年），东侧全景 ……… 541
图2-268佩列斯拉夫尔-扎列斯基 丹尼洛夫三一修道院。圣三一大教堂，东北侧景色 ……… 542
图2-269佩列斯拉夫尔-扎列斯基 丹尼洛夫三一修道院。圣三一大教堂，西南侧景色 ……… 542
图2-270佩列斯拉夫尔-扎列斯基 丹尼洛夫三一修道院。圣三一大教堂，东南侧全景 ……… 542
图2-271佩列斯拉夫尔-扎列斯基 丹尼洛夫三一修道院。圣三一大教堂，室内，中央穹顶及穹隅，仰视景色（壁画作者Gurii Nikitin和Sila Savin，1662~1668年） ……… 542~543
图2-272佩列斯拉夫尔-扎列斯基 费多罗夫斯基（狄奥多尔）修道院。圣狄奥多尔·斯特拉季拉特斯还愿教堂（1557年），南侧全景 ……… 543
图2-273佩列斯拉夫尔-扎列斯基 费多罗夫斯基（狄奥多尔）修道院。圣狄奥多尔·斯特拉季拉特斯还愿教堂，东南侧全景 ……… 543
图2-274佩列斯拉夫尔-扎列斯基 费多罗夫斯基（狄奥多尔）修道院。圣狄奥多尔·斯特拉季拉特斯还愿教堂，室内，廊道及壁画遗存 ……… 544
图2-275佩列斯拉夫尔-扎列斯基 费多罗夫斯基（狄奥多尔）修道院。圣狄奥多尔·斯特拉季拉特斯还愿教堂，室内，半圆室景色 ……… 544
图2-276佩列斯拉夫尔-扎列斯基 费多罗夫斯基（狄奥多尔）修道院。圣狄奥多尔·斯特拉季拉特斯还愿教堂，室内，穹顶仰视全景 ……… 544
图2-277罗斯托夫 圣母安息大教堂（15世纪后期或16世纪初）。西南侧全景 ……… 545
图2-278罗斯托夫 圣母安息大教堂。西北侧景色 ……… 545
图2-279罗斯托夫 圣母安息大教堂。东北侧全景 ……… 546
图2-280罗斯托夫 圣母安息大教堂。东侧俯视景色 ……… 546~547
图2-281罗斯托夫 圣母安息大教堂。东南侧全景 ……… 547
图2-282罗斯托夫 圣母安息大教堂。南立面，门廊近景 ……… 547
图2-283罗斯托夫 圣母安息大教堂。南立面，门廊内景 ……… 548

图2-284罗斯托夫 圣母安息大教堂。南立面盲券拱廊 548
图2-285罗斯托夫 圣母安息大教堂。东侧,半圆室上部 548
图2-286罗斯托夫 圣母安息大教堂。室内,仰视景色 549
图2-287罗斯托夫 圣母安息大教堂。室内,祭坛屏帐 550
图2-288罗斯托夫 圣母安息大教堂。穹顶,仰视全景 550
图2-289罗斯托夫 圣母安息大教堂。室内,宝座及壁画 551
图2-290罗斯托夫 圣母安息大教堂。壁画遗存 551
图2-291罗斯托夫 圣母安息大教堂。雕饰细部 551
图2-292罗斯托夫 圣母安息大教堂。柱身雕刻 552
图2-293莫斯科 新圣女修道院(斯摩棱斯克修道院)。斯摩棱斯克圣母圣像大教堂(1524~1525年),西北侧全景 552
图2-294莫斯科 新圣女修道院(斯摩棱斯克修道院)。斯摩棱斯克圣母圣像大教堂,西侧全景 553
图2-295莫斯科 新圣女修道院(斯摩棱斯克修道院)。斯摩棱斯克圣母圣像大教堂,西南侧全景 553
图2-296莫斯科 新圣女修道院(斯摩棱斯克修道院)。斯摩棱斯克圣母圣像大教堂,南侧景色 554
图2-297莫斯科 新圣女修道院(斯摩棱斯克修道院)。斯摩棱斯克圣母圣像大教堂,东南侧全景 554
图2-298莫斯科 新圣女修道院(斯摩棱斯克修道院)。斯摩棱斯克圣母圣像大教堂,东侧景色 554~555
图2-299莫斯科 新圣女修道院(斯摩棱斯克修道院)。斯摩棱斯克圣母圣像大教堂,东北侧全景 554~555
图2-300莫斯科 新圣女修道院(斯摩棱斯克修道院)。斯摩棱斯克圣母圣像大教堂,北侧远景 555
图2-301莫斯科 新圣女修道院(斯摩棱斯克修道院)。斯摩棱斯克圣母圣像大教堂,北立面全景 556
图2-302莫斯科 新圣女修道院(斯摩棱斯克修道院)。斯摩棱斯克圣母圣像大教堂,西侧,入口近景 556~557
图2-303莫斯科 新圣女修道院(斯摩棱斯克修道院)。斯摩棱斯克圣母圣像大教堂,东南侧近景 557
图2-304莫斯科 新圣女修道院(斯摩棱斯克修道院)。斯摩棱斯克圣母圣像大教堂,穹顶近景 556~557
图2-305莫斯科 新圣女修道院(斯摩棱斯克修道院)。斯摩棱斯克圣母圣像大教堂,室内,圣像屏帐 558
图2-306莫斯科 新圣女修道院(斯摩棱斯克修道院)。斯摩棱斯克圣母圣像大教堂,室内,圣母像(16世纪) 558
图2-307扎戈尔斯克 圣谢尔久斯三一修道院。圣母安息大教堂(1559~1585年),西南侧外景 559
图2-308扎戈尔斯克 圣谢尔久斯三一修道院。圣母安息大教堂,西侧全景 559
图2-309扎戈尔斯克 圣谢尔久斯三一修道院。圣母安息大教堂,东侧景色 559
图2-310扎戈尔斯克 圣谢尔久斯三一修道院。圣母安息大教堂,东南侧近景 560
图2-311扎戈尔斯克 圣谢尔久斯三一修道院。圣母安息大教堂,西侧入口近景 560
图2-312沃洛格达 克里姆林(城堡,1567年,城墙和塔楼于1820年代拆除)。19世纪中叶景色(版画,1853年,作者A.Скино) 561
图2-313沃洛格达 克里姆林(城堡)。组群东侧俯视全景 560~561
图2-314沃洛格达 克里姆林(城堡)。组群东北侧远景 560
图2-315沃洛格达 克里姆林(城堡)。组群东北侧全景 561
图2-316沃洛格达 克里姆林(城堡)。组群南侧景观 562
图2-317沃洛格达 圣索菲亚大教堂(1568~1570年)。平面 562
图2-318沃洛格达 圣索菲亚大教堂。东南侧俯视全景 562
图2-319沃洛格达 圣索菲亚大教堂。北侧景色 563
图2-320沃洛格达 圣索菲亚大教堂。南侧全景 563
图2-321沃洛格达 圣索菲亚大教堂。东侧全景 564
图2-322沃洛格达 圣索菲亚大教堂。西侧近景 564~565

图2-323沃洛格达 圣索菲亚大教堂。西南侧入口 565
图2-324沃洛格达 圣索菲亚大教堂。东南侧入口 565
图2-325沃洛格达 圣索菲亚大教堂。穹顶，东南侧俯视景色 566
图2-326沃洛格达 圣索菲亚大教堂。仰视内景 567
图2-327沃洛格达 圣索菲亚大教堂。穹顶画：《全能上帝》像 566
图2-328沃洛格达 圣索菲亚大教堂。西墙壁画：《最后的审判》（1686~1688年） 567
图2-329沃洛格达 圣索菲亚大教堂。装修细部 568
图2-330沃洛科拉姆斯克 约瑟夫-沃洛科拉姆斯克修道院（创建于1479年，城墙及塔楼17世纪下半叶）。东北侧，自湖面上望去的景色 568
图2-331沃洛科拉姆斯克 约瑟夫-沃洛科拉姆斯克修道院。东侧，自湖面上望去的景色 569
图2-332沃洛科拉姆斯克 约瑟夫-沃洛科拉姆斯克修道院。东南侧，冬季景象 569
图2-333沃洛科拉姆斯克 约瑟夫-沃洛科拉姆斯克修道院。钟塔（1490年代，已毁），外景（二战被毁前老照片） 569
图2-334沃洛科拉姆斯克 约瑟夫-沃洛科拉姆斯克修道院。南围墙及主门楼（彼得和保罗门楼教堂），外景 569
图2-335沃洛科拉姆斯克 约瑟夫-沃洛科拉姆斯克修道院。南围墙，彼得和保罗门楼教堂近景 570
图2-336沃洛科拉姆斯克 约瑟夫-沃洛科拉姆斯克修道院。南围墙，西塔楼全景及近景 570~571
图2-337沃洛科拉姆斯克 约瑟夫-沃洛科拉姆斯克修道院。南围墙，东塔楼（复活塔楼，1678年）全景 571
图2-338沃洛科拉姆斯克 约瑟夫-沃洛科拉姆斯克修道院。西北围墙，中塔楼 572
图2-339沃洛科拉姆斯克 约瑟夫-沃洛科拉姆斯克修道院。餐厅教堂（1682年），东侧全景 572
图2-340沃洛科拉姆斯克 约瑟夫-沃洛科拉姆斯克修道院。圣母升天教堂（1682~1689年，室内1696年完成），西侧全景 572
图2-341沃洛科拉姆斯克 约瑟夫-沃洛科拉姆斯克修道院。圣母升天教堂，西南侧全景 572
图2-342沃洛科拉姆斯克 约瑟夫-沃洛科拉姆斯克修道院。圣母升天教堂，南侧近景 573
图2-343沃洛科拉姆斯克 约瑟夫-沃洛科拉姆斯克修道院。圣母升天教堂，穹顶近景 573
图2-344下诺夫哥罗德 城堡（克里姆林，1500~1511年）。中世纪木构城堡总平面（13~14世纪状况，至1374年为石砌城堡取代，复原图作者С.Л.Агафонова，1960年） 573
图2-345下诺夫哥罗德 城堡（克里姆林，1500~1511年）。塔楼名称示意 574
图2-346下诺夫哥罗德 城堡（克里姆林）。西侧俯视全景 574~575
图2-347下诺夫哥罗德 城堡（克里姆林）。德米特里塔楼，东南侧景观 574
图2-348下诺夫哥罗德 城堡（克里姆林）。乔治塔楼，自南面望去的景色 574~575
图2-349下诺夫哥罗德 城堡（克里姆林）。北侧城墙 574~575
图2-350下诺夫哥罗德 城堡（克里姆林）。残墟塔，北侧景色 576
图2-351下诺夫哥罗德 城堡（克里姆林）。伊万塔，南侧景观 576
图2-352下诺夫哥罗德 城堡（克里姆林）。白塔，东南侧景色 576
图2-353下诺夫哥罗德 城堡（克里姆林）。北塔，东南侧景观 577
图2-354下诺夫哥罗德 城堡（克里姆林）。密塔，西南侧仰视景色 577
图2-355下诺夫哥罗德 城堡（克里姆林）。科罗梅斯洛瓦塔楼，南侧景观 578
图2-356下诺夫哥罗德 城堡（克里姆林）。尼古拉塔楼，东侧景色 578
图2-357下诺夫哥罗德 城堡（克里姆林）。克拉多夫塔楼，西南侧景色 579
图2-358扎赖斯克 城堡（1528~1531年）。西侧围墙 578
图2-359大鹿砦防线图（17世纪） 579

图2-360大鹿砦防线，修建图（油画，作者M.Presnyakov） 579
图2-361科洛姆纳 克里姆林（1525~1531年）。外景（版画，1778年，作者Matvey Kazakov） 579
图2-362科洛姆纳 克里姆林。皮亚特尼茨基门楼，外景 580
图2-363科洛姆纳 克里姆林。马林基纳塔楼，平面、立面及剖面（取自William Craft Brumfield：《A History of Russian Architecture》，Cambridge University Press，1997年；立面据L.Pavlov） 580
图2-364科洛姆纳 克里姆林。马林基纳塔楼，现状 580
图2-365图拉 城堡（1507~1520年）。西南侧俯视全景 581
图2-366图拉 城堡。西南侧围墙（外侧，自东南方向望去的景色） 581
图2-367图拉 城堡。东北侧围墙（内侧，自东南方向望去的景色） 581
图2-368图拉 城堡。西南侧围墙，中央入口（自南向北望去的景色） 581
图2-369图拉 城堡。东北角塔 581
图2-370图拉 城堡。东北侧围墙，东起第二塔楼（内侧景观） 582
图2-371图拉 城堡。东北侧围墙，西起第二塔楼（外侧景观） 582
图2-372图拉 城堡。北端角塔 582
图2-373伊万哥罗德 城堡（1492~1507年）。西侧残迹景色（版画，作者Anthonis Goeteeris，1616年） 582
图2-374伊万哥罗德 城堡。俯视全景[作者Johann Christoph Brotze（1742~1823年），河对岸为纳尔瓦城堡] 582
图2-375伊万哥罗德 城堡。自纳尔瓦城堡一侧望去的景色（版画，取自Johann Christoph Brotze：《Sammlung verschiedner Liefländischer Monumente》） 582
图2-376伊万哥罗德 城堡。西北侧残迹景色（版画，作者Karl von Kügelgen，1818年） 582
图2-377伊万哥罗德 城堡。北侧远景[版画，1867年，作者W.S.Stavenhagen（1814~1881年）] 583
图2-378伊万哥罗德 城堡。卫星图 583
图2-379伊万哥罗德 城堡。西北侧俯视全景 583
图2-380伊万哥罗德 城堡。西侧 584~585
图2-381伊万哥罗德 城堡。南侧景色 584~585
图2-382伊万哥罗德 城堡。城堡西区，西南侧景色 585
图2-383伊万哥罗德 城堡。城堡东区，西南侧景色 585
图2-384伊万哥罗德 城堡。门塔（西棱堡东北角塔楼） 584
图2-385伊万哥罗德 城堡。井塔，南侧景观 586
图2-386伊万哥罗德 城堡。军需塔与门塔 587
图2-387伊万哥罗德 城堡。军需塔及其步道 587
图2-388伊万哥罗德 城堡。宽塔，自城堡内东侧望去的景色 587
图2-389伊万哥罗德 城堡。新塔（水塔），西北侧残迹景色 587
图2-390伊万哥罗德 城堡。城堡内角处方塔，南侧景观 588
图2-391伊万哥罗德 城堡。长颈塔及部分内墙，现状景色 588
图2-392伊万哥罗德 城堡。通向长颈塔的台阶 588
图2-393伊万哥罗德 城堡。城堡内景色 588~589
图2-394伊万哥罗德 城堡。自北墙台阶处望门塔及教堂组群 589
图2-395伊万哥罗德 城堡。教堂组群：圣母升天大教堂（右，1558年）和圣尼古拉教堂（左，1498年） 589
图2-396伊万哥罗德 城堡。主堡西南角建筑（大琥珀堂）残迹 590
图2-397梁赞 克里姆林。东侧俯视全景 590
图2-398梁赞 克里姆林。西侧俯视全景 590

图2-399 梁赞 克里姆林。北侧俯视景色 ………………………………………………………… 590
图2-400 梁赞 克里姆林。东南侧全景 ……………………………………………………………… 591
图2-401 梁赞 克里姆林。建筑群,东侧景色 ……………………………………………………… 591
图2-402 莫斯科 "中国城"(1535~1538年)。17世纪初街道景色[想像画,1900年,作者Appollinary Vasnetsov（1856~1933年）] ………………………………………………………………………… 592
图2-403 莫斯科 "中国城"。17世纪城门景色,（想像画,1922年,作者Appollinary Vasnetsov） …… 592
图2-404 莫斯科 "中国城"。从剧院广场望去的景色（老照片,1884年） ………………………… 592
图2-405 莫斯科 "中国城"。全景（1888年景况,取自Николай Александрович Найдёнов的图册） … 592~593
图2-406 莫斯科 "中国城"。1920年代,城墙修复时状态 ………………………………………… 592
图2-407 莫斯科 "中国城"。蛮门（老照片,1884年） …………………………………………… 593
图2-408 莫斯科 "中国城"。蛮门广场处城墙遗存 ………………………………………………… 593
图2-409 莫斯科 "中国城"。中国城通道处城墙遗存 ……………………………………………… 593
图2-410 莫斯科 "中国城"。弗拉基米尔门（尼古拉门）,自树皮箱广场（Lubyanka Square）望去的景色[彩画,约1800年,作者Фёдор Яковлевич Алексе́ев（约1753~1824年）] ………………… 593
图2-411 莫斯科 "中国城"。弗拉基米尔门（尼古拉门）,19世纪中叶景色（绘画,1852年,作者I.Veis,前景为弗拉基米尔圣母教堂） ………………………………………………………………… 594
图2-412 莫斯科 "中国城"。弗拉基米尔门（尼古拉门）,19世纪中叶景色（版画,1860年,作者Stich von Whymper-Vladimirskie,边上为中国城城墙上的塔楼） …………………………………… 594
图2-413 莫斯科 "中国城"。弗拉基米尔门（尼古拉门）,19世纪后期景色[版画,1883年,作者Henry Lansdell（1841~1919年）,《穿越西伯利亚》（Through Siberia）一书的插图] …………… 595
图2-414 莫斯科 "中国城"。弗拉基米尔门（尼古拉门）,1931年景色[美国旅行家和摄影师Branson De Cou（1892~1941年）的作品] ………………………………………………………………… 595
图2-415 莫斯科 "中国城"。复活门（伊比利亚礼拜堂）,19世纪初地段形势（彩画,作者Фёдор Яковлевич Алексе́ев） ………………………………………………………………………… 595
图2-416 莫斯科 "中国城"。复活门（伊比利亚礼拜堂）,19世纪景色（当时明信片上的图像） … 595
图2-417 莫斯科 "中国城"。复活门（伊比利亚礼拜堂）,1931年景色（Branson De Cou摄） …… 595
图2-418 莫斯科 "中国城"。复活门（伊比利亚礼拜堂）,1995年重修后地段形势（西北侧景色） … 596
图2-419 莫斯科 "中国城"。复活门（伊比利亚礼拜堂）,东南侧现状 …………………………… 596
图2-420 莫斯科 "中国城"。复活门（伊比利亚礼拜堂）,双塔近景 …………………………… 596~597
图2-421 莫斯科 "中国城"。复活门（伊比利亚礼拜堂）,双塔夜景 …………………………… 596~597
图2-422 莫斯科 上彼得罗夫斯基修道院。大主教彼得教堂（1514~1515年）,平面（取自William Craft Brumfield:《A History of Russian Architecture》,Cambridge University Press,1997年） … 598
图2-423 莫斯科 上彼得罗夫斯基修道院。大主教彼得教堂,西北侧景色（老照片,开大窗时的情景） … 597
图2-424 莫斯科 上彼得罗夫斯基修道院。大主教彼得教堂,东南侧全景 ………………………… 598
图2-425 莫斯科 上彼得罗夫斯基修道院。大主教彼得教堂,南侧远景 …………………………… 599
图2-426 莫斯科 上彼得罗夫斯基修道院。大主教彼得教堂,南侧全景 …………………………… 599
图2-427 莫斯科 上彼得罗夫斯基修道院。大主教彼得教堂,西侧全景 …………………………… 599
图2-428 莫斯科 上彼得罗夫斯基修道院。大主教彼得教堂,入口处圣彼得浮雕像 ……………… 599
图2-429 苏兹达尔 圣叶夫菲米-救世主修道院。施洗者约翰礼拜堂（约1515年,1691年扩建）及钟楼（1599年）,西南侧地段形势 ……………………………………………………………………… 600
图2-430 苏兹达尔 圣叶夫菲米-救世主修道院。施洗者约翰礼拜堂及钟楼,西南侧全景 ………… 600

图2-431苏兹达尔 圣叶夫菲米-救世主修道院。施洗者约翰礼拜堂及钟楼,东侧景色 ············· 601

图2-432苏兹达尔 圣叶夫菲米-救世主修道院。施洗者约翰礼拜堂及钟楼,东北侧全景 ············· 601

图2-433苏兹达尔 圣叶夫菲米-救世主修道院。施洗者约翰礼拜堂及钟楼,西南侧近景 ············· 601

图2-434苏兹达尔 圣叶夫菲米-救世主修道院。施洗者约翰礼拜堂及钟楼,钟室,外景及内景 ··········· 602

图2-435莫斯科 科洛缅斯克。皇家庄园,总平面及建筑群立面(17世纪,取自Академия Строительства и Архитестуры СССР:《Всеобщая История Архитектуры》, II, Москва, 1963年) ············· 602

图2-436莫斯科 科洛缅斯克。皇家庄园,全景图(水彩画,作者Giacomo Quarenghi, 1795年,现存莫斯科 Tretyakov Gallery) ············· 602

图2-437莫斯科 科洛缅斯克。皇家庄园,东侧俯视全景 ············· 603

图2-438莫斯科 科洛缅斯克。皇家庄园,北侧俯视全景 ············· 603

图2-439莫斯科 科洛缅斯克。耶稣升天教堂(约1529~1532年),平面及剖面(平面据Nekrasov;剖面取自 David Roden Buxton:《Russian Mediaeval Architecture》, Cambridge University Press, 2014年) ············· 603

图2-440莫斯科 科洛缅斯克。耶稣升天教堂,平面、立面、剖面及细部(取自Академия Строительства и Архитестуры СССР:《Всеобщая История Архитектуры》, II, Москва, 1963年) ············· 604

图2-441莫斯科 科洛缅斯克。耶稣升天教堂,轴测剖析图(作者V.Podkliuchnikov) ············· 605

图2-442莫斯科 科洛缅斯克。耶稣升天教堂,19世纪初景色(彩画,作者Фёдор Яковлевич Алексéев,绘于1800年代) ············· 604

图2-443莫斯科 科洛缅斯克。耶稣升天教堂,西北侧外景(1972年照片,整修前状况) ············· 605

图2-444莫斯科 科洛缅斯克。耶稣升天教堂,西侧远景 ············· 605

图2-445莫斯科 科洛缅斯克。耶稣升天教堂,西侧全景 ············· 605

图2-446莫斯科 科洛缅斯克。耶稣升天教堂,西南侧远景 ············· 606

图2-447莫斯科 科洛缅斯克。耶稣升天教堂,西南侧全景 ············· 607

图2-448莫斯科 科洛缅斯克。耶稣升天教堂,南侧远景 ············· 607

图2-449莫斯科 科洛缅斯克。耶稣升天教堂,南侧全景 ············· 608

图2-450莫斯科 科洛缅斯克。耶稣升天教堂,东北侧全景 ············· 608~609

图2-451莫斯科 科洛缅斯克。耶稣升天教堂,北侧远景 ············· 609

图2-452莫斯科 科洛缅斯克。耶稣升天教堂,北侧全景 ············· 609

图2-453莫斯科 科洛缅斯克。耶稣升天教堂,西北侧远景 ············· 610

图2-454莫斯科 科洛缅斯克。耶稣升天教堂,南侧近景 ············· 610

图2-455莫斯科 科洛缅斯克。耶稣升天教堂,东南侧近景 ············· 611

图2-456莫斯科 科洛缅斯克。耶稣升天教堂,东侧近景 ············· 611

图2-457莫斯科 科洛缅斯克。耶稣升天教堂,塔楼仰视 ············· 612

图2-458莫斯科 科洛缅斯克。耶稣升天教堂,北侧入口 ············· 612

图2-459莫斯科 科洛缅斯克。耶稣升天教堂,西廊内景 ············· 613

图2-460莫斯科 科洛缅斯克。耶稣升天教堂,廊道龛室 ············· 613

图2-461莫斯科 科洛缅斯克。耶稣升天教堂,廊道门饰 ············· 614

图2-462莫斯科 科洛缅斯克。耶稣升天教堂,内景 ············· 614

图2-463俄罗斯木结构建筑:库房(俄罗斯北部地区,18世纪) ············· 615

图2-464俄罗斯木结构建筑:农场住宅(俄罗斯北部地区,18世纪) ············· 615

图2-465俄罗斯木结构建筑:客栈(科斯特罗马和雅罗斯拉夫尔地区,18世纪,版画,作者André Durand, 1839年) ············· 615

图2-466 奥涅加湖区 穆罗姆修道院。拉撒路复活教堂（约1391年，现迁至基日岛）。西北侧外景 ········· 615
图2-467 奥涅加湖区 穆罗姆修道院。拉撒路复活教堂，西南侧现状 ········· 616
图2-468 奥涅加湖区 穆罗姆修道院。拉撒路复活教堂，东南侧全景 ········· 616
图2-469 木构教堂平面模式 ········· 617
图2-470 木构教堂平面（取自George Heard Hamilton：《The Art and Architecture of Russia》，Yale University Press，1983年）········· 617
图2-471 木构教堂平面及剖面（取自David Roden Buxton：《Russian Mediaeval Architecture》，Cambridge University Press，2014年）········· 617
图2-472 木构教堂平面、立面及剖面（综合图版，取自Академия Стройтельства и Архитестуры СССР：《Всеобщая История Архитестуры》，II，Москва，1963年）········· 618
图2-473 典型木构教堂立面及细部 ········· 619
图2-474 典型木构教堂立面（17~18世纪）········· 619
图2-475 双坡屋顶的各种形式（取自Академия Стройтельства и Архитестуры СССР：《Всеобщая История Архитестуры》，II，Москва，1963年）········· 619
图2-476 原木墙交接构造及洞口做法（取自Академия Стройтельства и Архитестуры СССР：《Всеобщая История Архитестуры》，II，Москва，1963年）········· 619
图2-477 原木结构双坡屋顶做法（取自Академия Стройтельства и Архитестуры СССР：《Всеобщая История Архитестуры》，II，Москва，1963年）········· 619
图2-478 原木塔楼构造（取自Академия Стройтельства и Архитестуры СССР：《Всеобщая История Архитестуры》，II，Москва，1963年）········· 619
图2-479 博罗达沃 圣袍教堂（可能1486年）。19世纪中叶景色（版画，作者N.A.Martynov）········· 620
图2-480 博罗达沃 圣袍教堂。现状俯视全景 ········· 620
图2-481 博罗达沃 圣袍教堂。背面景色 ········· 620
图2-482 博罗达沃 圣袍教堂。正门近景 ········· 620
图2-483 博罗达沃 圣袍教堂。内景，餐厅及圣像壁 ········· 620
图2-484 博罗达沃 圣袍教堂。迁移及修复时场景 ········· 621
图2-485 博罗达沃 圣袍教堂。屋顶内景 ········· 621
图2-486 尼库利诺村 圣母安息教堂（1599年）。东南侧俯视景色 ········· 621
图2-487 尼库利诺村 圣母安息教堂。东南侧全景 ········· 622
图2-488 尼库利诺村 圣母安息教堂。西南侧全景 ········· 623
图2-489 列利科泽罗 大天使米迦勒教堂（可能18世纪后期）。西南侧远景 ········· 622
图2-490 列利科泽罗 大天使米迦勒教堂。西南侧全景 ········· 623
图2-491 列利科泽罗 大天使米迦勒教堂。南侧全景 ········· 623
图2-492 列利科泽罗 大天使米迦勒教堂。北侧全景 ········· 624
图2-493 列利科泽罗 大天使米迦勒教堂。西北侧景色 ········· 624
图2-494 列利科泽罗 大天使米迦勒教堂。内景，圣所 ········· 625
图2-495 列利科泽罗 大天使米迦勒教堂。内景，天棚彩绘 ········· 625
图2-496 图霍利亚 圣尼古拉教堂（约1688年）。西侧远景 ········· 625
图2-497 图霍利亚 圣尼古拉教堂。西侧近景 ········· 626
图2-498 图霍利亚 圣尼古拉教堂。西南侧全景 ········· 626
图2-499 图霍利亚 圣尼古拉教堂。东南侧景色 ········· 627

图2-500图霍利亚 圣尼古拉教堂。西北侧近景 ········· 627
图2-501米亚基舍沃 圣尼古拉教堂（1642年）。西侧现状 ········· 626~627
图2-502米亚基舍沃 圣尼古拉教堂。西南侧景色 ········· 626~627
图2-503米亚基舍沃 圣尼古拉教堂。东南侧全景 ········· 628
图2-504米亚基舍沃 圣尼古拉教堂。北侧景观 ········· 628
图2-505斯帕斯-韦日 主显圣容教堂（1628年）。东南侧现状 ········· 628
图2-506斯帕斯-韦日 主显圣容教堂。西南侧近景 ········· 628
图2-507格洛托沃 圣尼古拉教堂（1766年）。南侧全景 ········· 628
图2-508格洛托沃 圣尼古拉教堂。西南侧地段全景 ········· 629
图2-509格洛托沃 圣尼古拉教堂。北侧现状 ········· 629
图2-510格洛托沃 圣尼古拉教堂。东侧景色 ········· 630
图2-511格洛托沃 圣尼古拉教堂。东南侧景观 ········· 630~631
图2-512库里茨科 圣母安息教堂（1595年）。西南侧远景 ········· 630
图2-513库里茨科 圣母安息教堂。西南侧全景 ········· 631
图2-514库里茨科 圣母安息教堂。南侧全景 ········· 632
图2-515库里茨科 圣母安息教堂。东南侧全景 ········· 632
图2-516库里茨科 圣母安息教堂。东北侧景色 ········· 632
图2-517库里茨科 圣母安息教堂。木雕细部 ········· 633
图2-518奥西诺沃（阿尔汉格尔斯克地区） 献主大教堂（1684年）。立面（取自William Craft Brumfield：《A History of Russian Architecture》，Cambridge University Press，1997年） ········· 633
图2-519佩列德基 圣母圣诞教堂（1539年首见记载）。东南侧远景 ········· 633
图2-520佩列德基 圣母圣诞教堂。西南侧全景 ········· 634
图2-521佩列德基 圣母圣诞教堂。西北侧近景 ········· 634
图2-522维索基-奥斯特罗夫 圣尼古拉教堂（1757年）。东北侧俯视景色 ········· 634
图2-523维索基-奥斯特罗夫 圣尼古拉教堂。东北侧，全景 ········· 634~635
图2-524维索基-奥斯特罗夫 圣尼古拉教堂。东侧冬景 ········· 635
图2-525维索基-奥斯特罗夫 圣尼古拉教堂。东南侧全景 ········· 635
图2-526维索基-奥斯特罗夫 圣尼古拉教堂。南侧全景 ········· 636
图2-527维索基-奥斯特罗夫 圣尼古拉教堂。西北侧全景 ········· 636
图2-528俄罗斯木构建筑（17~18世纪）。檐口喇叭状外斜构造 ········· 636~637
图2-529科洛缅斯克 圣乔治教堂（1685年）。现状外景 ········· 636~637
图2-530科洛缅斯克 圣乔治教堂。侧面景色 ········· 638
图2-531科洛缅斯克 圣乔治教堂。屋顶及檐口细部 ········· 638
图2-532穹顶构造图 ········· 638
图2-533基日岛 教堂组群。总平面 ········· 639
图2-534基日岛 教堂组群。西侧全景 ········· 639
图2-535基日岛 教堂组群。东侧全景 ········· 639
图2-536基日岛 教堂组群。南侧景观 ········· 640
图2-537基日岛 风车。外景 ········· 640
图2-538基日岛 主显圣容教堂（夏季教堂，1714年）。北侧地段形势 ········· 640
图2-539基日岛 主显圣容教堂。西北侧景观 ········· 640~641

图号	说明	页码
图2-540	基日岛 主显圣容教堂。西立面全景	641
图2-541	基日岛 主显圣容教堂。南侧景色	641
图2-542	基日岛 主显圣容教堂。东立面全景	642
图2-543	基日岛 主显圣容教堂。西南侧近景	642
图2-544	基日岛 主显圣容教堂。穹顶近景	642
图2-545	基日岛 主显圣容教堂。穹顶，木板瓦（"鱼鳞板"）构造细部	643
图2-546	基日岛 圣母代祷教堂（冬季教堂，1764年）。南侧远景	643
图2-547	基日岛 圣母代祷教堂。南侧全景	644
图2-548	基日岛 圣母代祷教堂。西侧全景	644
图2-549	基日岛 圣母代祷教堂。西侧近景	644~645
图2-550	基日岛 圣母代祷教堂。西北侧近景	645
图2-551	基日岛 圣母代祷教堂。东侧近景	644~645
图2-552	基日岛 圣母代祷教堂。东南侧近景	646
图2-553	基日岛 圣母代祷教堂。前堂内景	646
图2-554	基日岛 圣母代祷教堂。圣像壁近景	646
图2-555	基日岛 钟塔（18世纪后期，1874年改建）。近景	646
图2-556	基日岛 教堂组群。围墙	647
图2-557	基日岛 教堂组群。角楼	647
图2-558	基日岛 教堂组群。入口大门	647
图2-559	典型俄罗斯木构住宅立面（17~18世纪，一）	648
图2-560	典型俄罗斯木构住宅立面（17~18世纪，二）	648
图2-561	典型俄罗斯木构住宅立面（17~18世纪，三）	649
图2-562	典型俄罗斯木构住宅立面（18~19世纪，图版取自Академия Стройтельства и Архитестуры СССР：《Всеобщая История Архитестуры》，II，Москва，1963年）	650
图2-563	俄罗斯木构住宅结构示意	649
图2-564	克列谢拉村 雅科夫列夫住宅（可能1880~1900年）。入口立面及挑台山墙面	650
图2-565	克列谢拉村 雅科夫列夫住宅。挑台山墙面及背立面	650
图2-566	克列谢拉村 雅科夫列夫住宅。山墙立面	651
图2-567	克列谢拉村 雅科夫列夫住宅。山墙及挑台细部	651
图2-568	克列谢拉村 雅科夫列夫住宅。主立面门廊近景	652
图2-569	博风板构造图	652
图2-570	博风板花饰	652
图2-571	雷舍沃 叶基莫瓦亚住宅（19世纪后半叶）。地段形势	652
图2-572	雷舍沃 叶基莫瓦亚住宅。立面全景	653
图2-573	雷舍沃 叶基莫瓦亚住宅。巴洛克窗饰细部	653
图2-574	俄罗斯木构建筑（17~18世纪）。木雕及装饰细部	653
图2-575	伊万·叶戈罗维奇·扎别林（1820~1908年）画像（作者列宾，1877年；V.Shervud，1871年）	654
图2-576	基日岛 奥舍夫内夫住宅。西南侧全景	654
图2-577	基日岛 奥舍夫内夫住宅。南侧全景	655
图2-578	基日岛 奥舍夫内夫住宅。西北侧景观	655
图2-579	基日岛 奥舍夫内夫住宅。西立面景色	656

图2-580基日岛 奥舍夫内夫住宅。南侧近景 ········· 656
图2-581基日岛 奥舍夫内夫住宅。内景 ········· 656
图2-582基日岛 谢尔盖夫住宅。立面全景 ········· 657
图2-583基日岛 谢尔盖夫住宅。阳台细部 ········· 657
图2-584基日岛 叶利扎罗夫住宅。现状全景 ········· 658
图2-585基日岛 叶利扎罗夫住宅。墙面及栏杆细部 ········· 658
图2-586诺夫哥罗德 木构建筑博物馆。圣母圣诞教堂（1531年），东南侧景色 ········· 658
图2-587诺夫哥罗德 木构建筑博物馆。圣母圣诞教堂，挑廊及原木墙构造 ········· 659
图2-588诺夫哥罗德 木构建筑博物馆。圣母圣诞教堂，交叉处近景 ········· 659
图2-589诺夫哥罗德 木构建筑博物馆。圣奎里库斯和茹列塔礼拜堂（18世纪），西北侧全景 ········· 660
图2-590诺夫哥罗德 木构建筑博物馆。圣奎里库斯和茹列塔礼拜堂，东南侧全景 ········· 660
图2-591诺夫哥罗德 木构建筑博物馆。圣奎里库斯和茹列塔礼拜堂，东北侧景色 ········· 660
图2-592诺夫哥罗德 木构建筑博物馆。圣奎里库斯和茹列塔礼拜堂，西塔仰视近景 ········· 661
图2-593诺夫哥罗德 木构建筑博物馆。多布罗沃利斯基住宅（1870年代及1910年代），东南侧景色 ········· 661
图2-594诺夫哥罗德 木构建筑博物馆。什基帕雷夫住宅（1880年代），东北侧雪景 ········· 662
图2-595诺夫哥罗德 木构建筑博物馆。察廖娃住宅（19世纪初），西南侧现状 ········· 662
图2-596诺夫哥罗德 木构建筑博物馆。图尼茨基住宅（1870~1890年代），西南侧景色 ········· 662
图2-597诺夫哥罗德 木构建筑博物馆。叶基莫娃住宅（1882年），南立面 ········· 663
图2-598诺夫哥罗德 木构建筑博物馆。叶基莫娃住宅，门廊，西南侧近景 ········· 663
图2-599诺夫哥罗德 木构建筑博物馆。叶基莫娃住宅，门廊，东南侧近景 ········· 665
图2-600苏兹达尔 木构建筑博物馆。帕塔基诺耶稣复活教堂（1776年），西北侧全景 ········· 664
图2-601苏兹达尔 木构建筑博物馆。帕塔基诺耶稣复活教堂，西南侧外景 ········· 665
图2-602苏兹达尔 木构建筑博物馆。帕塔基诺耶稣复活教堂，南侧景色 ········· 666
图2-603苏兹达尔 木构建筑博物馆。帕塔基诺耶稣复活教堂，东侧景色 ········· 666
图2-604苏兹达尔 木构建筑博物馆。帕塔基诺耶稣复活教堂，室内，穹顶及圣像壁 ········· 667
图2-605苏兹达尔 木构建筑博物馆。帕塔基诺耶稣复活教堂，室内，圣像壁近景 ········· 667
图2-606苏兹达尔 木构建筑博物馆。科兹利亚捷沃显容教堂（1756年），西南侧全景 ········· 668
图2-607苏兹达尔 木构建筑博物馆。科兹利亚捷沃显容教堂，南侧全景 ········· 668
图2-608苏兹达尔 木构建筑博物馆。科兹利亚捷沃显容教堂，东南侧景色 ········· 668~669
图2-609苏兹达尔 木构建筑博物馆。典型民宅，全景及装修细部 ········· 669
图2-610苏兹达尔 木构建筑博物馆。富裕农户住宅 ········· 670
图2-611苏兹达尔 木构建筑博物馆。农宅内景 ········· 671
图2-612苏兹达尔 格洛托沃圣尼古拉教堂（1766年）。西南侧远景 ········· 670
图2-613苏兹达尔 格洛托沃圣尼古拉教堂。西南侧全景 ········· 671
图2-614苏兹达尔 格洛托沃圣尼古拉教堂。南侧冬景 ········· 672

第二部分 俄罗斯沙皇国和帝国时期

第三章 16世纪后期建筑

图3-1莫斯科 佳科沃。施洗者约翰大辟教堂（可能1547~1554年）。平面（上图据F.Rikhter，下图取自Академия

Стройтельства и Архитестуры СССР：《Всеобщая История Архитектуры》，II，Москва，1963年） ········ 675

图3-2莫斯科 佳科沃。施洗者约翰大辟教堂，立面及剖面（取自Академия Стройтельства и Архитестуры СССР：《Всеобщая История Архитектуры》，II，Москва，1963年） ········ 675

图3-3莫斯科 佳科沃。施洗者约翰大辟教堂，19世纪景色（绘画，1879年，作者С.Аликосов） ········ 676

图3-4莫斯科 佳科沃。施洗者约翰大辟教堂，19世纪景色[绘画，作者Nikolay Makovsky（1842~1886年）] ··· 676

图3-5莫斯科 佳科沃。施洗者约翰大辟教堂，远景 ········ 676

图3-6莫斯科 佳科沃。施洗者约翰大辟教堂，西南侧全景 ········ 677

图3-7莫斯科 佳科沃。施洗者约翰大辟教堂，南侧景色 ········ 677

图3-8莫斯科 佳科沃。施洗者约翰大辟教堂，东南侧全景 ········ 678

图3-9莫斯科 佳科沃。施洗者约翰大辟教堂，西立面现状 ········ 678~679

图3-10莫斯科 佳科沃。施洗者约翰大辟教堂，西立面近景 ········ 679

图3-11莫斯科 佳科沃。施洗者约翰大辟教堂，室内仰视景色 ········ 678

图3-12理想城斯福尔津达（Sforzinda）。平面[取自安东尼奥·阿韦利诺·菲拉雷特（约1400~1469年）：《论建筑》（Trattato di Architettura），1457年] ········ 679

图3-13莫斯科 壕沟边的圣母代祷大教堂（圣瓦西里教堂，1555~1560/1561年）。地段总平面（1750年） ········ 680

图3-14莫斯科 壕沟边的圣母代祷大教堂（圣瓦西里教堂）。平面（左图取自David Roden Buxton:《Russian Mediaeval Architecture》，Cambridge University Press，2014年；右上图复原据Nikolai Brunov，1930年代） ········ 680

图3-15莫斯科 壕沟边的圣母代祷大教堂（圣瓦西里教堂）。平面、立面及剖面（取自Академия Стройтельства и Архитестуры СССР：《Всеобщая История Архитектуры》，II，Москва，1963年） ········ 681

图3-16莫斯科 壕沟边的圣母代祷大教堂（圣瓦西里教堂）。17世纪初教堂及红场景色（彩画，1613年前） ········ 682

图3-17莫斯科 壕沟边的圣母代祷大教堂（圣瓦西里教堂）。东侧景观（作者Адам Олеарий，17世纪中叶） ········ 682

图3-18莫斯科 壕沟边的圣母代祷大教堂（圣瓦西里教堂）。17世纪下半叶景色（August von Meyerberg莫斯科全景图局部，1660年） ········ 682

图3-19莫斯科 壕沟边的圣母代祷大教堂（圣瓦西里教堂）。18世纪末景色（彩画，作者Giacomo Quarenghi，1797年） ········ 682

图3-20莫斯科 壕沟边的圣母代祷大教堂（圣瓦西里教堂）。19世纪前景色（彩画《上帝弄臣圣瓦西里》中的建筑形象） ········ 683

图3-21莫斯科 壕沟边的圣母代祷大教堂（圣瓦西里教堂）。19世纪初教堂及红场景色（油画，1801年，作者Fedor Alekseev） ········ 683

图3-22莫斯科 壕沟边的圣母代祷大教堂（圣瓦西里教堂）。19世纪上半叶景色（版画，1838年，作者Jean-Marie Chopin） ········ 683

图3-23莫斯科 壕沟边的圣母代祷大教堂（圣瓦西里教堂）。19世纪中叶景色[版画，1855年，取自Johann Heinrich. Schnitzler（1802~1871年）的相关著述] ········ 684

图3-24莫斯科 壕沟边的圣母代祷大教堂（圣瓦西里教堂）。19世纪下半叶景色（版画，1869年，画稿作者К.О.Брож，镌版Л.А.Серяков） ········ 684

图3-25莫斯科 壕沟边的圣母代祷大教堂（圣瓦西里教堂）。19世纪末景色[版画，1899年，作者Harry Willard French（1854~1915年）] ········ 685

图3-26莫斯科 壕沟边的圣母代祷大教堂（圣瓦西里教堂）。20世纪初景色[老照片，1902年，取自Henry Norman（1858~1939年）：《All the Russias：travels and studies in contemporary European Russia，Finland，Siberia，the Caucasus，and Central Asia》] ········ 685

图3-27莫斯科 壕沟边的圣母代祷大教堂（圣瓦西里教堂）。北侧景色（老照片，1918年前） ········ 685

图3-28 莫斯科 壕沟边的圣母代祷大教堂（圣瓦西里教堂）。东南侧地段俯视全景 ············ 686
图3-29 莫斯科 壕沟边的圣母代祷大教堂（圣瓦西里教堂）。南侧地段全景 ················ 687
图3-30 莫斯科 壕沟边的圣母代祷大教堂（圣瓦西里教堂）。东南侧地段夜景 ··············· 687
图3-31 莫斯科 壕沟边的圣母代祷大教堂（圣瓦西里教堂）。外景（透视图，取自John Julius Norwich：《Great Architecture of the World》，Da Capo Press，2000年） ························· 688
图3-32 莫斯科 壕沟边的圣母代祷大教堂（圣瓦西里教堂）。东南侧俯视景色 ··············· 689
图3-33 莫斯科 壕沟边的圣母代祷大教堂（圣瓦西里教堂）。东南侧全景 ················· 690
图3-34 莫斯科 壕沟边的圣母代祷大教堂（圣瓦西里教堂）。南侧全景 ·················· 691
图3-35 莫斯科 壕沟边的圣母代祷大教堂（圣瓦西里教堂）。西南侧景观 ················· 690
图3-36 莫斯科 壕沟边的圣母代祷大教堂（圣瓦西里教堂）。西侧全景 ················ 690~691
图3-37 莫斯科 壕沟边的圣母代祷大教堂（圣瓦西里教堂）。北侧全景 ·················· 691
图3-38 莫斯科 壕沟边的圣母代祷大教堂（圣瓦西里教堂）。北侧夜景 ·················· 692
图3-39 莫斯科 壕沟边的圣母代祷大教堂（圣瓦西里教堂）。东北侧景色 ················· 693
图3-40 莫斯科 壕沟边的圣母代祷大教堂（圣瓦西里教堂）。西南侧近景 ················· 694
图3-41 莫斯科 壕沟边的圣母代祷大教堂（圣瓦西里教堂）。西南角仰视近景 ··············· 694
图3-42 莫斯科 壕沟边的圣母代祷大教堂（圣瓦西里教堂）。中央塔楼及各穹顶，西南侧近观 ········ 694~695
图3-43 莫斯科 壕沟边的圣母代祷大教堂（圣瓦西里教堂）。西塔西侧近景 ················ 695
图3-44 莫斯科 壕沟边的圣母代祷大教堂（圣瓦西里教堂）。西北侧仰视近景 ············ 694~695
图3-45 莫斯科 壕沟边的圣母代祷大教堂（圣瓦西里教堂）。西北教堂穹顶 ················ 696
图3-46 莫斯科 壕沟边的圣母代祷大教堂（圣瓦西里教堂）。北侧及东侧穹顶 ··············· 696
图3-47 莫斯科 壕沟边的圣母代祷大教堂（圣瓦西里教堂）。圣瓦西里礼拜堂穹顶 ············· 697
图3-48 莫斯科 壕沟边的圣母代祷大教堂（圣瓦西里教堂）。东南角钟塔，仰视景象 ············ 697
图3-49 莫斯科 壕沟边的圣母代祷大教堂（圣瓦西里教堂）。东南角钟塔，上部近景 ············ 698
图3-50 莫斯科 壕沟边的圣母代祷大教堂（圣瓦西里教堂）。中央塔楼，西北侧近景 ············ 698
图3-51 莫斯科 壕沟边的圣母代祷大教堂（圣瓦西里教堂）。西南入口，近景及顶部 ········· 698~699
图3-52 莫斯科 壕沟边的圣母代祷大教堂（圣瓦西里教堂）。中央顶塔，细部 ··············· 699
图3-53 莫斯科 壕沟边的圣母代祷大教堂（圣瓦西里教堂）。南教堂穹顶 ················· 700
图3-54 莫斯科 壕沟边的圣母代祷大教堂（圣瓦西里教堂）。东教堂及东南教堂穹顶 ········· 700~701
图3-55 莫斯科 壕沟边的圣母代祷大教堂（圣瓦西里教堂）。西教堂及西南教堂穹顶 ············ 701
图3-56 莫斯科 壕沟边的圣母代祷大教堂（圣瓦西里教堂）。入口及外墙花饰 ··············· 700
图3-57 莫斯科 壕沟边的圣母代祷大教堂（圣瓦西里教堂）。米宁与波扎尔斯基纪念碑（1804~1818年，雕刻师Ivan Martos） ··· 702
图3-58 莫斯科 壕沟边的圣母代祷大教堂（圣瓦西里教堂）。廊道内景 ·················· 703
图3-59 莫斯科 壕沟边的圣母代祷大教堂（圣瓦西里教堂）。中央塔楼（圣母代祷教堂），仰视内景 ····· 703
图3-60 莫斯科 壕沟边的圣母代祷大教堂（圣瓦西里教堂）。中央塔楼，圣像壁 ··············· 703
图3-61 莫斯科 壕沟边的圣母代祷大教堂（圣瓦西里教堂）。中央塔楼，金饰细部 ·············· 703
图3-62 莫斯科 壕沟边的圣母代祷大教堂（圣瓦西里教堂）。西教堂（纪念基督进入耶路撒冷），圣像画 ··· 704
图3-63 莫斯科 壕沟边的圣母代祷大教堂（圣瓦西里教堂）。西北教堂（供奉亚美尼亚主教格列高利），圣像画 ··· 704
图3-64 莫斯科 壕沟边的圣母代祷大教堂（圣瓦西里教堂）。北教堂（供奉圣西普里安和乌斯季尼娅，1786年后改奉尼科米底亚的圣阿德里安和纳塔利娅），圣像壁 ······················ 704

图3-65 莫斯科 壕沟边的圣母代祷大教堂（圣瓦西里教堂）。北教堂，穹顶仰视 ……………………………… 705
图3-66 莫斯科 壕沟边的圣母代祷大教堂（圣瓦西里教堂）。东南教堂（供奉斯维尔圣亚历山大），仰视内景 …
…… 705
图3-67 莫斯科 壕沟边的圣母代祷大教堂（圣瓦西里教堂）。南教堂（供奉圣尼古拉圣像），圣像壁 ……… 706
图3-68 莫斯科 壕沟边的圣母代祷大教堂（圣瓦西里教堂）。南教堂，仰视内景 …………………………… 706
图3-69 莫斯科 壕沟边的圣母代祷大教堂（圣瓦西里教堂）。东北附属礼拜堂（圣瓦西里礼拜堂，1588年），廊道内景 ……… 706
图3-70 莫斯科 壕沟边的圣母代祷大教堂（圣瓦西里教堂）。东北附属礼拜堂，圣瓦西里遗骨盒 ………… 707
图3-71 莫斯科 壕沟边的圣母代祷大教堂（圣瓦西里教堂）。东北附属礼拜堂，圣瓦西里像 ……………… 707
图3-72 莫斯科 壕沟边的圣母代祷大教堂（圣瓦西里教堂）。下教堂，圣像屏帏 …………………………… 708
图3-73 莫斯科 壕沟边的圣母代祷大教堂（圣瓦西里教堂）。下教堂，顶棚仰视 …………………………… 708
图3-74 莫斯科 壕沟边的圣母代祷大教堂（圣瓦西里教堂）。下教堂，穹顶仰视 …………………………… 709
图3-75 喀山 城堡（克里姆林）。天使报喜大教堂（1556~1562年），西北侧全景 …………………………… 709
图3-76 喀山 城堡（克里姆林）。天使报喜大教堂，东头，西北侧景色 ……………………………………… 710
图3-77 喀山 城堡（克里姆林）。天使报喜大教堂，西南侧全景 ……………………………………………… 710
图3-78 喀山 城堡（克里姆林）。天使报喜大教堂，东南侧全景 ……………………………………………… 711
图3-79 喀山 城堡（克里姆林）。天使报喜大教堂，东侧全景 ………………………………………………… 711
图3-80 喀山 城堡（克里姆林）。天使报喜大教堂，南侧，入口近景 ………………………………………… 712
图3-81 喀山 城堡（克里姆林）。天使报喜大教堂，南侧，东端近景 ………………………………………… 712
图3-82 亚历山德罗夫-斯洛博达（城堡、克里姆林）。16世纪景色（版画，1627年，作者Theodor de Bry）… 713
图3-83 亚历山德罗夫-斯洛博达（城堡、克里姆林）。全景图（2013年发行的创立500周年纪念邮票上的形象）
…… 713
图3-84 亚历山德罗夫-斯洛博达（城堡、克里姆林）。西侧远景 ……………………………………………… 714
图3-85 亚历山德罗夫-斯洛博达（城堡、克里姆林）。西部入口门楼 ………………………………………… 714
图3-86 亚历山德罗夫-斯洛博达（城堡、克里姆林）。东北角塔 ……………………………………………… 714
图3-87 亚历山德罗夫-斯洛博达（城堡、克里姆林）。西北角塔 ……………………………………………… 714
图3-88 亚历山德罗夫-斯洛博达（城堡、克里姆林）。东南角塔 ……………………………………………… 714
图3-89 亚历山德罗夫-斯洛博达 圣三一餐厅教堂（圣母庇护教堂，1570~1571年）。北立面（据N.Sibiriakov）… 715
图3-90 亚历山德罗夫-斯洛博达 圣三一餐厅教堂。20世纪初状态（老照片，1911年）………………………… 715
图3-91 亚历山德罗夫-斯洛博达 圣三一餐厅教堂。西南侧现状 ………………………………………………… 715
图3-92 亚历山德罗夫-斯洛博达 圣三一餐厅教堂。东南侧景观 ………………………………………………… 716
图3-93 亚历山德罗夫-斯洛博达 圣三一餐厅教堂。钟楼及入口近景 …………………………………………… 717
图3-94 亚历山德罗夫-斯洛博达 圣三一餐厅教堂。南侧东头近景 ……………………………………………… 717
图3-95 亚历山德罗夫-斯洛博达 圣三一餐厅教堂。室内，帐篷顶仰视效果 …………………………………… 717
图3-96 亚历山德罗夫-斯洛博达 圣母安息教堂（16世纪70年代初，17世纪60年代扩建）。西侧全景 ……… 718
图3-97 亚历山德罗夫-斯洛博达 圣母安息教堂。西北侧全景 …………………………………………………… 718
图3-98 亚历山德罗夫-斯洛博达 圣母安息教堂。东北侧全景 …………………………………………………… 719
图3-99 亚历山德罗夫-斯洛博达 圣母安息教堂。东侧全景 ……………………………………………………… 719
图3-100 亚历山德罗夫-斯洛博达 圣母安息教堂。东南侧全景 ………………………………………………… 720
图3-101 亚历山德罗夫-斯洛博达 圣母安息教堂。南侧近景 …………………………………………… 720~721
图3-102 亚历山德罗夫-斯洛博达 圣母安息教堂。穹顶近景 …………………………………………………… 720

图3-103亚历山德罗夫-斯洛博达 耶稣蒙难教堂及钟塔（1570年代）。东南侧全景 ……………………… 721

图3-104亚历山德罗夫-斯洛博达 耶稣蒙难教堂及钟塔。西北侧全景 ……………………… 720~721

图3-105亚历山德罗夫-斯洛博达 耶稣蒙难教堂及钟塔。塔顶近景 ……………………… 721

图3-106莫斯科 科洛缅斯克。圣乔治教堂及钟塔（1534年），东侧地段全景 ……………………… 722

图3-107莫斯科 科洛缅斯克。圣乔治教堂及钟塔，东北侧全景 ……………………… 722

图3-108莫斯科 科洛缅斯克。圣乔治教堂及钟塔，西北侧景色 ……………………… 723

图3-109莫斯科 科洛缅斯克。圣乔治教堂及钟塔，西南侧全景 ……………………… 724

图3-110苏兹达尔 圣叶夫菲米-救世主修道院。圣母安息餐厅教堂（16世纪后期），东南侧全景 ……………………… 725

图3-111苏兹达尔 圣叶夫菲米-救世主修道院。圣母安息餐厅教堂，东北侧全景 ……………………… 725

图3-112苏兹达尔 圣母代祷修道院。圣安妮怀胎教堂（1551年），东北侧远景 ……………………… 726

图3-113苏兹达尔 圣母代祷修道院。圣安妮怀胎教堂，东南侧远景 ……………………… 726

图3-114苏兹达尔 圣母代祷修道院。圣安妮怀胎教堂，西南侧全景 ……………………… 726

图3-115苏兹达尔 圣叶夫菲米-救世主修道院。主显圣容大教堂（1582~1594年），西南侧现状 ……………………… 727

图3-116苏兹达尔 圣叶夫菲米-救世主修道院。主显圣容大教堂，东侧全景 ……………………… 727

图3-117苏兹达尔 圣叶夫菲米-救世主修道院。主显圣容大教堂，东南侧近景 ……………………… 728

图3-118苏兹达尔 圣叶夫菲米-救世主修道院。主显圣容大教堂，南立面近景 ……………………… 728

图3-119苏兹达尔 圣叶夫菲米-救世主修道院。主显圣容大教堂，南立面近景 ……………………… 729

图3-120苏兹达尔 圣叶夫菲米-救世主修道院。主显圣容大教堂，穹顶近景 ……………………… 729

图3-121苏兹达尔 圣叶夫菲米-救世主修道院。主显圣容大教堂，半圆室内景 ……………………… 730

图3-122苏兹达尔 圣叶夫菲米-救世主修道院。主显圣容大教堂，室内，拱顶仰视景色 ……………………… 730

图3-123苏兹达尔 圣叶夫菲米-救世主修道院。主显圣容大教堂，室内，穹顶仰视景色 ……………………… 731

图3-124苏兹达尔 圣叶夫菲米-救世主修道院。主显圣容大教堂，室内，壁画现状 ……………………… 731

图3-125莫斯科 奥斯特罗夫村显容教堂（16世纪后期）。西立面及纵剖面（据A.Khachaturian） ……………………… 732

图3-126莫斯科 奥斯特罗夫村显容教堂。西南侧俯视全景 ……………………… 732

图3-127莫斯科 奥斯特罗夫村显容教堂。西侧现状 ……………………… 732

图3-128莫斯科 奥斯特罗夫村显容教堂。西北侧景观 ……………………… 733

图3-129莫斯科 奥斯特罗夫村显容教堂。东侧全景 ……………………… 734

图3-130莫斯科 奥斯特罗夫村显容教堂。东南侧全景 ……………………… 734

图3-131莫斯科 奥斯特罗夫村显容教堂。半圆室近景 ……………………… 734~735

图3-132莫斯科 奥斯特罗夫村显容教堂。顶塔近景 ……………………… 735

图3-133佩列斯拉夫尔-扎列斯基 大主教彼得教堂（1584~1585年）。19世纪末景况[老照片，И.Ф.Барщевский（1851~1948年）摄] ……………………… 736

图3-134佩列斯拉夫尔-扎列斯基 大主教彼得教堂。现状外景 ……………………… 736

图3-135佩列斯拉夫尔-扎列斯基 大主教彼得教堂。内景，圣像壁 ……………………… 737

图3-136佩列斯拉夫尔-扎列斯基 大主教彼得教堂。内景，穹顶仰视 ……………………… 737

图3-137佩列斯拉夫尔-扎列斯基 圣尼基塔修道院（16世纪60年代）。围墙及西北塔楼，现状 ……………………… 738

图3-138普斯科夫 城堡（克里姆林，16世纪）。西北侧俯视全景 ……………………… 739

图3-139普斯科夫 城堡（克里姆林）。西北侧景色 ……………………… 739

图3-140普斯科夫 城堡（克里姆林）。城堡北端，自东面望去的景色 ……………………… 740

图3-141普斯科夫 城堡（克里姆林）。西南侧全景 ……………………… 740

图3-142普斯科夫 城堡（克里姆林）。自城堡西墙向北望去的景色 ……………………… 740

图3-143 普斯科夫 城堡（克里姆林）。南侧景观 ……741
图3-144 普斯科夫 城堡（克里姆林）。进袭门（14~16世纪），近景 ……741
图3-145 普斯科夫 城堡（克里姆林）。中塔，外景 ……741
图3-146 普斯科夫 城堡（克里姆林）。弗拉谢夫塔，内侧景色 ……741
图3-147 普斯科夫 城堡（克里姆林）。三一塔，自城堡内望去的地段形势 ……742
图3-148 普斯科夫 城堡（克里姆林）。高塔，外景 ……742
图3-149 普斯科夫 城堡（克里姆林）。平塔（建于16世纪或更早） ……743
图3-150 普斯科夫 城堡（克里姆林）。雷布尼茨塔，外景 ……743
图3-151 普斯科夫 圣母代祷塔楼（16世纪）。现状景色 ……744
图3-152 普斯科夫 洞窟修道院（1553~1565年）。围墙，南侧景色 ……744
图3-153 普斯科夫 洞窟修道院。西南侧，围墙及塔楼 ……745
图3-154 普斯科夫 洞窟修道院。自泰洛夫塔楼向南望去的景色 ……745
图3-155 普斯科夫 洞窟修道院。下格栅塔楼及边侧围墙 ……746
图3-156 戈杜诺夫时期的俄罗斯版图（1595年） ……747
图3-157 莫斯科 顿河修道院。小顿河圣母主教堂（1593年，礼拜堂及钟塔1670年代增建），平面及纵剖面（据N.Sobolev） ……747
图3-158 莫斯科 顿河修道院。小顿河圣母主教堂，东侧远景 ……747
图3-159 莫斯科 顿河修道院。小顿河圣母主教堂，西南侧全景 ……748
图3-160 莫斯科 顿河修道院。小顿河圣母主教堂，西侧全景 ……748~749
图3-161 莫斯科 顿河修道院。小顿河圣母主教堂，西南侧近景 ……749
图3-162 莫斯科 顿河修道院。小顿河圣母主教堂，东南侧近景（东头） ……750
图3-163 莫斯科 顿河修道院。小顿河圣母主教堂，东南侧近景（西头） ……750~751
图3-164 莫斯科 顿河修道院。小顿河圣母主教堂，东北侧近景 ……751
图3-165 莫斯科 顿河修道院。小顿河圣母主教堂，穹顶及山墙近景 ……752
图3-166 莫斯科 霍罗舍沃。三一教堂（约1598年），剖面（取自William Craft Brumfield：《A History of Russian Architecture》，Cambridge University Press，1997年） ……752
图3-167 莫斯科 霍罗舍沃。三一教堂，西北侧俯视景色 ……752
图3-168 莫斯科 霍罗舍沃。三一教堂，西北侧全景 ……753
图3-169 莫斯科 霍罗舍沃。三一教堂，北侧全景 ……753
图3-170 莫斯科 霍罗舍沃。三一教堂，东南侧全景 ……754
图3-171 维亚济奥梅（莫斯科附近）三一教堂（16世纪90年代后期，17世纪末易名为主显圣容教堂）。平面及纵剖面（据V.Suslov） ……754
图3-172 维亚济奥梅（莫斯科附近）三一教堂。立面（图版，1911年） ……754
图3-173 维亚济奥梅（莫斯科附近）三一教堂。东北侧景观（油画） ……755
图3-174 维亚济奥梅（莫斯科附近）三一教堂。西南侧远景 ……755
图3-175 维亚济奥梅（莫斯科附近）三一教堂。东侧全景 ……755
图3-176 维亚济奥梅（莫斯科附近）三一教堂。东北侧全景 ……755
图3-177 维亚济奥梅（莫斯科附近）三一教堂。北立面景色 ……755
图3-178 维亚济奥梅（莫斯科附近）三一教堂。西侧全景 ……756
图3-179 维亚济奥梅（莫斯科附近）三一教堂。入口近景 ……756
图3-180 维亚济奥梅（莫斯科附近）三一教堂。穹顶近景 ……756

图3-181 维亚济奥梅（莫斯科附近）三一教堂。钟楼，东南侧现状 ········· 756
图3-182 维亚济奥梅（莫斯科附近）三一教堂。钟楼，南侧景观 ········· 756
图3-183 维亚济奥梅（莫斯科附近）三一教堂。钟楼，西南侧全景 ········· 757
图3-184 维亚济奥梅（莫斯科附近）三一教堂。钟楼，仰视近景 ········· 757
图3-185 鲍里斯城 圣鲍里斯和格列布教堂（17世纪初，19世纪初拆除）。西北侧景观（复原图作者P.Rapport） ········· 758
图3-186 莫斯科 别谢德。基督诞生教堂（16世纪90年代后期），西侧全景 ········· 758
图3-187 莫斯科 别谢德。基督诞生教堂，西南侧现状 ········· 758
图3-188 莫斯科 别谢德。基督诞生教堂，南侧景观 ········· 758
图3-189 莫斯科 别谢德。基督诞生教堂，东南侧全景 ········· 758
图3-190 莫斯科 别谢德。基督诞生教堂，山墙及鼓座近景 ········· 759
图3-191 莫斯科 别谢德。基督诞生教堂，钟楼底部 ········· 759
图3-192 莫斯科 别谢德。基督诞生教堂，钟楼细部 ········· 759
图3-193 莫斯科 别谢德。基督诞生教堂，大堂内景 ········· 760
图3-194 莫斯科 别谢德。基督诞生教堂，帐篷顶仰视 ········· 760
图3-195 斯摩棱斯克 城堡（克里姆林，1595~1602年）。鹰塔（建筑师Fedor Kon），立面（据P.Pokryshkin） ········· 760
图3-196 斯摩棱斯克 城堡（克里姆林）。鹰塔，外景 ········· 760
图3-197 斯摩棱斯克 城堡（克里姆林）。布布列伊卡塔楼 ········· 761
图3-198 斯摩棱斯克 城堡（克里姆林）。顿聂茨塔楼 ········· 761
图3-199 斯摩棱斯克 城堡（克里姆林）。雷电塔 ········· 761
图3-200 斯摩棱斯克 城堡（克里姆林）。纳德福拉特塔楼 ········· 761
图3-201 斯摩棱斯克 城堡（克里姆林）。韦塞卢哈塔楼 ········· 762
图3-202 斯摩棱斯克 城堡（克里姆林）。沃尔科瓦塔楼 ········· 762
图3-203 斯摩棱斯克 城堡（克里姆林）。日姆布尔卡塔楼 ········· 762
图3-204 莫斯科 16世纪城市总平面（取自William Craft Brumfield：《A History of Russian Architecture》，Cambridge University Press，1997年） ········· 763
图3-205 莫斯科 城区图[原图作者Matthäus Merian（1593~1650年），1638年] ········· 763
图3-206 莫斯科 白城（"沙皇城"，1584~1593年）。17世纪景色[彩画，1924年，作者Аполлинáрий Михáйлович Васнецóв（1856~1933年）] ········· 763
图3-207 莫斯科 白城（"沙皇城"）。17世纪场景（彩画，1926年，作者Аполлинáрий Михáйлович Васнецóв） ········· 763
图3-208 沙皇瓦西里四世·伊万诺维奇·舒伊斯基（1552~1612年） ········· 764

·中册·

第四章 17世纪建筑

图4-1 莫斯科 鲁布佐沃圣母代祷教堂（1619年）。平面、立面及剖面（据V.Suslov） ········· 767
图4-2 莫斯科 鲁布佐沃圣母代祷教堂。西南侧景色 ········· 767
图4-3 莫斯科 鲁布佐沃圣母代祷教堂。东南侧全景 ········· 768
图4-4 莫斯科 鲁布佐沃圣母代祷教堂。穹顶近景 ········· 768

图4-5 沙皇米哈伊尔一世·罗曼诺夫（1596~1645年） ········· 768
图4-6 莫斯科 红场。喀山圣母圣像大教堂（喀山大教堂，17世纪30年代，1990~1993年重建），东侧景色 ····· 769
图4-7 莫斯科 梅德韦杰科沃。圣母代祷教堂（圣母庇护教堂，1634~1635年），平面、立面及剖面（取自William Craft Brumfield：《A History of Russian Architecture》，Cambridge University Press，1997年；西立面复原图作者V.Kozlov） ········· 769
图4-8 莫斯科 梅德韦杰科沃。圣母代祷教堂（圣母庇护教堂），西北侧全景 ········· 770
图4-9 莫斯科 梅德韦杰科沃。圣母代祷教堂（圣母庇护教堂），西南侧全景 ········· 770
图4-10 莫斯科 梅德韦杰科沃。圣母代祷教堂（圣母庇护教堂），东侧现状 ········· 771
图4-11 莫斯科 梅德韦杰科沃。圣母代祷教堂（圣母庇护教堂），东北侧景色 ········· 771
图4-12 莫斯科 梅德韦杰科沃。圣母代祷教堂（圣母庇护教堂），北侧全景 ········· 771
图4-13 莫斯科 梅德韦杰科沃。圣母代祷教堂（圣母庇护教堂），西北侧近景 ········· 772
图4-14 乌格利奇 圣阿列克西修道院。圣母安息餐厅教堂（1628年），平面及剖面（据P.Baranovskii） ····· 772
图4-15 乌格利奇 圣阿列克西修道院。圣母安息餐厅教堂，西南侧地段景色 ········· 773
图4-16 乌格利奇 圣阿列克西修道院。圣母安息餐厅教堂，东南侧全景 ········· 773
图4-17 乌格利奇 圣阿列克西修道院。圣母安息餐厅教堂，东北侧景色 ········· 773
图4-18 扎戈尔斯克 圣谢尔久斯三一修道院。圣佐西马和圣萨瓦季教堂（1635~1637年），东北侧景色 ····· 773
图4-19 扎戈尔斯克 圣谢尔久斯三一修道院。圣佐西马和圣萨瓦季教堂，东南侧全景 ········· 774
图4-20 扎戈尔斯克 圣谢尔久斯三一修道院。圣佐西马和圣萨瓦季教堂，东南侧近景 ········· 774~775
图4-21 索洛维茨克岛 显容修道院。总平面（1899年） ········· 775
图4-22 索洛维茨克岛 显容修道院。18世纪景象（彩画，1780年代，作者Jean-Balthasar de la Traverse） ··· 774
图4-23 索洛维茨克岛 显容修道院。19世纪景观[版画，1886年，作者Thomas Wallace Knox（1835~1896年）] ········· 776
图4-24 索洛维茨克岛 显容修道院。东侧景观 ········· 776
图4-25 索洛维茨克岛 显容修道院。西侧全景 ········· 776
图4-26 莫斯科 特罗伊茨科-戈列尼谢沃。三一教堂（1644~1646年），东南侧全景 ········· 777
图4-27 莫斯科 特罗伊茨科-戈列尼谢沃。三一教堂，东侧全景 ········· 777
图4-28 莫斯科 特罗伊茨科-戈列尼谢沃。三一教堂，东北侧景观 ········· 778
图4-29 莫斯科 特罗伊茨科-戈列尼谢沃。三一教堂，西北侧景色 ········· 779
图4-30 莫斯科 特罗伊茨科-戈列尼谢沃。三一教堂，西南侧景色 ········· 779
图4-31 莫斯科 特罗伊茨科-戈列尼谢沃。三一教堂，南侧各入口近景 ········· 779
图4-32 莫斯科 特罗伊茨科-戈列尼谢沃。三一教堂，东侧，仰视近景 ········· 780
图4-33 莫斯科 特罗伊茨科-戈列尼谢沃。三一教堂，主帐篷顶，西侧近景 ········· 780
图4-34 莫斯科 特罗伊茨科-戈列尼谢沃。三一教堂，东侧礼拜堂，屋顶近观 ········· 780
图4-35 莫斯科 特罗伊茨科-戈列尼谢沃。三一教堂，钟楼，仰视近景 ········· 781
图4-36 莫斯科 特罗伊茨科-戈列尼谢沃。三一教堂，内景 ········· 781
图4-37 莫斯科 普京基圣母圣诞教堂（1649~1652年）。平面（据Nekrasov） ········· 781
图4-38 莫斯科 普京基圣母圣诞教堂。北立面及东-西剖面（图版，据S.U.Solovyov，1890年代） ········· 782
图4-39 莫斯科 普京基圣母圣诞教堂。平面及西立面复原图（取自William Craft Brumfield：《A History of Russian Architecture》，Cambridge University Press，1997年） ········· 782
图4-40 莫斯科 普京基圣母圣诞教堂。19世纪景色[绘画，1889年，作者Nikolay Alexandrovich Martynov（1822~1895年）] ········· 782

图4-41莫斯科 普京基圣母圣诞教堂。20世纪初景色（老照片，1900年代） ······ 782
图4-42莫斯科 普京基圣母圣诞教堂。西南侧现状 ······ 783
图4-43莫斯科 普京基圣母圣诞教堂。西侧全景 ······ 783
图4-44莫斯科 普京基圣母圣诞教堂。西侧（早期部分） ······ 784
图4-45莫斯科 普京基圣母圣诞教堂。西北侧全景 ······ 785
图4-46莫斯科 普京基圣母圣诞教堂。东南侧近景 ······ 784~785
图4-47莫斯科 普京基圣母圣诞教堂。入口塔楼，西南侧近景 ······ 785
图4-48莫斯科 普京基圣母圣诞教堂。塔楼，西南侧景观 ······ 786
图4-49莫斯科 普京基圣母圣诞教堂。尖塔，东南侧近观 ······ 786~787
图4-50莫斯科 普京基圣母圣诞教堂。内景 ······ 786
图4-51梁赞 圣灵教堂（1642年）。南侧俯视全景 ······ 787
图4-52梁赞 圣灵教堂。西侧景色 ······ 788
图4-53梁赞 圣灵教堂。东北侧景观 ······ 788
图4-54雅罗斯拉夫尔 先知以利亚教堂（1647~1650年）。平面（取自William Craft Brumfield：《A History of Russian Architecture》，Cambridge University Press，1997年） ······ 789
图4-55雅罗斯拉夫尔 先知以利亚教堂。西侧全景 ······ 789
图4-56雅罗斯拉夫尔 先知以利亚教堂。西南侧主立面 ······ 789
图4-57雅罗斯拉夫尔 先知以利亚教堂。东南侧景色 ······ 790
图4-58雅罗斯拉夫尔 先知以利亚教堂。北侧全景 ······ 790
图4-59雅罗斯拉夫尔 先知以利亚教堂。西北侧全景 ······ 790
图4-60莫斯科 尼基特尼基三一教堂（1628~1651年）。平面、立面及剖面（图版，取自Академия Строительства и Архитестуры СССР：《Всеобщая История Архитестуры》，II, Москва, 1963年；西立面据V.Suslov） ······ 790
图4-61莫斯科 尼基特尼基三一教堂。西南侧全景 ······ 791
图4-62莫斯科 尼基特尼基三一教堂。东南侧近景 ······ 791
图4-63莫斯科 尼基特尼基三一教堂。南侧近景 ······ 792
图4-64莫斯科 尼基特尼基三一教堂。南侧武士尼基塔（圣尼切塔）礼拜堂近景 ······ 792
图4-65莫斯科 尼基特尼基三一教堂。山墙及穹顶，西南侧近景 ······ 792~793
图4-66莫斯科 尼基特尼基三一教堂。西南侧近景 ······ 792~793
图4-67莫斯科 尼基特尼基三一教堂。山墙细部 ······ 793
图4-68莫斯科 克里姆林宫。阁楼宫（1635~1636年），平面、立面及剖面（取自William Craft Brumfield：《A History of Russian Architecture》，Cambridge University Press，1997年；南立面据F.Rikhter） ······ 794
图4-69莫斯科 克里姆林宫。阁楼宫，18世纪景色[版画，1780年代，作者Friedrich Durfeldt（1765~1827年）] ······ 794
图4-70莫斯科 克里姆林宫。阁楼宫，18世纪景色（彩画，1797年，取自G.Quarenghi：《Views of Moscow and its Environs》） ······ 794
图4-71莫斯科 克里姆林宫。阁楼宫，19世纪初景色（绘画，作者Фёдор Я́ковлевич Алексе́ев，1800和1810年代） ······ 794
图4-72莫斯科 克里姆林宫。阁楼宫，19世纪景色[版画，1839年，作者Andre Durant（1807~1867年）] ······ 794
图4-73莫斯科 克里姆林宫。阁楼宫，19世纪后半叶，外景局部（油画，1877年，作者Vasiliy Polenov） ······ 795
图4-74莫斯科 克里姆林宫。阁楼宫，西南侧全景 ······ 795
图4-75莫斯科 克里姆林宫。阁楼宫，东南侧景色 ······ 796

图4-76莫斯科 克里姆林宫。阁楼宫，西南侧近景及立面细部 ········· 796~797

图4-77莫斯科 克里姆林宫。阁楼宫，上层近景 ········· 797

图4-78莫斯科 克里姆林宫。阁楼宫，内景（1836~1849年改建后状态，建筑画，1840年代后期，作者Шадурский）········· 797

图4-79莫斯科 克里姆林宫。阁楼宫，御座厅，内景 ········· 798

图4-80莫斯科 克里姆林宫。阁楼宫，御座厅柱饰，起拱石上饰象征皇权的双头鹰 ········· 798

图4-81莫斯科 克里姆林宫。阁楼宫，杜马厅 ········· 799

图4-82莫斯科 克里姆林宫。阁楼宫，十字厅，内景 ········· 799

图4-83莫斯科 克里姆林宫。阁楼宫，卧室 ········· 800

图4-84莫斯科 克里姆林宫。阁楼宫，配哥特式窗户的过厅 ········· 800

图4-85莫斯科 克里姆林宫。阁楼宫，金门槛（Golden Threshold） ········· 801

图4-86莫斯科 克里姆林宫。阁楼宫，室内墙面及拱脚装饰 ········· 801

图4-87莫斯科 克里姆林宫。阁楼宫，门饰细部 ········· 801

图4-88莫斯科 克里姆林宫。阁楼宫，阁楼教堂，穹顶，东侧全景 ········· 802

图4-89莫斯科 克里姆林宫。阁楼宫，阁楼教堂，穹顶近景 ········· 803

图4-90莫斯科 奥斯托任卡复活教堂（1670年代，现已无存）。构造体系示意（取自William Craft Brumfield：《A History of Russian Architecture》，Cambridge University Press，1997年） ········· 804

图4-91莫斯科 "陶匠区"圣母安息教堂（1654年，钟塔18世纪中叶增建）。19世纪景色[老照片，1882年，取自Nikolay Naidenov（1834~1905年）系列图集] ········· 804

图4-92莫斯科 "陶匠区"圣母安息教堂。东北侧地段形势 ········· 804

图4-93莫斯科 "陶匠区"圣母安息教堂。西北侧景色 ········· 805

图4-94莫斯科 "陶匠区"圣母安息教堂。钟楼，西北侧现状 ········· 806

图4-95莫斯科 "陶匠区"圣母安息教堂。西南侧景色 ········· 806~807

图4-96莫斯科 "陶匠区"圣母安息教堂。圣母像（1716年）及边饰细部 ········· 807

图4-97莫斯科 "陶匠区"圣母安息教堂。彩釉装饰细部 ········· 807

图4-98莫斯科 科洛缅斯克。喀山圣母教堂（1649~1653年），西侧远景 ········· 808

图4-99莫斯科 科洛缅斯克。喀山圣母教堂，西立面全景 ········· 808

图4-100莫斯科 科洛缅斯克。喀山圣母教堂，西南侧景观 ········· 809

图4-101莫斯科 科洛缅斯克。喀山圣母教堂，南侧现状 ········· 809

图4-102莫斯科 科洛缅斯克。喀山圣母教堂，东南侧景色 ········· 810

图4-103莫斯科 科洛缅斯克。喀山圣母教堂，东北侧景色 ········· 810

图4-104莫斯科 科洛缅斯克。喀山圣母教堂，东北角穹顶近景 ········· 811

图4-105莫斯科 别尔舍内夫卡圣尼古拉教堂（三一教堂，1656~1657年）及阿韦尔基·基里洛夫宫。组群平面、北立面及剖面（取自Академия Строительства и Архитестуры СССР：《Всеобщая История Архитестуры》，II，Москва，1963年；平面复原图据D.Razov） ········· 811

图4-106莫斯科 别尔舍内夫卡圣尼古拉教堂（三一教堂）。东北侧全景 ········· 812

图4-107莫斯科 别尔舍内夫卡圣尼古拉教堂（三一教堂）。东南侧近景 ········· 813

图4-108莫斯科 别尔舍内夫卡圣尼古拉教堂（三一教堂）。主入口近景 ········· 814

图4-109莫斯科 别尔舍内夫卡圣尼古拉教堂（三一教堂）。北立面细部 ········· 814

图4-110莫斯科 别尔舍内夫卡圣尼古拉教堂（三一教堂）。穹顶近景 ········· 815

图4-111莫斯科 别尔舍内夫卡圣尼古拉教堂（三一教堂）。东北角檐口、山墙及小穹顶细部 ········· 815

图4-112莫斯科 哈莫夫尼基圣尼古拉教堂（1679~1682年）。南侧景色 816
图4-113莫斯科 哈莫夫尼基圣尼古拉教堂。西北侧全景 816
图4-114莫斯科 哈莫夫尼基圣尼古拉教堂。东北侧全景 816
图4-115莫斯科 哈莫夫尼基圣尼古拉教堂。东南侧全景 817
图4-116莫斯科 哈莫夫尼基圣尼古拉教堂。东南侧近景 817
图4-117莫斯科 哈莫夫尼基圣尼古拉教堂。穹顶及山墙细部 817
图4-118莫斯科 哈莫夫尼基圣尼古拉教堂。穹顶近景 818
图4-119莫斯科 普斯科夫山圣乔治教堂（1657年）。东北侧地段形势 819
图4-120莫斯科 普斯科夫山圣乔治教堂。东侧景色 819
图4-121莫斯科 普斯科夫山圣乔治教堂。南侧现状 820
图4-122莫斯科 普斯科夫山圣乔治教堂。西南侧全景 820
图4-123莫斯科 普斯科夫山圣乔治教堂。西北侧现状 821
图4-124莫斯科 普斯科夫山圣乔治教堂。穹顶近景 821
图4-125莫斯科 普斯科夫山圣乔治教堂。窗饰细部 822
图4-126莫斯科 奥斯坦基诺。全景画（作者N.Podklioutchnikov，1856年） 822
图4-127莫斯科 奥斯坦基诺。19世纪景色（版画） 822
图4-128莫斯科 奥斯坦基诺。西南侧俯视全景 822
图4-129莫斯科 奥斯坦基诺。南侧远景 823
图4-130莫斯科 奥斯坦基诺。三一教堂(1678~1683年)，19世纪景色（老照片，1888年，取自Nikolay Naidenov系列图集） 823
图4-131莫斯科 奥斯坦基诺。三一教堂，南侧全景 823
图4-132莫斯科 奥斯坦基诺。三一教堂，东南侧全景 824
图4-133莫斯科 奥斯坦基诺。三一教堂，东侧现状 824
图4-134莫斯科 奥斯坦基诺。三一教堂，北侧全景 825
图4-135莫斯科 奥斯坦基诺。三一教堂，西北侧景色 826
图4-136莫斯科 奥斯坦基诺。三一教堂，西侧全景 826
图4-137莫斯科 奥斯坦基诺。三一教堂，东侧，墙面细部 827
图4-138莫斯科 奥斯坦基诺。三一教堂，北侧，入口近景 827
图4-139莫斯科 奥斯坦基诺。三一教堂，穹顶，东侧景观 828
图4-140阿尔汉格尔斯克庄园（莫斯科附近） 大天使米迦勒教堂（1667年）。西南侧景色 829
图4-141阿尔汉格尔斯克庄园 大天使米迦勒教堂。东南侧现状 829
图4-142阿尔汉格尔斯克庄园 大天使米迦勒教堂。东立面全景 830
图4-143阿尔汉格尔斯克庄园 大天使米迦勒教堂。东北侧景观 830
图4-144阿尔汉格尔斯克庄园 大天使米迦勒教堂。北侧全景 830
图4-145莫斯科 泰宁斯克。天使报喜教堂（1675~1677年），西立面全景 830
图4-146莫斯科 泰宁斯克。天使报喜教堂，西南侧全景 831
图4-147莫斯科 泰宁斯克。天使报喜教堂，南侧全景 831
图4-148莫斯科 泰宁斯克。天使报喜教堂，东南侧全景 831
图4-149莫斯科 泰宁斯克。天使报喜教堂，东北侧全景 831
图4-150莫斯科 泰宁斯克。天使报喜教堂，山墙及穹顶细部 832
图4-151莫斯科 特罗帕列沃。大天使米迦勒教堂（1693年），南侧全景 832

图4-152 莫斯科 特罗帕列沃。大天使米迦勒教堂，北侧近景 ······ 832
图4-153 莫斯科 特罗帕列沃。大天使米迦勒教堂，窗饰细部 ······ 832
图4-154 莫斯科 卡达希耶稣复活教堂（1687~1695年）。东立面及纵剖面（据G.Alferova） ······ 832
图4-155 莫斯科 卡达希耶稣复活教堂，西北侧全景 ······ 833
图4-156 莫斯科 卡达希耶稣复活教堂，西南侧全景 ······ 834
图4-157 莫斯科 卡达希耶稣复活教堂，西南侧钟楼近景 ······ 834
图4-158 莫斯科 卡达希耶稣复活教堂，西南侧教堂近景 ······ 834
图4-159 莫斯科 卡达希耶稣复活教堂，东侧半圆室近景 ······ 835
图4-160 莫斯科 卡达希耶稣复活教堂，穹顶，西南侧近景 ······ 835
图4-161 雅罗斯拉夫尔 克罗夫尼基。教堂组群（17世纪下半叶），立面图（水彩渲染，1845年，作者И.Белоногов） ······ 835
图4-162 雅罗斯拉夫尔 克罗夫尼基。教堂组群，西北侧全景（老照片，1911年） ······ 836
图4-163 雅罗斯拉夫尔 克罗夫尼基。教堂组群，东北侧远景 ······ 836
图4-164 雅罗斯拉夫尔 克罗夫尼基。教堂组群，东南侧外景 ······ 836
图4-165 雅罗斯拉夫尔 克罗夫尼基。圣约翰·克里索斯托教堂（1649~1654年），平面、立面及剖面（西立面据A.Pavlinov；平面及纵剖面取自Академия Стройтельства и Архитектуры СССР:《Всеобщая История Архитестуры》,II, Москва, 1963年） ······ 836
图4-166 雅罗斯拉夫尔 克罗夫尼基。圣约翰·克里索斯托教堂，东北侧全景 ······ 837
图4-167 雅罗斯拉夫尔 克罗夫尼基。圣约翰·克里索斯托教堂，东侧地段形势 ······ 837
图4-168 雅罗斯拉夫尔 克罗夫尼基。圣约翰·克里索斯托教堂，东侧全景 ······ 838
图4-169 雅罗斯拉夫尔 克罗夫尼基。圣约翰·克里索斯托教堂，东南侧景色 ······ 838~839
图4-170 雅罗斯拉夫尔 克罗夫尼基。圣约翰·克里索斯托教堂，西南侧全景（1978年照片） ······ 839
图4-171 雅罗斯拉夫尔 克罗夫尼基。圣约翰·克里索斯托教堂，西北侧全景 ······ 838
图4-172 雅罗斯拉夫尔 克罗夫尼基。圣约翰·克里索斯托教堂，北侧景观 ······ 840
图4-173 雅罗斯拉夫尔 克罗夫尼基。圣约翰·克里索斯托教堂，北侧门楼 ······ 840
图4-174 雅罗斯拉夫尔 克罗夫尼基。圣约翰·克里索斯托教堂，西门楼细部 ······ 840~841
图4-175 雅罗斯拉夫尔 克罗夫尼基。圣约翰·克里索斯托教堂，东侧半圆室窗饰 ······ 841
图4-176 雅罗斯拉夫尔 克罗夫尼基。圣约翰·克里索斯托教堂，角柱细部 ······ 841
图4-177 雅罗斯拉夫尔 克罗夫尼基。圣约翰·克里索斯托教堂，内景，壁画及圣像 ······ 842
图4-178 雅罗斯拉夫尔 克罗夫尼基。圣约翰·克里索斯托教堂，北墙下部壁画 ······ 842
图4-179 雅罗斯拉夫尔 克罗夫尼基。圣约翰·克里索斯托教堂，祭坛十字架 ······ 843
图4-180 雅罗斯拉夫尔 克罗夫尼基。弗拉基米尔圣母教堂，东北侧外景 ······ 843
图4-181 雅罗斯拉夫尔 克罗夫尼基。钟塔（17世纪80年代），外景（1978年照片） ······ 843
图4-182 雅罗斯拉夫尔 克罗夫尼基。钟塔，现状 ······ 844
图4-183 雅罗斯拉夫尔 托尔奇科沃。施洗者约翰教堂（1671~1687年），东北侧全景 ······ 845
图4-184 雅罗斯拉夫尔 托尔奇科沃。施洗者约翰教堂，西立面，现状 ······ 845
图4-185 雅罗斯拉夫尔 托尔奇科沃。施洗者约翰教堂，西北侧近景 ······ 846
图4-186 雅罗斯拉夫尔 托尔奇科沃。施洗者约翰教堂，东侧近景 ······ 846
图4-187 雅罗斯拉夫尔 托尔奇科沃。施洗者约翰教堂，釉砖细部 ······ 847
图4-188 雅罗斯拉夫尔 托尔奇科沃。施洗者约翰教堂，室内，壁画 ······ 847
图4-189 雅罗斯拉夫尔 托尔奇科沃。施洗者约翰教堂，钟塔（17世纪后期），现状全景 ······ 848

图4-190雅罗斯拉夫尔 托尔奇科沃。施洗者约翰教堂，钟塔，上部近景 ············ 848
图4-191雅罗斯拉夫尔 基督诞生教堂（圣诞教堂，1644年，1658年后扩建）。西南侧全景 ············ 849
图4-192雅罗斯拉夫尔 基督诞生教堂（圣诞教堂）。东北侧近景 ············ 849
图4-193雅罗斯拉夫尔 基督诞生教堂（圣诞教堂）。钟楼，北侧景色 ············ 849
图4-194雅罗斯拉夫尔 基督诞生教堂（圣诞教堂）。钟楼，西南侧景色 ············ 849
图4-195雅罗斯拉夫尔 基督诞生教堂（圣诞教堂）。钟楼，西侧仰视景观 ············ 849
图4-196雅罗斯拉夫尔 大天使米迦勒教堂（1658年）。西南侧全景（1978年照片）············ 850
图4-197雅罗斯拉夫尔 大天使米迦勒教堂。西南侧，现状俯视景色 ············ 850~851
图4-198雅罗斯拉夫尔 大天使米迦勒教堂。西南侧，立面全景 ············ 850~851
图4-199雅罗斯拉夫尔 大天使米迦勒教堂。南侧，远景及近景 ············ 851
图4-200雅罗斯拉夫尔 大天使米迦勒教堂。西南侧门廊，近景 ············ 852
图4-201雅罗斯拉夫尔 大天使米迦勒教堂。穹顶，西南侧近景 ············ 852
图4-202雅罗斯拉夫尔 主显教堂（1684~1693年）。东南侧景观 ············ 852
图4-203雅罗斯拉夫尔 主显教堂。东侧景色 ············ 853
图4-204雅罗斯拉夫尔 主显教堂。东北侧全景 ············ 853
图4-205雅罗斯拉夫尔 主显教堂。西南侧全景 ············ 853
图4-206科斯特罗马 格罗夫耶稣复活教堂（可能1649~1652年）。西南侧全景 ············ 853
图4-207科斯特罗马 格罗夫耶稣复活教堂。西立面及主门楼景色 ············ 854
图4-208科斯特罗马 格罗夫耶稣复活教堂。门楼内景 ············ 854
图4-209科斯特罗马 格罗夫耶稣复活教堂。西北侧全景 ············ 855
图4-210科斯特罗马 格罗夫耶稣复活教堂。北侧全景 ············ 855
图4-211科斯特罗马 格罗夫耶稣复活教堂。东北侧全景 ············ 856
图4-212科斯特罗马 格罗夫耶稣复活教堂。楼梯间，壁画 ············ 856
图4-213瓦尔代 伊韦尔斯克圣母修道院。圣母安息大教堂（1653年），西北侧远景 ············ 857
图4-214瓦尔代 伊韦尔斯克圣母修道院。圣母安息大教堂，西侧远景 ············ 857
图4-215瓦尔代 伊韦尔斯克圣母修道院。圣母安息大教堂，南侧全景 ············ 858
图4-216瓦尔代 伊韦尔斯克圣母修道院。圣母安息大教堂，东侧全景 ············ 858
图4-217瓦尔代 伊韦尔斯克圣母修道院。圣母安息大教堂，东南侧近景 ············ 859
图4-218瓦尔代 伊韦尔斯克圣母修道院。圣母安息大教堂，东北侧近景 ············ 860
图4-219瓦尔代 伊韦尔斯克圣母修道院。圣母安息大教堂，西侧近景 ············ 860~861
图4-220瓦尔代 伊韦尔斯克圣母修道院。圣母安息大教堂，南侧门廊近景 ············ 861
图4-221瓦尔代 伊韦尔斯克圣母修道院。圣母安息大教堂，穹顶近景 ············ 861
图4-222莫斯科 克里姆林宫。主教宫，十字厅，内景 ············ 862
图4-223莫斯科 克里姆林宫。十二圣徒大教堂（原圣徒菲利普教堂，1652~1656年），南侧，俯视景色 ············ 862
图4-224莫斯科 克里姆林宫。十二圣徒大教堂（原圣徒菲利普教堂），南侧，全景及近景 ············ 863
图4-225莫斯科 克里姆林宫。十二圣徒大教堂（原圣徒菲利普教堂），东南侧景色 ············ 864
图4-226莫斯科 克里姆林宫。十二圣徒大教堂（原圣徒菲利普教堂），东北侧全景 ············ 864~865
图4-227莫斯科 克里姆林宫。十二圣徒大教堂（原圣徒菲利普教堂），北侧现状 ············ 864~865
图4-228莫斯科 克里姆林宫。十二圣徒大教堂（原圣徒菲利普教堂），穹顶近景 ············ 865
图4-229新耶路撒冷（莫斯科附近）伊斯特河畔复活修道院。复活大教堂（1658~1685年，1747~1760年改建），平面（左图取自William Craft Brumfield：《A History of Russian Architecture》，Cambridge University Press，1997

年；右图据Rzyanin） ··· 866
图4-230 新耶路撒冷 伊斯特河畔复活修道院。复活大教堂，剖面（上图取自Академия Строительства и Архитестуры СССР：《Всеобщая История Архитестуры》，II，Москва，1963年；下图取自William Craft Brumfield：《Landmarks of Russian Architecture》，Gordon and Breach Publishers，1997年） ·· 866
图4-231 新耶路撒冷 伊斯特河畔复活修道院。复活大教堂，剖析图 ··· 867
图4-232 新耶路撒冷 伊斯特河畔复活修道院。复活大教堂，西南侧全景 ··· 867
图4-233 新耶路撒冷 伊斯特河畔复活修道院。复活大教堂，东南侧景观 ··· 867
图4-234 新耶路撒冷 伊斯特河畔复活修道院。复活大教堂，东侧全景 ·· 868
图4-235 新耶路撒冷 伊斯特河畔复活修道院。复活大教堂，西侧景观 ·· 869
图4-236 新耶路撒冷 伊斯特河畔复活修道院。复活大教堂，东南侧近景 ··· 869
图4-237 新耶路撒冷 伊斯特河畔复活修道院。复活大教堂，穹顶，东南侧近景 ···································· 869
图4-238 新耶路撒冷 伊斯特河畔复活修道院。复活大教堂，穹顶，西南侧近景及细部（整修期间） ········· 870
图4-239 罗斯托夫 克里姆林宫（1670~1683年）。总平面（取自Академия Строительства и Архитестуры СССР：《Всеобщая История Архитестуры》，II，Москва，1963年） ··· 871
图4-240 罗斯托夫 克里姆林宫。西门，立面（取自Академия Строительства и Архитестуры СССР：《Всеобщая История Архитестуры》，II，Москва，1963年） ··· 871
图4-241 罗斯托夫 克里姆林宫。北区俯视全景 ·· 871
图4-242 罗斯托夫 克里姆林宫。东北侧俯视全景 ·· 871
图4-243 罗斯托夫 克里姆林宫。西南侧临湖全景 ·· 871
图4-244 罗斯托夫 克里姆林宫。西侧全景 ··· 872~873
图4-245 罗斯托夫 克里姆林宫。西北侧景观 ··· 872
图4-246 罗斯托夫 克里姆林宫。西南侧围墙及塔楼 ··· 873
图4-247 罗斯托夫 克里姆林宫。宫城内，自东北方向望去的全景 ··· 872~873
图4-248 罗斯托夫 克里姆林宫。宫城内，自东北方向望去的景色 ·· 874
图4-249 罗斯托夫 克里姆林宫。恰索文内塔楼，现状 ·· 874~875
图4-250 罗斯托夫 克里姆林宫。霍德格特里耶夫塔楼，外景 ·· 875
图4-251 罗斯托夫 克里姆林宫。水塔，外侧景色 ··· 876
图4-252 罗斯托夫 克里姆林宫。水塔，内侧景色及墙面装饰细部 ··· 876~877
图4-253 罗斯托夫 克里姆林宫。钟楼（1682~1687年），西北侧景色（老照片，1911年） ···················· 876
图4-254 罗斯托夫 克里姆林宫。钟楼，西侧现状 ·· 878
图4-255 罗斯托夫 克里姆林宫。钟楼，西南侧近景 ·· 878
图4-256 罗斯托夫 克里姆林宫。钟楼，钟室近景 ·· 879
图4-257 罗斯托夫 克里姆林宫。钟楼，钟室内景 ·· 879
图4-258 罗斯托夫 克里姆林宫。复活教堂（门楼教堂，1670年），20世纪初状态（老照片，1911年） ··· 879
图4-259 罗斯托夫 克里姆林宫。复活教堂，东北侧现状 ·· 880
图4-260 罗斯托夫 克里姆林宫。复活教堂，西北侧景色 ·· 880
图4-261 罗斯托夫 克里姆林宫。复活教堂，西南侧远景 ·· 881
图4-262 罗斯托夫 克里姆林宫。复活教堂，西南侧全景 ·· 881
图4-263 罗斯托夫 克里姆林宫。复活教堂，北面入口及壁画细部 ·· 882
图4-264 罗斯托夫 克里姆林宫。复活教堂，穹顶，近景 ·· 883
图4-265 罗斯托夫 克里姆林宫。红宫（1672~1680年），东北侧全景 ·· 884

图4-266罗斯托夫 克里姆林宫。红宫，北侧全景 ······ 884
图4-267罗斯托夫 克里姆林宫。红宫，入口，东北侧景色 ······ 885
图4-268罗斯托夫 克里姆林宫。"库房上的救世主教堂"（1675年），北侧俯视全景 ······ 885
图4-269罗斯托夫 克里姆林宫。"库房上的救世主教堂"，西南侧，自宫墙外望去的景色 ······ 886
图4-270罗斯托夫 克里姆林宫。"库房上的救世主教堂"，西北侧，自宫城内望去的景色 ······ 886
图4-271罗斯托夫 克里姆林宫。"库房上的救世主教堂"，仰视内景及壁画 ······ 887
图4-272罗斯托夫 克里姆林宫。圣约翰（神学家）门楼教堂（1683年），平面（取自David Roden Buxton：《Russian Mediaeval Architecture》，Cambridge University Press，2014年） ······ 889
图4-273罗斯托夫 克里姆林宫。圣约翰（神学家）门楼教堂，西立面（取自William Craft Brumfield：《A History of Russian Architecture》，Cambridge University Press，1997年） ······ 888
图4-274罗斯托夫 克里姆林宫。圣约翰（神学家）门楼教堂，外景（西南侧） ······ 888
图4-275罗斯托夫 克里姆林宫。圣约翰（神学家）门楼教堂，西侧现状 ······ 888
图4-276罗斯托夫 克里姆林宫。圣约翰（神学家）门楼教堂，西南侧全景 ······ 889
图4-277罗斯托夫 克里姆林宫。圣约翰（神学家）门楼教堂，南侧远观 ······ 890
图4-278罗斯托夫 克里姆林宫。圣约翰（神学家）门楼教堂，东侧全景 ······ 890
图4-279罗斯托夫 克里姆林宫。圣约翰（神学家）门楼教堂，东北侧全景 ······ 890~891
图4-280罗斯托夫 克里姆林宫。圣约翰（神学家）门楼教堂，西侧入口，近景 ······ 891
图4-281罗斯托夫 克里姆林宫。圣约翰（神学家）门楼教堂，西立面墙龛及窗饰 ······ 892
图4-282罗斯托夫 克里姆林宫。圣约翰（神学家）门楼教堂，边侧塔楼，近景 ······ 893
图4-283罗斯托夫 克里姆林宫。圣约翰（神学家）门楼教堂，东侧入口及柱墩细部 ······ 893
图4-284罗斯托夫 克里姆林宫。圣约翰（神学家）门楼教堂，东北侧近景 ······ 894
图4-285罗斯托夫 克里姆林宫。圣约翰（神学家）门楼教堂，室内，仰视景色 ······ 894
图4-286罗斯托夫 克里姆林宫。霍杰盖特里亚圣母圣像教堂，东南侧地段形势 ······ 895
图4-287罗斯托夫 克里姆林宫。霍杰盖特里亚圣母圣像教堂，东南侧全景 ······ 896
图4-288罗斯托夫 克里姆林宫。霍杰盖特里亚圣母圣像教堂，南立面 ······ 896
图4-289罗斯托夫 克里姆林宫。霍杰盖特里亚圣母圣像教堂，南立面近景 ······ 897
图4-290罗斯托夫 克里姆林宫。霍杰盖特里亚圣母圣像教堂，东立面细部 ······ 897
图4-291罗斯托夫 克里姆林宫。霍杰盖特里亚圣母圣像教堂，穹顶及鼓座，近景 ······ 897
图4-292托博尔斯克 17世纪末城市总平面[取自俄罗斯历史学家、建筑师和地理学者Семён Ульянович Ремезов（约1642~1720年）编著的《Чертёжная книга Сибири》，1699~1701年] ······ 897
图4-293托博尔斯克 18世纪初城市全景图[版画，取自Eberhard Isbrand Ides（1657~1708年）的著述（《Driejaarige reize naar China》），1710年] ······ 898
图4-294托博尔斯克 18世纪中叶城市景观（约1750年图版） ······ 898
图4-295托博尔斯克 18世纪下半叶城市全景图（版画，1786年） ······ 898
图4-296托博尔斯克 19世纪城市全景[版画，作者Alfred Nicolas Rambaud（1842~1905年）] ······ 898
图4-297托博尔斯克 克里姆林。东侧全景 ······ 899
图4-298托博尔斯克 克里姆林。东南侧景观 ······ 899
图4-299托博尔斯克 克里姆林。东北侧景色 ······ 899
图4-300喀山 城堡（克里姆林）。总平面（1730年，据Anton Sociperov） ······ 899
图4-301喀山 城堡（克里姆林）。全景图（版画，1854年，作者E.T.Turnerelli） ······ 900
图4-302喀山 城堡（克里姆林）。救世主塔楼，现状 ······ 900

图4-303 喀山 城堡（克里姆林）。宗教法庭塔楼，外景 …… 901
图4-304 喀山 城堡（克里姆林）。显容塔楼，围墙内外景色 …… 901
图4-305 喀山 城堡（克里姆林）。休尤姆贝克塔楼（17世纪下半叶），19世纪景观（西侧，版画，1825年）…… 902
图4-306 喀山 城堡（克里姆林）。休尤姆贝克塔楼，19世纪状态（东南侧景色，写生画，作者Э.Турнерелли，1839年）…… 902
图4-307 喀山 城堡（克里姆林）。休尤姆贝克塔楼，南侧远景 …… 902
图4-308 喀山 城堡（克里姆林）。休尤姆贝克塔楼，南侧全景 …… 902
图4-309 喀山 城堡（克里姆林）。休尤姆贝克塔楼，西南侧全景 …… 903
图4-310 喀山 城堡（克里姆林）。休尤姆贝克塔楼，西侧近景 …… 904
图4-311 喀山 城堡（克里姆林）。休尤姆贝克塔楼，仰视近景 …… 904~905
图4-312 喀山 城堡（克里姆林）。休尤姆贝克塔楼，大门细部 …… 905
图4-313 苏兹达尔 圣叶夫菲米-救世主修道院（约1664年）。自南侧望去的景色 …… 905
图4-314 苏兹达尔 圣叶夫菲米-救世主修道院。西南侧全景 …… 904
图4-315 苏兹达尔 圣叶夫菲米-救世主修道院。主塔（入口塔楼），西南侧景色 …… 906
图4-316 苏兹达尔 圣叶夫菲米-救世主修道院。主塔，西北侧（内侧）景色 …… 906
图4-317 苏兹达尔 圣叶夫菲米-救世主修道院。主塔，西侧近景 …… 907
图4-318 苏兹达尔 圣叶夫菲米-救世主修道院。西南角塔 …… 907
图4-319 苏兹达尔 圣叶夫菲米-救世主修道院。南侧围墙，现状 …… 907
图4-320 苏兹达尔 圣叶夫菲米-救世主修道院。东南角塔，外侧 …… 908
图4-321 苏兹达尔 圣叶夫菲米-救世主修道院。东南角塔，内侧景色 …… 908
图4-322 苏兹达尔 圣叶夫菲米-救世主修道院。东侧围墙，内侧，向北望去的景色 …… 908
图4-323 苏兹达尔 圣叶夫菲米-救世主修道院。西南角塔，内侧景色 …… 908
图4-324 苏兹达尔 圣亚历山大·涅夫斯基修道院。耶稣升天教堂及钟塔（1695年），西北侧远景 …… 909
图4-325 苏兹达尔 圣亚历山大·涅夫斯基修道院。耶稣升天教堂及钟塔，东南侧远景 …… 909
图4-326 苏兹达尔 圣亚历山大·涅夫斯基修道院。耶稣升天教堂及钟塔，东南侧全景 …… 909
图4-327 科斯特罗马 伊帕季耶夫三一修道院。西南侧俯视全景 …… 910
图4-328 科斯特罗马 伊帕季耶夫三一修道院。东北侧冬季景色 …… 910
图4-329 科斯特罗马 伊帕季耶夫三一修道院。北侧景观 …… 910
图4-330 科斯特罗马 伊帕季耶夫三一修道院。东侧全景 …… 910
图4-331 科斯特罗马 伊帕季耶夫三一修道院。入口塔楼，西侧现状 …… 911
图4-332 科斯特罗马 伊帕季耶夫三一修道院。三一大教堂（1590年，1650~1652年重建），西北侧景色（水彩画，作者В.А.Плотников）…… 911
图4-333 科斯特罗马 伊帕季耶夫三一修道院。三一大教堂，西北地段全景 …… 911
图4-334 科斯特罗马 伊帕季耶夫三一修道院。三一大教堂，北立面景色 …… 912
图4-335 科斯特罗马 伊帕季耶夫三一修道院。三一大教堂，西北侧全景 …… 912
图4-336 科斯特罗马 伊帕季耶夫三一修道院。三一大教堂，穹顶近景 …… 913
图4-337 科斯特罗马 伊帕季耶夫三一修道院。三一大教堂，室内，中央穹顶及拱顶仰视 …… 913
图4-338 科斯特罗马 伊帕季耶夫三一修道院。三一大教堂，边廊仰视 …… 914
图4-339 科斯特罗马 伊帕季耶夫三一修道院。三一大教堂，圣像屏帏仰视 …… 914~915
图4-340 科斯特罗马 伊帕季耶夫三一修道院。三一大教堂，圣像屏帏侧景 …… 915
图4-341 科斯特罗马 伊帕季耶夫三一修道院。三一大教堂，柱墩及壁画 …… 914~915

图4-342科斯特罗马 伊帕季耶夫三一修道院。三一大教堂，窗洞及壁画 ······ 916
图4-343圣谢尔久斯三一修道院。自东南方向望去的景色 ······ 917
图4-344圣谢尔久斯三一修道院。东侧（入口处）景观 ······ 916~917
图4-345圣谢尔久斯三一修道院。周五塔（1640年） ······ 918
图4-346圣谢尔久斯三一修道院 圣谢尔久斯餐厅教堂（1686~1692年）。平面及剖面（据V.Baldin）······ 918
图4-347圣谢尔久斯三一修道院 圣谢尔久斯餐厅教堂。东北侧外景 ······ 918
图4-348圣谢尔久斯三一修道院 圣谢尔久斯餐厅教堂。西侧景色 ······ 919
图4-349圣谢尔久斯三一修道院 圣谢尔久斯餐厅教堂。北立面东门廊边侧墙龛及圣像画 ······ 919
图4-350圣谢尔久斯三一修道院 圣谢尔久斯餐厅教堂。北立面西门廊内景 ······ 919
图4-351圣谢尔久斯三一修道院 圣谢尔久斯餐厅教堂。西北端近景 ······ 919
图4-352圣谢尔久斯三一修道院 圣谢尔久斯餐厅教堂。大厅内景 ······ 919
图4-353圣谢尔久斯三一修道院 圣谢尔久斯餐厅教堂。大厅东侧屏栏 ······ 919
图4-354圣谢尔久斯三一修道院 圣谢尔久斯餐厅教堂。圣所内景 ······ 920
图4-355圣谢尔久斯三一修道院 圣谢尔久斯餐厅教堂。圣像屏帏及拱顶仰视 ······ 920~921
图4-356圣谢尔久斯三一修道院 圣谢尔久斯餐厅教堂。西门厅壁画 ······ 920~921
图4-357圣谢尔久斯三一修道院 施洗者约翰教堂（门楼教堂，1513年，1692~1699年重建）。西南侧地段形势 ······ 921
图4-358圣谢尔久斯三一修道院 施洗者约翰教堂（门楼教堂）。西南侧全景 ······ 921
图4-359圣谢尔久斯三一修道院 施洗者约翰教堂（门楼教堂）。西侧近景 ······ 922
图4-360圣谢尔久斯三一修道院 施洗者约翰教堂（门楼教堂）。西北侧景色 ······ 922~923
图4-361圣谢尔久斯三一修道院 施洗者约翰教堂（门楼教堂）。东侧近景 ······ 923
图4-362圣谢尔久斯三一修道院 施洗者约翰教堂（门楼教堂）。穿顶近景 ······ 924
图4-363圣谢尔久斯三一修道院 施洗者约翰教堂（门楼教堂）。拱门内景 ······ 924
图4-364圣谢尔久斯三一修道院 "鸭塔"（16世纪中叶，1676~1682年）。东南侧全景 ······ 924
图4-365圣谢尔久斯三一修道院 "鸭塔"。西侧现状 ······ 925
图4-366莫斯科 兹纳缅斯基修道院。罗曼诺夫（波维尔）宫邸（1857~1859年修复），现状 ······ 926
图4-367莫斯科 兹纳缅斯基修道院。圣母圣像大教堂（1679~1684年），西北侧景色 ······ 926
图4-368莫斯科 兹纳缅斯基修道院。圣母圣像大教堂，西立面全景 ······ 927
图4-369莫斯科 兹纳缅斯基修道院。圣母圣像大教堂，东南侧全景 ······ 927
图4-370莫斯科 兹纳缅斯基修道院。圣母圣像大教堂，东立面景色 ······ 928
图4-371莫斯科 兹纳缅斯基修道院。圣母圣像大教堂，南侧山墙及窗饰细部 ······ 928
图4-372莫斯科 兹纳缅斯基修道院。圣母圣像大教堂，穿顶近景 ······ 929
图4-373莫斯科 新救世主修道院。主显圣容大教堂（1645~1651年），西侧远景 ······ 929
图4-374莫斯科 新救世主修道院。主显圣容大教堂，南侧全景 ······ 930
图4-375莫斯科 新救世主修道院。主显圣容大教堂，东侧景色 ······ 931
图4-376莫斯科 新救世主修道院。主显圣容大教堂，穿顶近景 ······ 931
图4-377莫斯科 新救世主修道院（围墙1640年代）。西侧全景 ······ 932
图4-378莫斯科 伊斯梅洛沃。圣母代祷大教堂（1671~1679年），19世纪末景色（绘画，作者K.Bodri）······ 933
图4-379莫斯科 伊斯梅洛沃。圣母代祷大教堂，西侧远景 ······ 932
图4-380莫斯科 伊斯梅洛沃。圣母代祷大教堂，西立面全景 ······ 933
图4-381莫斯科 伊斯梅洛沃。圣母代祷大教堂，西北侧近景 ······ 934

图4-382	莫斯科 伊斯梅洛沃。圣母代祷大教堂，西立面，入口门廊	935
图4-383	莫斯科 伊斯梅洛沃。圣母代祷大教堂，门廊细部	936
图4-384	莫斯科 伊斯梅洛沃。圣母代祷大教堂，窗饰细部	936
图4-385	莫斯科 伊斯梅洛沃。圣母代祷大教堂，山墙装饰	937
图4-386	莫斯科 伊斯梅洛沃。圣母代祷大教堂，穹顶细部	937
图4-387	莫斯科 伊斯梅洛沃。大门（西门，1682年），19世纪景观（版画，1866年）	937
图4-388	莫斯科 伊斯梅洛沃。大门，西北侧现状	938
图4-389	莫斯科 伊斯梅洛沃。大门，西侧全景	938
图4-390	莫斯科 伊斯梅洛沃。大门，东侧全景	938
图4-391	莫斯科 伊斯梅洛沃。大门，顶塔，东侧近景	938
图4-392	莫斯科 伊斯梅洛沃。大门，券门近景	939
图4-393	苏兹达尔 圣母圣袍女修道院。大门（1688年），东侧远景	939
图4-394	苏兹达尔 圣母圣袍女修道院。大门，西侧地段形势	939
图4-395	苏兹达尔 圣母圣袍女修道院。大门，西侧全景	939
图4-396	莫斯科 伊斯梅洛沃。入口塔楼（1679年），东侧现状	940
图4-397	莫斯科 伊斯梅洛沃。入口塔楼，东南侧全景	940
图4-398	莫斯科 伊斯梅洛沃。入口塔楼，西南侧景观	940
图4-399	莫斯科 伊斯梅洛沃。入口塔楼，南立面近景	941
图4-400	圣西里尔-别洛焦尔斯克修道院（圣西里尔白湖修道院，1660年代）。总平面及地段卫星图	941
图4-401	圣西里尔-别洛焦尔斯克修道院（圣西里尔白湖修道院）。19世纪末景色（版画，1897年）	942
图4-402	圣西里尔-别洛焦尔斯克修道院（圣西里尔白湖修道院）。西北侧全景	942
图4-403	圣西里尔-别洛焦尔斯克修道院（圣西里尔白湖修道院）。西南侧景色	942
图4-404	圣西里尔-别洛焦尔斯克修道院（圣西里尔白湖修道院）。南侧，全景及西区景观	943
图4-405	圣西里尔-别洛焦尔斯克修道院（圣西里尔白湖修道院）。东南侧，围墙及塔楼	944
图4-406	圣西里尔-别洛焦尔斯克修道院（圣西里尔白湖修道院）。东角塔楼	944~945
图4-407	圣西里尔-别洛焦尔斯克修道院（圣西里尔白湖修道院）。东北侧围墙北段	944
图4-408	圣西里尔-别洛焦尔斯克修道院（圣西里尔白湖修道院）。西北角塔楼	945
图4-409	莫斯科 西蒙诺夫修道院（1370年，17世纪中叶改建）。残存塔楼及顶塔近景	944~945
图4-410	莫斯科 西蒙诺夫修道院。炮口塔楼（17世纪40年代），近景	946
图4-411	莫斯科 西蒙诺夫修道院。餐厅（1677~1685年），北立面复原图（取自Академия Строительства и Архи-тестуры СССР：《Всеобщая История Архитестуры》，II，Москва，1963年）	946
图4-412	莫斯科 西蒙诺夫修道院。餐厅，西立面，残迹原状（老照片）	946
图4-413	莫斯科 西蒙诺夫修道院。餐厅，西立面，现状全景及近观	947
图4-414	莫斯科 新圣女修道院（斯摩棱斯克修道院，16~17世纪）。总平面（取自Академия Строительства и Архи-тестуры СССР：《Всеобщая История Архитестуры》，II，Москва，1963年）	948
图4-415	莫斯科 新圣女修道院（斯摩棱斯克修道院）。模型	948
图4-416	莫斯科 新圣女修道院（斯摩棱斯克修道院）。东北侧俯视景色	948~949
图4-417	莫斯科 新圣女修道院（斯摩棱斯克修道院）。北侧全景	949
图4-418	莫斯科 新圣女修道院（斯摩棱斯克修道院）。纳普鲁德塔楼，院内景观	950
图4-419	莫斯科 新圣女修道院（斯摩棱斯克修道院）。庇护塔，现状	951
图4-420	莫斯科 新圣女修道院（斯摩棱斯克修道院）。塞通塔，外景	951

图4-421莫斯科 新圣女修道院（斯摩棱斯克修道院）。扎特拉列兹塔楼，现状⋯⋯⋯⋯⋯⋯⋯⋯⋯⋯⋯⋯⋯⋯ 951
图4-422莫斯科 新圣女修道院（斯摩棱斯克修道院）。圣母安息餐厅教堂（1685~1687年），南侧，东段景色 ⋯⋯ 951
图4-423莫斯科 新圣女修道院（斯摩棱斯克修道院）。圣母安息餐厅教堂，南侧，西段景色⋯⋯⋯⋯⋯⋯ 952
图4-424莫斯科 新圣女修道院（斯摩棱斯克修道院）。圣母安息餐厅教堂，东端雪景⋯⋯⋯⋯⋯⋯⋯⋯⋯ 952
图4-425莫斯科 新圣女修道院（斯摩棱斯克修道院）。圣母安息餐厅教堂，东北侧近景⋯⋯⋯⋯⋯⋯⋯⋯ 953
图4-426莫斯科 新圣女修道院（斯摩棱斯克修道院）。圣母安息餐厅教堂，大厅内景⋯⋯⋯⋯⋯⋯⋯⋯⋯ 953
图4-427莫斯科 新圣女修道院（斯摩棱斯克修道院）。显容门楼教堂（1687~1689年），东侧，地段形势 ⋯ 954
图4-428莫斯科 新圣女修道院（斯摩棱斯克修道院）。显容门楼教堂，东侧全景⋯⋯⋯⋯⋯⋯⋯⋯ 954~955
图4-429莫斯科 新圣女修道院（斯摩棱斯克修道院）。显容门楼教堂，东北侧全景⋯⋯⋯⋯⋯⋯⋯⋯⋯⋯ 954
图4-430莫斯科 新圣女修道院（斯摩棱斯克修道院）。显容门楼教堂，西侧景色⋯⋯⋯⋯⋯⋯⋯⋯⋯⋯⋯ 955
图4-431莫斯科 新圣女修道院（斯摩棱斯克修道院）。显容门楼教堂，南侧远景⋯⋯⋯⋯⋯⋯⋯⋯⋯⋯⋯ 956
图4-432莫斯科 新圣女修道院（斯摩棱斯克修道院）。显容门楼教堂，南侧全景⋯⋯⋯⋯⋯⋯⋯⋯⋯⋯⋯ 956
图4-433莫斯科 新圣女修道院（斯摩棱斯克修道院）。显容门楼教堂，东南侧近景⋯⋯⋯⋯⋯⋯⋯⋯⋯⋯ 957
图4-434莫斯科 新圣女修道院（斯摩棱斯克修道院）。显容门楼教堂，穹顶近景⋯⋯⋯⋯⋯⋯⋯⋯⋯⋯⋯ 958
图4-435莫斯科 新圣女修道院（斯摩棱斯克修道院）。圣母代祷门楼教堂（1683~1688年），东北侧地段形势 ⋯⋯⋯ 959
图4-436莫斯科 新圣女修道院（斯摩棱斯克修道院）。圣母代祷门楼教堂，东北侧全景⋯⋯⋯⋯⋯⋯⋯⋯ 959
图4-437莫斯科 新圣女修道院（斯摩棱斯克修道院）。圣母代祷门楼教堂，北侧景色⋯⋯⋯⋯⋯⋯⋯⋯⋯ 959
图4-438莫斯科 新圣女修道院（斯摩棱斯克修道院）。圣母代祷门楼教堂，西北侧景观⋯⋯⋯⋯⋯⋯⋯⋯ 960
图4-439莫斯科 新圣女修道院（斯摩棱斯克修道院）。钟塔（1689~1690年），东南侧景色 ⋯⋯⋯⋯⋯⋯ 960
图4-440莫斯科 新圣女修道院（斯摩棱斯克修道院）。钟塔，西南侧全景⋯⋯⋯⋯⋯⋯⋯⋯⋯⋯⋯⋯⋯⋯ 961
图4-441莫斯科 新圣女修道院（斯摩棱斯克修道院）。钟塔，西侧仰视及塔顶近景⋯⋯⋯⋯⋯⋯⋯⋯⋯⋯ 961
图4-442莫斯科 新圣女修道院（斯摩棱斯克修道院）。钟塔，塔尖细部⋯⋯⋯⋯⋯⋯⋯⋯⋯⋯⋯⋯⋯⋯⋯ 961
图4-443莫斯科 上彼得罗夫斯基修道院。圣谢尔久斯餐厅教堂（1690~1694年），西北侧全景 ⋯⋯⋯⋯ 962
图4-444莫斯科 上彼得罗夫斯基修道院。圣谢尔久斯餐厅教堂，北侧⋯⋯⋯⋯⋯⋯⋯⋯⋯⋯⋯⋯⋯ 962~963
图4-445莫斯科 上彼得罗夫斯基修道院。圣谢尔久斯餐厅教堂，南侧，全景及底层廊道 ⋯⋯⋯⋯⋯ 962~963
图4-446莫斯科 上彼得罗夫斯基修道院。圣谢尔久斯餐厅教堂，穹顶，西侧近景⋯⋯⋯⋯⋯⋯⋯⋯⋯⋯⋯ 964
图4-447莫斯科 上彼得罗夫斯基修道院。钟楼（1694年完成），北侧全景⋯⋯⋯⋯⋯⋯⋯⋯⋯⋯⋯⋯⋯⋯ 965
图4-448莫斯科 上彼得罗夫斯基修道院。钟楼，南侧现状⋯⋯⋯⋯⋯⋯⋯⋯⋯⋯⋯⋯⋯⋯⋯⋯⋯⋯⋯⋯⋯⋯ 965
图4-449诺夫哥罗德 维阿日谢圣尼古拉修道院。西侧全景⋯⋯⋯⋯⋯⋯⋯⋯⋯⋯⋯⋯⋯⋯⋯⋯⋯⋯⋯⋯⋯ 965
图4-450诺夫哥罗德 维阿日谢圣尼古拉修道院。东北侧景色⋯⋯⋯⋯⋯⋯⋯⋯⋯⋯⋯⋯⋯⋯⋯⋯⋯⋯⋯⋯ 966
图4-451诺夫哥罗德 维阿日谢圣尼古拉修道院。圣尼古拉大教堂（1681~1685年），西侧全景⋯⋯⋯⋯⋯ 966
图4-452诺夫哥罗德 维阿日谢圣尼古拉修道院。圣尼古拉大教堂，西北侧全景⋯⋯⋯⋯⋯⋯⋯⋯⋯⋯⋯⋯ 967
图4-453诺夫哥罗德 维阿日谢圣尼古拉修道院。圣尼古拉大教堂，东北侧全景⋯⋯⋯⋯⋯⋯⋯⋯⋯⋯⋯⋯ 967
图4-454诺夫哥罗德 维阿日谢圣尼古拉修道院。圣尼古拉大教堂，东侧，远景和全景⋯⋯⋯⋯⋯⋯⋯⋯⋯ 968
图4-455诺夫哥罗德 维阿日谢圣尼古拉修道院。圣尼古拉大教堂，东南侧全景⋯⋯⋯⋯⋯⋯⋯⋯⋯⋯⋯⋯ 969
图4-456诺夫哥罗德 维阿日谢圣尼古拉修道院。圣尼古拉大教堂，壁画残迹⋯⋯⋯⋯⋯⋯⋯⋯⋯⋯⋯⋯⋯ 969
图4-457诺夫哥罗德 维阿日谢圣尼古拉修道院。圣约翰（神学家）餐厅教堂（1694~1704年），东北侧远景 ⋯ ⋯⋯ 970
图4-458诺夫哥罗德 维阿日谢圣尼古拉修道院。圣约翰（神学家）餐厅教堂，东楼，东南侧景观⋯⋯ 970~971

图4-459 诺夫哥罗德 维阿日谢圣尼古拉修道院。圣约翰（神学家）餐厅教堂，钟塔，东南侧景色…… 971
图4-460 诺夫哥罗德 维阿日谢圣尼古拉修道院。圣约翰（神学家）餐厅教堂，西南侧全景…… 972
图4-461 诺夫哥罗德 维阿日谢圣尼古拉修道院。圣约翰（神学家）餐厅教堂，西南角，自东北方向望去的景色…… 972
图4-462 诺夫哥罗德 维阿日谢圣尼古拉修道院。圣约翰（神学家）餐厅教堂，东侧近景…… 973
图4-463 诺夫哥罗德 维阿日谢圣尼古拉修道院。圣约翰（神学家）餐厅教堂，墙面釉陶条带及窗饰…… 974
图4-464 诺夫哥罗德 维阿日谢圣尼古拉修道院。圣约翰（神学家）餐厅教堂，窗饰细部…… 974~975
图4-465 莫斯科 克鲁季茨克宫邸。门楼（塔楼，1693~1694年），平面、北立面及横剖面…… 975
图4-466 莫斯科 克鲁季茨克宫邸。门楼，立面（彩图，作者Ф.Рихтера，1850年）…… 975
图4-467 莫斯科 克鲁季茨克宫邸。门楼，20世纪初状态（老照片，1900~1910年）…… 975
图4-468 莫斯科 克鲁季茨克宫邸。门楼，东南侧现状…… 976
图4-469 莫斯科 克鲁季茨克宫邸。门楼，南侧全景…… 976
图4-470 莫斯科 克鲁季茨克宫邸。门楼，北立面全景…… 976
图4-471 莫斯科 克鲁季茨克宫邸。门楼，西北侧景色…… 976
图4-472 莫斯科 克鲁季茨克宫邸。门楼，北立面近景…… 976~977
图4-473 莫斯科 克鲁季茨克宫邸。门楼，拱门壁画…… 976~977
图4-474 莫斯科 克鲁季茨克宫邸。门楼，釉陶装饰细部…… 977
图4-475 莫斯科 顿河修道院。大顿河圣母主教堂（1684~1698年），平面（取自William Craft Brumfield：《A History of Russian Architecture》，Cambridge University Press，1997年）…… 978
图4-476 莫斯科 顿河修道院。大顿河圣母主教堂，东南侧全景…… 978
图4-477 莫斯科 顿河修道院。大顿河圣母主教堂，西侧全景…… 979
图4-478 莫斯科 顿河修道院。大顿河圣母主教堂，南侧，入口近景…… 980
图4-479 莫斯科 伊斯梅洛沃。印度王子约瑟法特教堂（1678年，1687~1688年改建，20世纪30年代后期拆除），平面、北立面及纵剖面（复原图作者A.Chiniakov）…… 980
图4-480 莫斯科 久济诺。圣鲍里斯和格列布教堂（1688~1704年），1989年大修时照片…… 980
图4-481 莫斯科 久济诺。圣鲍里斯和格列布教堂，西侧景观（大修前）…… 981
图4-482 莫斯科 久济诺。圣鲍里斯和格列布教堂，西南侧全景…… 981
图4-483 莫斯科 久济诺。圣鲍里斯和格列布教堂，南立面…… 982
图4-484 莫斯科 久济诺。圣鲍里斯和格列布教堂，东南侧景色…… 982~983
图4-485 莫斯科 久济诺。圣鲍里斯和格列布教堂，西北侧全景…… 983
图4-486 莫斯科 久济诺。圣鲍里斯和格列布教堂，西南侧近景…… 984
图4-487 莫斯科 久济诺。圣鲍里斯和格列布教堂，西立面近景及马赛克圣像…… 985
图4-488 莫斯科 久济诺。圣鲍里斯和格列布教堂，南侧近景…… 984~985
图4-489 莫斯科 久济诺。圣鲍里斯和格列布教堂，东侧近景…… 986
图4-490 萨法里诺（索夫里诺，莫斯科附近）斯摩棱斯克圣母教堂（1691年）。西南侧远景…… 986
图4-491 萨法里诺（索夫里诺）斯摩棱斯克圣母教堂，东南侧地段形势…… 987
图4-492 萨法里诺（索夫里诺）斯摩棱斯克圣母教堂，东南侧全景…… 987
图4-493 萨法里诺（索夫里诺）斯摩棱斯克圣母教堂，北侧雪景…… 988
图4-494 萨法里诺（索夫里诺）斯摩棱斯克圣母教堂，东侧近景…… 988
图4-495 萨法里诺（索夫里诺）斯摩棱斯克圣母教堂，内景…… 988
图4-496 莫斯科 菲利。圣母代祷教堂（1690~1693年），平面（据Nekrasov）…… 989

图4-497莫斯科 菲利。圣母代祷教堂，平面、纵剖面及南立面（取自Академия Стройтельства и Архитестуры СССР：《Всеобщая История Архитестуры》，II，Москва，1963年）……… 989

图4-498莫斯科 菲利。圣母代祷教堂，轴测剖析图（取自William Craft Brumfield：《A History of Russian Architecture》，Cambridge University Press，1997年）……… 989

图4-499莫斯科 菲利。圣母代祷教堂，西南侧全景 ……… 989

图4-500莫斯科 菲利。圣母代祷教堂，西北侧全景 ……… 990

图4-501莫斯科 菲利。圣母代祷教堂，南侧景观 ……… 990

图4-502莫斯科 菲利。圣母代祷教堂，南侧入口近景 ……… 991

图4-503莫斯科 菲利。圣母代祷教堂，西南侧仰视近景 ……… 991

图4-504莫斯科 菲利。圣母代祷教堂，内景，圣像屏 ……… 992

图4-505新耶路撒冷 伊斯特河畔复活修道院（新耶路撒冷修道院）。主入耶路撒冷门楼教堂（1694年，毁于二战，新近修复），东侧远景 ……… 992

图4-506新耶路撒冷 伊斯特河畔复活修道院（新耶路撒冷修道院）。主入耶路撒冷门楼教堂，西侧全景 ……………… 992~993

图4-507梁赞 圣母安息大教堂（1693~1702年）。平面及立面（平面取自Академия Стройтельства и Архитестуры СССР：《Всеобщая История Архитестуры》，II，Москва，1963年；立面取自William Craft Brumfield：《A History of Russian Architecture》，Cambridge University Press，1997年）……… 993

图4-508梁赞 圣母安息大教堂。西侧远景 ……… 992~993

图4-509梁赞 圣母安息大教堂。南侧远景 ……… 994

图4-510梁赞 圣母安息大教堂。东侧远景 ……… 994

图4-511梁赞 圣母安息大教堂。东北侧远景 ……… 995

图4-512梁赞 圣母安息大教堂。西侧全景 ……… 995

图4-513梁赞 圣母安息大教堂。西南侧，立面景色 ……… 996

图4-514梁赞 圣母安息大教堂。南侧近景 ……… 996

图4-515梁赞 圣母安息大教堂。入口门，雕饰细部 ……… 997

图4-516梁赞 圣母安息大教堂。穹顶，西南侧近景 ……… 997

图4-517乌博雷（莫斯科附近） 主显圣容教堂（1694~1697年）。西立面及剖面（据V.Podkliuchnikov） ……… 998

图4-518乌博雷 主显圣容教堂。西侧远景 ……… 998

图4-519乌博雷 主显圣容教堂。东南侧景色 ……… 999

图4-520乌博雷 主显圣容教堂。西南侧全景 ……… 999

图4-521乌博雷 主显圣容教堂。入口近景 ……… 999

图4-522特洛伊采-雷科沃（莫斯科附近） 三一教堂（1698~1703年）。剖面（取自William Craft Brumfield：《A History of Russian Architecture》，Cambridge University Press，1997年）……… 999

图4-523特洛伊采-雷科沃 三一教堂。东侧远景 ……… 1000

图4-524特洛伊采-雷科沃 三一教堂。东南侧地段形势 ……… 1000

图4-525特洛伊采-雷科沃 三一教堂。南侧全景 ……… 1000~1001

图4-526特洛伊采-雷科沃 三一教堂。西侧近景 ……… 1001

图4-527特洛伊采-雷科沃 三一教堂。内景（老照片）……… 1002

图4-528杜布罗维齐（莫斯科附近）圣母圣像教堂（1690~1697年，1704年）。平面及剖面（取自William Craft Brumfield：《A History of Russian Architecture》，Cambridge University Press，1997年）……… 1002

图4-529杜布罗维齐 圣母圣像教堂。西南侧远景 ……… 1002

图4-530 杜布罗维齐 圣母圣像教堂。东侧远景 ……………………………………………………………… 1003
图4-531 杜布罗维齐 圣母圣像教堂。东南侧远景 …………………………………………………………… 1003
图4-532 杜布罗维齐 圣母圣像教堂。东北侧全景 …………………………………………………………… 1004
图4-533 杜布罗维齐 圣母圣像教堂。西侧全景 ………………………………………………………… 1004~1005
图4-534 杜布罗维齐 圣母圣像教堂。南侧全景 ……………………………………………………………… 1005
图4-535 杜布罗维齐 圣母圣像教堂。西北侧全景 …………………………………………………………… 1006
图4-536 杜布罗维齐 圣母圣像教堂。中部近景 ……………………………………………………………… 1006
图4-537 杜布罗维齐 圣母圣像教堂。门龛边饰 ……………………………………………………………… 1007
图4-538 杜布罗维齐 圣母圣像教堂。门头雕饰 ………………………………………………………… 1006~1007
图4-539 杜布罗维齐 圣母圣像教堂。首层檐部雕饰 ………………………………………………………… 1008
图4-540 杜布罗维齐 圣母圣像教堂。顶塔基部雕饰 ………………………………………………………… 1009
图4-541 杜布罗维齐 圣母圣像教堂。顶饰细部 ……………………………………………………………… 1008
图4-542 杜布罗维齐 圣母圣像教堂。室内现状 ……………………………………………………………… 1010
图4-543 杜布罗维齐 圣母圣像教堂。穹顶，仰视全景 ……………………………………………………… 1011
图4-544 莫斯科 佩罗沃。圣母圣像教堂（1690~1704年），剖面（取自William Craft Brumfield：《A History of Russian Architecture》，Cambridge University Press，1997年） ……………………………………………… 1010
图4-545 莫斯科 佩罗沃。圣母圣像教堂，南侧景色（老照片） …………………………………………… 1010
图4-546 莫斯科 佩罗沃。圣母圣像教堂，西北侧远景 ……………………………………………………… 1012
图4-547 莫斯科 佩罗沃。圣母圣像教堂，西南侧全景 ……………………………………………………… 1012
图4-548 莫斯科 佩罗沃。圣母圣像教堂，穹顶及鼓座近景 ………………………………………………… 1012
图4-549 莫斯科 乌兹科。圣安娜教堂（喀山圣母教堂，1698~1704年），东侧全景 …………………… 1012
图4-550 莫斯科 乌兹科。圣安娜教堂，东侧近景 …………………………………………………………… 1013
图4-551 莫斯科 乌兹科。圣安娜教堂，西侧近景 …………………………………………………………… 1013
图4-552 莫斯科 波克罗夫卡大街圣母安息教堂（1696~1699年，钟塔18世纪，1937年拆除）。平面、立面及剖面（取自William Craft Brumfield：《A History of Russian Architecture》, Cambridge University Press, 1997年） …… 1013
图4-553 莫斯科 波克罗夫卡大街圣母安息教堂。全景[版画，作者Giacomo Quarenghi（1744~1817年）] ……… 1013
图4-554 莫斯科 波克罗夫卡大街圣母安息教堂。19世纪初景观（绘画，作者Джакомо-Кваренги，约1800年） …… 1014
图4-555 莫斯科 波克罗夫卡大街圣母安息教堂。19世纪上半叶景色（绘画，1825年，作者О.Кадоль） …… 1014
图4-556 莫斯科 波克罗夫卡大街圣母安息教堂。19世纪中叶景色（绘画，1850年前，作者不明） ……… 1014
图4-557 莫斯科 波克罗夫卡大街圣母安息教堂。19世纪下半叶景色（老照片，1883年） ………………… 1014
图4-558 莫斯科 波克罗夫卡大街圣母安息教堂。20世纪初状态（照片，约1900年，取自当时的明信片） …… 1014
图4-559 莫斯科 波克罗夫卡大街圣母安息教堂。立面图（1937年拆除前的测绘图） …………………… 1015
图4-560 莫斯科 波克罗夫卡大街圣母安息教堂。现保存在顿河修道院博物馆内的部分残迹 …………… 1015
图4-561 莫斯科 波克罗夫卡大街圣母安息教堂。移到新圣女修道院圣母安息教堂内的部分遗存 ……… 1016
图4-562 莫斯科 波克罗夫卡大街圣母安息教堂。被纳入现"四天使"咖啡馆内的砖构和石雕 …………… 1016
图4-563 索利维切戈茨克 圣母圣殿献主修道院。圣母圣殿献主大教堂（1689~1693年），平面、横剖面和南立面（取自Академия Строительства и Архитектуры СССР：《Всеобщая История Архитектуры》，II，Москва，1963年） ……… 1017
图4-564 索利维切戈茨克 圣母圣殿献主修道院。圣母圣殿献主大教堂，19世纪末景色（版画，作者М.Рашевский，1875年） ……………………………………………………………………………………………………… 1017

图4-565索利维切戈茨克 圣母圣殿献主修道院。圣母圣殿献主大教堂，20世纪初景色（老照片，1914年） ……1017
图4-566索利维切戈茨克 圣母圣殿献主修道院。圣母圣殿献主大教堂，入口近景，20世纪初景色（版画，据照片制作，作者M.Рашевский，1917年前） ……1018
图4-567索利维切戈茨克 圣母圣殿献主修道院。圣母圣殿献主大教堂，东南侧全景 ……1018
图4-568索利维切戈茨克 圣母圣殿献主修道院。圣母圣殿献主大教堂，东北侧现状 ……1019
图4-569索利维切戈茨克 圣母圣殿献主修道院。圣母圣殿献主大教堂，北侧全景 ……1019
图4-570索利维切戈茨克 圣母圣殿献主修道院。圣母圣殿献主大教堂，西侧景色 ……1020
图4-571索利维切戈茨克 圣母圣殿献主修道院。圣母圣殿献主大教堂，南立面，西端入口 ……1020
图4-572索利维切戈茨克 圣母圣殿献主修道院。圣母圣殿献主大教堂，入口侧柱花饰 ……1020
图4-573索利维切戈茨克 圣母圣殿献主修道院。圣母圣殿献主大教堂，入口翼墙面细部 ……1021
图4-574索利维切戈茨克 圣母圣殿献主修道院。圣母圣殿献主大教堂，西立面，南区现状 ……1021
图4-575索利维切戈茨克 圣母圣殿献主修道院。圣母圣殿献主大教堂，南立面墙饰 ……1022
图4-576索利维切戈茨克 圣母圣殿献主修道院。圣母圣殿献主大教堂，东侧近景 ……1022
图4-577索利维切戈茨克 圣母圣殿献主修道院。圣母圣殿献主大教堂，柱式及琉璃嵌板 ……1023
图4-578索利维切戈茨克 圣母圣殿献主修道院。圣母圣殿献主大教堂，穹顶近景 ……1023
图4-579索利维切戈茨克 圣母圣殿献主修道院。圣母圣殿献主大教堂，室内，仰视景色 ……1023
图4-580索利维切戈茨克 圣母圣殿献主修道院。圣母圣殿献主大教堂，圣像屏帷，近景 ……1024
图4-581下诺夫哥罗德 圣诞教堂及钟塔（1697~1703年，1715年）。西立面（取自William Craft Brumfield：《A History of Russian Architecture》，Cambridge University Press，1997年） ……1024
图4-582下诺夫哥罗德 圣诞教堂。19世纪景色（版画，1850年代） ……1024
图4-583下诺夫哥罗德 圣诞教堂。东南侧远景 ……1024
图4-584下诺夫哥罗德 圣诞教堂。西南侧，地段俯视景色 ……1024
图4-585下诺夫哥罗德 圣诞教堂。南侧全景 ……1025
图4-586下诺夫哥罗德 圣诞教堂。东南侧全景 ……1025
图4-587下诺夫哥罗德 圣诞教堂。北侧景色 ……1026
图4-588下诺夫哥罗德 圣诞教堂。西侧景观 ……1027
图4-589下诺夫哥罗德 圣诞教堂。东北侧近景 ……1026~1027
图4-590下诺夫哥罗德 圣诞教堂。南侧近景 ……1027
图4-591下诺夫哥罗德 圣诞教堂。穹顶近景 ……1028
图4-592下诺夫哥罗德 圣诞教堂。钟塔，东南侧景观 ……1029
图4-593喀山 圣彼得和圣保罗大教堂（1722~1726年）。南侧远景 ……1029
图4-594喀山 圣彼得和圣保罗大教堂，西北侧近景 ……1029
图4-595喀山 圣彼得和圣保罗大教堂，东侧近景 ……1030
图4-596喀山 圣彼得和圣保罗大教堂，八面体，近景及花饰 ……1030
图4-597喀山 圣彼得和圣保罗大教堂，平台近景 ……1030
图4-598喀山 圣彼得和圣保罗大教堂，塔楼，全景及细部 ……1031
图4-599喀山 圣彼得和圣保罗大教堂，前堂内景 ……1031
图4-600普斯科夫 波甘金商所（约1530年）。东北侧景色 ……1031
图4-601普斯科夫 波甘金商所，门廊近景 ……1032
图4-602普斯科夫 波甘金商所，东南侧全景 ……1032
图4-603普斯科夫 拉比纳宅邸（17世纪）。平面、立面及剖面（取自Академия Стройтельства и Архитектуры

CCCP：《Всеобщая История Архитестуры》，II，Москва，1963年） ············· 1032
图4-604普斯科夫 拉比纳宅邸。现状 ············· 1033
图4-605莫斯科 老英国宫院（16世纪初和17世纪）。西南侧景色 ············· 1033
图4-606莫斯科 老英国宫院。西侧全景 ············· 1033
图4-607莫斯科 老英国宫院。西北侧全景 ············· 1034
图4-608莫斯科 老英国宫院。西南侧近景 ············· 1034
图4-609莫斯科 老英国宫院。内景 ············· 1034
图4-610莫斯科 （波维尔）沃尔科夫-尤苏波夫宫（约1690年代）。19世纪景色（老照片，1884年，取自Nikolay Naidenov系列图集） ············· 1034
图4-611莫斯科 （波维尔）沃尔科夫-尤苏波夫宫。东翼及西翼东段，东南侧景色 ············· 1034
图4-612莫斯科 （波维尔）沃尔科夫-尤苏波夫宫。西翼现状 ············· 1035
图4-613莫斯科 （波维尔）沃尔科夫-尤苏波夫宫。西翼近景 ············· 1035
图4-614莫斯科 （波维尔）沃尔科夫-尤苏波夫宫。大台阶近景 ············· 1035
图4-615莫斯科 （波维尔）沃尔科夫-尤苏波夫宫。厅堂内景 ············· 1036
图4-616莫斯科 阿韦尔基·基里洛夫宫（16世纪初，1657年改建，18世纪初增建）。东侧俯视全景 ············· 1036
图4-617莫斯科 阿韦尔基·基里洛夫宫。西北侧全景 ············· 1036
图4-618莫斯科 阿韦尔基·基里洛夫宫。东北侧立面全景 ············· 1037
图4-619莫斯科 阿韦尔基·基里洛夫宫。东北侧立面近景 ············· 1037
图4-620莫斯科 阿韦尔基·基里洛夫宫。东北侧入口仰视 ············· 1037
图4-621莫斯科 阿韦尔基·基里洛夫宫。入口处细部 ············· 1038
图4-622莫斯科 苏哈列夫塔楼（1692~1695或1701年，1934年拆除）。模型（取自William Craft Brumfield：《A History of Russian Architecture》，Cambridge University Press，1997年） ············· 1038
图4-623莫斯科 苏哈列夫塔楼。19世纪中叶景色（彩画，1840年代，作者Ж-Б.Арну） ············· 1038
图4-624莫斯科 苏哈列夫塔楼。19世纪下半叶景色（远景，油画，1872年， Savrasov绘） ············· 1038
图4-625莫斯科 苏哈列夫塔楼。19世纪下半叶景色（版画，1870年，据Л.А.Гойдукова的画稿制作） ············· 1039
图4-626莫斯科 苏哈列夫塔楼。19世纪下半叶景色（老照片，1884年，取自Nikolay Naidenov系列图集） ············· 1039
图4-627莫斯科 苏哈列夫塔楼。20世纪初景色（版画，作者Прохоров，1900年代） ············· 1039
图4-628莫斯科 苏哈列夫塔楼。20世纪初景色（老照片，1900年代） ············· 1040
图4-629莫斯科 苏哈列夫塔楼。20世纪30年代初景色（摄于1931年） ············· 1040
图4-630莫斯科 苏哈列夫塔楼。残存细部：窗饰 ············· 1040
图4-631莫斯科 苏哈列夫塔楼。残存细部：装饰部件 ············· 1041
图4-632莫斯科 顿河大街圣袍教堂（1701年）。东南侧全景 ············· 1042
图4-633莫斯科 顿河大街圣袍教堂。西南侧全景 ············· 1043
图4-634莫斯科 顿河大街圣袍教堂。东南侧近景 ············· 1044
图4-635莫斯科 顿河大街圣袍教堂。南侧近景 ············· 1044
图4-636莫斯科 顿河大街圣袍教堂。西北侧近景 ············· 1045
图4-637莫斯科 顿河大街圣袍教堂。穹顶，东南侧近观 ············· 1044~1045
图4-638莫斯科 巴斯曼大街圣彼得和圣保罗教堂（1705~1717年）。东南侧全景 ············· 1044~1045
图4-639莫斯科 巴斯曼大街圣彼得和圣保罗教堂。南侧景色 ············· 1046
图4-640莫斯科 巴斯曼大街圣彼得和圣保罗教堂。南侧近景 ············· 1046

图4-641莫斯科 巴斯曼大街圣彼得和圣保罗教堂。塔楼全景 ⋯⋯ 1046
图4-642莫斯科 雅基曼卡武士圣约翰教堂（1709~1717年）。平面（取自Академия Стройтельства и Архитектуры СССР：《Всеобщая История Архитектуры》，II，Москва，1963年）⋯⋯ 1047
图4-643莫斯科 雅基曼卡武士圣约翰教堂。东南侧远景 ⋯⋯ 1047
图4-644莫斯科 雅基曼卡武士圣约翰教堂。东南侧全景 ⋯⋯ 1047
图4-645莫斯科 雅基曼卡武士圣约翰教堂。西南侧全景 ⋯⋯ 1046~1047
图4-646莫斯科 雅基曼卡武士圣约翰教堂。东北侧近景 ⋯⋯ 1048
图4-647亚历山大·缅希科夫（1673~1729年）像 ⋯⋯ 1049
图4-648莫斯科 大天使加百利教堂（缅希科夫塔楼，1701~1707年）。平面及立面（平面取自Академия Стройтельства и Архитектуры СССР：《Всеобщая История Архитектуры》，II，Москва，1963年；立面复原图据E.Kunitskaia）⋯⋯ 1048
图4-649莫斯科 大天使加百利教堂（缅希科夫塔楼）。19世纪景色（绘画，1843年，作者Бодри Карл-Фридрих Петрович）⋯⋯ 1049
图4-650莫斯科 大天使加百利教堂（缅希科夫塔楼）。西南侧全景 ⋯⋯ 1049
图4-651莫斯科 大天使加百利教堂（缅希科夫塔楼）。南侧景观 ⋯⋯ 1049
图4-652莫斯科 大天使加百利教堂（缅希科夫塔楼）。东南侧现状 ⋯⋯ 1050
图4-653莫斯科 大天使加百利教堂（缅希科夫塔楼）。西门廊侧景 ⋯⋯ 1050
图4-654莫斯科 大天使加百利教堂（缅希科夫塔楼）。西门廊仰视 ⋯⋯ 1050
图4-655莫斯科 大天使加百利教堂（缅希科夫塔楼）。西门廊雕饰细部 ⋯⋯ 1051
图4-656莫斯科 大天使加百利教堂（缅希科夫塔楼）。南门廊近景 ⋯⋯ 1051
图4-657莫斯科 大天使加百利教堂（缅希科夫塔楼）。南门廊仰视 ⋯⋯ 1051
图4-658莫斯科 大天使加百利教堂（缅希科夫塔楼）。柱头及涡卷细部 ⋯⋯ 1051
图4-659莫斯科 大天使加百利教堂（缅希科夫塔楼）。塔顶近景 ⋯⋯ 1052
图4-660莫斯科 顿河修道院。季赫温圣母门楼教堂（1713~1714年），南侧景色 ⋯⋯ 1052
图4-661莫斯科 顿河修道院。季赫温圣母门楼教堂，东南侧现状 ⋯⋯ 1052
图4-662莫斯科 顿河修道院。圣扎卡里和伊丽莎白门楼教堂及钟塔（1730~1732年，1742~1755年），东侧地段全景 ⋯⋯ 1053
图4-663莫斯科 顿河修道院。圣扎卡里和伊丽莎白门楼教堂及钟塔，西南侧全景 ⋯⋯ 1053
图4-664莫斯科 顿河修道院。圣扎卡里和伊丽莎白门楼教堂及钟塔，西立面全景 ⋯⋯ 1054
图4-665莫斯科 勒福托沃宫（1697~1699年，建筑师德米特里·阿克萨米托夫）。立面复原图（作者R.Podolskii）⋯⋯ 1055
图4-666莫斯科 勒福托沃宫（1707~1708年，建筑师乔瓦尼·马里奥·丰塔纳）。平面及立面（据R.Podolskii）⋯⋯ 1055
图4-667莫斯科 勒福托沃宫。19世纪景色（1888年，取自Nikolay Naidenov系列图集）⋯⋯ 1055

第五章 俄罗斯巴洛克建筑

图5-1彼得一世（大帝，1672~1725年）画像[作者Paul Delaroche（1797~1856年），绘于1838年] ⋯⋯ 1057
图5-2涅瓦河口地域形势（图版作者Grimel，1737年，现存哈佛大学Houghton Library）⋯⋯ 1058
图5-3站在波罗的海岸边策划建造彼得堡的彼得大帝（Alexandre Benois绘，1916年）⋯⋯ 1058
图5-4圣彼得堡 彼得大帝木屋（1703年）。现状 ⋯⋯ 1058
图5-5圣彼得堡 彼得大帝木屋。木构墙体及门窗 ⋯⋯ 1058~1059

图5-6 圣彼得堡 彼得大帝木屋。书房内景 ··· 1059

图5-7 圣彼得堡 彼得大帝木屋。餐厅内景 ··· 1059

图5-8 圣彼得堡 18世纪早期住宅。立面（取自1750年Andrei Bogdanov撰写的第一部彼得堡建筑史；原书现存哈佛大学Widener Library） ··· 1060

图5-9 波尔塔瓦会战（油画，1717~1718年，作者Louis Caravaqe） ··· 1060

图5-10 圣彼得堡要塞（1703年，图版取自Andrei Bogdanov的彼得堡史） ·· 1060

图5-11 圣彼得堡 城市总平面及规划图[1719~1723年，作者Johann Baptist Homann（1664~1724年）] ········ 1061

图5-12 圣彼得堡 城市总平面（1737年状态），取自J.D.Schumacher：《Palaty Sankt Peterburgskoi》（1741年）··· 1061

图5-13 圣彼得堡 城市规划方案（1717年，作者让-巴蒂斯特·亚历山大·勒布隆；取自I.N.Bozherianov：《Nevskii Prospekt》，现藏哈佛大学Widener Library） ·· 1062

图5-14 圣彼得堡 瓦西里岛。19世纪初景色（绘画，1805~1807年，作者Atkinson） ····························· 1062

图5-15 圣彼得堡 瓦西里岛。东侧俯视全景 ·· 1062~1063

图5-16 圣彼得堡 瓦西里岛。向东北方向望去的俯视景色 ··· 1064

图5-17 圣彼得堡 瓦西里岛。东侧全景 ·· 1064

图5-18 圣彼得堡 涅瓦河左岸规划（1769年，简图，取自Академия Стройтельства и Архитестуры СССР：《Всеобщая История Архитестуры》，II，Москва，1963年） ·· 1065

图5-19 多梅尼科·特雷齐尼纪念碑 ·· 1065

图5-20 多梅尼科·特雷齐尼：标准住宅设计（1714年，取自Академия Стройтельства и Архитестуры СССР：《Всеобщая История Архитестуры》，II，Москва，1963年） ·· 1065

图5-21 彼得一世的军队攻占纳尔瓦（1704年，油画，作者Николай Александрович Зауервейд，绘于1859年） ··· 1066

图5-22 圣彼得堡 彼得-保罗城堡。18世纪景色（祖波夫：《圣彼得堡全景》，版画局部，1716年） ········ 1066

图5-23 圣彼得堡 彼得-保罗城堡。自城堡处望涅瓦河景色（彩画，1830年代，作者Basiolli） ·············· 1066

图5-24 圣彼得堡 彼得-保罗城堡。19世纪景色[水彩画，1847年，作者Василий Семёнович Садовников（1800~1879年）] ·· 1067

图5-25 圣彼得堡 彼得-保罗城堡。西南侧远景 ··· 1067

图5-26 圣彼得堡 彼得-保罗城堡。西南侧俯视全景 ··· 1067

图5-27 圣彼得堡 彼得-保罗城堡。西侧俯视景色 ·· 1068

图5-28 圣彼得堡 彼得-保罗城堡。南侧俯视全景 ·· 1069

图5-29 圣彼得堡 彼得-保罗城堡。东侧俯视夜景 ·· 1069

图5-30 圣彼得堡 彼得-保罗城堡。西南侧远景 ··· 1069

图5-31 圣彼得堡 彼得-保罗城堡。东南侧远景 ··· 1070

图5-32 圣彼得堡 彼得-保罗城堡。东北侧景色 ··· 1071

图5-33 圣彼得堡 彼得-保罗城堡。西侧雪景 ··· 1071

图5-34 圣彼得堡 彼得-保罗城堡。城墙角塔 ··· 1072

图5-35 圣彼得堡 彼得-保罗城堡。旗塔 ·· 1072

图5-36 圣彼得堡 彼得-保罗城堡。缅希科夫棱堡，现状 ··· 1072

图5-37 圣彼得堡 彼得-保罗城堡。彼得门（1715~1717年），东北侧地段形势 ·································· 1072

图5-38 圣彼得堡 彼得-保罗城堡。彼得门，东南侧景色 ··· 1072

图5-39 圣彼得堡 彼得-保罗城堡。彼得门，东立面全景 ··· 1073

图5-40 圣彼得堡 彼得-保罗城堡。彼得门，山墙及嵌板浮雕 ·· 1073

图5-41 圣彼得堡 彼得-保罗城堡。彼得门，门头双头鹰徽标 ·· 1074
图5-42 圣彼得堡 彼得-保罗城堡。彼得门，门侧龛室及雕像 ·· 1074
图5-43 彼得大帝在彼得霍夫宫讯问皇太子阿列克谢（油画，作者Nikolaï Gay, 1871年） ····························· 1075
图5-44 圣彼得堡 彼得-保罗城堡。圣彼得和圣保罗大教堂（1712~1732年），平面及纵剖面（据A.Shelkovnikov）
 ·· 1075
图5-45 圣彼得堡 彼得-保罗城堡。圣彼得和圣保罗大教堂，19世纪中叶景色（素描，作者André Durand, 1839年）
 ·· 1075
图5-46 圣彼得堡 彼得-保罗城堡。圣彼得和圣保罗大教堂，19世纪末景观（老照片，1896~1897年） ········· 1076
图5-47 圣彼得堡 彼得-保罗城堡。圣彼得和圣保罗大教堂，北侧俯视全景 ·· 1076
图5-48 圣彼得堡 彼得-保罗城堡。圣彼得和圣保罗大教堂，西南侧景观 ·· 1076
图5-49 圣彼得堡 彼得-保罗城堡。圣彼得和圣保罗大教堂，西北侧全景 ·· 1077
图5-50 圣彼得堡 彼得-保罗城堡。圣彼得和圣保罗大教堂，东南侧全景 ·· 1078
图5-51 圣彼得堡 彼得-保罗城堡。圣彼得和圣保罗大教堂，立面仰视近景 ·· 1079
图5-52 圣彼得堡 彼得-保罗城堡。圣彼得和圣保罗大教堂，主塔仰视景观 ·· 1080
图5-53 圣彼得堡 彼得-保罗城堡。圣彼得和圣保罗大教堂，主塔中部近景 ·· 1080
图5-54 圣彼得堡 彼得-保罗城堡。圣彼得和圣保罗大教堂，主塔顶部近观 ·· 1081
图5-55 圣彼得堡 彼得-保罗城堡。圣彼得和圣保罗大教堂，主塔顶饰 ·· 1081
图5-56 圣彼得堡 彼得-保罗城堡。圣彼得和圣保罗大教堂，东立面壁画 ·· 1082
图5-57 圣彼得堡 彼得-保罗城堡。圣彼得和圣保罗大教堂，南门廊及东塔近景 ·· 1083
图5-58 圣彼得堡 彼得-保罗城堡。圣彼得和圣保罗大教堂，东塔楼近景 ·· 1082~1083
图5-59 圣彼得堡 彼得-保罗城堡。圣彼得和圣保罗大教堂，东塔楼顶塔 ·· 1084
图5-60 圣彼得堡 彼得-保罗城堡。圣彼得和圣保罗大教堂，本堂内景 ·· 1085
图5-61 圣彼得堡 彼得-保罗城堡。圣彼得和圣保罗大教堂，本堂仰视景色 ·· 1086
图5-62 圣彼得堡 彼得-保罗城堡。圣彼得和圣保罗大教堂，圣像屏近景（下部） ··· 1087
图5-63 圣彼得堡 彼得-保罗城堡。圣彼得和圣保罗大教堂，圣像屏上部及穹顶仰视 ····························· 1086~1087
图5-64 圣彼得堡 彼得-保罗城堡。圣彼得和圣保罗大教堂，沙皇祈祷位 ·· 1087
图5-65 圣彼得堡 彼得-保罗城堡。圣彼得和圣保罗大教堂，主教座 ·· 1087
图5-66 圣彼得堡 彼得-保罗城堡。圣彼得和圣保罗大教堂，尼古拉二世及家族墓碑 ··································· 1088
图5-67 圣彼得堡 彼得-保罗城堡。圣彼得和圣保罗大教堂，彼得一世墓 ·· 1088
图5-68 圣彼得堡 彼得-保罗城堡。圣彼得和圣保罗大教堂，钟室，排钟系列 ·· 1088
图5-69 圣彼得堡 亚历山大·涅夫斯基修道院。总平面（1715年，制定人多梅尼科·特雷齐尼；三一大教堂1776~1790年，建筑师伊万·斯塔罗夫） ··· 1088
图5-70 圣彼得堡 亚历山大·涅夫斯基修道院。总图设计（1720~1723年，作者不明） ·································· 1088
图5-71 圣彼得堡 亚历山大·涅夫斯基修道院。外景（版画，取自《Brockhaus and Efron Encyclopedic Dictionary》，1890~1907年） ··· 1089
图5-72 圣彼得堡 亚历山大·涅夫斯基修道院。建筑群，俯视景色 ·· 1089
图5-73 圣彼得堡 亚历山大·涅夫斯基修道院。入口大门及马赛克细部 ·· 1089
图5-74 圣彼得堡 亚历山大·涅夫斯基修道院。院落景色 ·· 1089
图5-75 圣彼得堡 亚历山大·涅夫斯基修道院。天使报喜教堂（1717~1722年），西北侧远景 ····················· 1090
图5-76 圣彼得堡 亚历山大·涅夫斯基修道院。天使报喜教堂，西北侧现状 ·· 1090
图5-77 圣彼得堡 亚历山大·涅夫斯基修道院。天使报喜教堂，西南侧景观 ·· 1091

图5-78 圣彼得堡 亚历山大·涅夫斯基修道院。天使报喜教堂，西侧，入口近景 ········· 1091

图5-79 圣彼得堡 亚历山大·涅夫斯基修道院。天使报喜教堂，入口处木雕 ············· 1092

图5-80 圣彼得堡 亚历山大·涅夫斯基修道院。天使报喜教堂，塔楼，西北侧近景 ······ 1092~1093

图5-81 圣彼得堡 瓦西里岛。"十二部院大楼"（1722~1741年），平面（据A.Shelkovnikov）············· 1093

图5-82 圣彼得堡 瓦西里岛。"十二部院大楼"，单元平面及立面（取自Академия Строительства и Архитестуры СССР：《Всеобщая История Архитектуры》，II，Москва，1963年）············· 1093

图5-83 圣彼得堡 瓦西里岛。"十二部院大楼"，18世纪景色[版画，1761年，作者M.I.Makhaev（1718~1770年）] ············· 1092

图5-84 圣彼得堡 瓦西里岛。"十二部院大楼"，19世纪初景观[彩画，1805~1807年，作者John Augustus Atkinson（1775~1833年左右）] ············· 1094

图5-85 圣彼得堡 瓦西里岛。"十二部院大楼"，19世纪上半叶景观（彩画，1820年，作者A.Тозелли）······ 1094

图5-86 圣彼得堡 瓦西里岛。"十二部院大楼"，南侧俯视全景 ············· 1094

图5-87 圣彼得堡 瓦西里岛。"十二部院大楼"，南侧远景 ············· 1095

图5-88 圣彼得堡 瓦西里岛。"十二部院大楼"，东北立面，现状 ············· 1095

图5-89 圣彼得堡 瓦西里岛。"十二部院大楼"，东北立面，中段近景 ············· 1095

图5-90 圣彼得堡 瓦西里岛。"十二部院大楼"，北端，西北侧景色 ············· 1096

图5-91 圣彼得堡 瓦西里岛。"十二部院大楼"，西南侧，两层突出部分景观 ············· 1096

图5-92 圣彼得堡 瓦西里岛。"十二部院大楼"，廊厅内景 ············· 1096~1097

图5-93 圣彼得堡 瓦西里岛。"十二部院大楼"，大厅，装修细部 ············· 1096~1097

图5-94 小尼科迪默斯·特辛（1654~1728年）画像 ············· 1097

图5-95 小尼科迪默斯·特辛：旅游考察笔记（1687~1688年，第二部分，30~31和38~39页，现存瑞典国家图书馆）············· 1097

图5-96 圣彼得堡 瓦西里岛。博物馆（1718~1734年），立面（取自George Heard Hamilton：《The Art and Architecture of Russia》，Yale University Press，1983年）············· 1098

图5-97 圣彼得堡 瓦西里岛。博物馆，立面（图版，作者Grigorii Kachalov，1741年，现存哈佛大学Houghton Library）············· 1098

图5-98 圣彼得堡 瓦西里岛。博物馆，剖面（图版，作者Grigorii Kachalov，1741年，现存哈佛大学Houghton Library）············· 1098

图5-99 圣彼得堡 瓦西里岛。博物馆，18世纪景色（彩画，1753年，原画作者М.И.Махаев，图版制作Г.А.Качалов和Е.Г.Виноградов）············· 1099

图5-100 圣彼得堡 瓦西里岛。博物馆，东侧远景 ············· 1099

图5-101 圣彼得堡 瓦西里岛。博物馆，滨河立面 ············· 1099

图5-102 圣彼得堡 瓦西里岛。博物馆，南侧景观 ············· 1100

图5-103 圣彼得堡 瓦西里岛。博物馆，塔顶天体仪 ············· 1100

图5-104 圣彼得堡 瓦西里岛。博物馆，科学院图书馆内景（版画，作者M.G.Zemtsov，约1730年）············· 1101

图5-105 安德烈亚斯·施昌特（1662~1714年）浮雕像（约1890年）············· 1101

图5-106 柏林 明茨图尔姆塔楼。立面设计（作者安德烈亚斯·施昌特）············· 1101

图5-107 圣彼得堡 冬宫（第二个，1716~1724年）。自涅瓦河上望去的景色（版画，原画作者M.I.Makhaev，图版制作E.Vinogradov，美国国会图书馆藏品）············· 1102

图5-108 圣彼得堡 夏园及夏宫。俯视全景图[版画，1716年，作者Алексе́й Фёдорович Зу́бов（1682~1741年左右）] ············· 1102

图5-109圣彼得堡 夏园。亭阁及水池 ·············1102
图5-110圣彼得堡 夏园。园林雕刻：1、《自然女神》（17世纪末），2、《航行》（18世纪初），3、《安然》（18世纪初） ·············1102~1103
图5-111圣彼得堡 夏园。栏墙（1771~1784年，建筑师Ю.М.Фельтен和П.Егоров） ·············1102~1103
图5-112圣彼得堡 彼得大帝夏宫（1711~1714年）。平面及北立面（取自Академия Строительства и Архитестуры СССР：《Всеобщая История Архитектуры》，II，Москва，1963年） ·············1103
图5-113圣彼得堡 彼得大帝夏宫。19世纪初景观[彩画，1809年，作者Андрей Ефимович Мартынов（1768~1826年）] ·············1104
图5-114圣彼得堡 彼得大帝夏宫。19世纪上半叶景色[彩画，1820年代，作者Karl Beggrov（1799~1875年）] ·············1104
图5-115圣彼得堡 彼得大帝夏宫。东北侧全景 ·············1104
图5-116圣彼得堡 彼得大帝夏宫。东南侧全景 ·············1104
图5-117圣彼得堡 彼得大帝夏宫。东立面景色 ·············1105
图5-118圣彼得堡 彼得大帝夏宫。西北侧景色 ·············1105
图5-119圣彼得堡 彼得大帝夏宫。西立面全景 ·············1105
图5-120圣彼得堡 彼得大帝夏宫。南侧景观 ·············1105
图5-121圣彼得堡 彼得大帝夏宫。墙面装饰及嵌板细部 ·············1106
图5-122圣彼得堡 彼得大帝夏宫。门头雕塑 ·············1106
图5-123圣彼得堡 彼得大帝夏宫。彼得一世卧室，内景 ·············1106
图5-124圣彼得堡 瓦西里岛。缅希科夫宫邸（1710~1727年），东南侧地段全景 ·············1106
图5-125圣彼得堡 瓦西里岛。缅希科夫宫邸，临河主立面景观 ·············1107
图5-126圣彼得堡 瓦西里岛。缅希科夫宫邸，西南侧全景 ·············1107
图5-127圣彼得堡 瓦西里岛。缅希科夫宫邸，东北侧景色 ·············1108
图5-128圣彼得堡 瓦西里岛。缅希科夫宫邸，后院景色 ·············1108
图5-129圣彼得堡 瓦西里岛。缅希科夫宫邸，西翼近景 ·············1108
图5-130圣彼得堡 瓦西里岛。缅希科夫宫邸，西翼山墙 ·············1109
图5-131圣彼得堡 瓦西里岛。缅希科夫宫邸，主立面近景 ·············1109
图5-132圣彼得堡 瓦西里岛。缅希科夫宫邸，中央入口大厅及楼梯内景 ·············1110
图5-133圣彼得堡 瓦西里岛。缅希科夫宫邸，大厅内景 ·············1110
图5-134圣彼得堡 瓦西里岛。缅希科夫宫邸，胡桃客厅 ·············1111
图5-135圣彼得堡 瓦西里岛。缅希科夫宫邸，瓦尔瓦拉卧室 ·············1112
图5-136《缅希科夫在别廖佐沃》（Меншиков в Берёзово），油画，1888年，作者В.И.Суриков，原画现藏莫斯科Третьяковская галерея ·············1112
图5-137圣彼得堡 基金宫邸（1714年）。东南侧景色 ·············1112
图5-138圣彼得堡 基金宫邸。南立面全景 ·············1113
图5-139圣彼得堡 基金宫邸。西南侧现状 ·············1113
图5-140彼得霍夫 1915年地段总平面 ·············1114
图5-141彼得霍夫 卫星图 ·············1114
图5-142彼得霍夫 中心区俯视全景 ·············1115
图5-143彼得霍夫 大宫。彼得橡木书房，内景 ·············1115
图5-144彼得霍夫 欢愉宫（1714~1722年）。东南侧全景 ·············1116

图5-145 彼得霍夫 欢愉宫。南侧景观 1116
图5-146 彼得霍夫 欢愉宫。西侧现状 1117
图5-147 彼得霍夫 欢愉宫。西翼景色 1117
图5-148 彼得霍夫 欢愉宫。中国花园景色 1117
图5-149 彼得霍夫 欢愉宫。显耀厅，内景 1117
图5-150 彼得霍夫 欢愉宫。西廊，内景 1117
图5-151 彼得霍夫 欢愉宫。花园，中央喷泉 1118
图5-152 彼得霍夫 欢愉宫。花园，喷泉雕刻（1817年） 1118
图5-153 彼得霍夫 上花园。大草坪 ......1118~1119
图5-154 彼得霍夫 上花园。园林雕刻 1119
图5-155 彼得霍夫 上花园。橡树喷泉 ......1118~1119
图5-156 彼得霍夫 上花园。阿波罗瀑布 1119
图5-157 彼得霍夫 上花园。海神喷泉 1120
图5-158 彼得霍夫 上花园。东方池及喷泉 1120
图5-159 彼得霍夫 下花园。中心区鸟瞰全景 1121
图5-160 彼得霍夫 下花园。中轴线（海运河），北望俯视全景 ......1120~1121
图5-161 彼得霍夫 下花园。中轴线（海运河），向南望去的景色 1122
图5-162 彼得霍夫 下花园。西区，俯视景色 1122
图5-163 彼得霍夫 下花园。东区，俯视景色 1123
图5-164 彼得霍夫 马尔利宫（1720~1723年）。南侧俯视全景 1123
图5-165 彼得霍夫 马尔利宫。西侧俯视全景 1123
图5-166 彼得霍夫 马尔利宫。东面远景 1124
图5-167 彼得霍夫 马尔利宫。东南侧远景 1124
图5-168 彼得霍夫 马尔利宫。东北侧景色 1125
图5-169 彼得霍夫 马尔利宫。西侧全景 1125
图5-170 彼得霍夫 马尔利宫。西南侧景观 1126
图5-171 彼得霍夫 马尔利宫。西北侧现状 1126
图5-172 彼得霍夫 下花园。中心区全景 1126
图5-173 彼得霍夫 下花园。中心区，东西台地两侧全景 1127
图5-174 彼得霍夫 下花园。中心区，西台地，自西侧向下望去的情景 1127
图5-175 彼得霍夫 下花园。中心区，西台地，西北侧景色 1128
图5-176 彼得霍夫 下花园。中心区，西台地，西北侧近景 1128
图5-177 彼得霍夫 下花园。中心区，西台地，西侧近景 1129
图5-178 彼得霍夫 下花园。中心区，西台地，下部平台 1129
图5-179 彼得霍夫 下花园。中心区，东台地，西南侧全景 1130
图5-180 彼得霍夫 下花园。中心区，东台地，东北侧近景 1130
图5-181 彼得霍夫 下花园。大瀑布区，西北侧景观 1131
图5-182 彼得霍夫 下花园。大瀑布区，东北侧景色 1131
图5-183 彼得霍夫 下花园。大瀑布区，中央洞窟大厅，内景及雕刻 1132
图5-184 彼得霍夫 下花园。大瀑布区，中央水池近景 1132
图5-185 彼得霍夫 下花园。大瀑布区，中央水池边雕刻 1133

图5-186彼得霍夫 下花园。中心区，雕刻组群近景 ····· 1134
图5-187彼得霍夫 下花园。中心区，雕像组群（一） ····· 1134
图5-188彼得霍夫 下花园。中心区，雕像组群（二） ····· 1134~1135
图5-189彼得霍夫 下花园。中心区，雕像组群（三） ····· 1135
图5-190彼得霍夫 下花园。中心区，洞窟拱门上部头像雕刻 ····· 1136
图5-191彼得霍夫 下花园。中心区，瓶饰 ····· 1136
图5-192彼得霍夫 下花园。中心区，喷泉小品（设计人Adrei Voronikhin，1801~1802年） ····· 1137
图5-193彼得霍夫 下花园。意大利盆泉（版画，1804~1805年，原画作者Silvester Shchedrin，版画制作Stepan Galaktionov） ····· 1137
图5-194彼得霍夫 下花园。法国盆泉，俯视景色 ····· 1137
图5-195彼得霍夫 下花园。宁芙大理石座椅喷泉 ····· 1138
图5-196彼得霍夫 下花园。亚当喷泉 ····· 1138
图5-197彼得霍夫 下花园。金字塔喷泉 ····· 1138
图5-198彼得霍夫 下花园。夏娃喷泉 ····· 1139
图5-199彼得霍夫 下花园。罗马喷泉 ····· 1139
图5-200彼得霍夫 下花园。狮子瀑布 ····· 1140
图5-201彼得霍夫 下花园。棋盘山瀑布（尼古拉·伯努瓦设计） ····· 1141
图5-202彼得霍夫 下花园。金山瀑布，东南侧俯视景色 ····· 1141
图5-203彼得霍夫 下花园。金山瀑布，自台地下望去的景色 ····· 1141
图5-204彼得霍夫 下花园。大瀑布区，中央水池（参孙池，版画，1810年代，原画作者Mikhail Shotoshnikov，版画制作Ivan Chesky） ····· 1142
图5-205彼得霍夫 下花园。大瀑布区，中央水池（参孙池），东北侧全景 ····· 1142
图5-206彼得霍夫 下花园。大瀑布区，中央水池（参孙池），西北侧全景 ····· 1142
图5-207彼得霍夫 下花园。大瀑布区，中央水池（参孙池），背面全景 ····· 1143
图5-208彼得霍夫 下花园。大瀑布区，中央水池（参孙池），雕像近景 ····· 1143
图5-209彼得霍夫 下花园。大瀑布区，中央水池（参孙池），雕像细部 ····· 1144
图5-210彼得霍夫 埃尔米塔日阁（1721~1724年）。南侧全景 ····· 1145
图5-211彼得霍夫 埃尔米塔日阁。东南侧入口立面 ····· 1145
图5-212彼得霍夫 埃尔米塔日阁。东侧景观 ····· 1146
图5-213彼得霍夫 埃尔米塔日阁。西北侧全景 ····· 1146
图5-214彼得霍夫 埃尔米塔日阁。窗栏细部 ····· 1147
图5-215奥拉宁鲍姆 地区卫星图 ····· 1147
图5-216奥拉宁鲍姆 缅希科夫大宫（1711~1725年）。透视图（1778-1779年，作者П.де Сент-Илер） ····· 1147
图5-217奥拉宁鲍姆 缅希科夫大宫。全景图（版画，1717年，作者А.И.Ростовцев） ····· 1147
图5-218奥拉宁鲍姆 缅希科夫大宫。全景图及局部（原画作者M.I.Makhaev，版画制作F.Vnukov和N.Chelnakov，原稿现存莫斯科Shchusev State Museum of Architecture） ····· 1148~1149
图5-219奥拉宁鲍姆 缅希科夫大宫。东北侧俯视全景 ····· 1149
图5-220奥拉宁鲍姆 缅希科夫大宫。正面（东北立面）全景 ····· 1150
图5-221奥拉宁鲍姆 缅希科夫大宫。主立面，中部景观 ····· 1151
图5-222奥拉宁鲍姆 缅希科夫大宫。主楼，西北侧景色 ····· 1151
图5-223奥拉宁鲍姆 缅希科夫大宫。主楼，东北侧景色 ····· 1152

图5-224 奥拉宁鲍姆 缅希科夫大宫。主楼，西北侧近景 ············· 1152
图5-225 奥拉宁鲍姆 缅希科夫大宫。主楼，楼前台地 ············· 1153
图5-226 奥拉宁鲍姆 缅希科夫大宫。上花园面全景 ············· 1153
图5-227 奥拉宁鲍姆 缅希科夫大宫。主楼，上花园面景色 ············· 1154
图5-228 奥拉宁鲍姆 缅希科夫大宫。主楼，西南侧景色 ············· 1154
图5-229 奥拉宁鲍姆 缅希科夫大宫。主楼，位于上花园的东西侧面 ············· 1155
图5-230 奥拉宁鲍姆 缅希科夫大宫。东阁楼（日本楼），自西面望去的景色 ············· 1156
图5-231 奥拉宁鲍姆 缅希科夫大宫。东阁楼，东侧景观 ············· 1157
图5-232 奥拉宁鲍姆 缅希科夫大宫。东阁楼，东南侧景色 ············· 1157
图5-233 奥拉宁鲍姆 缅希科夫大宫。东阁楼，自上花园处望去的景色 ············· 1158
图5-234 奥拉宁鲍姆 缅希科夫大宫。西阁楼（教堂厅），东北侧，自下花园处望去的景色 ············· 1158
图5-235 斯特列利纳 主宫（1716~1750年代）。立面（取自William Craft Brumfield：《A History of Russian Architecture》，Cambridge University Press，1997年）············· 1158
图5-236 斯特列利纳 主宫。19世纪景观[彩画，1847年，作者Алексей Максимович Горностаев（1808~1862年）]
············· 1159
图5-237 斯特列利纳 主宫及花园。卫星图 ············· 1159
图5-238 斯特列利纳 主宫。俯视全景 ············· 1159
图5-239 斯特列利纳 主宫。南侧远景 ············· 1160
图5-240 斯特列利纳 主宫。东南侧远景 ············· 1160
图5-241 斯特列利纳 主宫。东侧远景 ············· 1161
图5-242 斯特列利纳 主宫。北侧远景 ············· 1161
图5-243 斯特列利纳 主宫。北侧全景 ············· 1162
图5-244 斯特列利纳 主宫。东南侧现状 ············· 1162
图5-245 斯特列利纳 主宫。东南侧全景 ············· 1162
图5-246 斯特列利纳 主宫。南立面全景 ············· 1162
图5-247 斯特列利纳 主宫。南立面中部各跨近景 ············· 1163
图5-248 斯特列利纳 主宫。北立面中部各跨近景 ············· 1164
图5-249 斯特列利纳 主宫。北立面柱式及龛室雕像近景 ············· 1164
图5-250 斯特列利纳 主宫。南广场彼得纪念像 ············· 1165
图5-251 斯特列利纳 主宫。大理石厅，内景 ············· 1165
图5-252 斯特列利纳 主宫。观景厅，内景 ············· 1165
图5-253 莫斯科 科洛缅斯克。木构宫殿（1667~1681年），建筑群平面（左图据Nekrasov；右图取自Академия Стройтельства и Архитестуры СССР：《Всеобщая История Архитестуры》，Ⅱ，Москва，1963年）············· 1166
图5-254 莫斯科 科洛缅斯克。木构宫殿，建筑群东立面（取自Академия Стройтельства и Архитестуры СССР：《Всеобщая История Архитестуры》，Ⅱ，Москва，1963年）············· 1166
图5-255 莫斯科 科洛缅斯克。木构宫殿，模型（1760年代，取自George Heard Hamilton：《The Art and Architecture of Russia》，Yale University Press，1983年）············· 1167
图5-256 莫斯科 科洛缅斯克。木构宫殿，18世纪景色（版画，1780年，取自Н.Л.Найденов图集）············· 1167
图5-257 莫斯科 科洛缅斯克。木构宫殿，外景 ············· 1167
图5-258 雷瓦尔（塔林） 叶卡捷琳娜宫（1720年）。东南侧远景 ············· 1168
图5-259 雷瓦尔（塔林） 叶卡捷琳娜宫。主立面（东立面）全景 ············· 1168

图5-260雷瓦尔（塔林） 叶卡捷琳娜宫。东北侧全景 ⋯⋯1169
图5-261雷瓦尔（塔林） 叶卡捷琳娜宫。西北侧全景 ⋯⋯1169
图5-262雷瓦尔（塔林） 叶卡捷琳娜宫。背立面（西立面）全景 ⋯⋯1170
图5-263雷瓦尔（塔林） 叶卡捷琳娜宫。西南侧全景 ⋯⋯1170
图5-264雷瓦尔（塔林） 叶卡捷琳娜宫。西立面近景 ⋯⋯1171
图5-265雷瓦尔（塔林） 叶卡捷琳娜宫。窗饰细部 ⋯⋯1171
图5-266雷瓦尔（塔林） 叶卡捷琳娜宫。大厅天棚画 ⋯⋯1172
图5-267雷瓦尔（塔林） 叶卡捷琳娜宫。大厅花饰 ⋯⋯1172
图5-268圣彼得堡 夏园。洞窟阁楼，立面及剖面 ⋯⋯1172
图5-269圣彼得堡 海军部（1704年，1732~1738年改建）。18世纪景色（版画，原画作者M.I.Makhaev，图版制作G.Kachalov，现存美国国会图书馆） ⋯⋯1173
图5-270圣彼得堡 海军部。18世纪塔楼立面（取自Академия Стройтельства и Архитестуры СССР：《Всеобщая История Архитестуры》，II，Москва，1963年） ⋯⋯1173
图5-271圣彼得堡 圣西门和圣安娜教堂（1731~1734年）。东南侧俯视全景 ⋯⋯1174
图5-272圣彼得堡 圣西门和圣安娜教堂。东南侧全景 ⋯⋯1174
图5-273圣彼得堡 圣西门和圣安娜教堂。西南侧全景 ⋯⋯1175
图5-274圣彼得堡 圣西门和圣安娜教堂。西侧，自丰坦卡运河上望去的景色 ⋯⋯1176
图5-275圣彼得堡 圣西门和圣安娜教堂。角阁楼外景（位于院落西南角） ⋯⋯1177
图5-276圣彼得堡 圣潘捷列伊蒙教堂（1735~1739年）。东南侧俯视全景 ⋯⋯1177
图5-277圣彼得堡 圣潘捷列伊蒙教堂。东北侧地段形势 ⋯⋯1177
图5-278圣彼得堡 圣潘捷列伊蒙教堂。东侧全景 ⋯⋯1178
图5-279圣彼得堡 圣潘捷列伊蒙教堂。东南侧景观 ⋯⋯1178~1179
图5-280圣彼得堡 圣潘捷列伊蒙教堂。西南侧全景 ⋯⋯1179
图5-281圣彼得堡 圣潘捷列伊蒙教堂。西南侧近景 ⋯⋯1180
图5-282圣彼得堡 圣潘捷列伊蒙教堂。南侧近景 ⋯⋯1180~1181
图5-283圣彼得堡 圣潘捷列伊蒙教堂。东侧近景 ⋯⋯1181
图5-284圣彼得堡 圣潘捷列伊蒙教堂。南侧墙面浮雕 ⋯⋯1182
图5-285圣彼得堡 圣潘捷列伊蒙教堂。南门马赛克细部 ⋯⋯1182
图5-286巴尔托洛梅奥·弗朗切斯科·拉斯特列里（1700~1771年），约1750年代画像，作者Lucas Conrad Pfandzelt（1716~1786年） ⋯⋯1183
图5-287圣彼得堡 冬宫（第三个，1732~1735年）。18世纪中叶景色（油画及版画，约1750年，作者M.I.Makhaev） ⋯⋯1182~1183
图5-288圣彼得堡 冬宫（第三个）。18世纪中叶景色（约1753年版画，原稿作者M.I.Makhaev，图版制作E.Vinogradov，莫斯科Shchusev State Museum of Architecture藏品） ⋯⋯1184~1185
图5-289圣彼得堡 冬宫（第三个）。18世纪下半叶景色（版画，1761年，作者M.I.Makhaev） ⋯⋯1185
图5-290皇村（普希金城） 叶卡捷琳娜宫。琥珀厅，内景（老照片，1917年，Andrei Andreyevich Zeest摄） ⋯⋯1185
图5-291皇村（普希金城） 叶卡捷琳娜宫。琥珀厅，内景[老照片，1931年，Branson De Cou（1892~1941年）摄] ⋯⋯1185
图5-292皇村（普希金城） 叶卡捷琳娜宫。琥珀厅，现状，全景图 ⋯⋯1184~1185
图5-293皇村（普希金城） 叶卡捷琳娜宫。琥珀厅，室内全景 ⋯⋯1186

图5-294皇村（普希金城）叶卡捷琳娜宫。琥珀厅，入口侧墙面（北墙），现状……1186
图5-295皇村（普希金城）叶卡捷琳娜宫。琥珀厅，北墙，琥珀拼图和马赛克画《视觉》（1997年复原）……1187
图5-296皇村（普希金城）叶卡捷琳娜宫。琥珀厅，南墙，马赛克画《触觉和嗅觉》……1188
图5-297皇村（普希金城）叶卡捷琳娜宫。琥珀厅，墙角及天棚近景……1188
图5-298皇村（普希金城）叶卡捷琳娜宫。琥珀厅，琥珀拼图和镜面装饰……1188
图5-299皇村（普希金城）叶卡捷琳娜宫。琥珀厅，金饰细部……1188~1189
图5-300皇村（普希金城）叶卡捷琳娜宫。琥珀厅，琥珀装饰细部……1188~1189
图5-301伦达尔 宫殿（1736~1740年）。北立面（设计图，1736年，作者拉斯特列里）……1190
图5-302伦达尔 宫殿。北侧俯视全景……1190
图5-303伦达尔 宫殿。东北面，大院入口一侧全景……1190
图5-304伦达尔 宫殿。大院入口近景……1191
图5-305伦达尔 宫殿。大院西南侧，主立面景色……1192
图5-306伦达尔 宫殿。大院主立面近景……1192
图5-307伦达尔 宫殿。大院内景……1193
图5-308伦达尔 宫殿。西北面全景……1193
图5-309伦达尔 宫殿。东南面景色……1193
图5-310伦达尔 宫殿。花园立面（西南侧）全景……1194
图5-311伦达尔 宫殿。花园立面近景……1194
图5-312伦达尔 宫殿。接待厅，内景……1195
图5-313伦达尔 宫殿。公爵卧室，内景……1195
图5-314叶尔加瓦 米塔瓦宫（1738~1740年）。东北侧俯视全景……1195
图5-315叶尔加瓦 米塔瓦宫。东南侧远景……1196
图5-316叶尔加瓦 米塔瓦宫。东南侧全景……1196
图5-317叶尔加瓦 米塔瓦宫。院落主立面……1197
图5-318叶尔加瓦 米塔瓦宫。院落侧立面……1197
图5-319女皇伊丽莎白·彼得罗夫娜（画像，作者L.Tocque，莫斯科Tretyakov Gallery藏品）……1197
图5-320女皇伊丽莎白·彼得罗夫娜（画像，作者Carle Vanloo，1760年）……1198
图5-321基辅 玛丽亚宫（马林斯基宫，1744~1755年）。20世纪初景色（老照片，1911年）……1198
图5-322基辅 玛丽亚宫（马林斯基宫）。现状，俯视全景……1198
图5-323基辅 玛丽亚宫（马林斯基宫）。主立面（东南侧）全景（两幅分别摄于2007和2014年）……1198
图5-324基辅 玛丽亚宫（马林斯基宫）。立面近景……1199
图5-325基辅 玛丽亚宫（马林斯基宫）。院落栏杆及建筑北端近景……1199
图5-326圣彼得堡 夏宫（第三个，1741~1743年）。18世纪景色（版画，原稿作者M.I.Makhaev，图版制作A.Grekov，美国国会图书馆藏品）……1199
图5-327圣彼得堡 阿尼奇科夫宫（1741~1750年代）。18世纪下半叶景色（版画，1761年，画面中央为涅瓦大街，向北可看到远方的海军部大楼，原稿作者M.I.Makhaev，图版制作Ia.Vasilev，美国国会图书馆藏品）……1200
图5-328圣彼得堡 阿尼奇科夫宫。19世纪上半叶景色[水彩，1840年，作者Vasily Sadovnikov（1800~1879年）]……1200
图5-329圣彼得堡 阿尼奇科夫宫。19世纪上半叶景色[单彩，1843年，作者Johann Baptist Weiss（1812~1879年）]……1200

图5-330 圣彼得堡 阿尼奇科夫宫。19世纪上半叶景色（彩画，1838年，作者Vasily Sadovnikov） ············ 1201

图5-331 圣彼得堡 阿尼奇科夫宫。20世纪上半叶实况（1937年前老照片） ············ 1201

图5-332 圣彼得堡 阿尼奇科夫宫。现状，东侧俯视全景 ············ 1201

图5-333 圣彼得堡 阿尼奇科夫宫。主楼，东侧全景 ············ 1201

图5-334 圣彼得堡 阿尼奇科夫宫。门廊近景 ············ 1202

图5-335 圣彼得堡 阿尼奇科夫宫。东北侧全景 ············ 1203

图5-336 圣彼得堡 阿尼奇科夫宫。东侧廊道 ············ 1203

图5-337 圣彼得堡 阿尼奇科夫宫。东侧廊道，自东北方向望去的景色 ············ 1203

图5-338 圣彼得堡 阿尼奇科夫宫。花园亭阁 ············ 1203

图5-339 圣彼得堡 阿尼奇科夫宫。大厅，内景（彩画） ············ 1204

图5-340 圣彼得堡 阿尼奇科夫宫。图书馆，内景（彩画，1869年，作者А.А.Бобров） ············ 1204

图5-341 彼得霍夫 大宫（1716~1717年，建筑师J.-B.-A.Le Blond；1747~1752年改建，建筑师拉斯特列里）。早期建筑景观（版画，1717年，作者Alexei Rostovtsev） ············ 1204

图5-342 彼得霍夫 大宫。改建后北立面全景（版画，1761年，据M.I.Makhaev原画制作，现存莫斯科Shchusev State Museum of Architecture） ············ 1204~1205

图5-343 彼得霍夫 大宫。19世纪景色[油画，1837年，作者Ивáн Константи́нович Айвазóвский（1817~1900年）] ············ 1205

图5-344 彼得霍夫 大宫。北侧俯视全景 ············ 1205

图5-345 彼得霍夫 大宫。西北侧远景 ············ 1206

图5-346 彼得霍夫 大宫。北侧全景 ············ 1206~1207

图5-347 彼得霍夫 大宫。北立面，自主轴线上望去的景色 ············ 1206~1207

图5-348 彼得霍夫 大宫。北立面，中央区段，自东北方向望去的景色 ············ 1208

图5-349 彼得霍夫 大宫。北立面，东翼 ············ 1208

图5-350 彼得霍夫 大宫。墙面及屋顶近景 ············ 1209

图5-351 彼得霍夫 大宫。北立面，窗饰及阳台 ············ 1210

图5-352 彼得霍夫 大宫。南立面（背立面），全景 ············ 1210

图5-353 彼得霍夫 大宫。南立面，中央区段近景 ············ 1210

图5-354 彼得霍夫 大宫。南立面，东翼 ············ 1211

图5-355 彼得霍夫 大宫。南立面，西翼 ············ 1212

图5-356 彼得霍夫 大宫。宫廷教堂，西北侧景色 ············ 1212

图5-357 彼得霍夫 大宫。宫廷教堂，东北侧，自下花园处仰视景观 ············ 1213

图5-358 彼得霍夫 大宫。宫廷教堂，西北侧，自喷泉阶台处望去的情景 ············ 1213

图5-359 彼得霍夫 大宫。宫廷教堂，西北侧，自台地上望去的景色 ············ 1214

图5-360 彼得霍夫 大宫。宫廷教堂，东南侧全景 ············ 1215

图5-361 彼得霍夫 大宫。宫廷教堂，南侧雪景 ············ 1215

图5-362 彼得霍夫 大宫。宫廷教堂，西南侧，自上花园处望去的景色 ············ 1216

图5-363 彼得霍夫 大宫。宫廷教堂，南侧近景 ············ 1216

图5-364 彼得霍夫 大宫。宫廷教堂，穹顶及角塔近景 ············ 1217

图5-365 彼得霍夫 大宫。帝国徽章楼，东北侧，自下花园处仰视景色 ············ 1218

图5-366 彼得霍夫 大宫。帝国徽章楼，东北侧，自台地上望去的情景 ············ 1218

图5-367 彼得霍夫 大宫。帝国徽章楼，东南侧，自上花园处望去的景色 ············ 1219

图5-368 彼得霍夫 大宫。帝国徽章楼，北立面近景 ·· 1219

图5-369 彼得霍夫 大宫。帝国徽章楼，顶塔近景 ··· 1218~1219

图5-370 彼得霍夫 大宫。帝国徽章楼，顶饰细部 ·· 1220

图5-371 彼得霍夫 大宫。大楼梯，全景 ·· 1220

图5-372 彼得霍夫 大宫。大楼梯，自楼梯处望上平台 ·· 1221

图5-373 彼得霍夫 大宫。大楼梯，上平台内景 ·· 1222

图5-374 彼得霍夫 大宫。大楼梯，上平台，栏杆柱寓意雕像：《春》和《夏》 ······················ 1223

图5-375 彼得霍夫 大宫。舞厅，内景 ·· 1223

图5-376 彼得霍夫 大宫。舞厅，墙面装饰细部 ·· 1224

图5-377 彼得霍夫 大宫。御座厅，内景 ·· 1224

图5-378 彼得霍夫 大宫。觐见厅（宫女厅），内景 ·· 1224

图5-379 皇村（普希金城）宫殿及园林建筑群。总平面规划设计（1777年，建筑师В.П.和П.В.Неелов；简图，取自Академия Стройтельства и Архитестуры СССР：《Всеобщая История Архитестуры》，II，Москва，1963年） ··· 1225

图5-380 皇村（普希金城）宫殿及园林建筑群。19世纪中叶地区形势（1858年总平面图） ·········· 1225

图5-381 皇村（普希金城）宫殿及园林建筑群。20世纪初地区形势（两幅分别为1901和1912年地段总平面图） ·· 1225

图5-382 皇村（普希金城）宫殿及园林建筑群。20世纪上半叶总平面（1930~1937年） ·········· 1226

图5-383 皇村（普希金城）宫殿及园林建筑群。现状，卫星图 ··· 1226

图5-384 皇村（普希金城）圣母圣像教堂（1730年代）。平面 ·· 1226

图5-385 皇村（普希金城）圣母圣像教堂。地段全景 ··· 1226

图5-386 皇村（普希金城）圣母圣像教堂。主立面 ··· 1227

图5-387 皇村（普希金城）圣母圣像教堂。近景 ··· 1228

图5-388 皇村（普希金城）圣母圣像教堂。内景 ··· 1229

图5-389 皇村（普希金城）叶卡捷琳娜宫（1749~1756年）。平面（取自William Craft Brumfield：《A History of Russian Architecture》，Cambridge University Press，1997年） ······························ 1228~1229

图5-390 皇村（普希金城）叶卡捷琳娜宫。院落立面（版画，原画作者M.I.Makhaev，1761年，莫斯科Shchusev State Museum of Architecture藏品） ·· 1228~1229

图5-391 皇村（普希金城）叶卡捷琳娜宫。18世纪中叶景色（院落立面，彩画，作者M.I.Makhaev） ··· 1228~1229

图5-392 皇村（普希金城）叶卡捷琳娜宫。19世纪中叶景色（院落立面，版画，1840年） ······ 1230

图5-393 皇村（普希金城）叶卡捷琳娜宫。全景俯视图 ··· 1230

图5-394 皇村（普希金城）叶卡捷琳娜宫。现状，东南侧俯视全景 ····································· 1230~1231

图5-395 皇村（普希金城）叶卡捷琳娜宫。东侧俯视全景 ··· 1231

图5-396 皇村（普希金城）叶卡捷琳娜宫。西南侧俯视景色 ··· 1230

图5-397 皇村（普希金城）叶卡捷琳娜宫。主立面（东南侧）全景 ··· 1232

图5-398 皇村（普希金城）叶卡捷琳娜宫。主立面，东南侧远景 ··· 1232

图5-399 皇村（普希金城）叶卡捷琳娜宫。主立面北段，东南侧景色 ··· 1233

图5-400 皇村（普希金城）叶卡捷琳娜宫。主立面南段，自台地下仰视情景 ····························· 1234

图5-401 皇村（普希金城）叶卡捷琳娜宫。主立面，中央区段景色 ··· 1234

图5-402 皇村（普希金城）叶卡捷琳娜宫。主立面，中央区段近景 ··· 1235

图5-403 皇村（普希金城）叶卡捷琳娜宫。主门廊，南侧近景 ··· 1235

图5-404皇村（普希金城）叶卡捷琳娜宫。主立面，人像柱区段 ············ 1235
图5-405皇村（普希金城）叶卡捷琳娜宫。主立面，人像柱细部 ············ 1236
图5-406皇村（普希金城）叶卡捷琳娜宫。背立面（西北侧立面），19世纪景色（彩画，作者Vasily Sadovnikov）
············ 1236
图5-407皇村（普希金城）叶卡捷琳娜宫。背立面（院落立面），全景 ············ 1236~1237
图5-408皇村（普希金城）叶卡捷琳娜宫。背立面，中央区段 ············ 1237
图5-409皇村（普希金城）叶卡捷琳娜宫。背立面，北翼景色 ············ 1238
图5-410皇村（普希金城）叶卡捷琳娜宫。背立面，墙面装饰细部 ············ 1238
图5-411皇村（普希金城）叶卡捷琳娜宫。大院，自宫殿台阶处望入口大门 ············ 1239
图5-412皇村（普希金城）叶卡捷琳娜宫。大院，附属建筑西北翼 ············ 1239
图5-413皇村（普希金城）叶卡捷琳娜宫。大院，院门近景 ············ 1239
图5-414皇村（普希金城）叶卡捷琳娜宫。宫殿教堂，南侧景观 ············ 1240
图5-415皇村（普希金城）叶卡捷琳娜宫。宫殿教堂，穹顶组群，西侧近景 ············ 1240~1241
图5-416皇村（普希金城）叶卡捷琳娜宫。宫殿教堂，穹顶组群，南侧近景 ············ 1241
图5-417皇村（普希金城）叶卡捷琳娜宫。宫殿教堂，穹顶组群，东北侧近景 ············ 1242
图5-418皇村（普希金城）叶卡捷琳娜宫。宫殿教堂，前厅，内景 ············ 1243
图5-419皇村（普希金城）叶卡捷琳娜宫。宫殿教堂，楼梯间，内景 ············ 1243
图5-420皇村（普希金城）叶卡捷琳娜宫。宫殿教堂，圣坛 ············ 1243
图5-421伊波利特·莫尼格季（1819~1878年）画像[1840年，作者Karl Bryullov（1799~1852年）] ············ 1243
图5-422伊波利特·莫尼格季：设计图稿（公主尤苏波娃别墅，1856年） ············ 1243
图5-423皇村（普希金城）叶卡捷琳娜宫。大楼梯 ············ 1244
图5-424皇村（普希金城）叶卡捷琳娜宫。第一前厅，内景 ············ 1244
图5-425皇村（普希金城）叶卡捷琳娜宫。第一前厅，墙面装修近景及细部 ············ 1245
图5-426皇村（普希金城）叶卡捷琳娜宫。第二前厅，内景 ············ 1246
图5-427皇村（普希金城）叶卡捷琳娜宫。第三前厅，内景 ············ 1246
图5-428皇村（普希金城）叶卡捷琳娜宫。第三前厅，墙面近景 ············ 1246
图5-429皇村（普希金城）叶卡捷琳娜宫。主要厅堂（金色列厅）门洞透视景观 ············ 1246~1247
图5-430皇村（普希金城）叶卡捷琳娜宫。大厅，室内全景 ············ 1248
图5-431皇村（普希金城）叶卡捷琳娜宫。大厅，端墙近景 ············ 1248
图5-432皇村（普希金城）叶卡捷琳娜宫。大厅，天顶画（《俄罗斯的胜利》，作者Giuseppe Valeriani，1753年），仰视全景 ············ 1249
图5-433皇村（普希金城）叶卡捷琳娜宫。大厅，天顶画，局部 ············ 1249
图5-434皇村（普希金城）叶卡捷琳娜宫。亚历山大一世中国厅，内景 ············ 1250
图5-435皇村（普希金城）叶卡捷琳娜宫。亚历山大一世书房，内景 ············ 1250
图5-436皇村（普希金城）叶卡捷琳娜宫。亚历山大一世书房，柱式细部 ············ 1251
图5-437皇村（普希金城）叶卡捷琳娜宫。绘画厅，内景 ············ 1251
图5-438皇村（普希金城）叶卡捷琳娜宫。肖像厅，内景 ············ 1251
图5-439皇村（普希金城）叶卡捷琳娜宫。阿拉伯厅，内景 ············ 1252
图5-440皇村（普希金城）叶卡捷琳娜宫。正蓝厅（卡梅伦设计），墙面装修及天棚细部 ············ 1252~1253
图5-441皇村（普希金城）叶卡捷琳娜宫。红壁柱厅，内景 ············ 1252~1253
图5-442皇村（普希金城）叶卡捷琳娜宫。绿壁柱厅，内景 ············ 1253

图5-443 皇村（普希金城）叶卡捷琳娜宫。骑士餐厅，内景 ……………………………………………………… 1254
图5-444 皇村（普希金城）叶卡捷琳娜宫。正白餐厅，内景 ……………………………………………………… 1254
图5-445 皇村（普希金城）叶卡捷琳娜宫。小白餐厅，内景及装修细部 ………………………………………… 1255
图5-446 皇村（普希金城）埃尔米塔日（1743~1753年）。立面设计（作者拉斯特列里）………………………… 1255
图5-447 皇村（普希金城）埃尔米塔日。模型 ……………………………………………………………………… 1255
图5-448 皇村（普希金城）埃尔米塔日。俯视全景 ………………………………………………………………… 1256
图5-449 皇村（普希金城）埃尔米塔日。正立面（西南侧），全景 ……………………………………………… 1256
图5-450 皇村（普希金城）埃尔米塔日。西侧，全景 ……………………………………………………………… 1257
图5-451 皇村（普希金城）埃尔米塔日。南侧，全景 ……………………………………………………………… 1257
图5-452 皇村（普希金城）埃尔米塔日。西南侧，近景 …………………………………………………………… 1258
图5-453 皇村（普希金城）埃尔米塔日。内景 ……………………………………………………………………… 1259
图5-454 皇村（普希金城）洞室（1749~1761年）。东南侧俯视全景 …………………………………………… 1259
图5-455 皇村（普希金城）洞室。西北侧远景 ……………………………………………………………………… 1259
图5-456 皇村（普希金城）洞室。南侧远景 ………………………………………………………………………… 1260
图5-457 皇村（普希金城）洞室。东北侧（背立面）远景 ………………………………………………………… 1261
图5-458 皇村（普希金城）洞室。西侧全景 ………………………………………………………………………… 1260
图5-459 皇村（普希金城）洞室。东南侧近景 ……………………………………………………………………… 1261
图5-460 皇村（普希金城）洞室。入口近景 ………………………………………………………………………… 1261
图5-461 皇村（普希金城）洞室。柱式细部 ………………………………………………………………………… 1261
图5-462 皇村（普希金城）洞室。室内，穹顶仰视 ………………………………………………………………… 1261
图5-463 皇村（普希金城）洞室。室内，转角及龛室细部 ………………………………………………………… 1262
图5-464 亚当·梅涅拉斯（1753~1831年）画像[1790年，作者Влади́мир Луки́ч Боровико́вский（1757~1825年）]
…… 1262
图5-465 皇村（普希金城）珍宝阁（1747~1754年）。18世纪下半叶景观（版画，1761年，原画作者M.I.Makhaev，现存莫斯科Shchusev State Museum of Architecture）…………………………………………………………… 1263
图5-466 圣彼得堡 沃龙佐夫宫（1749~1758年）。平面及立面（据A.Shelkovnikov）………………………… 1263
图5-467 圣彼得堡 沃龙佐夫宫。19世纪景观（版画，约1858年，据Joseph-Maria Charlemagne-Baudet原画制作）
…… 1263
图5-468 圣彼得堡 沃龙佐夫宫。主立面（西北面），全景 ……………………………………………………… 1263
图5-469 圣彼得堡 沃龙佐夫宫。入口大门近景 …………………………………………………………………… 1263
图5-470 圣彼得堡 斯特罗加诺夫宫（1752~1754年）。平面（取自William Craft Brumfield:《A History of Russian Architecture》，Cambridge University Press，1997年）……………………………………………………………… 1264
图5-471 圣彼得堡 斯特罗加诺夫宫。临河立面（西北面），地段全景 ………………………………………… 1264
图5-472 圣彼得堡 斯特罗加诺夫宫。北侧，现状 ………………………………………………………………… 1264
图5-473 圣彼得堡 斯特罗加诺夫宫。西北面全景 ………………………………………………………………… 1264
图5-474 圣彼得堡 斯特罗加诺夫宫。街立面（东北面），全景 ………………………………………………… 1265
图5-475 圣彼得堡 斯特罗加诺夫宫。街立面，山墙、柱式及窗饰细部 ………………………………………… 1265
图5-476 圣彼得堡 斯特罗加诺夫宫。临河立面，阳台及栏杆近景 ……………………………………………… 1266
图5-477 圣彼得堡 斯特罗加诺夫宫。大厅，内景 ………………………………………………………………… 1266
图5-478 圣彼得堡 斯特罗加诺夫宫。大厅，天顶画（原作者意大利画家Valeriani和Antonio Pcresitotti，1993~2003年修复）……… 1267

图5-479圣彼得堡 冬宫（第四个，1754~1764年）。平面（取自William Craft Brumfield：《A History of Russian Architecture》，Cambridge University Press，1997年） ········ 1266
图5-480圣彼得堡 冬宫。北侧俯视景色 ········ 1267
图5-481圣彼得堡 冬宫。西北侧俯视全景 ········ 1268~1269
图5-482圣彼得堡 冬宫。面对涅瓦河的立面 ········ 1268~1269
图5-483圣彼得堡 冬宫。滨河立面全景 ········ 1270~1271
图5-484圣彼得堡 冬宫。西侧全景 ········ 1270~1271
图5-485圣彼得堡 冬宫。西北立面全景 ········ 1272
图5-486圣彼得堡 冬宫。西北立面近景 ········ 1273
图5-487圣彼得堡 冬宫。广场面（东南立面），全景 ········ 1272
图5-488圣彼得堡 冬宫。东南立面，全景 ········ 1272~1273
图5-489圣彼得堡 冬宫。东南立面，东段 ········ 1274
图5-490圣彼得堡 冬宫。东南立面，中段 ········ 1274~1275
图5-491圣彼得堡 冬宫。东南立面，西段 ········ 1275
图5-492圣彼得堡 冬宫。西南立面，全景 ········ 1274~1275
图5-493圣彼得堡 冬宫。西南立面中区 ········ 1276
图5-494圣彼得堡 冬宫。西南立面北段 ········ 1277
图5-495圣彼得堡 冬宫。东南立面，中央山墙近景 ········ 1276
图5-496圣彼得堡 冬宫。屋檐雕像，近景 ········ 1276~1277
图5-497圣彼得堡 冬宫。东南立面，主门廊 ········ 1278
图5-498圣彼得堡 冬宫。东南立面，中央大门立面 ········ 1278~1279
图5-499圣彼得堡 冬宫。东南立面，中央大门内景 ········ 1279
图5-500圣彼得堡 冬宫。东南立面，中央大门，铁花及鹰饰细部 ········ 1278~1279
图5-501圣彼得堡 冬宫。内院，东北角景色 ········ 1280
图5-502圣彼得堡 冬宫。内院，东南角景观 ········ 1280
图5-503圣彼得堡 冬宫。内院，西北角景观 ········ 1281
图5-504圣彼得堡 冬宫。内院，东南翼大门近景 ········ 1281
图5-505圣彼得堡 冬宫。内院，西北翼入口 ········ 1281
图5-506圣彼得堡 冬宫。室内装修图集（一）：1、圆堂（Ефим Тухаринов绘，1834年），2、图书馆（Alexey Tyranov绘，1827年），3、皇后亚历山德拉·费奥多罗芙娜卧室（Edward Petrovich Hau绘，1870年） ······ 1282
图5-507圣彼得堡 冬宫。室内装修图集（二）：1、阿波罗厅（Edward Petrovich Hau绘，1863年），2、卫队室（Edward Petrovich Hau绘，1864年），3、皇后玛丽亚·费奥多罗芙娜御座厅（Евграф Фёдорович Крендовский绘，约1831年），4、皇后亚历山德拉·费奥多罗芙娜卧室（Edward Petrovich Hau绘，1859年） ············ 1283
图5-508圣彼得堡 冬宫。大教堂，楼梯间（彩图，作者Edward Petrovich Hau，1869年） ········ 1283
图5-509圣彼得堡 冬宫。大教堂，内景（彩图，作者Edward Petrovich Hau，1866年） ········ 1283
图5-510圣彼得堡 冬宫。大教堂，室内，仰视景色 ········ 1284
图5-511圣彼得堡 冬宫。陆军元帅厅，内景[油画，1836年，作者Sergey Konstantinovich Zaryanko（1818~1871年）] ········ 1284
图5-512圣彼得堡 冬宫。陆军元帅厅，内景[彩画，1852年，作者Василий Садовников（1800~1879年）] ········ 1284
图5-513圣彼得堡 冬宫。金厅（1789~1877年），内景（彩画，作者Alexander Kolb，1860年代） ········ 1284

图5-514 圣彼得堡 冬宫。金厅，现状 …… 1285
图5-515 圣彼得堡 冬宫。亚历山大厅，内景（彩图，作者Edward Petrovich Hau，1861年）…… 1286
图5-516 圣彼得堡 冬宫。皇后玛丽亚·亚历山德罗芙娜小客厅，内景（彩图，作者Edward Petrovich Hau，1861年）…… 1286
图5-517 圣彼得堡 冬宫。皇后玛丽亚·亚历山德罗芙娜小客厅，现状 …… 1286
图5-518 圣彼得堡 冬宫。纹章厅，内景 …… 1287
图5-519 圣彼得堡 冬宫。纹章厅，金柱细部 …… 1287
图5-520 圣彼得堡 冬宫。彼得一世厅（小御座厅），内景（彩画，作者Edward Petrovich Hau，1863年）…… 1287
图5-521 圣彼得堡 冬宫。彼得一世厅，御座空间近景[彩画，1732年，作者Jacopo Amigoni（1682~1752年）] …… 1288
图5-522 圣彼得堡 冬宫。彼得一世厅，仰视内景 …… 1288
图5-523《1837年12月17日的冬宫大火》（绘画，1838年，作者鲍里斯·格林）…… 1288
图5-524 圣彼得堡 冬宫。约旦楼梯（1754~1762年），内景 …… 1289
图5-525 圣彼得堡 冬宫。约旦楼梯，楼梯及平台俯视 …… 1290
图5-526 圣彼得堡 冬宫。约旦楼梯，内墙柱廊景色 …… 1290
图5-527 圣彼得堡 冬宫。约旦楼梯，外墙仰视效果 …… 1291
图5-528 圣彼得堡 冬宫。约旦楼梯，天顶画 …… 1291
图5-529 阿列克谢·格里戈里耶维奇·拉祖莫夫斯基伯爵（1709~1771年）画像 …… 1292
图5-530 基辅 圣安德烈教堂（1748~1767年）。平面（取自William Craft Brumfield：《A History of Russian Architecture》，Cambridge University Press，1997年，经改绘）…… 1292
图5-531 基辅 圣安德烈教堂。外景（铅笔画，1844年，Johann Heinrich Blasius绘）…… 1292
图5-532 基辅 圣安德烈教堂。西北侧远景 …… 1293
图5-533 基辅 圣安德烈教堂。南侧全景 …… 1293
图5-534 基辅 圣安德烈教堂。南侧，平台上景色 …… 1294
图5-535 基辅 圣安德烈教堂。东北侧，半圆室近景 …… 1294~1295
图5-536 基辅 圣安德烈教堂。穹顶及鼓座近景 …… 1295
图5-537 基辅 圣安德烈教堂。室内，穹顶仰视 …… 1296
图5-538 圣彼得堡 耶稣复活新圣女修道院（斯莫尔尼修道院，1748~1764年）。总平面（取自William Craft Brumfield：《A History of Russian Architecture》，Cambridge University Press，1997年）…… 1296
图5-539 圣彼得堡 耶稣复活新圣女修道院（斯莫尔尼修道院）。模型（Х.-Л.Кнобель据拉斯特列里的设计制作，1748年）…… 1296
图5-540 圣彼得堡 耶稣复活新圣女修道院（斯莫尔尼修道院）。俯视全景 …… 1297
图5-541 圣彼得堡 耶稣复活新圣女修道院（斯莫尔尼修道院）。夜景，自涅瓦河上望去的景观 …… 1297
图5-542 圣彼得堡 耶稣复活新圣女修道院（斯莫尔尼修道院）。钟楼，木模型（约1750年，拉斯特列里设计）…… 1297
图5-543 圣彼得堡 耶稣复活新圣女修道院（斯莫尔尼修道院）。耶稣复活大教堂（1748~1764年），总平面、立面及细部（图版，取自Академия Строительства и Архитектуры СССР：《Всеобщая История Архитектуры》，II，Москва，1963年）…… 1298
图5-544 圣彼得堡 耶稣复活新圣女修道院（斯莫尔尼修道院）。耶稣复活大教堂，剖面（图版制作Iu.M.Denisov及A.N.Petrov）…… 1299
图5-545 圣彼得堡 耶稣复活新圣女修道院（斯莫尔尼修道院）。耶稣复活大教堂，模型（1748年）…… 1298
图5-546 圣彼得堡 耶稣复活新圣女修道院（斯莫尔尼修道院）。耶稣复活大教堂，19世纪景色[版画，作者Карл Пет-

рович Беггров（1799~1875年）]⋯⋯⋯⋯⋯⋯⋯⋯⋯⋯⋯⋯⋯⋯⋯⋯⋯⋯⋯⋯⋯⋯⋯⋯⋯⋯⋯⋯⋯⋯⋯⋯⋯⋯⋯⋯⋯1299
图5-547圣彼得堡 耶稣复活新圣女修道院（斯莫尔尼修道院）。耶稣复活大教堂，西侧，地段形势⋯⋯⋯1299
图5-548圣彼得堡 耶稣复活新圣女修道院（斯莫尔尼修道院）。耶稣复活大教堂，西立面全景⋯⋯⋯⋯1300
图5-549圣彼得堡 耶稣复活新圣女修道院（斯莫尔尼修道院）。耶稣复活大教堂，侧立面景观⋯⋯⋯⋯1301
图5-550圣彼得堡 耶稣复活新圣女修道院（斯莫尔尼修道院）。耶稣复活大教堂，上层近景⋯⋯⋯⋯⋯1301
图5-551圣彼得堡 耶稣复活新圣女修道院（斯莫尔尼修道院）。耶稣复活大教堂，小塔近景⋯⋯⋯⋯⋯1302
图5-552圣彼得堡 耶稣复活新圣女修道院（斯莫尔尼修道院）。耶稣复活大教堂，券面及窗饰细部⋯⋯1303
图5-553圣彼得堡 耶稣复活新圣女修道院（斯莫尔尼修道院）。耶稣复活大教堂，穹顶近景及装饰⋯⋯1302~1303
图5-554圣彼得堡 耶稣复活新圣女修道院（斯莫尔尼修道院）。耶稣复活大教堂，内景，祭坛屏帏⋯⋯1304
图5-555圣彼得堡 耶稣复活新圣女修道院（斯莫尔尼修道院）。礼拜堂，俯视景色⋯⋯⋯⋯⋯⋯⋯⋯⋯1304
图5-556圣彼得堡 耶稣复活新圣女修道院（斯莫尔尼修道院）。礼拜堂立面⋯⋯⋯⋯⋯⋯⋯⋯⋯⋯⋯⋯1305
图5-557圣彼得堡 圣尼古拉大教堂（1753~1762年）。平面、西立面及剖面（平面及剖面取自William Craft Brumfield：《A History of Russian Architecture》, Cambridge University Press, 1997年；西立面取自Академия Стройтельства и Архитестуры СССР：《Всеобщая История Архитектуры》，II，Москва，1963年）⋯⋯1305
图5-558圣彼得堡 圣尼古拉大教堂。西南侧外景（彩画，1841年，作者F.-V.Perrot）⋯⋯⋯⋯⋯⋯⋯⋯1305
图5-559圣彼得堡 圣尼古拉大教堂。西南侧远景⋯⋯⋯⋯⋯⋯⋯⋯⋯⋯⋯⋯⋯⋯⋯⋯⋯⋯⋯⋯⋯⋯⋯⋯⋯1306
图5-560圣彼得堡 圣尼古拉大教堂。西南侧景色⋯⋯⋯⋯⋯⋯⋯⋯⋯⋯⋯⋯⋯⋯⋯⋯⋯⋯⋯⋯⋯⋯⋯⋯⋯1306
图5-561圣彼得堡 圣尼古拉大教堂。西侧地段形势⋯⋯⋯⋯⋯⋯⋯⋯⋯⋯⋯⋯⋯⋯⋯⋯⋯⋯⋯⋯⋯⋯⋯⋯1307
图5-562圣彼得堡 圣尼古拉大教堂。西立面全景⋯⋯⋯⋯⋯⋯⋯⋯⋯⋯⋯⋯⋯⋯⋯⋯⋯⋯⋯⋯⋯⋯⋯⋯⋯1307
图5-563圣彼得堡 圣尼古拉大教堂。北侧全景⋯⋯⋯⋯⋯⋯⋯⋯⋯⋯⋯⋯⋯⋯⋯⋯⋯⋯⋯⋯⋯⋯⋯⋯⋯⋯1308
图5-564圣彼得堡 圣尼古拉大教堂。东侧全景⋯⋯⋯⋯⋯⋯⋯⋯⋯⋯⋯⋯⋯⋯⋯⋯⋯⋯⋯⋯⋯⋯⋯⋯⋯⋯1308
图5-565圣彼得堡 圣尼古拉大教堂。柱式及窗饰细部⋯⋯⋯⋯⋯⋯⋯⋯⋯⋯⋯⋯⋯⋯⋯⋯⋯⋯⋯⋯⋯⋯⋯1308
图5-566圣彼得堡 圣尼古拉大教堂。山墙细部⋯⋯⋯⋯⋯⋯⋯⋯⋯⋯⋯⋯⋯⋯⋯⋯⋯⋯⋯⋯⋯⋯⋯⋯⋯⋯1309
图5-567圣彼得堡 圣尼古拉大教堂。半圆室，柱头及山墙近景⋯⋯⋯⋯⋯⋯⋯⋯⋯⋯⋯⋯⋯⋯⋯⋯⋯⋯1309
图5-568圣彼得堡 圣尼古拉大教堂。现状内景⋯⋯⋯⋯⋯⋯⋯⋯⋯⋯⋯⋯⋯⋯⋯⋯⋯⋯⋯⋯⋯⋯⋯⋯⋯⋯1310
图5-569圣彼得堡 圣尼古拉大教堂。圣坛近景⋯⋯⋯⋯⋯⋯⋯⋯⋯⋯⋯⋯⋯⋯⋯⋯⋯⋯⋯⋯⋯⋯⋯⋯⋯⋯1310
图5-570圣彼得堡 圣尼古拉大教堂。钟塔（1756~1758年）。西北侧远景⋯⋯⋯⋯⋯⋯⋯1310~1311
图5-571圣彼得堡 圣尼古拉大教堂。钟塔，东侧景观⋯⋯⋯⋯⋯⋯⋯⋯⋯⋯⋯⋯⋯⋯⋯⋯⋯⋯1310~1311
图5-572圣彼得堡 圣尼古拉大教堂。钟塔，南侧全景⋯⋯⋯⋯⋯⋯⋯⋯⋯⋯⋯⋯⋯⋯⋯⋯⋯⋯⋯⋯⋯⋯1311
图5-573圣彼得堡 圣尼古拉大教堂。钟塔，西南侧全景⋯⋯⋯⋯⋯⋯⋯⋯⋯⋯⋯⋯⋯⋯⋯⋯⋯⋯⋯⋯⋯1312
图5-574圣彼得堡 圣尼古拉大教堂。钟塔，西北侧全景⋯⋯⋯⋯⋯⋯⋯⋯⋯⋯⋯⋯⋯⋯⋯⋯⋯1312~1313
图5-575圣彼得堡 圣尼古拉大教堂。钟塔，装饰细部⋯⋯⋯⋯⋯⋯⋯⋯⋯⋯⋯⋯⋯⋯⋯⋯⋯⋯⋯⋯⋯⋯1313
图5-576圣彼得堡 圣尼古拉大教堂。钟塔，塔顶近景⋯⋯⋯⋯⋯⋯⋯⋯⋯⋯⋯⋯⋯⋯⋯⋯⋯⋯⋯⋯⋯⋯1314
图5-577圣彼得堡 舍列梅捷夫伯爵宫（1750~1755年）。西南侧俯视全景⋯⋯⋯⋯⋯⋯⋯⋯⋯⋯⋯⋯1314
图5-578圣彼得堡 舍列梅捷夫伯爵宫。西立面全景⋯⋯⋯⋯⋯⋯⋯⋯⋯⋯⋯⋯⋯⋯⋯⋯⋯⋯⋯⋯⋯⋯⋯1314
图5-579圣彼得堡 伊万·舒瓦洛夫宫（1753~1755年）。东侧全景⋯⋯⋯⋯⋯⋯⋯⋯⋯⋯⋯⋯⋯⋯⋯1315
图5-580圣彼得堡 伊万·舒瓦洛夫宫。檐口细部⋯⋯⋯⋯⋯⋯⋯⋯⋯⋯⋯⋯⋯⋯⋯⋯⋯⋯⋯⋯⋯⋯⋯⋯1315
图5-581圣彼得堡 伊万·舒瓦洛夫宫。楼梯间及穹顶⋯⋯⋯⋯⋯⋯⋯⋯⋯⋯⋯⋯⋯⋯⋯⋯⋯⋯⋯⋯⋯⋯1315
图5-582莫斯科 城市景观平面（作者Siegmund Freiherr von Herberstein，1556年）⋯⋯⋯⋯⋯⋯⋯⋯1316
图5-583莫斯科 城市景观平面[16世纪下半叶，作者Frans Hogenberg（1535~1590年）]⋯⋯⋯⋯⋯1316

图5-584 莫斯科 城市景观平面（取自Áдам Олеáрий：《Описание путешествия Голштинского посольства в Московию и Персию》，1638年） ············ 1317

图5-585 莫斯科 城市景观平面（作者Augustus Mayerberg，1661年） ············ 1318

图5-586 莫斯科 城市景观平面[1662年，作者Joan Blaeu（1596~1673年）] ············ 1319

图5-587 莫斯科 城市总平面（1678年，作者Tanner） ············ 1319

图5-588 莫斯科 城市总平面（伊万·米丘林编制，1739年，现存哈佛大学Houghton Library） ············ 1320

图5-589 莫斯科 残疾医院（1759年）。建筑群平面和教堂立面（设计图，作者乌赫托姆斯基，取自Академия Строительства и Архитестуры СССР：《Всеобщая История Архитестуры》，II，Москва，1963年） ············ 1320

图5-590 莫斯科 "红门"（1753~1757年，现已无存）。立面图[Pietro di Gottardo Gonzaga（1751~1831年）绘，1826年] ············ 1321

图5-591 莫斯科 "红门"。19世纪上半叶景色（版画，1840年代，作者Jean-Baptiste Arnou） ············ 1321

图5-592 莫斯科 "红门"。19世纪后期景色（老照片，1884年，取自Nikolay Naidenov系列图集） ············ 1321

图5-593 莫斯科 "红门"。拱心石浮雕残块（天使头像） ············ 1321

图5-594 莫斯科 殉教士圣尼基塔教堂（1751~1752年）。东北侧全景 ············ 1322

图5-595 莫斯科 殉教士圣尼基塔教堂。北侧景观 ············ 1322

图5-596 莫斯科 殉教士圣尼基塔教堂。西北侧全景 ············ 1322

图5-597 莫斯科 殉教士圣尼基塔教堂。东头，西北侧近景 ············ 1322

图5-598 扎戈尔斯克 圣谢尔久斯三一修道院。钟塔（1741~1758年），东南东远景 ············ 1323

图5-599 扎戈尔斯克 圣谢尔久斯三一修道院。钟塔，东南南远景 ············ 1324

图5-600 扎戈尔斯克 圣谢尔久斯三一修道院。钟塔，南侧全景 ············ 1324~1325

图5-601 扎戈尔斯克 圣谢尔久斯三一修道院。钟塔，东北侧景观 ············ 1325

图5-602 扎戈尔斯克 圣谢尔久斯三一修道院。钟塔，东侧全景 ············ 1326

图5-603 扎戈尔斯克 圣谢尔久斯三一修道院。钟塔，东南侧，仰视景色 ············ 1326~1327

图5-604 扎戈尔斯克 圣谢尔久斯三一修道院。钟塔，山墙细部 ············ 1327

图5-605 扎戈尔斯克 圣谢尔久斯三一修道院。钟塔，塔顶近景 ············ 1328

图5-606 沃罗诺沃 救世主教堂（1760年代）。平面 ············ 1328

图5-607 沃罗诺沃 救世主教堂。东侧全景 ············ 1328

图5-608 莫斯科 弗斯波利圣叶卡捷琳娜教堂。现状外景 ············ 1329

图5-609 莫斯科 罗日代斯特温卡大街圣尼古拉教堂。现状外景 ············ 1328

图5-610 莫斯科 圣克雷芒教堂（可能1762~1770年）。西北侧全景 ············ 1330

图5-611 莫斯科 圣克雷芒教堂。东侧全景 ············ 1330

图5-612 莫斯科 圣克雷芒教堂。东立面景观 ············ 1331

图5-613 莫斯科 圣克雷芒教堂。东南侧景色 ············ 1332

图5-614 莫斯科 圣克雷芒教堂。塔楼，东南侧景色 ············ 1333

图5-615 莫斯科 圣克雷芒教堂。塔楼，西北侧景观 ············ 1333

图5-616 莫斯科 圣克雷芒教堂。穹顶及鼓座近景 ············ 1333

图5-617 莫斯科 圣克雷芒教堂。窗饰细部 ············ 1334

图5-618 莫斯科 阿普拉克辛府邸（18世纪中叶）。地段全景 ············ 1334

图5-619 莫斯科 阿普拉克辛府邸。临街立面 ············ 1334

图5-620 莫斯科 阿普拉克辛府邸。中央山墙近景 ············ 1335

图5-621 莫斯科 阿普拉克辛府邸。端头近景 ············ 1335

第六章 彼得堡的新古典主义建筑：叶卡捷琳娜大帝时期

图6-1叶卡捷琳娜二世（坐像，作者Fedor Rokotov，1763年，原画现存莫斯科Tretyakov Gallery） ············ 1337

图6-2作为司法女神殿立法者的叶卡捷琳娜二世[油画，1780年代初，作者Дмитрий Григорьевич Левицкий（1735~1822年）] ············ 1338

图6-3圣彼得堡"商人场院"（1758~1785年）。面向涅瓦大街的立面 ············ 1339

图6-4圣彼得堡"商人场院"。涅瓦大街立面中段及中央山墙细部 ············ 1340

图6-5圣彼得堡"商人场院"。面对花园大街的立面 ············ 1341

图6-6圣彼得堡"商人场院"。罗蒙诺索夫大街立面景色 ············ 1341

图6-7圣彼得堡"商人场院"。杜马大街立面景色 ············ 1341

图6-8圣彼得堡"商人场院"。廊道内景 ············ 1341

图6-9晚年的拉斯特列里[画像，1756~1762年，作者Pietro Antonio Rotari（1707~1762年）] ············ 1342

图6-10德尼·狄德罗（1713~1784年）画像（作者Louis-Michel van Loo，1767年） ············ 1343

图6-11让·勒龙·达朗贝尔（1717~1783年）画像[作者Maurice Quentin de La Tour（1704~1788年），1753年] ············ 1344

图6-12圣彼得堡 帝国艺术学院（1765~1789年）。二层平面（取自Академия Строительства и Архитестуры СССР：《Всеобщая История Архитестуры》，II，Москва，1963年） ············ 1345

图6-13圣彼得堡 帝国艺术学院。模型（细部，1766年，比例1∶38，设计J-B Vallin de la Mothe和A.F.Kokorinov，细木工主持人Simon Sorensen和A.J.Ananyina） ············ 1345

图6-14圣彼得堡 帝国艺术学院。模型细部 ············ 1345

图6-15圣彼得堡 帝国艺术学院。东南侧全景 ············ 1346

图6-16圣彼得堡 帝国艺术学院。滨河立面（南侧） ············ 1346

图6-17圣彼得堡 帝国艺术学院。西南侧全景 ············ 1347

图6-18圣彼得堡 帝国艺术学院。西南侧景色 ············ 1347

图6-19圣彼得堡 帝国艺术学院。东北侧（背面）景色 ············ 1348

图6-20圣彼得堡 帝国艺术学院。南立面中段近景 ············ 1348

图6-21圣彼得堡 帝国艺术学院。中央柱廊近景 ············ 1349

图6-22圣彼得堡 帝国艺术学院。屋顶雕刻 ············ 1349

图6-23圣彼得堡 帝国艺术学院。前方带斯芬克斯雕像的码头（1832~1834年，建筑师托恩设计） ············ 1349

图6-24圣彼得堡 圣叶卡捷琳娜教堂（天主教堂，1762~1783年）。19世纪上半叶景色（绘画，1830年，作者Делабард） ············ 1350

图6-25圣彼得堡 圣叶卡捷琳娜教堂（天主教堂）。19世纪景色[彩画，作者Карл Иоахим Петрович Беггров（1799~1875年）] ············ 1350

图6-26圣彼得堡 圣叶卡捷琳娜教堂（天主教堂）。东南侧（街立面）全景 ············ 1351

图6-27圣彼得堡 圣叶卡捷琳娜教堂（天主教堂）。立面近景 ············ 1351

图6-28圣彼得堡 圣叶卡捷琳娜教堂（天主教堂）。门廊，券面雕塑及入口细部 ············ 1352

图6-29圣彼得堡 圣叶卡捷琳娜教堂（天主教堂）。屋顶小天使雕像 ············ 1352

图6-30圣彼得堡 圣叶卡捷琳娜教堂（天主教堂）。屋顶四福音书作者雕像 ············ 1352~1353

图6-31圣彼得堡 圣叶卡捷琳娜教堂（天主教堂）。穹顶顶饰 ············ 1353

图6-32圣彼得堡 圣叶卡捷琳娜教堂（天主教堂）。内景 ············ 1353

图6-33圣彼得堡 圣叶卡捷琳娜教堂（天主教堂）。室内，柱式及檐部天使雕像 ············ 1354

图6-34 圣彼得堡 基里尔·拉祖莫夫斯基宫殿（1762~1766年，后改育婴院，现为国立师范大学）。19世纪景色（版画，1870年，原画作者Р.П.Липсберг，版画制作К.П.Вейерман） ········1354

图6-35 圣彼得堡 基里尔·拉祖莫夫斯基宫殿。院门现状 ········1354

图6-36 圣彼得堡 基里尔·拉祖莫夫斯基宫殿。主立面近景 ········1355

图6-37 圣彼得堡 尤苏波夫宫（前彼得·舒瓦洛夫府邸，18世纪60年代改建）。现状外景 ········1355

图6-38 圣彼得堡 尤苏波夫宫（前彼得·舒瓦洛夫府邸）。摩尔塔尼亚客厅（1760年） ········1355

图6-39 圣彼得堡 尤苏波夫宫（前彼得·舒瓦洛夫府邸）。剧院，内景 ········1356

图6-40 圣彼得堡 尤苏波夫宫（前彼得·舒瓦洛夫府邸）。剧院，包厢及舞台 ········1356

图6-41 圣彼得堡 新荷兰仓储区。拱门（1765~1780年代），外景（线条画，取自Академия Строительства и Архитектуры СССР：《Всеобщая История Архитектуры》，II，Москва，1963年） ········1357

图6-42 圣彼得堡 新荷兰仓储区。拱门，东南侧景色 ········1357

图6-43 圣彼得堡 新荷兰仓储区。拱门，南立面全景 ········1357

图6-44 乔治·弗里德里希·费尔滕（1730~1801年）画像[1797年，作者Степан Семёнович Щукин（1754~1828年）] ········1358

图6-45 圣彼得堡 小埃尔米塔日。北楼，横剖面（瓦兰·德拉莫特设计，制图乔治·弗里德里希·费尔滕，1765年） ········1359

图6-46 圣彼得堡 小埃尔米塔日。纵剖面（设计人乔治·弗里德里希·费尔滕，1767年） ········1359

图6-47 圣彼得堡 小埃尔米塔日。屋顶花园（向北楼望去的景色，透视图，1773年，图版制作Nikolai Sablin） ········1359

图6-48 圣彼得堡 百万大街。19世纪上半叶景色[彩画，1830年代，作者Василий Семёнович Садовников（1800~1879年）] ········1359

图6-49 圣彼得堡 小埃尔米塔日。屋顶花园，平面（作者瓦西里·斯塔索夫，1843年） ········1359

图6-50 圣彼得堡 小埃尔米塔日。横剖面（马厩部分，作者瓦西里·斯塔索夫，1843年） ········1360

图6-51 圣彼得堡 小埃尔米塔日。横剖面（马术训练厅部分，作者瓦西里·斯塔索夫，1843年） ········1360

图6-52 圣彼得堡 小埃尔米塔日。南楼（1760年代，顶层为瓦西里·斯塔索夫1840年增建），东南侧立面，现状 ········1360

图6-53 圣彼得堡 小埃尔米塔日。北楼（瓦兰·德拉莫特设计），现状 ········1361

图6-54 圣彼得堡 小埃尔米塔日。屋顶花园（冬季花园），内景（绘画，作者Edward Petrovich Hau，1865年） ········1361

图6-55 圣彼得堡 小埃尔米塔日。屋顶花园 ········1361

图6-56 圣彼得堡 小埃尔米塔日。东廊厅，内景（作者Edward Petrovich Hau，1861年） ········1362

图6-57 圣彼得堡 小埃尔米塔日。圣彼得堡风景廊厅，内景（作者Edward Petrovich Hau，1864年） ········1362

图6-58 圣彼得堡 小埃尔米塔日。北书房，内景（作者Edward Petrovich Hau，1865年） ········1362

图6-59 圣彼得堡 小埃尔米塔日。皇太子尼古拉·亚历山德罗维奇卧室及书房，内景（作者Edward Petrovich Hau，1865年） ········1363

图6-60 圣彼得堡 上天鹅桥。现状 ········1363

图6-61 艾蒂安·莫里斯·法尔科内（1716~1791年）画像[作者让-巴蒂斯特·勒莫安（1704~1778年），1741年] ········1363

图6-62 圣彼得堡 参议院广场。彼得大帝纪念雕像（"青铜骑士"，1766~1782年），运送雕像基座"雷石"的情景（原画作者费尔滕，版画制作I.F.Schley，1770年） ········1363

图6-63 圣彼得堡 参议院广场。彼得大帝纪念雕像，19世纪景色（彩画，作者Карл Петрович Беггров） ········1364

图6-64圣彼得堡 参议院广场。彼得大帝纪念雕像，冬夜景色（油画，作者Vasily Ivanovich Surikov） …… 1364
图6-65圣彼得堡 参议院广场。彼得大帝纪念雕像，西侧全景 …… 1364
图6-66圣彼得堡 参议院广场。彼得大帝纪念雕像，西南侧景观 …… 1365
图6-67圣彼得堡 参议院广场。彼得大帝纪念雕像，南侧全景 …… 1365
图6-68圣彼得堡 参议院广场。彼得大帝纪念雕像，东南侧景色 …… 1366
图6-69圣彼得堡 参议院广场。彼得大帝纪念雕像，东侧剪影 …… 1366
图6-70圣彼得堡 参议院广场。彼得大帝纪念雕像，东北侧全景 …… 1366
图6-71圣彼得堡 参议院广场。彼得大帝纪念雕像，西侧近景 …… 1367
图6-72圣彼得堡 参议院广场。彼得大帝纪念雕像，东北侧近景 …… 1368
图6-73圣彼得堡 参议院广场。彼得大帝纪念雕像，雕像细部 …… 1368
图6-74玛丽-安妮·科洛（1748~1821年）画像（作者Pierre-Etienne Falconet，1773年） …… 1368~1369
图6-75彼得大帝头像（玛丽-安妮·科洛为浇筑青铜骑士雕像而制作的原型，1768~1770年） …… 1369
图6-76切斯马海战[彩画，作者Ivan Aivazovsky（1817~1900年）] …… 1370
图6-77圣彼得堡 切斯马宫（1774~1777年）。平面 …… 1370
图6-78圣彼得堡 切斯马宫。东南侧地段景色 …… 1370
图6-79圣彼得堡 切斯马宫。东南侧全景 …… 1370
图6-80圣彼得堡 切斯马宫。东侧现状 …… 1371
图6-81圣彼得堡 切斯马宫。东北侧近景 …… 1371
图6-82圣彼得堡 切斯马宫。施洗者约翰教堂（1777~1780年），东侧远景 …… 1371
图6-83圣彼得堡 切斯马宫。施洗者约翰教堂，东侧全景 …… 1372
图6-84圣彼得堡 切斯马宫。施洗者约翰教堂，西南侧全景 …… 1372
图6-85圣彼得堡 切斯马宫。施洗者约翰教堂，西侧全景 …… 1373
图6-86圣彼得堡 切斯马宫。施洗者约翰教堂，西南侧近景 …… 1374
图6-87圣彼得堡 切斯马宫。施洗者约翰教堂，东侧近景 …… 1374
图6-88圣彼得堡 切斯马宫。施洗者约翰教堂，入口处柱墩雕像，细部 …… 1375
图6-89皇村"残迹"楼（1771~1773年）。东北侧景观 …… 1375
图6-90皇村"残迹"楼。西侧景色 …… 1376
图6-91皇村"残迹"楼。入口门，外侧及内景 …… 1376
图6-92皇村"残迹"楼。顶部 …… 1377
图6-93雷斯沙地 槽柱堂。剖面 …… 1377
图6-94雷斯沙地 槽柱堂。现状 …… 1377
图6-95皇村 叶卡捷琳娜公园。总平面 …… 1378
图6-96皇村 叶卡捷琳娜公园。大池，俯视景色 …… 1378
图6-97皇村 叶卡捷琳娜公园。海军上将宫邸（1773~1777年，建筑师V.I.Neelov），平面及立面 …… 1379
图6-98皇村 叶卡捷琳娜公园。海军上将宫邸，俯视景色 …… 1379
图6-99皇村 叶卡捷琳娜公园。土耳其浴室（1850~1852年，建筑师I.A.Monigetti），地段形势 …… 1378~1379
图6-100皇村 叶卡捷琳娜公园。土耳其浴室，现状全景 …… 1379
图6-101皇村 叶卡捷琳娜公园。土耳其浴室，内景 …… 1380
图6-102皇村 叶卡捷琳娜公园。花岗石平台（1809~1810年，建筑师L.Rusca），现状 …… 1380
图6-103皇村 叶卡捷琳娜公园。大理石桥（帕拉第奥桥，1772~1774年，建筑师V.I.Neelov），西北侧全景 …… 1380

图6-104 皇村 叶卡捷琳娜公园。大理石桥，北侧景观 ······ 1380
图6-105 皇村 叶卡捷琳娜公园。大理石桥，东侧现状 ······ 1380
图6-106 皇村 叶卡捷琳娜公园。切斯马纪念柱（1774~1776年，建筑师A.Rinaldi），北侧，俯视全景 ······ 1381
图6-107 皇村 叶卡捷琳娜公园。切斯马纪念柱，现状全景及柱顶鹰雕 ······ 1381
图6-108 皇村 叶卡捷琳娜公园。喷泉雕刻《持水罐的女孩》（1816年，雕刻师P.P.Sokolov）······ 1382
图6-109 皇村 叶卡捷琳娜公园。中国楼（"吱吱楼"，1778~1786年，建筑师费尔滕），南侧远景 ······ 1382
图6-110 皇村 叶卡捷琳娜公园。中国楼，西侧景观 ······ 1382
图6-111 皇村 叶卡捷琳娜公园。中国楼，西北侧景色 ······ 1383
图6-112 皇村 叶卡捷琳娜公园。中国楼，东北侧现状 ······ 1383
图6-113 皇村 叶卡捷琳娜公园。中国楼，檐头细部 ······ 1382
图6-114 皇村 叶卡捷琳娜公园。中国楼，内景及门饰细部 ······ 1384
图6-115 皇村 叶卡捷琳娜公园。上浴室（1777~1779年），西南侧远景 ······ 1384
图6-116 皇村 叶卡捷琳娜公园。上浴室，临池立面远景 ······ 1385
图6-117 皇村 叶卡捷琳娜公园。上浴室，南侧景色 ······ 1386
图6-118 皇村 叶卡捷琳娜公园。上浴室，正立面（西南侧）全景 ······ 1386
图6-119 皇村 叶卡捷琳娜公园。上浴室，西侧全景 ······ 1387
图6-120 皇村 叶卡捷琳娜公园。上浴室，内景 ······ 1387
图6-121 皇村 大畅想阁（1772~1774年，建筑师V.I.Neelov）。东西两侧立面景色 ······ 1387
图6-122 皇村 大畅想阁。近景 ······ 1388
图6-123 皇村 亚历山大公园。"中国村"（1782~1798年，建筑师瓦西里·涅洛夫、安东尼奥·里纳尔迪及查理·卡梅伦；1817~1822年，建筑师瓦西里·斯塔索夫），院落组群，西北侧俯视景色 ······ 1388
图6-124 皇村 亚历山大公园。"中国村"，西南组群，俯视近景 ······ 1388
图6-125 皇村 亚历山大公园。"中国村"，院落组群，东南侧外景 ······ 1388
图6-126 皇村 亚历山大公园。"中国村"，院落组群，主楼景观 ······ 1389
图6-127 皇村 亚历山大公园。"中国村"，院落组群，建筑近景 ······ 1389
图6-128 皇村 叶卡捷琳娜宫。祖博夫翼（南翼，18世纪70年代后期），外侧（西南立面）景色 ······ 1389
图6-129 皇村 皇村中学（1788~1792年）。东南侧远景 ······ 1389
图6-130 皇村 皇村中学。北面全景 ······ 1390
图6-131 皇村 皇村中学。南侧景观 ······ 1390
图6-132 皇村 皇村中学。大厅内景 ······ 1391
图6-133 年方15岁的普希金于1815年1月8日皇村中学考试期间，在年迈的著名诗人加甫里尔·杰尔查文面前吟诵自己创作的诗篇（油画，列宾绘，1911年）······ 1391
图6-134 皇村 皇村中学。普希金铜像（1900年，雕刻师P.P.Bach）······ 1391
图6-135 圣彼得堡 大（老）埃尔米塔日。平面设计（二层，作者乔治·弗里德里希·费尔滕，1777年）······ 1392
图6-136 圣彼得堡 大（老）埃尔米塔日。19世纪上半叶景色[彩画，1826年，作者Карл Петрович Беггров（1799~1875年）] ······ 1392
图6-137 圣彼得堡 大（老）埃尔米塔日。朝涅瓦河的立面，全景 ······ 1392
图6-138 路易吉·万维泰利雕像 ······ 1393
图6-139 奥拉宁鲍姆 "中国宫"（1762~1768年，19世纪40年代扩建）。平面 ······ 1393
图6-140 奥拉宁鲍姆 "中国宫"。俯视复原图（作者А.Сент-Илера，1760~1770年代）······ 1393
图6-141 奥拉宁鲍姆 "中国宫"。自南侧池面望去的远景 ······ 1393

图6-142奥拉宁鲍姆 "中国宫"。南立面全景 ········ 1394
图6-143奥拉宁鲍姆 "中国宫"。南立面山墙近景 ········ 1394
图6-144奥拉宁鲍姆 "中国宫"。南立面东翼 ········ 1395
图6-145奥拉宁鲍姆 "中国宫"。花园面全景 ········ 1395
图6-146奥拉宁鲍姆 "中国宫"。室内装修设计（水彩，1900年左右） ········ 1395
图6-147奥拉宁鲍姆 "中国宫"。室内装饰细部 ········ 1396
图6-148奥拉宁鲍姆 "中国宫"。音乐厅北墙壁画：《埃拉托》，作者斯特凡诺·托雷利（1712~1784年） ··· 1396
图6-149奥拉宁鲍姆 滑雪山阁（1762~1774年）。平面及立面（取自William Craft Brumfield：《A History of Russian Architecture》，Cambridge University Press，1997年） ········ 1396
图6-150奥拉宁鲍姆 滑雪山阁。景观图 ········ 1397
图6-151奥拉宁鲍姆 滑雪山阁。西南侧远景 ········ 1397
图6-152奥拉宁鲍姆 滑雪山阁。东南侧（正面），地段形势 ········ 1398
图6-153奥拉宁鲍姆 滑雪山阁。东南侧全景 ········ 1398
图6-154奥拉宁鲍姆 滑雪山阁。西侧全景 ········ 1399
图6-155奥拉宁鲍姆 滑雪山阁。东侧景观 ········ 1399
图6-156奥拉宁鲍姆 滑雪山阁。东南侧，入口近景 ········ 1399
图6-157奥拉宁鲍姆 滑雪山阁。东南侧，窗饰及栏杆 ········ 1400
图6-158奥拉宁鲍姆 滑雪山阁。柱廊细部 ········ 1400
图6-159奥拉宁鲍姆 滑雪山阁。圆堂，内景 ········ 1400
图6-160格里戈里·格里戈里耶维奇·奥尔洛夫（1734~1783年）画像（作者Fyodor Rokotov） ········ 1401
图6-161加特契纳 宫殿（1766~1781年，侧翼1780年代拓展）。立面图（1947年复制品，原图作者Яков Васильев，1781年） ········ 1401
图6-162加特契纳 宫殿。立面图（1790年代，作者不明） ········ 1402
图6-163加特契纳 宫殿。19世纪后半叶景观（彩陶画，作者不明） ········ 1402
图6-164加特契纳 宫殿。地段卫星图 ········ 1402
图6-165加特契纳 宫殿。西南立面，修复前状态（老照片，摄于1972年） ········ 1403
图6-166加特契纳 宫殿。西南侧（主立面），全景展开图 ········ 1403
图6-167加特契纳 宫殿。西南侧，中央主楼全景 ········ 1403
图6-168加特契纳 宫殿。中央主楼，现状 ········ 1404
图6-169加特契纳 宫殿。西翼，东北侧俯视景色 ········ 1404
图6-170加特契纳 宫殿。西翼，南侧景观 ········ 1404
图6-171加特契纳 宫殿。主楼，西北侧景色 ········ 1405
图6-172加特契纳 宫殿。主楼及东翼，东北侧（花园面）景色 ········ 1405
图6-173加特契纳 宫殿。东翼，东侧景观 ········ 1406
图6-174加特契纳 宫殿。主楼，西南侧近景 ········ 1406
图6-175加特契纳 宫殿。主楼，入口及露台近景 ········ 1407
图6-176加特契纳 宫殿。主楼，入口坡道上的智慧女神雕像 ········ 1408
图6-177加特契纳 宫殿。东翼，西北角穹顶，东侧景色 ········ 1408
图6-178加特契纳 宫殿。宫前广场上的保罗一世纪念碑 ········ 1409
图6-179加特契纳 宫殿。保罗一世雕像，细部 ········ 1409
图6-180加特契纳 宫殿。内景（彩图，作者Edward Petrovich Hau，绘于1862~1877年间） ········ 1410

图6-181加特契纳 宫殿。白厅，内景 ····· 1411

图6-182加特契纳 宫殿。礼拜堂，内景 ····· 1411

图6-183加特契纳 宫殿。公园，切斯马方尖碑，地段全景 ····· 1411

图6-184加特契纳 宫殿。公园，切斯马方尖碑，近景 ····· 1412

图6-185圣彼得堡 大理石宫（奥尔洛夫宫，1768~1785年）。平面（取自William Craft Brumfield：《A History of Russian Architecture》，Cambridge University Press，1997年） ····· 1413

图6-186圣彼得堡 大理石宫（奥尔洛夫宫）。19世纪景色[版画，1860年，作者Joseph-Maria Charlemagne-Baudet（1824~1870年）] ····· 1413

图6-187圣彼得堡 大理石宫（奥尔洛夫宫）。北立面远景 ····· 1413

图6-188圣彼得堡 大理石宫（奥尔洛夫宫）。北立面全景 ····· 1414

图6-189圣彼得堡 大理石宫（奥尔洛夫宫）。西北侧景色 ····· 1414

图6-190圣彼得堡 大理石宫（奥尔洛夫宫）。东北侧现状 ····· 1415

图6-191圣彼得堡 大理石宫（奥尔洛夫宫）。东南侧景观 ····· 1415

图6-192圣彼得堡 大理石宫（奥尔洛夫宫）。南立面 ····· 1416

图6-193圣彼得堡 大理石宫（奥尔洛夫宫）。东部凹院，北翼东南侧景色（骑像作者Paolo Troubetzkoy） ····· 1416

图6-194圣彼得堡 大理石宫（奥尔洛夫宫）。凹院，东侧全景 ····· 1417

图6-195圣彼得堡 大理石宫（奥尔洛夫宫）。凹院，东北侧景色 ····· 1417

图6-196圣彼得堡 大理石宫（奥尔洛夫宫）。凹院，东立面近景 ····· 1417

图6-197圣彼得堡 大理石宫（奥尔洛夫宫）。亚历山大三世骑像，近景 ····· 1417

图6-198圣彼得堡 大理石宫（奥尔洛夫宫）。大楼梯，近景 ····· 1418

图6-199圣彼得堡 大理石宫（奥尔洛夫宫）。楼梯间雕刻（作者Fedot Shubin） ····· 1418

图6-200圣彼得堡 大理石宫（奥尔洛夫宫）。楼梯间仰视，天顶画《帕里斯的裁决》（Judgement of Paris） ····· 1418

图6-201圣彼得堡 大理石宫（奥尔洛夫宫）。大理石厅，东墙 ····· 1418

图6-202圣彼得堡 大理石宫（奥尔洛夫宫）。大理石厅，北墙 ····· 1419

图6-203圣彼得堡 大理石宫（奥尔洛夫宫）。大理石厅，天顶画《丘比特和普绪喀之婚》（Marriage of Cupid & Psyche，作者Stefano Torelli） ····· 1419

图6-204博戈罗季茨克（图拉附近）宫殿（1771年）。平面及立面（取自William Craft Brumfield：《A History of Russian Architecture》，Cambridge University Press，1997年） ····· 1420

图6-205博戈罗季茨克 宫殿。18世纪末景色（彩画，1786年） ····· 1420

图6-206博戈罗季茨克 宫殿。东北侧立面 ····· 1420

图6-207博戈罗季茨克 宫殿。南侧景观 ····· 1421

图6-208博戈罗季茨克 宫殿。西侧景色 ····· 1421

图6-209博戈罗季茨克 宫殿。西南侧全景 ····· 1421

图6-210莫斯科 尼科尔斯克-加加林诺庄园（1773~1776年）。总平面及宫邸外景（取自Академия Строительства и Архитестуры СССР：《Всеобщая История Архитектуры》，II，Москва，1963年） ····· 1422

图6-211莫斯科 尼科尔斯克-加加林诺庄园。宫邸，立面近景 ····· 1422

图6-212莫斯科 尼科尔斯克-加加林诺庄园。宫邸，北面现状 ····· 1422

图6-213彼得堡 亚历山大·涅夫斯基修道院。三一大教堂（1776~1790年），平面（取自George Heard Hamilton：《The Art and Architecture of Russia》，Yale University Press，1983年） ····· 1422

图6-214彼得堡 亚历山大·涅夫斯基修道院。三一大教堂，西立面（据A.Shelkovnikov） ····· 1422

图6-215彼得堡 亚历山大·涅夫斯基修道院。三一大教堂，模型（早期，1720~1732年，建筑师Domenico Tressini和Theodor Schwertfeger） ········ 1423

图6-216彼得堡 亚历山大·涅夫斯基修道院。三一大教堂，模型（后期，木制，1776年，建筑师I.E.Starov） ········ 1423

图6-217彼得堡 亚历山大·涅夫斯基修道院。三一大教堂，西北侧外景 ········ 1423

图6-218彼得堡 亚历山大·涅夫斯基修道院。三一大教堂，西立面全景 ········ 1424

图6-219彼得堡 亚历山大·涅夫斯基修道院。三一大教堂，东南侧现状 ········ 1424

图6-220彼得堡 亚历山大·涅夫斯基修道院。三一大教堂，钟楼近景 ········ 1424

图6-221彼得堡 亚历山大·涅夫斯基修道院。三一大教堂，穹顶近景 ········ 1425

图6-222彼得堡 亚历山大·涅夫斯基修道院。三一大教堂，西立面，浮雕嵌板 ········ 1425

图6-223彼得堡 亚历山大·涅夫斯基修道院。三一大教堂，室内，柱式及拱券细部 ········ 1426

图6-224彼得堡 亚历山大·涅夫斯基修道院。三一大教堂，室内，穹顶仰视效果 ········ 1426~1427

图6-225彼得堡 陶里德宫（1783~1789年）。平面（左图据A.Shelkovnikov；右图取自Академия Стройтельства и Архитестуры СССР：《Всеобщая История Архитектуры》，II，Москва，1963年） ········ 1426

图6-226彼得堡 陶里德宫。主楼平面（据Rzyanin） ········ 1427

图6-227彼得堡 陶里德宫。18世纪末景色[油画，作者Benjamin Patersen（1750~1815年），绘于1797年前] ········ 1427

图6-228彼得堡 陶里德宫。立面全景 ········ 1427

图6-229彼得堡 陶里德宫。柱廊近景 ········ 1428

图6-230皇村 叶卡捷琳娜宫。里昂沙龙，内景，壁炉及屏栏装饰 ········ 1428

图6-231皇村 叶卡捷琳娜宫。里昂沙龙，天青石和镀金的装饰细部 ········ 1428

图6-232皇村 叶卡捷琳娜宫。中国蓝厅，内景 ········ 1429

图6-233皇村 叶卡捷琳娜宫。绿餐厅（1780~1783年），墙面装修设计图（淡彩，作者卡梅伦，1780年代，现存Hermitage Museum） ········ 1429

图6-234皇村 叶卡捷琳娜宫。绿餐厅，内景 ········ 1429

图6-235皇村 叶卡捷琳娜宫。绿餐厅，墙面及壁炉装饰细部 ········ 1430

图6-236皇村 叶卡捷琳娜宫。大公套房，卧室，内景 ········ 1430

图6-237皇村 叶卡捷琳娜宫。大公套房，卧室，陶柱等装修细部 ········ 1431

图6-238皇村 叶卡捷琳娜宫。大公套房，侍者房间，内景 ········ 1432

图6-239皇村 叶卡捷琳娜宫。大公套房，侍者房间，墙面装修细部 ········ 1432

图6-240皇村 冷水浴室（玛瑙阁，1784~1787年）。平面及大厅剖面（取自William Craft Brumfield：《A History of Russian Architecture》，Cambridge University Press，1997年） ········ 1432

图6-241皇村 冷水浴室（玛瑙阁）。西南立面（取自William Craft Brumfield：《A History of Russian Architecture》，Cambridge University Press，1997年） ········ 1433

图6-242皇村 冷水浴室（玛瑙阁）。东北立面（取自Академия Стройтельства и Архитестуры СССР：《Всеобщая История Архитектуры》，II，Москва，1963年） ········ 1433

图6-243皇村 冷水浴室（玛瑙阁）。东南侧景色 ········ 1433

图6-244皇村 冷水浴室（玛瑙阁）。西南立面，现状 ········ 1433

图6-245皇村 冷水浴室（玛瑙阁）。西南侧近景 ········ 1434

图6-246皇村 冷水浴室（玛瑙阁）。西南面，北翼景色 ········ 1434

图6-247皇村 冷水浴室（玛瑙阁）。内景[彩画，1859年，作者Luigi Premazzi（1814~1891年）] ········ 1434

图6-248皇村 冷水浴室（玛瑙阁）。大厅，内景 ········ 1434

图6-249 皇村 卡梅伦廊道（1780~1786年）。地段总平面（取自Академия Стройтельства и Архитестуры СССР：《Всеобщая История Архитестуры》，II，Москва，1963年） ········· 1435

图6-250 皇村 卡梅伦廊道。19世纪早期景色（版画，作者不明） ········· 1435

图6-251 皇村 卡梅伦廊道。19世纪早期景色（彩画，1814年，作者A.E.Martinov） ········· 1435

图6-252 皇村 卡梅伦廊道。19世纪中叶景色[水彩画，作者Luigi Premazzi（1814~1891年）] ········· 1435

图6-253 皇村 卡梅伦廊道。南侧俯视全景 ········· 1435

图6-254 皇村 卡梅伦廊道。东侧俯视景色 ········· 1436

图6-255 皇村 卡梅伦廊道。东北侧远景 ········· 1436

图6-256 皇村 卡梅伦廊道。东侧全景 ········· 1437

图6-257 皇村 卡梅伦廊道。东侧近景 ········· 1437

图6-258 皇村 卡梅伦廊道。东南侧远景 ········· 1438

图6-259 皇村 卡梅伦廊道。东南侧全景 ········· 1438

图6-260 皇村 卡梅伦廊道。南侧全景 ········· 1439

图6-261 皇村 卡梅伦廊道。西北侧，平台上景色 ········· 1439

图6-262 皇村 卡梅伦廊道。南侧近景 ········· 1440

图6-263 皇村 卡梅伦廊道。入口台阶栏墙，东南侧景观 ········· 1440

图6-264 皇村 卡梅伦廊道。自入口台阶栏墙上望大池景色 ········· 1440

图6-265 皇村 卡梅伦廊道。东南侧近景 ········· 1441

图6-266 皇村 卡梅伦廊道。台阶及栏杆细部 ········· 1441

图6-267 皇村 卡梅伦廊道。柱廊内景（老照片，1890~1900年） ········· 1441

图6-268 皇村 卡梅伦廊道。柱廊内景 ········· 1442

图6-269 皇村 亚历山大公园。中国剧场（1778~1779年，毁于1941年），20世纪初景色（绘画，1903年，作者Mstislav Dobuzhinsky） ········· 1442

图6-270 皇村 亚历山大公园。中国剧场，残迹现状 ········· 1442

图6-271 皇村 亚历山大公园。"十字桥"（1776~1779年），远景 ········· 1442

图6-272 皇村 亚历山大公园。"十字桥"，秋景 ········· 1443

图6-273 皇村 亚历山大公园。"十字桥"，近景 ········· 1443

图6-274 皇村 亚历山大公园。小中国桥（一），地段形势 ········· 1444

图6-275 皇村 亚历山大公园。小中国桥（一），立面全景 ········· 1444

图6-276 皇村 亚历山大公园。小中国桥（一），桥头近景 ········· 1445

图6-277 皇村 亚历山大公园。小中国桥（一），花饰细部 ········· 1445

图6-278 皇村 亚历山大公园。小中国桥（二），全景 ········· 1445

图6-279 巴甫洛夫斯克 宫殿及公园。总平面及地段卫星图（总平面取自Академия Стройтельства и Архитестуры СССР：《Всеобщая История Архитестуры》，II，Москва，1963年） ········· 1446

图6-280 巴甫洛夫斯克 公园。18世纪末景色（版画，约1795年，作者S.F.Shchedrin） ········· 1446

图6-281 巴甫洛夫斯克 友谊殿（1780~1782年）。立面（取自Академия Стройтельства и Архитестуры СССР：《Всеобщая История Архитестуры》，II，Москва，1963年） ········· 1446

图6-282 巴甫洛夫斯克 友谊殿。东南侧地段形势 ········· 1447

图6-283 巴甫洛夫斯克 友谊殿。远景 ········· 1447

图6-284 巴甫洛夫斯克 友谊殿。近景 ········· 1448

图6-285 巴甫洛夫斯克 友谊殿。柱式细部 ········· 1448

图6-286巴甫洛夫斯克 友谊殿。内景，穹顶仰视 ·· 1449
图6-287巴甫洛夫斯克 美惠三神亭（1800~1801年）。立面（取自Академия Стройтельства и Архитестуры СССР：《Всеобщая История Архитестуры》，II，Москва，1963年） ·· 1449
图6-288巴甫洛夫斯克 美惠三神亭。西南侧全景 ·· 1449
图6-289巴甫洛夫斯克 美惠三神亭。东南侧全景 ·· 1450
图6-290巴甫洛夫斯克 美惠三神亭。东南侧近景 ·· 1450
图6-291巴甫洛夫斯克 美惠三神亭。柱头及山墙雕刻细部 ··· 1451
图6-292巴甫洛夫斯克 美惠三神亭。美惠三女神雕像 ·· 1451
图6-293巴甫洛夫斯克 阿波罗柱廊（1782~1783年）。现状全景 ·· 1452
图6-294巴甫洛夫斯克 阿波罗柱廊。内景 ·· 1452
图6-295巴甫洛夫斯克 尼古拉（铁）门。现状全景 ·· 1453
图6-296巴甫洛夫斯克 尼古拉（铁）门。顶饰细部 ·· 1453
图6-297巴甫洛夫斯克 玛丽亚·费奥多罗芙娜纪念亭（设计1816年，建筑师罗西，1914年建成）。现状全景 ··· 1454
图6-298巴甫洛夫斯克 宫殿（1782~1786年，建筑师卡梅伦；1787~1800年增建侧翼，建筑师Vincenzo Brenna）。平面 ··· 1454~1455
图6-299巴甫洛夫斯克 宫殿。主体结构，立面 ·· 1454
图6-300巴甫洛夫斯克 宫殿。主体结构，剖面（据A.Kharlamova） ··· 1455
图6-301巴甫洛夫斯克 宫殿。19世纪下半叶景色（版画，1872年，作者不明） ··· 1455
图6-302巴甫洛夫斯克 宫殿。东侧俯视全景 ·· 1456
图6-303巴甫洛夫斯克 宫殿。主楼，东立面全景 ··· 1457
图6-304巴甫洛夫斯克 宫殿。主楼，东立面近景 ··· 1458
图6-305巴甫洛夫斯克 宫殿。北配楼，南立面 ·· 1458
图6-306巴甫洛夫斯克 宫殿。北翼端头 ·· 1458
图6-307巴甫洛夫斯克 宫殿。南翼全景 ·· 1459
图6-308巴甫洛夫斯克 宫殿。西南侧（背面）远景 ··· 1459
图6-309巴甫洛夫斯克 宫殿。西侧远景 ·· 1460
图6-310巴甫洛夫斯克 宫殿。西北侧远景 ··· 1460
图6-311巴甫洛夫斯克 宫殿。主楼，西北侧景色 ··· 1461
图6-312巴甫洛夫斯克 宫殿。主楼，西北侧全景 ··· 1462
图6-313巴甫洛夫斯克 宫殿。主楼，西立面全景 ··· 1462
图6-314巴甫洛夫斯克 宫殿。保罗一世雕像，全景 ·· 1463
图6-315巴甫洛夫斯克 宫殿。保罗一世雕像，近景 ·· 1463
图6-316巴甫洛夫斯克 宫殿。埃及前厅，内景 ·· 1464
图6-317巴甫洛夫斯克 宫殿。埃及前厅，内景仰视（天顶浮雕作者Carlo Scotti） ··· 1464
图6-318巴甫洛夫斯克 宫殿。埃及前厅，楼梯口近景 ··· 1464
图6-319巴甫洛夫斯克 宫殿。埃及前厅，雕刻细部 ·· 1464
图6-320基里尔·格里戈里耶维奇·拉祖莫夫斯基伯爵（1728~1803年）画像（原作Louis Tocqué，1758年） ··· 1465
图6-321巴图林 拉祖莫夫斯基宫。立面（据V.Taleporovskii） ·· 1465
图6-322巴图林 拉祖莫夫斯基宫。地段全景 ·· 1465

图6-323 巴图林 拉祖莫夫斯基宫。现状外景 ····· 1466
图6-324 巴图林 拉祖莫夫斯基宫。正面全景 ····· 1466
图6-325 巴图林 拉祖莫夫斯基宫。背面景色 ····· 1467
图6-326 巴图林 拉祖莫夫斯基宫。内景 ····· 1467
图6-327 温琴佐·布伦纳（1747~1820年）画像（1790年代） ····· 1467
图6-328 巴甫洛夫斯克 宫殿。大前厅（上前厅），室内拱券及天棚细部 ····· 1468
图6-329 巴甫洛夫斯克 宫殿。意大利大厅，内景 ····· 1468
图6-330 巴甫洛夫斯克 宫殿。意大利大厅，龛室细部 ····· 1468
图6-331 巴甫洛夫斯克 宫殿。意大利大厅，檐口及穹顶仰视 ····· 1469
图6-332 巴甫洛夫斯克 宫殿。希腊厅（1789年），内景 ····· 1469
图6-333 巴甫洛夫斯克 宫殿。战争厅与和平厅，仰视内景 ····· 1470
图6-334 巴甫洛夫斯克 宫殿。保罗一世图书室，内景 ····· 1470
图6-335 巴甫洛夫斯克 宫殿。玛丽亚·费奥多罗芙娜图书室，内景 ····· 1470~1471
图6-336 巴甫洛夫斯克 宫殿。绣帷书房，内景 ····· 1470
图6-337 巴甫洛夫斯克 宫殿。玛丽亚·费奥多罗芙娜主卧室，装修细部 ····· 1471
图6-338 巴甫洛夫斯克 宫殿。画廊，内景（油画，作者Leonid Borisovich Yanush） ····· 1472
图6-339 巴甫洛夫斯克 宫殿。大御座厅（宴会厅），内景（Vincenzo Brenna设计，天顶画设计人Pietro Gonzago）
····· 1472
图6-340 巴甫洛夫斯克 宫殿。宫廷教堂，内景 ····· 1472
图6-341 巴甫洛夫斯克 宫殿。宫廷教堂，天顶画 ····· 1472
图6-342 彼得堡 米哈伊洛夫城堡（宫殿，1797~1800年）。平面（据Carlo Rossi） ····· 1472
图6-343 彼得堡 米哈伊洛夫城堡（宫殿）。19世纪初景色[彩画，1800年，作者Ф.Алексеев（1753~1824年）]
····· 1473
图6-344 彼得堡 米哈伊洛夫城堡（宫殿）。19世纪初景色（彩画，1801年，作者G.Quarenghi） ····· 1473
图6-345 彼得堡 米哈伊洛夫城堡（宫殿）。19世纪景色（彩画，作者joseph-Maria Charlemagne-Baudet）····· 1473
图6-346 彼得堡 米哈伊洛夫城堡（宫殿）。20世纪初景色（彩画，Alexandre Benois绘） ····· 1473
图6-347 彼得堡 米哈伊洛夫城堡（宫殿）。东北侧俯视全景 ····· 1473
图6-348 彼得堡 米哈伊洛夫城堡（宫殿）。北侧远景 ····· 1474
图6-349 彼得堡 米哈伊洛夫城堡（宫殿）。西北侧全景 ····· 1474
图6-350 彼得堡 米哈伊洛夫城堡（宫殿）。西立面景观 ····· 1474
图6-351 彼得堡 米哈伊洛夫城堡（宫殿）。西南侧全景 ····· 1475
图6-352 彼得堡 米哈伊洛夫城堡（宫殿）。南立面全景 ····· 1476
图6-353 彼得堡 米哈伊洛夫城堡（宫殿）。东南侧景色 ····· 1476
图6-354 彼得堡 米哈伊洛夫城堡（宫殿）。南立面，主入口全景 ····· 1477
图6-355 彼得堡 米哈伊洛夫城堡（宫殿）。南立面，主入口，西南侧景观 ····· 1477
图6-356 彼得堡 米哈伊洛夫城堡（宫殿）。南立面，主入口，东南侧景观 ····· 1478
图6-357 彼得堡 米哈伊洛夫城堡（宫殿）。南立面，主入口近景 ····· 1479
图6-358 彼得堡 米哈伊洛夫城堡（宫殿）。西立面，教堂近景 ····· 1478
图6-359 彼得堡 米哈伊洛夫城堡（宫殿）。内院，南侧（入口面）景色 ····· 1480
图6-360 彼得堡 米哈伊洛夫城堡（宫殿）。内院，北望全景 ····· 1480
图6-361 彼得堡 米哈伊洛夫城堡（宫殿）。内院，东侧景色 ····· 1480

图6-362彼得堡 米哈伊洛夫城堡（宫殿）。内院，西侧现状 ……1481

图6-363彼得堡 米哈伊洛夫城堡（宫殿）。宫堡入口及彼得大帝雕像，西南侧景色 ……1481

图6-364彼得堡 米哈伊洛夫城堡（宫殿）。宫堡入口及彼得大帝雕像，南侧景色 ……1482

图6-365彼得堡 米哈伊洛夫城堡（宫殿）。彼得大帝雕像，东侧景观 ……1482

图6-366彼得堡 米哈伊洛夫城堡（宫殿）。卫队楼（1798~1800年），平面（取自William Craft Brumfield：《A History of Russian Architecture》，Cambridge University Press，1997年） ……1482

图6-367彼得堡 米哈伊洛夫城堡（宫殿）。卫队楼，地段形势 ……1482

图6-368彼得堡 米哈伊洛夫城堡（宫殿）。卫队楼，全景 ……1483

图6-369彼得堡 米哈伊洛夫城堡（宫殿）。大楼梯，内景 ……1483

图6-370彼得堡 米哈伊洛夫城堡（宫殿）。宫廷教堂（大天使圣米迦勒教堂），内景 ……1484

图6-371彼得堡 米哈伊洛夫城堡（宫殿）。拉斐尔廊厅，天顶画（《密涅瓦神殿》，局部，1800年，作者И.Я.Меттенлейтер） ……1484

图6-372贾科莫·夸伦吉（1744~1817年）画像[漫画像作者Alexander Orlovsky（1777~1832年）] ……1484

图6-373彼得霍夫 英国宫（1780~1794年，毁于二战）。外景（老照片） ……1485

图6-374彼得霍夫 英国宫。遗址现状 ……1485

图6-375凯德尔斯顿 府邸。北立面（1759年，詹姆斯·佩因设计） ……1485

图6-376彼得堡 弗拉基米尔圣母圣像大教堂（1761~1769年，钟楼1783年）。外景 ……1486

图6-377彼得堡 瓦西里岛。科学院（1783~1789年），东南侧远景 ……1486

图6-378彼得堡 瓦西里岛。科学院，主立面（临河立面），全景 ……1486

图6-379彼得堡 瓦西里岛。科学院，西南侧景观 ……1487

图6-380彼得堡 瓦西里岛。科学院，中央柱廊，西南侧近景 ……1488

图6-381彼得堡 瓦西里岛。科学院，西侧景观 ……1488

图6-382彼得堡 国家银行（1783~1789年）。平面及立面（取自William Craft Brumfield：《A History of Russian Architecture》，Cambridge University Press，1997年） ……1488

图6-383彼得堡 国家银行。19世纪初景色（彩画，1807年，作者B.Patersen） ……1489

图6-384彼得堡 国家银行。西北侧，俯视全景 ……1489

图6-385彼得堡 国家银行。西北侧景色 ……1489

图6-386彼得堡 国家银行。主楼，东南侧景色 ……1489

图6-387彼得堡 埃尔米塔日剧场（1783~1787年）。观众厅剖面（设计图，1783年，作者贾科莫·夸伦吉） ……1490

图6-388彼得堡 埃尔米塔日剧场。19世纪上半叶景色（彩画，1824年，作者Karl Beggrov） ……1490

图6-389彼得堡 埃尔米塔日剧场。滨河立面 ……1490

图6-390彼得堡 埃尔米塔日剧场。西侧景观 ……1491

图6-391彼得堡 埃尔米塔日剧场。观众厅，内景 ……1491

图6-392彼得堡 冬运河廊桥 ……1491

图6-393彼得堡 新埃尔米塔日。拉斐尔廊厅（1780年代），内景 ……1491

图6-394彼得堡 新埃尔米塔日。拉斐尔廊厅，拱顶仰视 ……1492

图6-395彼得堡 新埃尔米塔日。拉斐尔廊厅，壁画细部 ……1492

图6-396彼得堡 新埃尔米塔日。拉斐尔廊厅，拱顶画细部 ……1493

图6-397彼得堡 冬宫。前厅，内景（彩图，作者Константин Андреевич Ухтомский，1861年） ……1494

图6-398彼得堡 冬宫。大廊厅（尼古拉厅），内景（彩图，作者Константин Андреевич Ухтомский，1866年） ……1494

图6-399彼得堡 冬宫。音乐厅，内景（彩图，作者Константин Андреевич Ухтомский，1860年代） ……… 1495
图6-400彼得堡 斯莫尔尼学院（1806~1808年）。街立面及外墙平面（设计图，作者贾科莫·夸伦吉，约1806年）
…… 1495
图6-401彼得堡 斯莫尔尼学院。外景 ……………………………………………………………………………… 1496
图6-402彼得堡 斯莫尔尼学院。立面现状 ………………………………………………………………………… 1496
图6-403彼得堡 斯莫尔尼学院。栏墙入口近景 …………………………………………………………………… 1497
图6-404彼得堡 斯莫尔尼学院。立面全景 ………………………………………………………………………… 1497
图6-405彼得堡 马林斯卡娅医院（利泰内医院）。现状外景 …………………………………………………… 1498
图6-406彼得堡 马林斯卡娅医院（利泰内医院）。入口柱廊 …………………………………………………… 1498
图6-407彼得堡 马林斯卡娅医院（利泰内医院）。山墙细部 …………………………………………………… 1499
图6-408彼得堡 骑兵卫队驯马厅（1804~1807年）。立面设计（作者贾科莫·夸伦吉） …………………… 1499
图6-409彼得堡 骑兵卫队驯马厅。俯视全景 ……………………………………………………………………… 1500
图6-410彼得堡 骑兵卫队驯马厅。东北侧全景 …………………………………………………………………… 1500
图6-411彼得堡 骑兵卫队驯马厅。入口柱廊，自北面望去的景色 ……………………………………………… 1501
图6-412彼得堡 骑兵卫队驯马厅。南侧景观 ……………………………………………………………………… 1501
图6-413彼得堡 骑兵卫队驯马厅。大门两侧雕刻 ………………………………………………………………… 1502
图6-414彼得堡 骑兵卫队驯马厅。内景（版画，19世纪末） …………………………………………………… 1502
图6-415利亚利奇（切尔尼希夫省）扎沃茨基庄园府邸（1780年代）。平面及立面（取自William Craft Brumfield:
《A History of Russian Architecture》，Cambridge University Press，1997年） ………………………………… 1503
图6-416彼得堡 别兹博罗德科郊区别墅（1773~1777年，1783~1784年扩建）。平面及立面（取自William Craft
Brumfield:《A History of Russian Architecture》，Cambridge University Press，1997年） …………………… 1503
图6-417彼得堡 别兹博罗德科郊区别墅。现状外景 ……………………………………………………………… 1503
图6-418彼得堡 别兹博罗德科郊区别墅。主楼立面 ……………………………………………………………… 1503
图6-419彼得堡 别兹博罗德科郊区别墅。门廊及山墙近景 ……………………………………………………… 1503
图6-420彼得堡 石岛。宫殿（1776~1785年），19世纪初景色（油画，1803年，作者Semyon Shchedrin） … 1504
图6-421彼得堡 石岛。宫殿，19世纪中叶景色（彩画，1847年，Василий Семёнович Садовников绘） …… 1504
图6-422彼得堡 石岛。宫殿，南立面现状 ………………………………………………………………………… 1504
图6-423彼得堡 尤苏波夫宫（丰坦卡河边，1790年代）。平面及立面（取自William Craft Brumfield:《A History of
Russian Architecture》，Cambridge University Press，1997年） ………………………………………………… 1505
图6-424彼得堡 尤苏波夫宫（丰坦卡河边）。大院，南立面全景 ……………………………………………… 1505
图6-425彼得堡 尤苏波夫宫（丰坦卡河边）。主立面，东南侧全景 …………………………………………… 1505
图6-426彼得堡 尤苏波夫宫（丰坦卡河边）。主立面，近景 …………………………………………………… 1505
图6-427彼得堡 尤苏波夫宫（丰坦卡河边）。花园面，远景 …………………………………………………… 1506
图6-428彼得堡 尤苏波夫宫（丰坦卡河边）。花园面，西北侧近景 …………………………………………… 1506
图6-429彼得堡 沃龙佐夫宫。天主教马耳他礼拜堂（1798~1800年），立面及剖面（作者贾科莫·夸伦吉） ……
…… 1506
图6-430彼得堡 沃龙佐夫宫。天主教马耳他礼拜堂，立面及山墙细部 ………………………………………… 1507
图6-431彼得堡 沃龙佐夫宫。天主教马耳他礼拜堂，内景 ……………………………………………………… 1507
图6-432皇村 叶卡捷琳娜公园。音乐堂（1782~1786年），西北侧（柱廊面）景色 ……………………… 1506~1507
图6-433皇村 叶卡捷琳娜公园。音乐堂，东南侧（圆堂面）现状 ……………………………………………… 1508
图6-434皇村 叶卡捷琳娜公园。音乐堂，内景 …………………………………………………………………… 1508

图6-435皇村 叶卡捷琳娜公园。音乐堂，天棚仰视 ············1508
图6-436皇村 叶卡捷琳娜公园。音乐堂，地面，罗马马赛克装饰（《欧罗巴的梦魇》）及花边细部········1508
图6-437皇村 亚历山大宫（1792~1796年）。平面及北立面（图版） ············1509
图6-438皇村 亚历山大宫。平面及立面（取自Академия Строительства и Архитестуры СССР：《Всеобщая История Архитестуры》，II，Москва，1963年） ············1509
图6-439皇村 亚历山大宫。立面及剖面（图版，作者贾科莫·夸伦吉，原稿现存埃尔米塔日国家博物馆） ············1509
图6-440皇村 亚历山大宫。19世纪中叶景色[彩画，1847年，作者Алексей Максимович Горностаев（1808~1862年），属《圣彼得堡和莫斯科风景》（Views of St Petersburg and Moscow）系列作品] ············1510
图6-441皇村 亚历山大宫。20世纪30年代景色[老照片，Branson De Cou（1892~1941年）摄于1931年] ············1510
图6-442皇村 亚历山大宫。东侧俯视全景 ············1511
图6-443皇村 亚历山大宫。东北侧，主立面全景 ············1511
图6-444皇村 亚历山大宫。中央柱廊及北翼，自东南方向望去的景色 ············1511
图6-445皇村 亚历山大宫。中央柱廊，全景 ············1512
图6-446皇村 亚历山大宫。柱廊近景 ············1512~1513
图6-447皇村 亚历山大宫。柱头细部 ············1512
图6-448皇村 亚历山大宫。入口近景 ············1514~1515
图6-449皇村 亚历山大宫。柱廊入口雕像及细部 ············1513
图6-450皇村 亚历山大宫。半圆厅（圆堂），内景及装饰细部 ············1514
图6-451皇村 亚历山大宫。尼古拉二世书房，内景 ············1515
图6-452皇村 亚历山大宫。皇后亚历山德拉·费奥多罗芙娜客厅，内景 ············1515
图6-453皇村 亚历山大宫。肖像厅，内景 ············1515
图6-454库伯瓦 圣彼得和圣保罗教堂（1789年，路易·勒马松设计）。外景 ············1515

· 下册 ·

第七章 18世纪莫斯科及行省的新古典主义建筑

图7-1莫斯科 库斯科沃庄园。西南侧俯视全景 ············1519
图7-2莫斯科 库斯科沃庄园。西南侧全景 ············1519
图7-3莫斯科 库斯科沃庄园。西南区，自东南方向望去的景色 ············1520
图7-4彼得·鲍里索维奇·舍列梅捷夫（1713~1788年）画像[1760年，作者Иван Петрович Аргунов（1729~1802年）] ············1520
图7-5莫斯科 库斯科沃庄园。曼德利翁救世主圣像教堂（仁慈救世主教堂，1737~1738年），南侧远景 ···1520
图7-6莫斯科 库斯科沃庄园。曼德利翁救世主圣像教堂及钟楼，南侧全景 ············1521
图7-7莫斯科 库斯科沃庄园。曼德利翁救世主圣像教堂及钟楼，西侧景色 ············1521
图7-8莫斯科 库斯科沃庄园。曼德利翁救世主圣像教堂及钟楼，东北侧景观 ············1522
图7-9莫斯科 库斯科沃庄园。曼德利翁救世主圣像教堂，南门廊圣像画 ············1522
图7-10莫斯科 库斯科沃庄园。曼德利翁救世主圣像教堂，山墙及穹顶，近景 ············1522
图7-11莫斯科 库斯科沃庄园。曼德利翁救世主圣像教堂，顶饰细部 ············1523
图7-12莫斯科 库斯科沃庄园。荷兰府邸（1749年），西南侧全景 ············1523

图7-13 莫斯科 库斯科沃庄园。荷兰府邸，东南侧景色 …… 1523
图7-14 莫斯科 库斯科沃庄园。荷兰府邸，立面细部 …… 1524
图7-15 莫斯科 库斯科沃庄园。荷兰府邸，内景 …… 1524
图7-16 莫斯科 库斯科沃庄园。意大利宅邸（1754~1755年），南侧远景 …… 1524
图7-17 莫斯科 库斯科沃庄园。意大利宅邸，西侧远景 …… 1525
图7-18 莫斯科 库斯科沃庄园。意大利宅邸，西南侧全景 …… 1525
图7-19 莫斯科 库斯科沃庄园。意大利宅邸，东南侧景色 …… 1526
图7-20 莫斯科 库斯科沃庄园。洞窟阁（1755~1761年），地段形势，自东面池塘处望去的景观 …… 1526
图7-21 莫斯科 库斯科沃庄园。洞窟阁，西侧远景 …… 1527
图7-22 莫斯科 库斯科沃庄园。洞窟阁，东侧全景 …… 1527
图7-23 莫斯科 库斯科沃庄园。洞窟阁，东南侧，自栏墙外望去的景色 …… 1527
图7-24 莫斯科 库斯科沃庄园。洞窟阁，东南侧全景 …… 1528
图7-25 莫斯科 库斯科沃庄园。洞窟阁，西南侧现状 …… 1528
图7-26 莫斯科 库斯科沃庄园。洞窟阁，入口近景 …… 1529
图7-27 莫斯科 库斯科沃庄园。洞窟阁，内景 …… 1529
图7-28 莫斯科 库斯科沃庄园。埃尔米塔日（1765~1767年），西侧远景 …… 1530
图7-29 莫斯科 库斯科沃庄园。埃尔米塔日，西南角楼远观 …… 1530
图7-30 莫斯科 库斯科沃庄园。埃尔米塔日，东立面全景 …… 1530
图7-31 莫斯科 库斯科沃庄园。埃尔米塔日，东北角楼近景 …… 1531
图7-32 莫斯科 库斯科沃庄园。庄园府邸（夏季宫邸，1769~1775年），平面（取自Tikhomirov：《Arkhitektura Moskovskikh Usadeb》） …… 1531
图7-33 莫斯科 库斯科沃庄园。庄园府邸，西南侧远景 …… 1531
图7-34 莫斯科 库斯科沃庄园。庄园府邸，西侧外景 …… 1532
图7-35 莫斯科 库斯科沃庄园。庄园府邸，西南侧全景 …… 1532
图7-36 莫斯科 库斯科沃庄园。庄园府邸，东南侧景色 …… 1533
图7-37 莫斯科 库斯科沃庄园。庄园府邸，花园立面，远景 …… 1533
图7-38 莫斯科 库斯科沃庄园。庄园府邸，花园立面，自西北方向望去的情景 …… 1533
图7-39 莫斯科 库斯科沃庄园。庄园府邸，主入口，东南侧近景 …… 1533
图7-40 莫斯科 库斯科沃庄园。庄园府邸，门廊，立面全景 …… 1533
图7-41 莫斯科 库斯科沃庄园。庄园府邸，主立面山墙细部 …… 1534
图7-42 莫斯科 库斯科沃庄园。庄园府邸，主立面，西端近景 …… 1534
图7-43 莫斯科 库斯科沃庄园。庄园府邸，"挂毯厅"，内景 …… 1535
图7-44 莫斯科 库斯科沃庄园。庄园府邸，台球室，内景及天棚仰视 …… 1535
图7-45 莫斯科 库斯科沃庄园。庄园府邸，餐厅，内景（老照片） …… 1535
图7-46 莫斯科 库斯科沃庄园。庄园府邸，餐厅，现状 …… 1535
图7-47 莫斯科 库斯科沃庄园。庄园府邸，舞厅（镜厅、白厅），内景 …… 1536
图7-48 莫斯科 库斯科沃庄园。庄园府邸，舞厅，装饰细部 …… 1536
图7-49 莫斯科 库斯科沃庄园。温室花房（1761~1763年），南立面，全景 …… 1536
图7-50 莫斯科 库斯科沃庄园。温室花房，东南侧景色 …… 1537
图7-51 莫斯科 库斯科沃庄园。温室花房，南立面，中央楼阁近景 …… 1537
图7-52 莫斯科 库斯科沃庄园。温室花房，东北侧，背立面景色 …… 1538

图7-53莫斯科 库斯科沃庄园。花园，自东南侧向北望去的景色 ……… 1538
图7-54莫斯科 库斯科沃庄园。花园，自中轴线北望全景 ……… 1539
图7-55莫斯科 库斯科沃庄园。瑞士楼，现状 ……… 1539
图7-56莫斯科 库斯科沃庄园。厨房，东南侧景色 ……… 1540
图7-57莫斯科 库斯科沃庄园。管理室，现状 ……… 1540
图7-58尼古拉·彼得罗维奇（1751~1809年）画像 ……… 1540
图7-59莫斯科 奥斯坦基诺。宫殿（1792~1800年），平面（首层及二层，据I.Golosov） ……… 1541
图7-60莫斯科 奥斯坦基诺。宫殿，北立面（花园面） ……… 1541
图7-61莫斯科 奥斯坦基诺。宫殿，南立面全景 ……… 1541
图7-62莫斯科 奥斯坦基诺。宫殿，西南侧景观 ……… 1542
图7-63莫斯科 奥斯坦基诺。宫殿，东南侧全景 ……… 1542
图7-64莫斯科 奥斯坦基诺。宫殿，东南侧近景 ……… 1543
图7-65莫斯科 奥斯坦基诺。宫殿，北立面，柱廊近景 ……… 1544
图7-66莫斯科 奥斯坦基诺。宫殿，舞厅剧场，内景 ……… 1544
图7-67莫斯科 奥斯坦基诺。宫殿，大厅，内景 ……… 1544
图7-68莫斯科 奥斯坦基诺。宫殿，通向意大利阁的廊厅 ……… 1544~1545
图7-69莫斯科 奥斯坦基诺。宫殿，西厢房（位于一层），内景 ……… 1545
图7-70阿尔汉格尔斯克 庄园宫邸（1780~1831年）。平面（取自Tikhomirov：《Arkhitektura Moskovskikh Usa-deb》） ……… 1545
图7-71阿尔汉格尔斯克 庄园宫邸。北面院落，入口门廊近景 ……… 1546
图7-72阿尔汉格尔斯克 庄园宫邸。院落，入口门廊内侧 ……… 1546
图7-73阿尔汉格尔斯克 庄园宫邸。院落，内景 ……… 1546
图7-74阿尔汉格尔斯克 庄园宫邸。主体建筑，朝院落的北立面 ……… 1547
图7-75阿尔汉格尔斯克 庄园宫邸。北立面，柱廊细部 ……… 1547
图7-76阿尔汉格尔斯克 庄园宫邸。花园面（南立面），远景 ……… 1547
图7-77阿尔汉格尔斯克 庄园宫邸。花园面，全景 ……… 1548
图7-78阿尔汉格尔斯克 庄园宫邸。花园面，台地近景 ……… 1548
图7-79阿尔汉格尔斯克 庄园宫邸。花园面，台地雕刻（18世纪） ……… 1549
图7-80阿尔汉格尔斯克 庄园宫邸。花园面，近景 ……… 1549
图7-81阿尔汉格尔斯克 庄园宫邸。东面景色 ……… 1550
图7-82阿尔汉格尔斯克 庄园宫邸。室内，埃及风格的装修细部 ……… 1550
图7-83阿尔汉格尔斯克 庄园宫邸。椭圆厅，剖面（取自Академия Стройтельства и Архитестуры СССР：《Все-общая История Архитектуры》，II，Москва，1963年） ……… 1550
图7-84阿尔汉格尔斯克 庄园宫邸。椭圆厅，内景 ……… 1551
图7-85阿尔汉格尔斯克 小宫。现状 ……… 1551
图7-86阿尔汉格尔斯克 叶卡捷琳娜二世纪念碑亭。外景 ……… 1551
图7-87阿尔汉格尔斯克 亚历山大三世纪念柱。现状 ……… 1552
图7-88阿尔汉格尔斯克 尼古拉一世纪念柱。立面景色 ……… 1553
图7-89阿尔汉格尔斯克 方尖碑。现状 ……… 1553
图7-90阿尔汉格尔斯克 茶室（原图书馆楼）。现状 ……… 1553
图7-91阿尔汉格尔斯克 圣门（1823~1824年）。现状 ……… 1554

图7-92 阿尔汉格尔斯克 尤苏波夫家族陵园（1911~1916年）。立面全景 ·········· 1554
图7-93 阿尔汉格尔斯克 尤苏波夫家族陵园。现状近景 ·········· 1555
图7-94 阿尔汉格尔斯克 尤苏波夫家族陵园。穹顶及山墙细部 ·········· 1555
图7-95 阿尔汉格尔斯克 尤苏波夫家族陵园。陵寝，内景 ·········· 1556
图7-96 彼得罗夫斯克-阿拉比诺 杰米多夫宫邸（1776~1785年，已毁）。总平面（据D.P.Sukhova，经改绘） ·········· 1557
图7-97 彼得罗夫斯克-阿拉比诺 杰米多夫宫邸。主体建筑，平面及剖面（平面取自Tikhomirov：《Arkhitektura Moskovskikh Usadeb》；剖面据D.P.Sukhova） ·········· 1556
图7-98 彼得罗夫斯克-阿拉比诺 杰米多夫宫邸。20世纪上半叶状态（老照片，约1930年） ·········· 1557
图7-99 彼得罗夫斯克-阿拉比诺 杰米多夫宫邸。残迹初始状态 ·········· 1557
图7-100 彼得罗夫斯克-阿拉比诺 杰米多夫宫邸。西北面现状 ·········· 1558
图7-101 彼得罗夫斯克-阿拉比诺 杰米多夫宫邸。西南面景色 ·········· 1558
图7-102 彼得罗夫斯克-阿拉比诺 杰米多夫宫邸。残墙近景 ·········· 1558~1559
图7-103 彼得罗夫斯克-阿拉比诺 杰米多夫宫邸。柱廊近景 ·········· 1559
图7-104 彼得罗夫斯克-阿拉比诺 杰米多夫宫邸。柱头及檐口细部 ·········· 1559
图7-105 彼得罗夫斯克-阿拉比诺 杰米多夫宫邸。残柱仰视 ·········· 1560
图7-106 彼得罗夫斯克-阿拉比诺 杰米多夫宫邸。入口方尖碑，现状 ·········· 1560~1561
图7-107 彼得罗夫斯克-阿拉比诺 杰米多夫宫邸。残迹内景 ·········· 1560~1561
图7-108 莫斯科 布拉特舍沃。斯特罗加诺夫别墅（庄园府邸，18世纪后期），平面（据G.Oranskaia） ·········· 1562
图7-109 莫斯科 布拉特舍沃。斯特罗加诺夫别墅，东侧全景 ·········· 1562
图7-110 莫斯科 布拉特舍沃。斯特罗加诺夫别墅，东南侧景观 ·········· 1563
图7-111 莫斯科 布拉特舍沃。斯特罗加诺夫别墅，西侧远景 ·········· 1563
图7-112 莫斯科 布拉特舍沃。斯特罗加诺夫别墅，西北侧全景 ·········· 1563
图7-113 莫斯科 布拉特舍沃。斯特罗加诺夫别墅，西南侧近景 ·········· 1564
图7-114 莫斯科 布拉特舍沃。斯特罗加诺夫别墅，南侧现状 ·········· 1564
图7-115 莫斯科 利乌布利诺。杜拉索夫庄园府邸（1801年），平面（据O.Sotnikova） ·········· 1565
图7-116 莫斯科 利乌布利诺。杜拉索夫庄园府邸，20世纪初景色（约1900年明信片上的版画，作者Afanasyev） ·········· 1564~1565
图7-117 莫斯科 利乌布利诺。杜拉索夫庄园府邸，东侧远景 ·········· 1564~1565
图7-118 莫斯科 利乌布利诺。杜拉索夫庄园府邸，东南侧全景 ·········· 1564~1565
图7-119 莫斯科 利乌布利诺。杜拉索夫庄园府邸，南侧全景 ·········· 1566
图7-120 莫斯科 利乌布利诺。杜拉索夫庄园府邸，西北侧雪景 ·········· 1566
图7-121 莫斯科 利乌布利诺。杜拉索夫庄园府邸，东侧，柱廊近景 ·········· 1566
图7-122 莫斯科 利乌布利诺。杜拉索夫庄园府邸，南侧，柱廊及穹顶近景 ·········· 1567
图7-123 莫斯科 利乌布利诺。杜拉索夫庄园府邸，窗饰细部 ·········· 1567
图7-124 圣安娜勋章式样 ·········· 1567
图7-125 瓦卢埃沃 庄园府邸（1810~1811年）。平面（取自Tikhomirov：《Arkhitektura Moskovskikh Usadeb》） ·········· 1567
图7-126 瓦卢埃沃 庄园府邸。院落入口，现状 ·········· 1567
图7-127 瓦卢埃沃 庄园府邸。主立面（东北侧），全景 ·········· 1568
图7-128 瓦卢埃沃 庄园府邸。主楼，立面近景 ·········· 1568

图7-129瓦卢埃沃 庄园府邸。主楼，东南侧现状 ········· 1568
图7-130瓦卢埃沃 庄园府邸。主楼，东北侧景色 ········· 1568
图7-131尼古拉·利沃夫（1751~1803年）画像[1789年，作者Дмитро Григорович Левицький（1735~1822年）] ········· 1569
图7-132尼古拉·利沃夫纪念碑（位于托尔若克） ········· 1569
图7-133彼得堡 彼得-保罗城堡。涅瓦门（1786~1787年），城门及伸向涅瓦河的码头[18世纪末景色，油画，1797年前，作者Benjamin Patersen（1750~1815年）] ········· 1569
图7-134彼得堡 彼得-保罗城堡。涅瓦门，西南侧地段俯视景色 ········· 1570
图7-135彼得堡 彼得-保罗城堡。涅瓦门，南侧景观 ········· 1570
图7-136彼得堡 彼得-保罗城堡。涅瓦门，西南侧近景 ········· 1571
图7-137彼得堡 彼得-保罗城堡。涅瓦门，北侧景色 ········· 1571
图7-138彼得堡 邮政局（1782~1789年）。现状，自东面望去的景色 ········· 1571
图7-139彼得堡 邮政局。东南侧柱廊，近景 ········· 1572
图7-140彼得堡 邮政局。东北面景色 ········· 1572
图7-141彼得堡 邮政局。主营业厅，现状 ········· 1573
图7-142彼得堡 邮政局。屋顶天窗仰视 ········· 1573
图7-143莫吉廖夫 圣约瑟夫大教堂（1781~1798年）。平面及立面设计（作者尼古拉·利沃夫，1780年代） ········· 1573
图7-144莫吉廖夫 圣约瑟夫大教堂。立面及剖面设计（作者尼古拉·利沃夫，约1780年） ········· 1573
图7-145莫吉廖夫 圣约瑟夫大教堂。20世纪初景色（老照片） ········· 1573
图7-146莫吉廖夫 圣约瑟夫大教堂。西北侧，现状 ········· 1574
图7-147莫吉廖夫 圣约瑟夫大教堂。西立面 ········· 1574
图7-148莫吉廖夫 圣约瑟夫大教堂。西南侧全景 ········· 1574
图7-149莫吉廖夫 圣约瑟夫大教堂。南侧景色 ········· 1574
图7-150莫吉廖夫 圣约瑟夫大教堂。西面近景 ········· 1574
图7-151莫吉廖夫 圣约瑟夫大教堂。柱子近景 ········· 1574
图7-152莫吉廖夫 圣约瑟夫大教堂。柱廊仰视 ········· 1574
图7-153莫吉廖夫 圣约瑟夫大教堂。入口近景 ········· 1575
图7-154莫吉廖夫 圣约瑟夫大教堂。中央空间，内景 ········· 1575
图7-155莫吉廖夫 圣约瑟夫大教堂。室内，柱列现状 ········· 1575
图7-156莫吉廖夫 圣约瑟夫大教堂。室内，柱式细部 ········· 1576
图7-157莫吉廖夫 圣约瑟夫大教堂。穹顶基部，内景 ········· 1576
图7-158莫吉廖夫 圣约瑟夫大教堂。穹顶，仰视内景 ········· 1576
图7-159莫吉廖夫 圣约瑟夫大教堂。半圆室，俯视景色 ········· 1576
图7-160莫吉廖夫 圣约瑟夫大教堂。室内，壁画遗存 ········· 1576
图7-161托尔若克 圣鲍里斯和格列布修道院。北侧全景 ········· 1576~1577
图7-162托尔若克 圣鲍里斯和格列布修道院。东北侧全景 ········· 1578
图7-163托尔若克 圣鲍里斯和格列布修道院。烛塔，西北侧景观 ········· 1578
图7-164托尔若克 圣鲍里斯和格列布修道院。烛塔和钟塔，东南侧近景 ········· 1578
图7-165托尔若克 圣鲍里斯和格列布修道院。钟塔和奇迹救世主教堂，东侧景色 ········· 1579
图7-166托尔若克 圣鲍里斯和格列布修道院。钟塔和奇迹救世主教堂，南侧现状 ········· 1579

图7-167 托尔若克 圣鲍里斯和格列布修道院。圣鲍里斯和格列布大教堂（1785~1796年），平面、西立面及剖面（据N.Lvov） ……1579

图7-168 托尔若克 圣鲍里斯和格列布修道院。圣鲍里斯和格列布大教堂，西北侧俯视全景 ……1580

图7-169 托尔若克 圣鲍里斯和格列布修道院。圣鲍里斯和格列布大教堂，西北侧地段形势 ……1581

图7-170 托尔若克 圣鲍里斯和格列布修道院。圣鲍里斯和格列布大教堂，南侧全景 ……1581

图7-171 托尔若克 圣鲍里斯和格列布修道院。圣鲍里斯和格列布大教堂，西柱廊，近景 ……1582

图7-172 托尔若克 兹纳缅斯克-拉耶克庄园（1787~1790年代）。地段俯视全景 ……1583

图7-173 托尔若克 兹纳缅斯克-拉耶克庄园。荣誉院，主立面全景 ……1583

图7-174 托尔若克 兹纳缅斯克-拉耶克庄园。主楼全景 ……1583

图7-175 托尔若克 兹纳缅斯克-拉耶克庄园。主楼，正立面 ……1583

图7-176 托尔若克 兹纳缅斯克-拉耶克庄园。主楼，背立面 ……1584

图7-177 托尔若克 兹纳缅斯克-拉耶克庄园。面向院落的侧翼，柱廊及附属建筑 ……1584

图7-178 托尔若克 兹纳缅斯克-拉耶克庄园。柱廊及院落入口拱门 ……1584

图7-179 托尔若克 兹纳缅斯克-拉耶克庄园。大楼梯，内景 ……1584

图7-180 托尔若克 兹纳缅斯克-拉耶克庄园。圆堂，内景 ……1584

图7-181 托尔若克 兹纳缅斯克-拉耶克庄园。穹顶，仰视内景 ……1585

图7-182 圣彼得堡 亚历山德罗夫斯克。三一教堂（1785~1787年），南侧全景 ……1585

图7-183 圣彼得堡 亚历山德罗夫斯克。三一教堂，西侧景观 ……1585

图7-184 莫斯科 涅斯库希诺庄园。亚历山德里内宫，19世纪下半叶景况（老照片，1884年，取自Nikolay Naidenov系列图集） ……1586

图7-185 莫斯科 涅斯库希诺庄园。亚历山德里内宫，远景 ……1586

图7-186 莫斯科 涅斯库希诺庄园。亚历山德里内宫，立面现状 ……1586

图7-187 莫斯科 弃儿养育院（1764年）。地段总平面（设计人Карл Бланк） ……1587

图7-188 莫斯科 弃儿养育院。俯视图（1820年代） ……1588

图7-189 莫斯科 弃儿养育院。主楼，平面、立面及剖面（18世纪，作者Карл Бланк） ……1588

图7-190 莫斯科 弃儿养育院。19世纪上半叶景色[版画，作者Fedor Alekseev（1753~1824年）] ……1589

图7-191 莫斯科 弃儿养育院。19世纪下半叶景色（老照片，1883年，取自Nikolay Naidenov系列图集） ……1589

图7-192 莫斯科 弃儿养育院。东南侧现状 ……1589

图7-193 莫斯科 弃儿养育院。西南侧立面 ……1589

图7-194 伊万·伊万诺维奇·别茨科伊（1704~1795年）画像（作者Alexander Roslin，1777年） ……1589

图7-195 莫斯科 军需部大楼（1778~1780年代）。立面（取自William Craft Brumfield：《A History of Russian Architecture》，Cambridge University Press，1997年） ……1590

图7-196 莫斯科 军需部大楼。临街立面全景 ……1590

图7-197 莫斯科 军需部大楼。中央柱廊，夜景 ……1590

图7-198 莫斯科 军需部大楼。背立面，全景 ……1591

图7-199 瓦西里·伊万诺维奇·巴热诺夫（1737~1799年）和家庭成员在一起（画像，作者I.Nekrasov，1770~1780年代） ……1591

图7-200 瓦西里·伊万诺维奇·巴热诺夫：剧场装饰手稿（1764年） ……1590~1591

图7-201 兹纳缅卡村（坦波夫省）圣母圣像教堂（1768~1789年）。西南侧景观 ……1592

图7-202 叶卡捷琳娜二世（约1770年画像，作者F.Rokotov） ……1592

图7-203 莫斯科 克里姆林宫。大教堂广场，18世纪末景色（水彩画，1797年，作者Giacomo Quarenghi，现存埃

尔米塔日国家博物馆) ··· 1592

图7-204 莫斯科 克里姆林宫。大教堂广场，19世纪初景色（油画，作者Feodor Alex） ············· 1593

图7-205 莫斯科 克里姆林宫。大教堂广场，现状 ·· 1593

图7-206 莫斯科 克里姆林宫。新宫总平面设计（约1768~1772年，设计人瓦西里·巴热诺夫，线条图据Rzyanin）
··· 1594

图7-207 莫斯科 克里姆林宫。新宫总平面及朝向莫斯科河的立面（设计方案，建筑师瓦西里·巴热诺夫，取自
William Craft Brumfield：《A History of Russian Architecture》，Cambridge University Press，1997年）········· 1594

图7-208 莫斯科 克里姆林宫。新宫方案模型 ··· 1594

图7-209 莫斯科 察里津诺庄园。宫殿及园林建筑群，总平面（1775年） ···································· 1595

图7-210 莫斯科 察里津诺庄园。宫殿及园林建筑群，总平面（1816年） ···································· 1596

图7-211 莫斯科 察里津诺庄园。主要建筑群，总平面 ·· 1597

图7-212 莫斯科 察里津诺庄园。中心区卫星图 ··· 1597

图7-213 莫斯科 察里津诺庄园。19世纪上半叶景色（油画，1836年） ······································· 1597

图7-214 莫斯科 察里津诺庄园。中心区，现状俯视全景 ·· 1597

图7-215 莫斯科 察里津诺庄园。全景图及细部（设计方案，作者瓦西里·巴热诺夫，1776~1780年代；原稿现存
莫斯科Shchusev State Museum of Architecture） ··· 1598~1599

图7-216 莫斯科 察里津诺庄园。歌剧院（1776~1778年），东北侧全景 ····································· 1600

图7-217 莫斯科 察里津诺庄园。歌剧院，东南侧近景 ·· 1600

图7-218 莫斯科 察里津诺庄园。歌剧院，墙面及窗饰细部 ·· 1601

图7-219 莫斯科 察里津诺庄园。"图案"门（1776~1778年），平面及立面 ································ 1601

图7-220 莫斯科 察里津诺庄园。"图案"门，东北侧景色 ·· 1601

图7-221 莫斯科 察里津诺庄园。"图案"门，北立面全景 ·· 1602

图7-222 莫斯科 察里津诺庄园。"图案"门，东南侧景观 ·· 1602

图7-223 莫斯科 察里津诺庄园。"面包楼"（厨房和服务翼，1784年），西侧，现状全景 ·········· 1603

图7-224 莫斯科 察里津诺庄园。"面包楼"，西北立面，全景 ··· 1603

图7-225 莫斯科 察里津诺庄园。"面包楼"，南侧近景 ·· 1604

图7-226 莫斯科 察里津诺庄园。"面包楼"，墙面及窗饰细部 ··· 1604

图7-227 莫斯科 察里津诺庄园。"面包楼"，内院现状 ·· 1604

图7-228 莫斯科 察里津诺庄园。服务翼拱廊（1784年），南侧全景 ·· 1605

图7-229 莫斯科 察里津诺庄园。服务翼拱廊，西北侧景色 ·· 1605

图7-230 莫斯科 察里津诺庄园。服务翼拱廊，"面包门"，西北侧全景 ······································ 1606

图7-231 莫斯科 察里津诺庄园。服务翼拱廊，"面包门"，东南立面近景 ··································· 1606

图7-232 莫斯科 察里津诺庄园。服务翼拱廊，"面包门"，细部 ··· 1607

图7-233 莫斯科 察里津诺庄园。第二骑士楼（八角楼），西南侧全景 ······································· 1608

图7-234 莫斯科 察里津诺庄园。第二骑士楼，南侧景观 ··· 1608

图7-235 莫斯科 察里津诺庄园。第二骑士楼，东南侧景色 ··· 1608~1609

图7-236 莫斯科 察里津诺庄园。第二骑士楼，南侧近景 ··· 1609

图7-237 莫斯科 察里津诺庄园。第一骑士楼，现状外景 ··· 1608~1609

图7-238 莫斯科 察里津诺庄园。第三骑士楼，平面及立面 ·· 1610

图7-239 莫斯科 察里津诺庄园。第三骑士楼，西侧景观 ··· 1610

图7-240 莫斯科 察里津诺庄园。第三骑士楼，东南侧全景 ·· 1610

图7-241 莫斯科 察里津诺庄园。第三骑士楼,西北侧全景 ········· 1611
图7-242 莫斯科 察里津诺庄园。沟壑桥(大桥,1776~1785年),西南侧景色 ········· 1611
图7-243 莫斯科 察里津诺庄园。沟壑桥,东侧全景 ········· 1612
图7-244 莫斯科 察里津诺庄园。沟壑桥,东侧近观 ········· 1612
图7-245 莫斯科 察里津诺庄园。沟壑桥,西北侧近景 ········· 1613
图7-246 莫斯科 察里津诺庄园。"图案桥"(1776~1785年),西侧外景 ········· 1613
图7-247 莫斯科 察里津诺庄园。"图案桥",东侧全景 ········· 1613
图7-248 莫斯科 察里津诺庄园。"图案桥",西北侧近景 ········· 1613
图7-249 莫斯科 察里津诺庄园。小宫(半圆宫),东北侧现状 ········· 1614
图7-250 莫斯科 察里津诺庄园。小宫,西侧外景 ········· 1614
图7-251 莫斯科 察里津诺庄园。小宫,东立面细部 ········· 1614
图7-252 莫斯科 察里津诺庄园。悦目亭,20世纪初景象(老照片,1900年) ········· 1614
图7-253 莫斯科 察里津诺庄园。悦目亭,现状景观 ········· 1615
图7-254 莫斯科 察里津诺庄园。涅拉斯坦基诺亭,西南侧现状 ········· 1615
图7-255 莫斯科 察里津诺庄园。涅拉斯坦基诺亭,东北侧景色 ········· 1615
图7-256 莫斯科 察里津诺庄园。大宫,设计方案(两个,作者马特维·卡扎科夫) ········· 1615
图7-257 莫斯科 察里津诺庄园。大宫,屋顶设计方案(之一,局部,作者马特维·卡扎科夫) ········· 1616
图7-258 莫斯科 察里津诺庄园。大宫,平面(取自Matvei Kazakov:《Al'bom》) ········· 1616
图7-259 莫斯科 察里津诺庄园。大宫,19世纪下半叶景色(版画) ········· 1616
图7-260 莫斯科 察里津诺庄园。大宫,21世纪初实况(摄于2003年修复前) ········· 1616
图7-261 莫斯科 察里津诺庄园。大宫,现状,俯视全景 ········· 1616~1617
图7-262 莫斯科 察里津诺庄园。大宫,修复后立面全景 ········· 1616~1617
图7-263 莫斯科 察里津诺庄园。大宫,主立面,西北侧景色及广场残迹 ········· 1618
图7-264 莫斯科 察里津诺庄园。大宫,东翼,西北角塔楼近景 ········· 1618
图7-265 莫斯科 察里津诺庄园。残墟塔,19世纪中叶景色(版画,1848年) ········· 1618
图7-266 莫斯科 察里津诺庄园。残墟塔,现状 ········· 1619
图7-267 莫斯科 帕什科夫宫邸(1784~1788年)。总平面(取自Академия Стройтельства и Архитестуры СССР:《Всеобщая История Архитестуры》,II,Москва,1963年) ········· 1619
图7-268 莫斯科 帕什科夫宫邸。立面 ········· 1619
图7-269 莫斯科 帕什科夫宫邸。立面比例分析(据М.В.Федоров) ········· 1619
图7-270 莫斯科 帕什科夫宫邸。18世纪景色(水彩,作者J.Delabart) ········· 1620
图7-271 莫斯科 帕什科夫宫邸。19世纪末~20世纪初景观(老照片,1890~1905年) ········· 1620
图7-272 莫斯科 帕什科夫宫邸。东侧远景 ········· 1620
图7-273 莫斯科 帕什科夫宫邸。东侧全景 ········· 1621
图7-274 莫斯科 帕什科夫宫邸。正立面景观 ········· 1621
图7-275 莫斯科 帕什科夫宫邸。正立面,仰视近景 ········· 1622
图7-276 莫斯科 帕什科夫宫邸。东南侧全景 ········· 1622
图7-277 莫斯科 帕什科夫宫邸。西南侧,侧立面近景 ········· 1623
图7-278 莫斯科 帕什科夫宫邸。后院现状 ········· 1623
图7-279 贝科沃 弗拉基米尔圣母教堂(1789年)。西南侧现状 ········· 1624
图7-280 贝科沃 弗拉基米尔圣母教堂。西立面全景 ········· 1624

图7-281贝科沃 弗拉基米尔圣母教堂。入口台阶近景 ············ 1625
图7-282贝科沃 弗拉基米尔圣母教堂。北侧装饰细部 ············ 1625
图7-283莫斯科 显容教堂（抚悲圣母教堂，1780年代后期）。平面 ············ 1625
图7-284莫斯科 显容教堂（抚悲圣母教堂）。立面改建设计（1832年图版，作者奥西普·博韦） ············ 1626
图7-285莫斯科 显容教堂（抚悲圣母教堂）。圆堂剖面（1832年图版，作者奥西普·博韦） ············ 1626
图7-286莫斯科 显容教堂（抚悲圣母教堂）。圆堂剖面（1832年） ············ 1626
图7-287莫斯科 显容教堂（抚悲圣母教堂）。柱式及拱券细部 ············ 1627
图7-288莫斯科 显容教堂（抚悲圣母教堂）。西南侧全景 ············ 1627
图7-289莫斯科 显容教堂（抚悲圣母教堂）。东南侧，地段形势 ············ 1628
图7-290莫斯科 显容教堂（抚悲圣母教堂）。东南侧全景 ············ 1628
图7-291莫斯科 显容教堂（抚悲圣母教堂）。圆堂，东北侧景色 ············ 1628
图7-292莫斯科 显容教堂（抚悲圣母教堂）。圆堂，门廊近景 ············ 1629
图7-293莫斯科 显容教堂（抚悲圣母教堂）。窗券细部 ············ 1629
图7-294莫斯科 显容教堂（抚悲圣母教堂）。东南侧近景 ············ 1629
图7-295莫斯科 显容教堂（抚悲圣母教堂）。柱廊近景 ············ 1630
图7-296莫斯科 显容教堂（抚悲圣母教堂）。西南转角处近观 ············ 1630
图7-297莫斯科 显容教堂（抚悲圣母教堂）。塔楼近景 ············ 1630
图7-298莫斯科 绘画、雕塑和建筑学校。现状 ············ 1630
图7-299莫斯科 多尔戈夫府邸。立面现状 ············ 1631
图7-300莫斯科 彼得罗夫斯基中转宫（1775~1782年）。平面（取自Matvei Kazakov：《Al'bom》） ············ 1631
图7-301莫斯科 彼得罗夫斯基中转宫。立面（取自Matvei Kazakov：《Al'bom》） ············ 1631
图7-302莫斯科 彼得罗夫斯基中转宫。1812年大火后景色（版画，作者I.T.James，1812年） ············ 1631
图7-303莫斯科 彼得罗夫斯基中转宫。19世纪上半叶景色（彩画，19世纪30~40年代） ············ 1632
图7-304莫斯科 彼得罗夫斯基中转宫。19世纪上半叶景色（版画，1838年，作者Jean-Marie Chopin） ············ 1632
图7-305莫斯科 彼得罗夫斯基中转宫。19世纪末景色（老照片，1884年，取自Nikolay Naidenov系列图集） ············ 1632
图7-306莫斯科 彼得罗夫斯基中转宫。20世纪初景色（老照片，1900年代，Карл Андреевич Фишер摄） ············ 1632
图7-307莫斯科 彼得罗夫斯基中转宫。西南侧，俯视全景 ············ 1632
图7-308莫斯科 彼得罗夫斯基中转宫。南侧，建筑群全景 ············ 1633
图7-309莫斯科 彼得罗夫斯基中转宫。主楼，自围墙门处望去的景色 ············ 1633
图7-310莫斯科 彼得罗夫斯基中转宫。主楼，西南侧立面全景 ············ 1634
图7-311莫斯科 彼得罗夫斯基中转宫。主楼，立面近景 ············ 1634
图7-312莫斯科 彼得罗夫斯基中转宫。主楼，穹顶，西南侧景观 ············ 1635
图7-313莫斯科 彼得罗夫斯基中转宫。主楼，墙面装饰细部 ············ 1635
图7-314莫斯科 彼得罗夫斯基中转宫。主楼，圆堂，内景 ············ 1636
图7-315莫斯科 彼得罗夫斯基中转宫。主楼，圆堂，穹顶仰视 ············ 1636
图7-316莫斯科 彼得罗夫斯基中转宫。塔楼组群，自南侧望去的景色 ············ 1637
图7-317莫斯科 彼得罗夫斯基中转宫。院落南翼角塔 ············ 1637
图7-318莫斯科 彼得罗夫斯基中转宫。北侧角塔近景 ············ 1637
图7-319莫斯科 克里姆林宫。参议院大楼（1776~1787年），平面及立面（平面取自Академия Строительства и

Архитестуры СССР：《Всеобщая История Архитестуры》，II，Москва，1963年；立面取自Matvei Kazakov：《Al'bom》） ················ 1638

图7-320莫斯科 克里姆林宫。参议院大楼，圆堂剖面（取自William Craft Brumfield：《A History of Russian Architecture》，Cambridge University Press，1997年） ················ 1638

图7-321莫斯科 克里姆林宫。参议院大楼，19世纪20年代景色（1812年大火后，取自Gadolle莫斯科全景图集） ················ 1638

图7-322莫斯科 克里姆林宫。参议院大楼，19世纪末景色（老照片，1884年，取自Nikolay Naidenov系列图集，分别表现自红场和宫墙内望去的景色） ················ 1638

图7-323莫斯科 克里姆林宫。参议院大楼，西南侧全景 ················ 1639

图7-324莫斯科 克里姆林宫。参议院大楼，南侧景观 ················ 1639

图7-325莫斯科 克里姆林宫。参议院大楼，南侧近景 ················ 1640

图7-326莫斯科 克里姆林宫。参议院大楼，东侧，自红场上望去的情景 ················ 1640

图7-327莫斯科 克里姆林宫。参议院大楼，内院，朝圆堂望去的景色 ················ 1641

图7-328莫斯科 克里姆林宫。参议院大楼，圣叶卡捷琳娜大厅，内景 ················ 1642

图7-329莫斯科 克里姆林宫。参议院大楼，议长室，内景 ················ 1642

图7-330莫斯科 克里姆林宫。参议院大楼，总统图书室，内景 ················ 1643

图7-331莫斯科 克里姆林宫。参议院大楼，冬季花园，现状 ················ 1643

图7-332莫斯科 大主教菲利普教堂（1777~1788年）。平面及剖面（取自Академия Стройтельства и Архитестуры СССР：《Всеобщая История Архитестуры》，II，Москва，1963年） ················ 1643

图7-333莫斯科 大主教菲利普教堂。组群西侧全景 ················ 1644

图7-334莫斯科 大主教菲利普教堂。东南侧全景 ················ 1644

图7-335莫斯科 大主教菲利普教堂。东侧近景 ················ 1644

图7-336莫斯科 大主教菲利普教堂。南侧近景 ················ 1645

图7-337莫斯科 大主教菲利普教堂。塔楼，南侧景色 ················ 1645

图7-338尼科洛-波戈列洛庄园 巴雷什尼科夫陵寝-教堂（1784年，现已无存）。平面、西立面及剖面（据L.I.Batalov和A.M.Kharlamov） ················ 1645

图7-339莫斯科 莫斯科大学（1786~1793年）。平面、立面及礼仪大厅剖面（平面及立面取自Matvei Kazakov：《Al'bom》，剖面据N.L.Apostolova） ················ 1646

图7-340莫斯科 莫斯科大学。18世纪末景色（水彩画，1798年） ················ 1646

图7-341莫斯科 莫斯科大学。19世纪后期景色（老照片，1884年，取自Nikolay Naidenov系列图集） ················ 1646

图7-342莫斯科 莫斯科大学。老楼（1812年后改建），东北侧远景 ················ 1646

图7-343莫斯科 莫斯科大学。老楼，主立面全景 ················ 1647

图7-344莫斯科 莫斯科大学。老楼，中央柱廊近景 ················ 1647

图7-345莫斯科 莫斯科大学。老楼，中央柱廊，柱式及山墙细部 ················ 1648

图7-346莫斯科 莫斯科大学。老楼，侧翼景色 ················ 1648

图7-347莫斯科 莫斯科贵族代表大会（1784~1787年，现工会大楼）。平面及柱厅剖面（据L.I.Batalov） ················ 1649

图7-348莫斯科 莫斯科贵族代表大会。自北面望去的街立面景色 ················ 1649

图7-349莫斯科 莫斯科贵族代表大会。北角圆堂，自北面望去的情景 ················ 1649

图7-350莫斯科 莫斯科贵族代表大会。柱厅，现状内景 ················ 1649

图7-351莫斯科 戈利岑医院（1796~1801年）。地段总平面[两图分别取自William Craft Brumfield：《A History of Russian Architecture》（Cambridge University Press，1997年）和Академия Стройтельства и Архитестуры

图7-351 [下接......CCCP:《Всеобщая История Архитестуры》(II, Москва, 1963年)] ⋯⋯ 1650

图7-352莫斯科 戈利岑医院。立面（取自Matvei Kazakov：《Al'bom》） ⋯⋯ 1650

图7-353莫斯科 戈利岑医院。圆堂，平面及剖面（取自Академия Стройтельства и Архитестуры CCCP:《Всеобщая История Архитестуры》, II, Москва, 1963年） ⋯⋯ 1650

图7-354莫斯科 戈利岑医院。19世纪后期景色（老照片，1884年，取自Nikolay Naidenov系列图集） ⋯⋯ 1650

图7-355莫斯科 戈利岑医院。俯视夜景 ⋯⋯ 1651

图7-356莫斯科 戈利岑医院。主立面，门廊近景 ⋯⋯ 1651

图7-357莫斯科 戈利岑医院。主立面，山墙及穹顶细部 ⋯⋯ 1652

图7-358莫斯科 戈利岑医院。花园立面（背立面） ⋯⋯ 1652

图7-359莫斯科 戈利岑医院。侧翼立面 ⋯⋯ 1653

图7-360莫斯科 巴甫洛夫斯克医院（1802~1807年）。19世纪后期景色（老照片，1884年，取自Nikolay Naidenov系列图集） ⋯⋯ 1653

图7-361莫斯科 巴甫洛夫斯克医院。现状，近景 ⋯⋯ 1653

图7-362莫斯科 新叶卡捷琳娜医院（1786~1790年）。地段规划（1841年，作者Visconti、Rusco、Wallert和Belogolovov） ⋯⋯ 1654

图7-363莫斯科 新叶卡捷琳娜医院。总平面及首层平面（作者Joseph Bove，1827~1833年） ⋯⋯ 1654

图7-364莫斯科 新叶卡捷琳娜医院。二层及三层平面（作者Joseph Bove，1827~1833年） ⋯⋯ 1654

图7-365莫斯科 新叶卡捷琳娜医院。首层及二层平面（1790年代，作者Matvey Kazakov） ⋯⋯ 1654

图7-366莫斯科 新叶卡捷琳娜医院。立面（图版，1790年代） ⋯⋯ 1654

图7-367莫斯科 新叶卡捷琳娜医院。19世纪后期景色（老照片，1883年，取自Nikolay Naidenov系列图集） ⋯⋯ 1654

图7-368莫斯科 新叶卡捷琳娜医院。东翼，主立面西南侧景色 ⋯⋯ 1655

图7-369莫斯科 新叶卡捷琳娜医院。东翼，主立面中央柱廊现状 ⋯⋯ 1655

图7-370莫斯科 新叶卡捷琳娜医院。东翼，西南角近景 ⋯⋯ 1655

图7-371莫斯科 杰米多夫（I.I.）府邸（戈罗霍夫巷，1789~1791年）。立面现状 ⋯⋯ 1656

图7-372莫斯科 古宾府邸（1793~1799年）。总平面、主楼平面及立面（取自Академия Стройтельства и Архитестуры CCCP:《Всеобщая История Архитестуры》, II, Москва, 1963年） ⋯⋯ 1656

图7-373莫斯科 古宾府邸。北侧远景 ⋯⋯ 1656

图7-374莫斯科 古宾府邸。东北侧，立面全景 ⋯⋯ 1656

图7-375莫斯科 古宾府邸。东南侧全景 ⋯⋯ 1657

图7-376莫斯科 古宾府邸。东南侧近景 ⋯⋯ 1657

图7-377莫斯科 古宾府邸。侧翼近景 ⋯⋯ 1657

图7-378莫斯科 古宾府邸。门厅，内景 ⋯⋯ 1658

图7-379莫斯科 古宾府邸。楼梯间，内景 ⋯⋯ 1658

图7-380莫斯科 巴雷什尼科夫府邸（1793~1802年）。平面及立面（取自Академия Стройтельства и Архитестуры CCCP:《Всеобщая История Архитестуры》, II, Москва, 1963年） ⋯⋯ 1659

图7-381莫斯科 巴雷什尼科夫府邸。外景，现状 ⋯⋯ 1659

图7-382莫斯科 巴雷什尼科夫府邸。柱头细部 ⋯⋯ 1660

图7-383莫斯科 总督宫邸（现市议会）。外景（老照片，1902年，改造前状况） ⋯⋯ 1660

图7-384莫斯科 总督宫邸。外景（绘画，改造后景观） ⋯⋯ 1660

图7-385莫斯科 总督宫邸。东北侧远景（自特维尔广场望去的景色） ⋯⋯ 1660

图7-386莫斯科 总督宫邸。主立面（东北侧），现状 ······ 1661
图7-387莫斯科 总督宫邸。北侧景色（前为特维尔大街） ······ 1662
图7-388博罗季诺战役（1812年9月7日，油画，作者Louis-François Lejeune，1822年） ······ 1662
图7-389（1812年）莫斯科大火[油画，作者Viktor Mazurovsky（1859~1923年）] ······ 1662
图7-390莫斯科大火（油画，19世纪，作者不明） ······ 1663
图7-391拿破仑在大火中的莫斯科（油画，作者Albrecht Adam，1841年） ······ 1663
图7-392凝视着莫斯科大火的拿破仑[彩画，作者Vasily Vereshchagin（1842~1904年）] ······ 1664
图7-393莫斯科 受难者圣马丁教堂（1782~1793年）。19世纪后期景色（老照片，1882年） ······ 1664
图7-394莫斯科 受难者圣马丁教堂。南侧，俯视全景 ······ 1664
图7-395莫斯科 受难者圣马丁教堂。西南侧全景 ······ 1665
图7-396莫斯科 受难者圣马丁教堂。西北侧近景 ······ 1665
图7-397莫斯科 受难者圣马丁教堂。南侧景观 ······ 1665
图7-398莫斯科 受难者圣马丁教堂。南侧过厅入口及圣马丁像 ······ 1666
图7-399莫斯科 圣瓦尔瓦拉教堂（1796~1804年）。西南侧全景 ······ 1666
图7-400莫斯科 圣瓦尔瓦拉教堂。东南侧形势 ······ 1666~1667
图7-401莫斯科 圣瓦尔瓦拉教堂。西北侧景色 ······ 1667
图7-402莫斯科 圣瓦尔瓦拉教堂。西侧景观 ······ 1667
图7-403莫斯科 圣瓦尔瓦拉教堂。南柱廊，仰视近景 ······ 1668
图7-404莫斯科 圣瓦尔瓦拉教堂。南柱廊，柱式细部 ······ 1668
图7-405莫斯科 圣瓦尔瓦拉教堂。北柱廊，仰视近景 ······ 1668
图7-406莫斯科 圣瓦尔瓦拉教堂。塔楼，南侧近景 ······ 1668
图7-407莫斯科 圣瓦尔瓦拉教堂。塔楼，窗边饰 ······ 1668
图7-408莫斯科 巴塔绍夫府邸（1796~1805年）。入口景色 ······ 1669
图7-409莫斯科 巴塔绍夫府邸。立面全景 ······ 1669
图7-410莫斯科 塔雷津（A.F.）府邸（1787年）。19世纪末景况（老照片，1899年） ······ 1669
图7-411莫斯科 塔雷津（A.F.）府邸。西北侧全景 ······ 1670
图7-412莫斯科 塔雷津（A.F.）府邸。院落立面（南立面），自东南方向望去的景色 ······ 1670
图7-413莫斯科 塔雷津（A.F.）府邸。院落立面（南立面），柱式细部 ······ 1670
图7-414莫斯科 塔雷津（A.F.）府邸。街立面（北立面）山墙及柱式近景 ······ 1670
图7-415莫斯科 塔雷津（A.F.）府邸。展厅内景 ······ 1671
图7-416莫斯科 塔雷津（A.F.）府邸。室内，浮雕细部 ······ 1671
图7-417莫斯科 塔雷津（A.F.）府邸。室内，柱式及天顶画 ······ 1672
图7-418莫斯科 斯捷潘·库拉金府邸（18世纪后期）。立面（图版，取自Matvei Kazakov：《Al'bom》，休谢夫国立建筑博物馆藏品） ······ 1672
图7-419莫斯科 陆军医院（1798~1802年）。20世纪初景色（老照片，约1900年，取自Iurii Shamurin：《Ocherki Klassicheskoi Moskvy》） ······ 1672
图7-420莫斯科 陆军医院。现状夜景 ······ 1672
图7-421莫斯科 叶卡捷琳娜宫（1773~1781年）。东北侧全景 ······ 1673
图7-422莫斯科 叶卡捷琳娜宫。敞廊，东北侧景色 ······ 1673
图7-423莫斯科 叶卡捷琳娜宫。敞廊，西北侧夜景 ······ 1674
图7-424莫斯科 舍列梅捷夫朝圣者（流浪者）收容所（1796~1810年）。平面及剖面（据V.N.Taleporovskii） ······ 1674

图7-425莫斯科 舍列梅捷夫朝圣者（流浪者）收容所。西北侧，俯视全景 ······ 1674
图7-426莫斯科 舍列梅捷夫朝圣者（流浪者）收容所。东南侧全景 ······ 1675
图7-427莫斯科 舍列梅捷夫朝圣者（流浪者）收容所。前门廊及中央门廊 ······ 1675
图7-428莫斯科 舍列梅捷夫朝圣者（流浪者）收容所。中央门廊近景 ······ 1675
图7-429莫斯科 舍列梅捷夫朝圣者（流浪者）收容所。西翼中门廊 ······ 1676
图7-430莫斯科 舍列梅捷夫朝圣者（流浪者）收容所。西翼端头 ······ 1676
图7-431莫斯科 舍列梅捷夫朝圣者（流浪者）收容所。东翼中门廊 ······ 1676
图7-432莫斯科 舍列梅捷夫朝圣者（流浪者）收容所。东翼端头 ······ 1677
图7-433莫斯科 老商业中心（1789~1805年，19世纪中叶）。19世纪后期景色（老照片，1886年，取自Nikolay Naidenov系列图集） ······ 1677
图7-434莫斯科 老商业中心。北侧现状 ······ 1677
图7-435莫斯科 老商业中心。东南侧景色 ······ 1678
图7-436莫斯科 老商业中心。西南侧景色 ······ 1678
图7-437莫斯科 老商业中心。南侧，东段柱列 ······ 1679
图7-438亚历山大·安德烈耶维奇·别兹博罗德科（1747~1799年）画像（1790年代，作者Johann Baptist von Lampi the Elder） ······ 1679
图7-439莫斯科"德国区"。18世纪初景象[版画，约1700年，作者Hendrik de Witt（1671~1716年）] ······ 1679
图7-440莫斯科 别兹博罗德科宫（1797年）。立面及剖面设计图（作者贾科莫·夸伦吉，原图现存莫斯科Shchusev State Museum of Architecture） ······ 1680
图7-441特维尔 中心区规划（1763年，取自Академия Строительства и Архитектуры СССР：《Всеобщая История Архитестуры》，II，Москва，1963年） ······ 1681
图7-442卡卢加 城市总平面（1782年） ······ 1681
图7-443卡卢加 佐洛塔廖夫府邸（1805~1808年）。街立面现状 ······ 1682
图7-444卡卢加 佐洛塔廖夫府邸。侧立面，入口近景 ······ 1682
图7-445卡卢加 采用标准设计建成的住宅 ······ 1682
图7-446卡卢加 贵族代表大会。现状 ······ 1683
图7-447卡卢加 施洗者圣约翰教堂。立面全景 ······ 1683
图7-448卡卢加 （市场后的）圣乔治教堂。现状 ······ 1684
图7-449卡卢加 大天使米迦勒教堂。外景 ······ 1684
图7-450卡卢加 三一大教堂。现状 ······ 1685
图7-451卡卢加 没药者教堂钟楼。仰视景色 ······ 1686
图7-452卡卢加 显容教堂钟楼（1709~1717年）。仰视景色 ······ 1686
图7-453科斯特罗马 城市总平面示意（1781~1784年，取自William Craft Brumfield：《A History of Russian Architecture》，Cambridge University Press，1997年） ······ 1686
图7-454科斯特罗马 城市总平面（1860年） ······ 1687
图7-455科斯特罗马 城市中心区。鸟瞰全景 ······ 1687
图7-456科斯特罗马 商业中心。现状 ······ 1687
图7-457科斯特罗马 商业中心。尼古拉礼拜堂 ······ 1688
图7-458科斯特罗马 大面粉市场（1789~1793年）。现状外景 ······ 1688
图7-459科斯特罗马 红拱廊及钟楼（1792年）。外景 ······ 1688~1689
图7-460科斯特罗马 红拱廊及钟楼。院内景色 ······ 1689

图7-461科斯特罗马 市场区显容教堂（救世主教堂），近景 ············ 1690
图7-462科斯特罗马 火警观察塔（1823~1826年）。南侧现状 ············ 1690
图7-463科斯特罗马 火警观察塔。东南侧（主立面）全景 ············ 1691
图7-464科斯特罗马 火警观察塔。东侧全景 ············ 1691
图7-465科斯特罗马 警卫总部（1823~1825年）。远景 ············ 1692
图7-466科斯特罗马 警卫总部。立面全景 ············ 1692
图7-467科斯特罗马 市政厅。现状 ············ 1693
图7-468科斯特罗马 博尔谢夫府邸。立面全景 ············ 1693
图7-469喀山 18世纪上半叶城市总平面（1739年） ············ 1694
图7-470喀山 19世纪城市总平面 ············ 1694
图7-471喀山 19世纪下半叶城市总平面（1884年） ············ 1695
图7-472喀山 19世纪末城市总平面（1887年） ············ 1695
图7-473喀山 19世纪末城市总平面（1899年，作者А.И.Овсяный） ············ 1696
图7-474喀山 喀山大学。主楼（1822~1825年），19世纪上半叶景色（版画，1832年，作者В.С.Турин） ············ 1697
图7-475喀山 喀山大学。主楼，现状，俯视全景 ············ 1697
图7-476喀山 喀山大学。主楼，街立面景色 ············ 1697
图7-477喀山 喀山大学。主楼，柱廊近景 ············ 1698

第八章 19世纪早期：亚历山大时期的新古典主义建筑

图8-1亚历山大一世（1777~1825年），青年时期画像（作者V.Borovikovsky，绘于1800年） ············ 1700
图8-2亚历山大一世画像（作者George Dawe，绘于1824年，现存彼得霍夫宫殿） ············ 1700
图8-3圣彼得堡 18世纪中叶城市总平面图（作者M.I.Makhaev，1753年） ············ 1701
图8-4圣彼得堡 19世纪上半叶城市总平面图（1834年） ············ 1701
图8-5圣彼得堡 19世纪上半叶城市总平面图（1835年） ············ 1702
图8-6圣彼得堡 19世纪后期城市总平面图（1885~1887年） ············ 1702
图8-7圣彼得堡 19世纪末城市总平面图（1893年） ············ 1703
图8-8圣彼得堡 19世纪末城市总平面图（1894年） ············ 1703
图8-9圣彼得堡 19世纪末至20世纪初城市总平面图[取自Brockhaus and Efron Encyclopedic Dictionary（1890~1907年）] ············ 1704
图8-10圣彼得堡 20世纪初城市总平面图（1911~1915年） ············ 1703
图8-11圣彼得堡 中心区规划示意（1840年，取自Академия Строительства и Архитестуры СССР：《Всеобщая История Архитестуры》，II，Москва，1963年） ············ 1705
图8-12奥古斯丁·德·贝当古（画像1810年代，漫画像作者Eulogia Merle） ············ 1705
图8-13保罗一世（1754~1801年）画像（1790年代早期，作者不明） ············ 1706
图8-14安德烈·尼基福罗维奇·沃罗尼欣（1759~1814年）画像（作者V.A.Bobrov，19世纪初） ············ 1707
图8-15圣彼得堡 斯特罗加诺夫别墅。19世纪初风景[油画，1804年，作者Benjamin Paterssen（1748~1815年）] ············ 1707
图8-16圣彼得堡 斯特罗加诺夫别墅。19世纪景况[油画，作者Stepan Philippovich Galaktionov（1779~1854年）] ············ 1707
图8-17彼得霍夫 下花园。柱廊（1800年），东廊，西南侧景色 ············ 1708

图8-18彼得霍夫 下花园。柱廊，东廊，南侧景观 ⋯⋯ 1708
图8-19彼得霍夫 下花园。柱廊，东廊，端头阁楼 ⋯⋯ 1709
图8-20彼得霍夫 下花园。柱廊，西廊，狮雕 ⋯⋯ 1709
图8-21圣彼得堡 喀山圣母大教堂（1801~1811年）。平面、纵剖面及栏杆立面（图版取自Академия Строительства и Архитестуры СССР：《Всеобщая История Архитектуры》，II，Москва，1963年）⋯⋯ 1709
图8-22圣彼得堡 喀山圣母大教堂。19世纪下半叶景色（老照片，1874年）⋯⋯ 1710
图8-23圣彼得堡 喀山圣母大教堂。柱廊近景[彩画，1901年，作者Евге́ний Евге́ньевич Лансере́（1875~1946年）] ⋯⋯ 1710
图8-24圣彼得堡 喀山圣母大教堂。东北侧俯视景色 ⋯⋯ 1710
图8-25圣彼得堡 喀山圣母大教堂。东北侧全景 ⋯⋯ 1711
图8-26圣彼得堡 喀山圣母大教堂。正立面全景 ⋯⋯ 1712~1713
图8-27圣彼得堡 喀山圣母大教堂。西北侧景色（柱廊东段）⋯⋯ 1712
图8-28圣彼得堡 喀山圣母大教堂。西北侧景色（柱廊西段）⋯⋯ 1712~1713
图8-29圣彼得堡 喀山圣母大教堂。西南侧景观 ⋯⋯ 1714
图8-30圣彼得堡 喀山圣母大教堂。东南侧全景 ⋯⋯ 1714
图8-31圣彼得堡 喀山圣母大教堂。东南侧近景 ⋯⋯ 1715
图8-32圣彼得堡 喀山圣母大教堂。东北侧近景 ⋯⋯ 1715
图8-33圣彼得堡 喀山圣母大教堂。中央门廊及穹顶 ⋯⋯ 1716
图8-34圣彼得堡 喀山圣母大教堂。中央门廊，近景 ⋯⋯ 1716
图8-35圣彼得堡 喀山圣母大教堂。穹顶近景 ⋯⋯ 1717
图8-36圣彼得堡 喀山圣母大教堂。中央门廊，仰视 ⋯⋯ 1718
图8-37圣彼得堡 喀山圣母大教堂。中央门廊，柱式细部 ⋯⋯ 1718
图8-38圣彼得堡 喀山圣母大教堂。中央门廊，内景 ⋯⋯ 1719
图8-39圣彼得堡 喀山圣母大教堂。中央门廊，山墙雕刻 ⋯⋯ 1719
图8-40圣彼得堡 喀山圣母大教堂。中央门廊，主要入口大门 ⋯⋯ 1720
图8-41圣彼得堡 喀山圣母大教堂。中央门廊，龛室雕像[圣安德烈，作者Василий Иванович Демут-Малиновский（1779~1846年）] ⋯⋯ 1720~1721
图8-42圣彼得堡 喀山圣母大教堂。中央门廊，嵌板浮雕：《天使报喜》和《逃往埃及》（作者F.G.Gordeev）⋯⋯ 1721
图8-43圣彼得堡 喀山圣母大教堂。西柱廊 ⋯⋯ 1720~1721
图8-44圣彼得堡 喀山圣母大教堂。西柱廊端头（自东侧望去的情景）⋯⋯ 1722
图8-45圣彼得堡 喀山圣母大教堂。西柱廊端头，北侧雕饰带 ⋯⋯ 1722
图8-46圣彼得堡 喀山圣母大教堂。东柱廊，端头雕饰带：《摩西和泉水的奇迹》（作者И.П.Мартос，1806年）⋯⋯ 1722~1723
图8-47圣彼得堡 喀山圣母大教堂。东侧近景 ⋯⋯ 1722~1723
图8-48圣彼得堡 喀山圣母大教堂。东侧雕刻带及檐口 ⋯⋯ 1722~1723
图8-49圣彼得堡 喀山圣母大教堂。东南侧壁柱 ⋯⋯ 1723
图8-50圣彼得堡 喀山圣母大教堂。南柱廊，东南侧景色 ⋯⋯ 1724
图8-51圣彼得堡 喀山圣母大教堂。南柱廊，柱头细部 ⋯⋯ 1724
图8-52圣彼得堡 喀山圣母大教堂。陆军元帅米哈伊尔·巴克莱·德托利亲王雕像 ⋯⋯ 1725
图8-53圣彼得堡 喀山圣母大教堂。陆军元帅、俄军总司令米哈伊尔·库图佐夫雕像 ⋯⋯ 1725

图8-54 圣彼得堡 喀山圣母大教堂。喀山圣母像（16世纪） ······ 1725
图8-55 圣彼得堡 喀山圣母大教堂。室内，自北向南望去的景色 ······ 1726
图8-56 圣彼得堡 喀山圣母大教堂。南侧景色 ······ 1726
图8-57 圣彼得堡 喀山圣母大教堂。东端圣坛现状 ······ 1726~1727
图8-58 圣彼得堡 喀山圣母大教堂。柱式近景 ······ 1727
图8-59 圣彼得堡 喀山圣母大教堂。穹顶仰视 ······ 1728
图8-60 圣彼得堡 喀山圣母大教堂。沙皇门，装饰细部 ······ 1728
图8-61 圣彼得堡 喀山圣母大教堂。柱础细部 ······ 1729
图8-62 圣彼得堡 喀山圣母大教堂。库图佐夫墓（1813年，沃罗尼欣设计） ······ 1729
图8-63 圣彼得堡 矿业学院（1806~1811年）。平面（取自William Craft Brumfield：《A History of Russian Architecture》，Cambridge University Press，1997年） ······ 1729
图8-64 圣彼得堡 矿业学院。立面（取自Академия Стройтельства и Архитестуры СССР：《Всеобщая История Архитестуры》，II，Москва，1963年） ······ 1729
图8-65 圣彼得堡 矿业学院。东侧现状 ······ 1730
图8-66 圣彼得堡 矿业学院。南侧景观 ······ 1730
图8-67 圣彼得堡 矿业学院。正立面（东南侧），全景 ······ 1731
图8-68 圣彼得堡 矿业学院。柱廊近景 ······ 1731
图8-69 圣彼得堡 矿业学院。柱廊两边的雕刻组群（《珀尔塞福涅的劫持》和《赫拉克利斯制服安泰俄斯》） ······ 1732
图8-70 圣彼得堡 矿业学院。内景 ······ 1732
图8-71 圣彼得堡 证券交易所（1805~1810年）。地段总图、平面及剖面（总图及剖面取自Академия Стройтельства и Архитестуры СССР：《Всеобщая История Архитестуры》，II，Москва，1963年；平面取自William Craft Brumfield：《A History of Russian Architecture》，Cambridge University Press，1997年） ······ 1732
图8-72 圣彼得堡 证券交易所。剖析模型（取自William Craft Brumfield：《A History of Russian Architecture》，Cambridge University Press，1997年） ······ 1733
图8-73 圣彼得堡 证券交易所。19世纪初景色[淡彩版画，1810年代，原画作者M.I.Sthotoshnikov，版画制作Ivan Chesky（1777~1848年）] ······ 1733
图8-74 圣彼得堡 证券交易所。自东面望去的地段景色（彩画，作者Enluminure de Ch. Beggrow） ······ 1733
图8-75 圣彼得堡 证券交易所。远景（水彩画） ······ 1733
图8-76 圣彼得堡 证券交易所。俯视全景（水彩画，1820年，作者А.Тозелли） ······ 1734
图8-77 圣彼得堡 证券交易所。东南侧，俯视全景 ······ 1734
图8-78 圣彼得堡 证券交易所。东北侧，俯视全景 ······ 1734
图8-79 圣彼得堡 证券交易所。北侧，俯视景色 ······ 1735
图8-80 圣彼得堡 证券交易所。东北侧，俯视夜景 ······ 1736
图8-81 圣彼得堡 证券交易所。东南侧远景 ······ 1737
图8-82 圣彼得堡 证券交易所。外景：东南侧，地段形势 ······ 1738
图8-83 圣彼得堡 证券交易所。东南侧全景 ······ 1738
图8-84 圣彼得堡 证券交易所。南侧景观 ······ 1739
图8-85 圣彼得堡 证券交易所。主立面全景 ······ 1739
图8-86 圣彼得堡 证券交易所。东北侧景色 ······ 1740
图8-87 圣彼得堡 证券交易所。主立面，柱廊近景 ······ 1740

图8-88圣彼得堡 证券交易所。柱头细部 ······1740
图8-89圣彼得堡 证券交易所。顶部海神雕刻组群 ······1740
图8-90圣彼得堡 交易所广场。船首柱（1805~1810年），东南侧地段全景 ······1741
图8-91圣彼得堡 交易所广场。船首柱，西北侧景色 ······1741
图8-92圣彼得堡 交易所广场。船首柱，北柱，南侧全景 ······1741
图8-93圣彼得堡 交易所广场。船首柱，北柱，北侧雕刻 ······1742
图8-94圣彼得堡 交易所广场。船首柱，南柱，南侧基座雕像 ······1743
图8-95圣彼得堡 交易所广场。船首柱，南柱，东北侧景色 ······1742~1743
图8-96圣彼得堡 交易所广场。船首柱，南柱夜景 ······1743
图8-97圣彼得堡 证券交易所。北库房，地段形势 ······1742
图8-98圣彼得堡 证券交易所。北库房，北立面 ······1742~1743
图8-99圣彼得堡 证券交易所。北库房，北立面柱列近景 ······1743
图8-100圣彼得堡 证券交易所。南库房，东南面景色 ······1744
图8-101圣彼得堡 证券交易所。南库房，东南面 ······1744
图8-102圣彼得堡 拉瓦尔府邸（1806~1810年）。主立面，全景 ······1744
图8-103圣彼得堡 拉瓦尔府邸。入口近景 ······1744
图8-104圣彼得堡 拉瓦尔府邸。入口边卧狮雕刻 ······1744
图8-105圣彼得堡 拉瓦尔府邸。山墙及墙面雕饰 ······1745
图8-106圣彼得堡 拉瓦尔府邸。展厅内景（水彩画，作者M.N.Vorobyev，1819年） ······1745
图8-107圣彼得堡 拉瓦尔府邸。大楼梯，内景 ······1745
图8-108圣彼得堡 拉瓦尔府邸。希腊罗马厅，内景 ······1745
图8-109安德烈扬·扎哈罗夫（1761~1811年）画像（作者Stepan Shchukin，1754~1828年） ······1745
图8-110圣彼得堡 海军部（1810~1823年）。平面（取自William Craft Brumfield:《A History of Russian Architecture》，Cambridge University Press，1997年） ······1746
图8-111圣彼得堡 海军部。总平面、立面、剖面及细部（取自Академия Строительства и Архитестуры СССР：《Всеобщая История Архитектуры》，II，Москва，1963年） ······1746
图8-112圣彼得堡 海军部。东北侧，俯视全景 ······1747
图8-113圣彼得堡 海军部。西南侧，俯视景色 ······1747
图8-114圣彼得堡 海军部。主立面，西南侧景观 ······1748
图8-115圣彼得堡 海军部。主立面，中央区段现状 ······1748
图8-116圣彼得堡 海军部。主立面，中央塔楼景色 ······1749
图8-117圣彼得堡 海军部。主立面，东区 ······1749
图8-118圣彼得堡 海军部。主立面，东区 ······1749
图8-119圣彼得堡 海军部。东角，自宫殿广场处望去的景色 ······1750
图8-120圣彼得堡 海军部。东侧景色 ······1750
图8-121圣彼得堡 海军部。东翼北端 ······1750
图8-122圣彼得堡 海军部。东翼北端，远景 ······1750
图8-123圣彼得堡 海军部。东翼北端，全景 ······1751
图8-124圣彼得堡 海军部。中央塔楼，券门近景 ······1751
图8-125圣彼得堡 海军部。中央塔楼，券门边雕刻组群 ······1752
图8-126圣彼得堡 海军部。中央塔楼，券门双头鹰雕饰细部 ······1752

图8-127 圣彼得堡 海军部。中央塔楼，檐壁雕饰细部 ········ 1752
图8-128 圣彼得堡 海军部。中央塔楼，柱廊及檐部栏墙群雕 ········ 1753
图8-129 圣彼得堡 海军部。中央塔楼，檐部栏墙雕像 ········ 1753
图8-130 圣彼得堡 海军部。檐部栏墙雕像及大钟近景 ········ 1754
图8-131 圣彼得堡 海军部。中央塔楼，塔尖及风标 ········ 1754
图8-132 圣彼得堡 海军部。南立面，六柱柱廊近景 ········ 1754
图8-133 圣彼得堡 海军部。南立面，东头近景 ········ 1754
图8-134 圣彼得堡 海军部。东翼，北端券门浮雕 ········ 1755
图8-135 圣彼得堡 海军部。东翼，山墙浮雕细部 ········ 1755
图8-136 卡洛·罗西（1775~1849年），画像（作者B.S.Mityar，1820年）及胸像 ········ 1756
图8-137 圣彼得堡 冬宫。1812年廊厅（军事廊厅，1826年），内景（彩画，作者G.G.Chernetsov，1827年） ········ 1756
图8-138 圣彼得堡 冬宫。1812年廊厅，内景，现状 ········ 1757
图8-139 圣彼得堡 冬宫。1812年廊厅，内景 ········ 1757
图8-140 圣彼得堡 冬宫。1812年廊厅，厅内的亚历山大及库图佐夫画像 ········ 1758
图8-141 圣彼得堡 冬宫。圣乔治大厅（御座厅，1838~1841年），内景 ········ 1759
图8-142 圣彼得堡 冬宫。圣乔治大厅，御座近景 ········ 1758
图8-143 圣彼得堡 冬宫。圣乔治大厅，天棚细部 ········ 1760
图8-144 圣彼得堡 耶拉金岛。宫殿（1816~1818年），平面及剖面（取自William Craft Brumfield：《A History of Russian Architecture》，Cambridge University Press，1997年） ········ 1761
图8-145 圣彼得堡 耶拉金岛。宫殿，主立面（取自William Craft Brumfield：《A History of Russian Architec-ture》，Cambridge University Press，1997年） ········ 1761
图8-146 圣彼得堡 耶拉金岛。宫殿，19世纪景色（版画） ········ 1761
图8-147 圣彼得堡 耶拉金岛。宫殿，东侧远景 ········ 1762
图8-148 圣彼得堡 耶拉金岛。宫殿，西侧远景 ········ 1762
图8-149 圣彼得堡 耶拉金岛。宫殿，东侧全景 ········ 1763
图8-150 圣彼得堡 耶拉金岛。宫殿，东北侧景观 ········ 1763
图8-151 圣彼得堡 耶拉金岛。宫殿，西侧地段形势 ········ 1764
图8-152 圣彼得堡 耶拉金岛。宫殿，西侧全景 ········ 1764
图8-153 圣彼得堡 耶拉金岛。宫殿，西南侧全景 ········ 1765
图8-154 圣彼得堡 耶拉金岛。宫殿，东南侧柱式细部 ········ 1765
图8-155 圣彼得堡 耶拉金岛。宫殿，南侧近景 ········ 1765
图8-156 圣彼得堡 耶拉金岛。宫殿，西侧近景 ········ 1766
图8-157 圣彼得堡 耶拉金岛。宫殿，西侧，主入口台阶 ········ 1766~1767
图8-158 圣彼得堡 耶拉金岛。宫殿，西侧，北端柱廊近景 ········ 1766~1767
图8-159 圣彼得堡 耶拉金岛。宫殿，西北侧近景 ········ 1767
图8-160 圣彼得堡 耶拉金岛。宫殿，大厅内景 ········ 1768
图8-161 圣彼得堡 耶拉金岛。宫殿附属建筑，地段景色 ········ 1768
图8-162 圣彼得堡 耶拉金岛。厨房及辅助建筑，南侧全景 ········ 1768
图8-163 圣彼得堡 耶拉金岛。厨房及辅助建筑，龛室雕像 ········ 1769
图8-164 圣彼得堡 耶拉金岛。马厩，南侧全景 ········ 1770
图8-165 圣彼得堡 耶拉金岛。马厩，柱廊近景 ········ 1770

图8-166圣彼得堡 耶拉金岛。温室（1819~1821年），现状外景 ······ 1771
图8-167圣彼得堡 耶拉金岛。音乐亭，平面 ······ 1771
图8-168圣彼得堡 耶拉金岛。音乐亭，西北立面 ······ 1771
图8-169圣彼得堡 耶拉金岛。音乐亭，南侧全景 ······ 1771
图8-170圣彼得堡 耶拉金岛。音乐亭，东南立面细部 ······ 1772
图8-171圣彼得堡 耶拉金岛。音乐亭，半圆厅内景 ······ 1772
图8-172圣彼得堡 耶拉金岛。花岗石墩座亭（1818~1822年），外景 ······ 1772
图8-173圣彼得堡 米哈伊洛夫宫（1819~1825年）。地段总平面（图版取自Академия Стройтельства и Архитестуры СССР：《Всеобщая История Архитектуры》，II，Москва，1963年） ······ 1772
图8-174圣彼得堡 米哈伊洛夫宫。平面及剖面（取自William Craft Brumfield：《A History of Russian Architecture》，Cambridge University Press，1997年） ······ 1772
图8-175圣彼得堡 米哈伊洛夫宫。远景（版画） ······ 1773
图8-176圣彼得堡 米哈伊洛夫宫。全景图（19世纪彩画，作者Joseph-Maria Charlemagne-Baudet） ······ 1773
图8-177圣彼得堡 米哈伊洛夫宫。19世纪景色（彩画，作者Enluminure de Ch. Beggrow） ······ 1774
图8-178圣彼得堡 米哈伊洛夫宫。南侧俯视全景 ······ 1774
图8-179圣彼得堡 米哈伊洛夫宫。南立面全景 ······ 1774
图8-180圣彼得堡 米哈伊洛夫宫。南立面全景 ······ 1775
图8-181圣彼得堡 米哈伊洛夫宫。西南侧全景 ······ 1775
图8-182圣彼得堡 米哈伊洛夫宫。东南侧景观 ······ 1776
图8-183圣彼得堡 米哈伊洛夫宫。西翼，南立面 ······ 1776
图8-184圣彼得堡 米哈伊洛夫宫。东翼，现状 ······ 1777
图8-185圣彼得堡 米哈伊洛夫宫。北立面，全景 ······ 1777
图8-186圣彼得堡 米哈伊洛夫宫。北立面，东段景色 ······ 1778
图8-187圣彼得堡 米哈伊洛夫宫。北立面，西段现状 ······ 1778
图8-188圣彼得堡 米哈伊洛夫宫。南立面，柱廊近景 ······ 1778
图8-189圣彼得堡 米哈伊洛夫宫。南立面，柱廊山墙 ······ 1779
图8-190圣彼得堡 米哈伊洛夫宫。南立面，入口狮雕 ······ 1779
图8-191圣彼得堡 米哈伊洛夫宫。南立面，东翼主入口近景 ······ 1779
图8-192圣彼得堡 米哈伊洛夫宫。院落大门及柱墩顶饰 ······ 1780
图8-193圣彼得堡 普希金广场。普希金纪念像，现状 ······ 1780
图8-194圣彼得堡 米哈伊洛夫宫。前厅，内景 ······ 1780
图8-195圣彼得堡 米哈伊洛夫宫。大客厅（"白柱厅"），内景 ······ 1781
图8-196圣彼得堡 米哈伊洛夫花园。围栏 ······ 1781
图8-197圣彼得堡 米哈伊洛夫花园。罗西阁（1825年），东北侧地段形势 ······ 1781
图8-198圣彼得堡 米哈伊洛夫花园。罗西阁，东北侧全景 ······ 1781
图8-199圣彼得堡 米哈伊洛夫花园。罗西阁，背面景色 ······ 1782
图8-200圣彼得堡 总参谋部大楼（1819~1829年）。平面（取自William Craft Brumfield：《A History of Russian Architecture》，Cambridge University Press，1997年） ······ 1782
图8-201圣彼得堡 总参谋部大楼。19世纪景色（彩画，作者Enluminure de Ch.Beggrow） ······ 1782~1783
图8-202圣彼得堡 总参谋部大楼。19世纪上半叶景色（彩画，作者Enluminure de Ch.Beggrow，1822年） ······ 1783
图8-203圣彼得堡 总参谋部大楼。西北侧全景 ······ 1782~1783

图8-204 圣彼得堡 总参谋部大楼。主立面，中区全景 ············ 1784
图8-205 圣彼得堡 总参谋部大楼。主立面，中区近景 ············ 1784
图8-206 圣彼得堡 总参谋部大楼。主立面，西翼全景 ············ 1785
图8-207 圣彼得堡 总参谋部大楼。东侧，面对莫伊卡河的立面 ············ 1785
图8-208 圣彼得堡 总参谋部大楼。拱门，立面（取自Академия Стройтельства и Архитестуры СССР：《Всеобщая История Архитестуры》，II，Москва，1963年） ············ 1786
图8-209 圣彼得堡 总参谋部大楼。拱门，19世纪景况（彩画，作者Enluminure de Ch.Beggrow） ············ 1786
图8-210 圣彼得堡 总参谋部大楼。拱门，19世纪景色（彩画，作者Enluminure de Ch.Beggrow） ············ 1786
图8-211 圣彼得堡 总参谋部大楼。拱门，19世纪状态（自第二道拱门处望亚历山大纪念柱，水彩画，作者Василий Семёнович Садовников，1830年代） ············ 1786
图8-212 圣彼得堡 总参谋部大楼。拱门，背面景色（彩画，作者Enluminure de Ch.Beggrow） ············ 1787
图8-213 圣彼得堡 总参谋部大楼。拱门，西北侧近景 ············ 1787
图8-214 圣彼得堡 总参谋部大楼。拱门，墙面雕饰及柱式细部 ············ 1788
图8-215 圣彼得堡 总参谋部大楼。拱门，拱门内景 ············ 1788
图8-216 圣彼得堡 总参谋部大楼。拱门，顶部胜利之神和战车群雕 ············ 1789
图8-217 圣彼得堡 总参谋部大楼。拱门，群雕侧景 ············ 1789
图8-218 圣彼得堡 宫殿广场。19世纪上半叶景色（彩画，1830年代，作者Василий Семёнович Садовников） ············ 1789
图8-219 圣彼得堡 宫殿广场。19世纪中叶景色（水彩画，1849年，作者Василий Семёнович Садовников，原画现存埃尔米塔日博物馆） ············ 1790
图8-220 圣彼得堡 宫殿广场。西侧俯视全景 ············ 1790
图8-221 圣彼得堡 宫殿广场。北侧俯视 ············ 1791
图8-222 圣彼得堡 宫殿广场。西侧全景 ············ 1791
图8-223 圣彼得堡 宫殿广场。西南侧景观 ············ 1792~1793
图8-224 圣彼得堡 宫殿广场。自南侧望去的景色 ············ 1792~1793
图8-225 圣彼得堡 宫殿广场。东南侧全景 ············ 1794~1795
图8-226 圣彼得堡 亚历山大剧院（1828~1832年）。地段总平面规划（设计人罗西，取自William Craft Brumfield：《A History of Russian Architecture》，Cambridge University Press，1997年） ············ 1794
图8-227 圣彼得堡 亚历山大剧院。地段总平面，现状（取自Академия Стройтельства и Архитестуры СССР：《Всеобщая История Архитестуры》，II，Москва，1963年） ············ 1795
图8-228 圣彼得堡 亚历山大剧院。平面及剖面（取自William Craft Brumfield：《A History of Russian Architecture》，Cambridge University Press，1997年） ············ 1795
图8-229 圣彼得堡 亚历山大剧院。19世纪景色（彩画，作者Enluminure de Ch.Beggrow） ············ 1796
图8-230 圣彼得堡 亚历山大剧院。19世纪初景色（老照片） ············ 1796
图8-231 圣彼得堡 亚历山大剧院。20世纪初地段形势（老照片，1917年） ············ 1796
图8-232 圣彼得堡 亚历山大剧院。立面远景 ············ 1797
图8-233 圣彼得堡 亚历山大剧院。主立面（北偏东）全景 ············ 1797
图8-234 圣彼得堡 亚历山大剧院。东北侧景色 ············ 1798
图8-235 圣彼得堡 亚历山大剧院。东南侧景观 ············ 1798
图8-236 圣彼得堡 亚历山大剧院。西北侧夜景 ············ 1798
图8-237 圣彼得堡 亚历山大剧院。立面阿波罗战车群雕 ············ 1799

图8-238圣彼得堡 亚历山大剧院。观众厅，内景 ······ 1799
图8-239圣彼得堡 亚历山大剧院。观众厅，仰视景色 ······ 1800~1801
图8-240圣彼得堡 亚历山大剧院。观众厅，舞台口近景 ······ 1800
图8-241圣彼得堡 亚历山大剧院。观众厅，装修细部 ······ 1800~1801
图8-242圣彼得堡 亚历山大剧院。背立面，自剧院街望去的景色 ······ 1801
图8-243圣彼得堡 剧院街（建筑师罗西大街）。向北望去的景色 ······ 1801
图8-244圣彼得堡 亚历山大广场（奥斯特洛夫斯基广场）。北面俯视全景 ······ 1802
图8-245圣彼得堡 亚历山大广场（奥斯特洛夫斯基广场）。叶卡捷琳娜二世雕像（1873年），现状 ······ 1802
图8-246圣彼得堡 俄罗斯国家图书馆（公共图书馆）。新楼（1828~1834年），20世纪初景色（老照片，约1920年） ······ 1803
图8-247圣彼得堡 俄罗斯国家图书馆（公共图书馆）。新楼，东北侧全景 ······ 1803
图8-248圣彼得堡 俄罗斯国家图书馆（公共图书馆）。新楼，东侧景色 ······ 1803
图8-249圣彼得堡 俄罗斯国家图书馆（公共图书馆）。新楼，东立面中央柱廊 ······ 1804
图8-250圣彼得堡 俄罗斯国家图书馆（公共图书馆）。新楼，北面转角处景观 ······ 1804
图8-251圣彼得堡 俄罗斯国家图书馆（公共图书馆）。新楼，自西面望转角处 ······ 1805
图8-252圣彼得堡 参议院和宗教圣会堂大楼（1829~1834年）。平面（取自William Craft Brumfield：《A History of Russian Architecture》，Cambridge University Press，1997年） ······ 1805
图8-253圣彼得堡 参议院和宗教圣会堂大楼。拱门区段立面（取自Академия Стройтельства и Архитестуры СССР：《Всеобщая История Архитестуры》，II，Москва，1963年） ······ 1805
图8-254圣彼得堡 参议院和宗教圣会堂大楼。19世纪景象（版画，1836年，作者Jean-Marie Chopin） ······ 1806
图8-255圣彼得堡 参议院和宗教圣会堂大楼。东侧，俯视全景 ······ 1806
图8-256圣彼得堡 参议院和宗教圣会堂大楼。西北侧远景 ······ 1807
图8-257圣彼得堡 参议院和宗教圣会堂大楼。东北侧远景 ······ 1807
图8-258圣彼得堡 参议院和宗教圣会堂大楼。北侧远景 ······ 1807
图8-259圣彼得堡 参议院和宗教圣会堂大楼。东南侧景观 ······ 1808
图8-260圣彼得堡 参议院和宗教圣会堂大楼。东北立面 ······ 1809
图8-261圣彼得堡 参议院和宗教圣会堂大楼。北侧转角处立面 ······ 1809
图8-262圣彼得堡 参议院和宗教圣会堂大楼。东北立面，中央拱门近景 ······ 1810
图8-263圣彼得堡 参议院和宗教圣会堂大楼。东北立面，中央拱门挑檐及屋顶雕刻 ······ 1810
图8-264圣彼得堡 参议院和宗教圣会堂大楼。东北立面，中央拱门檐壁雕刻饰带及柱间嵌板浮雕 ······ 1811
图8-265圣彼得堡 参议院和宗教圣会堂大楼。东北立面，南柱廊近景 ······ 1811
图8-266圣彼得堡 参议院和宗教圣会堂大楼。东北立面，北柱廊胸墙浮雕 ······ 1812
图8-267圣彼得堡 参议院和宗教圣会堂大楼。东北立面，北端墙龛雕像 ······ 1812
图8-268圣彼得堡 参议院和宗教圣会堂大楼。北端转角处柱式近景 ······ 1812
图8-269圣彼得堡 参议院和宗教圣会堂大楼。西北立面，西端柱式及龛室雕刻夜景 ······ 1812
图8-270圣彼得堡 参议院广场（十二月党人广场）。19世纪景色（彩画，作者Enluminure de Ch.Beggrow） ······ 1813
图8-271圣彼得堡 参议院广场（十二月党人广场）。19世纪景色[彩画，1830年代，作者Karl Kolman（1786~1846年）] ······ 1813
图8-272圣彼得堡 参议院广场（十二月党人广场）。西南侧，俯视全景 ······ 1813
图8-273圣彼得堡 参议院广场（十二月党人广场）。北侧，俯视全景 ······ 1814
图8-274圣彼得堡 洛巴诺夫-罗斯托夫斯基宫邸（1817~1820年）。自东北方向望去的景色 ······ 1814

图号	说明	页码
图8-275	圣彼得堡 洛巴诺夫-罗斯托夫斯基宫邸。西北立面，全景	1814
图8-276	圣彼得堡 洛巴诺夫-罗斯托夫斯基宫邸。西侧全景	1815
图8-277	圣彼得堡 洛巴诺夫-罗斯托夫斯基宫邸。西南立面，柱廊近景	1815
图8-278	圣彼得堡 洛巴诺夫-罗斯托夫斯基宫邸。西南立面，柱式细部	1816
图8-279	圣彼得堡 洛巴诺夫-罗斯托夫斯基宫邸。西南立面，柱廊顶部雕饰	1816
图8-280	诺夫哥罗德 圣乔治（尤里耶夫）修道院。入口钟楼，地段全景	1816
图8-281	诺夫哥罗德 圣乔治（尤里耶夫）修道院。入口钟楼，立面全景	1817
图8-282	诺夫哥罗德 圣乔治（尤里耶夫）修道院。入口钟楼，仰视近景	1817
图8-283	特维尔 基督圣诞大教堂（1820年）。现状外景	1818
图8-284	托尔若克 主显圣容大教堂（1822年）。西北侧景色	1818
图8-285	托尔若克 主显圣容大教堂。东北侧全景	1819
图8-286	托尔若克 主显圣容大教堂。东立面景观	1819
图8-287	瓦西里·彼得罗维奇·斯塔索夫（1769~1848年）画像（作者Александр Григорьевич Варнек）	1820
图8-288	瓦西里·彼得罗维奇·斯塔索夫纪念碑	1820
图8-289	圣彼得堡 科托明公寓（1812~1815年）。19世纪景色（版画，1830年代）	1820
图8-290	圣彼得堡 科托明公寓。面向涅瓦大街的立面，现状	1820
图8-291	圣彼得堡 涅瓦大街25号楼。20世纪初景况（老照片，1913年）	1821
图8-292	圣彼得堡 涅瓦大街25号楼。街立面，现状	1821
图8-293	圣彼得堡 帕夫洛夫斯基军团营房（1817~1819年）。向南望去的景色	1821
图8-294	圣彼得堡 帕夫洛夫斯基军团营房。东侧，俯视全景	1821
图8-295	圣彼得堡 帕夫洛夫斯基军团营房。东立面远景	1822
图8-296	圣彼得堡 帕夫洛夫斯基军团营房。东立面全景	1822
图8-297	圣彼得堡 帕夫洛夫斯基军团营房。东立面，南端柱廊	1822
图8-298	圣彼得堡 帕夫洛夫斯基军团营房。东立面，中央柱廊及胸墙浮雕	1823
图8-299	圣彼得堡 帕夫洛夫斯基军团营房。东北角景色	1823
图8-300	圣彼得堡 帕夫洛夫斯基军团营房。北立面全景	1824
图8-301	圣彼得堡 帕夫洛夫斯基军团营房。北立面，柱廊近景	1824
图8-302	圣彼得堡 宫廷马厩（1817~1823年）。平面（取自William Craft Brumfield：《A History of Russian Architecture》，Cambridge University Press，1997年）	1824
图8-303	圣彼得堡 宫廷马厩。19世纪初景观（彩画，1809年，作者Андрей Ефимович Мартынов，现存埃尔米塔日博物馆）	1824
图8-304	圣彼得堡 宫廷马厩。西南侧，俯视全景	1825
图8-305	圣彼得堡 宫廷马厩。东北侧，远景	1825
图8-306	圣彼得堡 宫廷马厩。南侧景观	1825
图8-307	圣彼得堡 宫廷马厩。东南角楼，近景	1826
图8-308	圣彼得堡 宫廷马厩。南立面教堂，东南侧景色	1826
图8-309	圣彼得堡 宫廷马厩。教堂，嵌板浮雕	1827
图8-310	格鲁济诺 阿拉克切夫庄园。宫邸，20世纪初状态（老照片，1909年）	1827
图8-311	格鲁济诺 阿拉克切夫庄园。灯塔（1815年），20世纪初状态（老照片，1909年）	1827
图8-312	格鲁济诺 阿拉克切夫庄园。钟塔（1822年），20世纪初状态（老照片，1909年）	1827
图8-313	皇村 战友门（1817~1821年），现状	1828

图8-314维尔纽斯 总统府（1824~1834年）。19世纪中叶景色（版画，1850年，作者Benoist） …… 1828
图8-315维尔纽斯 总统府。19世纪下半叶景色（版画，1863年，作者J.Caildrau） …… 1828
图8-316维尔纽斯 总统府。东南侧，俯视全景 …… 1829
图8-317维尔纽斯 总统府。大院，自南面望去的景色 …… 1829
图8-318维尔纽斯 总统府。大院，西翼柱廊 …… 1829
图8-319维尔纽斯 总统府。大院，西翼端头及门廊 …… 1829
图8-320维尔纽斯 总统府。大院，东北角景色 …… 1830
图8-321维尔纽斯 总统府。大院，东翼近景 …… 1830
图8-322维尔纽斯 总统府。主楼背立面（东北侧），全景 …… 1830
图8-323维尔纽斯 总统府。主楼背立面，中央部分近景 …… 1830
图8-324维尔纽斯 总统府。主楼背立面，东段 …… 1831
图8-325圣彼得堡 主显圣容大教堂（1827~1829年）。19世纪景观（版画） …… 1831
图8-326圣彼得堡 主显圣容大教堂。东南侧全景 …… 1832
图8-327圣彼得堡 主显圣容大教堂。西侧，自对面街道望去的景色 …… 1832
图8-328圣彼得堡 主显圣容大教堂。西侧，地段全景 …… 1833
图8-329圣彼得堡 主显圣容大教堂。西北侧景观 …… 1833
图8-330圣彼得堡 主显圣容大教堂。西南侧近景 …… 1834
图8-331圣彼得堡 主显圣容大教堂。钟楼近景 …… 1834~1835
图8-332圣彼得堡 主显圣容大教堂。西立面，门廊近景 …… 1835
图8-333圣彼得堡 主显圣容大教堂。门饰 …… 1836
图8-334圣彼得堡 主显圣容大教堂。窗饰及墙龛壁画 …… 1836~1837
图8-335圣彼得堡 主显圣容大教堂。墙龛，浮雕细部 …… 1836
图8-336圣彼得堡 主显圣容大教堂。以大炮制作的围栏 …… 1837
图8-337圣彼得堡 主显圣容大教堂。内景 …… 1838
图8-338圣彼得堡 主显圣容大教堂。半圆室近景 …… 1838
图8-339圣彼得堡 三一大教堂（1828~1835年）。平面（取自William Craft Brumfield：《A History of Russian Architecture》，Cambridge University Press，1997年） …… 1839
图8-340圣彼得堡 三一大教堂。远景 …… 1839
图8-341圣彼得堡 三一大教堂。西北侧远景 …… 1839
图8-342圣彼得堡 三一大教堂。西侧现状 …… 1839
图8-343圣彼得堡 三一大教堂。西南侧全景 …… 1840
图8-344圣彼得堡 三一大教堂。东南侧，地段全景 …… 1840
图8-345圣彼得堡 三一大教堂。东南侧，2006年8月25日大火后实况 …… 1841
图8-346圣彼得堡 三一大教堂。东南侧，现状 …… 1841
图8-347圣彼得堡 三一大教堂。东侧全景 …… 1842
图8-348圣彼得堡 三一大教堂。西侧，柱廊近景 …… 1842
图8-349圣彼得堡 三一大教堂。西侧，南端近景 …… 1842
图8-350圣彼得堡 三一大教堂。西侧，柱廊龛室雕像 …… 1843
图8-351圣彼得堡 三一大教堂。东侧，门廊及穹顶近景 …… 1843
图8-352圣彼得堡 三一大教堂。山墙及穹顶近景 …… 1843
图8-353圣彼得堡 三一大教堂。穹顶近景 …… 1844

图8-354 鄂木斯克 哥萨克圣尼古拉大教堂（1833年）。西南侧全景 ……………………………… 1845
图8-355 鄂木斯克 哥萨克圣尼古拉大教堂。南侧全景 …………………………………………… 1845
图8-356 鄂木斯克 哥萨克圣尼古拉大教堂。东南侧景观 ………………………………………… 1846
图8-357 鄂木斯克 哥萨克圣尼古拉大教堂。西北侧景色 ………………………………………… 1846
图8-358 鄂木斯克 哥萨克圣尼古拉大教堂。西北侧近景 ………………………………………… 1847
图8-359 尼古拉一世（1796~1855年）画像（1852年，作者Franz Krüger） …………………… 1847
图8-360 波茨坦 亚历山大涅夫斯基纪念教堂（1826年）。19世纪上半叶景色[油画，1838年，作者Carl Daniel Freydanck（1811~1887年）] ……………………………………………………………………… 1847
图8-361 波茨坦 亚历山大涅夫斯基纪念教堂。地段形势 ………………………………………… 1848
图8-362 波茨坦 亚历山大涅夫斯基纪念教堂。西南侧全景 ……………………………………… 1848
图8-363 波茨坦 亚历山大涅夫斯基纪念教堂。南立面现状 ……………………………………… 1849
图8-364 波茨坦 亚历山大涅夫斯基纪念教堂。东南侧全景 ……………………………………… 1850
图8-365 波茨坦 亚历山大涅夫斯基纪念教堂。西侧及南侧圣像 ………………………………… 1851
图8-366 波茨坦 亚历山大涅夫斯基纪念教堂。内景（水彩画，约1850年，作者Friedrich Wilhelm Klose）… 1851
图8-367 圣彼得堡 纳尔瓦凯旋门（1827~1834年）。19世纪景观（水彩画，1820年代，作者Enluminure de Ch.Beggrow） ………………………………………………………………………………………… 1851
图8-368 圣彼得堡 纳尔瓦凯旋门。东南侧地段形势 ……………………………………………… 1852
图8-369 圣彼得堡 纳尔瓦凯旋门。南立面全景 …………………………………………………… 1852
图8-370 圣彼得堡 纳尔瓦凯旋门。侧面近景 ……………………………………………………… 1853
图8-371 圣彼得堡 纳尔瓦凯旋门。柱间雕像 ……………………………………………………… 1853
图8-372 圣彼得堡 纳尔瓦凯旋门。柱头及拱肩浮雕 ……………………………………………… 1854
图8-373 圣彼得堡 纳尔瓦凯旋门。券底浮雕 ……………………………………………………… 1854
图8-374 圣彼得堡 纳尔瓦凯旋门。檐部雕像 …………………………………………… 1854~1855
图8-375 圣彼得堡 纳尔瓦凯旋门。顶部战车组群 ……………………………………… 1854~1855
图8-376 圣彼得堡 莫斯科凯旋门（1834~1838年）。立面（取自Академия Стройтельства и Архитестуры СССР：《Всеобщая История Архитестуры》，II，Москва，1963年） ……………………… 1855
图8-377 圣彼得堡 莫斯科凯旋门。东南侧俯视全景 ……………………………………………… 1855
图8-378 圣彼得堡 莫斯科凯旋门。南侧地段形势 ………………………………………………… 1856
图8-379 圣彼得堡 莫斯科凯旋门。南侧全景 ……………………………………………………… 1856
图8-380 圣彼得堡 莫斯科凯旋门。西北侧景色 …………………………………………………… 1857
图8-381 圣彼得堡 莫斯科凯旋门。南立面近景 …………………………………………………… 1857
图8-382 圣彼得堡 抚悲圣母教堂（1817~1818年）。19世纪上半叶景色（彩画，1820年代，作者不明）… 1857
图8-383 圣彼得堡 抚悲圣母教堂。东北侧地段形势 ……………………………………………… 1858
图8-384 圣彼得堡 抚悲圣母教堂。东立面全景 …………………………………………………… 1858
图8-385 圣彼得堡 抚悲圣母教堂。北立面，柱廊近景 …………………………………………… 1858
图8-386 圣彼得堡 羽毛巷门廊（1802~1806年）。现状景色 ……………………………………… 1859
图8-387 圣彼得堡 博布林斯基宫（1790年代）。西北侧，院落入口 ……………………………… 1859
图8-388 圣彼得堡 博布林斯基宫。朝院落的主立面（西北立面），现状 ………………………… 1859
图8-389 圣彼得堡 博布林斯基宫。西南侧，自南面望去的景色 ………………………………… 1859
图8-390 圣彼得堡 博布林斯基宫。西南侧，自西面望去的景色 ………………………………… 1860
图8-391 圣彼得堡 博布林斯基宫。东南侧（花园面）全景 ……………………………………… 1860

图8-392圣彼得堡 博布林斯基宫。主楼西南角，近景 ········ 1860
图8-393圣彼得堡 博布林斯基宫。西南侧，花园栏墙雕像 ········ 1860
图8-394涅任 涅任学苑（涅任国立果戈里大学）。现状外景 ········ 1861
图8-395基辅 商业中心。现状全景 ········ 1861
图8-396基辅 商业中心。东北翼近景 ········ 1861
图8-397新切尔卡斯克 北凯旋门。东南侧地段形势 ········ 1861
图8-398新切尔卡斯克 北凯旋门。南侧全景 ········ 1862
图8-399新切尔卡斯克 北凯旋门。南侧近景 ········ 1862
图8-400新切尔卡斯克 西凯旋门。西南侧全景 ········ 1863
图8-401新切尔卡斯克 西凯旋门。东北侧景色 ········ 1863
图8-402迪卡尼卡 凯旋门。正立面全景 ········ 1864
图8-403迪卡尼卡 凯旋门。背面及侧面景色 ········ 1864
图8-404圣彼得堡 海关大楼（1829~1832年）。北立面 ········ 1865
图8-405圣彼得堡 海关大楼。西北侧景色 ········ 1865
图8-406圣彼得堡 海关大楼。东北侧景观 ········ 1866
图8-407圣彼得堡 海关大楼。西北侧全景 ········ 1866
图8-408圣彼得堡 海关大楼。柱廊近景 ········ 1866
图8-409圣彼得堡 海关大楼。内景 ········ 1867
图8-410莫斯科 城市总平面（1813年） ········ 1868
图8-411莫斯科 城市总平面（约1815年） ········ 1868
图8-412莫斯科 城市总平面（1817年） ········ 1868
图8-413莫斯科 城市规划图（《Прожектированный планъ столичнаго города Москвы》，1818年，编制人Егор Челиев，原图比例1∶12600） ········ 1869
图8-414莫斯科 城市及郊区平面（可能1810年代末） ········ 1870
图8-415莫斯科 城市总平面[1830年，帝王陛下直属办公厅（Е.И.В.канцелярия）编制] ········ 1869
图8-416莫斯科 城市总平面（1835年） ········ 1871
图8-417莫斯科 城市总平面（1836年，作者W.B.Clarke） ········ 1871
图8-418莫斯科 城市总平面[1839年，帝王陛下直属办公厅（Е.И.В.канцелярия）编制] ········ 1872
图8-419莫斯科 城市总平面（1852年） ········ 1873
图8-420奥西普·伊万诺维奇·博韦（1784~1834年）画像（19世纪20年代，作者不明） ········ 1874
图8-421莫斯科 小莫尔恰诺夫卡大街住宅（约1820年）。外景[两幅分别示整修前后状况，建筑现为莱蒙托夫故居博物馆（Lermontov House-Museum）] ········ 1874
图8-422莫斯科 中商业中心（1816年，建筑师博韦，1888年拆除）。19世纪景观（老照片，1884年，取自Nikolay Naidenov系列图集） ········ 1874
图8-423莫斯科 大剧院（1821~1824年）。剧院及广场总平面规划（博韦的最初设计，1821年；线条图取自Академия Строительства и Архитестуры СССР:《Всеобщая История Архитестуры》,II, Москва，1963年） ········ 1874
图8-424莫斯科 大剧院。剧院及广场总平面规划（博韦的最初设计，1821年） ········ 1874
图8-425莫斯科 大剧院。楼层平面（博韦设计，1833年） ········ 1875
图8-426莫斯科 大剧院。正立面（博韦设计，1832年） ········ 1875
图8-427莫斯科 大剧院。侧立面（博韦设计，1832年） ········ 1875
图8-428莫斯科 大剧院。横剖面（博韦设计，1821年） ········ 1875

图8-429莫斯科 大剧院。平面方案（设计人Andrey Mikhailov，1821年，未实现） ……… 1876
图8-430莫斯科 大剧院。立面方案（设计人Andrey Mikhailov，1821年，未实现） ……… 1876
图8-431莫斯科 大剧院。正立面及横剖面（设计人博韦，取自William Craft Brumfield：《A History of Russian Architecture》，Cambridge University Press，1997年） ……… 1876
图8-432莫斯科 大剧院。19世纪上半叶景况[月夜景色，1830年代，作者Augste Cadolle，图版制作Godefroy Engelmann（1788~1839年）] ……… 1876
图8-433莫斯科 大剧院。19世纪初景色（绘画，作者L.Arnould） ……… 1877
图8-434莫斯科 大剧院。19世纪中叶景色（绘画） ……… 1877
图8-435莫斯科 大剧院。19世纪末景色（老照片，1883年，取自Nikolay Naidenov系列图集） ……… 1877
图8-436莫斯科 大剧院。19世纪末景色（老照片，1896年） ……… 1877
图8-437莫斯科 大剧院。20世纪初景色（老照片，摄于1920年5月5日） ……… 1877
图8-438莫斯科 大剧院。地段形势 ……… 1877
图8-439莫斯科 大剧院。正立面全景 ……… 1878
图8-440莫斯科 大剧院。东南侧景观 ……… 1878
图8-441莫斯科 大剧院。入口柱廊，自广场喷泉处望去的景色 ……… 1879
图8-442莫斯科 大剧院。入口柱廊，西南侧近景 ……… 1879
图8-443莫斯科 大剧院。立面，龛室及雕刻近景 ……… 1880
图8-444莫斯科 大剧院。山墙及雕刻组群 ……… 1880
图8-445莫斯科 大剧院。19世纪中叶内景[油画，1856年，作者Michael von Zichy（1827~1906年）] ……… 1881
图8-446莫斯科 大剧院。观众厅，内景 ……… 1881
图8-447莫斯科 大剧院。观众厅，楼座 ……… 1882
图8-448莫斯科 大剧院。观众厅，包厢近景 ……… 1883
图8-449莫斯科 大剧院。观众厅，舞台 ……… 1884
图8-450莫斯科 大剧院。帝王休息厅 ……… 1884~1885
图8-451莫斯科 小剧院。现状外景 ……… 1884
图8-452莫斯科 克里姆林宫。亚历山大公园，入口大门 ……… 1885
图8-453莫斯科 克里姆林宫。亚历山大公园，无名战士墓及墓前的长明火 ……… 1885
图8-454莫斯科 克里姆林宫。亚历山大公园，"洞穴"（1821~1823年），地段全景 ……… 1886
图8-455莫斯科 克里姆林宫。亚历山大公园，"洞穴"，近景 ……… 1886
图8-456莫斯科 克里姆林宫。亚历山大公园，"洞穴"，内景 ……… 1886
图8-457莫斯科 驯马厅（1817年，1823~1825年）。平面及剖面（作者Agustín de Betancourt，1817年） ……… 1887
图8-458莫斯科 驯马厅。端立面及侧立面[图版取自项目监管图册（《Альбом комиссии для строений》，1825年）；线条图取自Академия Стройтельства и Архитестуры СССР：《Всеобщая История Архитестуры》，II，Москва，1963年] ……… 1887
图8-459莫斯科 驯马厅。结构剖析图（1819年最初设计，作者Agustín de Betancourt） ……… 1887
图8-460莫斯科 驯马厅。东北侧俯视全景 ……… 1887
图8-461莫斯科 驯马厅。东北侧景色 ……… 1888
图8-462莫斯科 驯马厅。东北侧全景 ……… 1888
图8-463莫斯科 驯马厅。北立面景观 ……… 1889
图8-464莫斯科 驯马厅。西北侧景色 ……… 1889
图8-465莫斯科 驯马厅。西立面 ……… 1890

图8-466莫斯科 驯马厅。现状内景 ············1890

图8-467莫斯科 尼古拉·S.加加林府邸（1817年，毁于1941年）。平面及立面（据A.M.Kharlamova） ······1890

图8-468莫斯科 尼古拉·S.加加林府邸。主门廊，外景（老照片，私人收藏） ············1890

图8-469莫斯科 尼古拉·S.加加林府邸。主卧室，内景（老照片，1900年代早期，私人收藏） ············1891

图8-470莫斯科 特韦尔斯克-扎斯塔瓦凯旋门（1827~1834年，1938年拆除，1960年代后期易地重建）。19世纪中叶景色[绘画，1848年，作者Félix Benoist（1818~1896年）] ············1891

图8-471莫斯科 特韦尔斯克-扎斯塔瓦凯旋门。19世纪后期景色（老照片，1883年，取自Nikolay Naidenov系列图集） ············1891

图8-472莫斯科 特韦尔斯克-扎斯塔瓦凯旋门。现状 ············1891

图8-473莫斯科 巴拉希哈。圣母代祷教堂，西南侧全景 ············1892

图8-474莫斯科 巴拉希哈。圣母代祷教堂，东侧现状 ············1892

图8-475莫斯科 巴拉希哈。圣母代祷教堂，东南侧全景 ············1893

图8-476莫斯科 巴拉希哈。圣母代祷教堂，南侧，本堂近景 ············1893

图8-477莫斯科 巴拉希哈。圣母代祷教堂，南侧，圆堂近景 ············1894

图8-478莫斯科 科捷利尼基。圣尼古拉教堂，19世纪后期景色（老照片，1882年） ············1894~1895

图8-479莫斯科 科捷利尼基。圣尼古拉教堂，西南侧全景 ············1895

图8-480莫斯科 科捷利尼基。圣尼古拉教堂，东南侧景观 ············1895

图8-481莫斯科 科捷利尼基。圣尼古拉教堂，南立面现状 ············1895

图8-482莫斯科 科捷利尼基。圣尼古拉教堂，南侧，入口面近景 ············1896

图8-483莫斯科 科捷利尼基。圣尼古拉教堂，钟楼，西南侧近景 ············1896

图8-484莫斯科 科捷利尼基。圣尼古拉教堂，钟楼顶部 ············1896

图8-485莫斯科 圣丹尼尔修道院（丹尼洛夫修道院）。圣三一教堂，主立面，现状 ············1897

图8-486莫斯科 圣丹尼尔修道院（丹尼洛夫修道院）。圣三一教堂，背立面 ············1897

图8-487莫斯科 圣丹尼尔修道院（丹尼洛夫修道院）。圣三一教堂，入口门廊，近景 ············1897

图8-488莫斯科 克拉斯诺村（红村）。圣母庇护教堂（1730~1851年，上部由博韦主持于1816~1838年进行了改造），东南侧景色（摄于2008年） ············1898

图8-489莫斯科 克拉斯诺村（红村）。圣母庇护教堂，东南侧全景 ············1898

图8-490莫斯科 克拉斯诺村（红村）。圣母庇护教堂，西南侧全景 ············1899

图8-491莫斯科 克拉斯诺村（红村）。圣母庇护教堂，南侧近景 ············1900

图8-492莫斯科 第一城市医院（1832年）。19世纪后期景色（老照片，1884年，取自Nikolay Naidenov系列图集） ············1900

图8-493莫斯科 第一城市医院。现状，柱廊近景 ············1900

图8-494莫斯科 米亚斯尼茨基大街37号。街立面，现状 ············1900

图8-495莫斯科 米亚斯尼茨基大街37号。侧翼立面 ············1901

图8-496阿尔汉格尔斯克 圣米迦勒教堂。2010年修复时景色 ············1901

图8-497阿尔汉格尔斯克 圣米迦勒教堂。现状 ············1902

图8-498乔瓦尼·吉拉尔迪（1759~1819年）设计图稿：新伊凡大帝钟楼，立面及剖面（1815年） ············1902

图8-499莫斯科 叶卡捷琳娜学院（1818年，门廊1826~1827年增建）。20世纪初景色（老照片，1912年） ······1903

图8-500莫斯科 叶卡捷琳娜学院。街立面现状 ············1903

图8-501莫斯科 叶卡捷琳娜学院。主立面（东侧）全景 ············1903

图8-502莫斯科 叶卡捷琳娜学院。柱廊近景 ············1904

图8-503莫斯科 弃儿养育院。监护人（孤儿院）委员会大楼（1821年，1823~1826年），立面（最初设计，取自William Craft Brumfield：《A History of Russian Architecture》，Cambridge University Press, 1997年） ········ 1904

图8-504莫斯科 弃儿养育院。监护人（孤儿院）委员会大楼，19世纪上半叶景色 ············ 1904

图8-505莫斯科 弃儿养育院。监护人（孤儿院）委员会大楼，现状，东侧全景 ············ 1905

图8-506莫斯科 弃儿养育院。监护人（孤儿院）委员会大楼，北侧景观 ············ 1905

图8-507莫斯科 弃儿养育院。监护人（孤儿院）委员会大楼，东北侧，主立面近景 ············ 1906

图8-508莫斯科 P.M.卢宁府邸（1817~1822年）。南侧全景 ············ 1906

图8-509莫斯科 P.M.卢宁府邸。主楼，西南侧主立面 ············ 1907

图8-510莫斯科 P.M.卢宁府邸。主立面，柱廊近景 ············ 1907

图8-511莫斯科 P.M.卢宁府邸。主立面，装修细部 ············ 1908

图8-512莫斯科 P.M.卢宁府邸。侧翼，仰视近景 ············ 1908

图8-513莫斯科 P.M.卢宁府邸。侧翼，柱式细部 ············ 1909

图8-514莫斯科 P.M.卢宁府邸。内景 ············ 1909

图8-515莫斯科 S.S.加加林府邸（1822~1823年）。平面（据M.V.Pershin） ············ 1909

图8-516莫斯科 S.S.加加林府邸。外景现状 ············ 1909

图8-517莫斯科 S.S.加加林府邸。大厅和圆堂，内景 ············ 1909

图8-518莫斯科 乌萨乔夫庄园府邸（1829~1831年）。平面及立面（据D.Gilardi） ············ 1910

图8-519莫斯科 乌萨乔夫庄园府邸。茶楼立面（取自Академия Строительства и Архитестуры СССР：《Всеобщая История Архитестуры》，II，Москва，1963年） ············ 1910

图8-520莫斯科 乌萨乔夫庄园府邸。地段现状 ············ 1910

图8-521莫斯科 乌萨乔夫庄园府邸。西立面全景 ············ 1910

图8-522莫斯科 弗拉汉斯克村。库兹明基庄园（1915年毁于火灾），大公宫邸，19世纪风光[原画作者Иоганн Непомук Раух（1804~1847年），图版制作Ph.Benois] ············ 1911

图8-523莫斯科 弗拉汉斯克村。库兹明基庄园，大公宫邸（彩画，1820年，作者Иоганн Непомук Раух） ············ 1911

图8-524莫斯科 弗拉汉斯克村。库兹明基庄园，教堂（彩画，1820年，作者Иоганн Непомук Раух） ············ 1911

图8-525莫斯科 弗拉汉斯克村。库兹明基庄园，铸铁门（彩画，1820年代，作者Иоганн Непомук Раух） ············ 1912

图8-526莫斯科 弗拉汉斯克村。库兹明基庄园，大公宫邸，20世纪初状况（老照片，1914年前） ············ 1912

图8-527莫斯科 弗拉汉斯克村。库兹明基庄园，重建的主要庄园府邸右翼 ············ 1912

图8-528莫斯科 弗拉汉斯克村。库兹明基庄园，桥梁 ············ 1912

图8-529莫斯科 弗拉汉斯克村。库兹明基庄园，残墟景色 ············ 1912

图8-530莫斯科 弗拉汉斯克村。库兹明基庄园，音乐阁，立面及剖面（据A.M.Kharlamova） ············ 1912

图8-531莫斯科 弗拉汉斯克村。库兹明基庄园，音乐阁，19世纪上半叶景色（彩画，1820年代，作者Иоганн Непомук Раух） ············ 1913

图8-532莫斯科 弗拉汉斯克村。库兹明基庄园，音乐阁，现状 ············ 1913

图8-533莫斯科 弗拉汉斯克村。库兹明基庄园，音乐阁，东南侧景色 ············ 1913

图8-534莫斯科 弗拉汉斯克村。库兹明基庄园，音乐阁，东北侧雪景 ············ 1914

图8-535莫斯科 弗拉汉斯克村。库兹明基庄园，音乐阁，东立面，主入口近景 ············ 1914

图8-536莫斯科 弗拉汉斯克村。库兹明基庄园，音乐阁，东立面，主入口边侧雕塑 ············ 1914

图8-537莫斯科 弗拉汉斯克村。库兹明基庄园，音乐阁，后院现状 ············ 1914

图8-538圣彼得堡 阿尼奇科夫桥。19世纪中叶外景（绘画，作者Joseph-Maria Charlemagne-Baudet，1850年代） ············ 1914

图8-539圣彼得堡 阿尼奇科夫桥。桥头的四组雕刻（1839~1850年） ········· 1915
图8-540莫斯科 赫鲁晓夫（A.P.）府邸（1814~1815年）。平面（取自William Craft Brumfield：《A History of Russian Architecture》，Cambridge University Press，1997年） ········· 1916
图8-541莫斯科 赫鲁晓夫（A.P.）府邸。南侧全景 ········· 1916
图8-542莫斯科 赫鲁晓夫（A.P.）府邸。西侧景色 ········· 1916
图8-543莫斯科 赫鲁晓夫（A.P.）府邸。西南侧入口 ········· 1916
图8-544莫斯科 赫鲁晓夫（A.P.）府邸。赫鲁晓夫巷入口 ········· 1916
图8-545莫斯科 赫鲁晓夫（A.P.）府邸。西南侧柱廊，近景 ········· 1917
图8-546莫斯科 赫鲁晓夫（A.P.）府邸。西南侧柱廊，柱式及雕饰细部 ········· 1917
图8-547莫斯科 赫鲁晓夫（A.P.）府邸。舞厅，内景 ········· 1918
图8-548莫斯科 洛普欣府邸（1817~1822年）。平面及立面（平面取自William Craft Brumfield：《A History of Russian Architecture》，Cambridge University Press，1997年；立面据Академия Стройтельства и Архитестуры СССР：《Всеобщая История Архитестуры》，II，Москва，1963年） ········· 1918
图8-549莫斯科 洛普欣府邸。北侧地段形势 ········· 1918
图8-550莫斯科 洛普欣府邸。北侧全景 ········· 1918
图8-551莫斯科 洛普欣府邸。西北侧现状 ········· 1919
图8-552莫斯科 洛普欣府邸。西侧景色 ········· 1919
图8-553莫斯科 洛普欣府邸。室内，龛室近景 ········· 1920
图8-554莫斯科 洛普欣府邸。室内，天棚仰视 ········· 1920
图8-555兹韦尼哥罗德 叶尔绍沃村三一教堂（1826~1828年，1941年毁于战火，20世纪90年代重建）。南侧远景 ········· 1920
图8-556兹韦尼哥罗德 叶尔绍沃村三一教堂。西南侧现状 ········· 1920
图8-557兹韦尼哥罗德 叶尔绍沃村三一教堂。西北侧景色 ········· 1921
图8-558莫斯科 大耶稣升天教堂（1798~1848年）。19世纪后期景色（老照片，1882年） ········· 1921
图8-559莫斯科 大耶稣升天教堂。西南侧，俯视夜景 ········· 1921
图8-560莫斯科 大耶稣升天教堂。西侧景观 ········· 1921
图8-561莫斯科 大耶稣升天教堂。西侧全景 ········· 1922
图8-562莫斯科 大耶稣升天教堂。西南侧现状 ········· 1922
图8-563莫斯科 大耶稣升天教堂。南立面及入口门廊 ········· 1923
图8-564莫斯科 大耶稣升天教堂。东南侧全景 ········· 1923
图8-565莫斯科 大耶稣升天教堂。东立面 ········· 1924
图8-566莫斯科 大耶稣升天教堂。北侧现状 ········· 1925
图8-567莫斯科 大耶稣升天教堂。穹顶近景 ········· 1925
图8-568莫斯科 大耶稣升天教堂。门廊细部 ········· 1925
图8-569莫斯科 大耶稣升天教堂。钟塔，西南侧全景 ········· 1926
图8-570莫斯科 大耶稣升天教堂。钟塔，南侧景观 ········· 1926
图8-571莫斯科 大耶稣升天教堂。钟塔底层 ········· 1926
图8-572莫斯科 大耶稣升天教堂。钟塔，底层柱式细部 ········· 1927
图8-573莫斯科 大耶稣升天教堂。钟塔上部 ········· 1927
图8-574莫斯科 大耶稣升天教堂。本堂内景 ········· 1928
图8-575莫斯科 大耶稣升天教堂。穹顶仰视 ········· 1928

图8-576莫斯科 储备物资库房（食品仓库，1821年，1829~1831年）。地段俯视景色 ……1928
图8-577莫斯科 储备物资库房（食品仓库）。20世纪初景色（老照片，1900年） ……1928
图8-578莫斯科 储备物资库房（食品仓库）。东南侧全景 ……1929
图8-579莫斯科 储备物资库房（食品仓库）。中库，南侧景观 ……1929
图8-580莫斯科 储备物资库房（食品仓库）。东南库，临街立面 ……1929
图8-581莫斯科 储备物资库房（食品仓库）。墙面及窗饰细部 ……1930
图8-582莫斯科 拉祖莫夫斯基（A.K.）府邸（1799~1803年，建筑师亚当·梅涅拉斯；1830年代后期~1840年代早期改建，主持人格里戈里耶夫）。平面及最初建筑立面（复原图作者A.K.Andreev）……1931
图8-583莫斯科 拉祖莫夫斯基（L.K.）府邸（英国俱乐部）。东侧，夜景 ……1931
图8-584莫斯科 拉祖莫夫斯基（L.K.）府邸（英国俱乐部）。东侧全景 ……1931
图8-585莫斯科 拉祖莫夫斯基（L.K.）府邸（英国俱乐部）。中央柱廊，北侧景色 ……1931
图8-586莫斯科 拉祖莫夫斯基（L.K.）府邸（英国俱乐部）。西北翼，近景 ……1932
图8-587莫斯科 拉祖莫夫斯基（L.K.）府邸（英国俱乐部）。东南翼，端头立面 ……1932
图8-588莫斯科 拉祖莫夫斯基（L.K.）府邸（英国俱乐部）。窗饰细部 ……1932
图8-589莫斯科 拉祖莫夫斯基（L.K.）府邸（英国俱乐部）。前厅，内景 ……1932
图8-590莫斯科 莫斯科大学。新楼，圣塔蒂亚娜教堂，南侧景观 ……1933
图8-591莫斯科 莫斯科大学。新楼，圣塔蒂亚娜教堂，东南端现状 ……1933
图8-592莫斯科 埃洛霍沃。主显大教堂（俄罗斯东正教会教长教堂，1837~1845年，1889年），19世纪后期景色（老照片，1882年）……1934
图8-593莫斯科 埃洛霍沃。主显大教堂，西南侧全景 ……1934
图8-594莫斯科 埃洛霍沃。主显大教堂，东南侧景观 ……1935
图8-595莫斯科 埃洛霍沃。主显大教堂，西侧全景 ……1936
图8-596莫斯科 埃洛霍沃。主显大教堂，北侧地段形势 ……1936
图8-597莫斯科 埃洛霍沃。主显大教堂，北侧近景 ……1936
图8-598莫斯科 埃洛霍沃。主显大教堂，塔楼，西侧近景 ……1936
图8-599莫斯科 埃洛霍沃。主显大教堂，角跨穹顶，近景 ……1937
图8-600莫斯科 埃洛霍沃。主显大教堂，外墙马赛克及瓷砖圣像 ……1937
图8-601莫斯科 埃洛霍沃。主显大教堂，屋檐及马赛克细部 ……1938
图8-602莫斯科 埃洛霍沃。主显大教堂，本堂内景 ……1938
图8-603莫斯科 埃洛霍沃。主显大教堂，圣像屏帏及穹顶 ……1938

第九章 19世纪的传统风格和折中主义

图9-1费奥多尔·米哈伊洛维奇·陀思妥耶夫斯基（1821~1881年）画像（1872年，作者В.Г.Перов）………1940
图9-2圣彼得堡 荷兰改革派教会公寓（1834~1839年）。东南侧地段形势 ……1941
图9-3圣彼得堡 荷兰改革派教会公寓。西南侧现状 ……1941
图9-4圣彼得堡 荷兰改革派教会公寓。东南侧近景 ……1942
图9-5圣彼得堡 荷兰改革派教会公寓。南立面 ……1942
图9-6圣彼得堡 荷兰改革派教会公寓。中央门廊近景 ……1942
图9-7圣彼得堡 荷兰改革派教会公寓。室内，穹顶仰视 ……1942
图9-8圣彼得堡 弗拉基米尔·亚历山德罗维奇大公宫殿（1867~1872年）。19世纪下半叶景色（绘画，1870年

代，作者Albert Benois） ········· 1943
图9-9圣彼得堡 弗拉基米尔·亚历山德罗维奇大公宫殿。立面全景 ········· 1943
图9-10圣彼得堡 弗拉基米尔·亚历山德罗维奇大公宫殿。西北侧景色 ········· 1944
图9-11圣彼得堡 弗拉基米尔·亚历山德罗维奇大公宫殿。门廊近景 ········· 1944
图9-12圣彼得堡 弗拉基米尔·亚历山德罗维奇大公宫殿。外墙装修 ········· 1945
图9-13圣彼得堡 弗拉基米尔·亚历山德罗维奇大公宫殿。灯柱细部 ········· 1946
图9-14圣彼得堡 弗拉基米尔·亚历山德罗维奇大公宫殿。楼梯间，内景 ········· 1946
图9-15圣彼得堡 弗拉基米尔·亚历山德罗维奇大公宫殿。波斯厅，装饰细部 ········· 1946
图9-16皇村 亚历山大公园。礼拜堂（1825~1828年），南侧，俯视全景 ········· 1947
图9-17皇村 亚历山大公园。礼拜堂，西南侧远景 ········· 1947
图9-18皇村 亚历山大公园。礼拜堂，西南侧近景 ········· 1948
图9-19皇村 亚历山大公园。礼拜堂，南侧全景 ········· 1948~1949
图9-20皇村 亚历山大公园。礼拜堂，东南侧全景 ········· 1948~1949
图9-21皇村 亚历山大公园。礼拜堂，西北面远景 ········· 1949
图9-22皇村 亚历山大公园。礼拜堂，西北侧近景 ········· 1950
图9-23皇村 亚历山大公园。军械阁（1834年），19世纪下半叶景色（老照片，Karl Schultz摄，1870年代） ········· 1951
图9-24皇村 亚历山大公园。军械阁，遗存现状 ········· 1951
图9-25皇村 亚历山大公园。军械阁，主立面，近景 ········· 1951
图9-26皇村 亚历山大公园。皇家农场（1818~1822年），平面及立面（设计图，作者亚当·梅涅拉斯，1820年） ········· 1951
图9-27皇村 亚历山大公园。皇家农场，20世纪初状态（1900年明信片上的图片） ········· 1952
图9-28皇村 亚历山大公园。皇家农场，现状 ········· 1952
图9-29彼得霍夫 亚历山德里亚公园。"别墅"（1826~1829年），19世纪中叶景色（版画） ········· 1952
图9-30彼得霍夫 亚历山德里亚公园。"别墅"，北立面远景 ········· 1952
图9-31彼得霍夫 亚历山德里亚公园。"别墅"，西南侧全景 ········· 1953
图9-32彼得霍夫 亚历山德里亚公园。"别墅"，西立面景色 ········· 1953
图9-33彼得霍夫 亚历山德里亚公园。"别墅"，南立面冬景 ········· 1953
图9-34彼得霍夫 亚历山德里亚公园。"别墅"，南门廊近景 ········· 1953
图9-35彼得霍夫 亚历山德里亚公园。"别墅"，东北侧，门廊及平台 ········· 1954
图9-36彼得霍夫 亚历山德里亚公园。"别墅"，东门廊花饰 ········· 1954
图9-37彼得霍夫 亚历山德里亚公园。"别墅"，亚历山德拉·费奥多罗芙娜客厅（内景画） ········· 1954
图9-38彼得霍夫 亚历山德里亚公园。圣亚历山大·涅夫斯基教堂（哥特式礼拜堂，1831~1832年），西北侧远景 ········· 1954
图9-39彼得霍夫 亚历山德里亚公园。圣亚历山大·涅夫斯基教堂，西侧全景 ········· 1955
图9-40彼得霍夫 亚历山德里亚公园。圣亚历山大·涅夫斯基教堂，西南侧立面，冬季景色 ········· 1955
图9-41彼得霍夫 亚历山德里亚公园。圣亚历山大·涅夫斯基教堂，南侧景观 ········· 1955
图9-42彼得霍夫 亚历山德里亚公园。圣亚历山大·涅夫斯基教堂，东南侧立面 ········· 1955
图9-43彼得霍夫 亚历山德里亚公园。圣亚历山大·涅夫斯基教堂，东北侧景色 ········· 1956
图9-44彼得霍夫 亚历山德里亚公园。圣亚历山大·涅夫斯基教堂，东南侧近景 ········· 1956
图9-45彼得霍夫 亚历山德里亚公园。圣亚历山大·涅夫斯基教堂，东南侧，雕饰细部 ········· 1957

图9-46 彼得霍夫 亚历山德里亚公园。圣亚历山大·涅夫斯基教堂，东南侧，木窗细部 ⋯⋯⋯⋯⋯⋯⋯⋯ 1957

图9-47 亚历山大·帕夫洛维奇·布留洛夫（1798~1877年）自画像 ⋯⋯⋯⋯⋯⋯⋯⋯⋯⋯⋯⋯⋯⋯⋯⋯ 1957

图9-48 亚历山大·帕夫洛维奇·布留洛夫画像（作者Карл Па́влович Брюлло́в，两幅分别绘于1823~1827年和1841年） ⋯⋯ 1958

图9-49 亚历山大·帕夫洛维奇·布留洛夫：罗马风景（圣天使城堡，水彩画，1826年） ⋯⋯⋯⋯⋯⋯⋯⋯ 1958

图9-50 圣彼得堡 米哈伊洛夫斯基剧院（小剧院，1831~1833年）。立面现状 ⋯⋯⋯⋯⋯⋯⋯⋯⋯⋯⋯ 1958

图9-51 圣彼得堡 路德教圣彼得和圣保罗教堂（1833~1838年）。街立面，现状 ⋯⋯⋯⋯⋯⋯⋯⋯⋯⋯ 1959

图9-52 圣彼得堡 路德教圣彼得和圣保罗教堂。立面近景 ⋯⋯⋯⋯⋯⋯⋯⋯⋯⋯⋯⋯⋯⋯⋯⋯⋯⋯⋯⋯ 1960

图9-53 圣彼得堡 路德教圣彼得和圣保罗教堂。内景 ⋯⋯⋯⋯⋯⋯⋯⋯⋯⋯⋯⋯⋯⋯⋯⋯⋯⋯⋯⋯⋯⋯ 1960

图9-54 圣彼得堡 普尔科沃天象台（1834~1839年）。19世纪中叶景色（版画，作者Ev.Bernardsky，1855年） ⋯⋯⋯ 1960

图9-55 圣彼得堡 普尔科沃天象台。主楼，东北侧景色 ⋯⋯⋯⋯⋯⋯⋯⋯⋯⋯⋯⋯⋯⋯⋯⋯⋯⋯⋯⋯⋯ 1960

图9-56 圣彼得堡 普尔科沃天象台。主楼及东翼，自北面望去的情景 ⋯⋯⋯⋯⋯⋯⋯⋯⋯⋯⋯⋯⋯⋯ 1961

图9-57 圣彼得堡 普尔科沃天象台。主楼，西北侧景色 ⋯⋯⋯⋯⋯⋯⋯⋯⋯⋯⋯⋯⋯⋯⋯⋯⋯⋯⋯⋯⋯ 1961

图9-58 圣彼得堡 普尔科沃天象台。西翼，北侧近景 ⋯⋯⋯⋯⋯⋯⋯⋯⋯⋯⋯⋯⋯⋯⋯⋯⋯⋯⋯⋯⋯⋯ 1961

图9-59 圣彼得堡 普尔科沃天象台。各观测塔楼 ⋯⋯⋯⋯⋯⋯⋯⋯⋯⋯⋯⋯⋯⋯⋯⋯⋯⋯⋯⋯⋯⋯⋯⋯ 1961

图9-60 圣彼得堡 普尔科沃天象台。观测塔内景（老照片） ⋯⋯⋯⋯⋯⋯⋯⋯⋯⋯⋯⋯⋯⋯⋯⋯⋯⋯⋯ 1962

图9-61 圣彼得堡 普尔科沃天象台。观测塔内景 ⋯⋯⋯⋯⋯⋯⋯⋯⋯⋯⋯⋯⋯⋯⋯⋯⋯⋯⋯⋯⋯⋯⋯⋯ 1962

图9-62 圣彼得堡 卫队总部（1837~1843年）。19世纪末景象（老照片，摄于1890年代） ⋯⋯⋯⋯⋯⋯ 1962

图9-63 圣彼得堡 卫队总部。西南侧，俯视景色 ⋯⋯⋯⋯⋯⋯⋯⋯⋯⋯⋯⋯⋯⋯⋯⋯⋯⋯⋯⋯⋯⋯⋯⋯ 1962

图9-64 圣彼得堡 卫队总部。西南侧，地段现状 ⋯⋯⋯⋯⋯⋯⋯⋯⋯⋯⋯⋯⋯⋯⋯⋯⋯⋯⋯⋯ 1962~1963

图9-65 圣彼得堡 卫队总部。西南侧，全景 ⋯⋯⋯⋯⋯⋯⋯⋯⋯⋯⋯⋯⋯⋯⋯⋯⋯⋯⋯⋯⋯⋯⋯⋯⋯⋯ 1963

图9-66 圣彼得堡 卫队总部。面对宫殿广场的立面 ⋯⋯⋯⋯⋯⋯⋯⋯⋯⋯⋯⋯⋯⋯⋯⋯⋯⋯⋯⋯⋯⋯⋯ 1963

图9-67 奥伦堡 商队旅社清真寺（1844年）。东南侧全景 ⋯⋯⋯⋯⋯⋯⋯⋯⋯⋯⋯⋯⋯⋯⋯⋯⋯⋯⋯⋯ 1964

图9-68 奥伦堡 商队旅社清真寺。南侧角楼，自西南方向望去的景色 ⋯⋯⋯⋯⋯⋯⋯⋯⋯⋯⋯⋯⋯⋯ 1964

图9-69 奥伦堡 商队旅社清真寺。西侧角楼，自西面望去的景色 ⋯⋯⋯⋯⋯⋯⋯⋯⋯⋯⋯⋯⋯⋯⋯⋯ 1964

图9-70 奥伦堡 商队旅社清真寺。西侧角楼，自西南方向望去的景色 ⋯⋯⋯⋯⋯⋯⋯⋯⋯⋯⋯⋯⋯⋯ 1965

图9-71 奥伦堡 商队旅社清真寺。宣礼塔，基部近景 ⋯⋯⋯⋯⋯⋯⋯⋯⋯⋯⋯⋯⋯⋯⋯⋯⋯⋯⋯⋯⋯⋯ 1965

图9-72 奥伦堡 商队旅社清真寺。宣礼塔，仰视景色 ⋯⋯⋯⋯⋯⋯⋯⋯⋯⋯⋯⋯⋯⋯⋯⋯⋯⋯⋯⋯⋯⋯ 1965

图9-73 奥伦堡 商队旅社清真寺。穹顶内景 ⋯⋯⋯⋯⋯⋯⋯⋯⋯⋯⋯⋯⋯⋯⋯⋯⋯⋯⋯⋯⋯⋯⋯⋯⋯⋯ 1965

图9-74 帕尔戈洛沃 舒瓦洛夫庄园。圣徒彼得和保罗教堂（1831~1840年），外景 ⋯⋯⋯⋯⋯⋯⋯⋯⋯ 1966

图9-75 帕尔戈洛沃 舒瓦洛夫庄园。圣徒彼得和保罗教堂，入口券面近景 ⋯⋯⋯⋯⋯⋯⋯⋯⋯⋯⋯⋯ 1966

图9-76 圣彼得堡 冬宫。庞贝厅（内景画，作者Edward Petrovich Hau） ⋯⋯⋯⋯⋯⋯⋯⋯⋯⋯⋯⋯⋯ 1967

图9-77 圣彼得堡 冬宫。孔雀石厅（1838~1839年），内景（彩画，作者Константин Андреевич Ухтомский，1865年） ⋯⋯⋯ 1968

图9-78 圣彼得堡 冬宫。孔雀石厅，现状 ⋯⋯⋯⋯⋯⋯⋯⋯⋯⋯⋯⋯⋯⋯⋯⋯⋯⋯⋯⋯⋯⋯⋯⋯⋯⋯⋯⋯ 1968

图9-79 圣彼得堡 冬宫。白厅[内景画，1863年，作者Luigi Premazzi（1814~1891年）] ⋯⋯⋯⋯⋯⋯⋯ 1969

图9-80 圣彼得堡 冬宫。白厅，现状 ⋯⋯⋯⋯⋯⋯⋯⋯⋯⋯⋯⋯⋯⋯⋯⋯⋯⋯⋯⋯⋯⋯⋯⋯⋯⋯⋯⋯⋯⋯ 1969

图9-81 马尔菲诺庄园 圣母圣诞教堂（1707年）。现状 ⋯⋯⋯⋯⋯⋯⋯⋯⋯⋯⋯⋯⋯⋯⋯⋯⋯⋯⋯⋯⋯⋯ 1969

图9-82 马尔菲诺庄园 宫殿。主立面（西南侧） ⋯⋯⋯⋯⋯⋯⋯⋯⋯⋯⋯⋯⋯⋯⋯⋯⋯⋯⋯⋯⋯⋯⋯⋯⋯ 1970

图9-83 马尔菲诺庄园 宫殿。主立面 ⋯⋯⋯⋯⋯⋯⋯⋯⋯⋯⋯⋯⋯⋯⋯⋯⋯⋯⋯⋯⋯⋯⋯⋯⋯⋯⋯⋯⋯⋯ 1970

图9-84马尔菲诺庄园 宫殿。主立面（三层台地景观）	1971
图9-85马尔菲诺庄园 宫殿。西北侧景观	1971
图9-86马尔菲诺庄园 宫殿。东翼，西北侧立面	1971
图9-87马尔菲诺庄园 宫殿。带看守室的大门	1971
图9-88马尔菲诺庄园 宫殿。临水台阶边造像	1972
图9-89马尔菲诺庄园 大桥。残迹现状	1972
图9-90莫斯科 教会印刷所（1811~1815年）。19世纪中叶景观（油画，1840年代，作者F.Benois）	1972
图9-91莫斯科 教会印刷所。东北侧，现状俯视景色	1972
图9-92莫斯科 教会印刷所。侧翼，东侧景色	1973
图9-93莫斯科 教会印刷所。东南侧（正立面），全景	1973
图9-94莫斯科 教会印刷所。南侧全景	1974
图9-95莫斯科 教会印刷所。南侧，中央部分现状	1974
图9-96莫斯科 教会印刷所。柱式及拱券细部	1975
图9-97彼得霍夫 宫廷马厩（1847~1852年）。远景	1975
图9-98彼得霍夫 宫廷马厩。东翼，自东北方向望去的景色	1975
图9-99彼得霍夫 宫廷马厩。东翼，自东南方向望去的景色	1976
图9-100彼得霍夫 宫廷马厩。南翼，两图分别示自西南和东南方向望去的景色	1976
图9-101彼得霍夫 宫廷马厩。院落内部	1976
图9-102彼得霍夫 宫廷马厩。东北拱门	1977
图9-103尼古拉·列昂季耶维奇·伯努瓦（1813~1898年）设计图稿（一）：彼得霍夫马厩	1977
图9-104尼古拉·列昂季耶维奇·伯努瓦设计图稿（二）：彼得霍夫教堂广场角楼（1856年）	1977
图9-105尼古拉·列昂季耶维奇·伯努瓦设计图稿（三）：彼得霍夫医院（立面及剖面，1850年）	1978
图9-106尼古拉·列昂季耶维奇·伯努瓦设计图稿（四）：新彼得霍夫火车站（方案透视图，1854年）	1978
图9-107尼古拉·列昂季耶维奇·伯努瓦设计图稿（五）：彼得罗夫斯克-拉祖莫夫斯克农业科学院（平面和朝向院落的立面，1862年）	1978
图9-108尼古拉·列昂季耶维奇·伯努瓦设计图稿（六）：D.舍列梅捷夫夏季别墅（平面及立面，1866~1868年）	1978
图9-109尼古拉·列昂季耶维奇·伯努瓦设计图稿（七）：维索科耶村教堂（1867~1868年）	1978
图9-110尼古拉·列昂季耶维奇·伯努瓦设计图稿（八）：巴甫洛夫斯克夏季剧场（木构，立面，1876年）	1979
图9-111彼得霍夫 新彼得霍夫车站（1854~1857年）。西北侧景色	1979
图9-112彼得霍夫 新彼得霍夫车站。西侧全景	1980
图9-113彼得霍夫 新彼得霍夫车站。东南侧全景	1980
图9-114彼得霍夫 新彼得霍夫车站。西南侧景观	1980
图9-115彼得霍夫 新彼得霍夫车站。站台内景	1981
图9-116奥古斯特·里卡尔·德·蒙特费朗（1786~1858年；画像作者Eugène Pluchart，1834年后；胸像作者A.C.Tatarinov）	1981
图9-117圣彼得堡 达尔马提亚圣伊萨克大教堂（1818~1858年）。平面及剖面	1982
图9-118圣彼得堡 达尔马提亚圣伊萨克大教堂。立面图稿，取自里卡尔·德·蒙特费朗的论文：《圣彼得堡，圣伊萨克大教堂穹顶，1818~1858年》（Dome of St.Isaac's Cathedral, St.Petersburg, 1818-1858）	1982
图9-119圣彼得堡 达尔马提亚圣伊萨克大教堂。穹顶构造设计（作者里卡尔·德·蒙特费朗）	1983
图9-120圣彼得堡 达尔马提亚圣伊萨克大教堂。（柱头设计，1820年代，作者奥古斯特·德·蒙特费朗）	1983

图9-121 圣彼得堡 达尔马提亚圣伊萨克大教堂。透视剖析图（取自Popova Nathalia：《Saint-Petersbourg et Ses Environs》，2007年）……1983

图9-122 圣彼得堡 达尔马提亚圣伊萨克大教堂。建筑模型（设计人Antonio Rinaldi，模型制作主持人A.Vist，1766~1769年）……1984

图9-123 圣彼得堡 达尔马提亚圣伊萨克大教堂。各方案模型 …… 1984~1985

图9-124 圣彼得堡 达尔马提亚圣伊萨克大教堂。最初教堂（版画，据奥古斯特·德·蒙特费朗图稿制作，1845年）……1984

图9-125 圣彼得堡 达尔马提亚圣伊萨克大教堂。里纳尔迪设计的教堂（版画，据奥古斯特·德·蒙特费朗图稿制作，1845年）……1984

图9-126 圣彼得堡 达尔马提亚圣伊萨克大教堂。柱石的运送（版画，作者Robert Breuer）……1985

图9-127 圣彼得堡 达尔马提亚圣伊萨克大教堂。石柱的加工（版画，作者Robert Breuer）……1985

图9-128 圣彼得堡 达尔马提亚圣伊萨克大教堂。柱子的吊装（版画，1832年）……1986

图9-129 圣彼得堡 达尔马提亚圣伊萨克大教堂。柱子就位（版画，1845年，作者Jules Arnout）……1986

图9-130 圣彼得堡 达尔马提亚圣伊萨克大教堂。吊装柱子的木构架（模型）……1986

图9-131 圣彼得堡 达尔马提亚圣伊萨克大教堂。施工场景（彩画，两幅分别绘于1840和1841年）……1986

图9-132 圣彼得堡 达尔马提亚圣伊萨克大教堂。施工场景（版画，1845年）……1987

图9-133 圣彼得堡 达尔马提亚圣伊萨克大教堂。19世纪中叶景色（版画，1853年）……1987

图9-134 圣彼得堡 达尔马提亚圣伊萨克大教堂。现状，俯视全景 …… 1987

图9-135 圣彼得堡 达尔马提亚圣伊萨克大教堂。南侧俯视全景 …… 1987

图9-136 圣彼得堡 达尔马提亚圣伊萨克大教堂。北侧远景 …… 1987

图9-137 圣彼得堡 达尔马提亚圣伊萨克大教堂。东北侧俯视景色 …… 1988

图9-138 圣彼得堡 达尔马提亚圣伊萨克大教堂。远景，自莫伊卡河上望去的景色 …… 1988

图9-139 圣彼得堡 达尔马提亚圣伊萨克大教堂。西侧，自涅瓦河上望去的远景 …… 1988

图9-140 圣彼得堡 达尔马提亚圣伊萨克大教堂。西北侧，自涅瓦河上望去的夜景 …… 1989

图9-141 圣彼得堡 达尔马提亚圣伊萨克大教堂。东南侧，广场全景 …… 1989

图9-142 圣彼得堡 达尔马提亚圣伊萨克大教堂。东南侧全景 …… 1990~1991

图9-143 圣彼得堡 达尔马提亚圣伊萨克大教堂。东南侧全景 …… 1992

图9-144 圣彼得堡 达尔马提亚圣伊萨克大教堂。北侧景色 …… 1992

图9-145 圣彼得堡 达尔马提亚圣伊萨克大教堂。西北侧现状 …… 1993

图9-146 圣彼得堡 达尔马提亚圣伊萨克大教堂。东南侧近景 …… 1993

图9-147 圣彼得堡 达尔马提亚圣伊萨克大教堂。南门廊，仰视近景 …… 1994

图9-148 圣彼得堡 达尔马提亚圣伊萨克大教堂。南门廊，柱头及檐口近景 …… 1994

图9-149 圣彼得堡 达尔马提亚圣伊萨克大教堂。东南侧，山墙及钟楼近景 …… 1995

图9-150 圣彼得堡 达尔马提亚圣伊萨克大教堂。东北侧，山墙及柱式细部 …… 1995

图9-151 圣彼得堡 达尔马提亚圣伊萨克大教堂。西北侧，山墙及穹顶近景 …… 1996

图9-152 圣彼得堡 达尔马提亚圣伊萨克大教堂。北立面，左侧钟楼塔顶 …… 1996

图9-153 圣彼得堡 达尔马提亚圣伊萨克大教堂。西门廊，近景 …… 1997

图9-154 圣彼得堡 达尔马提亚圣伊萨克大教堂。西门廊，山墙 …… 1998

图9-155 圣彼得堡 达尔马提亚圣伊萨克大教堂。西门廊，山墙细部（浮雕作者Ivan Vitali）…… 1999

图9-156 圣彼得堡 达尔马提亚圣伊萨克大教堂。鼓座及穹顶近景 …… 2000

图9-157 圣彼得堡 达尔马提亚圣伊萨克大教堂。穹顶近观 …… 2001

图号	说明	页码
图9-158	圣彼得堡 达尔马提亚圣伊萨克大教堂。穹顶及鼓座雕刻细部	2001
图9-159	圣彼得堡 达尔马提亚圣伊萨克大教堂。东南立面，铜门雕饰	2002
图9-160	圣彼得堡 达尔马提亚圣伊萨克大教堂。南廊，龛室浮雕	2002
图9-161	圣彼得堡 达尔马提亚圣伊萨克大教堂。西山墙顶部雕像（雕刻师Ivan Vitali，1842~1844年）	2002
图9-162	圣彼得堡 达尔马提亚圣伊萨克大教堂。山墙端头圣徒雕像	2003
图9-163	圣彼得堡 达尔马提亚圣伊萨克大教堂。转角处护卫火炬的天使雕像	2003
图9-164	圣彼得堡 达尔马提亚圣伊萨克大教堂。东南转角处天使雕像	2004
图9-165	圣彼得堡 达尔马提亚圣伊萨克大教堂。鼓座，围廊顶部天使雕像	2004
图9-166	圣彼得堡 达尔马提亚圣伊萨克大教堂。室内，俯视全景	2004
图9-167	圣彼得堡 达尔马提亚圣伊萨克大教堂。中央本堂，自西门向主圣像屏望去的景色	2005
图9-168	圣彼得堡 达尔马提亚圣伊萨克大教堂。主圣像屏全景	2006
图9-169	圣彼得堡 达尔马提亚圣伊萨克大教堂。主圣像屏立面细部	2007
图9-170	圣彼得堡 达尔马提亚圣伊萨克大教堂。主圣像屏马赛克细部（圣母像，1851~1856年）	2007
图9-171	圣彼得堡 达尔马提亚圣伊萨克大教堂。柱墩龛室马赛克（圣母圣诞图，1846~1848年，作者T.Neff）	2008
图9-172	圣彼得堡 达尔马提亚圣伊萨克大教堂。进入圣所的券门	2008~2009
图9-173	圣彼得堡 达尔马提亚圣伊萨克大教堂。圣所内景	2009
图9-174	圣彼得堡 达尔马提亚圣伊萨克大教堂。圣所彩色玻璃窗（耶稣复活，1841~1843年）	2010
图9-175	圣彼得堡 达尔马提亚圣伊萨克大教堂。南廊，自圣叶卡捷琳娜礼拜堂望去的透视景色	2010~2011
图9-176	圣彼得堡 达尔马提亚圣伊萨克大教堂。西侧，柱墩近景	2011
图9-177	圣彼得堡 达尔马提亚圣伊萨克大教堂。中堂西跨拱顶仰视	2012
图9-178	圣彼得堡 达尔马提亚圣伊萨克大教堂。拱券及穹顶，仰视景色	2013
图9-179	圣彼得堡 达尔马提亚圣伊萨克大教堂。拱券及穹顶，仰视全景	2014
图9-180	圣彼得堡 达尔马提亚圣伊萨克大教堂。中央穹顶，近景（天顶画《圣母颂》，作者K.Briullov，1843~1845年；天使群像，雕刻师克洛特等）	2014
图9-181	圣彼得堡 达尔马提亚圣伊萨克大教堂。中央穹顶及鼓座，仰视全景	2015
图9-182	圣彼得堡 达尔马提亚圣伊萨克大教堂。中央穹顶，鼓座处天使群像及表现圣徒的壁画	2016
图9-183	圣彼得堡 达尔马提亚圣伊萨克大教堂。穹隅马赛克（福音书作者圣马太，1882~1901年）	2016
图9-184	圣彼得堡 达尔马提亚圣伊萨克大教堂。顶塔仰视	2017
图9-185	圣彼得堡 达尔马提亚圣伊萨克大教堂。圣叶卡捷琳娜礼拜堂，内景	2016
图9-186	圣彼得堡 达尔马提亚圣伊萨克大教堂。圣叶卡捷琳娜礼拜堂，穹顶（《圣母升天图》，作者P.Basin，1846~1849年）	2017
图9-187	圣彼得堡 达尔马提亚圣伊萨克大教堂。圣亚历山大·涅夫斯基礼拜堂，入口	2018
图9-188	圣彼得堡 达尔马提亚圣伊萨克大教堂。圣亚历山大·涅夫斯基礼拜堂，自入口处望祭坛圣像屏	2018~2019
图9-189	圣彼得堡 圣伊萨克广场。19世纪中叶景色[彩画，作者Василий Семёнович Садовников（1800~1879年）]	2018~2019
图9-190	圣彼得堡 圣伊萨克广场。现状，俯视全景	2019
图9-191	圣彼得堡 圣伊萨克广场。尼古拉一世骑像，东南侧全景	2019
图9-192	圣彼得堡 圣伊萨克广场。尼古拉一世骑像，西侧景色	2020
图9-193	圣彼得堡 圣伊萨克广场。尼古拉一世骑像，西南侧近景	2020

图9-194 圣彼得堡 圣伊萨克广场。尼古拉一世骑像，基座顶部寓意雕像 ········ 2021
图9-195 圣彼得堡 圣伊萨克广场。尼古拉一世骑像，基座嵌板浮雕 ········ 2022
图9-196 圣彼得堡 宫殿广场。亚历山大纪念柱（1830~1834年），施工场景（彩画，作者Grigory Grigorievich Gagarin，1832~1833年） ········ 2022
图9-197 圣彼得堡 宫殿广场。亚历山大纪念柱，1834年8月30日揭幕式场景（油画，1840年） ········ 2023
图9-198 圣彼得堡 宫殿广场。亚历山大纪念柱，外景（版画） ········ 2023
图9-199 圣彼得堡 宫殿广场。亚历山大纪念柱，西侧景观 ········ 2023
图9-200 圣彼得堡 宫殿广场。亚历山大纪念柱，东南侧现状 ········ 2024~2025
图9-201 圣彼得堡 宫殿广场。亚历山大纪念柱，东北侧景色 ········ 2026
图9-202 圣彼得堡 宫殿广场。亚历山大纪念柱，北侧夜景 ········ 2026
图9-203 圣彼得堡 宫殿广场。亚历山大纪念柱，栏杆立柱雕刻 ········ 2026~2027
图9-204 圣彼得堡 宫殿广场。亚历山大纪念柱，基座浮雕 ········ 2026~2027
图9-205 圣彼得堡 宫殿广场。亚历山大纪念柱，柱顶天使雕像 ········ 2028
图9-206 圣彼得堡 大理石宫。附属建筑（1844~1847年），东南侧，地段全景 ········ 2029
图9-207 圣彼得堡 大理石宫。附属建筑，东南侧，街立面景色 ········ 2029
图9-208 圣彼得堡 新埃尔米塔日（1839~1852年）。19世纪景色（彩画，作者Joseph-Maria Charlemagne-Baudet） ········ 2030
图9-209 圣彼得堡 新埃尔米塔日。现状，西南侧全景 ········ 2030
图9-210 圣彼得堡 新埃尔米塔日。门廊，东南侧立面 ········ 2030
图9-211 圣彼得堡 新埃尔米塔日。门廊，西南侧近景 ········ 2031
图9-212 圣彼得堡 新埃尔米塔日。门廊，东侧近景 ········ 2031
图9-213 圣彼得堡 新埃尔米塔日。门廊，人像柱内景 ········ 2032
图9-214 圣彼得堡 新埃尔米塔日。门廊，人像柱细部 ········ 2033
图9-215 雕刻师亚历山大·捷列别尼奥夫画像（Mikhail Scotti绘，1835年） ········ 2033
图9-216 圣彼得堡 新埃尔米塔日。楼梯间（上层，内景画，1853及1860年） ········ 2033
图9-217 圣彼得堡 新埃尔米塔日。楼梯间（上层，现状） ········ 2034
图9-218 圣彼得堡 新埃尔米塔日。俄罗斯画派展厅（内景画，1855年） ········ 2034
图9-219 圣彼得堡 新埃尔米塔日。俄罗斯绘画厅（内景画，1856年） ········ 2034
图9-220 圣彼得堡 新埃尔米塔日。女皇室（内景画，1856年） ········ 2034
图9-221 圣彼得堡 新埃尔米塔日。佛兰德画派厅（内景画，1860年） ········ 2035
图9-222 圣彼得堡 新埃尔米塔日。意大利艺术室（内景画，1859年） ········ 2035
图9-223 圣彼得堡 新埃尔米塔日。德国画派厅（内景画，1857及1860年） ········ 2035
图9-224 圣彼得堡 新埃尔米塔日。拉法埃里厅（1850年代），现状 ········ 2036
图9-225 圣彼得堡 新埃尔米塔日。古代绘画史廊厅（内景画，1859年） ········ 2036~2037
图9-226 圣彼得堡 新埃尔米塔日。古代绘画史廊厅，内景，现状 ········ 2037
图9-227 圣彼得堡 新埃尔米塔日。古代绘画史廊厅，穹式拱顶，仰视 ········ 2038
图9-228 圣彼得堡 新埃尔米塔日。古代绘画史廊厅，壁画 ········ 2039
图9-229 圣彼得堡 新埃尔米塔日。大意大利天窗厅（1840年），内景（绘画，1853年） ········ 2040
图9-230 圣彼得堡 新埃尔米塔日。大意大利天窗厅，内景 ········ 2040~2041
图9-231 圣彼得堡 新埃尔米塔日。小意大利天窗厅，内景 ········ 2040
图9-232 圣彼得堡 新埃尔米塔日。西班牙天窗厅（内景画，1856年） ········ 2040

图9-233圣彼得堡 新埃尔米塔日。斯奈德斯厅，内景 ······ 2041
图9-234圣彼得堡 新埃尔米塔日。狄俄尼索斯厅，内景 ······ 2040~2041
图9-235圣彼得堡 新埃尔米塔日。20柱厅（1842~1851年），内景 ······ 2041
图9-236圣彼得堡 尼古拉火车站（1843~1851年）。19世纪中叶景色（主立面，彩画，作者A.V.Pettsolt，1851年） ······ 2042
图9-237圣彼得堡 尼古拉火车站。19世纪中叶景色（西南侧，背面，彩画，作者A.V.Pettsolt，1851年） ······ 2042
图9-238圣彼得堡 尼古拉火车站。19世纪中叶景色（内景，彩画，作者A.V.Pettsolt，1851年） ······ 2042
图9-239圣彼得堡 尼古拉火车站。19世纪中叶景色（老照片，1855~1862年） ······ 2042~2043
图9-240圣彼得堡 尼古拉火车站。现状，西北侧全景 ······ 2043
图9-241圣彼得堡 尼古拉火车站。钟楼近景 ······ 2042~2043
图9-242圣彼得堡 市政厅。塔楼（1799~1804年），现状 ······ 2043
图9-243圣彼得堡 涅瓦大街廊厅（1846~1848年）。20世纪初景色（老照片，1917年） ······ 2044
图9-244圣彼得堡 涅瓦大街廊厅。地段形势 ······ 2044
图9-245圣彼得堡 涅瓦大街廊厅。立面全景 ······ 2045
图9-246圣彼得堡 涅瓦大街廊厅。檐口及山墙细部 ······ 2045
图9-247圣彼得堡 涅瓦大街廊厅。内景 ······ 2045
图9-248阿尔贝特·卡沃斯（1800~1864年）画像（作者Cosroe Dusi，1849年） ······ 2046
图9-249圣彼得堡 玛丽剧院（1859~1860年，建筑师阿尔贝特·卡沃斯；1883~1886年改建，建筑师维克托·施赖特尔）。20世纪初景色（老照片，1900年代） ······ 2046
图9-250圣彼得堡 玛丽剧院。东北侧，现状全景 ······ 2046
图9-251圣彼得堡 玛丽剧院。东立面，自东北方向望去的景色 ······ 2046
图9-252圣彼得堡 玛丽剧院。东立面，近景 ······ 2047
图9-253圣彼得堡 玛丽剧院。东南侧景观 ······ 2047
图9-254圣彼得堡 玛丽剧院。西南侧全景 ······ 2047
图9-255圣彼得堡 玛丽剧院。观众厅，内景 ······ 2047
图9-256圣彼得堡 玛丽剧院。观众厅，舞台口 ······ 2048
图9-257安德烈·伊万诺维奇·施塔肯施奈德（1802~1865年）画像（作者N.Terebenev） ······ 2048
图9-258亚历山大·冯·本肯多夫伯爵画像（作者George Dawe-Alexander von Benckendorff） ······ 2048
图9-259凯伊拉-约阿 亚历山大·冯·本肯多夫堡邸（1831~1833年）。西南侧景色 ······ 2048~2049
图9-260凯伊拉-约阿 亚历山大·冯·本肯多夫堡邸。西南侧近景 ······ 2048~2049
图9-261凯伊拉-约阿 亚历山大·冯·本肯多夫堡邸。东立面现状 ······ 2050
图9-262凯伊拉-约阿 亚历山大·冯·本肯多夫堡邸。东北侧景色 ······ 2050
图9-263凯伊拉-约阿 亚历山大·冯·本肯多夫堡邸。修复后内景 ······ 2050
图9-264凯伊拉-约阿 亚历山大·冯·本肯多夫堡邸。装修细部 ······ 2050
图9-265玛丽亚·尼古拉耶芙娜画像（T.Neff绘，1850~1860年） ······ 2051
图9-266圣彼得堡 玛丽宫（1839~1844年）。19世纪中叶景色（彩画，作者Василий Семёнович Садовников，1849年） ······ 2051
图9-267圣彼得堡 玛丽宫。19世纪末景色（老照片，1890年代） ······ 2051
图9-268圣彼得堡 玛丽宫。现状，俯视全景 ······ 2052
图9-269圣彼得堡 玛丽宫。北侧，远景 ······ 2052
图9-270圣彼得堡 玛丽宫。东北侧全景 ······ 2053
图9-271圣彼得堡 玛丽宫。北立面现状 ······ 2053

图9-272 圣彼得堡 玛丽宫。西北侧景色 ······ 2054
图9-273 圣彼得堡 玛丽宫。蓝客厅（内景画，19世纪中叶，作者Edward Petrovich Hau） ······ 2054
图9-274 圣彼得堡 玛丽宫。圣尼古拉宫廷教堂，内景 ······ 2054
图9-275 圣彼得堡 玛丽宫。红厅，内景 ······ 2055
图9-276 圣彼得堡 别洛谢利斯基-别洛泽尔斯基宫殿（1846~1848年）。19世纪中叶景色（绘画，1850年代，作者Joseph-Maria Charlemagne-Baudet） ······ 2055
图9-277 圣彼得堡 别洛谢利斯基-别洛泽尔斯基宫殿。19世纪末景观（老照片，1896年） ······ 2056
图9-278 圣彼得堡 别洛谢利斯基-别洛泽尔斯基宫殿。东南侧，临河立面现状 ······ 2056
图9-279 圣彼得堡 别洛谢利斯基-别洛泽尔斯基宫殿。临河立面 ······ 2056
图9-280 圣彼得堡 别洛谢利斯基-别洛泽尔斯基宫殿。南侧全景 ······ 2057
图9-281 圣彼得堡 别洛谢利斯基-别洛泽尔斯基宫殿。人像柱，近景 ······ 2057
图9-282 圣彼得堡 别洛谢利斯基-别洛泽尔斯基宫殿。大楼梯，内景 ······ 2058
图9-283 圣彼得堡 别洛谢利斯基-别洛泽尔斯基宫殿。金厅，内景 ······ 2058
图9-284 圣彼得堡 尼古拉宫（劳动宫，1853~1861年）。19世纪中叶景色（彩画，1861年，作者Joseph-Maria Charlemagne-Baudet） ······ 2058
图9-285 圣彼得堡 尼古拉宫（劳动宫）。西南侧远景 ······ 2059
图9-286 圣彼得堡 尼古拉宫（劳动宫）。西南侧全景 ······ 2059
图9-287 圣彼得堡 尼古拉宫（劳动宫）。主立面，门廊近景 ······ 2060
图9-288 圣彼得堡 新米哈伊洛夫宫（新米迦勒宫，1857~1861年）。平面 ······ 2060
图9-289 圣彼得堡 新米哈伊洛夫宫（新米迦勒宫）。19世纪中叶景色（版画，1850年代末，原图作者Иосиф Мария Шарлемань，图版制作Ж.Жакотте和Ш.К.Башелье） ······ 2061
图9-290 圣彼得堡 新米哈伊洛夫宫（新米迦勒宫）。北立面 ······ 2061
图9-291 圣彼得堡 新米哈伊洛夫宫（新米迦勒宫）。立面近景 ······ 2062
图9-292 圣彼得堡 小埃尔米塔日。北楼，楼阁厅（1850~1858年），19世纪中叶景色（内景画，1864年，作者Edward Petrovich Hau） ······ 2063
图9-293 圣彼得堡 小埃尔米塔日。北楼，楼阁厅，南廊厅，朝东侧半圆室望去的景色 ······ 2062
图9-294 圣彼得堡 小埃尔米塔日。北楼，楼阁厅，南廊厅，朝西侧望去的仰视景色 ······ 2062~2063
图9-295 圣彼得堡 小埃尔米塔日。北楼，楼阁厅，南廊厅，半圆室穹顶近景 ······ 2062~2063
图9-296 圣彼得堡 小埃尔米塔日。北楼，楼阁厅，南廊厅，通向上层廊道的大理石楼梯 ······ 2063
图9-297 圣彼得堡 小埃尔米塔日。北楼，楼阁厅，南廊厅，马赛克铺地 ······ 2064
图9-298 圣彼得堡 小埃尔米塔日。北楼，楼阁厅，分隔南北廊厅的双拱廊通道 ······ 2064
图9-299 圣彼得堡 小埃尔米塔日。北楼，楼阁厅，北廊厅，朝西南方向望去的室内景色 ······ 2065
图9-300 圣彼得堡 小埃尔米塔日。北楼，楼阁厅，北廊厅，东头拱廊近景 ······ 2065
图9-301 圣彼得堡 老埃尔米塔日。国务会楼梯（苏维埃楼梯），俯视景色 ······ 2066
图9-302 圣彼得堡 老埃尔米塔日。国务会楼梯（苏维埃楼梯），上层现状 ······ 2066
图9-303 圣彼得堡 老埃尔米塔日。列奥纳多·达·芬奇大厅（1805~1807年），内景 ······ 2066~2067
图9-304 圣彼得堡 老埃尔米塔日。列奥纳多·达·芬奇大厅，门饰细部 ······ 2067
图9-305 圣彼得堡 老埃尔米塔日。列奥纳多·达·芬奇大厅，天棚装修 ······ 2068
图9-306 彼得霍夫 农场宫（1838~1855年）。现状 ······ 2068
图9-307 彼得霍夫 观景阁（1851~1856年）。南侧远景 ······ 2069
图9-308 彼得霍夫 观景阁。主阁及附属建筑，北侧全景 ······ 2069

图9-309彼得霍夫 观景阁。西南侧，地段全景 ········ 2069
图9-310彼得霍夫 观景阁。南立面 ········ 2070
图9-311彼得霍夫 观景阁。东南侧，仰视全景 ········ 2070
图9-312彼得霍夫 观景阁。主立面（东侧），现状 ········ 2071
图9-313彼得霍夫 观景阁。西北侧近景 ········ 2071
图9-314塔甘罗格 阿尔费拉基宫。外景 ········ 2072
图9-315圣彼得堡 杰米多夫-加加林娜宅邸（1835~1840年）。西南侧全景 ········ 2072
图9-316圣彼得堡 杰米多夫-加加林娜宅邸。南立面西段，现状 ········ 2073
图9-317圣彼得堡 杰米多夫-加加林娜宅邸。南立面东段，现状 ········ 2073
图9-318圣彼得堡 杰米多夫-加加林娜宅邸。立面细部 ········ 2074
图9-319圣彼得堡 季娜伊达·尤苏波娃府邸（1852~1858年）。19世纪中叶景色（立面图，作者В.С.Садовников，1866年） ········ 2074
图9-320圣彼得堡 季娜伊达·尤苏波娃府邸。现状，自别林斯基大街向东望去的景色 ········ 2074
图9-321圣彼得堡 季娜伊达·尤苏波娃府邸。街立面（西立面），现状 ········ 2075
图9-322圣彼得堡 季娜伊达·尤苏波娃府邸。人像柱细部 ········ 2075
图9-323圣彼得堡 季娜伊达·尤苏波娃府邸。山墙近景 ········ 2076
图9-324米哈伊尔·波戈金画像[1872年，作者Васи́лий Григо́рьевич Перо́в（1834~1882年）] ········ 2076
图9-325莫斯科 波戈金"茅舍"（1850年代）。外景 ········ 2076
图9-326莫斯科 波戈金"茅舍"。细部 ········ 2076
图9-327亚历山大·冯·施蒂格利茨男爵（1814~1884年）画像[左面一幅绘于1847年，作者Пётр Фёдорович Со́колов（1791~1848年）] ········ 2077
图9-328乔治·克拉考（1817~1888年）画像（约1867年） ········ 2078
图9-329圣彼得堡 施蒂格利茨博物馆和工艺设计学校。东南侧外景 ········ 2077
图9-330圣彼得堡 施蒂格利茨博物馆和工艺设计学校。博物馆，东侧，主入口立面 ········ 2078
图9-331圣彼得堡 施蒂格利茨博物馆和工艺设计学校。学校，东侧，主入口立面 ········ 2079
图9-332圣彼得堡 施蒂格利茨博物馆和工艺设计学校。博物馆，入口处柱廊及山墙仰视 ········ 2079
图9-333圣彼得堡 施蒂格利茨博物馆和工艺设计学校。博物馆，入口两侧灯具基座雕刻细部 ········ 2080
图9-334圣彼得堡 施蒂格利茨博物馆和工艺设计学校。博物馆，大厅及屋顶构造 ········ 2080
图9-335圣彼得堡 互助信用社大楼（1888~1890年）。东北侧现状 ········ 2080
图9-336圣彼得堡 互助信用社大楼。东北侧景观 ········ 2081
图9-337圣彼得堡 互助信用社大楼。滨河立面 ········ 2082
图9-338圣彼得堡 互助信用社大楼。东南侧景色 ········ 2082
图9-339圣彼得堡 互助信用社大楼。中央阁楼，窗饰 ········ 2083
图9-340圣彼得堡 互助信用社大楼。中央阁楼，檐口及屋顶 ········ 2084
图9-341圣彼得堡 互助信用社大楼。侧门人像柱细部 ········ 2084
图9-342圣彼得堡 互助信用社大楼。墙面铁饰 ········ 2085
图9-343圣彼得堡 拉季科夫-罗日诺夫公寓（1898~1900年），东南侧全景 ········ 2085
图9-344圣彼得堡 拉季科夫-罗日诺夫公寓。东南角近景 ········ 2085
图9-345圣彼得堡 拉季科夫-罗日诺夫公寓。西南立面（自东南方向望去的景色） ········ 2086
图9-346圣彼得堡 拉季科夫-罗日诺夫公寓。西南立面（自西南方向望去的景色） ········ 2086
图9-347莫斯科 桑杜诺夫浴室（1894~1895年）。西北侧全景 ········ 2086

图9-348 莫斯科 桑杜诺夫浴室。西南侧近景 ············ 2087
图9-349 莫斯科 桑杜诺夫浴室。主入口立面近景 ············ 2087
图9-350 莫斯科 桑杜诺夫浴室。入口门券细部 ············ 2088
图9-351 莫斯科 桑杜诺夫浴室。门厅内景 ············ 2088
图9-352 莫斯科 桑杜诺夫浴室。浴池大厅 ············ 2088
图9-353 莫斯科 桑杜诺夫浴室。天棚装修 ············ 2088
图9-354 莫斯科 莫斯科大学。动物博物馆（1898~1902年），街立面及主入口，现状 ············ 2089
图9-355 莫斯科 莫斯科大学。动物博物馆，主入口，近景 ············ 2089
图9-356 莫斯科 莫斯科大学。动物博物馆，立面近景 ············ 2089
图9-357 莫斯科 莫斯科大学。动物博物馆，柱式细部 ············ 2089
图9-358 莫斯科 莫斯科大学。动物博物馆，下展厅，内景 ············ 2090
图9-359 莫斯科 莫斯科大学。动物博物馆，上展厅，内景 ············ 2090
图9-360 莫斯科 莫斯科大学。动物博物馆，进化解剖厅，内景 ············ 2090
图9-361 莫斯科 瓦尔瓦拉·莫罗佐娃府邸（阿布拉姆·阿布拉莫维奇·莫罗佐夫府邸，1894~1898年）。西南侧全景 ············ 2090
图9-362 莫斯科 瓦尔瓦拉·莫罗佐娃府邸（阿布拉姆·阿布拉莫维奇·莫罗佐夫府邸）。南侧全景 ············ 2091
图9-363 莫斯科 瓦尔瓦拉·莫罗佐娃府邸（阿布拉姆·阿布拉莫维奇·莫罗佐夫府邸）。东南侧全景 ············ 2091
图9-364 莫斯科 瓦尔瓦拉·莫罗佐娃府邸（阿布拉姆·阿布拉莫维奇·莫罗佐夫府邸）。东南侧，近景 ············ 2091
图9-365 圣彼得堡 信用社大楼及巴辛（N.P.）公寓。东南侧地段形势 ············ 2092
图9-366 圣彼得堡 信用社大楼及巴辛（N.P.）公寓。东北侧地段形势 ············ 2093
图9-367 圣彼得堡 巴辛（N.P.）公寓。东北侧景色 ············ 2093
图9-368 圣彼得堡 巴辛（N.P.）公寓。外墙装修细部 ············ 2094
图9-369 圣彼得堡 巴辛（N.P.）公寓。二层窗饰细部 ············ 2094
图9-370 圣彼得堡 巴辛（N.P.）公寓。顶层窗饰及檐口细部 ············ 2095
图9-371 亚历山大二世画像（E.Botman绘，1856年） ············ 2095
图9-372 《临终时的亚历山大二世》（油画，作者Konstantin Makovsky，1881年） ············ 2095
图9-373 圣彼得堡 基督复活教堂（基督升天教堂，喋血大教堂，被害救世主教堂）。1882年设计竞赛头奖方案（建筑师Antony Tomishko），平面及正立面 ············ 2096
图9-374 圣彼得堡 基督复活教堂。1882年设计竞赛头奖方案（建筑师Antony Tomishko），侧立面、背立面及剖面 ············ 2096
图9-375 圣彼得堡 基督复活教堂。1882年设计竞赛二等奖方案（建筑师Ieronim Kitner，Alexander Huhn），平面及正立面 ············ 2096
图9-376 圣彼得堡 基督复活教堂。1882年设计竞赛二等奖方案（建筑师Ieronim Kitner，Alexander Huhn），侧立面、背立面及剖面 ············ 2096
图9-377 圣彼得堡 基督复活教堂。1882年设计竞赛四等奖方案（建筑师Victor Schroeter），平面及正立面 ············ 2097
图9-378 圣彼得堡 基督复活教堂。1882年设计竞赛四等奖方案（建筑师Victor Schroeter），侧立面、背立面及剖面 ············ 2097
图9-379 圣彼得堡 基督复活教堂。1882年设计竞赛方案（建筑师Ivan Bogomolov），平面及透视图 ············ 2097
图9-380 阿尔弗雷德·亚历山德罗维奇·帕兰（1842~1919年）画像（1900年，作者不明） ············ 2098
图9-381 圣彼得堡 基督复活教堂。平面 ············ 2098
图9-382 圣彼得堡 基督复活教堂。剖面 ············ 2098

图9-383圣彼得堡 基督复活教堂。俯视全景图 ……2098
图9-384圣彼得堡 基督复活教堂。南侧远景（自格里博耶多夫运河上望去的景色）……2099
图9-385圣彼得堡 基督复活教堂。南侧远景（自运河东岸望去的景色）……2100
图9-386圣彼得堡 基督复活教堂。南侧全景（自运河西岸望去的景色）……2101
图9-387圣彼得堡 基督复活教堂。西南侧全景 ……2102
图9-388圣彼得堡 基督复活教堂。西北侧景观 ……2102~2103
图9-389圣彼得堡 基督复活教堂。北侧景色 ……2103
图9-390圣彼得堡 基督复活教堂。东北侧现状 ……2104
图9-391圣彼得堡 基督复活教堂。东侧雪景 ……2104~2105
图9-392圣彼得堡 基督复活教堂。西塔楼，近景 ……2105
图9-393圣彼得堡 基督复活教堂。西南角，墙面装饰 ……2106
图9-394圣彼得堡 基督复活教堂。西立面金顶及耶稣苦像 ……2106~2107
图9-395圣彼得堡 基督复活教堂。西立面北门廊，近景 ……2107
图9-396圣彼得堡 基督复活教堂。南门廊山墙 ……2108
图9-397圣彼得堡 基督复活教堂。南立面山墙 ……2108
图9-398圣彼得堡 基督复活教堂。南侧塔楼及穹顶 ……2109
图9-399圣彼得堡 基督复活教堂。东南侧，转角处近景 ……2109
图9-400圣彼得堡 基督复活教堂。东侧近景 ……2110
图9-401圣彼得堡 基督复活教堂。东侧，半圆室券面马赛克 ……2110
图9-402圣彼得堡 基督复活教堂。北侧近景 ……2111
图9-403圣彼得堡 基督复活教堂。北侧，山墙及穹顶 ……2111
图9-404圣彼得堡 基督复活教堂。西北角景色 ……2112
图9-405圣彼得堡 基督复活教堂。北侧入口 ……2112
图9-406圣彼得堡 基督复活教堂。券面马赛克细部 ……2113
图9-407圣彼得堡 基督复活教堂。墙面嵌板装饰 ……2113
图9-408圣彼得堡 基督复活教堂。穹顶细部 ……2113
图9-409圣彼得堡 基督复活教堂。入口塔楼塔尖 ……2114
图9-410圣彼得堡 基督复活教堂。中央本堂，内景 ……2114~2115
图9-411圣彼得堡 基督复活教堂。自圣祠处望中央本堂 ……2114~2115
图9-412圣彼得堡 基督复活教堂。圣祠及华盖 ……2115
图9-413圣彼得堡 基督复活教堂。半圆室及祭坛屏帏 ……2115
图9-414圣彼得堡 基督复活教堂。祭坛屏帏，近景 ……2116
图9-415圣彼得堡 基督复活教堂。圣所，主祭坛墙面马赛克：《圣餐》（据N.Kharlamov原稿制作）……2116
图9-416圣彼得堡 基督复活教堂。圣所，半圆室顶部马赛克：《耶稣赞》（据N.Kharlamov原稿制作）…2117
图9-417圣彼得堡 基督复活教堂。西侧廊道，仰视景色 ……2117
图9-418圣彼得堡 基督复活教堂。中央跨间与西侧廊道，仰视景色 ……2118
图9-419圣彼得堡 基督复活教堂。中央跨间，仰视景色 ……2118
图9-420圣彼得堡 基督复活教堂。中央跨间，穹顶仰视 ……2119
图9-421圣彼得堡 基督复活教堂。中央跨间，穹顶近景 ……2120
图9-422圣彼得堡 基督复活教堂。东北穹顶，仰视景色 ……2120
图9-423圣彼得堡 基督复活教堂。西北穹顶，仰视效果 ……2121

图9-424圣彼得堡 基督复活教堂。西南穹顶，仰视景色（马赛克作品《施洗者约翰》，原稿作者N.Kharlamov） ·················· 2121

图9-425圣彼得堡 基督复活教堂。东南穹顶，仰视景色 ·················· 2121

图9-426维克托·米哈伊洛维奇·瓦斯涅佐夫（1848~1926年）自画像（1873年） ·················· 2122

图9-427米哈伊尔·瓦西里耶维奇·涅斯捷罗夫（1862~1942年）画像（Viktor Vasnetsov绘） ·················· 2122

图9-428米哈伊尔·亚历山德罗维奇·弗鲁别利（1856~1910年）自画像（1882年） ·················· 2122

图9-429亚历山大·拉夫连季耶维奇·维特贝格（1787~1855年）画像（作者P.Sokolov） ·················· 2123

图9-430莫斯科 救世主基督教堂。方案设计图（1817年，作者亚历山大·维特贝格，原稿现存莫斯科Shchusev State Museum of Architecture） ·················· 2123

图9-431维亚特卡 亚历山大·涅夫斯基大教堂（1839~1848年，已毁）。19世纪景色（老照片） ·················· 2123

图9-432康士坦丁·托恩（1794~1881年）画像[1823年，作者Карл Па́влович Брюлло́в（1799~1852年）] ·················· 2123

图9-433康士坦丁·托恩画像（1860年代，作者П.Ф.Бореля） ·················· 2124

图9-434莫斯科 救世主基督教堂（1832年，1839~1883年，1931年拆除）。平面 ·················· 2124

图9-435莫斯科 救世主基督教堂。1883年景况（油画） ·················· 2124

图9-436莫斯科 救世主基督教堂。内景[油画，1883年，作者Fyodor Klages（1812~1890年）] ·················· 2125

图9-437莫斯科 救世主基督教堂。19世纪景色（绘画） ·················· 2125

图9-438莫斯科 救世主基督教堂。西立面（老照片，约1890年） ·················· 2125

图9-439莫斯科 救世主基督教堂。20世纪初景色（老照片，1903年） ·················· 2125

图9-440莫斯科 救世主基督教堂。20世纪初景色（老照片，1905年） ·················· 2126

图9-441莫斯科 救世主基督教堂。被拆除前景色（内景及外景，1931年前老照片） ·················· 2126

图9-442莫斯科 救世主基督教堂。1931年被炸毁时情景（老照片） ·················· 2126

图9-443莫斯科 救世主基督教堂（1994~2000年重建）。现状，东南侧远景 ·················· 2126

图9-444莫斯科 救世主基督教堂。东南侧全景 ·················· 2127

图9-445莫斯科 救世主基督教堂。东侧全景 ·················· 2128

图9-446莫斯科 救世主基督教堂。东北侧全景 ·················· 2128~2129

图9-447莫斯科 救世主基督教堂。东北侧，自亚历山大二世纪念像处望去的景色 ·················· 2129

图9-448莫斯科 救世主基督教堂。西南侧全景 ·················· 2130

图9-449莫斯科 救世主基督教堂。北侧全景 ·················· 2130~2131

图9-450莫斯科 救世主基督教堂。西侧近景 ·················· 2131

图9-451莫斯科 救世主基督教堂。穹顶及山墙，东南侧近景 ·················· 2132

图9-452莫斯科 救世主基督教堂。东南面，主门近景 ·················· 2132

图9-453莫斯科 救世主基督教堂。东南面，主门及边门雕刻 ·················· 2133

图9-454莫斯科 救世主基督教堂。西南面，边门雕刻 ·················· 2134

图9-455莫斯科 救世主基督教堂。西南面，角跨雕刻 ·················· 2134

图9-456莫斯科 救世主基督教堂。东南面，角跨雕刻 ·················· 2134

图9-457莫斯科 救世主基督教堂。西北面，角跨雕刻 ·················· 2134

图9-458莫斯科 救世主基督教堂。室内，朝圣所望去的全景 ·················· 2135

图9-459莫斯科 救世主基督教堂。室内，壁画细部 ·················· 2136

图9-460莫斯科 救世主基督教堂。穹顶，仰视景色 ·················· 2137

图9-461莫斯科 救世主基督教堂。穹顶，天顶画 ·················· 2137

图9-462莫斯科 大克里姆林宫（1838~1850年代）。19世纪后期景色（老照片，1883年，取自Nikolay Naidenov

系列图集)	2138
图9-463莫斯科 大克里姆林宫。西南侧远景	2138~2139
图9-464莫斯科 大克里姆林宫。西南侧全景	2138
图9-465莫斯科 大克里姆林宫。南立面，全景	2139
图9-466莫斯科 大克里姆林宫。西侧，自宫墙内望去的景色	2140
图9-467莫斯科 大克里姆林宫。西南侧近景	2140
图9-468莫斯科 大克里姆林宫。南立面，中央区段近景	2141
图9-469莫斯科 大克里姆林宫。东侧近景	2141
图9-470莫斯科 大克里姆林宫。自教堂广场望大宫侧墙	2142
图9-471莫斯科 大克里姆林宫。内院现状	2142
图9-472莫斯科 大克里姆林宫。壁柱及窗饰细部	2142~2143
图9-473莫斯科 大克里姆林宫。檐壁细部	2143
图9-474莫斯科 大克里姆林宫。中央主楼，塔顶细部	2144
图9-475莫斯科 大克里姆林宫。圣乔治大厅，内景	2144~2145
图9-476莫斯科 大克里姆林宫。圣安德烈厅，内景	2145
图9-477莫斯科 大克里姆林宫。圣安德烈厅，御座近景	2144
图9-478莫斯科 大克里姆林宫。圣弗拉基米尔厅，内景	2146
图9-479莫斯科 大克里姆林宫。圣叶卡捷琳娜厅，内景及门饰细部	2146~2147
图9-480莫斯科 大克里姆林宫。绿厅，内景	2147
图9-481莫斯科 大克里姆林宫。大接待厅，内景	2147
图9-482莫斯科 大克里姆林宫。帝王区通道	2148
图9-483莫斯科 大克里姆林宫。南翼系列厅堂	2148
图9-484莫斯科 克里姆林宫。军械馆（1844~1851年），东侧，地段形势	2149
图9-485莫斯科 克里姆林宫。军械馆，东侧全景	2149
图9-486莫斯科 克里姆林宫。军械馆，西南侧景观	2149
图9-487莫斯科 克里姆林宫。军械馆，东侧近景	2150
图9-488莫斯科 克里姆林宫。军械馆，柱式细部	2150
图9-489圣彼得堡 谢苗诺夫军团圣母献主大教堂（1836~1842年）。立面及剖面（设计图，作者康士坦丁·托恩，1837年）	2151
图9-490圣彼得堡 谢苗诺夫军团圣母献主大教堂。19世纪景色（版画，原稿作者Иосиф Мария Шарлемань）	2151
图9-491皇村 圣叶卡捷琳娜大教堂（1835~1840年，1939年被前苏联当局拆除，后重建）。20世纪初景色（老照片，1920年代）	2151
图9-492皇村 圣叶卡捷琳娜大教堂。现状全景（重建后）	2152
图9-493皇村 圣叶卡捷琳娜大教堂。半圆室立面	2152
图9-494皇村 圣叶卡捷琳娜大教堂。圣像屏帏，内景	2153
图9-495圣彼得堡 阿普特卡尔斯基岛显容教堂。现状	2153
图9-496叶列茨 耶稣升天教堂。东南侧远景	2154
图9-497叶列茨 耶稣升天教堂。西侧，地段形势	2154
图9-498叶列茨 耶稣升天教堂。西南侧全景	2155
图9-499叶列茨 耶稣升天教堂。西北侧近景	2155

图9-500托木斯克 大教堂（1837~1843年，建筑师康士坦丁·托恩；1850年坍塌，1880年代重建）。重建时平面 ·········· 2155

图9-501顿河畔罗斯托夫 圣母圣诞大教堂。东北侧，俯视全景 ·········· 2156

图9-502顿河畔罗斯托夫 圣母圣诞大教堂。西北侧近景 ·········· 2156

图9-503顿河畔罗斯托夫 圣母圣诞大教堂。钟塔近景 ·········· 2157

图9-504韦特卢加 圣叶卡捷琳娜教堂。东南侧远景 ·········· 2156~2157

图9-505韦特卢加 圣叶卡捷琳娜教堂。南侧全景 ·········· 2156~2157

图9-506韦特卢加 圣叶卡捷琳娜教堂。东侧现状 ·········· 2158

图9-507乌格利奇 主显大教堂。现状 ·········· 2158

图9-508博戈柳博沃 圣母教堂。现状，远景 ·········· 2158~2159

图9-509博戈柳博沃 圣母教堂。入口立面，全景 ·········· 2159

图9-510博戈柳博沃 圣母教堂。背立面，现状 ·········· 2160

图9-511格列博沃 喀山教堂。现状 ·········· 2161

图9-512米丘林斯克 博戈柳博沃圣母大教堂。立面现状 ·········· 2162

图9-513米丘林斯克 博戈柳博沃圣母大教堂。入口立面，山墙细部 ·········· 2162

图9-514下诺夫哥罗德 伊林卡耶稣升天教堂。西立面现状 ·········· 2163

图9-515下诺夫哥罗德 伊林卡耶稣升天教堂。东南侧景观 ·········· 2163

图9-516多尔戈耶 圣阿基姆和圣安娜教堂。现状全景 ·········· 2163

图9-517扎顿斯克 弗拉基米尔圣母教堂。西北侧景色 ·········· 2164

图9-518扎顿斯克 弗拉基米尔圣母教堂。西立面近景 ·········· 2164

图9-519扎顿斯克 弗拉基米尔圣母教堂。穹顶近景 ·········· 2165

图9-520扎顿斯克 弗拉基米尔圣母教堂。室内，圣像屏帏近景 ·········· 2165

图9-521莫斯科 尼古拉车站（1849~1851年）。19世纪中叶景色（老照片，1855~1862年） ·········· 2165

图9-522莫斯科 尼古拉车站。西南侧远景 ·········· 2165

图9-523莫斯科 尼古拉车站。东南侧景色 ·········· 2166

图9-524莫斯科 尼古拉车站。南立面全景 ·········· 2166

图9-525彼得堡 皇家骑兵卫队营地天使报喜教堂（1843~1849年，毁于1920年代）。20世纪初景色（老照片，摄于1918年前） ·········· 2167

图9-526彼得堡 圣米龙教堂。20世纪初景色（老照片，摄于1918年前） ·········· 2167

图9-527科斯特罗马 伊帕季耶夫三一修道院。圣母圣诞大教堂（1863年，已拆除）。20世纪初景色（老照片，1910年） ·········· 2167

图9-528彼得罗扎沃茨克 大教堂。20世纪初景色（老照片，1912年） ·········· 2168

图9-529克拉斯诺亚尔斯克 圣母圣诞大教堂。19世纪末景色（老照片，1899年） ·········· 2168

图9-530克拉斯诺亚尔斯克 圣母圣诞大教堂。被毁实况（老照片，1936年） ·········· 2168

图9-531莫斯科 波罗霍夫希科夫宅邸（1872年）。现状全景 ·········· 2168

图9-532莫斯科 波罗霍夫希科夫宅邸。街立面景色 ·········· 2169

图9-533莫斯科 波罗霍夫希科夫宅邸。墙面及窗饰细部 ·········· 2169

图9-534莫斯科 历史博物馆（1874~1883年）。19世纪后期景色（老照片，1884年，取自Nikolay Naidenov系列图集） ·········· 2169

图9-535莫斯科 历史博物馆。地段俯视全景 ·········· 2169

图9-536莫斯科 历史博物馆。东南侧，地段形势 ·········· 2170

图9-537莫斯科 历史博物馆。南侧全景 ············ 2170
图9-538莫斯科 历史博物馆。东南侧景观 ············ 2171
图9-539莫斯科 历史博物馆。北侧夜景 ············ 2171
图9-540莫斯科 历史博物馆。西北侧,地段形势 ············ 2172
图9-541莫斯科 历史博物馆。西北侧全景 ············ 2172
图9-542莫斯科 历史博物馆。南侧,仰视近景 ············ 2173
图9-543莫斯科 历史博物馆。东南侧近景 ············ 2174
图9-544莫斯科 历史博物馆。北立面近景 ············ 2174
图9-545莫斯科 历史博物馆。南立面,门廊细部 ············ 2175
图9-546莫斯科 历史博物馆。砖墙细部 ············ 2175
图9-547弗拉基米尔·舍尔武德(1833~1897年)自画像(1867年) ············ 2175
图9-548维克托·哈特曼(1834~1873年)设计图稿 ············ 2176
图9-549伊万·帕夫洛维奇·罗佩特(伊万·尼古拉耶维奇·彼得罗夫,1845~1908年)设计图稿 ············ 2176
图9-550莫斯科 1872年综合技术博览会。人民剧场,立面(设计图,作者维克托·哈特曼,图稿现存美国国会图书馆) ············ 2176
图9-551莫斯科 科尔什剧院(1884~1885年)。19世纪末景色(老照片1892年) ············ 2176
图9-552莫斯科 科尔什剧院。西南侧现状 ············ 2177
图9-553莫斯科 科尔什剧院。南侧景观 ············ 2177
图9-554莫斯科 科尔什剧院。东南侧景色 ············ 2177
图9-555萨马拉 话剧院。东南侧全景 ············ 2178
图9-556萨马拉 话剧院。南立面景色 ············ 2178
图9-557萨马拉 话剧院。塔楼近景 ············ 2179
图9-558莫斯科 综合技术博物馆(1873~1877年)。19世纪后期景色(老照片,1884年,取自Nikolay Naidenov系列图集) ············ 2179
图9-559莫斯科 综合技术博物馆。西南侧,主立面全景 ············ 2179
图9-560莫斯科 综合技术博物馆。主立面中部景色 ············ 2180
图9-561莫斯科 综合技术博物馆。西北侧景观 ············ 2180
图9-562莫斯科 综合技术博物馆。北侧立面 ············ 2181
图9-563莫斯科 综合技术博物馆。东南侧街景 ············ 2181
图9-564莫斯科 综合技术博物馆。主入口近景 ············ 2182
图9-565费奥多尔·奥西波维奇·谢什捷尔(1859~1926年,肖像摄于1900年代) ············ 2181
图9-566莫斯科 列夫·尼古拉耶维奇·克库舍夫宅邸(1900~1903年)。现状 ············ 2183
图9-567莫斯科 费奥多尔·奥西波维奇·谢什捷尔宅邸。现状 ············ 2183
图9-568彼得霍夫 彼得和保罗大教堂(1894~1905年)。远景 ············ 2182~2183
图9-569彼得霍夫 彼得和保罗大教堂。南侧,地段形势 ············ 2184
图9-570彼得霍夫 彼得和保罗大教堂。南侧全景 ············ 2185
图9-571彼得霍夫 彼得和保罗大教堂。西侧现状 ············ 2186
图9-572彼得霍夫 彼得和保罗大教堂。西北侧景观 ············ 2187
图9-573彼得霍夫 彼得和保罗大教堂。东南侧全景 ············ 2187
图9-574彼得霍夫 彼得和保罗大教堂。东南侧,近景 ············ 2187
图9-575彼得霍夫 彼得和保罗大教堂。东立面,近景 ············ 2188

图9-576彼得霍夫 彼得和保罗大教堂。南立面，门楼近景 ········· 2189
图9-577彼得霍夫 彼得和保罗大教堂。南立面，山墙及龛室细部 ········· 2189
图9-578彼得霍夫 彼得和保罗大教堂。塔楼，西侧近景 ········· 2190
图9-579彼得霍夫 彼得和保罗大教堂。室内，圣像屏帏 ········· 2190
图9-580彼得霍夫 彼得和保罗大教堂。室内，拱顶仰视 ········· 2191
图9-581彼得霍夫 彼得和保罗大教堂。室内，穹顶仰视 ········· 2191
图9-582切尔尼戈夫隐修院 圣母圣像教堂。外景 ········· 2192
图9-583切尔尼戈夫隐修院 钟楼。现状 ········· 2193
图9-584玛丽亚温泉市 俄国东正教教堂。西北侧全景 ········· 2194
图9-585玛丽亚温泉市 俄国东正教教堂。西立面现状 ········· 2194~2195
图9-586玛丽亚温泉市 俄国东正教教堂。西南侧全景 ········· 2195
图9-587玛丽亚温泉市 俄国东正教教堂。南侧景观 ········· 2196
图9-588玛丽亚温泉市 俄国东正教教堂。穹顶近景 ········· 2197
图9-589莫斯科 上商业中心（最初建筑，1810年代，建筑师奥西普·博韦，1888年拆除）。外景（据奥西普·博韦原作绘制，1820年代） ········· 2196
图9-590莫斯科 上商业中心（最初建筑）。19世纪中叶景色（彩画，1850年代，作者Daziaro） ········· 2197
图9-591莫斯科 上商业中心（最初建筑）。地段俯视景色（老照片，摄于1886年） ········· 2197
图9-592莫斯科 上商业中心（最初建筑）。朝向红场的立面（老照片，1886年） ········· 2197
图9-593莫斯科 上商业中心（最初建筑）。西北立面景色（老照片，1888年） ········· 2197
图9-594莫斯科 上商业中心（国营百货商场，ГУМ，1889~1893年）。平面（图版，取自William Craft Brumfield:《A History of Russian Architecture》，Cambridge University Press，1997年） ········· 2198
图9-595莫斯科 上商业中心（国营百货商场，ГУМ）。施工情景（老照片，1892年） ········· 2198
图9-596莫斯科 上商业中心（国营百货商场，ГУМ）。20世纪初景色（老照片，1900年代早期） ········· 2198
图9-597莫斯科 上商业中心（国营百货商场，ГУМ）。南侧全景 ········· 2198
图9-598莫斯科 上商业中心（国营百货商场，ГУМ）。西侧全景 ········· 2199
图9-599莫斯科 上商业中心（国营百货商场，ГУМ）。西南侧，主立面中部 ········· 2199
图9-600莫斯科 上商业中心（国营百货商场，ГУМ）。主入口近景及细部 ········· 2200
图9-601莫斯科 上商业中心（国营百货商场，ГУМ）。西侧景观 ········· 2200
图9-602莫斯科 上商业中心（国营百货商场，ГУМ）。中厅，内景 ········· 2201
图9-603莫斯科 上商业中心（国营百货商场，ГУМ）。中央通道景色 ········· 2201
图9-604莫斯科 上商业中心（国营百货商场，ГУМ）。联系廊道 ········· 2202
图9-605莫斯科 上商业中心（国营百货商场，ГУМ）。中央顶棚及细部 ········· 2202
图9-606弗拉基米尔·格里戈里耶维奇·舒霍夫（1853-1939年，照片摄于1891年） ········· 2202
图9-607下诺夫哥罗德 1896年全俄工业和艺术博览会。水塔（1896年实况） ········· 2203
图9-608下诺夫哥罗德 1896年全俄工业和艺术博览会。水塔，现状外景 ········· 2203
图9-609下诺夫哥罗德 1896年全俄工业和艺术博览会。水塔，现状内景 ········· 2203
图9-610下诺夫哥罗德 1896年全俄工业和艺术博览会。椭圆阁，施工时场景（老照片，1895年） ········· 2204
图9-611下诺夫哥罗德 1896年全俄工业和艺术博览会。椭圆阁，外景（老照片，1896年） ········· 2205
图9-612下诺夫哥罗德 1896年全俄工业和艺术博览会。圆堂，施工时场景 ········· 2204
图9-613下诺夫哥罗德 1896年全俄工业和艺术博览会。圆堂，内景（老照片，1895年） ········· 2204~2205
图9-614莫斯科 沙博洛夫卡天线塔。现状 ········· 2205

图9-615莫斯科 沙博洛夫卡天线塔。内景 ············ 2205
图9-616莫斯科 中商业中心（1890~1891年）。地段全景 ············ 2204~2205
图9-617莫斯科 中商业中心。南侧全景 ············ 2206
图9-618莫斯科 红场。19世纪初景色（油画，作者Fedor Alekseyev，1801年） ············ 2206
图9-619莫斯科 红场。现状，俯视全景 ············ 2207
图9-620莫斯科 红场。南区，俯视景色 ············ 2208
图9-621莫斯科 红场。现状全景，自西北方向望去的景色 ············ 2208~2209
图9-622莫斯科 红场。现状全景，自东南方向望去的景色 ············ 2209
图9-623莫斯科 普希金艺术博物馆（1898~1912年）。现状 ············ 2209
图9-624莫斯科 普希金艺术博物馆。主楼梯，内景 ············ 2210
图9-625莫斯科 普希金艺术博物馆。大展厅 ············ 2211
图9-626莫斯科 普希金艺术博物馆。罗马艺术展厅，内景 ············ 2211
图9-627莫斯科 普希金艺术博物馆。意大利文艺复兴艺术展厅，内景 ············ 2211
图9-628莫斯科 市政厅（杜马，1890~1892年）。现状外景 ············ 2212
图9-629莫斯科 彼得·休金府邸（1894年）。立面（设计图，作者鲍里斯·弗罗伊登贝格，1893年） ············ 2212
图9-630列宾：《阿布拉姆采沃风光》（1880年） ············ 2212
图9-631油画：《艺术界》（表现在阿布拉姆采沃聚会的艺术家群体，作者Б.М.Кустодиев） ············ 2213
图9-632沙夫瓦·伊万诺维奇·马蒙托夫（1841~1918年）画像（作者列宾，1878年） ············ 2213
图9-633沙夫瓦·伊万诺维奇·马蒙托夫画像（Mikhail Vrubel绘，1897年，现存莫斯科State Tretyakov Gallery） ············ 2213
图9-634瓦西里·德米特里耶维奇·波列诺夫（1844~1927年）画像（作者列宾，1877年，现存莫斯科State Tretyakov Gallery） ············ 2213
图9-635瓦西里·德米特里耶维奇·波列诺夫：《莫斯科院落》（油画，1878年） ············ 2214
图9-636康士坦丁·阿列克谢耶维奇·科罗温（1861~1939年）画像（作者Valentin Alexandrovich Serov，1891年） ············ 2214
图9-637维克多·米哈伊洛维奇·瓦斯涅佐夫（1848~1926年）：《三壮士》（油画，1898年） ············ 2214
图9-638玛丽亚·克拉夫杰夫娜·捷尼舍娃（1858~1928年）画像（作者列宾，1896年） ············ 2215
图9-639塔拉什基诺庄园 大门。现状 ············ 2215
图9-640塔拉什基诺庄园 圣三一教堂（1903~1906年）。西北侧全景 ············ 2216
图9-641塔拉什基诺庄园 圣三一教堂。西南侧景色 ············ 2216
图9-642塔拉什基诺庄园 圣三一教堂。南侧景观 ············ 2217
图9-643塔拉什基诺庄园 圣三一教堂。东南侧现状 ············ 2217
图9-644塔拉什基诺庄园 圣三一教堂。北侧全景 ············ 2218
图9-645塔拉什基诺庄园 圣三一教堂。西门楼近景 ············ 2218
图9-646塔拉什基诺庄园 圣三一教堂。北门楼近景 ············ 2219
图9-647塔拉什基诺庄园 小楼。东南侧，俯视景色 ············ 2219
图9-648塔拉什基诺庄园 小楼。西北侧景色 ············ 2220
图9-649塔拉什基诺庄园 小楼。南侧全景 ············ 2220
图9-650塔拉什基诺庄园 小楼。西侧窗户及墙面装饰 ············ 2220
图9-651塔拉什基诺庄园 小楼。东侧窗饰 ············ 2221
图9-652阿布拉姆采沃 雕刻家工作室。入口面全景 ············ 2221

图9-653 阿布拉姆采沃 雕刻家工作室。侧立面，现状 ············· 2222
图9-654 阿布拉姆采沃 雕刻家工作室。门廊近景 ············· 2222
图9-655 阿布拉姆采沃 雕刻家工作室。窗饰及檐口细部 ············· 2222
图9-656 阿布拉姆采沃 雕刻家工作室。屋檐细部 ············· 2223
图9-657 阿布拉姆采沃 "小阁"浴室。现状外景 ············· 2223
图9-658 阿布拉姆采沃 "小阁"浴室。背面景色 ············· 2223
图9-659 阿布拉姆采沃 "小阁"浴室。门廊近景 ············· 2223
图9-660 阿布拉姆采沃 神奇圣像教堂。西南侧景观 ············· 2224
图9-661 阿布拉姆采沃 神奇圣像教堂。东南侧雪景 ············· 2224
图9-662 阿布拉姆采沃 神奇圣像教堂。西北侧现状 ············· 2225
图9-663 阿布拉姆采沃 陶瓷座椅（弗鲁贝尔亲手烧制）。远景 ············· 2225
图9-664 阿布拉姆采沃 陶瓷座椅。正面现状 ············· 2226
图9-665 阿布拉姆采沃 陶瓷座椅。背面及花饰细部 ············· 2226
图9-666 阿布拉姆采沃 神奇圣像教堂。北面祠堂近景 ············· 2227
图9-667 阿布拉姆采沃 凉亭（鸡腿茅舍）。模型（作者瓦斯涅佐夫）············· 2227
图9-668 阿布拉姆采沃 凉亭（鸡腿茅舍）。现状全景 ············· 2227
图9-669 阿布拉姆采沃 凉亭（鸡腿茅舍）。入口侧景色 ············· 2228
图9-670 阿布拉姆采沃 凉亭（鸡腿茅舍）。挑台细部 ············· 2228
图9-671 下诺夫哥罗德 全俄艺术及工业博览会。远北阁（老照片，纽约公共图书馆藏品）············· 2228

导　言

俄罗斯著名作家尼古拉·瓦西里耶维奇·果戈里（1809~1852年，图0-1）在1834年发表的《论当代建筑》（On the Architecture of the Present Time）一文中谈到，他希望在一座城市中，能有一条作为建筑年代标记的街道。参观者从灰暗沉重的城门开始，接着在街道两侧看到人们所熟悉的原始古朴的建筑，然后是逐渐变化的系列景观：从宏伟壮观的埃及建筑，到秀美的希腊神殿，带低矮穹顶、令人愉悦的亚历山大样式和拜占廷风格，再到配有系列拱券的罗曼建筑……构成这一系列高潮的是作为"艺术之冠"（crown of art）的哥特教堂，漫步最后以某些没有确定名称的新风格作为结束。这样的街道在某种意义上构成了艺术情趣的发展史，对那些懒于翻阅沉重艺术卷册的人来说，只要沿着这样的街道走一趟，就可以获取必要的各种知识。

然而，值得注意的是，在这位俄罗斯作家的想象图景中，并没有提到中世纪的俄罗斯建筑和它的任何表现；在间接提到俄罗斯新古典主义建筑时也没有表现出多少热情。果戈里赞扬的是米兰和科隆的大教堂、印度的伊斯兰教建筑；他说的那些有教养却懒于翻书的俄罗斯人希望考察的"各种知识"中，既没有来自11世纪的基辅或诺夫哥罗德的任何内容，也不包括12世纪弗拉基米尔或16世纪莫斯科的建筑。作为一个有才华但非专业建筑评论家，果戈里的这种"疏忽"反映了当时俄国大多数知识精英对本国建筑遗产的一种漠不关心的态度。实际上，在当时，人们对这些遗产的确知之甚少，直到具有浪漫色彩的民族主义思潮兴起，对民族独特历史的兴趣促使人们开始对俄罗斯建筑进行认真和持续的学术研究之后，情况才有所改变[在这方面，像圣彼得堡艺术学院（Academy of Arts in St.Petersburg）这样一些机构曾起到了重要的作用]。

即使在这样的形式下，在之后几十年期间，俄罗斯建筑一直被认为是外来影响下的产物，这些影响来自蒙古、伦巴第、威尼斯、叙利亚、拜占廷和印度，当然，还有在彼得大帝及其继承人统治期间引进的西方风格（在俄罗斯，这种宏伟样式已被出色地进行了同化和吸收）。这一过程，正如19世纪早期历史学家的理解，并不是借鉴和相互交流，而是具有强加的成分，是在俄罗斯这块柔韧材料上打下了先进文化的印记。它既非俄罗斯艺术家和建筑师本身的创作，也不属复兴或因袭。19世纪中叶俄罗斯新古典主义艺术衰退之时，俄罗斯建筑师和作家们开始把目光转向国外的异域建筑风格。特别是对哥特建筑的赞赏，更是浪漫主义时期各地流行的普遍风尚。在俄罗斯，它不仅引起了人们对仿哥特风格的丰富联想，也刺激了人们

图0-1尼古拉·瓦西里耶维奇·果戈里（1809~1852年）像，作者Otto Friedrich Theodor von Möller（1812~1874年），绘于1840年代早期

重新评价俄罗斯中世纪建筑的愿望。著名艺术家和学者亚历山大·尼古拉耶维奇·伯努瓦（1870~1960年，图0-2）在谈到19世纪期间在欧洲漫游的俄罗斯建筑师时指出，他们相信，在基本原理上，意大利中世纪建筑和俄罗斯古建筑有许多共同之处，因此，在回到俄罗斯后，他们自信有责任复兴这些本土建筑。

实际上，这两种中世纪建筑形式上差异如此之大，以致几乎不可能在欧洲和俄罗斯的建筑发展理念之间进行实质性的比较。虽说俄罗斯学者在对8世纪之前俄国的建筑和艺术进行风格及年代分类时广泛采用了"中世纪"这个词，实际上，这种分类不仅具有很大的随意性，这个词本身亦可能产生误导。事实上，在俄罗斯，既看不到复杂精细的哥特大教堂所呈现出来的那种经院哲学的理想，也没有像13世纪的法国建筑师维拉尔·德奥讷库尔那样，留下重要的建筑文献和图录（后者于13世纪20~40年代绘制的33版羊皮纸图录含图250幅，现存巴黎国家图书馆，从中可洞悉中世纪欧洲的建筑理念）。

对19世纪的俄罗斯人来说，所谓"老的俄罗斯建筑"，很可能只是指一个半世纪之前，在彼得大帝父亲统治的漫长时期建造的那种尽管有一定装饰、但总体上仍是相当简朴的教堂。而在学术界，按拜占廷传统对俄罗斯建筑进行分类亦显得颇为牵强，一方面是由于缺乏研究，同时也由于俄罗斯风格本身的多样化表现（牵扯到叙利亚、蒙古和伦巴第等地的影响）。正如叶连娜·鲍里索娃在她对19世纪俄罗斯建筑的研究专著中所说："采用'拜占廷'一词的习惯做法替代了所有深入探讨拜占廷和前彼得时代建筑之间关系的努力，并阻断了所有这类努力的可能性"。[1]在19世纪，人们往往将"拜占廷"的概念和尼古拉一世统治期间官方折中主义建筑采用的那种"新拜占廷"风格混为一谈。如今，随着俄罗斯建筑成为更广泛的研究课题，诸如新古典主义和中世纪这类直观的概念理应给予更精确的定义并代之以更科学的术语。

在俄罗斯，教会和国家的关系一直占有重要的地位。主要的大教堂和修院教堂都由抵制异教、独尊拜占廷文化礼仪和东正教的君主委托建造或资助。就目前人们所知，建筑，像这一文化的其他领域一样，在很大程度上是一种外来的产物。不过，俄罗斯的石匠和木匠，在拜占廷匠师的指引下，吸收和改进了地中海东岸的建筑遗产，使形式的表现力更为突出，构造

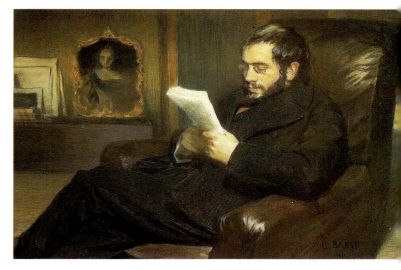

图0-2亚历山大·尼古拉耶维奇·伯努瓦（1870~1960年）像，作者Léon Bakst，绘于1898年

更为明确。东正教教堂的集中式平面促成了中央交叉处主要穹顶在垂向构图上的突出发展，其建筑造型和宗教的象征意义相结合，表现了尘世的凡人和高踞苍天的上帝之间的关系。在较大的教堂里，边侧较小的穹顶促成了金字塔式的建筑外廓，但并没有降低位于高鼓座上的主要穹顶的构图地位。东正教排斥造像，加之缺少石料和石雕匠师，因而在东斯拉夫地区的早期中世纪教堂中，不带雕饰的、以薄砖和灰浆砌筑的建筑形式占据了主导地位。在这方面，只有12世纪弗拉基米尔的教堂是个令人困惑的例外（16世纪之前建造的原木教堂，尽管还有一些问题没有完全搞清楚，但在突出集中式布局和垂向构图上，看起来是一致的）。

以砖石建造的这些教堂，无论规模大小，都和周围紧紧环绕着它们的木构民居和围栏形成了鲜明的对比。显然，教堂是光明的象征，光线既来自室外墙面的反射，也来自室内鼓座上窗户的自然采光和无数的烛光。明亮的教堂和阴暗的周围民居（并不仅仅是穷人的住房）的对比，进一步强化了教会的威权和荣耀。有证据表明，这种特殊的象征意义是世俗统治者和教会当局为了使民众产生敬畏感有意培植的结果。

这种表现，在某种程度上，可说类似西方哥特大教堂的演进。然而，对东方的斯拉夫民族——中世纪的罗斯和之后的俄罗斯——来说，在教堂的建设上，世俗统治者要起到更大和更直接的作用，这也反映了从拜占廷因袭下来的教会和王权之间的密切联系。在

图0-3伊凡四世·瓦西里耶维奇（伊凡雷帝，1530~1584年）像，作者Viktor Vasnetsov（绘于1897年，现存莫斯科Tretyakov Gallery）

东方，教会和统治者之间的这种关系显然和西方不同，在后者，教皇对各君主只具有宗教上的影响力，其间并没有依附关系。正因为如此，在俄国，教堂建筑的推动力也和促使西欧中世纪大教堂产生的社团力量和学术精神完全不同。

除此之外，严寒的气候、分散在东方广阔平原和森林地带的居住方式，在很大程度上同样延缓了对某些市政工程的需求（如大学、银行、宫殿、府邸和医院，在西方，这些建筑本身同样具有一定的价值）。在中世纪早期的罗斯，曾建有一些君主的宫殿，有的很可能是用石造，但没有一个留存下来，在已有的文献中，也找不到关于其豪华和壮观的任何记述。不过，在有关俄罗斯中世纪世俗建筑的知识上，尽管有这样或那样的欠缺，但可以想象，在整个中世纪期间，砖石砌筑的教堂——从墙体采用混合砌块（拉丁语：opus mixtum）的诺夫哥罗德大教堂到弗拉基米尔和苏兹达尔的石灰岩神殿——构成了建筑遗产中最主要的内容。中世纪俄罗斯文化的技术和美学价值正是在这些设计中得到了最充分的体现。

继1237~1241年蒙古人入侵带来的劫难之后，两个世纪期间，教堂实际上已成为俄罗斯这片大一统的辽阔地域上最明显的实体象征。随着15世纪后期和16世纪初莫斯科大公势力的增长，教堂设计获得了更明确的世俗内涵。为了表现新的政治理想和民族精神，俄罗斯再次大规模引进外国的匠师（主要是受15世纪文艺复兴早期理想熏陶的意大利工匠及艺术家）。无论在建筑设计还是结构技术上，这些意大利人的影响都不可低估，各种各样的变体形式也正是在这样的背景下被创造出来。克里姆林宫大教堂的改建和蒙古统治痕迹的清除，进一步宣示了莫斯科作为前蒙古时期弗拉基米尔公国文化继承者的正统地位，而圣母安息大教堂的设计则是弗拉基米尔的建筑遗产和意大利建筑师及工程师们引进的结构原则相结合的成果。

在创造性地综合不同文化遗产的作品中，壕沟边的圣母代祷大教堂（或译圣母庇护大教堂、圣母帲幪大教堂，俗称圣瓦西里教堂）是个最引人注目的例证。伊凡四世[2]（图0-3）为纪念他征服喀山汗国而建的这个建筑，无论在平面还是细部上，都可视为无数要素的集合；从中虽可看到15世纪意大利建筑那种严谨的几何构图，然而缺乏促使安东尼奥·阿韦利诺·菲拉雷特及其同时代欧洲建筑师理想形成的文化氛围。正是在这个新兴民族国家崛起的这一阶段，来自西方文化的观念和题材，开始作为一个吸收和同化进程的一部分在俄罗斯建筑中得到展现。

如果说，采用内接十字形平面的前蒙古时期的教堂建筑，是力求吸收和同化拜占廷正统派的文化和宗教理想的话,那么,来自意大利式城堡和教堂的新建筑形式的发展则标志着莫斯科公国的崛起及其铁腕首领的统治。对垂向构图的强调（在前蒙古时期教堂穹顶的金字塔式构图中,已开始出现了这种表现的最初征兆）,此时在塔楼式教堂中得到进一步的发展和创新,并采取了更为严密的表达方式,表明在天国的主人和拥有绝对权力的莫斯科大公之间,开始具有了某种特殊的联系。尽管在俄罗斯文化史上,这一时期成就斐然,但缺乏的是对个体的人文关怀。

在俄罗斯,人们往往只是在某个时机,出于某种特定的实用目的,将外来要素纳入到建筑中去。在建筑领域和在其他领域一样,它既要依赖西方,但对西方文化又有一种本能的怀疑和排斥心理。在16世纪,由大公或沙皇委托建造的还愿教堂,作为莫斯科建筑的主要代表,最突出地表现出这种既趋同又有区别的双重特色,这不仅仅是由于文化的差异,同时也是一种政治上防备外来侵犯的姿态。中世纪后期的俄罗斯建筑,就这样以一种欧洲其他地方未曾见过的方式,成为民族复兴和王朝延续的标志。

在创造引人注目的新形式表现这种主导思想的同时（在塔楼式还愿教堂中,这种做法尤为突出）,在16和17世纪,人们还大量采用了由砖、灰泥和陶土制作的建筑装饰。华丽的彩色装饰、镀金的洋葱头式穹顶（这种形式可能直到16世纪才出现）,赋予教堂一种喜庆的外貌,在很大程度上成为建筑设计上所谓"俄罗斯风格"的精髓。不过,华美的装饰只是这个民族的天赋在建筑上展现出来的一个方面,至少从15世纪起,在俄罗斯建筑中,已可看到两种截然不同的表现,或是单一的构图,构造明确、清晰,或是充满了华丽的装饰。虽说这两种极端做法本源于教堂,但到18和19世纪,它同样在世俗建筑中有所表现。在中世纪后期社会动荡、外族入侵的背景下,华美的装饰或许是昭显和颂扬民族精神的一种方式。

在接下来的几个时期里,随着世俗统治者的权威不断扩展,教会的影响有所下降,教堂的象征作用已不如既往,不过17世纪建造的大型修道院组群表明,东正教会仍在全力宣扬它作为民族精神代表的首要地位。直到彼得大帝统治时期,建筑才在这位倾心于欧洲工业和技术知识的帝王影响下,开始反映新的社会体制,采用全新的形式和外来风格（主要是欧洲北方的巴洛克风格,尽管在俄国,原本没有巴洛克艺术赖

图0-4 伊丽莎白·彼得罗夫娜（1709~1762年,1741~1762年在位）女皇像,作者Louis Tocqué（1696~1772年）,绘于1756年

以成长的文化传统和环境）。虽说在当时欧洲采取绝对君权体制的君主中,不乏和彼得大帝具有类似艺术情趣和政治理想的人物,但彼得的文化革命（特别表现在建筑的形式语言上）更多是出自一种实用的考虑,源于他力求为俄罗斯注入新的活力以便跻身于欧洲列强的强烈愿望。巴尔托洛梅奥·弗朗切斯科·拉斯特列里（1700~1771年）为女皇伊丽莎白（图0-4）设计的豪华宫殿（属巴洛克后期）,作为绝对君权的国家象征,显然也有它特殊的政治目的和功用（在当时一系列欧战期间,昭显俄罗斯帝国的威权、财富和地位）。

18世纪下半叶叶卡捷琳娜大帝统治期间,和其他启蒙文化的表现相联系,出现了一种为社会团体和私人建造的新型建筑,采用了新古典主义的严谨造型和分划明确的立面。但在集权的国家层面,占主导地位的情趣还是在像安德烈扬·扎哈罗夫设计的海军部和

卡洛·罗西设计的总参谋部这样一些19世纪初期的杰作中得到了明确的展现，这些建筑不仅具有巨大的体量，还在最显著的位置和高处大量采用了诸如宏伟的立柱、凯旋战车及其他各种颂扬帝国的胜利及军功的徽章标记。即使是采用这类完全来自西方的风格，俄罗斯的建筑师（也包括在俄国工作的建筑师）也不忘赋予其作品一种严谨的几何特色和为这个国家特有的尺度。

到19世纪30年代，国家开始将重点转向其他的工程项目（如铁路建设），新古典主义已风光不再，构造的严谨统一不再成为人们刻意追求的目标，建筑也逐渐回复本位，不再被视为国家实力和民族精神的象征。

导言注释：

[1] 见Elena A.Borisova：《Russkaia Arkhitektura Vtoroi Poloviny XIX Veka》（莫斯科，1979年）。

[2] 伊凡四世·瓦西里耶维奇（Ivan IV Vasilyevich，Иван IV Васи́льевич，1530~1584年），又称伊凡雷帝（Ива́н Гро́зный），即"威严（或可怕的）伊凡"，1533~1547年为莫斯科大公，1547年加冕称沙皇直到去世，是俄国历史上的第一位沙皇。伊凡四世三岁即位，由其母叶连娜·瓦西里耶夫娜·格林斯卡娅（Elena Vasilyevna Glinskaya，Елена Васильевна Глинская）暂时摄政。当时各贵族集团激烈争权、倾轧和谋杀，对伊凡四世性格的形成及其活动产生了深刻影响，自幼即养成意志坚强和冷酷无情的性格。

第一部分

中世纪早期及莫斯科大公国时期

第一章 中世纪早期

第一节 基辅和切尔尼希夫

一、历史背景和最初的教堂建筑

11世纪的基辅大主教伊拉里翁在他致弗拉基米尔的颂词里（大约在1037~1050年），曾极力赞扬当时基辅城市的壮观及其教堂的繁荣景象，只是那时的建筑留存下来的甚少。几个世纪以来的战争和野蛮破坏，在12世纪的极权统治时期达到了顶峰，城市的早期古迹大部荡然无存，能留存下来作为城市光荣历史见证的建筑组群——如洞窟修道院及其近窟和远窟教堂（历史图景：图1-1~1-3；全景：图1-4~1-8；近窟教堂：图1-9）——多为17和18世纪乌克兰巴洛克建筑的作品。然而，当年这座大公的城市想必给11世纪的观察者留下极其深刻的印象，其塔楼、宫殿和教堂都是从10世纪后期开始，在很短的时间内建成（图1-10）。在东部斯拉夫民族中，随着基辅国家的合并（这使它得以控制从波罗的海到黑海的第聂伯河商路）和988年弗拉基米尔受洗后正统派基督教被接纳，大型纪念性建筑的建造也开始提上了日程。

有关这些事件发生的具体过程至今还是一个有争议的课题，主要涉及挪威探险家在这个统一政治实体

（上）图1-1 基辅 洞窟修道院。1890年景色

（下）图1-2 基辅 洞窟修道院。圣母安息大教堂，1912年状态

本页及右页：

（左上）图1-3基辅 洞窟修道院。圣母安息大教堂，1942年被毁实况

（左中）图1-4基辅 洞窟修道院。全景图

（右下）图1-5基辅 洞窟修道院。远景（自东面望去的景色）

（右上）图1-6基辅 洞窟修道院。东侧全景

的形成中究竟起到怎样的作用。最早的一则中世纪记载（所谓"原始编年史"，The Primary Chronicle）称，在860~862年，居住在商路上游的诺夫哥罗德居民，请了一位名叫留里克的瓦兰吉人（另译瓦良格人，即维京人）首领和他的两个兄弟来"领导他们"。这样做的缘由尚不清楚，是否真有留里克这么个人亦无法证实，连事发两个世纪后的这个记载是否可靠都是个问题。不过，尽管有这样一些疑点，留里克目前仍被视为俄罗斯第一个王朝的创立者，这个家族（Riurikovich line）一直延续到1598年。

据"原始编年史"的记载，诺夫哥罗德的奥列格于879年成为瓦兰吉人留里克的继承人和诺夫哥罗德的首领。他很快借助武力把王国的领土向南扩展，攻占了基辅和沿第聂伯河的一些其他城市。基于基辅重要的战略地位，他把都城设在这里并创立了基辅罗斯王国（Kingdom of Kievan Rus）。有关基辅最早的大公奥列格和伊戈尔的记载，尚见于俄罗斯和拜占廷的文献。为了取得战利品和更有利的商业据点，这些斯

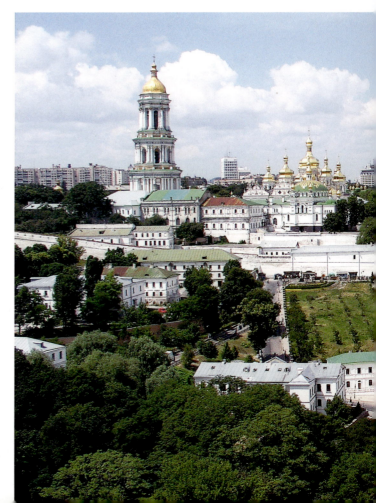

拉夫人经常袭击拜占廷帝国。由于在南面和西北面分别受到阿拉伯人和保加利亚人的挤压，此时的拜占廷只好和俄罗斯人达成一系列协议。不过，直到这时，双方在文化上的接触仍然很少，至少在957年（据拜占廷文献的记载，俄罗斯编年史记为955年）女大公奥莉加（伊戈尔的遗孀，伊戈尔被杀时其子仅3岁，因而由她摄政）率团出访拜占廷前是如此。奥莉加由于精心算计、残酷报复杀害她丈夫的部族，在俄罗斯传说中成为一个很有名的人物，她同时也是第一个接纳基督教的基辅统治者，以后更被俄罗斯东正教会宣布为圣徒。

奥莉加在罗斯传播了基督教信仰。但她没能使自己的儿子斯维亚托斯拉夫一世·伊戈列维奇（964年登基，964~972年在位）皈依基督教，只是说服他不在她死后为之举行异教的入葬仪式，在这期间，基辅罗

本页及右页：

（左上）图1-7基辅 洞窟修道院。东北侧全景

（左下）图1-8基辅 洞窟修道院。远窟组群，自西面望去的景色

（右上）图1-9基辅 洞窟修道院。近窟组群，17世纪景色（作者荷兰画家Abraham van Westerveldt，绘于1651年）

（右中）图1-10基辅 10~11世纪城市总平面，取自Академия Строительства и Архитестуры СССР：《Всеобщая История Архитестуры》，I（Москва，1958年）

（右下）图1-11基辅 什一税教堂（989~994/996年，1039年重建，1935年被毁）。残迹景色（绘于1828年重建前）

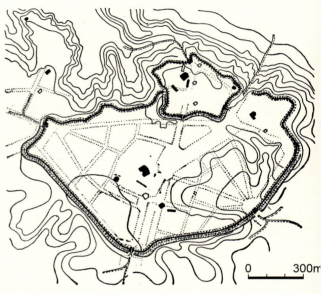

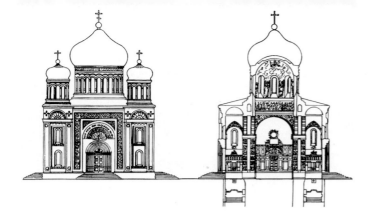

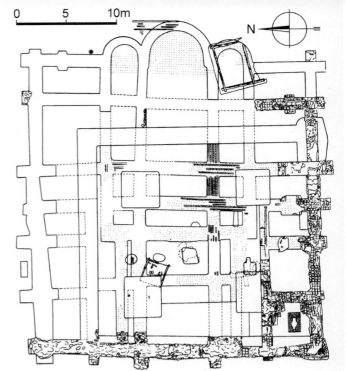

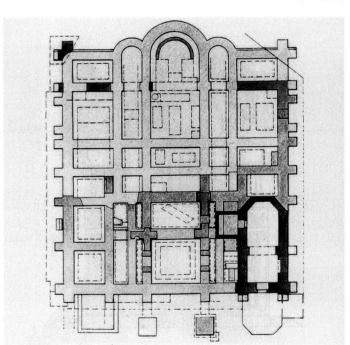

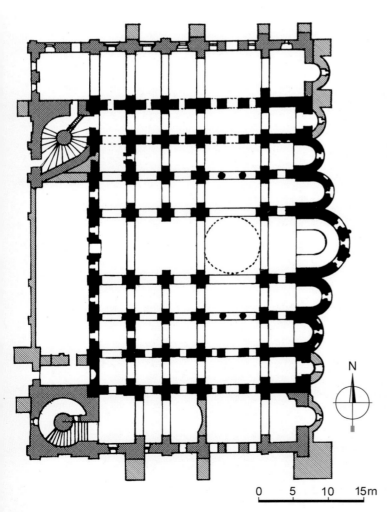

（左上）图1-12基辅 什一税教堂。立面及剖面（作者Vasily Stasov，1828年）

（左中）图1-13基辅 什一税教堂。20世纪初景色（老照片，摄于1902年）

（右上）图1-14基辅 什一税教堂。基础平面，取自George Heard Hamilton：《The Art and Architecture of Russia》（Yale University Press，1983年）

（右下）图1-15基辅 什一税教堂。首层平面（1826年拟定，位于早先的基础上）

（左下）图1-16基辅 圣索菲亚大教堂（约1018～1037年）。平面（据Rzyanin）

156·世界建筑史 俄罗斯古代卷

斯和拜占廷的关系自然也处于一种不确定的状态。

斯维亚托斯拉夫死于972年，他的三个儿子为争权导致内战，直至978年，政权最后落入其幼子、诺夫哥罗德的弗拉基米尔手中（约980~1015年）。在执政的头10年，弗拉基米尔延续前任的政策，和东面游牧部落作战的同时，在西面确定了和波兰的边界，进一步强化了对周边城市的影响和控制。但直到988年，和拜占廷的关系仍不明确，异教和基督教之间也时有摩擦。是年，弗拉基米尔采取了一个在东斯拉夫人的历史上极其重要的决定——确立东正教为基辅的官方宗教，实行彻底的基督教化（即罗斯受洗）。

弗拉基米尔接纳基督教很可能是受了其祖母奥莉加的影响，但无疑还有实用的考虑。在他统治的初期，他仍然沿袭其父亲斯维亚托斯拉夫的政策，肯定

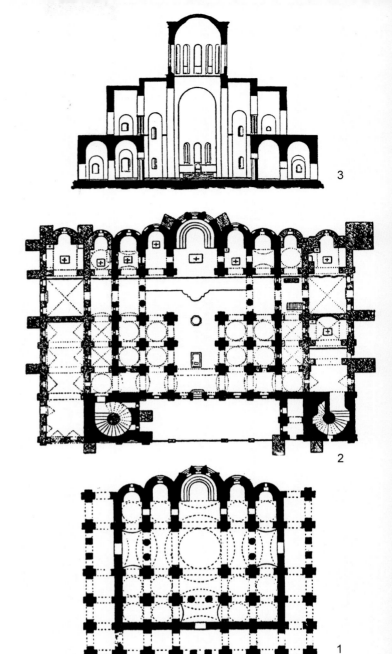

（右上）图1-17基辅 圣索菲亚大教堂。平面及剖面：1、最初平面复原图（作者Brunov），2、现状平面（黑色墙体为原构），3、图1的剖面（边廊部分设上层廊道），取自David Roden Buxton：《Russian Mediaeval Architecture》（Cambridge University Press，2014年）

（右下）图1-18基辅 圣索菲亚大教堂。横剖面（标示出中央穹顶和祭坛处的马赛克装饰及壁画，作者Iu.Nelgovskii和L.Voronets），取自William Craft Brumfield：《A History of Russian Architecture》（Cambridge University Press，1997年）

（左下）图1-19基辅 圣索菲亚大教堂。纵剖面（复原图作者Kresalskii、Volkov和Aseev），取自William Craft Brumfield：《A History of Russian Architecture》（Cambridge University Press，1997年）

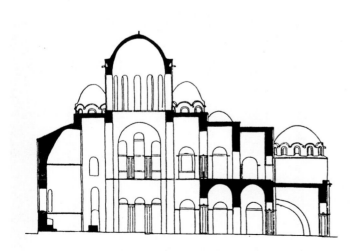

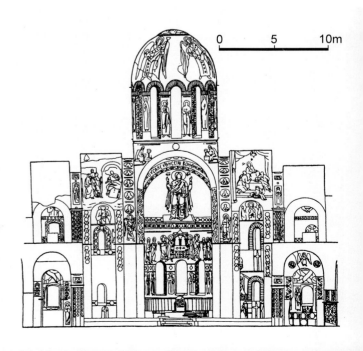

对异教神祇的崇拜。许多迹象表明,他希望在泛神崇拜的基础上创建一个具有凝聚力的宗教体系。但异教崇拜最终没能为他和他的这个构成越来越复杂的国家提供一个文化和意识形态的基础。对犹太教、伊斯兰教和基督教(包括罗马天主教和东正教)都比较熟悉的这位大公最后决定采纳东正教。从基辅和拜占廷的商业和政治联系来看,这是个合乎逻辑的选择,况且这时国内已有许多人早就改信了基督教。从中世纪的报告可知,东正教的礼仪和拜占廷在艺术上的杰出成就,同样给赴君士坦丁堡的俄罗斯使团留下了很好的印象。

987年最后一件政治上的大事是弗拉基米尔迎娶拜占廷皇帝巴西尔二世的妹妹安娜(963~1011/1012年,其父亲是拜占廷皇帝罗曼努斯二世),显然这是对基辅官方正式接纳东正教的回报,同时也是感谢俄罗斯人在小亚细亚协助拜占廷平息了一次针对巴西尔二世的叛乱。尽管当时拜占廷帝国内部形势复杂,还有许多人瞧不上罗斯的这些"蛮族",但巴西尔和弗拉基米尔仍然成功地履行了各项协议的条款:弗拉基米尔接纳基督教和受洗(可能是988年初);接着988年春天基辅人在第聂伯河集体接受洗礼;不久,安娜即到达基辅。从政治和外交上看,这次双方均有收获:巴西尔巩固了自己在帝国内的地位,并将一个经常制造麻烦的邻居变为盟国;弗拉基米尔娶了一位皇亲贵胄,在文化资源和社会地位上,都沾了拜占廷宫廷和教会的光。

(左上)图1-20基辅 圣索菲亚大教堂。立面及细部复原图:1、东立面,2、拱廊,3、祭坛马赛克;取自Академия Строительства и Архитестуры СССР:《Всеобщая История Архитестуры》, I (Москва, 1958年)

(下两幅)图1-21基辅 圣索菲亚大教堂。复原图及模型(自东面望去的情景,复原图作者K.J.Conant)

（上）图1-22基辅 圣索菲亚大教堂。17世纪景色（版画，作者A.van.Westerveldt，绘于1651年基辅为波兰人占领期间，示17世纪30~40年代Peter Mohila修复后情景，建筑仍保留了11世纪的外廊，和18世纪以后的巴洛克造型有所不同）

（右下）图1-23基辅 圣索菲亚大教堂。南外廊17世纪状况（版画，作者A.van. Westerveldt，绘于1651年），取自George Heard Hamilton：《The Art and Architecture of Russia》（Yale University Press，1983年）

（左中及左下）图1-24基辅 圣索菲亚大教堂。1918年景色（一战时期一个德国士兵拍摄的照片）

第一批基辅教士均为希腊人（很多来自黑海边的赫尔松），大主教则是在君士坦丁堡选定。为了便于新宗教的传播，宗教礼仪及文献均被译成斯拉夫文；不过，在基辅罗斯的部分地区，特别是北方，对新宗教的抵制仍然持续了几十年。在教堂建筑的发展上，同样可以看到斯拉夫和拜占廷特色的结合：在木材资源充足的地方，只要熟练地运用斧子等简单工具，就可以很快组装起一座木构教堂，但在某些情况下，这类建筑也可以造得很复杂。不过，总的来说，真正能体现基辅政治地位和文化成就的建筑，还是由希腊和巴尔干匠师们建造的那些以砖石砌造、饰有马赛克和

第一章 中世纪早期·159

本页：

（上）图1-25基辅 圣索菲亚大教堂。东南侧俯视全景（现状）

（下）图1-26基辅 圣索菲亚大教堂。东侧全景

右页：

（上）图1-27基辅 圣索菲亚大教堂。东北侧全景

（下）图1-28基辅 圣索菲亚大教堂。北侧景色

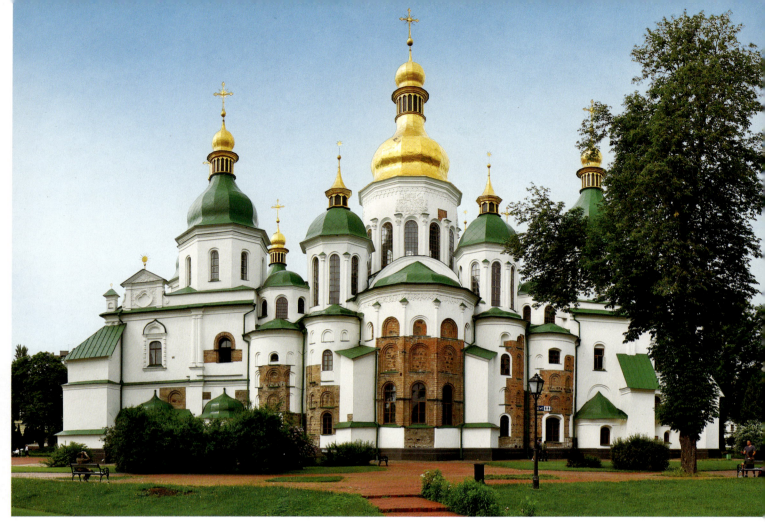

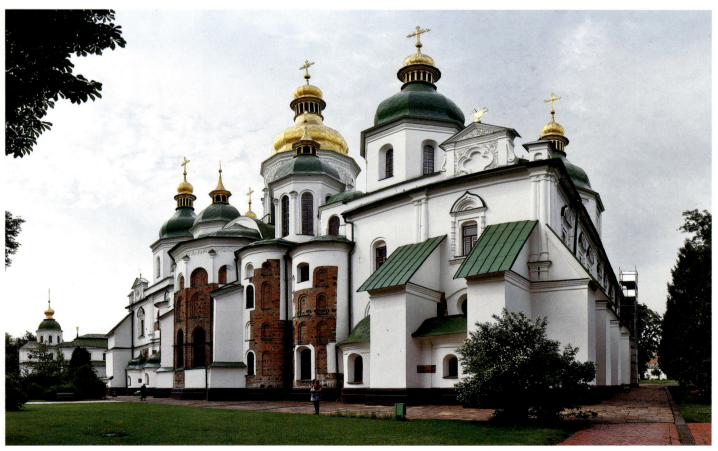

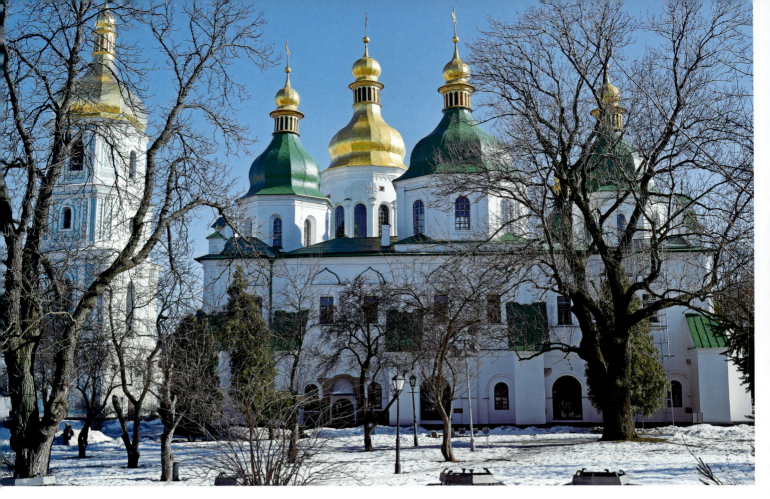

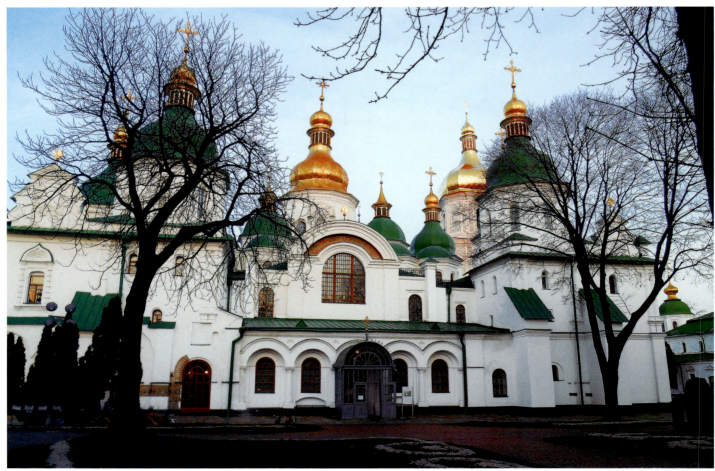

162·世界建筑史 俄罗斯古代卷

左页：

（上）图1-29 基辅 圣索菲亚大教堂。西北侧全景

（下）图1-30 基辅 圣索菲亚大教堂。西南侧外景

本页：

（上下两幅）图1-31 基辅 圣索菲亚大教堂。外露展示的原构部分

壁画的作品。建筑设计的基本原则仍是来自拜占廷，特别是来自拜占廷中期（9~12世纪）流行的那种采用内接十字形平面的教堂。但基辅罗斯的匠师们很快就在此基础上发展出一套平面上颇具特色的变体形式，地方工匠也很快掌握了建造和装饰砖石结构的必要技能。

弗拉基米尔大公于989~994/996年建造的什一税教堂，是基辅第一座重要的建筑，他动用了岁入的十分之一来维系这座奉献给圣母的殿堂，但留存下来的有关这座建筑的证据极其残缺。教堂于1017年毁于大火，1039年重建，1177和1203年又遭到邻国大公们的劫掠，最终于1240年在拔都率领的蒙古军队围城时被毁。有关结构倒塌的原因有几种说法：一是作为基辅人最后的堡垒之一，建筑曾遭到蒙古军队攻城槌的猛烈撞击；再是残存的守军试图挖地道逃离可能进一步削弱了结构。不过，直到1825年，教堂当局决定在基址上建造一座新教堂时，尚有部分老教堂的东墙耸立在原地（图1-11）。由于否定了将这部分残墙纳入到新建筑里去的想法，基础以上的部分遂被拆除，在上面由著名的新古典主义建筑师瓦西里·斯塔索夫建造了一座"新拜占廷风格"的教堂（立面及剖面：图

1-12；历史图景：图1-13）。这座笨拙的建筑于1935年被彻底夷平，原址上覆盖了铺地。

不过，通过20世纪的发掘，人们仍能对最初教堂的平面有一个大致（即令是不完全）的概念（平面：图1-14、1-15）；尽管无法精确判定建筑的外貌，但马赛克、壁画和大理石雕饰的残段仍为人们提供了有关其装饰的某些信息。墙体可能是交替布置石块和平砖（plinthos），采用石灰和碎砖合成的灰浆。基础残存的部分表明，它可能构成了中世纪俄罗斯砖石教堂的平面原型，即8世纪在拜占廷形制的基础上

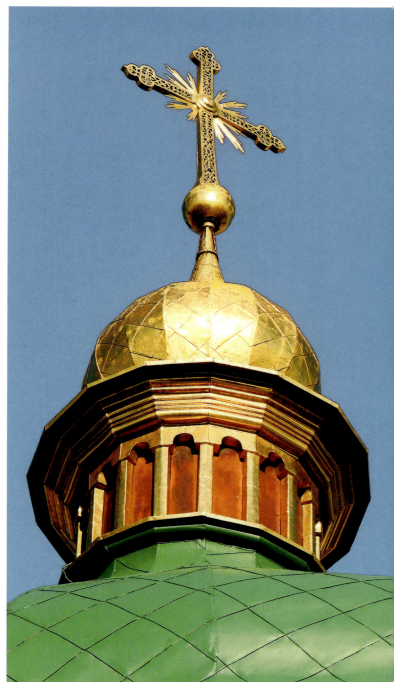

本页及左页：
（左）图1-32 基辅 圣索菲亚大教堂。穹顶近景
（中）图1-33 基辅 圣索菲亚大教堂。穹顶细部
（右）图1-34 基辅 圣索菲亚大教堂。顶塔细部

演化出来的所谓"内接十字形"[inscribed-cross，或"十字-穹顶形"（cross-domed），类似的拜占廷例证见于尼西亚的科伊梅西斯教堂]。沿东-西轴线布置3条（少数情况下可达5条）廊道，其特点是中央廊道较宽，其宽度在一条南-北向廊道（即耳堂）中得到呼应，就这样，在一个四边形平面中，勾勒出一个十字形空间。十字形两臂交汇处布置四个支撑中央穹顶的柱墩，穹顶立在鼓座上。通过在西面增加廊道，形成前厅（narthex）。但平面的核心，仍由内接十字形和中央穹顶组成，穹顶内部有作为全能救世主的基督

第一章 中世纪早期 · 165

(上)图1-35基辅 圣索菲亚大教堂。内景,柱墩马赛克装饰

(下)图1-36基辅 圣索菲亚大教堂。内景,半圆室马赛克装饰

（上）图1-37基辅 圣索菲亚大教堂。内景，马赛克装饰细部（中央为基督造像，两边为圣母及圣约翰）

（中及下）1-38基辅 圣索菲亚大教堂。内景，壁画：中、天使报喜，下、第一次基督教联合会议

168·世界建筑史 俄罗斯古代卷

左页：

（上下两幅）图1-39基辅 圣索菲亚大教堂。内景，壁画：上、大洪水，下、审判日

本页：

（右上）图1-40基辅 圣索菲亚大教堂。钟楼（老照片，摄于1911年）

（左上及下）图1-41基辅 圣索菲亚大教堂。钟楼，地段形势及现状外景

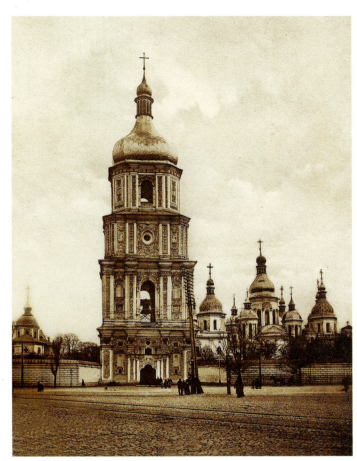

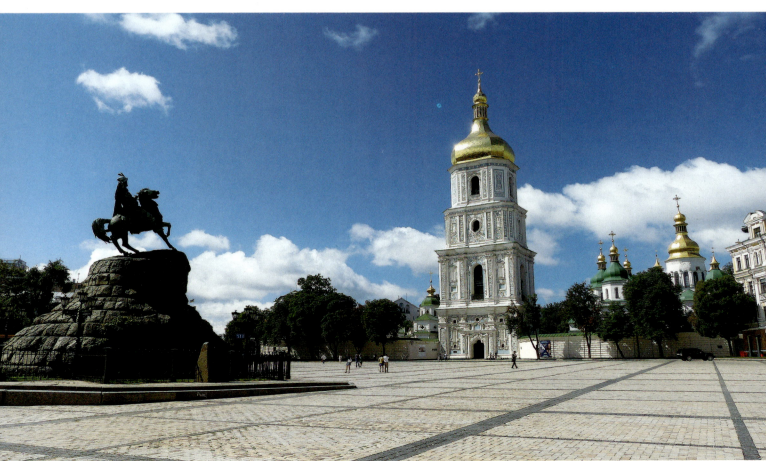

第一章 中世纪早期·169

(上)图1-42基辅 圣索菲亚大教堂。钟楼,上部近景

(左下)图1-43基辅 圣索菲亚大教堂。钟楼,立面花饰细部

(右下)图1-45君士坦丁堡费纳里伊萨清真寺(约930年)。北教堂,平面复原图(据Brunov)

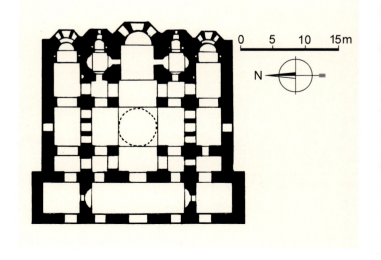

170·世界建筑史 俄罗斯古代卷

（上）图1-44基辅 圣索菲亚大教堂。钟楼，内部仰视景色

（下）图1-46切尔尼希夫主显圣容大教堂（始建于1034/1035年）。平面：1、据Nekrasov，2、据L.Morgilevskii

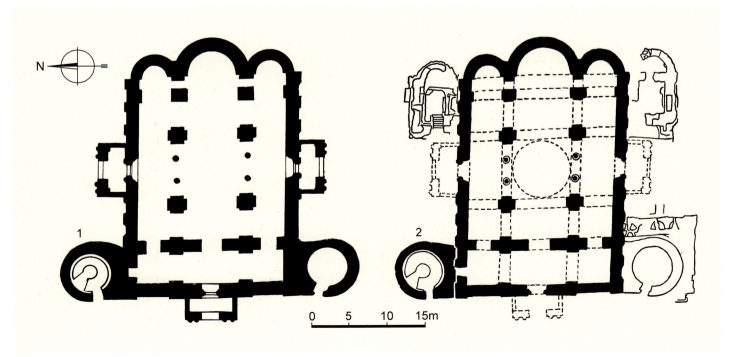

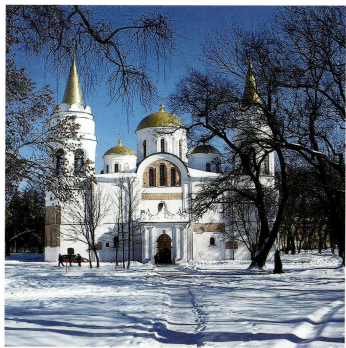

（左上）图1-47切尔尼希夫 主显圣容大教堂。剖面，取自William Craft Brumfield:《A History of Russian Architecture》（Cambridge University Press，1997年）

（左中）图1-48切尔尼希夫 主显圣容大教堂。西立面远景

（左下）图1-49切尔尼希夫 主显圣容大教堂。西侧全景

（右上）图1-50切尔尼希夫 主显圣容大教堂。东南侧全景

（右下）图1-51切尔尼希夫 主显圣容大教堂。西侧入口近景

像。东墙至少设一个半圆室,通常为3个[包括圣餐台（prothesis）和圣器室（diaconicon）]。这种内接十字形平面尽管布局简单,但它不仅能满足东正教礼拜的要求,同样具有向心的象征作用;由于墙面上绘有表现上帝的题材（或在地面或在天国）,对信徒来说,每个教堂都象征着宇宙的中心,以绘画或马赛克表现的救世主位于中心最高处,俯瞰着一切。

二、基辅盛期：雅罗斯拉夫一世统治时期

由于立东正教为俄罗斯国教,弗拉基米尔确立了和东罗马帝国在文化和宗教上的长期合作关系,尽管他的继承人和西方——特别是斯堪的纳维亚地区——仍然保持着广泛的联系。在10和11世纪,西方国家实际上具有相反的政治倾向,对拜占廷帝国采取了谨慎的抵制态度。和东斯拉夫民族的广阔领土相比,西方在地域上也显得更为支离破碎。然而,基辅罗斯在迅速扩张的同时,也包含了自身分裂的种子,甚至在弗

（左上）图1-52 切尔尼希夫 主显圣容大教堂。西侧山墙及穹顶
（左下）图1-53 切尔尼希夫 主显圣容大教堂。西侧北塔楼基部
（右上）图1-54 切尔尼希夫 主显圣容大教堂。西侧塔楼上部
（右下）图1-55 切尔尼希夫 主显圣容大教堂。东北侧近景

第一章 中世纪早期·173

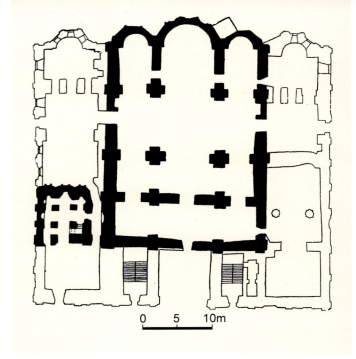

（左上）图1-56切尔尼希夫 主显圣容大教堂。内景

（右上）图1-57基辅 洞窟修道院。圣母安息大教堂（始建于1073~1078年），平面（复原图，据L.Morgilevskii）

（左下）图1-58基辅 洞窟修道院。圣母安息大教堂，平面及西立面（建筑于1240年蒙古人入侵时被毁，1470年修复；17世纪40及90年代分别由Peter Mohila和Mazepa更新，开始具有了巴洛克风格的外貌）

（右下）图1-59基辅 洞窟修道院。圣母安息大教堂，外景（绘画，作者V.P.Vereschagin，示17世纪更新后）

拉基米尔1015年去世前,已开始出现了这样的征兆。是年,他的儿子、诺夫哥罗德大公、时为诺夫哥罗德副摄政的雅罗斯拉夫(约978~1054年,1019~1054年在位)拒绝向基辅纳贡。弗拉基米尔去世后,雅罗斯拉夫的长兄、在编年史上被称为"恶棍"的斯维亚托波尔克·弗拉基米罗维奇接连杀死了他的三个兄弟夺取了基辅的王权。但雅罗斯拉夫在诺夫哥罗德人和瓦兰吉人雇佣兵的大力支持下,自1016年起,经过3年的角逐,最终于1019年在基辅城附近,击败了斯维亚托波尔克,登上了基辅大公的宝座。雅罗斯拉夫注重法治,在位时间很长,在这个时期,罗斯国家无论在文化事业还是军事实力上,都达到了巅峰状态。

[基辅的圣索菲亚大教堂]
在1019年那次战役的基址上,雅罗斯拉夫以君士

(左上)图1-60 基辅 洞窟修道院。圣母安息大教堂,西立面全景(老照片,1880年代)

(左中)图1-61 基辅 洞窟修道院。圣母安息大教堂,东侧全景(老照片,1930年代)

(左下)图1-62 基辅 洞窟修道院。圣母安息大教堂,西立面北翼(老照片,1930年代)

(右下)图1-63 基辅 洞窟修道院。圣母安息大教堂,二战期间残存部分状态

第一章 中世纪早期·175

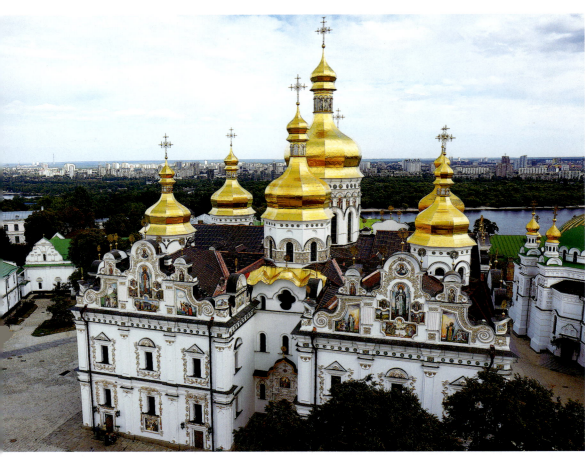

(上)图1-64基辅 洞窟修道院。圣母安息大教堂,西南侧现状,俯视全景

(下)图1-65基辅 洞窟修道院。圣母安息大教堂,西南侧俯视夜景

（上）图1-66 基辅 洞窟修道院。圣母安息大教堂，西南侧全景

（下）图1-67 基辅 洞窟修道院。圣母安息大教堂，南侧景观

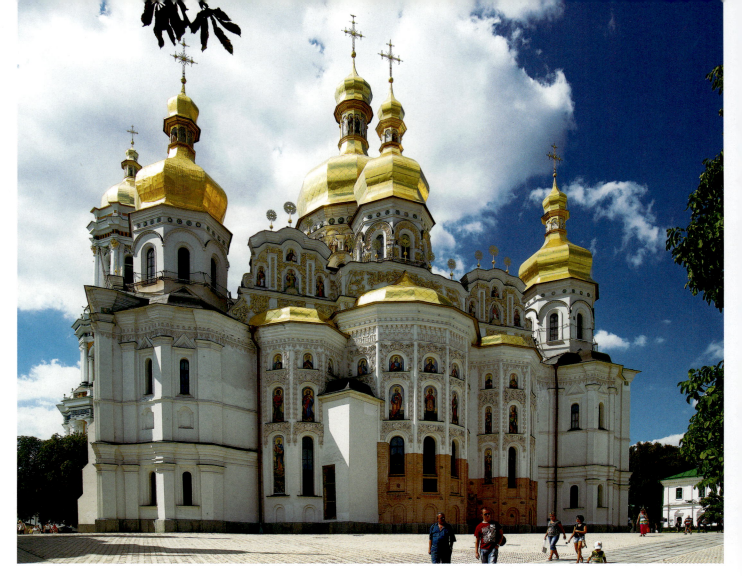

（上）图1-68基辅 洞窟修道院。圣母安息大教堂，东侧全景

（下）图1-69基辅 洞窟修道院。圣母安息大教堂，西北侧景色

图1-70 基辅 洞窟修道院。圣母安息大教堂，西南侧山墙及穹顶鼓座俯视近景

坦丁堡的圣索菲亚大教堂为范本，建造了他的圣索菲亚大教堂。但在约18年期间，雅罗斯拉夫的权威遇到了来自他的兄弟、也是另一位建筑投资人的切尔尼希夫大公姆斯季斯拉夫的挑战。由于领地尚有争议，雅罗斯拉夫大部分时间都在诺夫哥罗德，在基辅建造的项目很少，只有一个作为圣鲍里斯和格列布陵墓的小型木构教堂，上置5个穹顶；可能还有一个奉献给圣索菲亚的木构教堂，只是后者没有任何东西留存下来。

1036年姆斯季斯拉夫死后，随着权力的巩固，年轻时曾抵制向基辅纳贡的雅罗斯拉夫此时却在这个城市里继续他父亲已开始的工作，并大大扩展了后者最初的规划。新城墙设有三个大门，包括著名的"金门"（取名系效法君士坦丁堡的金门）。中世纪时建筑被拆除，仅留少量残迹。1982年苏联当局全面重建，但由于没有最初城门的图像资料，可能的复原方案很多，这一做法并没有得到学术界的认可。

雅罗斯拉夫统治时期更重要的成就是建造供

第一章 中世纪早期·179

本页：

（上）图1-71基辅 洞窟修道院。圣母安息大教堂，西南侧入口近景

（下）图1-72基辅 洞窟修道院。圣母安息大教堂，西南侧山墙装饰

右页：

图1-73基辅 洞窟修道院。圣母安息大教堂，东南侧山墙装饰

奉圣索菲亚（St.Sophia，即"神圣智慧"，Divine Wisdom）的大教堂，它如弗拉基米尔的什一税教堂一样，高耸在这座城市里。它不仅是这位此时被誉为"智者"的雅罗斯拉夫的纪念碑，同样也是为了颂扬在基辅罗斯影响越来越大的东正教会。在接下来的两个世纪里，圣索菲亚大教堂一直是自1037年开始设置的大主教的驻所（平面、立面及剖面：图1-16~1-20；复原图及模型：图1-21；历史图景：图1-22~1-24；现状全景：图1-25~1-30；近景及细部：图1-31~1-34；内景：图1-35~1-39；钟楼：图1-40~1-44）。

尽管教堂的外观在17和18世纪改建时有所变动（1240年蒙古人入侵后，建筑已沦为废墟），但20世纪30年代的发掘和对各种可能设计方案的研究，使人们已能比较确切地想象出它最初的构图形式。其平面大体按拜占廷中期演化出来的那种十字形加穹顶的模式；但在尺度规模和复杂程度上，要超过什一税教堂及大多数后期的俄罗斯东正教堂。内部廊道五条，每条都以一个半圆室作为结束；中央廊道（本堂）宽度为边廊的两倍，沿建筑南北轴线布置的耳堂亦遵循这样的比例。作为外部构图中心的主要穹顶位于中央交叉处的高鼓座上，周围十二个穹顶高度成组递降，形成金字塔形的外廓（见图1-22）。

这种复杂穹顶体系的缘起尚不清楚：尽管早期的木构教堂可能有复杂的屋顶，但无法明确源流，也无法证实这种布置是否有数目上的隐秘含义。但不管原型是什么，穹顶——或更准确地说，其鼓座——作为教堂室内最主要的自然光线来源，同时具有功能和美学的双重意义。因为由两道室外拱廊所围括的厚墙，很难传递来自外部的光线，而自拱顶下窗户进来的少

第一章 中世纪早期 · 181

(上)图1-74基辅 洞窟修道院。圣母安息大教堂,东北侧近景

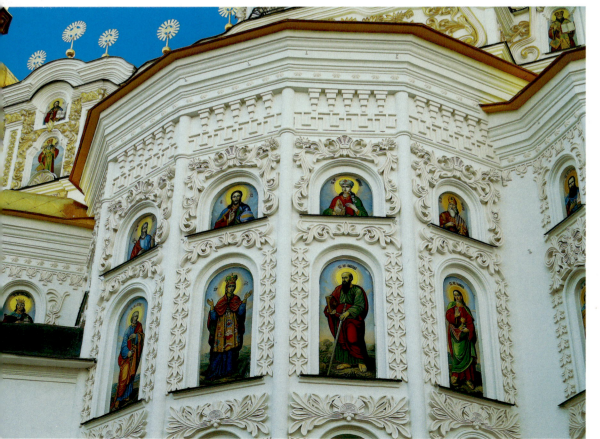

(下)图1-75基辅 洞窟修道院。圣母安息大教堂,东北侧外墙装饰

图1-76 基辅 洞窟修道院。圣母安息大教堂，内景，圣像屏帏及穹顶

量光线，也因为沿着南北墙布置的歌坛廊道而变得极其微弱。

当进入大教堂的时候，人们看到——或说是进入到——一个位于中央穹顶下的空间，色彩明亮的穹顶和下面光线朦胧的空间形成了鲜明的对比。光线照亮了祭坛前的区段，展现出覆盖着11世纪壁画的柱墩和墙面（鉴于教堂曾多次遭到抢劫，这些壁画应该说保存得相当完好），以及在基辅建筑中仅存的大幅马赛克作品。中央半圆室大部被一块8世纪的圣障遮挡。

圣索菲亚大教堂的马赛克作品，从主要穹顶（高出地面约30米）中央圆形区段内的救世主像到位于中央半圆室内的巨大圣母祈祷像（于金色底面上着蓝色长袍），皆可视为拜占廷地方风格的表现；制作马赛克和绘制壁画的希腊匠师在这里成功地展示了拜占廷将宗教艺术和建筑空间相结合的技能（见图1-18）。

与室内装饰艺术的丰富和华美相反，圣索菲亚大教堂的外部表现出10~11世纪拜占廷教堂特有的那种简朴的特色[后者如君士坦丁堡的博德鲁姆清

第一章 中世纪早期·183

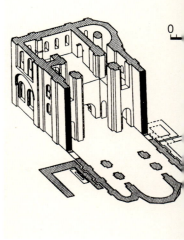

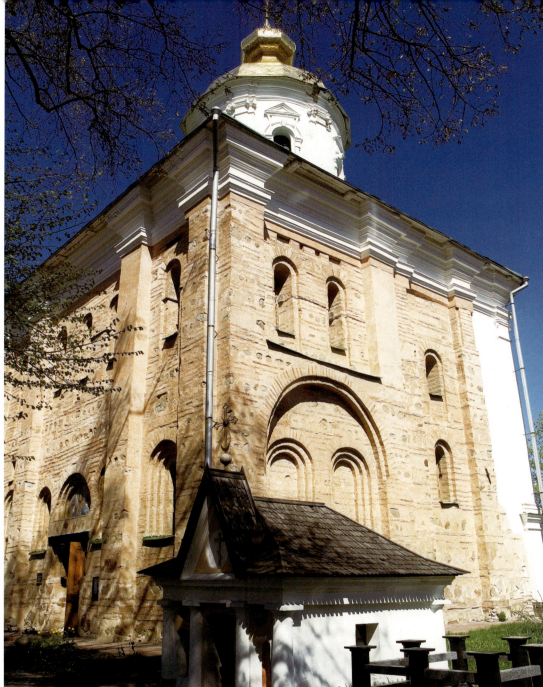

本页及左页：
（左上）图1-77 基辅 洞窟修道院。圣母安息大教堂，保留下来的原构残迹
（中下）图1-78 基辅 维杜比茨修道院。大天使米迦勒教堂（1070~1088年），剖析复原图（作者M.Karger，东面倒塌部分以基础平面示之）
（左下）图1-79 基辅 维杜比茨修道院。大天使米迦勒教堂，西立面，现状
（中上）图1-80 基辅 维杜比茨修道院。大天使米迦勒教堂，西南侧全景
（右上）图1-81 基辅 维杜比茨修道院。大天使米迦勒教堂，西南侧近景

真寺和费纳里伊萨清真寺北教堂（图1-45），两者皆属10世纪早期]。墙体交替布置石块和平砖砌层（即所谓opus mixtum）并采用石灰和碎砖灰浆（称plinthos）；墙面以壁龛、壁柱和各种砖砌图案（主要是回纹）作为装饰。虽说室外可能部分饰有壁画，带雕刻的大理石柱头更提供了一种更为精致的装饰形式，但呈金字塔造型直至中央穹顶的教堂结构形体，并没有多少引人注目的亮点。粉红色的墙体后以白色灰泥覆盖，但即便在最初色彩较丰富时，和室内相比外观也显得更为节制。直到16世纪，简朴的立面和装饰丰富的室内，一直是俄罗斯教堂建筑的主要特色之一。简朴单一的形体把教堂和周围的环境（由大量的

第一章 中世纪早期·185

木构建筑组成）分开，华美的装饰则把信徒引向教会及其圣徒的内心世界。

[切尔尼希夫的主显圣容大教堂]

在圣索菲亚大教堂建造期间，中世纪罗斯的其他主要中心也开始建造大教堂，只是没有一个像基辅大教堂那样复杂。雅罗斯拉夫的竞争者姆斯季斯拉夫早在1034或1035年就在基辅北面约120公里的切尔尼希夫委托建造了一座主显圣容大教堂。编年史作者指出，1036年姆斯季斯拉夫在狩猎时突然死亡，此时教堂墙体已达到"一个骑马人可以够到"的高度。关于其建造情况再无后续报道，可能是工程中断了，之后在雅罗斯拉夫或他的第三个儿子斯维亚托斯拉夫任上完成，后者自1054年开始统治切尔尼希夫，直到1073年成为基辅大公。这座大教堂的平面类似弗拉基米尔的什一税教堂，十字形平面上置穹顶，三廊道外加前厅；惟中央廊道构图上更为突出，通过由拱券立柱组成的两层拱廊和耳堂分开，创造出一种线性发展的效果，颇似会堂式建筑（basilica）的做法（平面及剖面：图1-46、1-47；外景：图1-48~1-50；近景及细部：图1-51~1-55；内景：图1-56），对这一地区的东正教教堂来说，可谓不同寻常。建筑因1240年蒙古入侵遭到严重破坏，但从装饰室内的马赛克、壁画及大理石雕刻的风格上看，建筑在很大程度上仍是依赖希腊匠师和他们的材料。

在室外，按跨间分划的立面真实反映了十字形带

本页：
（上）图1-82基辅 维杜比茨修道院。大天使米迦勒教堂，西立面细部
（中）图1-83基辅 维杜比茨修道院。大天使米迦勒教堂，内景
（下）图1-84基辅 圣德米特里修道院。大天使米迦勒教堂（"金顶"教堂，始建于1108~1113年，1934~1935年拆除，1990年代重建），20世纪初景色（老照片，摄于1900年代）

右页：
（上）图1-85基辅 圣德米特里修道院。大天使米迦勒教堂，重建后全景（自圣米迦勒广场望去的景色）
（下）图1-86基辅 圣德米特里修道院。大天使米迦勒教堂，山墙及穹顶近景

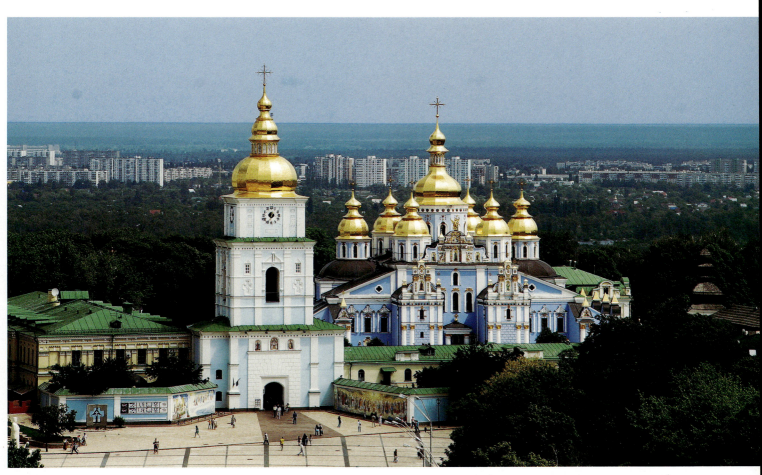

穹顶的平面形式，跨间均与内部结构及拱顶对应。每个立面的中央主跨间表现内接十字形的扩展翼，于曲线山墙（zakomara）下布置传统的三个窗户（见图1-52）。西立面北角设一塔楼，内设楼梯通向位于前厅上的歌坛廊道（见图1-46）。18世纪90年代改建时，南面角上加了一个对应的塔楼，并在两个塔楼上增建了圆锥形的屋顶。采用交替砖石砌层（opus mixtum）、厚约1.5米的墙体在外部以砖砌壁龛分划，并饰以回纹等砖构图案（后为灰泥覆盖）。主体结构上部为带鼓座的五个穹顶。主显圣容大教堂的这组穹顶尽管不像基辅圣索菲亚大教堂那样复杂精巧，但同样具有作为俄罗斯中世纪教堂特色的那种金字塔式的外廓和垂向构图的效果。

三、修道院教堂

[伊贾斯拉夫统治时期]

1054年"智者"雅罗斯拉夫去世后，由于没有明确的继承原则，加之5个儿子之间还存在领地分配的问题，基辅国家的脆弱统一再次受到严重的考验。控制了大部分领土的三个兄长的联盟因内讧和波洛韦茨人（一个盘踞在东南干草原地带的土耳其游牧部落，

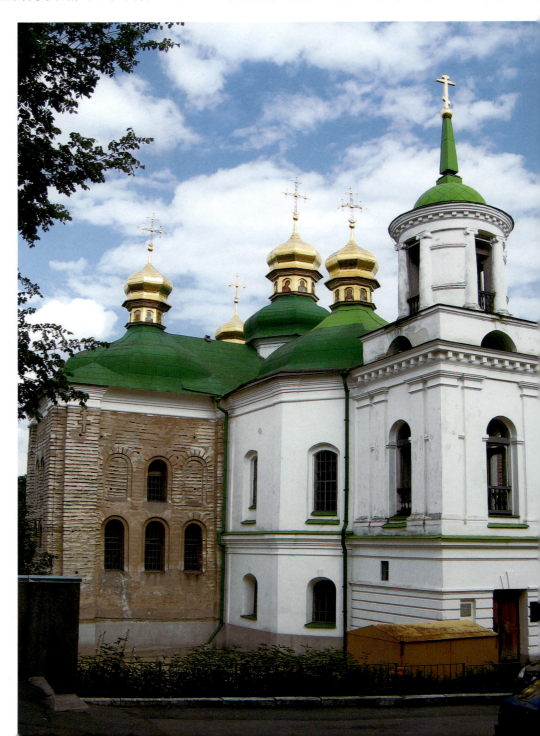

（左）图1-87基辅 别列斯托沃救世主教堂（可能1113~1125年）。平面（复原图，作者M.Karger，最初结构仅存前厅部分，包括北跨间的洗礼堂和西南角的廊道楼梯）

（右）图1-88基辅 别列斯托沃救世主教堂。西北侧现状

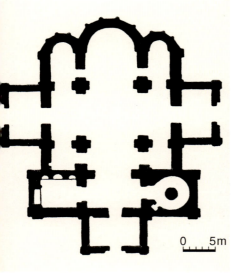

188·世界建筑史 俄罗斯古代卷

（上）图1-89 基辅 别列斯托沃救世主教堂。西南侧全景

（下）图1-90 基辅 别列斯托沃救世主教堂。南立面

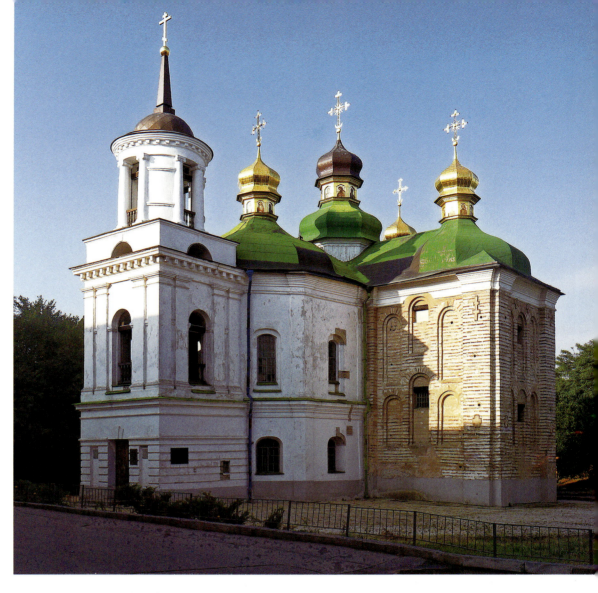

后为钦察汗国的一部分）的进攻而瓦解，民众的不满进一步导致1068年基辅的暴乱。虽然政权最后落到雅罗斯拉夫的长子、基辅大公伊贾斯拉夫[1]手中，但实际上，直到这时，这位大公和他弟弟们之间的内斗一直未能终止。教会虽未能在各派势力之间进行有效的调解（教士们既不满意伊贾斯拉夫的罗马天主教倾向，同时也谴责他弟弟们的篡位企图），但在获取土地和资金建造教堂及数量越来越多的修道院上还是从当局那里得到了不少好处。在这些机构中，最早、最富足，同时也是中世纪罗斯几个世纪期间最主要的东正教修道院即在11世纪中叶建造的基辅"洞窟"修道院。值得注意的是，在基辅修道院中，位于城市附近的这座静修院是仅有的一个不是由大公、而是由备受尊崇的修道士费奥多西领导的修道院兄弟会投资建造的机构。由于其凝聚力和威望，这座修道院很快在教会事务及基辅文学传统的演进上起到了主导作用。从11到13世纪，有关基辅罗斯的大部分文字信息都是来自其教士编纂的年史记录。

随着修道院收入和财富的增加，最初小的木构教堂于11世纪被圣母安息大教堂取代，教堂始建于1073年（主要投资人为雅罗斯拉夫的儿子斯维亚托斯拉夫），建筑约1077年完成，但直到1089年才举行奉献

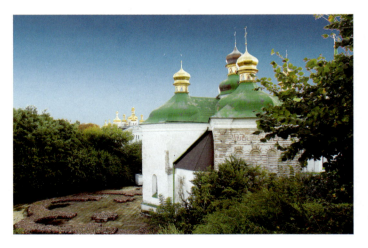

仪式（在基辅，结构施工阶段和室内装修前，需要很多时间使大教堂的砌筑墙体充分沉降和完全干燥）。

与弗拉基米尔及雅罗斯拉夫统治期间建造的那些配有复杂的内外廊道、围绕中央穹顶布置递降穹顶组群的主要教堂不同，这座圣母安息大教堂平面相当简洁，尽管建筑不小，但除了前厅外，只有三条廊道。十字形平面核心上承穹顶，交叉处柱墩断面亦为十字形。建筑长宽之比3:2，为这时期典型表现（平面及立面：图1-57、1-58；历史景色：图1-59~1-62）。立面以扁平的壁柱分划，其间布置花环饰，外墙尚有几

左页：

（上）图1-91基辅 别列斯托沃救世主教堂。东侧全景

（下两幅）图1-92基辅 别列斯托沃救世主教堂。北侧及原构残迹

本页：

图1-93基辅 别列斯托沃救世主教堂。东南侧及残迹近景

何图案的砖构檐壁。各廊道端头半圆室外墙呈多边形。由于建筑没有边廊且最初只有一个穹顶（开12个窗户），垂向部件得到了突出的发展，它们高耸在修道院围墙之上，创造了极强的视觉效果，无论是在室内还是室外，建筑的巨大高度都不受干扰地得到充分的展现。

教堂完成后没几年，靠西立面北角增建了一个小得多的带洗礼池的教堂（供奉施洗者约翰）。17世纪又增添了几个穹顶和哥萨克巴洛克风格的装饰部件。虽说15、17和18世纪的这些变动使人们很难辨认圣母安息大教堂的最初面貌，但其结构原则尚可在下一个世纪建造的其他教堂中看到，如诺夫哥罗德圣乔治修道院的圣乔治大教堂（1119~1130年，见图1-187~1-195）。圣母安息教堂室内的墙面和地面上，不仅有壁画，中央部位还有马赛克，因而没有理由怀疑修道院编年史上的记述，即这座教堂是由来自君士坦丁堡的匠师设计和建造的。实际上，这已是基辅教堂的通常做法，只是由于建筑尺度的差异，在结构及装饰工艺上尚需解决一些特定的问题（如制备马赛克的彩色瓷砖等）。尽管如此，仍然有理由认为，地方匠师不仅参与了建造和装饰过程（编年史曾提到，教士阿林皮在绘制壁画上的业绩），在这种为基辅罗斯特有的教堂建筑风格的发展上，也做出了一定的贡献。

大教堂在1230年的一次地震中遭到破坏，1240年又遭到蒙古人的洗劫，15世纪重建时，最初核心部分大部尚存。1941年9月中旬苏军撤离基辅时，教堂下埋设了地雷，11月初（德军占领期间）引发了爆炸，教堂受到严重破坏。残存部分仅包括东南角的礼拜堂、部分东墙、基础和一些采用交替砖石砌层（opus mixtum）的厚重墙体（图1-63）。大教堂重建工作始于1998年，至2000年8月乌克兰独立纪念日完成。现在人们看到的，就是这次重建的结果（重建后外景：图1-64~1-69；近景：图1-70~1-75；内景：图1-76、1-77）。

在圣母安息大教堂建造前不久，雅罗斯拉夫的另一个儿子弗谢沃洛德在他基辅南面的领地附近，创建了维杜比茨修道院，供奉大天使米迦勒的教堂建于1070年。比圣母安息大教堂小得多的这个维杜比茨修道院的教堂直到1088年，在拖拖拉拉地建了前厅和西面的塔楼后，才正式举行奉献仪式（剖析复原图：图1-78；现状外景及细部：图1-79~1-82；内景：图1-83）。建筑坐落在第聂伯河西岸的悬崖上；风景虽然优美，但带来的麻烦不少。在它完成后几十年，东面的基础便开始断裂。1199年，基辅建筑师彼得·米罗涅格建了加固的挡土墙，但此举只是延缓了灾难的发生。不久，教堂的东部便倒塌到河里，仅存西部。

本页：

图1-94基辅 别列斯托沃救世主教堂。西立面砖墙细部（现存12世纪墙体为基辅实体砖结构的首例，平砖与粉褐色碎砖及石灰砂浆砌层交替配置，十字、凹龛和折线等装饰图案为拜占廷中期建筑的典型表现）

右页：

（上下两幅）图1-95基辅 别列斯托沃救世主教堂。南立面砖墙细部

这是自11世纪后期留存下来的为数不多的基辅古迹之一，但只是从1945年开始，人们才通过考古研究，对它进行了复原设想（见图1-78）。尽管这个教堂规模不大，结构上也有一些疏忽，但在设计上仍然包含了一些不同寻常的考虑。其穹顶向西移了一个跨间，因此从西面入口望去，显得更加宏伟。墙面最初没有抹灰，显露出砖石交替砌置的结构纹理，立面细部（如装饰性壁龛和窗户）线脚分划上也较为突出。

新的修道院教堂中，给人印象最深刻的是圣德米特里修道院内建于1108~1113年供奉大天使米迦勒的教堂（修道院由伊贾斯拉夫建于11世纪中叶）。雅罗斯拉夫儿子们建造的修道院仍由他们自己的后代作为遗产维护。因此，在1085年，伊贾斯拉夫的儿子亚罗波尔克在圣德米特里修道院里投资建造了第一个石构教堂（已毁）；他的另一个儿子斯维阿托波尔克建了这个更大的大天使米迦勒教堂，其装饰之精巧可与洞窟修道院内的圣母安息大教堂媲美。在编年史里，它被称为"金顶"教堂，修道院本身最后也采用了这个教堂的名字。

和圣母安息大教堂一样，大天使米迦勒教堂也采用了马赛克装饰（如圣索菲亚大教堂的做法，布置在半圆室里），但室内大部分用了技术要求较低的壁画。此外，结构里还纳入了一些已成为中世纪俄罗斯艺术主要特色的部件，特别是布置在墙头的拱形山墙（zakomary）。遗憾的是，这座可作为自拜占廷艺术和建筑向中世纪罗斯地方风格演化标志的教堂未能逃过20世纪30年代基辅宗教建筑的大劫难[按：20世纪30年代初，苏联政府认为中世纪的建筑历经改造后，最初拜占廷风格的教堂保留下来的内容不多，因此决定拆除修道院，在该处修建行政中心。拆除前乌克兰科学院（Ukrainian Academy of Sciences）物质文化研究所（Institute of Material Culture）的T.M.莫夫察尼夫斯基和K.洪察雷夫对建筑风格进行了一番"研究"后，宣称建筑主要属乌克兰巴洛克风格，不是以前所认定的12世纪，不值得保留。地方历史学家、考古专家和建筑师尽管不情愿，也只能表态同意。只有一位教授梅科拉·马卡连科反对拆除，后死在苏联的监狱里]，在1934~1935年教堂被毁时，仅有部分马赛克得以幸存。1991年乌克兰独立后，教堂和钟楼得到重建（主体结构于1999年竣工，但室内马赛克及壁画一直拖到2000年才完成。拆除前老照片：图1-84；重建后景观：图1-85、1-86）。

[弗拉基米尔·莫诺马赫及其后代统治时期]

在1113年伊贾斯拉夫的儿子斯维阿托波尔克去世后（他就葬在不久前完成的大天使米迦勒教堂里），伊贾斯拉夫家族在基辅政治上的影响亦告终结。新任大公弗拉基米尔·莫诺马赫是弗谢沃洛德之子和"智者"雅罗斯拉夫之孙。不过，他在基辅执政倒不是因其显赫的出身，而是在不得人心的斯维阿托波尔克死后，因经济危机引发的暴乱中应教会之邀出山，可说是"临危受命"。弗拉基米尔本人的领地是远在基辅东面的罗斯托夫-苏兹达利亚，他投资的大部分建筑项目都在那里。罗斯托夫和苏兹达尔的大教堂可能都是以基辅的圣母安息大教堂为范本，这些建筑目前仅基础尚存。

不过，弗拉基米尔毕竟是中世纪罗斯最具有活力的领导人之一。在他执政期间（1113~1125年），不仅成功遏制了基辅各公国的离心倾向，击败了来自干草原的最后一个游牧民族的进犯，同时还完成了一部记述其执政和抵御外敌的文献（题为《经书》，Tes-tament）。这是中世纪俄罗斯文献著作中为数不多的重要世俗著述之一，也是唯一一部对基辅大公的生活进行了详尽描述的文献。从他的儿子尤里·多尔戈鲁基（意"长枪尤里"，为其八个儿子之一）起，开始了这一世系统治俄罗斯的历史，直到16世纪末，留里克王朝终结之时。

　　在弗拉基米尔·莫诺马赫统治期间建的别列斯托沃救世主教堂（具体建造时间不详），是基辅最有特色的这类建筑之一，系作为莫诺马赫家族的埋葬处和礼拜堂。尽管与主要的修道院教堂相比，这座建筑的规模不大，但通向教堂主要部分拱券入口的高度和宏伟的尺度，却给人们留下了深刻的印象。此外，它还纳入了一个平面复杂、设有洗礼池的前厅，北面的礼拜堂和南面朝大歌坛廊道的楼梯塔（图1-87）。在早先的教堂里（如圣母安息教堂和大天使米迦勒教堂），洗礼池都和主体结构毗连而不是在它之外，在

左页：

（上下两幅）图1-96基辅 别列斯托沃救世主教堂。顶塔圣像细部

本页：

（上）图1-97基辅 别列斯托沃救世主教堂。室内壁画遗存
（下）图1-98基辅大主教彼得·莫希拉（1597~1647年）画像

这里，前厅设计得这么大这么复杂（比主体部分还要宽），可能就是为了把洗礼池纳入到整个结构实体内（外景：图1-88~1-92；近景及细部：图1-93~1-96；壁画：图1-97）。

事实上，在蒙古人入侵后接续而来的劫难中，救世主教堂已大部损毁，仅前厅部分得以留存。到1640~1642年，作为基辅大主教、著名学者彼得·莫希拉（1597~1647年，图1-98）重建城市残毁古迹的内容之一，教堂的残存墙体得到了保留，只是被乌克兰巴洛克风格的装饰掩盖。1909~1913年彼得·波克雷什金的复原不仅揭示出保留完好的西侧，还可看到墙体的过渡特色（从早期的交替搭配砖石砌层到完全采用砖砌）和墙面的装饰图案（如回纹和内嵌十字，见图1-94、1-95）。

1125年弗拉基米尔·莫诺马赫死后，他的两个儿子在一定程度上继续维系了国家的稳定；但到12世纪中叶，大公的儿子们再次在遗产分配问题上爆发内斗并危及到基辅的统一。安德烈·博戈柳布斯基（1111~1174年，他在弗拉基米尔-苏兹达尔地区进行的大规模建筑活动将在第三节讨论）在1157年他父亲尤里·多尔戈鲁基死后执掌政权，他拒绝返回基辅，到1169年，他的儿子还攻占和洗劫了这个城市。不过，就是在这样的背景下，基辅修道院教堂的建设仍在继续，只是规模较小。

在这些教堂中，最重要和保存最好的，是位于圣西里尔修道院内的同名教堂。修道院位于城市北面，系在1140年后不久由切尔尼希夫大公弗谢沃洛德·奥尔戈维奇投资建造（修道院总平面：图1-99）。教堂的建造日期尚不清楚，但显然是在1146年弗谢沃洛德去世后几年完成。据编年史上的一段记载，弗谢沃洛德的遗孀玛丽亚主持完成了圣西里尔教堂的建造。此后，它便成为奥尔戈维奇家族的葬仪祠堂，其中包括1194年葬在这里的弗谢沃洛德的儿子斯维亚托

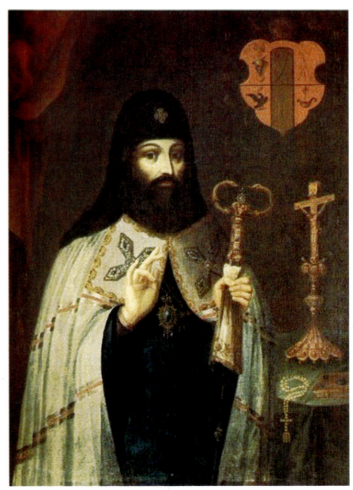

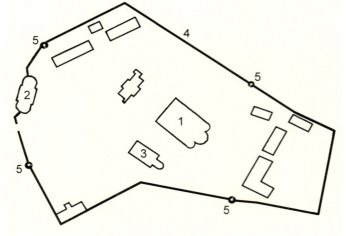

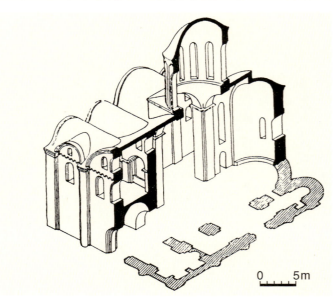

斯拉夫[为俄罗斯中世纪最著名的史诗《伊戈尔远征记》(Tale of the Host of Igor)中主要王公之一]。尽管1240年的损毁并不是太严重，但已弃置的教堂仍逐渐沦为废墟，直到17世纪末按乌克兰巴洛克风格进行了改建。18世纪中叶再次由伊万·格里戈罗维奇-巴尔斯基主持改建，在西立面上部加了山墙（剖析复原图：图1-100；外景及细部：图1-101~1-106；内景：图1-107）。

圣西里尔教堂最初在十字交叉处设有一个大型穹顶和鼓座（目前人们看到的其他四个穹顶是17世纪末增建的）。平面包含大型基辅教堂共有的一些特征：由三部分组成的半圆室结构，西面的歌坛廊道和前厅（南面角上布置洗礼池，墓室位于北面；见剖析图）。通向歌坛廊道的入口不是通过纳入前厅的塔楼，而是通过一组布置在北墙内部的狭窄楼梯（在不甚考究的教堂里，这是一种常用的手法）。墙体全部砖砌，属最早一批以灰泥覆盖砖构的实例（灰泥由石灰和粉红色调的碎砖组成）。

室内12世纪的壁画之后被一层灰泥覆盖，1880年，人们曾努力揭示和修复了部分场景，包括前厅里表现《最后审判》的画面（在12世纪后期，这也算是一种新观念）。主要穹顶上表现救世主基督，北墙和

左页：

（上）图1-99基辅 圣西里尔修道院（始建于1140年后）。总平面（复原图，作者T.C.Кілесо，示18世纪60年代状况），图中：1、圣西里尔教堂，2、报喜教堂，3、餐厅，4、围墙，5、塔楼

（中）图1-100基辅 圣西里尔修道院。圣西里尔教堂（原构12世纪中叶，17和18世纪改建），最初结构剖析复原图（作者Iu.Aseev）

（下）图1-101基辅 圣西里尔修道院。圣西里尔教堂，西南侧现状

本页：

图1-102基辅 圣西里尔修道院。圣西里尔教堂，西立面近景

南墙上绘基督诞生和圣母去世的场景，半圆室表现圣母和圣餐。半圆室南段还有大量表现亚历山德里亚的圣西里尔生平事迹的画面。遗憾的是，19世纪80年代修复时，用油画颜料对残破或缺失的区段进行了大面积覆盖，这种做法本身就构成了对最初壁画尚存部分的破坏。新近的修复力图尽可能地恢复和维护最初的壁画，在这个过程中，又重新发现了一些生动的构图和原有的色彩。

四、12世纪切尔尼希夫的教堂

虽说圣西里尔教堂是基辅现存12世纪中叶教堂建筑中少有的实例，但其形式和切尔尼希夫留存下来的两个12世纪的教堂还是有一定的关系。由于切尔尼希夫大公在整个12世纪期间一直是基辅罗斯的主要竞争者，城市本身亦建造了许多大型项目，包括供奉圣鲍里斯和格列布（被害后被封圣的两位大公）的大教堂。建筑位于主显圣容大教堂附近，与现已无存的大公宫邸相邻，显然是由切尔尼希夫大公委托建造。一般认为其投资者是大卫·斯韦亚托斯拉维奇大公，据中世纪文献记载，他1123年去世后就葬在自己建造的这座教堂里。然而，人们并没有明确提及这座教堂的建造过程（可能是在1115~1123年间），由于在现存教堂下发现了早期结构的基础，因而很可能，大卫的

第一章 中世纪早期·197

（左上）图1-103 基辅 圣西里尔修道院。圣西里尔教堂，东北侧景色

（右上）图1-104 基辅 圣西里尔修道院。圣西里尔教堂，北立面（北墙内设楼梯通向歌坛，由狭窄的窗户采光，为切尔尼希夫建筑的典型做法，基辅教堂通常都另设带螺旋楼梯的塔楼）

（左下）图1-105 基辅 圣西里尔修道院。圣西里尔教堂，南门廊（按12世纪最初样式复原）

（右下）图1-106 基辅 圣西里尔修道院。圣西里尔教堂，北门廊（保留了18世纪乌克兰巴洛克风格的式样）

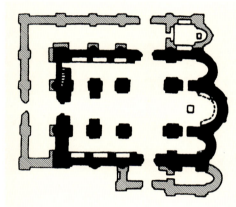

（上两幅）图1-107基辅 圣西里尔修道院。圣西里尔教堂，内景（柱墩、边廊及穹顶仰视，部分中世纪壁画及1880年代著名俄罗斯画家Mikhail Vrubel绘制的壁画尚保留完好）

（左下）图1-108切尔尼希夫 圣鲍里斯和格列布大教堂（可能12世纪中叶）。平面，取自William Craft Brumfield：《A History of Russian Architecture》（Cambridge University Press，1997年）

（右下）图1-109切尔尼希夫 圣鲍里斯和格列布大教堂。西北侧现状

这个教堂是按12世纪下半叶特有的风格全面重建的。

二战后，人们按设想的最初外貌对这座建筑进行了修复（平面：图1-108；外景：图1-109~1-111；内景：图1-112、1-113），自然，修复的某些部位——特别是屋顶线——只能是假设。建筑优雅简朴的外貌，有些类似基辅圣西里尔教堂的最初形式；立面沿东西轴线分为四个跨间，上部以半圆形的山墙作为结束。保留下来的少数装饰中，包括石灰石的篮式柱头（于叶饰网格中表现各种奇异的动物，这种题材可能是来自拜占廷建筑）。现见于室外附墙柱上的柱头只是在教堂内陈列的原作的粗糙复制品。雕饰柱头、装饰性的拱券檐壁和带凹退线脚的门廊，显示出西方建筑对12世纪基辅罗斯的影响，可能反映了基辅和西方之间早期王朝的联系。

大教堂的平面纳入了习见的三个半圆室，六个柱墩确定了内接十字形的臂翼和西面的歌坛廊道。北侧

第一章 中世纪早期·199

（左上）图1-110切尔尼希夫 圣鲍里斯和格列布大教堂。东北侧全景

（右上）图1-111切尔尼希夫 圣鲍里斯和格列布大教堂。东南侧全景

（中）图1-112切尔尼希夫 圣鲍里斯和格列布大教堂。半圆室内景

（下）图1-113切尔尼希夫 圣鲍里斯和格列布大教堂。室内仰视景色

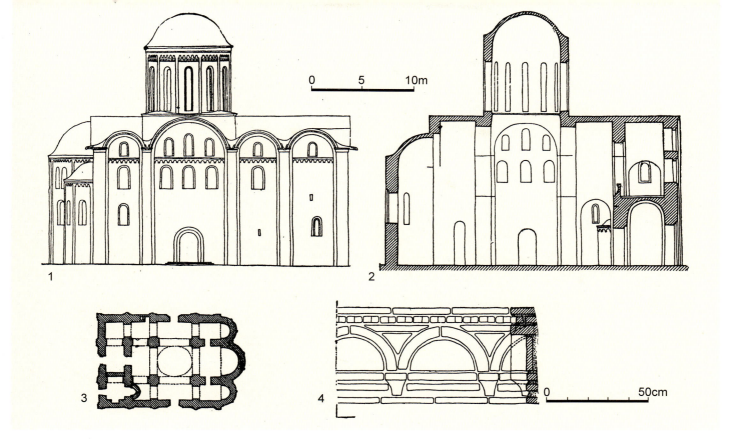

（上）图1-114切尔尼希夫 叶列茨基修道院（11世纪下半叶）。圣母安息大教堂（可能11世纪中叶），平面、立面、剖面及细部（取自Академия Стройтельства и Архитестуры СССР：《Всеобщая История Архитестуры》，I，Москва，1958年），图中：1、北立面，2、纵剖面，3、平面，4、立面细部

（下两幅）图1-116切尔尼希夫 圣三一-以利亚修道院。以利亚教堂，现状外景及入口

和西侧立面最初尚有附加的外部廊道；主体结构完成后不久，又在东南角上增建了一个小礼拜堂（见图1-108）。在主体结构边上增建附属礼拜堂是俄罗斯中世纪建筑的流行做法，见于诺夫哥罗德、弗拉基米尔-苏兹达尔和俄罗斯各地的教堂。这类礼拜堂有的尚可看到，有的已被纳入到后期的扩建工程中，或在

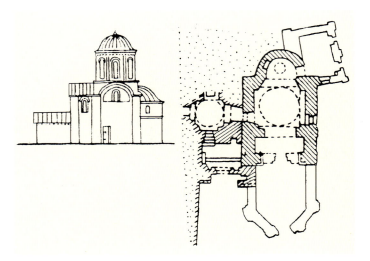

左页：

（左上）图1-115切尔尼希夫 圣三一-以利亚修道院。以利亚教堂（12世纪早期，16世纪末和1649年改建及增建），平面及立面（最初结构复原图，作者P.Iurchenko）

（右上）图1-117奥夫鲁奇 圣巴西尔教堂（1190~1192年，1907~1909年重建）。20世纪初状态，照片取自莫斯科建筑协会年刊（Annual of the Moscow Architectural Society，1912~1913年）

（下）图1-118奥夫鲁奇 圣巴西尔教堂。西立面，全景

本页：

（上）图1-119奥夫鲁奇 圣巴西尔教堂。西南侧全景

（下）图1-120奥夫鲁奇 圣巴西尔教堂。东南侧全景

（左上）图1-121奥夫鲁奇 圣巴西尔教堂。北立面

（下）图1-122奥夫鲁奇 圣巴西尔教堂。西北侧景色

（右上）图1-123奥夫鲁奇 圣巴西尔教堂。内景

以后修复时被拆除。墙体为实心砖构（没有采用毛石），外覆一层薄薄的灰泥并仿琢石砌体在上面划线（在重建时人们往往忽略了这类细部）。

和基辅圣西里尔教堂相关联的另一个类似建筑是叶列茨基修道院的圣母安息大教堂（叶列茨基修道院是"智者"雅罗斯拉夫的儿子斯维亚托斯拉夫11世纪下半叶在切尔尼希夫建的两个修道院之一）。教堂可能建于11世纪中叶或更早，只是目前还没有查到有关建造日期的准确文献记录。建筑主体结构保存完好，但按流行做法，包了一层17世纪后期的巴洛克装饰（平面、立面、剖面及细部：图1-114）。在许多基本点上，它都和圣鲍里斯和格列布大教堂类似，如内

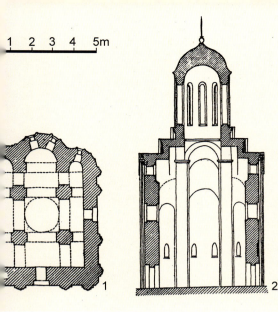
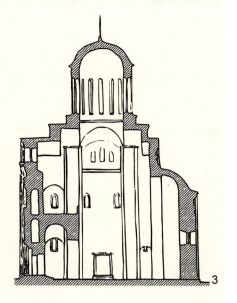

（左上）图1-124切尔尼希夫 圣帕拉斯克娃-皮亚特尼察教堂（12世纪末~13世纪初）。平面及剖面：1、平面，2、横剖面，3、纵剖面（平面及横剖面据Baranovskii等人资料；纵剖面取自William Craft Brumfield：《Landmarks of Russian Architecture》，Gordon and Breach Publishers，1997年）

（右下）图1-125切尔尼希夫 圣帕拉斯克娃-皮亚特尼察教堂。东立面，取自Академия Стройтельства и Архитестуры СССР：《Всеобщая История Архитестуры》，I（Москва，1958年）

（右上）图1-126切尔尼希夫 圣帕拉斯克娃-皮亚特尼察教堂。剖析复原图，取自Академия Стройтельства и Архитестуры СССР：《Всеобщая История Архитестуры》，I（Москва，1958年）

接十字形的平面，三个半圆室，一个歌坛廊道，墙面外部施一层薄薄的抹灰并仿石构于表面划线。圣母安息教堂比圣鲍里斯和格列布大教堂稍大，并有一个和南立面外廊相连、明确界定的前厅

切尔尼希夫圣三一-以利亚修道院的以利亚教堂建于12世纪早期，是个小得多的建筑。修道院为1069年斯维亚托斯拉夫·雅罗斯拉维奇投资建造的另一个这类机构，它坐落在一个洞穴静修基址上，前一年该地是中世纪罗斯最受尊崇的隐士之一安东尼（洞窟修士）的住处。安东尼是基辅洞窟修道院的创始人（1051年），他在切尔尼希夫逗留的时间虽然不长，但对在城市郊区创立一个类似的修道院来说，这已经足够了。教堂坐落在一个山坡上，和地下洞穴及礼拜堂组群相连，并于16世纪末和1649年，两次进行了大规模的改建（平面及立面：图1-115；外景：图1-116）。不过，其基本结构仍清晰可辨：西部设前厅，东面仅一个半圆室，单一的穹顶由边墙支撑（没有独立柱墩）。这种简单明确的平面很快就构成了之

后基辅罗斯其他小型砖石教堂的原型。

五、12世纪末和13世纪初的建筑

当斯维亚托斯拉夫投资的最后一个教堂即将完成时，他的竞争对手、斯摩棱斯克的留里克·罗斯季斯拉维奇正在其他地方建造一批更具有创新意识的教堂。由于基辅大公内讧导致的不稳定局面至1181年得到了暂时的缓解，在切尔尼希夫奥尔戈维奇王朝（Chernigov Olgovich Dynasty）的斯维亚托斯拉夫·弗谢沃洛多维奇和斯摩棱斯克罗斯季斯拉维奇王朝（Smolensk Roestislavich Dynasty）的留里克之间进行了权力的分割：前者为基辅大公，后者取得了罗斯大公的头衔。在这个不均等的划分中，留里克和他的弟兄们成为斯摩棱斯克、波洛茨克、奥夫鲁奇，最后直到基辅本身艺术和教堂建筑的主要投资者。

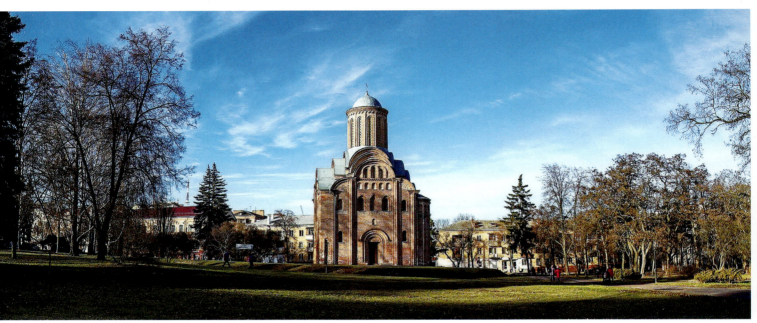

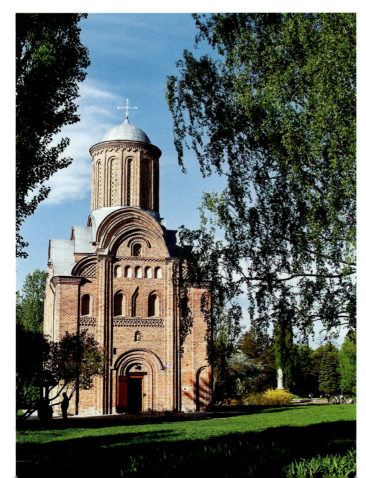

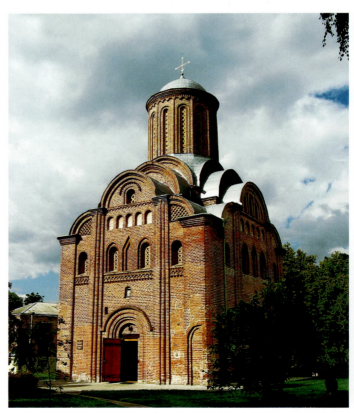

奥夫鲁奇的圣巴西尔教堂可能是留里克修建的教堂中留存下来的最重要的一个。不过，在这里，所谓"留存下来"需要加以特别的说明，实际上，到20世纪初，结构本身仅留残墙外壳。1907~1909年，在建筑师阿列克谢·休谢夫（旧译舒舍夫，1873~1949年）的主持下进行了重建（在一战前夕，休谢夫是俄罗斯最著名的教堂设计师）。尽管重建征求了考古学家彼得·波克雷什金的意见并在他的监督下进行，休谢夫的方案还得到了考古委员会的批准，但现已证实，上部墙体和屋顶的设计，实际上只是基于休谢夫本人对中世纪建筑的理解，并没有任何真凭实据（历史图景：图1-117；外景：图1-118~1-122；内景：图1-123）。

随后的研究表明，教堂始建于1190~1192年，向上逐层退进的拱券山墙构成了金字塔式的构图，穹顶

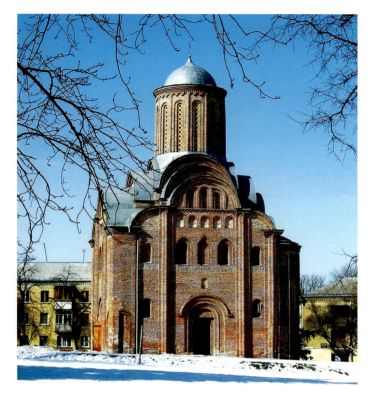

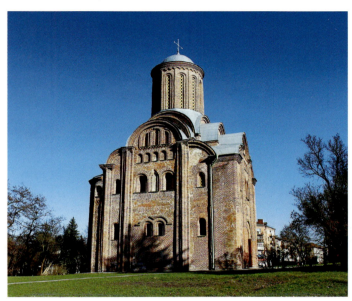

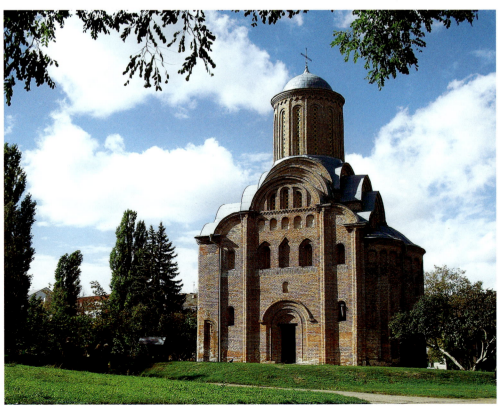

左页：
（上）图1-127切尔尼希夫 圣帕拉斯克娃-皮亚特尼察教堂。西侧远景
（左下）图1-128切尔尼希夫 圣帕拉斯克娃-皮亚特尼察教堂。西侧全景
（右下）图1-129切尔尼希夫 圣帕拉斯克娃-皮亚特尼察教堂。西南侧全景

本页：
（左上）图1-130切尔尼希夫 圣帕拉斯克娃-皮亚特尼察教堂。南侧全景
（右下）图1-131切尔尼希夫 圣帕拉斯克娃-皮亚特尼察教堂。东南侧景观
（右上）图1-132切尔尼希夫 圣帕拉斯克娃-皮亚特尼察教堂。西北侧全景

(左)图1-133切尔尼希夫 圣帕拉斯克娃-皮亚特尼察教堂。室内,祭坛近景

(右)图1-134切尔尼希夫 圣帕拉斯克娃-皮亚特尼察教堂。室内,穹顶仰视

和鼓座高耸在这个塔顶上,外观颇似下面即将提到的切尔尼希夫的圣帕拉斯克娃-皮亚特尼察教堂。实际上,在12和13世纪之交的俄罗斯,建了很多这种形体紧凑、突出垂向构图的砖构教堂;这些教堂和奥夫鲁奇一样,全都配置了四个柱墩,没有前厅。然而,西面设两个塔楼,则是奥夫鲁奇(的)圣巴西尔教堂的独特表现。它的另一个不同寻常的特色是在砖墙外表面内布置了大的磨光石板。屋面由铅板构成,为基辅罗斯砖石教堂的习见做法(不像诺夫哥罗德那样,采用木板瓦)。但由于教堂被称为"金顶"(Golden-Domed),因而亦有可能穹顶上曾覆以镀金的铜瓦。

在1194年斯维亚托斯拉夫·弗谢沃洛多维奇去世后,留里克宣称自己是基辅和罗斯的唯一统治者,此举自然引起了其他诸侯的不满和非议。实际上,在政治上举足轻重的还有弗拉基米尔-苏兹达尔地区,在那里,尤里·多尔戈鲁基的儿子弗谢沃洛德三世大公自1176起至1212年,一直是这片罗斯领土的统治者,并在那里建造了几个中世纪俄罗斯最大的教堂(见第三节)。到1203年,对基辅王位的争夺再次引发内斗,城市也再次遭难。在争斗重启前的短暂间歇期,据编年史记载,留里克于1197年建造了另一个献给拜占廷神学家圣巴西尔(大)的教堂(留里克的洗礼名即巴西尔)。虽说对这个教堂的准确考古鉴定尚无共识,但总的形式显然类似奥夫鲁奇的圣巴西尔教堂。

历经沧桑留存下来的这时期的另一个古迹,即切尔尼希夫的圣帕拉斯克娃-皮亚特尼察教堂,从复原上看,和更早的基辅建筑相比,其形式的创新相当引人注目。教堂建造时间只能大致确定为12与13世纪之交,并在17世纪末进行了大规模的改建。在1943年的轰炸中建筑遭受严重破坏,许多最初结构都显露出来(仅东部和北部保留相对完整)。在经过认真准备之后,教堂于1959年重建,4年后完成(平面、立面、剖面及复原图:图1-124~126;外景:图1-127~1-132;内景:图1-133、1-134)。

立面中部饰有砖构图案,但艺术效果主要是来自结构本身的形式。教堂尺度适中(平面16×12米,高约24米),整体为一个小的立方体空间,由内部四个柱墩支撑单一的鼓座和穹顶(见图1-124)。3个逐层挑出的拱券创造了向上飞升的印象,其粗大的廓线成为自墙体上部到穹顶的视觉过渡。由层层退阶的砖构拱券构成的门廊,沿半圆室上部布置的盲拱,带线脚的附墙圆柱(所有这些部件均令人想起后期罗曼建筑),和檐口细部一起,使结构在构图上形成一个完美的整体。尽管尺寸尚不统一，但砖的厚度已开始超过灰缝（可视为12世纪的进步，早期那种石灰加碎砖的砂浆用得越来越少），墙面材料遂显得更为统一和均质。砖墙于内外两个墙体之间，填碎砖和石灰砂浆；为了保证墙体的稳定（以后几个世纪的实践表明，这点至关重要），每隔五到七皮砖砌几层贯通整个墙体起拉结作用的砖。柱墩和拱顶则完全用实体砖砌筑。

在圣帕拉斯克娃-皮亚特尼察教堂的结构里，垂向推力的获取类似莫斯科附近科洛缅斯克的耶稣升天还愿教堂（1532年，见第二章第二节），这点倒是颇为奇特，特别是因为在其他一些做法上也有类似之处，如以结构形式（特别是拱顶拱券）表现美学和建筑功能，用砖显示墙面的质感和造型。但没有证据表明，在这两个空间和时间上都相距如此遥远的建筑之间，能有延续或影响的关系。实际上，这种类似可能只是表明，在中世纪的俄罗斯建筑里，人们追求垂向构图的一种共同愿望。

第二节 诺夫哥罗德和普斯科夫

一、历史背景

据信创建于公元859年的诺夫哥罗德（Новгород，意"新城"，亦称大诺夫哥罗德，Великий Новгород）是古罗斯国家的发祥地，为俄罗斯最古老的城市之一。借助优越的环境条件，诺夫哥罗德成为集俄罗斯中世纪艺术大成的"博物馆"，拥有自11世纪到17世纪建成的50多个教堂和修道院。以基辅为中介，城市接受了拜占庭的建筑形式，并在这一基础上，很快发展出一套本地的建筑风格，在11和12世纪大公们委托建造的教堂和14及15世纪的"商业"和社区教堂上，都可以看到这样的表现。甚至在1478年诺夫哥罗德丧失了独立地位，被莫斯科公国吞并后，在顺应和改造新的"莫斯科"（Muscovite）风格时，仍然表现出其充满活力的创新传统，直到18世纪，当城市丧失了战略上的重要地位，全面衰退后，这种表

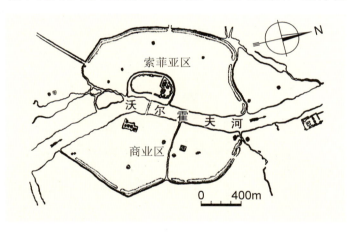

（上）图1-135诺夫哥罗德 11~12世纪城区总平面示意，取自Академия Стройтельства и Архитестуры СССР：《Всеобщая История Архитестуры》，I（Москва，1958年）

（下）图1-136诺夫哥罗德 商业区。历史景色（绘画，作者Apollinary Vasnetsov）

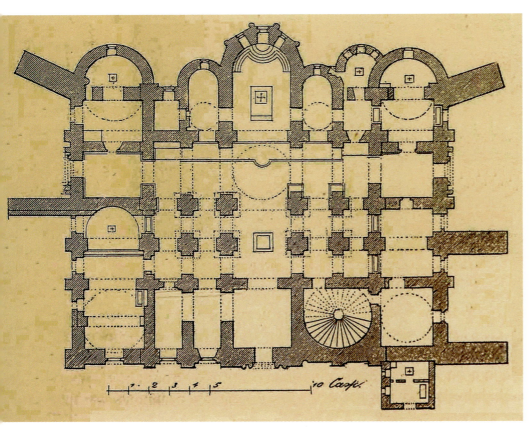

本页：

（上）图1-137诺夫哥罗德 城堡。圣索菲亚大教堂（1045~1052年），平面（图版，1899年）

（下两幅）图1-138诺夫哥罗德 城堡。圣索菲亚大教堂，西立面及南立面（示1830年代修复前）

右页：

图1-139诺夫哥罗德 城堡。圣索菲亚大教堂，平面、立面、剖面及细部：1、南立面，2、平面，3、横剖面，4、纵剖面，5、发掘出的石雕饰板，6、祭坛马赛克；图版取自Академия Строительства и Архитестуры СССР：《Всеобщая История Архитестуры》，I（Москва，1958年）

现才不复存在。

　　中世纪编年史上首次提到诺夫哥罗德是在记述860~862年事件时，据载，瓦兰吉（瓦良格）人的首领留里克是应当地斯拉夫人邀请来管理他们混乱的事务。当9世纪末留里克王朝将权力中心迁往基辅时，诺夫哥罗德继续控制着罗斯北部的大片地区。989年，继弗拉基米尔大公宣布在全境接纳基督教后，他的教会代表、赫尔松的阿基姆主教造访了诺夫哥罗德。他在诺夫哥罗德强行推广基督教，把异教偶像扔到沃尔霍夫河中，并建了第一个石构教堂（供奉圣阿基姆和圣安娜，现已无存）和一个木构教堂（圣索菲亚教堂，上置13个穹顶）。

　　长期以来，诺夫哥罗德的政治形势并不稳定，不仅其领导者（包括留里克）经常受到挑战，城市往往还卷入到动摇基辅国家根基的王侯争斗中。不过，

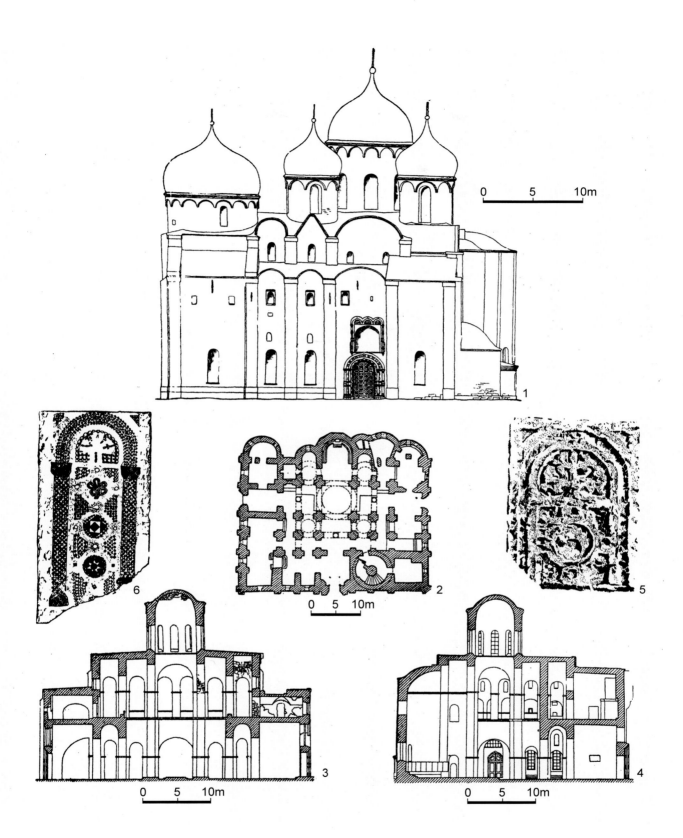

尽管如此，由于构成从波罗的海到黑海第聂伯河商路上的组成部分，在11和12世纪，城市仍很繁荣，有能力建造城堡和宏伟的教堂建筑群（11~12世纪城区总平面示意：图1-135）。流经城市的沃尔霍夫河，把市区分成商业区（历史图景：图1-136）和索菲亚区（因位于诺夫哥罗德城堡上的圣索菲亚大教堂而名），并借助一个通向四面八方的水网，构成商业和旅游的主要联系通道。这种繁荣的商业活动催生了一个具有相当实力并独立于基辅及其在诺夫哥罗德的代理人（通常为基辅大公的兄弟或儿子）的知识阶层。

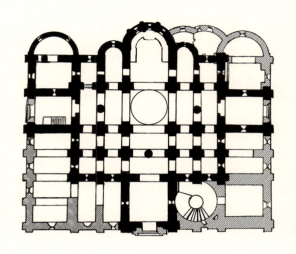

在12世纪初的诺夫哥罗德，管理城市事务的市长（posadnik，来自古斯拉夫语：посадник）系由市民代表大会（veche，来自古斯拉夫语：větje）选举产生。由于城市贵族力量强大，诺夫哥罗德在1136年完全脱离了基辅大公的控制，成立了共和国[2]。市民对弗谢沃洛德大公说："我们不需要你，去你想去的地方吧"。此后，诺夫哥罗德大公只是军事首领，权力受到严格限制，实权落入商人寡头集团和大主教手中。诺夫哥罗德人宣称，他们只忠于自己的城市："伟大至上的诺夫哥罗德"（Lord Novgorod the Great）。

在12世纪期间，城市拥有居民3万人，其商业网

本页：

（上）图1-140诺夫哥罗德 城堡。圣索菲亚大教堂，平面及剖面（平面据N.I.Brunov和N.Travin；剖面据N.Travin 和R.Katsnelson）

（中）图1-141诺夫哥罗德 城堡。圣索菲亚大教堂，东北侧俯视全景

（下）图1-142诺夫哥罗德 城堡。圣索菲亚大教堂，东北侧远景，自城堡外望去的景色

右页：

（上）图1-143诺夫哥罗德 城堡。圣索菲亚大教堂，南侧远景

（下）图1-144诺夫哥罗德 城堡。圣索菲亚大教堂，南侧全景

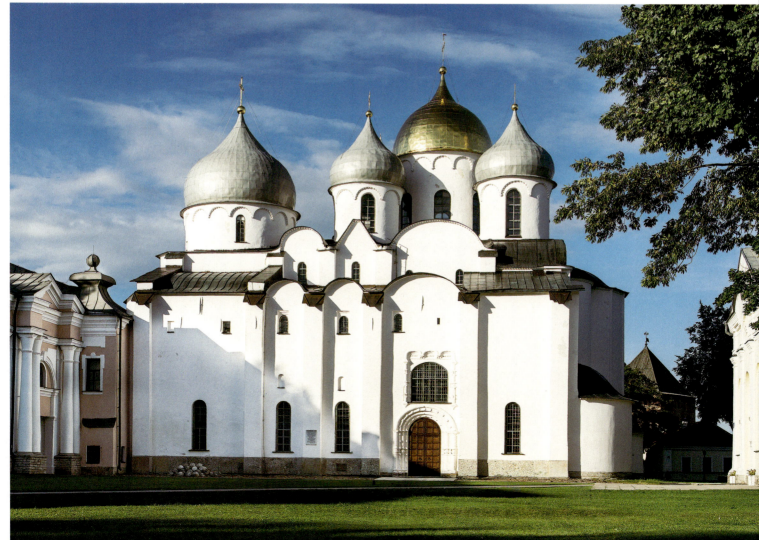

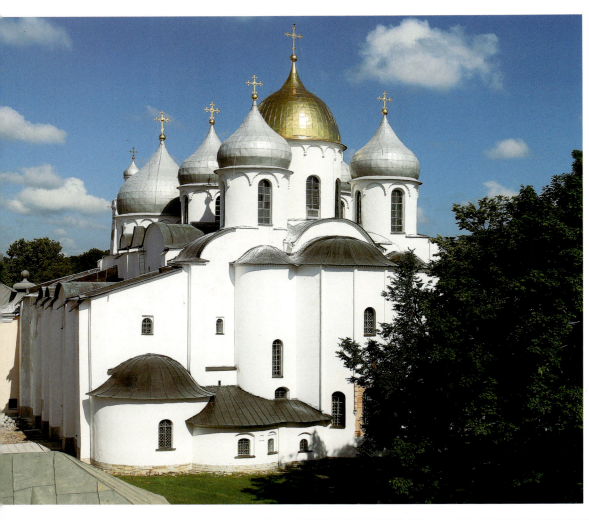

(上)图1-145诺夫哥罗德城堡。圣索菲亚大教堂,东南侧俯视景色

(下)图1-146诺夫哥罗德城堡。圣索菲亚大教堂,东南侧全景

（上）图1-147诺夫哥罗德城堡。圣索菲亚大教堂，东侧雪景

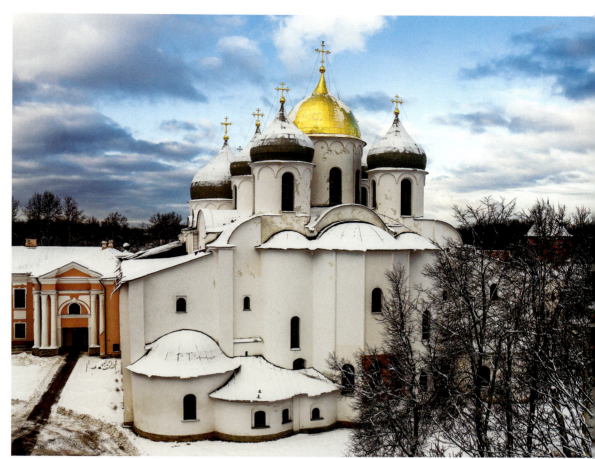

（下）图1-148诺夫哥罗德城堡。圣索菲亚大教堂，北侧全景

本页及左页：

（左上）图1-149诺夫哥罗德 城堡。圣索菲亚大教堂，西北侧全景

（左下）图1-150诺夫哥罗德 城堡。圣索菲亚大教堂，西侧全景

（中下）图1-151诺夫哥罗德 城堡。圣索菲亚大教堂，西门壁画

（中上及右）图1-152诺夫哥罗德 城堡。圣索菲亚大教堂，西立面铜门及细部

(上) 图1-153诺夫哥罗德 城堡。圣索菲亚大教堂,穹顶近景

(左下) 图1-154诺夫哥罗德 城堡。圣索菲亚大教堂,东立面细部

(右下) 图1-155诺夫哥罗德 城堡。圣索菲亚大教堂,半圆室内景

218·世界建筑史 俄罗斯古代卷

（上）图1-156诺夫哥罗德 城堡。圣索菲亚大教堂，室内壁画

（下两幅）图1-157诺夫哥罗德城堡。圣索菲亚大教堂，室内，穹隅及穹顶仰视

点从波罗的海直到乌拉尔山区，属东欧最发达的地区之一：街道铺装木块，文化广为传播，商务交流都记录在树皮上，还有向各方延伸的水系。修道院编纂的城市历史记录虽然简要，但内容广泛，对教堂的建造和改动多有记述；通过这些资料和考古研究，人们对诺夫哥罗德中世纪生活和艺术的了解要比这时期其他俄罗斯城市详尽得多。

诺夫哥罗德中世纪建筑的主要成就是使来自拜占廷和基辅的原型很好地适应地方的条件，这点在建筑材料的选择上表现尤为突出。诺夫哥罗德的建筑匠师们既无法获取具有高质量面层的石材（如弗拉基米尔地区12世纪教堂里采用的白色石灰石，见第三节），也不像基辅那样，拥有发达的制砖业。作为变通，他们将大小不一、仅经粗加工的灰色石灰岩块体置入石灰和碎砖组成的砂浆中，如此形成的立面具有粉红色调，颇似基辅的早期教堂，只是质地上要更为粗糙。在大多数情况下，砖的采用仅限于立面的装饰部位，

(上)图1-158诺夫哥罗德 戈罗季谢区天使报喜教堂(约1103年)。西北侧残迹景色(前景为沃尔霍夫河)

(下)图1-159诺夫哥罗德 戈罗季谢区天使报喜教堂。南侧全景

门窗拱券细部,分划室外跨间的壁柱条带等。灰泥最初只用于室内,上面由地方和外来匠师(主要来自希腊和巴尔干地区)绘制壁画。和基辅一样,这些引人注目的画作留存下来的极少。其中很多都毁于二战,还有的是战前几个世纪被上面的画覆盖。只有通过战前的一些照片,才能对这些教堂(如涅列迪察河畔的主显圣容教堂)简朴裸露的外貌和富丽堂皇的室内,以及其强烈的对比效果,有一个大致的概念。

二、11世纪诺夫哥罗德的建筑

在这座城市,留存下来的最早和最宏伟的建筑

(上)图1-160诺夫哥罗德 戈罗季谢区天使报喜教堂。西南侧全景

(中)图1-161诺夫哥罗德 戈罗季谢区天使报喜教堂。西侧近景

(下)图1-162诺夫哥罗德 戈罗季谢区天使报喜教堂。东侧近景

是坐落在沃尔霍夫河西岸,诺夫哥罗德城堡上的圣索菲亚大教堂(建于1045~1052年;平面、立面及剖面:图1-137~1-140;外景:图1-141~1-150;近景及细部:图1-151~1-154;内景:图1-155~1-157)。建筑的投资人是诺夫哥罗德大公弗拉基米尔·雅罗斯拉维奇,他的父亲"智者"雅罗斯拉夫和城市大主教卢克。鉴于雅罗斯拉夫自己在基辅建造的圣索菲亚大教堂此时已进入施工的最后阶段,在诺夫哥罗德这座教堂的创建上,他自然起到了相当的作用。实际上,在雅罗斯拉夫的父亲弗拉基米尔大公统治期间,诺夫哥罗德就是他借以发迹的基地,这一背景一直持续到其竞争对手,切尔尼希夫的姆斯季斯拉夫去世为止。随着在基辅和诺夫哥罗德供奉"神圣智慧"(Holy Wisdom,或Divine Wisdom,来自希腊语:Ἁγία Σοφία,即圣索菲亚)的这两座大型砖石教堂的建立,雅罗斯拉夫不仅表达了他对东正教的尊崇,同时也确立了他辖区内的这两个主要城市和"帝都"(Tsargrad,来自古斯拉夫语:Цѣсарьградъ,即君士坦丁堡)的联系。

此外,从更实际和功用的角度看,雅罗斯拉夫的参与也是不可或缺的。在11世纪中叶之前,诺夫哥罗德工匠对砖石结构可说是非常陌生(城市早期供奉圣索菲亚的教堂是用橡木建造)。因此,只能是在外来熟练匠师(可能是来自基辅,甚至是拜占廷)的参与和监督下,才能造出规模如此之大、技术如此复杂的教堂。有人认为,有的砖(特别是中央半圆室下部的)也是来自基辅。但砌筑墙体和柱墩的基本材

(上)图1-163诺夫哥罗德 戈罗季谢区天使报喜教堂。半圆室近景

(左中)图1-164诺夫哥罗德 戈罗季谢区天使报喜教堂。西南侧仰视

(右中)图1-165诺夫哥罗德 彼得里亚廷大院。施洗者约翰教堂（1127~1130年，1453年重建），西南侧现状

(左下)图1-166诺夫哥罗德 彼得里亚廷大院。施洗者约翰教堂，东南侧全景

料，还是本地生产的，和基辅的砖相比，要更为粗糙。毛石和一些未经雕琢的石灰岩块体则直接坐入石灰和碎砖合成的砂浆中。交替布置砖石砌层的技术（plinthos）大都用于室内拱券和拱顶、半圆室结构和附属穹顶的鼓座，主要墙体上仅用于细部和偶尔采用的加固层。因而从室外看，诺夫哥罗德圣索菲亚教堂的墙面，即便在采用大片抹灰以减少表面的不平后，依然显得相当粗糙（在诺夫哥罗德，最早提及墙面采用白灰粉刷的编年史属1151年）。

诺夫哥罗德和基辅这两个大教堂的平面极为相似：主体结构五廊道（但诺夫哥罗德教堂仅有三个半圆室），在南、北和西立面上附加封闭廊道（最后达到两层高度，见图1-140）。尽管最初只打算建一层，但在诺夫哥罗德大教堂建造期间，这些附加廊道演变为两层，结构遂在整个高度上形成一个整体。南北廊道每个均于底层设置若干小礼拜堂；西廊则纳入了一个圆形的楼梯塔，通向所有廊道的上层，包括位

（左上）图1-167诺夫哥罗德 彼得里亚廷大院。施洗者约翰教堂，东北侧景色

（右上）图1-168诺夫哥罗德 雅罗斯拉夫场院（君主院）。圣尼古拉教堂（1113~1136年），南立面（复原图，作者Grigorii Shtender）

（下）图1-169诺夫哥罗德 雅罗斯拉夫场院（君主院）。圣尼古拉教堂，东南侧全景

于主体结构内的歌坛廊道。尽管结构相当复杂，但诺夫哥罗德的圣索菲亚教堂无论在主体结构还是附加廊道的尺寸上，都要比基辅的小，在基辅，每侧都有两个相等的附加廊道（见图1-19）。

然而，两个大教堂具有差不多同样的高度，因而，诺夫哥罗德教堂在垂向构图的发展上给人的印象更为深刻。从高度和主体结构面积的比例上看，诺夫哥罗德教堂要比基辅的大1.5倍。对高度的强调同样延伸到室内，主要廊道的柱墩直接升到筒拱处，没有基辅圣索菲亚教堂柱墩间那类阻断视线的拱券（见图1-157）。歌坛廊道高出主要地面10米（基辅教堂为8米），中央半圆室达到东墙高度。

由于多少个世纪的翻新改造，室内最初的壁画大都无存。但在半圆室和地面上，尚存一些马赛克装饰的痕迹，总的来看，诺夫哥罗大教堂缺乏12世纪中叶之前基辅主要教堂特有的那种精美的马赛克装饰。不

第一章 中世纪早期·223

本页及左页：

（左上）图1-170诺夫哥罗德 雅罗斯拉夫场院（君主院）。圣尼古拉教堂，东南侧近景

（左下）图1-171诺夫哥罗德 雅罗斯拉夫场院（君主院）。圣尼古拉教堂，东北侧景色

（中上）图1-172诺夫哥罗德 雅罗斯拉夫场院（君主院）。圣尼古拉教堂，北侧全景

（右）图1-173诺夫哥罗德 雅罗斯拉夫场院（君主院）。圣尼古拉教堂，室内，廊道及拱顶仰视

过，诺夫哥罗德编年史以一种隐晦的方式指出，室内在几十年期间曾有壁画。据诺夫哥罗德第三编年史的记载，在结构完成后不久，"来自帝都的圣像画师"绘制了举手作祝福状的基督像（可能是中央穹顶上的"全能之主"像）和其他救世主的形象。同时人们还发现了一些11世纪作品的残段，包括帝王君士坦丁及其母亲海伦娜的足尺画像及12世纪早期的壁画。西门廊以上外立面处亦有壁画，只是保存较差，年代也更为晚近；最具特色的是带有精美铜门[锡格蒂纳门（Sigtuna Doors），见图1-152]的西门廊本身，于11世纪50年代在马格德堡制作的这个铜门是1117年诺夫哥罗德人作为战利品自锡格蒂纳的瓦兰吉城堡处掠得。

诺夫哥罗德圣索菲亚大教堂结构上最突出的特色

第一章 中世纪早期·225

是穹顶的体形。尽管它们最初的形式可能比现在的头盔形穹顶要低，但这样的造型无疑是俄罗斯中世纪建筑中给人印象最深刻的一组。结构表面几乎没有装饰，仅有最简单的建筑细部，包括每个立面上带线脚的入口拱券、标示外廊墙面跨间的粗壮壁柱。附加廊道尽管很宽，外观上仍然和更高的中央结构墙体融为一体。廊道的拱形山墙（zakomary）和主要结构更明确的屋顶线相互应和，其拱券及高起的山墙和室内的拱顶廊线保持一致。

中央交叉处的鼓座和穹顶，无论在高度还是直径上，都统领着整个结构；紧靠着它的四个附属穹顶，和它一起构成了一个完美的整体（侧面鼓座的"内墙"和主要鼓座的东西拱券位于横向拱顶拱券的同一条线上，形成了一个封闭的五穹顶结构）。这个中央组群和位于西廊楼梯塔上的穹顶形成均衡的构图，后者（即第六个穹顶）比中央一组要低，但直径上大得多。在西立面，结构及其外廊的水平空间占据了主要地位，但通过该面的这个穹顶，再次强调了垂向构图的原则，同时也无损中央组群的统一。诺夫哥罗德大教堂并没有像对应的基辅教堂那种，由13个穹顶形成金字塔状的飞升效果，其形式可能在很大程度上是出自一系列现实的考虑，在建造过程中逐渐具体化。

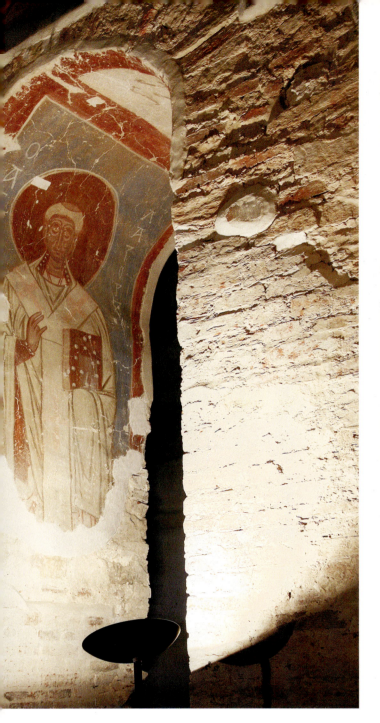

本页及左页：

（左）图1-174诺夫哥罗德 雅罗斯拉夫场院（君主院）。圣尼古拉教堂，室内，穹顶仰视

（中）图1-175诺夫哥罗德 雅罗斯拉夫场院（君主院）。圣尼古拉教堂，室内，券洞壁画

（右）图1-176诺夫哥罗德 雅罗斯拉夫场院（君主院）。圣尼古拉教堂，室内，墙面壁画

然而，大教堂的建造者（无论是来自基辅还是拜占廷），不仅运用地方材料，完成了一个带有明确垂向构图、合乎功能要求的设计，同时还通过对穹顶结构高度和体量的精心设计，创造出无与伦比的视觉效果，使这座教堂成为俄罗斯早期中世纪建筑中不可多得的精品。

三、12世纪早期的教堂

在诺夫哥罗德，尽管没有后续教堂能在宏伟的构思和效果上与圣索菲亚大教堂媲美，但12世纪在城市大公们的推动下，仍然完成了一些重要的设计。在政治上得势后，大公们并没有在城堡本身的建设上继续努力，而是通过在城市其他地方建造大型砖石教堂，昭显建筑上的实力。这些建筑中有的已经毁掉，其他大多数也都经过改造；其中最早的一个是戈罗季谢（为城市东南边缘地带的一个居民点）的天使报喜教堂，系由基辅大公弗拉基米尔·莫诺马赫的儿子姆斯季斯拉夫建于1103年左右（残迹景色：图1-158~1-160；近景及细部：图1-161~1-164）。从建于1113~1130年的四个教堂，可看到这批王公建筑的风格特色，它们是：雅罗斯拉夫场院的圣尼古

本页：

（上）图1-177诺夫哥罗德安东涅夫修道院。圣母圣诞堂（1117~1119年），西南侧外景

（下）图1-178诺夫哥罗德安东涅夫修道院。圣母圣诞堂，南侧雪景

右页：

（上）图1-179诺夫哥罗德安东涅夫修道院。圣母圣诞堂，东南侧全景

（下）图1-180诺夫哥罗德安东涅夫修道院。圣母圣诞堂，东侧现状

拉教堂（1113年）、安东涅夫修道院的圣母圣诞教堂（1117~1119年）、圣乔治修道院的圣乔治大教堂（1119年）和彼得里亚廷大院的施洗者约翰教堂（1127~1130年；外景：图1-165~1-167）。其中每个都在圣索菲亚大教堂那种多廊道平面的基础上进行了简化，从而间接地反映了基辅圣母安息大教堂的影响。在保留内接十字形平面的同时，廊道数量减为三个，西面设附加跨间（前厅），东头（祭坛面）设三

个半圆室（一般都达到圣所墙体的整个高度）。铅板屋顶大都反映室内拱顶的外廓样式（在以后采用坡顶时，这一特色已不复存在）。室内的跨间分划，均在室外以壁柱标示，后者将简朴的墙面分成带拱券的区段。

建造年代最早的天使报喜教堂于1342年毁坏和重建，但最初基础的残存部分足以表明，其结构亦属这种类型。同样由姆斯季斯拉夫建造的雅罗斯拉夫场院的圣尼古拉教堂保留下来的遗存要多得多[建筑位于这位诺夫哥罗德大公新府邸的院落（dvorishche）里]。与城堡隔沃尔霍夫河相望的这座教堂最初有着极不寻常的五个穹顶（后遭破坏），其目的显然是为了与此时已不再归他所有的城堡上的圣索菲亚教堂相竞争。在其他方面，教堂仍然沿袭典型的平面形制，

包括破浪形的屋顶，其铅板直接钉在筒拱上（立面复原图：图1-168；外景：图1-169~1-172；内景：图1-173~1-176）。墙体交替布置砖和石灰岩板砌层，坐在碎砖砂浆上，外覆一层薄薄的灰泥。

安东涅夫修道院的圣母圣诞堂（建于1117~1119年），可视为大公教堂的一种变体形式。尽管教堂是由修道院的创立人安东尼·里姆利亚宁（一个来自西方，皈依东正教的"罗马人"）委托建造，但如果没有诺夫哥罗德大公的帮助，工程显然无法完成（不仅出于政治的缘由，还因为建造砖石结构所必需的材料和工匠，均由大公掌控）。教堂除了具有这时期诺夫哥罗德教堂建筑的共同要素外，同时还有一些创新的特色（外景：图1-177~1-180；近景及细部：图1-181、1-182；内景：图1-183~1-186）。位于中央交叉处西侧的柱墩为八角形（在中世纪俄罗斯教堂建筑中，一般均采用十字形），从而在相对狭窄的结构中心，扩大了空间的尺度感。位于前厅上的歌坛廊道可通过与建筑西北角毗连的楼梯塔上去（类似早期的天使报喜教堂），但塔为圆形，而不是如通常那样，于方形塔楼内置圆形楼梯井。这些不同寻常的形式，和

左页：

（上）图1-181诺夫哥罗德 安东涅夫修道院。圣母圣诞堂，西南侧近景

（下）图1-182诺夫哥罗德 安东涅夫修道院。圣母圣诞堂，东侧砌体及洞口细部

本页：

图1-183诺夫哥罗德 安东涅夫修道院。圣母圣诞堂，半圆室，仰视内景

室外简化的细部相结合，突出了结构的造型，与12世纪早期的大公教堂相比，粗犷的墙面具有更强的质感。

在12世纪早期的这批教堂里，姆斯季斯拉夫的儿子、弗谢沃洛德大公1119年斥资建造的圣乔治大教堂是最宏伟的一个（平面及复原图：图1-187、1-188；外景：图1-189~1-194；内景：图1-195、1-196）。教堂位于城市南部约5公里处的圣乔治（尤里耶夫）修道院内[这是俄罗斯最早的修道院之一。苏联时期（1928年）修道院遭到很大破坏，6个教堂中5个被毁，1929年修道院被迫关闭；二战期间基址被德国和西班牙军队占领，建筑进一步受损；1991年复归俄罗斯东正教会管辖后，建筑逐渐恢复。修道院现状景色：图1-197~1-199；救世主大教堂：图1-200、1-201；十字架节教堂：图1-202、1-203]。据编年史记载，圣乔治大教堂的建造者是一位叫彼得大师

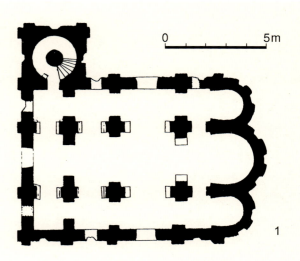
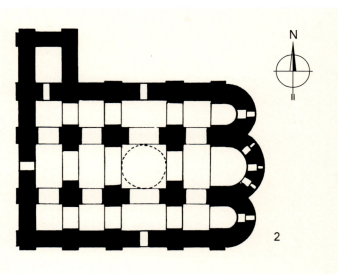

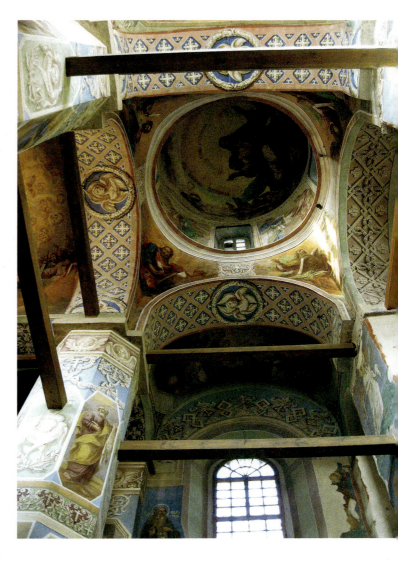

本页及左页：

（左上）图1-184诺夫哥罗德 安东涅夫修道院。圣母圣诞堂，半圆室，俯视景色

（中上）图1-185诺夫哥罗德 安东涅夫修道院。圣母圣诞堂，柱墩及拱顶，仰视效果

（右上）图1-186诺夫哥罗德 安东涅夫修道院。圣母圣诞堂，穹顶仰视

（左下）图1-187诺夫哥罗德 圣乔治（尤里耶夫）修道院。圣乔治大教堂（1119~1130年），平面：1、取自William Craft Brumfield：《A History of Russian Architecture》（Cambridge University Press，1997年），2、取自George Heard Hamilton：《The Art and Architecture of Russia》（Yale University Press，1983年）

（中下）图1-188诺夫哥罗德 圣乔治（尤里耶夫）修道院。圣乔治大教堂，外观复原图，取自Академия Стройтельства и Архитестуры СССР：《Всеобщая История Архитестуры》，I（Москва，1958年）

第一章 中世纪早期·233

（Master Peter）的人，这是除前述彼得·米罗涅格外，另一位有名字可查的少数中世纪俄罗斯建筑师之一。和安东涅夫修道院的教堂相比，圣乔治大教堂在采用当时俄罗斯大型教堂的习见部件上表现得更为忠实。在室外，由分划立面跨间的粗壮壁柱条带创造的垂直效果，和交替布置成排窗户和壁龛的水平构图形成对比（见图1-192）。在室内，十字形的柱墩确定了内接十字形的主体空间，另置前厅和位于建筑西北角的楼梯塔。教堂墙体高度达到20米，为了进一步突出垂向构图，中央空间的柱墩直抵筒拱处，视觉上不加任何阻断（见图1-195、1-196）。

（左上）图1-189诺夫哥罗德 圣乔治（尤里耶夫）修道院。圣乔治大教堂，东北侧俯视远景

（右上）图1-190诺夫哥罗德 圣乔治（尤里耶夫）修道院。圣乔治大教堂，东北侧全景

（下）图1-191诺夫哥罗德 圣乔治（尤里耶夫）修道院。圣乔治大教堂，东南侧全景

234·世界建筑史 俄罗斯古代卷

（左上）图1-192诺夫哥罗德 圣乔治（尤里耶夫）修道院。圣乔治大教堂，南侧全景

（下）图1-193诺夫哥罗德 圣乔治（尤里耶夫）修道院。圣乔治大教堂，西南侧全景

（右上）图1-194诺夫哥罗德 圣乔治（尤里耶夫）修道院。圣乔治大教堂，西北侧景色

第一章 中世纪早期·235

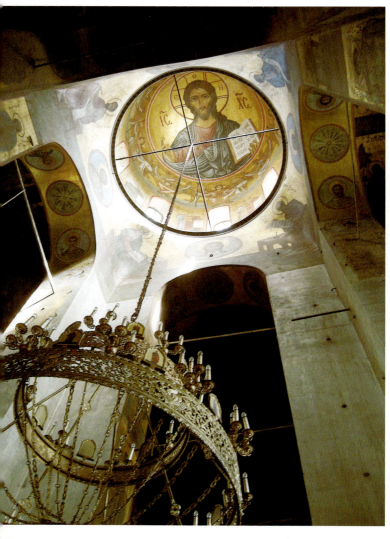

（右上）图1-195诺夫哥罗德圣乔治（尤里耶夫）修道院。圣乔治大教堂，内景

（左上）图1-196诺夫哥罗德圣乔治（尤里耶夫）修道院。圣乔治大教堂，穹顶内景

（下）图1-197诺夫哥罗德圣乔治（尤里耶夫）修道院。西南侧俯视全景（远景为沃尔霍夫河）

（上）图1-198 诺夫哥罗德 圣乔治（尤里耶夫）修道院。东侧远景（自沃尔霍夫河上望去的景色）

（下）图1-199 诺夫哥罗德 圣乔治（尤里耶夫）修道院。大院西北角景色（左为救世主大教堂，右为入口钟楼）

　　虽说这位彼得大师采用的都是人们熟悉的部件，但作为一个在编年史上留名的人物，在使用上必有其独到之处。从这座建筑的尺度上也可看出来：在中央空间，圣乔治大教堂甚至要比圣索菲亚教堂还大。虽说教堂平面为矩形（西端设附加跨间，即前厅），但从西南方向看，结构像是粗壮的立方体，这种印象系来自在西立面上建了一个形式如附加跨间的楼梯塔（见图1-190）。只是在东北方向，人们才能看到通向歌坛廊道、自主体结构向外突出的矩形塔楼。彼得大师正是通过西北的这个跨间，和前厅在南立面上的

第一章 中世纪早期·237

本页及右页：

（左上）图1-200诺夫哥罗德 圣乔治（尤里耶夫）修道院。救世主大教堂，东北侧远景

（左下）图1-201诺夫哥罗德 圣乔治（尤里耶夫）修道院。救世主大教堂，东南侧全景

（中上）图1-202诺夫哥罗德 圣乔治（尤里耶夫）修道院。十字架节教堂（18世纪），西南侧全景（教堂位于大院东北角，上置5个带金星的蓝色穹顶）

（中下）图1-203诺夫哥罗德 圣乔治（尤里耶夫）修道院。十字架节教堂，东侧，自院墙外望去的景色

（右）图1-204普斯科夫 米罗日救世主修道院。主显圣容大教堂（1140~1150年代），平面及剖面（据G.Alferova；Iu.Spegalskii复原）

延伸部分呼应，使建筑从某个角度望去，具有大体对称的效果，并令每个立面较大的第二个跨间正好是内接十字形的臂端（见图1-187）。

在圣乔治大教堂这个实际不对称的立面上，纳入了一组粗大的盲券拱廊和成排的窗户，似乎是预示了彼得堡宫殿那种水平方向的构图。室外有限的细部集中在主要的结构部件上：细高的窗户和两阶退进的壁龛进一步充实了立面拱券的节奏，后者的边框重复了门廊和窗户的退凹线脚。最初的墙面上冠曲线山墙，山墙外形依拱顶轮廓线，形成到三个穹顶的形象过渡。三个穹顶中，最大的一个位于交叉处，中等的在楼梯塔上，最小的一个布置在西南角上。目前的"头盔"状穹顶，可能是取代了11和12世纪期间罗斯流行的那类较小的穹顶。从最后修饰的结果看，较大穹顶的两个鼓座重复了立面上拱券窗户的母题，最大和最小的鼓座上冠以诺夫哥罗德圣索菲亚教堂里用过的那种连拱饰（边缘为砖砌的犬齿图案）。所有三个穹顶

第一章 中世纪早期·239

（上）图1-205普斯科夫 米罗日救世主修道院。主显圣容大教堂，东南侧远景

（下）图1-206普斯科夫 米罗日救世主修道院。主显圣容大教堂，东南侧近景

均设带圆齿的贝壳式龛室。室内墙面绘有壁画，并安置了大公作坊里生产的偶像（包括12世纪偶像画中最珍贵的一些作品），和立面的简朴外貌形成了鲜明的对比。

四、12世纪后期诺夫哥罗德和普斯科夫的建筑

鉴于12世纪期间，诺夫哥罗德大公们的地位并不稳固，他们投资建造的教堂无论是数量上还是规模上，都呈下降趋势。从商业区的最后一个大公教堂（1135年弗谢沃洛德建造的圣母安息教堂），到主显显容教堂（1198年，位于涅列迪察河边，为最后一个由大公投资建造的诺夫哥罗德教堂，详下文），差不多经历了60年光景。在这期间，整个罗斯地区的大公，差不多都卷入了为争夺基辅王位而进行的无休止斗争。虽说这并不意味着罗斯的毁灭，但除某些例外（主要是弗拉基米尔-苏兹达尔地区），由大公们推动的砖石建筑数量锐减则是不争的事实；即使是大公们捐赠的教堂，很多也都在某种程度上反映了政治斗争，如普斯科夫米罗日救世主修道院内的主显圣容大教堂。

在大诺夫哥罗德（'Lord Novgorod'）地区，普斯科夫是保存了艺术创作活力并具有地方建筑风

（右上）图1-207普斯科夫 米罗日救世主修道院。主显圣容大教堂，东北侧全景

（右中）图1-208普斯科夫 米罗日救世主修道院。主显圣容大教堂，北侧全景

（右下）图1-209普斯科夫 米罗日救世主修道院。主显圣容大教堂，西侧全景

（左中）图1-210普斯科夫 米罗日救世主修道院。主显圣容大教堂，西南侧全景

格的少数城市之一。城市位于诺夫哥罗德西南约120英里、普斯科夫河和韦利卡亚河（大河）的汇交处，为俄罗斯最古老城市之一。有关城市的最早记载可上溯到903年，据称是年基辅的伊戈尔迎娶了该地一名女子，一般认为这便是城市的创立日期，2003年还举行了城市创建1100周年的纪念活动。它最初只是个商业居民点，因成为基辅-诺夫哥罗德网点的组成部分逐渐繁荣昌盛。城市社会和文化机构的发展基本和诺夫哥罗德同步，其市民大会（veche）还时不时挑战诺夫哥罗德的权威。作为商业中心，普斯科夫从不是诺夫哥罗德的对手，但其市民的自主独立精神很强。1348年普斯科夫摆脱诺夫哥罗德的控制，宣布独立，此后成立的共和国，更成为俄罗斯通向欧洲的桥梁。城市跌宕起伏的历史，都在其建筑中有所反映。

1136年，弗谢沃洛德大公在被逐出诺夫哥罗德

（上）图1-211普斯科夫 米罗日救世主修道院。主显圣容大教堂，南侧景色

（左下）图1-212普斯科夫 米罗日救世主修道院。主显圣容大教堂，室内，墙面壁画

（右中及右下）图1-213普斯科夫 米罗日救世主修道院。主显圣容大教堂，室内，拱顶及券面壁画

242·世界建筑史 俄罗斯古代卷

（上）图1-214 普斯科夫米罗日救世主修道院。主显圣容大教堂，室内，半圆室细部

（下）图1-215 普斯科夫米罗日救世主修道院。主显圣容大教堂，室内，穹隅近景

后，正是在普斯科夫，找到了他的退隐之处。很可能，他是在同样热心于建造教堂的尼丰特大主教的支持下重返诺夫哥罗德的。弗谢沃洛德卒于1137或1138年，不过，有证据表明，在他去世前，已在尼丰特的支持下，捐资建造了一座纪念主显圣容的教堂。从切尔尼希夫的姆斯季斯拉夫时代起，直到整个13世纪，类似主题的教堂似乎仅限于由大公们投资建造的项目；亦有人认为，12世纪40年代后期，另一组王侯曾参与普斯科夫米罗日救世主修道院的建设。不论谁是位于米罗日河畔的这座大教堂和修道院的主要投资人（弗谢沃洛德或尼丰特后期的盟友尤里·多尔戈鲁基），估计到尼丰特去世的1156年，这组建筑的结构及壁画已告完成（平面及剖面：图1-204；外景：图1-205~1-211；内景：图1-212~1-216）。

在这里，结构不同寻常的设计可能是出自意识形态的考虑；尼丰特本是个希腊派人士，相信拜占廷对俄罗斯教会的权威，他的普斯科夫大教堂类似小亚细亚的拜占廷原型（可能是通过赫尔松），简单的十字形平面配以低矮的角上跨间，一个大穹顶坐落在东面的柱墩和西墙的拐角上（见图1-204）。这个中央跨间暴露的设计，显然不适合更为寒冷的北方气候，西立面的角上跨间遂很快增建到主体结构的高度。教堂

室内的壁画大部完好地保存下来，未遭破坏，堪称奇迹。壁画风格反映了仍然充满活力的罗斯拜占廷壁画传统（在这一地区，当时希腊画师仍很活跃），但绘画题材的选择和理解方式表明，同样有地方匠师参与工作。

在普斯科夫的主显圣容大教堂完成后约40年，雅罗斯拉夫·弗拉基米罗维奇大公投资建造了一个同样纪念主显圣容的教堂。建筑坐落在沃尔霍夫河的一条小支流涅列迪察河畔，靠近诺夫哥罗德大公及其随员居住的戈罗季谢区，为中世纪诺夫哥罗德最后一

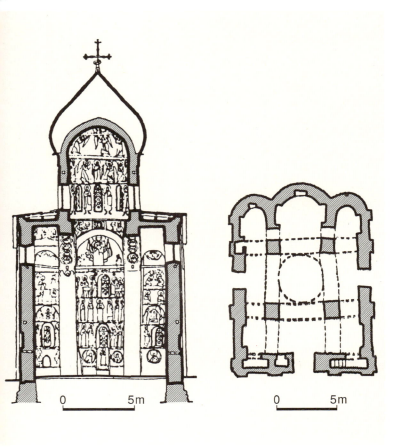

244·世界建筑史 俄罗斯古代卷

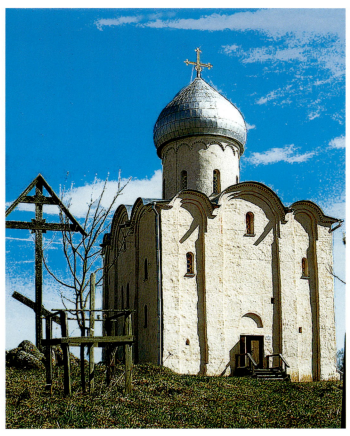

个由大公投资建造的教堂（平面及剖面：图1-217；历史图景：图1-218；外景：图1-219~1-224；近景及细部：图1-225、1-226；内景及细部：图1-227~1-230）。与之前的大公教堂相比，在1198年仅用三个半月完成的这座涅列迪察教堂规模要小得多，但它采用的简化立方体造型却成为接下来三个世纪里俄罗斯教区教堂的主要模式。1903~1904年，彼得·波克雷什金对这座教堂进行了仔细的研究和复原（此后不久

左页：

（上）图1-216普斯科夫 米罗日救世主修道院。主显圣容大教堂，室内，穹顶仰视

（左下）图1-217诺夫哥罗德 涅列迪察河畔主显圣容教堂（1198年）。平面及剖面（据P.Pokryshkin）

（右下）图1-218诺夫哥罗德 涅列迪察河畔主显圣容教堂。西南侧外景（老照片，示1900年状况）

本页：

（左上）图1-219诺夫哥罗德 涅列迪察河畔主显圣容教堂。东南侧远景

（右上）图1-220诺夫哥罗德 涅列迪察河畔主显圣容教堂。西侧现状

（左下）图1-221诺夫哥罗德 涅列迪察河畔主显圣容教堂。西北侧全景

（右下）图1-222诺夫哥罗德 涅列迪察河畔主显圣容教堂。东北侧全景

第一章 中世纪早期·245

他又参与了休谢夫改建奥夫鲁奇圣巴西尔教堂的工作）。在1941年秋季诺夫哥罗德附近的激战中，建筑大部毁于炮火；尽管对波克雷什金当年的复原（特别是他认定的檐口和屋顶的最初形式）尚有争议，但他的研究成果和依据，在战后重建教堂时，仍然起到了重要的作用。

重建的屋顶线由圆形山墙界定，与12世纪早期大型教堂的结构技术相合，三个半圆室的形制得到保留，只是两侧的半圆室较小。沿教堂长度方向的跨间由4个减为3个，从而创造了在单一穹顶下更为紧凑的形体（见图1-217）。除了在穹顶鼓座上带犬牙边饰的连拱条带外，室外基本上没有装饰。墙体交替布置砖和红色的贝壳石（rakushechnik，ракушечник）砌层，其不规则的粗犷底面和线条，使建筑具有一种特

左页：

（左上）图1-223诺夫哥罗德 涅列迪察河畔主显圣容教堂。东立面（各时期因粉刷呈现不同的色调）

（左下）图1-224诺夫哥罗德 涅列迪察河畔主显圣容教堂。东南侧全景

（右上）图1-225诺夫哥罗德 涅列迪察河畔主显圣容教堂。入口及台阶近景

（右下）图1-226诺夫哥罗德 涅列迪察河畔主显圣容教堂。山墙及穹顶细部

本页：

（右上）图1-227诺夫哥罗德 涅列迪察河畔主显圣容教堂。室内，穹顶仰视效果

（左下）图1-228诺夫哥罗德 涅列迪察河畔主显圣容教堂。半圆室及祭坛内景

（右下）图1-229诺夫哥罗德 涅列迪察河畔主显圣容教堂。半圆室仰视景色

第一章 中世纪早期·247

（上）图1-230诺夫哥罗德 涅列迪察河畔主显圣容教堂。室内壁画细部

（左下）图1-231诺夫哥罗德 米亚奇诺天使报喜修道院。天使报喜教堂（1179年），现状外景

（右下）图1-232诺夫哥罗德 米亚奇诺天使报喜修道院。天使报喜教堂，北半圆室壁画

殊的质感和造型表现力，在表面部分覆以淡红色灰泥时，效果显得尤为突出（见图1-223）。结构中广泛使用木材：墙体里大都纳入橡木系梁（有的一直延伸到柱墩）；门廊顶上设简单的木过梁，上砌散荷砖拱（见图1-220、1-221）；最初的屋顶表面还用了木板瓦，在诺夫哥罗德，这种技术广泛运用于较小的砖石教堂。

这座救世主教堂最初是由诺夫哥罗德大公资助的

一个小修道院的组成部分，以后逐渐荒废，疏于管理，到14世纪初，实际上已淡出了诺夫哥罗德当局的视线。1764年以后，每年仅主显圣容节庆（Feast of the Transfiguration of the Savior）时开放一次。正因为如此，它那些1199年夏季绘制的壁画，才逃脱了被大面积重绘的命运，而这正是许多教堂早期壁画被毁的直接原因。战前，这座教堂的壁画属极少数得以大面积保存下来的俄罗斯中世纪教堂遗存之一；目前，仅少数留存下来的部分随着教堂的重建得到复原。

五、12世纪末和13世纪初的城市教堂

随着作为政治首领和主要建筑资助人的诺夫哥罗德大公淡出历史舞台，在教堂（此时，它仍然是唯一重要的砖石结构）的建造上，修道院和教士、商人家族或行会，以及匠师和商人的地区协会开始起到了越来越大的作用。但资助主体的这一转变并不是突然发生，一种具有创新意识的建筑设计也不是即刻出现；在开始阶段，只是建筑规模的缩减为工程的承包提供了更大的灵活性，地方匠师有更多的机会参与其中。遗憾的是，在这些组织或机构建造的12世纪后期教堂中，能留存下来的甚少。尽管所有这些建筑都是带四个柱墩的结构，配有歌坛廊道但无前厅，但在设计上又各具特色，这时期的教堂建筑也因此呈现出千变万化、精彩纷呈的景象。

1179年由大主教以利亚投资建造的米亚奇诺天使报喜教堂（位于同名修道院内），目前形式上已有很大变化。在17世纪，已坍毁的拱顶和支撑穹顶的大鼓座被用一个小得多的鼓座取代。不过，结构的其他部分依然完好，其墙体由粗糙的石灰石、大小不一的砖

（上）图1-233诺夫哥罗德 锡尼恰山圣彼得和圣保罗修道院。圣彼得和圣保罗教堂（1185~1192年），现状外景

（左下）图1-234诺夫哥罗德 雅罗斯拉夫场院（君主院）。市场区圣帕拉斯克娃-皮亚特尼察教堂（1207年，14和16世纪改建，1960年代部分修复），平面及剖面（据G.Shtender）

（右下）图1-235诺夫哥罗德 雅罗斯拉夫场院（君主院）。市场区圣帕拉斯克娃-皮亚特尼察教堂，外景复原图（作者G.Shtender）

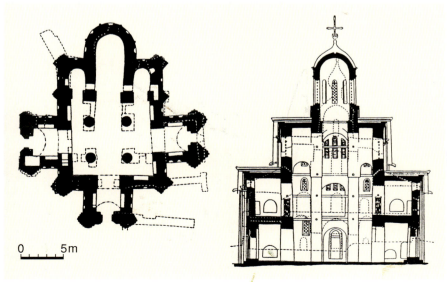

头和毛石砌筑,并通过木梁加固(外景:图1-231;内景:图1-232)。通向歌坛廊道的楼梯布置在西墙内。尽管在几个世纪期间,结构损毁,但室内仍有1189年绘制的最初壁画的大片残段(特别在半圆室部分,见图1-232)。

天使报喜教堂附近的圣彼得和圣保罗教堂建于1185~1192年(图1-233),位于锡尼恰山上的同名修道院内。令人感兴趣的是,建造教堂的工作——即令不包括设计——是由诺夫哥罗德一个街道的居民完成的。建筑由于后期的砖构加固有了很大改变,最初墙体可能是所有已知诺夫哥罗德中世纪建筑古迹中厚度最小的。这是由于墙体采用了不同寻常的构造搭配:

(上)图1-236诺夫哥罗德 雅罗斯拉夫场院(君主院)。市场区圣帕拉斯克娃-皮亚特尼察教堂,西北侧全景

(右下)图1-237诺夫哥罗德 雅罗斯拉夫场院(君主院)。市场区圣帕拉斯克娃-皮亚特尼察教堂,西侧景观

(左下)图1-238诺夫哥罗德 雅罗斯拉夫场院(君主院)。市场区圣帕拉斯克娃-皮亚特尼察教堂,西南侧俯视全景

（上）图1-239诺夫哥罗德 雅罗斯拉夫场院（君主院）。市场区圣帕拉斯克娃-皮亚特尼察教堂，西南侧全景

（下）图1-240诺夫哥罗德 雅罗斯拉夫场院（君主院）。市场区圣帕拉斯克娃-皮亚特尼察教堂，南侧景色

本页及右页:
(左)图1-241诺夫哥罗德 雅罗斯拉夫场院(君主院)。市场区圣帕拉斯克娃-皮亚特尼察教堂,东南侧全景
(中上)图1-242诺夫哥罗德 雅罗斯拉夫场院(君主院)。市场区圣帕拉斯克娃-皮亚特尼察教堂,东北侧景观
(中下)图1-243诺夫哥罗德 雅罗斯拉夫场院(君主院)。市场区圣帕拉斯克娃-皮亚特尼察教堂,北立面
(右上)图1-244诺夫哥罗德 雅罗斯拉夫场院(君主院)。市场区圣帕拉斯克娃-皮亚特尼察教堂,西侧近景

下部砖石砌层交替配置(opus mixtum),上部砖构采用退列技术(recessed row technique)。室内没有保存下来的中世纪壁画。

这时期最值得注意的教堂是1207年在诺夫哥罗德商业区由外商协会投资建造、献给备受尊崇的商业和市场守护神圣帕拉斯克娃-皮亚特尼察的教堂。它并不是基址上第一个供奉这位保护神的建筑:1156年,同一个社团曾建了一个献给圣帕拉斯克娃的木构教

圣帕拉斯克娃教堂是在12世纪后期发展起来的那种配四个柱墩和三个半圆室,上置单一穹顶的简单立方体建筑方案上进一步精炼的产物(平面、剖面及复原图:图1-234、1-235;外景:图1-236~1-243;近景及细部:图1-244)。建筑仍然采用了内接十字形的平面,但在南、北和西面,十字形臂翼端头处理成三个带顶的大型门廊,门廊高两层,上层起廊道作用。通向三个廊道的楼梯始于北门廊墙体,止于西门廊上层。在该层,廊道通过位于主体墙内的通道联系(墙厚约1.5米)。这一精巧的设计使建造者可以省去歌坛廊道,令空间变得更为开敞,以圆柱替代十字形柱墩支撑中央鼓座和穹顶,进一步增强了这种效果。东面有一个矩形突出部分,内设两个侧面礼拜堂,中央半圆室则大幅度向外延伸(见图1-234)。这种平面形式(在诺夫哥罗德仅此一例)可能是来自斯摩棱斯克,设计这个教堂的建筑师就是来自那里。

堂,1191年,它又被另一个教堂取代。13世纪初的砖石结构在14和16世纪经受了重大改造,不过,通过对残存的大部分墙体及拱顶的研究,现人们已能对平面进行部分复原。

12世纪后期,在罗斯季斯拉维奇家族大公们的赞助下,斯摩棱斯克发展出一个具有地方特色、欣欣向

荣的建筑学派。其砖构教堂虽然平面上相对紧凑，但结构相对复杂，在中央穹顶下采用了叠涩拱券，和切尔尼希夫的圣帕拉斯克娃教堂相比，垂向构图更为突出。教堂往往设封闭门廊（有的在东端还有自己的礼拜堂），自南、北和西立面大门处向外延伸。立面以带线脚的附墙柱标示跨间的分界。所有这些特点都在斯摩棱斯克大公大卫·罗斯季斯拉维奇建造的大天使米迦勒教堂（建于1180~1190年间；平面、立面、剖面及剖析图：图1-245；外景：图1-246、1-247；近景及细部：图1-248；内景：图1-249）和克洛科瓦河畔三一修道院大教堂（建于12及13世纪之交）里得到体现（具有类似构图的一个更早的石构教堂实例可能是约建于12世纪50年代的波洛茨克救世主修道院的大教

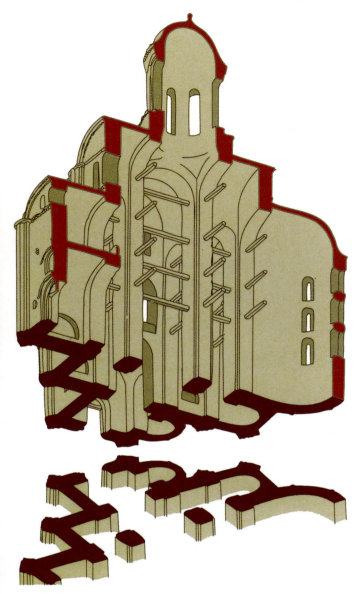

（本页及左页上）图1-245斯摩棱斯克 大天使米迦勒教堂（1180~1190年）。平面、立面、剖面及剖析图，图中：1、西立面，2、纵剖面，3、平面，4、剖析图（1~3取自Академия Стройтельства и Архитестуры СССР：《Всеобщая История Архитестуры》，I，Москва，1958年；剖析图据S.S.Pod''iapol'skii）

（左页左下）图1-246斯摩棱斯克 大天使米迦勒教堂。西南侧现状

（左页右下）图1-247斯摩棱斯克 大天使米迦勒教堂。西北侧景观

（本页左下）图1-248斯摩棱斯克 大天使米迦勒教堂。东南侧近景

（本页右下）图1-249斯摩棱斯克 大天使米迦勒教堂。穹顶，仰视内景

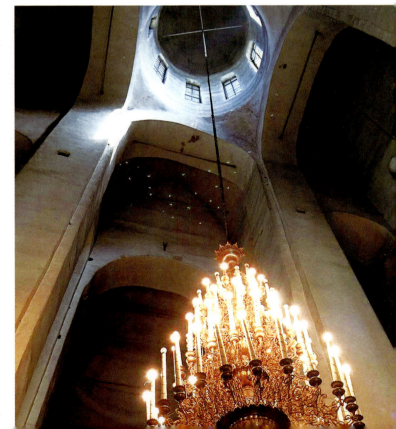

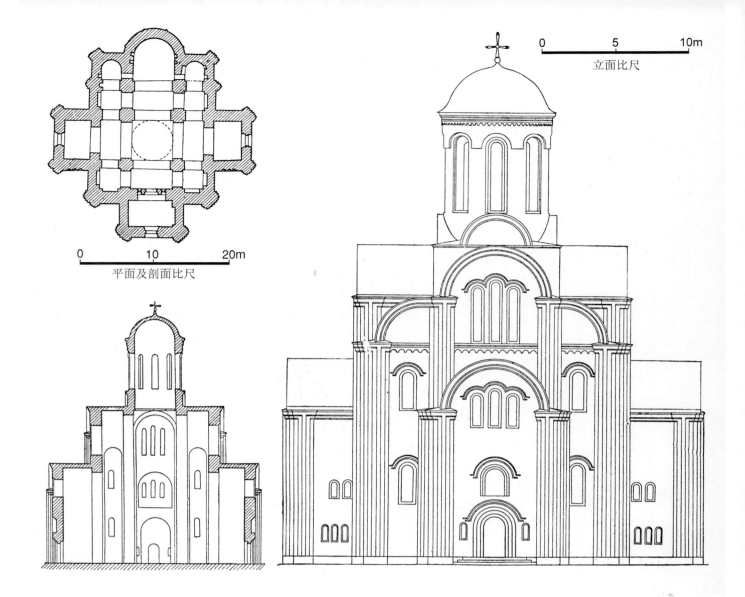

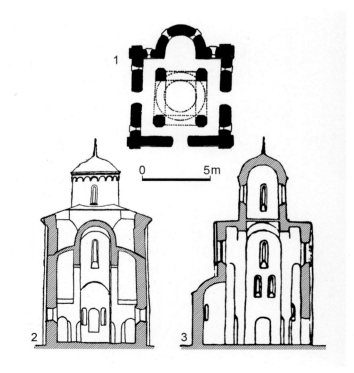

（上）图1-250波洛茨克 救世主修道院。大教堂（12世纪50年代），平面、立面及剖面（取自Академия Стройтельства и Архитестуры СССР：《Всеобщая История Архитестуры》，I，Москва，1958年）

（下）图1-251诺夫哥罗德 佩伦圣母圣诞修道院。圣母圣诞堂（13世纪上半叶），平面及剖面，图中：1、平面，2、横剖面（以上取自Академия Стройтельства и Архитестуры СССР：《Всеобщая История Архитестуры》，I，Москва，1958年），3、纵剖面（据R.Katsnelson）

堂；平面、立面及剖面：图1-250）。大天使米迦勒教堂原有三叶形的屋顶线，看来这也是这时期其他斯摩棱斯克教堂的一个特征，如同样由大卫投资建造的斯米亚迪诺修道院的圣巴西尔教堂（1191年）。

值得注意的是，诺夫哥罗德的圣帕拉斯克娃教堂

（上）图1-252诺夫哥罗德佩伦圣母圣诞修道院。圣母圣诞堂，东北侧远景

（左下）图1-253诺夫哥罗德 佩伦圣母圣诞修道院。圣母圣诞堂，西南侧全景

（右下）图1-254诺夫哥罗德 佩伦圣母圣诞修道院。圣母圣诞堂，东南侧景色

第一章 中世纪早期·257

本页:
图1-255诺夫哥罗德 佩伦圣母圣诞修道院。圣母圣诞堂，东北侧近景

右页:
（上）图1-256圣彼得堡 基督复活大教堂。圣亚历山大·涅夫斯基像（马赛克，位于北神坛处）

（下）图1-257《谁要与我们刀剑相对，那就是自取灭亡》（油画，作者Сергéй Николáевич Присéкин，1983年，表现亚历山大·涅夫斯基战胜瑞典人的功绩）

尽管在墙体结构上和斯摩棱斯克教堂有所不同（前者为混合结构，后者为实体砖构），但其不同寻常的设计和斯摩棱斯克建筑特有的形式之间有许多明显的类似之处，如平面的总体形式、封闭的门廊、带线脚的附墙柱、三叶形的屋顶线（后成为14世纪诺夫哥罗德教堂建筑的独特表现，见第四节）。基于这些理由，现人们普遍认为，诺夫哥罗德这座教堂系由一位来自斯摩棱斯克的建筑师设计（可能是克洛科瓦河畔教堂的建筑师）。同时，格里戈里·施滕德根据对外墙的分析证实，诺夫哥罗德的这座教堂是由来自斯摩棱斯克的匠师开始建造的，在一期工程完成后将设计留给了地方匠师。

从对诺夫哥罗德建筑的影响来看，圣帕拉斯克娃教堂最值得注意的特色当属屋顶的形式及其对立面外观的影响：原来布置在同一高度上的一系列低矮拱券如今被三叶形构图取代（其中央大券对应十字形平面臂翼上的筒拱顶，见图1-235）。中央拱券两侧递降的半拱券布置在教堂角上的四分之一拱顶上。屋面本身可能铺木板瓦（为诺夫哥罗德的特点），以一种极具质感的边线，勾勒出屋顶外廓。

这种三叶形屋顶再次出现在诺夫哥罗德南面佩伦地区圣母圣诞修道院的一个小教堂的设计里（平面及

剖面：图1-251；外景：图1-252~1-255）。尽管其建造日期尚无法最后确定，但从现有考古证据看，应属13世纪上半叶。整个建筑形体紧凑，以砖和粗糙的石灰石块砌筑，外抹灰泥；其三叶形山墙配带线脚的檐口，进一步突出了建筑的形体及高度。由于教堂甚小（宽7.8米，包括半圆室在内长9.8米），是否有歌坛廊道看来都是问题（在结构或墙体内均无楼梯），但它却预示了俄罗斯塔楼式教堂的发展（室内尚存位于穹顶下的四个柱墩，见图1-251）。

对诺夫哥罗德来说，13世纪是个城市混乱动荡的年代，其他教堂建造得很少。编年史经常提到火灾、洪水、饥荒，以及市民之间的世仇（右岸商业区和左岸圣索菲亚区长期处于对立状态）。在沃尔霍夫河木桥上，经常发生武斗，甚至发展到将自己这边的桥拆除。有时人群的怒火还指向不得人心的主教或王侯，如1225年，人们将大主教阿尔谢尼赶出城市，"把他揍得几乎死掉"。

然而，诺夫哥罗德很快就面临着一个更为严重的危机，1238年，开始征讨基辅罗斯的蒙古人，挺进到离诺夫哥罗德不到60英里的地方。尽管由于地形不适合骑兵作战导致他们返回，但接着来犯的还有北面的瑞典人和西面的条顿骑士团。只是在亚历山大·涅夫斯基大公领导的诺夫哥罗德及其盟军打了若干胜仗后

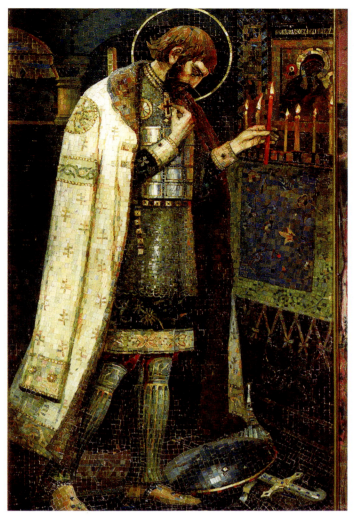

第一章 中世纪早期·259

（1240年在涅瓦河附近重挫瑞典人，1242年在佩皮乌什湖的"冰上战役"中打败条顿骑士团），才击退了这两次入侵，亚历山大也因此成为俄罗斯的英雄人物（图1-256、1-257）。但到1259年，一个蒙古使团携带他们的妻子及随员来到这个城市要求纳贡，并威胁如要求得不到满足便要进行惩罚性的征讨时，亚历山大却劝阻了要杀掉他们的愤怒民众，建议屈服（可能是因为此时的他已被俄罗斯东正教会封为圣人）。诺夫哥罗德随后被莫斯科大公降服，在某种程度上避免了像其他许多俄罗斯城市那样遭到洗劫和破坏，并因此成为14世纪期间文化和艺术复兴的中心，既和过去保持着联系，又促成了新形式的创造。

第三节 弗拉基米尔和苏兹达尔（蒙古人入侵之前）

一、早期历史：尤里·多尔戈鲁基时期的教堂

当诺夫哥罗德和普斯科夫继续热衷于商业活动，基辅的权威因王侯内斗走向衰落之际，在俄罗斯东北，伏尔加河上游及其支流地区，第三个权力中心正在崛起。早在公元1世纪，这片地域上就有芬兰-乌戈尔部族居住，10世纪时，来自西方的斯拉夫殖民者将它开发成繁茂的林地和适耕地。11世纪期间，基辅大公们进一步将势力范围扩展到东北地区（1024年，"智者"雅罗斯拉夫在苏兹达尔地区，镇压了一起由异教祭司煽动的叛乱），并加强了罗斯托夫和苏兹达尔这样一些居民点的防务，后者逐渐形成了一个主要公国。然而，在这一时期，基辅的控制看来并不稳固。1071年，罗斯托夫最早的主教之一列昂季在另一次异教暴动中被杀；这一地区还经常受到伏尔加河保加利亚人的袭击和掠夺。

11世纪初，苏兹达尔建造了城防工事并有了自己的大公。不过，苏兹达尔的这个城防工事很快就被在它南面数英里处的弗拉基米尔城堡超过（12~13世纪总平面：图1-258）。位于克利亚济马河边的这座城堡建于1108年，其创立者、"智者"雅罗斯拉夫之孙弗拉基米尔·莫诺马赫自1113年起为基辅大公，是基辅的最后一位杰出的统治者（见本章第一节）。据编年史记载，莫诺马赫于1108到1117年间的某个时刻，在弗拉基米尔建了一座纪念救世主显容的教堂。其基址尚未发现，但同为这位大公建造的一个更早的教堂[圣母圣诞（或安息）教堂]，据分析应位于今苏兹达尔圣母圣诞大教堂处（见下文）。这两座教堂很可能

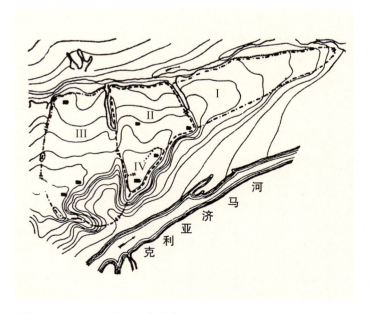

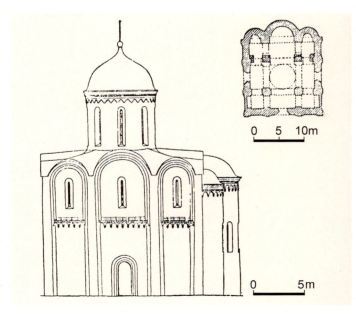

左页:

(左)图1-258弗拉基米尔12~13世纪城市总平面(取自Академия Стройтельства и Архитестуры СССР:《Всеобщая История Архитестуры》, I, Москва, 1958年),图中: I、莫诺马赫城, II~III、1158~1164年城堡, IV、内城

(右)图1-259基代克沙 圣鲍里斯和格列布教堂(1152年, 17世纪60年代和1780年更新)。平面及南立面(平面据Iu.Savitskii, 立面复原图作者I.Ern)

本页:

(上)图1-260基代克沙 圣鲍里斯和格列布教堂。西北侧全景(部分已重新粉刷)

(下)图1-261基代克沙 圣鲍里斯和格列布教堂。西侧全景

(上)图1-262基代克沙 圣鲍里斯和格列布教堂。西立面

(下)图1-263基代克沙 圣鲍里斯和格列布教堂。西南侧全景

都是砖砌。

1125年莫诺马赫去世,在为继承基辅王位而争斗的众多儿子中,包括苏兹达利亚地区[3]的继承人尤里·多尔戈鲁基[4]。尤里于1155年,即在他去世前两年,再次取得基辅大公的称号(上一次是1149~1151年)。不过,在这耗时若干年的内斗期间,他仍不忘在其公国的中心弗拉基米尔大兴土木,并在苏兹达利亚地区,创建了若干居民点,其中就包括一个根据所在地的河流被命名为莫斯科的小型设防据点。1156年尤里在这里建造了木构围墙和壕沟,尽管这个居民点可能早时已经存在,但通常均认为尤里·多尔戈鲁基即今日莫斯科的创立者。从编年史记载可知,这位大公的主要建筑活动集中在12世纪50年代,看来他对长期保有基辅已无信心,因而希望晚年在苏兹达利亚地区多留点建筑遗产。

（上）图1-264基代克沙 圣鲍里斯和格列布教堂。南立面

（下）图1-265基代克沙 圣鲍里斯和格列布教堂。东南侧远景

尤里·多尔戈鲁基在弗拉基米尔用白石灰石砌造的圣乔治教堂（约1157年）和宫殿已不复存在，但在他投资建造的教堂中，有两个（分别位于基代克沙和佩列斯拉夫尔-扎列斯基）可视为一种具有深远影响的建筑风格的早期实例，并由此导致了一系列杰出作品的诞生。位于苏兹达尔东面不远处基代克沙的圣鲍里斯和格列布教堂自1152年建成后虽经几次大的改造（特别是17世纪60年代和1780年的更新），但结构中

第一章 中世纪早期·263

（左上）图1-266 基代克沙 圣鲍里斯和格列布教堂。东南侧近景

（下）图1-267 基代克沙 圣鲍里斯和格列布教堂。东面近景

（右上）图1-268 基代克沙 圣鲍里斯和格列布教堂。西立面南端近景

央和西跨间的墙体仍然保存完好，从中可看到在接下来的80年里，弗拉基米尔-苏兹达尔地区教堂所采用的主要建筑技术（平面及立面：图1-259；外景：图1-260~1-265；近景及细部：图1-266~1-270；内景：图1-271~1-273）。墙体内外均为石灰石琢石面层，中间以碎石填心，立面中间饰一道拱券檐壁，上部表面凹进，形成带线脚的拱券跨间，顶上为拱形山墙。现状屋顶掩盖了最初依从室内拱顶外廓的山墙线，但复原教堂最初的形式（具有立方形体和内接十字形平面，如图1-259所示）应该没有什么疑问。小的歌坛

（左上）图1-269基代克沙 圣鲍里斯和格列布教堂。南立面西端近景（新近粉刷前）

（下）图1-270基代克沙 圣鲍里斯和格列布教堂。墙面伦巴第式拱券细部

（右上）图1-271基代克沙 圣鲍里斯和格列布教堂。室内，拱券及穹顶仰视景色

廊道显然是通过木楼梯上去，但它和结构主体的关系尚无法确定，这也是12世纪石灰石教堂存在的一个普遍问题。

佩列斯拉夫尔-扎列斯基的主显圣容大教堂（1152~1157年）尚存大部分最初的结构（平面、立面及剖面：图1-274；外景：图1-275~1-278；近景及细部：图1-279、1-280；内景：图1-281~1-287）。尽管在比例的协调上，它不及尤里·多尔戈鲁基的儿子们建造的那些教堂，但平面上显然经过仔细推敲（特别是在主要拱顶的拱券上），同时展现出利用石灰石

（左上及左中）图1-272基代克沙 圣鲍里斯和格列布教堂。室内，壁画遗存

（下）图1-273基代克沙 圣鲍里斯和格列布教堂。室内，天棚画

（右上）图1-274佩列斯拉夫尔-扎列斯基 主显圣容大教堂（1152~1157年）。平面、立面及剖面（取自Академия Стройтельства и Архитестуры СССР:《Всеобщая История Архитестуры》, I, Москва, 1958年）

266·世界建筑史 俄罗斯古代卷

琢石作为主要建筑材料的技巧。在罗斯，没有任何地方能生产出如此精细的石构建筑砌块，它在苏兹达利亚地区突然出现的缘由目前还没有搞清楚。教堂墙体上部跨间如基代克沙那样向内凹进，但除了半圆室和鼓座上的装饰檐壁外，基本没有其他的装饰。通向歌坛廊厅的入口可能是穿过北立面一个跨间的洞口，以一个木通道和同样由木料建成的大公宅邸相连（在中世纪的罗斯，建一条自宫邸通向主要教堂歌坛廊厅的通道并非罕见）。对结构的研究表明，最初的屋面材料是木板瓦。这座主显圣容大教堂为几乎所有12世纪苏兹达利亚地区的重要教堂（仅一个例外）提供了基本的设计要素：带穹顶的十字形平面、三联式半圆室和四个支撑单一穹顶的柱墩（见图1-274）。在它完成后不到一年，尤里的儿子安德烈·博戈柳布斯基又投资建造了弗拉基米尔的第一个大教堂——圣母安息大教堂。

（上下两幅）图1-275佩列斯拉夫尔-扎列斯基 主显圣容大教堂。东南侧全景

（上）图1-276佩列斯拉夫尔-扎列斯基 主显圣容大教堂。东北侧雪景

（下）图1-277佩列斯拉夫尔-扎列斯基 主显圣容大教堂。西北侧景色

二、安德烈·博戈柳布斯基统治时期：石建筑的繁荣

[执政初期]

在俄罗斯历史上，安德烈一世·尤里耶维奇大公[5]（约1111~1174年，自1157年起直到去世为弗拉基米尔-苏兹达尔大公，图1-288）是个颇有争议的人物。在他统治期间，基辅对罗斯东北地区的统治全面衰退，弗拉基米尔则作为新的都城崛起，他使支持基辅和诺夫哥罗德霸权的人感到畏惧，但在自己的领地弗拉基米尔则是一位备受尊崇的人物。他一直在坚定地推行扩张政策，不断危及到基辅和诺夫哥罗德的利益和地位。安德烈并不想从一个南方的都城实施统治，而是力图把权力中心转移到弗拉基米尔，在这点上可以说取得了很大的成功。1169年，他的儿子姆斯季斯拉夫洗劫了基辅（大约70年后，这座城市再次遭到蒙古人的破坏）。基辅虽然仍是宗教（可能还包括文化）的中心，但在军事和政治方面，则是一落千丈，风光不再。在同一时期，安德烈的军队还向诺夫哥罗德挺进，虽说在一次战役中被击退（在诺夫哥罗德编年史上可查到有关的记载），但他仍然成功地切断了自南方来的城市粮食供应线，迫使诺夫哥罗德像基辅

（上）图1-278佩列斯拉夫尔-扎列斯基 主显圣容大教堂。南侧景观

（左下）图1-279佩列斯拉夫尔-扎列斯基 主显圣容大教堂。南侧入口近景

（右下）图1-280佩列斯拉夫尔-扎列斯基 主显圣容大教堂。半圆室细部

(上)图1-281佩列斯拉夫尔-扎列斯基 主显圣容大教堂。室内,半圆室下部

(下)图1-282佩列斯拉夫尔-扎列斯基 主显圣容大教堂。室内,半圆室上部

那样,接受他的代理人作为驻节大公。

　　这时期的统治者都希望通过建筑、特别是教堂来为自己树碑立传,因此,政治和军事霸权的确立和扩张,一般都伴随着积极的建筑活动。在俄罗斯建筑史上,类似的表现可说是屡见不鲜。尤为令人感兴趣的是,在俄罗斯,能为后世留下更多建筑遗产的,往往都是那些具有宏大抱负、作风强硬的铁腕人物(不论是大公、还是沙皇或帝王,如安德烈、伊凡大帝、伊凡雷帝、彼得大帝)。这位安德烈·博戈柳布斯基(意"上帝宠幸的安德烈"),既是基辅的掠夺者,

（上）图1-283 佩列斯拉夫尔-扎列斯基 主显圣容大教堂。半圆室内景

（下）图1-284 佩列斯拉夫尔-扎列斯基 主显圣容大教堂。半圆室仰视

又是俄罗斯建筑的一位慷慨的资助人，尽管他出资建造的项目仅有少数留存下来，但足以支持这一论断。

弗拉基米尔的圣母安息大教堂（建于1158~1160年）是他建的第一个重大项目，所用六柱墩的加长平面为这时期基辅和诺夫哥罗德大教堂的典型样式；石灰岩琢石立面上配有高浮雕装饰，只是和后期苏兹达利亚地区的教堂相比，尺度较小。大型鼓座及穹顶是这座教堂结构上最有特色的表现（鼓座上开12个窗户，配24根带雕饰柱头的柱子）。建造这样的结构在技术上的要求显然要大大超过尤里·多尔戈鲁基前

第一章 中世纪早期·271

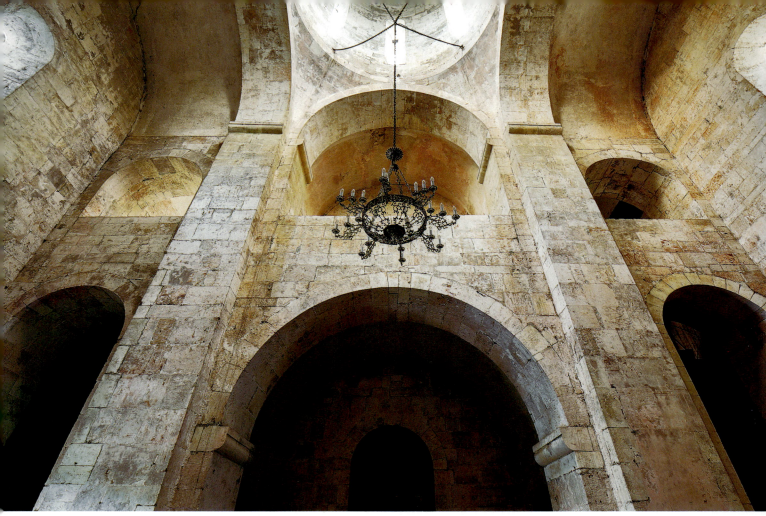

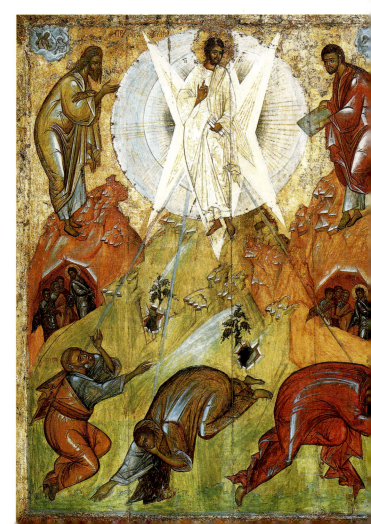

10年期间建的那些教堂。这类设计的来源本来就没有搞清楚，涉及这座教堂更是迷雾重重。劳伦斯编年史（Laurentian chronicle，为现存俄罗斯最早的编年史）曾提到"来自各地（all lands）"的匠师，以后

又提及涅姆齐人（Nemtsi，可能指"德国人"，只是这个词的含义相当宽泛）。事实上，这些匠师很可能是神圣罗马帝国皇帝腓特烈一世（红胡子）派给博戈柳布斯基的，尽管尚无确切的证据。不过，如果说弗拉基米尔教堂的某些特色（如门廊和石雕装饰）使人想起西方中世纪建筑——特别是德国罗曼风格——的话，那么，其基本平面形制应该说仍然是沿袭中世纪早期罗斯各地采用的那种拜占廷教堂建筑的传统。

坐落在弗拉基米尔城堡中心，克利亚济马河边高高悬崖上的圣母安息大教堂，外观想必非常壮观。穹顶及鼓座墙面上覆盖着镀金铜板，同样镀金的还有立面中部连拱檐壁的柱子，柱子之间表面绘壁画（很可能是表现成排的圣徒）。12世纪弗拉基米尔地区的这些大教堂，和古希腊神殿一样，以其石雕的宏伟庄严给人们留下了深刻的印象，以致很难想象，其立面还

左页：

（上）图1-285佩列斯拉夫尔-扎列斯基 主显圣容大教堂。西廊及穹顶仰视景色

（左下）图1-286佩列斯拉夫尔-扎列斯基 主显圣容大教堂。半圆室边跨雕饰

（右下）图1-287佩列斯拉夫尔-扎列斯基 主显圣容大教堂。圣坛画《耶稣显容》，约1403年，作者Феофан Грек（约1340~1410年），原作现存莫斯科Tretyakov Gallery

本页：

（上）图1-288安德烈一世·尤里耶维奇大公（约1111~1174年）画像，作者Viktor Vasnetsov

（下）图1-289弗拉基米尔"金门"（1158~1164年，1795年大火后改建）。西侧远景

左页：

（上）图1-290 弗拉基米尔"金门"。西南侧远景

（下）图1-291 弗拉基米尔"金门"。南侧远景

本页：

图1-292 弗拉基米尔"金门"。西侧近景

有丰富的彩色装饰（如15世纪后期莫斯科克里姆林宫圣母安息大教堂石灰石墙面上的表现，见图2-110~2-112、2-114等）。不过，当该世纪末，安德烈的这个教堂被纳入一个更大结构中去的时候，大多数装饰都被清除了（见后文）。

安德烈在弗拉基米尔的第二个重要项目同样建于他执政初期。它不仅是个教堂，同时也构成了安德烈新城堡上的制高点。和这位大公资助的许多其他项目一样，弗拉基米尔的这个名为"金门"的建筑（建于1158~1164年，1795年大火后改建，为唯一——尽管只是部分——保存下来的俄罗斯古代城门，外景：图1-289~1-291；近景及细部：图1-292~1-294）是效法基辅的同名建筑，后者本身又是以君士坦丁堡的城门为原型。建筑1795年改建后已大为改观，其最初形式系由带壁柱的平行墙体构成，墙上承六道拱顶拱券。在城门本身和各类守卫用房上面，是位于平台上的圣袍教堂。在主要城门上建造教堂本是君士坦丁堡城墙的特色，显然是为了祈求神灵保卫城市免遭侵犯。基辅不仅在中央城堡门上采用了这种做法，同时还用于洞窟修道院，开了以后六个世纪期间主要俄罗斯修道院入口大门上建教堂的先河。

[博戈柳博沃宫殿建筑群]

安德烈·博戈柳布斯基留下的建筑遗产中，最主

第一章 中世纪早期·275

本页:
(上)图1-293弗拉基米尔"金门"。南侧近景
(下)图1-294弗拉基米尔"金门"。券门内景

右页:
(左上)图1-295博戈柳博沃 圣母圣诞大教堂(1158~1165年)。平面(据N.N.Voronin,经改绘)
(右上)图1-296博戈柳博沃 圣母圣诞大教堂。建筑群立面(复原图,作者S.A.Sharova-Delaunay)
(右中上)图1-297博戈柳博沃 圣母圣诞大教堂。建筑群透视复原图(作者N.N.Voronin)
(右中下)图1-298博戈柳博沃 圣母圣诞大教堂。建筑群透视复原图(作者Sergey V. Zagraevsky)
(左下)图1-299博戈柳博沃 圣母圣诞大教堂。西立面复原图(含北侧扩展部分,作者V.K.Emelina)
(中下及右下)图1-300博戈柳博沃 圣母圣诞大教堂。剖析复原图(作者N.N.Voronin)

要的部分并不是在弗拉基米尔本身,而是在弗拉基米尔以东约10公里处一个名为博戈柳博沃的特定居民点内。博戈柳博沃创建于1158~1165年,其中心为一个带围墙的场地,组群内包括大公的宫邸,一个石灰石砌筑的纪念圣母圣诞的大教堂(平面、立面、复原设计及剖析图:图1-295~1-301;现状外景及细部:图1-302、1-303),和一个(也可能是两个)附加教堂。大教堂是个立方形体的结构,形式上类似尤里·多尔戈鲁基建造的那批,但装饰上要更为考究,配有雕刻面具,连拱檐壁(位于立面中部)和带雕饰柱头的圆柱,后者位于中央交叉处,取代了习见的十字形柱墩(见图1-300)。歌坛廊厅可通过北面一个直接与宫殿相连的通道进去,可能还有第二个入口,位于西南角的独立塔楼处。

圣诞大教堂的豪华装饰同样见于编年史的记载"……教堂各处闪着金光……他(博戈柳布斯基)用

贵重的圣像、金子和宝石、价值连城的巨大珍珠、各种各样的玉器，以及许多珍贵的雕饰品来装饰它。"在这里，多次提到的金饰（实为镀金铜器上的金箔）使人想到弗拉基米尔的圣母安息大教堂的装饰，同时也证实了这位大公对奢华建筑装饰的喜爱和他的艺术情趣。

有关宫殿的外观尚无可靠的证据，只知和组群的其他建筑一样，用石砌造，这在中世纪的俄罗斯，可说是个明显的例外（在这里，居住建筑传统上均为木构，即便规模很大，也是如此）。从留存下来的楼梯

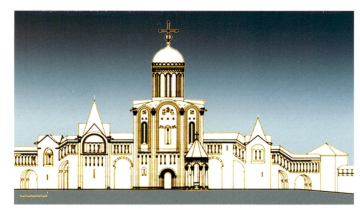
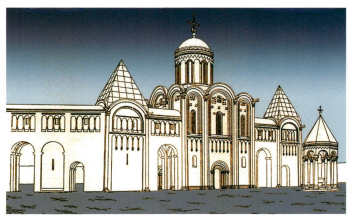
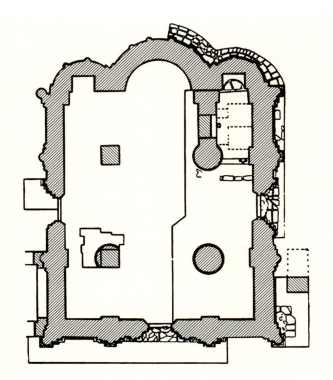

第一章 中世纪早期·277

塔和连接宫殿及教堂的通道上,可看到一些来自西方中世纪建筑的要素,特别是拱廊饰带和北部拱券的柱子(见图1-302、1-303)。1174年6月的一个夜晚,安德烈正是在这里被刺身亡。

13世纪,博戈柳博沃建筑群被改造成修道院;1702年,安德烈·博戈柳布斯基被封为圣徒。尽管在1238年蒙古人进犯苏兹达利亚期间建筑遭到很大破坏,但很多附属结构一直留存到18世纪下半叶修道院

(左上)图1-301博戈柳博沃 圣母圣诞大教堂。建造图(16世纪编年史插图)

(下)图1-302博戈柳博沃 圣母圣诞大教堂。现状全景

(右上)图1-303博戈柳博沃 圣母圣诞大教堂。立面盲券细部

图1-304 博戈柳博沃 涅尔利河畔圣母代祷教堂（1165/1166年）。平面、立面、剖面及细部，图中：1、立面，2、平面，3、纵剖面，4、门廊细部，5、盲拱条带，6、半圆室立面，7、内景，8、柱头

进行"改造"之时。安德烈被封圣实际上反而起到了加速破坏博戈柳博沃的作用。在18世纪初，由于不负责任地扩大圣诞大教堂的窗户，导致结构失稳，最终于1723年倒塌。其石灰石雕刻的残段，现布置在目前占据了基址的教堂墙上。

不过，安德烈·博戈柳布斯基建造的大量建筑中，并没有在以后全部湮没或被改建。基本按原状留存下来的圣母代祷教堂位于离博戈柳博沃不远的涅尔利河畔，是为了纪念圣母代祷节庆（源自拜占廷，现被安德烈升格为主要节日）而建。于1165或1166年仅用了一个施工季节建成的这座教堂沿用内接十字形的平面形制，四个柱墩上承单一的穹顶，三分式的立面上冠拱形山墙（平面、立面、剖面、细部及复原图：图1-304~1-307；外景：图1-308~1-315；近景：

第一章 中世纪早期·279

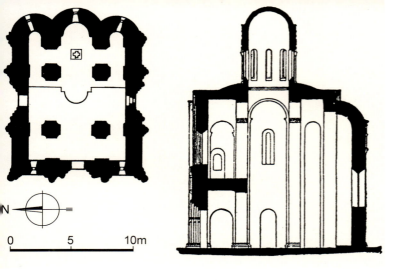

图1-316~1-319；立面细部：图1-320~1-322；浮雕：图1-323、1-324）。由于比例和谐，细部精美，加之位于临水的自然环境中，成为中世纪俄罗斯建筑中不可多得的精品。

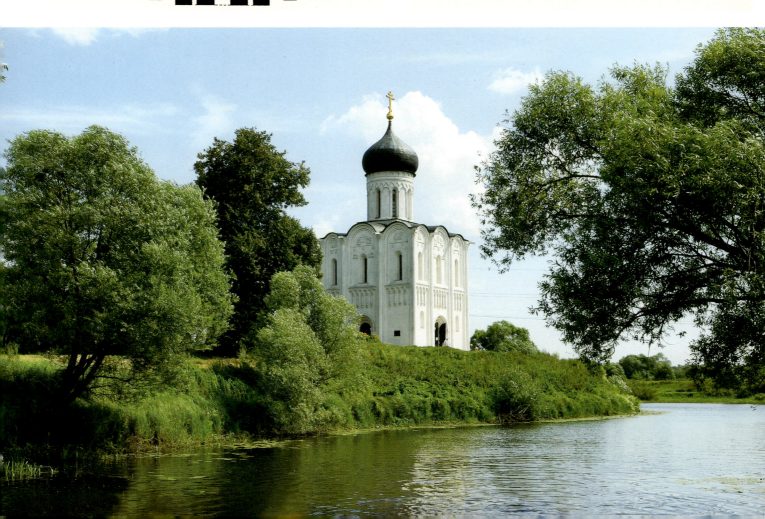

左页:

（左上）图1-305博戈柳博沃涅尔利河畔圣母代祷教堂。平面及剖面（平面据Nekrasov，剖面取自David Roden Buxton：《Russian Mediaeval Architecture》，Cambridge University Press，2014年）

（左中）图1-306博戈柳博沃涅尔利河畔圣母代祷教堂。剖面（人工台地及基础示意部分据N.N.Voronin）

（右上）图1-307博戈柳博沃涅尔利河畔圣母代祷教堂。最初形式复原图（带外廊，作者N.N.Voronin）

（下）图1-308博戈柳博沃涅尔利河畔圣母代祷教堂。西北侧远景

本页:

（上）图1-309博戈柳博沃涅尔利河畔圣母代祷教堂。西侧远景

（下）图1-310博戈柳博沃涅尔利河畔圣母代祷教堂。西南侧远景

本页及右页：

（左上）图1-311博戈柳博沃 涅尔利河畔圣母代祷教堂。东南侧远景

（中）图1-312博戈柳博沃 涅尔利河畔圣母代祷教堂。西北侧全景

（右）图1-313博戈柳博沃 涅尔利河畔圣母代祷教堂。西南侧全景

（左下）图1-314博戈柳博沃 涅尔利河畔圣母代祷教堂。东南侧全景

这位不知名的建筑师充分发掘了平面十字形的俄罗斯教堂在垂向构图上的可能性，表现出自己在把握材料和形式上的杰出才能。建筑位于一个非常特殊的地带，在克利亚济马和涅尔利河汇交处附近一片低洼的沼泽地中，两侧为克利亚济马河改道形成的一个弓形湖（所谓"牛轭湖"），在这个春天洪水达到4米高的地段，建筑师建造了一座石头铺砌的人工丘台，它不仅可以保护建筑免受洪水侵袭，同时也为深5米的基础墙提供了一个额外支撑，形成建筑的第一个阶台（见图1-306）。最初建筑在南、北和西立面处可

本页及右页：
（左）图1-315博戈柳博沃 涅尔利河畔圣母代祷教堂。东北侧全景
（中）图1-316博戈柳博沃 涅尔利河畔圣母代祷教堂。西南侧近景
（右）图1-317博戈柳博沃 涅尔利河畔圣母代祷教堂。西立面近景

能还配有高一层起扶壁作用的廊道（见图1-307）。廊道同时提供了通向歌坛廊厅的入口，在南立面上层西跨间处还可看到其入口通道。

　　从这个坚固的基础上起两层高的结构：底层厚墙砌至拱廊条带处；上层立面于三个跨间内形成深凹的退阶嵌板。垂向推力由于墙体表面的退进而得到增强，稍稍内斜的墙体进一步创造了透视缩减的效果。门廊的透视拱券构成建筑底层视线的焦点（见图1-319）。上下两层通过壁柱保持联系，造型突出的附墙圆柱自底座一直升到拱形山墙处。由拱券跨间确

立的这种节奏在立面中部的连拱条带和上层狭窄的退阶窗户中再次得到重复。这种上升的态势一直延续到鼓座处，其八个退阶的窗户与墙面相互应和，整个布置和结构的其他部分形成完美的均衡。尽管19世纪的洋葱形穹顶造型上有少许变化，现状屋顶掩盖了拱形山墙和鼓座之间的关系，但建筑最初的形式仍不难想像。

　　圣母代祷教堂的垂直构图系由立面跨间之间不同寻常的比例体系确定。在这里，每个跨间内包含的盲券拱廊的拱跨数量构成了一种表现比例的简单方法

如在北立面和南立面,其数量(自东面起算)是3、6和5(南立面西跨原通向歌坛廊厅的入口占了3跨位置);西立面是4、6和4。这三个立面每个均有14个宽度相等的盲券,且教堂轴线所在的每个中央跨间都包含六个盲券。

南北立面边跨布置比较复杂。为了容纳更多的信徒,教堂西部往往都需要加以扩展,通常的做法不外乎两种:一是增添一跨(如诺夫哥罗德圣乔治修道院的圣乔治大教堂);再就是简单地将西跨延长。但在圣母代祷教堂,建筑师并没有采用这两种方式,而是通过将中央交叉处稍稍东移来扩大西部空间,因而使南北立面东西跨间盲券数量变为3∶5。在教堂东端,半圆室(见1-314)直到拱形山墙的券底,和中央结构的比例体系互相呼应。

两层结构、造型明确的立面和八字形的窗龛,实际上在尤里·多尔戈鲁基统治时期那些较为简单的教堂里已经出现,但只是在圣母代祷教堂的设计里,这些建筑原则才得到最完美的体现。其雕刻装饰可能同样有苏兹达利亚地区的先例,但只有这座教堂是留存下来以石雕表现肖像信息的最早实例。该地区盛产的

白色石灰石提供了一种适合雕刻的坚实材料,然而,除了佩列斯拉夫尔-扎列斯基的连拱檐壁外,在建造弗拉基米尔的圣母安息大教堂之前(其中包含了少数雕刻形象及圆柱),这种石料在雕刻上的可能性并没有得到充分的发掘。这种外部装饰形式在安德烈建的博戈柳博沃的两个教堂(圣母圣诞和圣母代祷教堂,两者均完成于1165年)里的迅速发展,以及透视门廊的出现,都表明有熟悉中欧罗曼风格的外国匠师参与工作。

各种各样的雕刻可分为两大类型(在中世纪的罗斯,两者都是不同寻常的表现):一是位于门廊拱券和附墙圆柱柱头上的程式化叶状图案,一是立面上的野兽和人物形象。在圣母代祷教堂,后面这组雕刻中居主导地位的是每个中央拱形山墙上以高浮雕形式表现的大卫王。他坐在宝座上,右手举起作祝福状,左手持圣经《诗篇》,两边为两只鸟和两头狮子,分别象征顺从和保护。作为以色列联合王国国王,大卫是统一国家和击败强敌的英雄人物;在这里,安德烈显然是将自己的功业——历经多次征战巩固罗斯政权并击败了像伏尔加河保加利亚人[6]这样一些外敌——与这位古代帝王相比。为纪念战胜保加利亚人而建的这座教堂正是《诗篇》中所说神佑力量的证明。

本页及左页：

（左）图1-318博戈柳博沃 涅尔利河畔圣母代祷教堂。西立面山墙及穹顶

（右上）图1-319博戈柳博沃 涅尔利河畔圣母代祷教堂。门券细部

（中及右下）图1-320博戈柳博沃 涅尔利河畔圣母代祷教堂。墙面盲券拱廊细部

当然，更准确说，教堂的名字是纪念圣母的保佑，她的保护不但延伸到弗拉基米尔的民众，自然更包括他们这位虔诚公正的统治者。但教堂里并没有出现圣母的形象，而是以布置在拱形山墙下的20个梳辫子的处女浮雕面具体现女性保护神的观念。因程式化的原始形象而引人注目的这些高浮雕造型不仅反映了东正教艺术中女性地位的提高，同时也体现了俄罗斯颂扬丰产和视土地为女性的民族固有传统。

尽管许多雕刻都被外廊结构掩盖，但在支撑连拱条带柱子的挑腿上，仍然可看到各种各样的雕饰造型，诸如女性面具、狮头、豹子、猪，以及狮身鹫首的格里芬等怪兽。这些形象无疑都是取自从拜占廷传入罗斯的《博物学》[7]，这部典籍对整个中世纪欧洲的建筑雕刻和手稿艺术都具有很大影响。由于它把有关自然和野兽（包括想像中的怪兽）的民间传说、寓意故事和基督教的理解结合在一起，所以备受青睐。教堂表面的雕饰就这样具有了可为王公及其随员（至少是部分要员）理解的象征意义。

尽管这个象征体系范围甚广，但无论从位置（位于主要拱形山墙的中央）和作为统治者的形象来看，占主导地位的人物仍是大卫。虽然文献称安德烈为"第二个所罗门"（Second Solomon，对"智者"雅

第一章 中世纪早期·287

本页及右页：
（左上及中上）图1-321博戈柳博沃 涅尔利河畔圣母代祷教堂。半圆室盲券拱廊及狭窗

（右上）图1-322博戈柳博沃 涅尔利河畔圣母代祷教堂。鼓座及穹顶近景

（左下）图1-323博戈柳博沃 涅尔利河畔圣母代祷教堂。南立面中央嵌板雕刻：坐在宝座上的大卫王、鸟类及动物（约1170年）

罗斯拉夫也有过类似的表述),但他本人看来更愿自比大卫。致力于在东北地区打造新的权力中心和统一全俄罗斯的安德烈清楚地意识到建筑的象征作用。他渴望自己的教堂能和基辅的一比高低,据一则基辅编年史的记载,在谈到博戈柳博沃的圣诞教堂时,他说过:"我希望建造的正是这样一个(如基辅那样)带金色穹顶的教堂,它应该成为我领土上的一个纪念碑"

与此同时,安德烈·博戈柳布斯基的作品,在很多方面,又是对基辅文化和建筑的否定。他1155年离开基辅,并没有遵循他父亲的政治理想,以基辅作为统治中心,而是另择他处创造新的王室建筑。看来安德烈是在中欧物色到一批熟悉精细石雕的匠师。这些地区的文化氛围(在教堂装饰里大量采用雕像),和罗斯其他地区接受和认可的拜占廷传统,可以说相去甚远(后者排斥这种做法)。虽说圣母代祷教堂的室内也按通常的俄罗斯方式,饰有壁画(1877年后已无存),但安德烈却让所有途经或看到教堂的人(哪怕并没有进去)都能欣赏到那些颂扬他的威权和功业的石雕形象。

三、弗谢沃洛德三世统治时期的建筑和装饰

1174年安德烈·博戈柳布斯基被杀后,为争夺苏兹达利亚地区的控制权纷争再起。到1177年,政权落入安德烈同父异母的弟弟弗谢沃洛德·尤雷耶维奇之

(上下两幅)图1-324博戈柳博沃 涅尔利河畔圣母代祷教堂。立面雕饰细部

手(1162年,安德烈曾将弗谢沃洛德的母亲叶连娜和她的儿子们放逐到君士坦丁堡)。弗谢沃洛德复归弗拉基米尔任大公不仅确保了莫诺马赫家族对罗斯东部地区的连续统治,同时也使希腊艺术的创作精神在俄罗斯中世纪建筑中得到复兴。圣德米特里大教堂、其壁画和精美的雕刻(见后文),充分证明了在弗谢沃洛德统治期间希腊文化的影响。

特别要提及的是,弗谢沃洛德同样认识到——在

（左下）图1-325弗拉基米尔 圣母安息大教堂（1158~1160/1161年，1185~1189年扩建）。平面（据苏联建筑科学院资料）

（右下）图1-326弗拉基米尔 圣母安息大教堂。西立面及纵剖面（取自Академия Стройтельства и Архитестуры СССР：《Всеобщая История Архитестуры》，I，Москва，1958年）

（上）图1-327弗拉基米尔 圣母安息大教堂。西南侧俯视全景

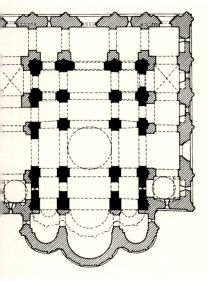

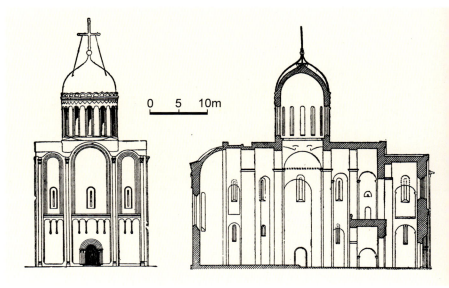

第一章 中世纪早期·291

本页：
（上）图1-328弗拉基米尔圣母安息大教堂。西北侧地段全景

（下）图1-329弗拉基米尔圣母安息大教堂。西侧远景

右页：
（上）图1-330弗拉基米尔圣母安息大教堂。东南侧远景

（下）图1-331弗拉基米尔圣母安息大教堂。东北侧远景

这点上并不逊于安德烈——建筑在巩固君主权威上的作用。他生活在一个群雄云集的时代，像切尔尼希夫和基辅大公斯维亚托斯拉夫·弗谢沃洛多维奇（？~1194年），罗斯西部地区大公留里克·罗斯季斯拉维奇和他的兄弟、斯摩棱斯克的大卫·罗斯季斯拉维奇这样一些人物，皆为有能力、有抱负的王公贵族。正如前面所说，这些大公们都积极支持建造大型砖石结构的教堂，显然，这样做，不仅是表现宗教的虔诚精

292·世界建筑史 俄罗斯古代卷

神和对东正教会的支持，同样是为了显示他们所掌握的权势和财富。

然而，直到1185年，这位因男性子孙众多得绰号"大窝"（Большо́е Гнездо́）的弗谢沃洛德三世（1154~1212年，1177~1212年在位）才开始把注意力转向大规模的建筑活动。直接的诱因是一场大火，在这场灾难中，弗拉基米尔城市大部被毁，圣母安息大教堂也遭到严重破坏。弗谢沃洛德的建筑师明智地保留了在大火中受损的早期结构墙体，把它们作为新教堂的核心，并在每侧增加了另一条廊道（图1-325、1-326）。位于交叉拱顶上的歌坛廊厅延伸至西廊处，东侧半圆室结构完全重建，深度大为扩展。在其他立面上，新墙高两层，但未达到最初墙体结构的最高点。新旧两部分的关系就这样在结构上得到明确区分，附加的廊道形成类似廊厅的空间。可以说，圣母安息大教堂的改建完全达到了既定的目标，附加廊道和中央结构的结合本是中世纪俄罗斯建筑师经常面临的问题和挑战，在这里得到了完美的解决（外景：图1-327~1-336；近景：图1-337~1-339；内景：

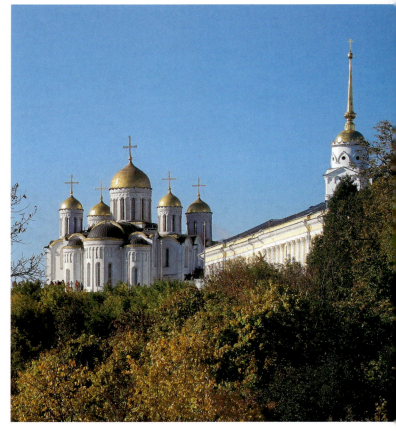

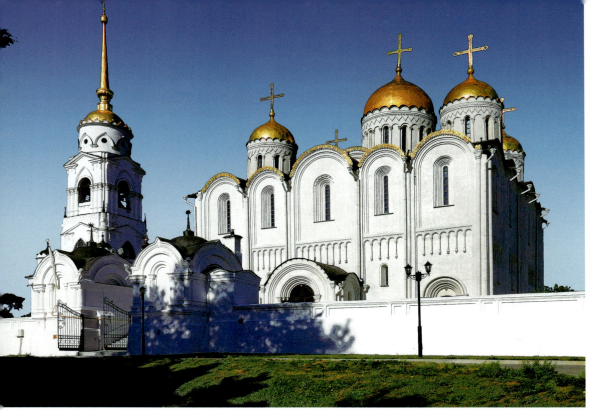

（上）图1-332弗拉基米尔 圣母安息大教堂。西侧景观

（下）图1-333弗拉基米尔 圣母安息大教堂。西南侧全景

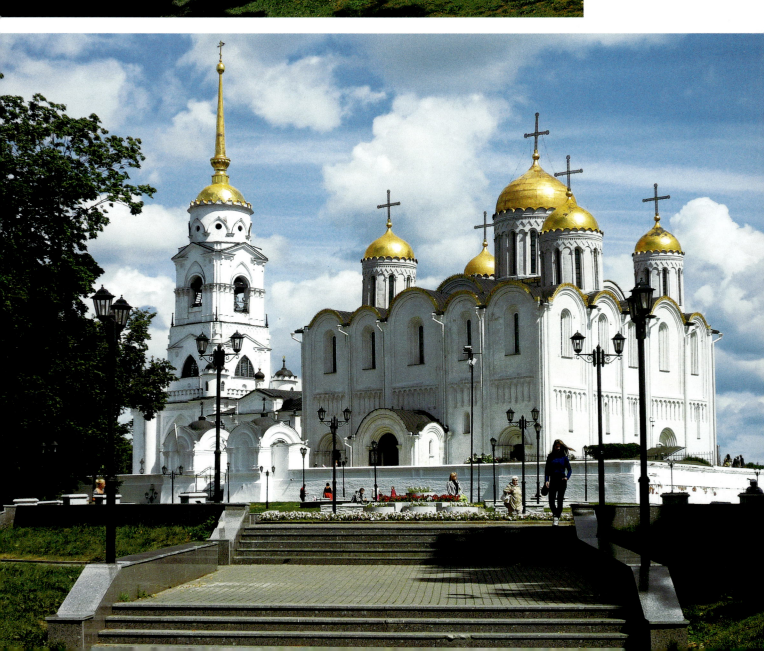

（上）图1-334弗拉基米尔圣母安息大教堂。南侧近景

（下）图1-335弗拉基米尔圣母安息大教堂。东北侧全景

图1-340~1-342）。

室外墙面中部为一道连拱檐壁，但雕饰相对较小（见图1-337、1-338）。不过，现存弗谢沃洛德时期的挑腿砌块表明，除尺度外，雕刻技术和20年前安德烈·博戈柳布斯基的罗曼匠师们引进的没有多大区别。实际上，从更大范围来看，墙体本身也成为造型不可分割的组成部分，上部跨间向内凹进，两侧以附墙柱界定，拱形山墙外廓镶华丽的金属边饰。新教堂

第一章 中世纪早期·295

（上）图1-336弗拉基米尔 圣母安息大教堂。东北侧雪景

（下）图1-337弗拉基米尔 圣母安息大教堂。西南角近景

设计上最引人注目的变化是四个附加的穹顶（布置在安德烈最初结构的角跨间上，见图1-336）。弗谢沃洛德的匠师们，在整合两个结构层位上，表现出充分的自信。鼓座墙面和以前一样，外覆镀金铜板；尽管主要的屋面材料是铅板，但大的中央穹顶上，仍然用了镀金铜板。

圣母安息大教堂的改建，属中世纪罗斯地区最大的砖石结构工程之一。它不仅是泛苏兹达利亚地区宗教的中心，同时也是歌颂弗谢沃洛德的权势和他所推行的文化复兴的纪念碑（在罗斯地区的竞争者中，尚

（上）图1-338弗拉基米尔圣母安息大教堂。南侧近景

（下）图1-339弗拉基米尔圣母安息大教堂。东北侧近景

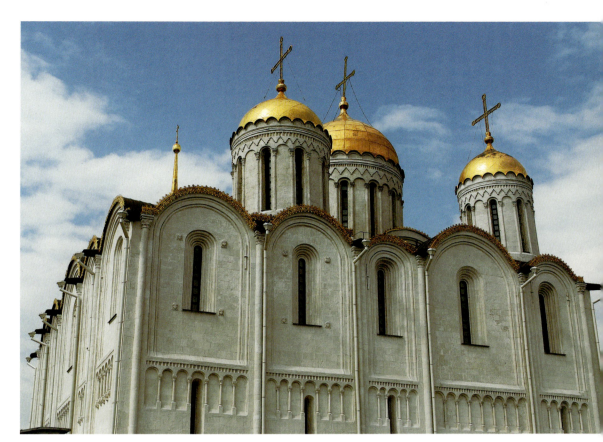

无其他人能建造如此宏伟的教堂）。继圣母安息大教堂之后，1192~1196年，弗拉基米尔的圣母圣诞修道院内又增建了一个带单一穹顶和四个柱墩的石构教堂。尽管它规模上不如圣母安息大教堂，除了透视缩减的门廊外，很少雕饰，但具有同样庄重的纪念品性。建筑早在19世纪中叶已沦为废墟；后残迹被清除，由建筑师N.A.阿尔特列边按设想的教堂最初形式进行了重建，这个"复制品"毁于20世纪30年代。

第一章 中世纪早期·297

本页：

（上）图1-340弗拉基米尔 圣母安息大教堂。内景，壁画：《最后的审判》，作者Андрей Рублёв（1360~1428年）

（左下）图1-341弗拉基米尔 圣母安息大教堂。内景，壁画（使徒及天使，作者Андрей Рублёв）

（右下）图1-342弗拉基米尔 圣母安息大教堂。内景，壁画：《三先祖》（作者Андрей Рублёв，1408年）

右页：

（左上）图1-343弗拉基米尔 圣德米特里大教堂（1193~1197年）。平面（图版，1899年）

（左下）图1-344弗拉基米尔 圣德米特里大教堂。平面及剖面：1、平面，2、横剖面（以上据A.Rukhliadev），3、纵剖面（取自Академия Стройтельства и Архитестуры СССР：《Всеобщая История Архитестуры》，I, Москва，1958年）

（右）图1-345弗拉基米尔 圣德米特里大教堂。南立面及盲券连拱雕饰细部（取自Академия Стройтельства и Архитестуры СССР：《Всеобщая История Архитестуры》，I, Москва，1958年）

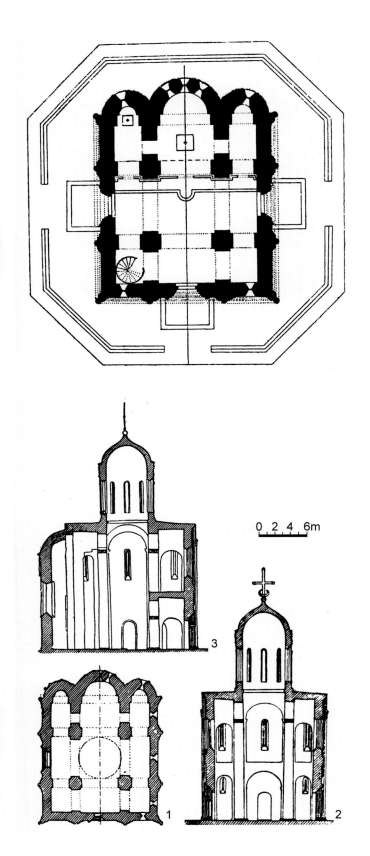

和安德烈·博戈柳布斯基时期的作品相比，弗谢沃洛德早期教堂的雕饰应该说相当简朴，但其宫廷教堂的石雕却很丰富，想必是因为在表现王室的权威上它能起到更大的作用。供奉萨洛尼卡圣徒德米特里的

这座教堂建于1193~1197年，平面上类似博戈柳博沃教堂那种立方体结构，配有分划两层的连拱檐壁，上层墙面满覆石灰石雕刻（平面、立面、剖面及细部：图1-343～1-345；外景：图1-346～1-352；近景及

第一章 中世纪早期·299

细部:图1-353~1-358;内景:图1-359~1-363)。从雕刻母题和技术上看,弗谢沃洛德的雕刻师显然是沿袭了30年前博戈柳博沃的建筑传统,但圣德米特里大教堂立面上复杂图像的来源则不清楚。有证据表明,在博戈柳布斯基建造的教堂里引进了西方中世纪的要素和部件,但究竟是效法巴尔干地区的教堂,还是来自亚美尼亚的石灰石雕饰立面,目前仍是一个有争议的问题。

有关来源的这些理论目前都没有确凿的证据支

 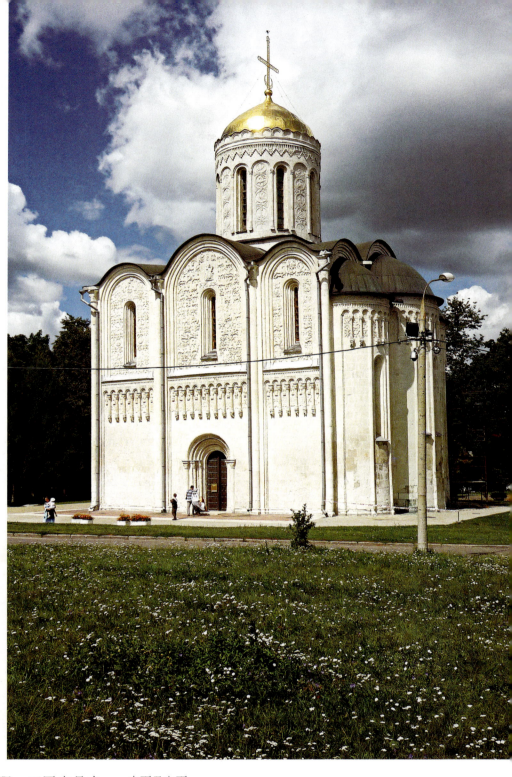

持，由于这些母题的运用只是昙花一现，工匠也是来自四面八方（拜占廷帝国、巴尔干地区、中欧，可能还有高加索），因此，很可能，弗谢沃洛德的工匠是采纳和综合了来自各方面的要素。立陶宛出生的美国艺术史家迈耶·夏皮罗（1904~1996年）曾指出，折中地采用来自各方的要素正是罗曼艺术的突出特色："7~13世纪的西方艺术具有很强的接受能力，在这之前乃至以后，只有少数文化能与之相比；早期基督教、拜占廷、萨珊、科普特、叙利亚、罗马、穆斯

本页及左页：

（左上）图1-346弗拉基米尔 圣德米特里大教堂。西立面

（中）图1-347弗拉基米尔 圣德米特里大教堂。西南侧景观

（左下）图1-348弗拉基米尔 圣德米特里大教堂。南立面

（右）图1-349弗拉基米尔 圣德米特里大教堂。东南侧全景

林、凯尔特和日耳曼异教的形式都成为被模仿的对象，往往是既不考虑其背景也不顾及其意义。"[8]12世纪后期苏兹达利亚地区的教堂展现出同样的包容

第一章 中世纪早期·301

能力，在确定其来源的问题上也面临着同样的困难和挑战。

除来源外，对雕刻来说，还有图像表现上的一些问题；尽管在8个世纪期间，经历了多次改建和更新（其中最大的一次是1832年开始的所谓"复原"），但雕刻的排序在一定程度上仍可追溯。和涅尔利河畔的圣母代祷教堂一样，圣德米特里教堂最初也有通向内部歌坛廊厅的外部廊道。到19世纪，这一附加结构已残破不堪，最终于该世纪30年代被拆除，从而为布置外墙雕刻提供了更多的机遇，立面原有的一些雕刻板块也重新进行了布置。不过，外部尚存的一些最初的雕刻仍然展示了一个由宗教、世俗和装饰母题组成的图案体系，构成了石头的启示录和布道书。因而很可能，一些重建的部件仍然延续了被它们取代的最初雕刻的图像题材。

尽管某些植物及动物雕刻和广泛流传的印欧语系的传说（特别是前述《博物学》）有关，但装饰仍不失为其首要功能（往往是在一个确定的背景下，重复布置高度程式化的部件）。此外，怪兽和面具（特别是位于半圆室拱廊挑腿砌块上的，见图1-354），则

本页及左页：

（左上）图1-350弗拉基米尔 圣德米特里大教堂。东立面

（左下）图1-351弗拉基米尔 圣德米特里大教堂。东北侧全景

（中）图1-352弗拉基米尔 圣德米特里大教堂。西北侧全景

（右上）图1-353弗拉基米尔 圣德米特里大教堂。南立面近景

（右下）图1-354弗拉基米尔 圣德米特里大教堂。东侧近景

第一章 中世纪早期·303

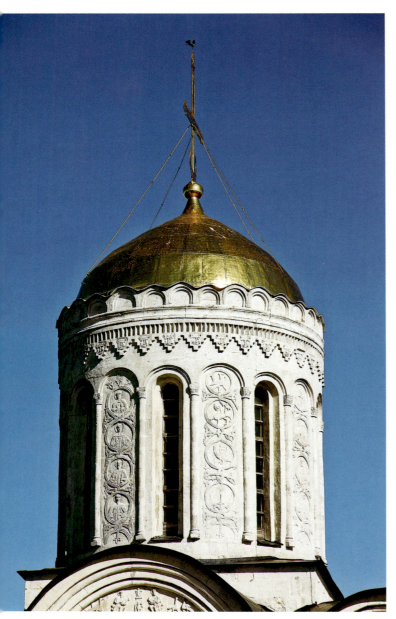

本页及右页：

（左上）图1-355弗拉基米尔 圣德米特里大教堂。鼓座及穹顶近景

（右两幅）图1-356弗拉基米尔 圣德米特里大教堂。门券雕饰细部

（左下）图1-357弗拉基米尔 圣德米特里大教堂。墙面雕饰细部

可。鉴于军事实力在维系君王权位中的重要作用，不仅亚历山大大帝和大卫王成为重点膜拜对象，为信仰而牺牲并被封为圣徒的武士（warrior saints）也在受尊崇之列。尽管这里并不是祭祀圣鲍里斯和格列布的最佳处所，但他们的形象在北立面（右跨间）的连拱檐壁上仍显得很突出。

和圣母代祷教堂一样，大卫王的浮雕造型占据了西立面中央拱形山墙最突出的位置（见图1-347、1-352）。大卫的寓意在讨论涅尔利河畔圣母代祷教堂时已经指出，但在这里，他进一步和位于西立面左跨上的立法者、诗人和圣殿（Temple）的建造者所罗门王的形象相结合。围绕着大卫的是天地间的各类生物，包括鹰鹫、鸽子、孔雀、野鸡、狮豹、兔子，以及狮身鹫首的格里芬（griffins）、半人半马的山杜尔（centaurs）、蛇怪巴西利斯克（basilisk）等神话动物。作为统治阶层中智者和强者的代表，除大卫和所罗门外，还补充了一些神话传说中的英雄和历史人物，如赫拉克勒斯和亚历山大大帝，后者的功业通过在拜占廷和中世纪欧洲广为流传的《亚历山大传奇》（Alexander Romance），早已为人所知。

在这里，对这些强势统治者的颂扬似乎已盖过了对基督的崇拜（在南立面，表现基督洗礼的画面位于左侧拱形山墙处，和右侧跨间亚历山大的神化形成对称格局，见图1-348、1-353），但从象征意义上看，前述所有这些统治者和神话人物，实际上构成了一个尊崇基督的复杂体系[在这个精心设计的体系里，无论是引证古典神话还是《旧约全书》（Old Testament）典故，全都预兆和印证了基督的使命]。北立面最上一排图像构成了最后的联系环节，左侧拱形山墙表现捐赠者家族，包括弗谢沃洛德和他的五个儿子（其中之一坐在他的膝盖上）。就这样，向众人强调和昭示了权位的传承意识（从亚历山大、大卫、所罗门和基督，到弗谢沃洛德和他的儿子）。

在这排雕刻下面，拱形山墙上进一步表现宗教和世俗图像，每种类型里均包括象征武功的徽章和标记，以及和角斗士及猎人在一起、策马奔驰的圣徒-武士（如狄奥多尔·斯特拉季拉特斯和卡帕多基亚的圣乔治）[9]。在一些禁欲圣徒和教士的半身像中，只有少数可确定为12世纪的作品；其他很多是同一风格的仿制品。连拱檐壁的情况也与之类似：在70尊雕刻中可能只有16尊是原作，但总的造像体系仍维持未

和其他地区的中世纪建筑（包括涅尔利河畔的圣母代祷教堂）一样，是奇迹的表征。人物形象很多均可鉴别，可能是有关王公的生平典故，表明其权力得到上帝、东正教会及其圣徒，以及传说中古代帝王的认

本页及右页：

（左两幅）图1-358弗拉基米尔 圣德米特里大教堂。盲券拱廊雕饰细部

（中）图1-359弗拉基米尔 圣德米特里大教堂。室内，半圆室近景

（右）图1-360弗拉基米尔 圣德米特里大教堂。室内，半圆室仰视

变。在西立面（主立面），圣母、神祇和福音传教士皆为坐像，昭显他们在宇宙等级系列中的法定地位。南立面上的雕像表现俄罗斯王公（包括亚历山大·涅夫斯基），这表明，后期的雕刻师已视这座大教堂为中世纪俄罗斯圣人和首领的万圣祠。

尽管新雕像引进了一些变化，但这些翻新并没有影响到结构外观的完整和统一，纹理丰富的石灰石浮雕被安置在明确分划和界定的跨间内。凹进的门廊于券面上满布华丽的雕刻（见图1-356），形成中央跨间构图的重心，和拱形山墙的圆弧形式上下应和。修复后的屋顶线不仅明确了拱形山墙和室内拱顶之间的关系，同时也令镀金穹顶和鼓座更为突出（附墙柱形成高窗的边框，带状饰里包含了想象的动物造型和半身雕像）。十字架铸铁制作，带镀金的铜饰，顶上饰铜鸽。

在室内，尚存部分雕饰细部（如拱墩上蹲伏的狮子，见图1-362）；大部分壁画虽遭破坏，但在歌坛廊厅下中央和南部拱顶上尚存的一组仍然引人注目（可能绘于1195年左右，表现最后的审判）。目前学界占主导地位的看法是，这一作品的主要部分由来自君士坦丁堡的画师完成，南拱顶上的壁画由俄罗斯助手绘制。尽管对绘画的进一步研讨已超出了本书的范围，但需要指出的是，其构图和绘制的质量事实上已构成了这座教堂处处表现出来的那种艺术和文化氛围的组成部分。主攻俄罗斯艺术史的学者和评论家维克托·尼基季奇·拉扎列夫（1897~1976年）特别指出，

弗谢沃洛德的母亲是拜占廷公主，弗谢沃洛德本人年轻时有7年是在拜占廷度过的，他的兄弟米哈伊尔还在弗拉基米尔建了一座有希腊教士任职的学校和一座收藏了大量希腊手抄本的图书馆。尽管图书馆很久前就遭到破坏，但其手稿想必构成了弗谢沃洛德这部石造史书图像母题的来源。

四、13世纪早期苏兹达尔地区的教堂：装饰盛期

在建造了圣德米特里大教堂之后，弗谢沃洛德又投资建造了弗拉基米尔克尼亚吉宁女修道院的圣母安息大教堂[1200年，16世纪初（约1505年）进行了大规模改建，图1-364]；虽说直到1212年去世，他在罗斯的大部分地区仍然保持着有效的统治，但在圣德米特里大教堂完成之后，在建筑上并没有更大的作为。不过，他的儿子们仍然在弗拉基米尔-苏兹达尔公国各自的封地内，继续建造教堂。其中最积极的是弗谢

左页：

（上）图1-361 弗拉基米尔 圣德米特里大教堂。室内，穹顶仰视

（下三幅）图1-362 弗拉基米尔 圣德米特里大教堂。室内，雕饰细部

本页：

（上下两幅）图1-363 弗拉基米尔 圣德米特里大教堂。壁画：《最后的审判》（12世纪后期，前排坐者为使徒，后排站立者系众天使）

沃洛德的长子、自1207年起开始统治罗斯托夫的康士坦丁·弗谢沃洛季奇。1213年，他开始在罗斯托夫改建安德烈时期的圣母安息大教堂；1215和1216年，他又在雅罗斯拉夫尔启动了两个重要项目：圣母安息大教堂（始建于1215年，1219年完成）和救世主修道院的主显圣容大教堂（建于1216~1224年）。雅罗斯

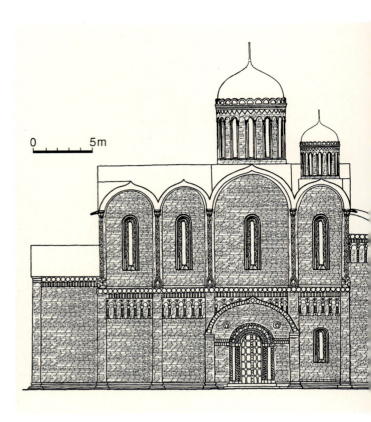

（左上）图1-364弗拉基米尔 克尼亚吉宁圣母安息修道院。圣母安息大教堂（1200年，约1505年改建），东南侧外景

（右上）图1-365苏兹达尔 圣母圣诞大教堂（1222~1225年，上层于1528年用砖进行了改建）。立面复原图（作者Dr.Sergey Zagraevsky）

（下）图1-366苏兹达尔 圣母圣诞大教堂。20世纪初景色（老照片，1912年）

（上）图1-367 苏兹达尔 圣母圣诞大教堂。现状，北侧远景

（下）图1-368 苏兹达尔 圣母圣诞大教堂。西北侧远景

第一章 中世纪早期·311

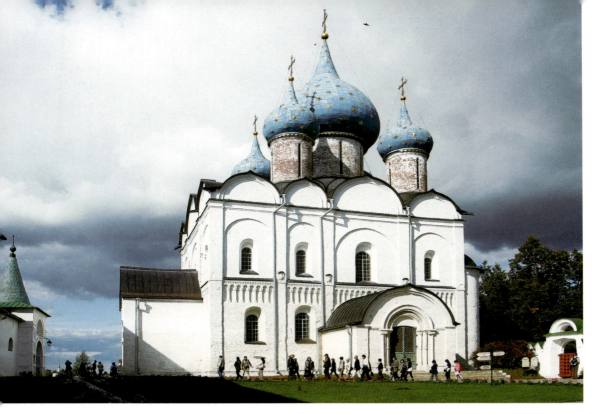

（上）图1-369苏兹达尔 圣母圣诞大教堂。西南侧全景

（下）图1-370苏兹达尔 圣母圣诞大教堂。南立面

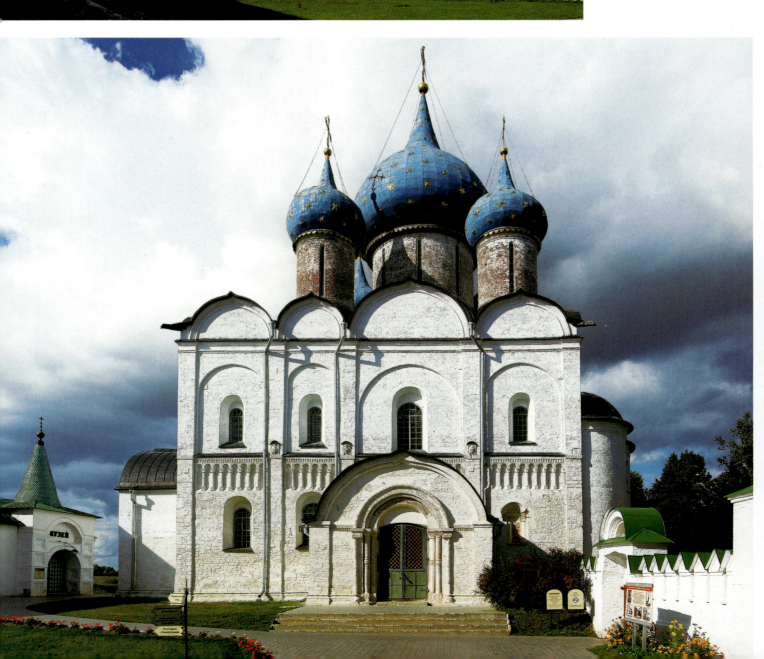

（上）图1-371 苏兹达尔 圣母圣诞大教堂。西侧，穹顶及山墙近景

（下）图1-372 苏兹达尔 圣母圣诞大教堂。东南角近景

拉夫尔的这两个教堂均为砖构，配有石灰石的雕刻细部。

不过，康士坦丁建造的教堂没有一个能留存下来，他的大弟弟尤里的运气比他稍好一些（为争夺东北地区的控制权，兄弟俩曾有一番内斗）。出于政治上的考虑（保持弗拉基米尔作为政治中心的地位，避免被罗斯托夫取代），弗谢沃洛德没有任命康士坦丁，而是立他的第二个儿子尤里为他的继承人担任弗拉基米尔-苏兹达尔地区的大公。随着康士坦丁于1214年在罗斯托夫成立独立的主教辖区，兄弟俩的对抗升级；1216年4月22日，两派为争夺弗拉基米尔-苏兹达尔的王位在利皮察河边交战（史称利皮察之战，

本页及右页：

（左上）图1-373苏兹达尔 圣母圣诞大教堂。东侧近景

（左下）图1-374苏兹达尔 圣母圣诞大教堂。南门廊细部

（中及右上）图1-375苏兹达尔 圣母圣诞大教堂。"金门"及细部（可能1233年）

（右下）图1-376苏兹达尔 圣母圣诞大教堂。"王门"细部

Липицкая битва）。虽然尤里得到其他三个兄弟的支持，但康士坦丁最终借助诺夫哥罗德的支援获胜，夺取了弗拉基米尔。尤里被流放到苏兹达尔。

1219年康士坦丁死后，尤里重回都城弗拉基米尔。但由于长期和苏兹达尔的联系，他首先改建了那里的圣母圣诞大教堂。基址上的早期教堂原系1102年左右由弗拉基米尔·莫诺马赫建造，以后又经历了几次重大的整修（包括1194年的一次，据劳伦斯编年史的记载，参与工程的不仅有"德国人"，还有来自弗拉基米尔的匠师）。到1222~1225年，结构用石料重建（主要用轻质的凝灰石，以石灰石制作细部）。莫诺马赫时期教堂墙体的碎块则用于填心（这些老墙皆由交替布置的砖石砌层建造）。1445年，教堂上部倒塌；1528~1530年重建时，残存的石墙仅到连拱檐壁的高度，上部结构和五个鼓座皆用新砖按莫斯科大型教堂的风格重建，13世纪教堂的形式在很大程度上只

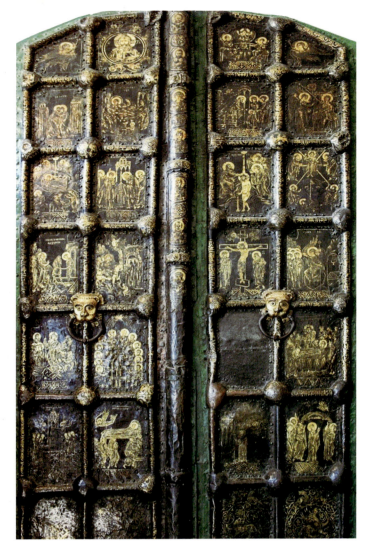

能靠推测。

　　和该地区早期用石灰岩建造的教堂相比，苏兹达尔的这座圣母圣诞大教堂无论在平面还是细部上，都有很大区别。每个立面的主跨间均有一个带门廊的封闭延伸部分，从而使平面呈十字形（立面复原图：图1-365；历史图景：图1-366；外景：图1-367~1-373）。在早期教堂中起支撑立面中部滴水檐口作用的拱廊条带在这里缩到墙面内部，成为纯装饰部件。

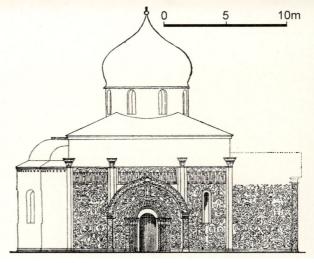

本页：

（左上）图1-377 尤里耶夫-波利斯基 圣乔治大教堂（1229/1230~1234年）。西立面复原图（作者G.Vagner）

（右上）图1-378 尤里耶夫-波利斯基 圣乔治大教堂。北立面现状（取自Академия Строительства и Архитестуры СССР：《Всеобщая История Архитестуры》，I，Москва，1958年）

（右中）图1-379 尤里耶夫-波利斯基 圣乔治大教堂。外景（老照片，1899年）

（下）图1-380 尤里耶夫-波利斯基 圣乔治大教堂。北立面全景

右页：

（上）图1-381 尤里耶夫-波利斯基 圣乔治大教堂。东北侧景色

（下）图1-382 尤里耶夫-波利斯基 圣乔治大教堂。东立面

表面雕像仅限布置在壁柱条带上的女性面具（为教堂供奉对象的表征）；在角上和门廊边附墙柱的某些柱头上，尚可见到类似纹章图案的狮子形象（图1-374）。看来在建筑外部，人们主要关注的是石雕部件的装饰效果，而不是其肖像的内涵，在拱廊条带和门廊附墙柱等处制作精心的柱身带状图案和柱头叶饰细部上，这点表现得尤为明显。大教堂人物造型从结构表面转向西门廊的"金门"（可能1233年）和稍后南门廊一对门处（约1248年）。两组门板上表现的图景均由铜板制作上覆金箔；画面综合表现圣经典故、拜占廷神学家和罗斯地区尊崇的圣人，以及野兽的纹章图案，只是由于以门板为底面，整体构成了微缩场景（图1-375、1-376）。

这种装饰化的倾向在斯维亚托斯拉夫·弗谢沃洛多维奇以石灰石建造的尤里耶夫-波利斯基的教堂中表现得尤为突出。由尤里·多尔戈鲁基创建于12世纪中叶的尤里耶夫-波利斯基城一度隶属弗拉基米尔公国；在1212年弗谢沃洛德的儿子们重新分配土地时，它成为斯维亚托斯拉夫治下的一个小公国的所在地。1229/1230年，他重建了多尔戈鲁基时期的圣乔治教堂（1152年），新教堂（大教堂）于1234年完成。15世纪60年代教堂上部倒塌（在15世纪的俄罗斯教堂中，这类事故经常发生），莫斯科大公伊凡三世（大帝）遂委托建筑师瓦西里·叶尔莫林（？~1480年代）重建。

1471年，叶尔莫林完成了这项工作，结构本身

左页：

（左下）图1-383 尤里耶夫-波利斯基 圣乔治大教堂。东南侧全景

（上）图1-384 尤里耶夫-波利斯基 圣乔治大教堂。南侧景观

（右下）图1-385 尤里耶夫-波利斯基 圣乔治大教堂。西南侧全景

本页：

图1-386 尤里耶夫-波利斯基 圣乔治大教堂。北门廊近景

无可非议，只是很少顾及建筑最初的外观。看来他也没有多少选择的余地，因为原先的设计是把一个硕大的鼓座和穹顶高高地抬升到主要墙体之上（图1-377），构思固然大胆，但也正是因此导致结构失稳（在这里，苏兹达利亚匠师们的做法与切尔尼希夫、斯摩棱斯克和诺夫哥罗德的相似，即将垂直推力传至上部结构）。同时，在缺乏深入研究和严格考证

左页：

（左上）图1-387 尤里耶夫-波利斯基 圣乔治大教堂。北门廊近景及细部

（左中）图1-388 尤里耶夫-波利斯基 圣乔治大教堂。南门廊近景

（右）图1-389 尤里耶夫-波利斯基 圣乔治大教堂。南门廊雕饰

（左下）图1-390 尤里耶夫-波利斯基 圣乔治大教堂。西门廊雕饰

本页
（上下两幅）图1-391 尤里耶夫-波利斯基 圣乔治大教堂。南墙雕饰

(上)图1-392尤里耶夫-波利斯基 圣乔治大教堂。北墙雕饰

(下)图1-393尤里耶夫-波利斯基 圣乔治大教堂。门廊雕饰细部

的情况下,覆盖立面的图案雕饰也很难再现原来的辉煌。所幸的是,不管以什么方式,许多雕刻板块毕竟用到了新墙上(还有一些用到拱顶处或其他隐蔽的结构部位),只是除保留相对较好的北墙外,大部分现存墙面的雕刻,看上去都比较杂乱(立面:图1-378;历史图景:图1-379;外景:图1-380~1-385;近景及细部:图1-386~1-394;内景及细部:图1-395、1-396)。

尽管与苏兹达尔的圣诞大教堂相比,圣乔治大教堂的规模要小很多,但同样在北、西和南立面上设置了三个带门廊的延伸部分。和苏兹达尔一样,西面的延伸部分最大,高两层,上层取代了通常位于结构主体内的歌坛廊厅(在苏兹达尔,西面延伸部分内安置通向大歌坛廊厅的楼梯)。由于没有歌坛廊厅并通过两层无遮挡的窗户采光,这座向四面突出的教堂室内显得极为宽敞和明亮。室内墙面按通常方式布置壁画,但最引人注目的图像雕饰仍在室外。这座教堂的建造很可能是为了纪念1220年斯维亚托斯拉夫的军队战胜伏尔加河保加利亚人。浮雕上出现的圣经场景、圣徒和神父,显然都意味着上帝对这位大公及其子民的保护。雕刻板块均带有不同的主题,至少有三个大

（左右两幅）图1-394尤里耶夫-波利斯基 圣乔治大教堂。墙面雕饰细部

型石雕造像（包括主显圣容像）是由若干板块组成。在板块已经就位后，表面再刻浅浮雕的植物图案。密集的装饰覆盖着包括附墙柱在内的整个下部结构，在圣德米特里大教堂得到明确界定的建筑细部，就这样被纳入浑然一体的雕刻板块中去。在13世纪的罗斯地区，弗拉基米尔大公国的相对富裕都在尤里耶夫-波利斯基这座圣乔治大教堂丰富华丽的造型和装饰上得到了直观的反映。

尽管尤里·弗谢沃洛多维奇在利皮察战役中受挫，统一的愿望付诸流水，公国仍然继续进行扩张并在东方开拓殖民地。在他的哥哥斯维亚托斯拉夫于1220年战胜伏尔加河保加利亚人之后，尤里在奥卡河和伏尔加河汇交处创建了下诺夫哥罗德城，并在这座新城里用石灰石建造了两座教堂：主显圣容大教堂（1225年）和大天使米迦勒大教堂（1227年，图1-397）。罗斯虽然处于分裂状态，但只要没有大的变故，在几个主要公国里，仍然不乏生机和活力。只是这样的形势没有持续多久，很快就有了新的变化。

五、蒙古征服时期

诺夫哥罗德编年史在记载首次在俄罗斯出现的鞑靼人时写道："同年（1224年），由于我们的罪过，来了一个未知的部族，没有人准确知道他们是谁，他们来自哪里，他们的信仰是什么？只是把他们统称为鞑靼人"。

其他的编年史则提供了更为准确的信息：所谓"鞑靼人"实际上是成吉思汗蒙古部族的一部分；但所有的记述都包含了取自《圣经·旧约》耶利米哀歌的解释：一次前所未有的灾难降临俄罗斯，作为对其罪孽的惩罚（基辅编年史在记述城市为安德烈·博戈柳布斯基洗劫时，也用了同样的解释）。在1223年的卡尔卡河战役[10]（图1-398）之后，取得决定性胜利的蒙古人返回东部草原，并于1227年成吉思汗死后在那里进行了整编，接着向东北方向进袭。成吉思汗之孙拔都（约1207~1255年）统率的15万蒙古大军击败了组织涣散的各俄罗斯公国：先于1237年攻占了南面

本页：

（上）图1-395尤里耶夫-波利斯基 圣乔治大教堂。室内，穹顶仰视

（中及下）图1-396尤里耶夫-波利斯基 圣乔治大教堂。塌落的石雕板块及壁画遗存

右页：

（上）图1-397下诺夫哥罗德 大天使米迦勒大教堂（1227年）。现状外景（前景为米宁和波扎尔斯基方尖碑）

（下）图1-398卡尔卡河战役（绘画，作者不明）

的梁赞公国，接着于1237~1238年冬天占领弗拉基米尔，随后到基辅（1240年）和加利西亚，直至波兰和匈牙利（1241年）。蒙古铁骑所到之处或用诡计或以占压倒性优势的兵力攻城掠地、破坏城市和屠杀居民，这些战役为金帐汗国的建立奠定了基础，同时，也给许多国家和民族留下了难以抹去的伤痛记忆。

蒙古帝国第二任可汗孛儿只斤·窝阔台（1186~1241年，元太祖成吉思汗的第三子，史称窝阔台大汗，庙号太宗）死后，拔都自欧洲撤回到伏尔加河下游地带，在蒙古帝国的西北部，建立了金帐汗国（Golden Horde，蒙语：Алтан Орд，俄语：Золотая Орда，鞑靼语：Алтын Урда，又称钦察汗国），其版图东起额尔齐斯河，西至多瑙河，南起高加索，北到罗斯；即包括西西伯利亚、花剌子模、伏尔加河保加利亚、北高加索、克里木、杰什特等地区，罗斯各公国此时均臣属于金帐汗国。拔都和他的继承人坐镇伏尔加河下游的首都老萨莱城，将大公的称号授予他们中意的俄罗斯首领并收取贡赋，并不时出动骑兵维持统治。蒙古人还要求俄罗斯大公参与征讨反叛的俄罗斯城市，精于算计野心勃勃的莫斯科大公则利用这一角色来扩充自己的势力。

拔都于1243年对罗斯国土实施了很多管理制度，被罗斯人称为"鞑靼规束"[11]。它导致了文化的全面衰退，出于技术和经济的缘由，在建筑上这一趋势表现得尤为突出。蒙古人尽管骁勇善战，但对发展俄罗斯文化绝少贡献。无论是宗教还是社会习俗，他们都与当地人格格不入。直到15世纪，随着同化程度的提高，蒙古人才逐渐接受了俄罗斯东正教的信仰和其他文化传统。

在蒙古人入侵后的这段时期，尽管经常有骑兵的骚扰，但苏兹达利亚地区被破坏的城市又开始得到了少数首领和机构的关注。1252年，蒙古人将弗拉基米尔大公的称号授予弗谢沃洛德三世的孙子、诺夫哥罗德领主亚历山大·涅夫斯基，他的和解政策使这一地区保持了脆弱的稳定。然而，此时的弗拉基米尔已丧失了在俄罗斯事务中的主导地位，1328年，莫斯科大公伊凡一世（1288~1340/1341年）说服俄罗斯教会大主教将驻地从弗拉基米尔迁往莫斯科；到他统治末期，弗拉基米尔最后亦被并入莫斯科公国。在蒙古人统治的这两个世纪，教会在和中世纪早期罗斯文化的联系上扮演了最重要的角色，在14和15世纪期间，它继续在复活自诺夫哥罗德到莫斯科的俄罗斯文化上起到了主要的作用。

苏兹达利亚地区的石灰石建筑实际上已为这时期莫斯科的砖石结构提供了范本。但后世的匠师们并没有很好地掌握早期石灰石教堂的真谛，莫斯科建筑的发展方向和石雕技术也没有多少关联。在蒙古人占领之前，弗拉基米尔-苏兹达尔公国的作品似为俄罗斯建筑发展道路上的一个异数，从整个历史上看，俄罗斯建筑强调的是砖（在某种程度上还有木结构）的造型效果，只是偶尔才采用更精密的石构技术。

第四节 诺夫哥罗德和普斯科夫建筑的复兴

一、14世纪诺夫哥罗德的教堂建筑

随着14世纪上半叶和蒙古人的政治、军事关系渐趋缓和,人们开始尝试有限地振兴俄罗斯的砖石结构技术。此时的俄罗斯北面包括诺夫哥罗德及其领地,中部包括早先弗拉基米尔管辖的地盘(后者到14世纪统治中心转移至莫斯科,地域也有所扩展)。诺夫哥罗德由于地理位置上的优势(前有森林屏障,防务上相对安全,通过波罗的海和西方有便捷的商贸联系)在这次复兴中率先得益。新的繁荣首先在教堂的数量上得到反映,这些新教堂或由城市商人、或由特定教区的市民投资建造。

由于这些教堂主要是供教区民众和捐赠者使用,设计上往往非常紧凑,即便在特殊情况下规模较大时,也是如此(建筑主要在高度方向上扩展)。室内布置四个柱墩支撑中央穹顶,西部角上跨间有时封闭充当捐赠者的礼拜堂。主要墙体结构仍用砖和毛石,墙面大都抹灰和刷白(早在12世纪,这种做法已很普

本页及左页：

（左中）图1-399利普诺岛（诺夫哥罗德附近）圣尼古拉教堂（1292年）。平面、立面及剖面（平面及剖面取自Академия Стройтельства и Архитестуры СССР：《Всеобщая История Архитестуры》，I，Москва，1958年；西立面复原图作者P.Maksimov）

（左上）图1-400利普诺岛 圣尼古拉教堂。外景复原图（右，左为供比较的13世纪初佩伦地区圣母圣诞堂外观复原图，两图均取自Академия Стройтельства и Архитестуры СССР：《Всеобщая История Архитестуры》，I，Москва，1958年）

（左下）图1-401利普诺岛 圣尼古拉教堂。远景
（中）图1-402利普诺岛 圣尼古拉教堂。东南侧现状
（右两幅）图1-403利普诺岛 圣尼古拉教堂。东北及西北侧雪景

第一章 中世纪早期·327

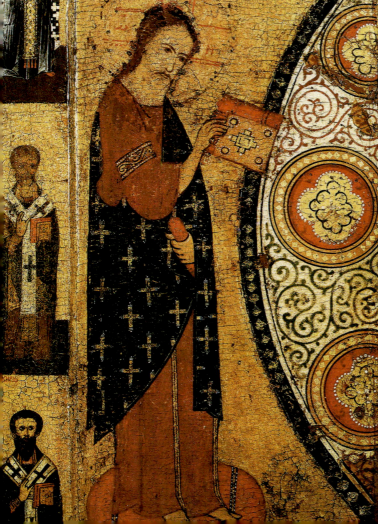

本页及左页：

（左上及中上）图1-404利普诺岛 圣尼古拉教堂。内景：窗口及壁画

（左下）图1-405利普诺岛 圣尼古拉教堂。圣像画（耶稣）

（中下）图1-406诺夫哥罗德科瓦列沃救世主显容教堂（1345年，二战后重建）。西立面全景

（右上）图1-407诺夫哥罗德科瓦列沃救世主显容教堂。西南侧全景（南侧向外伸出的3跨间为施主翁齐福尔·扎宾的家族墓室）

（右下）图1-408诺夫哥罗德科瓦列沃救世主显容教堂。东南侧全景

（上）图1-409诺夫哥罗德 科瓦列沃救世主显容教堂。东立面（红线标示二战后残存墙体及重建部分的分界）

（下）图1-410诺夫哥罗德 科瓦列沃救世主显容教堂。东北侧全景

遍），屋顶和结构支撑上还大量采用了木材。不过，与早期教堂相比，在14世纪建筑的立面上，人们更多采用砖构装饰造型。这种豪华的装饰往往是新兴富裕阶层作品的特色。在14世纪和15世纪初的诺夫哥罗德，主要靠捐赠建造的教堂立面上，装饰和财富的这种关系表现得非常清楚（相反，在普斯科夫，则发展出一种精巧的多维屋顶结构，位于白灰墙面之上）。然而，不管装饰如何丰富，由于墙体采用欠火砖和粗糙的石块砌筑，诺夫哥罗德建筑总是保持了一种别具一格、形式自由的造型风格。

位于诺夫哥罗德东南利普诺岛的圣尼古拉教堂

（左下）图1-411 诺夫哥罗德 科瓦列沃救世主显容教堂。壁画：救世主显容

（上）图1-412 诺夫哥罗德 布鲁克圣狄奥多尔·斯特拉季拉特斯教堂（1360~1361年）。平面及纵剖面（据L.Shuliak）

（右下）图1-413 诺夫哥罗德 布鲁克圣狄奥多尔·斯特拉季拉特斯教堂。东立面（取自 Академия Строительства и Архитестуры СССР：《Всеобщая История Архитестуры》，I，Москва，1958年）

(上)图1-414诺夫哥罗德布鲁克圣狄奥多尔·斯特拉季拉特斯教堂。建筑群,西南侧全景

(下)图1-415诺夫哥罗德布鲁克圣狄奥多尔·斯特拉季拉特斯教堂。东南侧远观

（上）图1-416诺夫哥罗德 布鲁克圣狄奥多尔·斯特拉季拉特斯教堂。西南侧景色

（右下）图1-417诺夫哥罗德 布鲁克圣狄奥多尔·斯特拉季拉特斯教堂。东南侧全景

（左下）图1-418诺夫哥罗德 布鲁克圣狄奥多尔·斯特拉季拉特斯教堂。东立面

第一章 中世纪早期 · 333

本页及右页：

（左上）图1-419诺夫哥罗德 布鲁克圣狄奥多尔·斯特拉季拉特斯教堂。西北侧全景

（中）图1-420诺夫哥罗德 布鲁克圣狄奥多尔·斯特拉季拉特斯教堂。西北侧近景

（左下）图1-421诺夫哥罗德 布鲁克圣狄奥多尔·斯特拉季拉特斯教堂。东南侧近景

（右）图1-422诺夫哥罗德 布鲁克圣狄奥多尔·斯特拉季拉特斯教堂。墙面近景

(建于1292年)可视为诺夫哥罗德建筑复兴的先兆,这是蒙古人入侵后这一地区建造的首批砖石教堂之一。尽管规模不大(平面10米见方),但配置了四个柱墩、一个穹顶和一个半圆室的立方体结构已构成更为宽敞的14世纪教堂的原型(平面、立面、剖面及复原图:图1-399、1-400;外景:图1-401~1-403;内景:图1-404、1-405)。与此同时,圣尼古拉教堂还有一些自身的特色(特别是三叶形的屋顶线和紧凑而富有表现力的结构形体),它们很可能是来自佩伦的圣母圣诞堂(建于13世纪初,见本章第二节)。利普诺教堂的墙体主要由粗糙的石头砌造(板状石块、贝壳石和某些砂岩)并配有砖的细部,所用砖要比早期教堂那种用于交替砖石砌层的更大、更坚固。尽管结构在二战中遭到很大破坏,但留存下来的部分仍能按其最初的形式(三叶形)进行复原。

14世纪上半叶诺夫哥罗德的砖石教堂中很多仅有一些残段留存下来,不过,从考古证据中可知,其基本形态不外带三叶形立面和水平排列拱形山墙两类。

左页：

（左上）图1-423诺夫哥罗德布鲁克圣狄奥多尔·斯特拉季拉特斯教堂。塔楼近景

（右上）图1-424诺夫哥罗德布鲁克圣狄奥多尔·斯特拉季拉特斯教堂。室内，半圆室景色

（下）图1-425诺夫哥罗德布鲁克圣狄奥多尔·斯特拉季拉特斯教堂。穹顶仰视

本页：

图1-426诺夫哥罗德 布鲁克圣狄奥多尔·斯特拉季拉特斯教堂。柱墩及拱券仰视

现存最早且和最初形式大体相近的14世纪教堂是位于诺夫哥罗德郊区科瓦列沃的救世主显容教堂（始建于1345年，在二战中遭到严重破坏，后重建；外景：图1-406~1-410；内景：图1-411）。其中央结构类似涅列迪察河畔教堂（见本章第二节），但北、西和南面封闭的延伸部分形成了一个类似圣帕拉斯克娃-皮亚特尼察教堂的平面（后者在1340年的大火中遭到严重破坏，现状实际上是1345年改建的结果）。

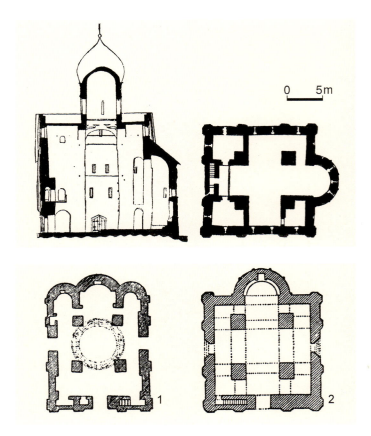

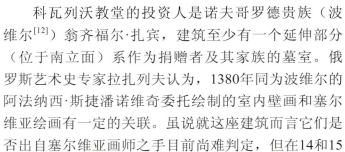

科瓦列沃教堂的投资人是诺夫哥罗德贵族（波维尔[12]）翁齐福尔·扎宾，建筑至少有一个延伸部分（位于南立面）系作为捐赠者及其家族的墓室。俄罗斯艺术史专家拉扎列夫认为，1380年同为波维尔的阿法纳西·斯捷潘诺维奇委托绘制的室内壁画和塞尔维亚绘画有一定的关联。虽说就这座建筑而言它们是否出自塞尔维亚画师之手目前尚难判定，但在14和15

本页及右页：
（中上）图1-427诺夫哥罗德 布鲁克圣狄奥多尔·斯特拉季拉特斯教堂。壁画残迹
（左上）图1-428诺夫哥罗德 以利亚大街主显圣容教堂（1374年）。平面及剖面（取自Академия Строительства и Архитестуры СССР:《Всеобщая История Архитестуры》，I，Москва，1958年）
（左中）图1-429诺夫哥罗德 教堂平面比较图：1、救世主教堂（1198年，三个半圆室），2、主显圣容教堂（1374年，仅留一个半圆室）
（中下）图1-430诺夫哥罗德 以利亚大街主显圣容教堂。西南侧远景
（右上）图1-431诺夫哥罗德 以利亚大街主显圣容教堂。西侧全景
（右下）图1-432诺夫哥罗德 以利亚大街主显圣容教堂。西南侧景色

左页：

（左上）图1-433诺夫哥罗德 以利亚大街主显圣容教堂。南侧全景

（下）图1-434诺夫哥罗德 以利亚大街主显圣容教堂。东南侧景色

（右上）图1-435诺夫哥罗德 以利亚大街主显圣容教堂。东立面

本页：

（上）图1-436诺夫哥罗德 以利亚大街主显圣容教堂。东北侧景色

（下）图1-437诺夫哥罗德 以利亚大街主显圣容教堂。北墙近景

第一章 中世纪早期·341

世纪,主要俄罗斯公国有来自南部斯拉夫地区的工匠和教士则是不争的事实(颇似当时的土耳其人,后者的控制范围一度延伸到巴尔干地区)。诺夫哥罗德很可能和莫斯科一样,在建筑上得到这些外来匠师的协助。在附近沃洛特沃旷场上的圣母安息大教堂,估计也有类似的壁画(教堂建于1352年,沿袭佩伦和利普诺教堂那种三叶形的设计,但建筑现已无存,壁画大概绘于1380年)

诺夫哥罗德14世纪建筑中最值得注意的是布鲁克的圣狄奥多尔·斯特拉季拉特斯教堂(1360~1361年)和以利亚大街上的主显圣容教堂(1374年)。与佩伦、利普诺及沃洛特沃那些形体紧凑但缺少外部分划的早期三叶式教堂不同,圣狄奥多尔教堂和主显圣容教堂通过壁柱条带突出结构的尺寸,在立面分划上显然更为合理。两个教堂均沿拱顶轴线采用了交叉山墙

(上)图1-438诺夫哥罗德 以利亚大街主显圣容教堂。西立面,主入口处壁画近景

(下)图1-439诺夫哥罗德 以利亚大街主显圣容教堂。室内,穹顶仰视效果

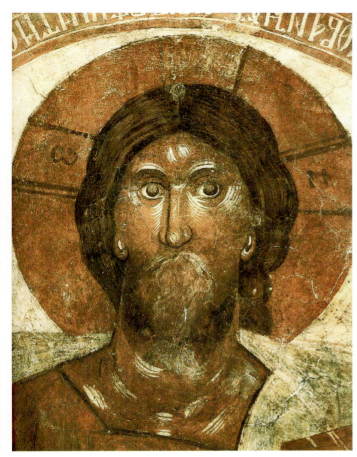

（左上）图1-440诺夫哥罗德以利亚大街主显圣容教堂。穹顶救世主基督画像

（右上）图1-441诺夫哥罗德以利亚大街主显圣容教堂。壁画：柱头三修士

（下）图1-442诺夫哥罗德 斯拉夫诺圣彼得和圣保罗教堂（1367年）。西南侧现状

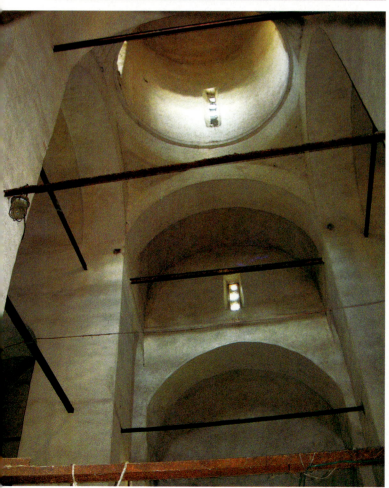

屋顶，但圣狄奥多尔教堂修复后的屋顶更接近最初的设计（其外廓由三叶形的立面确定；平面、立面及剖面：图1-412、1-413；外景：图1-414~1-419；近景：图1-420~1-423；内景：图1-424~1-427）。16世纪期间，大多数教堂屋顶都改为更便于铺设金属板的八面坡形式；同时，人们还相信，单一的平面要比波浪形的设计更容易清除冰雪，尽管实际上并非如此。事实上，在这时期，教堂最初的屋面材料应是木板。没有发现屋面瓦的痕迹，铅板只是从11和12世纪开始用于修复大型教堂的屋顶。

本页及左页：
（左上）图1-443诺夫哥罗德 斯拉夫诺圣彼得和圣保罗教堂。东立面
（中上）图1-444诺夫哥罗德 斯拉夫诺圣彼得和圣保罗教堂。西侧入口近景
（左下）图1-445诺夫哥罗德 斯拉夫诺圣彼得和圣保罗教堂。内景
（中下）图1-446诺夫哥罗德 大墓地。圣诞堂（1381~1382年），西南侧现状
（右上）图1-447诺夫哥罗德 大墓地。圣诞堂，西北侧景色
（右下）图1-448诺夫哥罗德 大墓地。圣诞堂，南侧景色

第一章 中世纪早期·345

(左上)图1-449诺夫哥罗德 大墓地。圣诞堂,东侧近景

(右上)图1-450诺夫哥罗德 大墓地。圣诞堂,北侧近景

(右下)图1-451诺夫哥罗德 米哈利察圣母圣诞堂。西南侧外景

(左中)图1-452诺夫哥罗德 米哈利察圣母圣诞堂。东南侧全景

(左下)图1-453诺夫哥罗德 米哈利察圣母圣诞堂。西北侧全景

（上）图1-454诺夫哥罗德 米哈利察圣母圣诞堂。穹顶近景（基部为釉砖板块组成的饰带）

（左下）图1-455诺夫哥罗德 拉多科维奇圣约翰神明教堂（1383~1384年）。南侧远景

（右下）图1-456诺夫哥罗德 拉多科维奇圣约翰神明教堂。东南侧远景

圣狄奥多尔教堂由诺夫哥罗德市长（posadnik）谢苗·安德烈维奇投资建造，由于资金充足，成为14世纪大型教堂之一。为了扩大空间容纳更多的信徒，在采用立方体平面的同时，将三叶形立面向西延伸（见图1-412）。这一延伸部分在南北立面的分划上亦有所反映：中央跨间顶上为三叶形，东跨间以半三叶形作为结束，西跨间则采用半五叶形的廓线。南北立面均有带拱券线脚的退阶门廊，上部两排尖拱窗横跨立面，中央跨间上部于单一的窗龛底面安放一个精心制作的十字架。西立面原有一个扩展部分（可

第一章 中世纪早期·347

本页及右页：
（左上）图1-457诺夫哥罗德 拉多科维奇圣约翰神明教堂。东南侧全景

（中上）图1-458诺夫哥罗德 拉多科维奇圣约翰神明教堂。东侧全景

（右上）图1-459诺夫哥罗德 拉多科维奇圣约翰神明教堂。东北侧全景

（右下）图1-460诺夫哥罗德 拉多科维奇圣约翰神明教堂。西北侧景观

（左下）图1-461诺夫哥罗德 拉多科维奇圣约翰神明教堂。东南侧近景

（中下）图1-462诺夫哥罗德 拉多科维奇圣约翰神明教堂。南立面近景

（右中）图1-463诺夫哥罗德 科热夫尼基圣彼得和圣保罗教堂（1406年）。东南侧远景

能是用作礼拜堂），但在17世纪被替换，最初的大小则不清楚。

圣狄奥多尔教堂的曲线形式在半圆室处再次得到采用，后者通过一系列附墙柱分划，附墙柱本身又通过位于每排窗户上的两列拱券相连。下面一列券底饰锯齿形花边（在檐口和鼓座上又重复了这种形式），且拱券横跨柱间的整个距离；上面一组每跨间设双窗，窗间另加次级短柱，形成拱廊内的拱廊。半圆室

本页及左页：

（左上）图1-464诺夫哥罗德 科热夫尼基圣彼得和圣保罗教堂。西北侧全景

（中上）图1-465诺夫哥罗德 科热夫尼基圣彼得和圣保罗教堂。东南侧全景

（左下）图1-466诺夫哥罗德 科热夫尼基圣彼得和圣保罗教堂。西立面

（右）图1-467诺夫哥罗德 科热夫尼基圣彼得和圣保罗教堂。南立面

（中下）图1-468诺夫哥罗德 科热夫尼基圣彼得和圣保罗教堂。西立面细部

（左上）图1-469诺夫哥罗德 科热夫尼基圣彼得和圣保罗教堂。南立面细部

（下）图1-470诺夫哥罗德 科热夫尼基圣彼得和圣保罗教堂。东北侧近景

（右上）图1-471诺夫哥罗德 沃洛索夫大街圣弗拉西教堂（1407年）。西南侧全景

上的这种盲券拱廊的形式很可能是来自西方——特别是德国——的样本，尽管类似的构图曾见于12世纪弗拉基米尔的教堂。上部鼓座墙面再次重复了曲线和拱券的这种节律，狭长的窗户上冠弧形拱券，穹顶下设波浪形檐口。

在室内，一道高墙不仅把歌坛廊厅的西北及西南

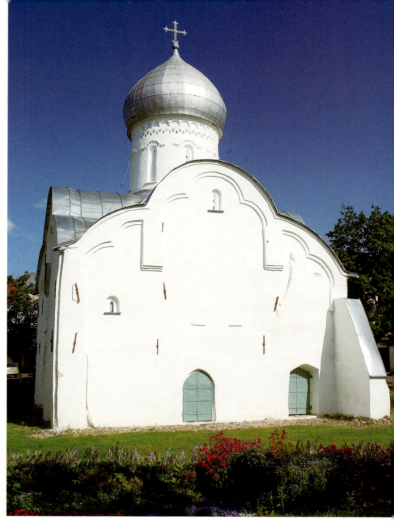

（右上）图1-472诺夫哥罗德 沃洛索夫大街圣弗拉西教堂。西侧景色

（左上）图1-473诺夫哥罗德 沃洛索夫大街圣弗拉西教堂。西北侧全景

（下）图1-474诺夫哥罗德 沃洛索夫大街圣弗拉西教堂。东北侧全景

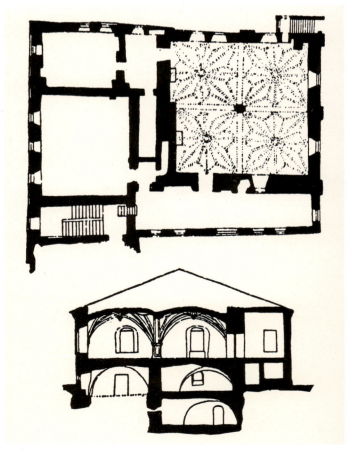

左页：

（右上）图1-475诺夫哥罗德 沃洛索夫大街圣弗拉西教堂。北门廊近景

（左上）图1-476诺夫哥罗德 米亚奇诺湖畔圣约翰体恤教堂（1421~1422年，17世纪改造）。西南侧现状

（左中）图1-477诺夫哥罗德 米亚奇诺湖畔圣约翰体恤教堂。东南侧全景

（左下）图1-478诺夫哥罗德 沟壑边的十二圣徒教堂（1454~1455年）。西侧景色

（右下）图1-480诺夫哥罗德 城堡。多棱宫（主教觐见厅，1433年）。平面及剖面（取自William Craft Brumfield：《A History of Russian Architecture》，Cambridge University Press，1997年）

本页：

（上）图1-479诺夫哥罗德 沟壑边的十二圣徒教堂。东南侧全景

（下）图1-481诺夫哥罗德 城堡。多棱宫（主教觐见厅）。南侧地段全景

第一章 中世纪早期·355

跨间和主要空间分开（在14世纪中叶，人们正是通过这种方法创建附加礼拜堂的），同时也把它们和中央跨间分开（后者现被改造成礼拜堂）。在19世纪70年代，壁画被用白灰粉刷覆盖（在这时期，许多尚存的中世纪艺术均遭到破坏），1910年首次进行了修复。人们一度认为这些画是由14世纪后期在俄罗斯工作的希腊优秀艺术家狄奥凡[13]绘制（他于14世纪70年代后期来到诺夫哥罗德），但稍后对壁画进行的修复工作

左页：

（上）图1-482诺夫哥罗德 城堡。多棱宫（主教觐见厅）。南侧近景

（左下）图1-483诺夫哥罗德 城堡。多棱宫（主教觐见厅）。北侧现状

（右下）图1-484诺夫哥罗德 城堡。多棱宫（主教觐见厅）。廊道内景

本页：

（上下两幅）图1-485诺夫哥罗德 城堡。多棱宫（主教觐见厅）。大厅内景

表明，在细部上它们和狄奥凡的作品有很大差别。虽说尚无文献记载，但看来这些画很可能是出自14世纪70年代后期对这位希腊大师的风格很熟悉的一位诺夫哥罗德画师之手。

无论从结构还是壁画上看，这时期诺夫哥罗德复兴最重要的建筑当属以利亚大街上的主显圣容教堂（1374年由城市商业区[14]斯拉夫诺地段上一条主要街道的居民集资建造；平面、剖面及比较图：图1-428、1-429；外景：图1-430~1-436；近景及细部：图1-437、1-438；内景：图1-439~1-441）。这个新结

第一章 中世纪早期·357

构取代了早期的木构教堂（其内藏诺夫哥罗德的护符、具有神奇魔力的所谓"先兆圣母像"[15]）。在14和15世纪，这座教堂的地位仅次于圣索菲亚，其价值主要来自室外的装饰图案。所用母题基本同圣狄奥多尔教堂，但在使用上更趋华丽复杂，更加强调建筑的垂向构图。

在北立面和南立面窗户的分布上这点表现得尤为明显，圣狄奥多尔教堂那种简单的排列已被中央跨间更大更复杂的组合取代（见图1-433、1-437）。在主

（左上）图1-486诺夫哥罗德 城堡。多棱宫（主教觐见厅）。室内壁画遗存

（右上及下）图1-487诺夫哥罗德城堡。叶夫菲米钟塔（1443年，1673年重建）。西侧远景

（左）图1-488 诺夫哥罗德 城堡。叶夫菲米钟塔。南侧全景

（右）图1-489 诺夫哥罗德 城堡。叶夫菲米钟塔。顶部近观

要跨间，深深凹进的门廊上配砖构券面装饰，门廊上方三个狭长的窗户构成一组，其间以盲龛分开。中央较大的窗户成为构图中心，整个组群上冠五叶形拱券，和立面整体的分划相互应和。在该组之上为另一个精心设计的混合组群（由圆形和矩形的窗户及壁龛组成），上冠三叶形拱券；由此导向最后一组精彩的细部：一个造型独特的浮雕十字架，单一的窗户和一组砖砌装饰条带，整个构图由顶上一道大型三叶拱券作为结束。鼓座窗户以上依次为弧形拱券，扇形凹进条带，镂空砖构条带和波浪形檐口。初建时，砖和粗面石砌筑的墙体可能都没有用灰泥罩面，因而看上去应是质感丰富的红褐色表面，如修复后的诺夫哥罗德科热夫尼基地区圣彼得和圣保罗教堂的样式（见图1-464等）。

主显圣容教堂的平面和稍小的圣狄奥多尔教堂大体相同,同样采用四柱墩的平面形制,西侧向外偏移并反映在外部墙面分划上(见图1-428)。在室内,西北和西南跨间封闭后形成小礼拜堂,分别供奉三位一体、圣科斯马及达米安。北礼拜堂可通过位于西墙墙体内的楼梯上去(为中世纪俄罗斯砖构教堂的普遍做法)。西面中央跨间上架设木构通道,通向南礼拜堂的入口。

与具有类似平面的其他诺夫哥罗德教堂一样,在

(上两幅)图1-490诺夫哥罗德 米亚奇诺湖畔圣徒托马斯信服教堂(耶稣复活教堂,1195~1196年,1464年改建)。左为西北侧远景,右为东侧景色

(下)图1-491诺夫哥罗德 圣德米特里教堂(1381~1383年,1463年重建)。东南侧全景

(上)图1-492诺夫哥罗德 圣德米特里教堂。南侧现状

(左下)图1-493诺夫哥罗德 圣德米特里教堂。东北侧景色

(右下)图1-494诺夫哥罗德 圣德米特里教堂。西北侧近景

以利亚大街的主显圣容教堂,没有专供精英人物使用的歌坛廊厅,表明诺夫哥罗德的社会体制已开始在某种程度上向"民主化"转型。同时也没有设简单的集会场所。1378年,波维尔瓦西里·丹尼洛维奇委托狄奥凡为教堂绘制壁画(这位君士坦丁堡的资深艺术家刚刚来到诺夫哥罗德,这时期,许多艺术家和知识分子都纷纷逃离被围困的拜占廷及其他巴尔干国家,来到俄国和其他地方)。狄奥凡既绘偶像画也绘壁画,在诺夫哥罗德,主显圣容教堂是他唯一有文献记载的室内作品,尽管只有部分残段留存下来,但足以使他跻身于中世纪俄罗斯最伟大的画家之列。

第一章 中世纪早期·361

本页及右页:

(左上)图1-495诺夫哥罗德圣德米特里教堂。山墙及鼓座花饰

(右上)图1-496诺夫哥罗德圣德米特里教堂。穹顶近景

(下)图1-497诺夫哥罗德雅罗斯拉夫场院(君主院)。现状全景(前景三个建筑自左至右分别为圣尼古拉教堂、圣帕拉斯克娃-皮亚特尼察教堂和市场圣母升天教堂)

这些引人注目的绘画表现自由、充满活力，对它们的进一步研讨已超出了本书的范围，但需要指出的是，现存的两个主要部分——中央穹顶上为大天使环绕的全能基督像（Pantocrator）和西北三一礼拜堂内的旧约三位一体（Old Testament Trinity）及拜占廷苦行修士图——表明，狄奥凡对纪念性绘画和建筑空间的关系有深刻的理解。狄奥凡画风的动态表现（位于红褐色底面上，带明亮的高光）和14世纪后期宗教和社会冲突的关联是新近相关学术界讨论的热点问题之一。有人认为，其自由的画风反映了诺夫哥罗德教会对权势和财富促成的各种异教倾向（如斯特里戈尔尼克派[16]）的指责。有的更深入一步，认为壁画上到处表现出来的苦修苦行、精神纯净和与基督再临相联系的来世观，是受到静修理念（hesychasm）的影响，这是一种神秘主义的思潮，强调通过认真的精神沉思，接受上帝的启示。[17]

在诺夫哥罗德，这种配有四个柱墩和三叶形屋顶的结构往往具有丰富的色彩，充满了乡土活力，与以利亚大街主显圣容教堂位于同一街区的斯拉夫诺圣彼得和圣保罗教堂（1367年）是这种类型的一个

（上）图1-498诺夫哥罗德 雅罗斯拉夫场院（君主院）。施洗者圣约翰教堂，东南侧全景

（左下）图1-499诺夫哥罗德 雅罗斯拉夫场院（君主院）。施洗者圣约翰教堂，西南侧全景

（右下）图1-500诺夫哥罗德 雅罗斯拉夫场院（君主院）。施洗者圣约翰教堂，西北侧现状

引人注目的实例（外景：图1-442~1-444；内景：图1-445）。由于除去了最初墙面上的灰泥，14世纪后期教堂外部特有的天然石料的质地和色调均显露出来（见图1-443）。其他值得注意的实例还包括下面还要提及的米哈利察的圣母圣诞堂（始建于1379年，17世纪重建，仅部分得到复原）；其部分南墙经清理后显露出插入的石灰岩十字部件。实际上，许多诺夫哥罗德教堂，包括以利亚大街主显圣容教堂在内，都有嵌入的十字架，通常都是取自与教堂毗邻的教士墓构。

（上）图1-501诺夫哥罗德雅罗斯拉夫场院（君主院）。商业拱廊，俯视全景

（中）图1-502诺夫哥罗德雅罗斯拉夫场院（君主院）。商业拱廊，北侧景观

（下）图1-503诺夫哥罗德雅罗斯拉夫场院（君主院）。市场圣母升天教堂，东南侧全景

　　设计上更为简朴的是大墓地的圣诞堂（1381～1382年，外景：图1-446~1-450），其中包含一些杰出的壁画残段，只是作者不明，保存得也不太好，不过从这里毕竟可以看出，在14世纪下半叶，诺夫哥罗德艺术文化的应用范围是何等宽广。在这些较小的教堂里，由于墙体厚度不足以容纳墙内楼梯，通向歌坛廊厅的方式或改为利用角上的石楼梯（如米哈利察的圣母圣诞堂；外景：图1-451~1-453；近景及细部：图1-454），或通过陡峭的木梯（如大墓地的圣诞堂）。属这种类型的诺夫哥罗德教堂尽管规模不大，但其中仍有少数具有丰富的立面装饰，如维特卡河边的拉多科维奇圣约翰神明教堂（1383～1384年；

左页：

（左上）图1-504诺夫哥罗德 雅罗斯拉夫场院（君主院）。市场圣母升天教堂，西南侧景观

（右上）图1-505诺夫哥罗德 雅罗斯拉夫场院（君主院）。市场圣母升天教堂，西北侧现状

（下）图1-506诺夫哥罗德 雅罗斯拉夫场院（君主院）。市场圣乔治教堂，西北侧远景

本页：

（上）图1-507诺夫哥罗德 雅罗斯拉夫场院（君主院）。市场圣乔治教堂，东南侧全景

（下）图1-508诺夫哥罗德 雅罗斯拉夫场院（君主院）。市场圣乔治教堂，南立面现状

本页：

（上）图1-509诺夫哥罗德 雅罗斯拉夫场院（君主院）。市场圣乔治教堂，南侧近景

（右下）图1-510诺夫哥罗德城堡（砖城墙1484~1490年，塔楼13~17世纪）。西侧城墙及入口

（左下）图1-511诺夫哥罗德城堡。西门内侧

右页：

（上）图1-512诺夫哥罗德 城堡。宫廷塔楼（右）和救世主塔楼（左），现状

（左下）图1-513诺夫哥罗德城堡。宫廷塔楼，内侧景色

（右下）图1-514诺夫哥罗德城堡。救世主塔楼，内侧景色

本页及右页：

（左上）图1-515诺夫哥罗德 城堡。科奎塔（前）和庇护塔（后），外景

（左下）图1-516诺夫哥罗德 城堡。科奎塔（1691年），内侧景色

（中上）图1-517诺夫哥罗德 城堡。菲奥多罗夫塔楼，内侧现状

（中下）图1-518诺夫哥罗德 城堡。弗拉基米尔塔楼（自亚历山大·涅夫斯基桥东端望去的景色，背景为城堡内的圣索菲亚大教堂）

（右两幅）图1-519诺夫哥罗德 城堡。兹拉图斯托夫塔楼，现状

外景：图1-455~1-460；近景：图1-461、1-462）。

二、15世纪的诺夫哥罗德建筑

自14世纪中叶开始，半个世纪期间演进形成的传统教堂平面直到15世纪初都继续得到应用。1406年建造的科热夫尼基圣彼得和圣保罗教堂与1374年建造的以利亚大街的主显圣容教堂相比，平面几乎一样，只是立面处理上更为精炼：装饰图案集中到中央跨间内（特别在西立面和南立面处），而不是分散到整个表面上（外景：图1-463~1-467；近景及细部：图1-468~1-470）。新的砖构装饰母题（如主要鼓座上的圆花饰、由弧形拱券构成的连续条带），和主要墙面在质感上形成了鲜明的对比（墙体由暗红色的粗面贝壳岩砌造，最初未施抹灰）。砖同样用于砌造分划立面的壁柱条带和半圆室处盲券拱廊的附墙柱。

（上）图1-520诺夫哥罗德 城堡。钟楼，东南侧景色

（左下）图1-521诺夫哥罗德 城堡。钟楼，西南侧现状

（右下）图1-522诺夫哥罗德 雅罗斯拉夫场院（君主院）。没药女教堂（1508~1511年），剖面（最初形式复原图，作者T.Gladenko，下层用于存放贵重货物）

（上）图1-523诺夫哥罗德 雅罗斯拉夫场院（君主院）。没药女教堂，东北侧地段全景（左为圣普罗科皮教堂）

（下）图1-524诺夫哥罗德 雅罗斯拉夫场院（君主院）。没药女教堂，东南侧景色

　　圣彼得和圣保罗教堂室外的各种形式，无论是小型部件还是重要的结构要素（如退阶门廊），都是充分发掘和利用地方材料造型表现力的结果，并因此达到了形式和材料的高度统一，这也是复兴盛期（14世纪后期和15世纪初）诺夫哥罗德建筑的特色之一。和当时许多建筑一样，这座教堂在16世纪经受了大规

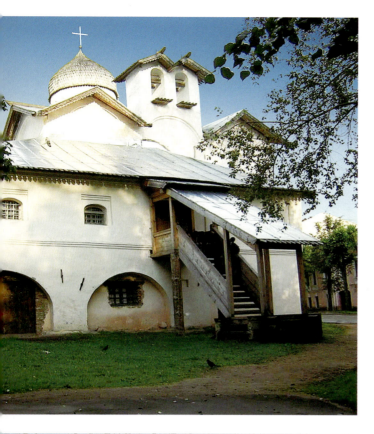

本页及左页：

（左上）图1-525诺夫哥罗德 雅罗斯拉夫场院（君主院）。没药女教堂，东侧全景

（左下）图1-526诺夫哥罗德 雅罗斯拉夫场院（君主院）。没药女教堂，东北侧现状

（中上）图1-527诺夫哥罗德 雅罗斯拉夫场院（君主院）。没药女教堂，西侧全景

（中下）图1-528诺夫哥罗德 雅罗斯拉夫场院（君主院）。没药女教堂，西北侧景色

（右上）图1-529诺夫哥罗德 雅罗斯拉夫场院（君主院）。圣普罗科皮教堂（1529年），地段全景（自东侧望去的情景，后为没药女教堂）

模改造，包括更换屋顶，增建第二层（在歌坛廊厅高度增设木楼板）。建筑在二战中受到严重破坏，以后由格里戈里·施滕德和L.M.舒利亚克进行了精心的修复，清除了立面上尚存的灰泥，重新建造了三叶形的檐口和铺设木板瓦的屋顶。

与科热夫尼基圣彼得和圣保罗教堂相比，这时期

的其他教堂——如晚一年（1407年）建造的沃洛索夫大街圣弗拉西教堂——在立方体形式的处理上，看上去要更为古朴（外景及细部：图1-471~1-475）。教堂供奉圣弗拉西[可能是来自异教神祇沃洛斯（Volos，俄语：Волос）]，为北方前基督教时期信仰的残存表现。在开始即依立方体和三叶形制建造的诺夫哥罗德教堂中，现存年代最晚近的一个是位于米亚奇诺湖边的圣约翰体恤教堂（1421~1422年）。尽管教堂在17世纪经大规模改造，但仍保留了一些可资识别

本页及右页：
（左上）图1-530诺夫哥罗德 雅罗斯拉夫场院（君主院）。圣普罗科皮教堂，西南侧景色
（中上）图1-531诺夫哥罗德 雅罗斯拉夫场院（君主院）。圣普罗科皮教堂，西北侧全景
（右上）图1-532诺夫哥罗德 雅罗斯拉夫场院（君主院）。圣普罗科皮教堂，北侧现状
（右下）图1-533诺夫哥罗德 雅罗斯拉夫场院（君主院）。圣普罗科皮教堂，东北侧全景
（中下）图1-534诺夫哥罗德 胡腾修道院。显容大教堂（1515年），东北侧地段全景

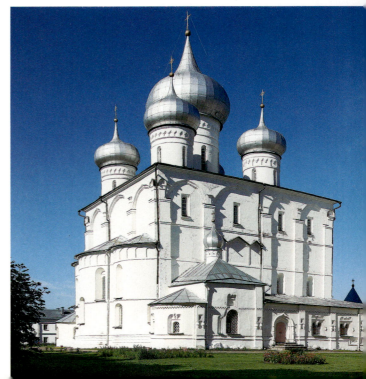

的早期结构和装饰特色（外景：图1-476、1-477）。特别令人感兴趣的是，考古发掘揭示了与北立面相连的一个较大的封闭空间，可能是作礼拜堂或墓室使用。但不同寻常的是中央有一根支撑拱顶天棚的柱子，为诺夫哥罗德（实际上也是俄罗斯）已知这类结构的首例。

作为独立的政治和文化中心，诺夫哥罗德历史的最后阶段处在1429~1458年任城市大主教的叶夫菲米的掌控之下。当莫斯科大公们正在通过军事、政治和宗教手段坚持不懈地进行扩张时，在诺夫哥罗德，人们关注的仍是维系和欧洲的商贸活动。由于城市拒绝参与俄罗斯人抗击蒙古人的第一次重大战役（1380年）[18]，因而越来越远离了俄罗斯的权力中心。由于抵制莫斯科的统治，在15世纪，诺夫哥罗德的寡头统治集团甚至打算和罗马天主教的邻国——特别是立陶宛——结盟。

鉴于前途未卜，为了提高自信，大主教叶夫菲米遂选建筑作为颂扬城市光辉历史的手段。正是在他的推动下，按早期中世纪风格，修复了若干荒废残破的教堂，如彼得里亚廷大院的施洗者约翰教堂（见图1-165~1-167）和城市商业区的圣母安息大教堂。此外，他还委托建造了18个新教堂，但其中只有两个留存下来，包括沟壑边的十二圣徒教堂（建于1454~1455年，设计进行了简化，几乎没有外部装饰；图1-478、1-479）。所有这些建筑都越来越多地采用砖作为主要材料，这不仅对诺夫哥罗德，同样也对莫斯科建筑产生了深远的影响。

叶夫菲米最重要的建筑项目皆位于诺夫哥罗德城堡内，这组建筑不仅是他本人权势的纪念碑，同时也是城市复兴的见证。建筑群中主要组成部分为多棱宫（主教觐见厅，建于1433年，为主教宫的一部分；平

本页及左页：
（左上）图1-535诺夫哥罗德 胡腾修道院。显容大教堂，西南侧外景
（右上）图1-536诺夫哥罗德 胡腾修道院。显容大教堂，东北侧近景
（左下）图1-537诺夫哥罗德 胡腾修道院。显容大教堂，西侧入口门廊
（右下）图1-538诺夫哥罗德 胡腾修道院。显容大教堂，北侧入口

第一章 中世纪早期·379

本页:

(上)图1-539诺夫哥罗德胡腾修道院。显容大教堂,墙面及窗饰细部

(下)图1-540诺夫哥罗德普洛特尼基圣鲍里斯和格列布教堂(1536年)。西南侧俯视全景

右页:

(上)图1-541诺夫哥罗德普洛特尼基圣鲍里斯和格列布教堂。西南侧远景

(下)图1-542诺夫哥罗德普洛特尼基圣鲍里斯和格列布教堂。西南侧全景

面及剖面：图1-480；外景：图1-481~1-483；内景：图1-484~1-486）和独立的钟楼（上刻有叶夫菲米的名字，1443年建）。两座建筑大部分砖砌（在这时期的诺夫哥罗德，砖的生产规模和使用范围都大为增加），随着人们对这种材料的熟悉，其构图潜力得到了进一步的发掘，并由此催生出一批新的建筑形式，在多棱宫及其大接待厅里，这点表现得尤为明显（其肋状星形拱顶自大厅中央一根独立柱子上向外辐射，见图1-480）。尽管大厅的平面类似圣约翰体恤教堂的北部延伸部分，但设计显然和中欧修道院的餐厅结构密切相关。据诺夫哥罗德编年史记载，叶夫菲米确实聘请了"跨海而来的德国人"担任结构匠师。大厅目前保存状态良好，但人们对叶夫菲米钟塔最初的外貌了解甚少。这座充当主教场院观测点的塔楼于1671年倒塌，两年后被按莫斯科风格进行了重建（外景：图1-487~1-489）。

在大主教叶夫菲米1458年去世后，教堂的改建仍在继续，但规模已不如先前。1464年改建的米亚奇诺湖畔圣徒托马斯信服教堂（亦称耶稣复活教堂）在很大程度上沿袭了教堂最初的风格（始建于1195~1196年的教堂于15世纪被完全拆除）。带砖构细部的粗面石墙为采用诺夫哥罗德传统建造方法的杰出实例，但立面上部的砖砌装饰条带则是15世纪的典型做法（图

1-490）。匠师们重建的水平系列山墙表明，最初的教堂应和同样布置拱形山墙的涅列迪察河畔的显容教堂同期（见图1-223）。

位于圣狄奥多尔·斯特拉季拉特斯教堂附近的圣德米特里教堂重建时并没有完全遵从古制（外景：图1-491~1-493；近景及细部：图1-494~1-496）。教堂始建于1381~1383年，1463年重建时按当时的典型做法进行了修改，如加了木楼板，使结构变为两层，下层作为附近商人或匠师放置贵重货物的库房，从这里也可看出诺夫哥罗德人注重实务的商业头脑。这个新的变体形式重复了原构的三叶形立面，只是在中央跨间顶部装饰性砖花图案的采用上更为精美细致。有人认为，这时期这座教堂和其他类似建筑的保守倾向，反映了当时处在莫斯科强权威胁下诺夫哥罗德人追求独立自强的文化情结。

（上）图1-543诺夫哥罗德 普洛特尼基圣鲍里斯和格列布教堂。北侧全景

（下）图1-544诺夫哥罗德 普洛特尼基圣鲍里斯和格列布教堂。东侧现状

（上）图1-545诺夫哥罗德 普洛特尼基圣鲍里斯和格列布教堂。东南侧近景

（左下）图1-546诺夫哥罗德 普洛特尼基圣鲍里斯和格列布教堂。南侧墙龛细部

（右下）图1-547诺夫哥罗德 普洛特尼基圣鲍里斯和格列布教堂。东墙镶嵌细部

(上)图1-548 诺夫哥罗德 圣灵修道院。三一教堂(1557年),东北侧全景

(下)图1-549 诺夫哥罗德 圣灵修道院。三一教堂,西南侧全景

（左上）图1-550诺夫哥罗德 圣灵修道院。三一教堂，东侧近景

（右上）图1-551诺夫哥罗德 圣灵修道院。三一教堂，北立面东端近景

（下）图1-552诺夫哥罗德 圣灵修道院。三一教堂，穹顶近景

三、莫斯科统治下的诺夫哥罗德

处在两个强权（天主教的欧洲和东正教的莫斯科）夹缝中的诺夫哥罗德到底未能长久维持，随着莫斯科势力的壮大，诺夫哥罗德最终被迫屈服。实际上，早在1386年，莫斯科大公德米特里·伊凡诺维奇（顿河的）就通过围城索取了大量的贡金，并使这座城市——至少在名义上——承认了他的统治。

(上）图1-553诺夫哥罗德 商业区。大天使米迦勒教堂和天使报喜教堂（14~15世纪，16世纪中叶改建），16世纪中叶组群外貌复原图（据L.Krasnorechev）

(下）图1-554诺夫哥罗德 商业区。大天使米迦勒教堂和天使报喜教堂，西侧全景（钟楼左右分别为天使报喜教堂和大天使米迦勒教堂）

386·世界建筑史 俄罗斯古代卷

（上）图1-555诺夫哥罗德商业区。大天使米迦勒教堂和天使报喜教堂，东侧全景（自左至右分别为大天使米迦勒教堂、钟楼和天使报喜教堂）

（下）图1-556诺夫哥罗德商业区。大天使米迦勒教堂和天使报喜教堂，西侧中部，近景

（上）图1-557普斯科夫 多夫蒙特城。遗址现状（背景为城堡南墙）

（下三幅）图1-558普斯科夫 多夫蒙特城。教堂残迹

1456年（即在叶夫菲米死前两年），瓦西里二世大公（1415~1462年，1425~1462任莫斯科大公）进一步凭借武力强行签订了一个条约，再次缩减了诺夫哥罗德的权力和领地。此后城市统治集团的抗争既得不到普通市民的支持，甚至也得不到教会的响应（后者担心和立陶宛的联盟会扩大天主教的影响）。结果反抗不仅未能奏效，反倒为伊凡三世1471年的征讨提供了借口，城市最后向立陶宛求助进一步导致伊凡三世于1478年未经战斗便占领了整个城市，至此，诺夫哥罗德已完全置于莫斯科的统治之下。

莫斯科的征服对诺夫哥罗德的建设产生了多方面

（上下两幅）图1-559普斯科夫 城堡。三一大教堂（1365~1367年，1682年后重建），现状，自城堡外及入口处望去的景色

的影响。城市的许多资产被转移到莫斯科。历史上形成的商业中心雅罗斯拉夫场院[19]现更名为君主院，被置于莫斯科大公的控制之下[在这片地域上，集中了诺夫哥罗德的许多重要建筑（现状全景：图1-497），除前面提到过的圣尼古拉教堂、圣帕拉斯克娃-皮亚特尼察教堂及即将提及的没药女教堂和圣普罗科皮教堂外，还有施洗者圣约翰教堂（图1-498~1-500）、商业拱廊（图1-501、1-502）、市场圣母升天教堂

第一章 中世纪早期·389

（图1-503~1-505）及市场圣乔治教堂（图1-506~1-509）等]。与此同时，伊凡三世看到了诺夫哥罗德作为其广阔国土西北前哨的战略价值，于1484年启动了城市主要城防工程的建设（用一道砖构防卫城墙替代了早期城堡的原木土筑围墙；城墙、入口及各塔楼外景：图1-510~1-521）。1490年完成的这道城墙展示

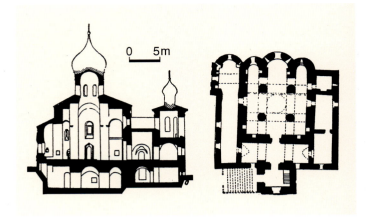

（左上）图1-560 普斯科夫 城堡。三一大教堂，17世纪景色（画稿，苏联建筑科学院资料）

（右上）图1-561 普斯科夫 希洛克圣巴西尔教堂（1413年，17和19世纪改建）。平面及纵剖面（据 K.Firsov）

（右中）图1-562 普斯科夫 希洛克圣巴西尔教堂，东立面（取自Академия Строительства и Архитестуры СССР：《Всеобщая История Архитектуры》，I，Москва，1958年）

（下）图1-563 普斯科夫 希洛克圣巴西尔教堂，西北侧全景

（上）图1-564普斯科夫希洛克圣巴西尔教堂，南侧现状

（下）图1-565普斯科夫希洛克圣巴西尔教堂，东南侧全景

(上)图1-566普斯科夫 希洛克圣巴西尔教堂,东侧景色

(下两幅)图1-567普斯科夫希洛克圣巴西尔教堂,东北侧全景(彩色照片摄于2009年,黑白照片示20世纪初状况)

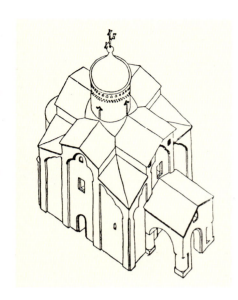

（右上）图1-568普斯科夫 希洛克圣巴西尔教堂，东北侧近景（2010年代大修后状态，屋顶及角上的小穹顶进行了复原）

（右下）图1-569普斯科夫 典型教堂平面及剖面（纵剖面图示叠涩挑出拱券的用法，右图为15世纪早期某教堂平面，布置了环形廊道；图版取自David Roden Buxton：《Russian Mediaeval Architecture》，Cambridge University Press，2014年）

（左上）图1-570普斯科夫 桥边的圣科斯马和达米安教堂（1462年，16世纪重建）。轴测复原图（示1462年形式，作者Iu.Spegalskii）

了莫斯科军事工程的进步，在同时期有意大利人参与指导的莫斯科克里姆林宫的改建上，这方面表现尤为突出（见第二章第一节）。

到16世纪初，被置于莫斯科统治下的诺夫哥罗德在很大程度上继续保持了其文化和商业上的活力。和过去一样，新教堂的建造标志着城市复归稳定和繁荣，只是施主很多都改为来自莫斯科的商人，他们在伊凡的鼓动下定居诺夫哥罗德，以便控制城市的商业命脉。与此同时，也有许多诺夫哥罗德商人移居莫斯科和其他公国的前哨基地。新时期的首批重要教堂之一——没药女教堂（1508~1511年），就是由莫斯科商人伊凡·瑟尔科夫投资建造的（依诺夫哥罗德传说，没药树与商业活动密切相关）。简朴的圣所于西端上层安置两个小礼拜堂，整个圣所位于下面作为贵重货物贮存室的两层房间之上（剖面：图1-522；外景：图1-523~1-528）。在其他方面，结构设计和诺夫哥罗德早期建筑亦很少共同之处。其独特的屋顶形式（带坡顶山墙和木板覆面，见图1-525），就现在所知，也只能在这时期其他地区的教堂才能看到。

延续诺夫哥罗德宗教及商业建筑传统的另一个较

（上）图1-571普斯科夫桥边的圣科斯马和达米安教堂。西北侧全景

（下）图1-572普斯科夫桥边的圣科斯马和达米安教堂。西南侧景观

为复杂的实例是建于1529年的圣普罗科皮教堂（图1-529~1-533），其施主为德米特里·瑟尔科夫，教堂就位于他父亲建造的没药女教堂边上。和大多数这类建筑一样，人们须通过木楼梯（最初布置在北、西和南面）进入位于库房上的教堂（库房另设单独入口）。在这里，要说明的是，所谓延续诺夫哥罗德早期建筑传统并不意味着在建造砖石教堂时没有受到来自莫斯科的影响。事实上，在诺夫哥罗德周围地区的

大型修道院教堂中,这种影响表现得相当明显;其中最著名的即巴西尔三世于1515年投资建造的胡腾修道院的显容大教堂(外景:图1-534、1-535;近景及细部:图1-536~1-539)。建筑最典型的莫斯科特色包括采用三重半圆室结构,复归在诺夫哥罗德建筑中早已不用的五穹顶形制(这种做法只是在16世纪的部分教堂中重新出现,如1536年由莫斯科和诺夫哥罗德的一组商人投资建造的普洛特尼基圣鲍里斯和格列布教堂;外景:图1-540~1-543;近景及细部:图1-544~1-547)。目前还没有完全搞清的一个问题是,在16世纪30年代这类更为复杂的诺夫哥罗德教堂建筑的建设过程中,大主教马卡里那种亲莫斯科的强烈倾向到底起了怎样的作用(他自1526年起就在诺夫哥罗德任职,直到1542年被选为整个俄罗斯的大主教)。

在整个俄罗斯,更精美的形式到17世纪已发展到顶峰(见第二章第二节);特别在诺夫哥罗德,即便是不甚重要的教堂,新风格所带来的丰富装饰,和同期的莫斯科建筑相比,也毫不逊色。现存最优秀的实例有建于1557年的圣灵修道院的三一教堂(图1-548~1-552)和16世纪中叶通过改造商业区两座相邻教堂(大天使米迦勒教堂和天使报喜教堂)形

(上)图1-573普斯科夫桥边的圣科斯马和达米安教堂。西立面近景

(下)图1-574普斯科夫 坡地上的圣乔治教堂(1494年,后期改建)。西侧远景

第一章 中世纪早期·395

(上)图1-575普斯科夫 坡地上的圣乔治教堂。西侧全景

(下)图1-576普斯科夫 坡地上的圣乔治教堂。南侧全景

成的建筑群(复原图:图1-553;外景:图1-554~1-556)。在以砖石砌筑的教堂里别具特色地采用木结构部件及装饰细部(如屋面木板瓦、附加廊道、门廊、楼梯等),是这时期特别流行的做法。然而,诺夫哥罗德的建筑复兴,并没有持续多久。1570年,患偏执狂的伊凡雷帝毫无根据地怀疑有人煽动叛乱,出兵占领城市,屠杀居民,摧毁了这座实际上已成为莫斯科统治下主要商业中心之一的城市。此后,诺夫哥罗德一蹶不振,直到17世纪后期才部分复苏。

396·世界建筑史 俄罗斯古代卷

（左上）图1-577普斯科夫 坡地上的圣乔治教堂。北侧景色

（右上）图1-578普斯科夫 坡地上的圣乔治教堂。西北侧全景

（下）图1-579普斯科夫 坡地上的圣乔治教堂。西南侧近景

四、15世纪普斯科夫的建筑

普斯科夫，与它更繁荣的相邻城市和竞争对手诺夫哥罗德一样，主要建筑活动到14世纪才开始恢复。虽说城市位于北部地区，没有遭到蒙古人的劫掠，但在前一个世纪，却饱受立陶宛人和条顿骑士团的侵犯和骚扰，并和它名义上的领主诺夫哥罗德纠纷不断（1348年，普斯科夫正式摆脱了诺夫哥罗德的统治）。不过，普斯科夫幸运的是拥有一位能力杰出的军事领袖——多夫蒙特（约1240~1299年）。多夫蒙特原为立陶宛王子，于1266年流亡到普斯科夫，他很快驱逐了地方诸侯，自任普斯科夫共和国军事首领直到1299年去世，并在这期间成功地捍卫了城市的利益。在普斯科夫城堡边上，多夫蒙特建造了一道石构城墙，所围地域被称为多夫蒙特城，其内至少有四座最早的石构教堂，可惜由地方匠师建造的这些建筑现

(左上)图1-580普斯科夫 坡地上的圣乔治教堂。半圆室近景

(下)图1-581普斯科夫 坡地上的圣乔治教堂。穹顶细部

(右上)图1-582普斯科夫 主显教堂(1496年)。南侧远景

(上)图1-583普斯科夫 主显教堂。东南侧远景

(下)图1-584普斯科夫 主显教堂。东南侧全景

皆残毁(图1-557、1-558)。

14世纪期间,无论是在城墙以内还是外围地区,建筑活动都在蓬勃展开。尽管在中世纪的俄罗斯,普斯科夫是为数不多具有一种世俗砖石建筑风格的城市之一;但在这里,和其他地方一样,主要资源仍用于建造教堂。城市早期建筑项目中,最主要的是城堡内三一大教堂的改建(1365~1367年)。尽管大教堂毁于1682年并于以后重建(现状:图1-559),但从保留下来的图稿看,似按斯摩棱斯克和切尔尼希夫的方式,采用了叠涩拱券以突出建筑的垂直效果(图

（上）图1-585普斯科夫 主显教堂。南侧全景

（下）图1-586普斯科夫 主显教堂。西南仰视景色

1-560）。

不过，大多数普斯科夫教堂均属中等规模，设计亦如诺夫哥罗德那样，下层（或基层）作为商人和行会的贮存空间。赞助者既有修道院，也包括同业公会或镇区（kontsy，俄语концы，复数конец，字面意义为"尽端、端头"）。在普斯科夫，建造教堂的方法非常规范，切合实际，很多使用雇佣劳动力，责任和义务都有严格的契约规定。基本的建筑材料是一种地

（上）图1-587普斯科夫主显教堂。西侧冬景

（下）图1-588普斯科夫主显教堂。西北全景

(上) 图1-589普斯科夫 主显教堂。北侧景色

(左下) 图1-590普斯科夫 主显教堂。东侧近景

(右下) 图1-591普斯科夫 主显教堂。钟墙，东北侧景色

方的板石，和砖交替砌置，为了保护相对柔性的表面，墙上抹一层薄薄的灰泥，但下面的质地仍可显现。

在15世纪上半叶建造的22个教堂中，保存下来的只有一个，即希洛克圣巴西尔教堂（1413年；平面、立面及剖面：图1-561、1-562；外景：图1-563~1-568）。建筑位于14世纪一个同名教堂的基址上，17世纪时进行了大规模改造，其基本形制为普斯科夫接下来两个世纪的教堂建筑提供了范本。简单的四柱墩

（上）图1-592普斯科夫主显教堂。钟墙近景

（下）图1-593普斯科夫 渡口圣母安息教堂（1521年）。东侧全景（前为韦利卡亚河，即大河）

第一章 中世纪早期·403

(上)图1-594普斯科夫渡口圣母安息教堂。东北侧景色

(下)图1-595普斯科夫渡口圣母安息教堂。西北侧全景

（上）图1-596普斯科夫渡口圣母安息教堂。西侧全景

（下）图1-597普斯科夫渡口圣母安息教堂。南侧全景

（上）图1-598普斯科夫渡口圣母安息教堂。东南侧全景

（左下）图1-599普斯科夫渡口圣母安息教堂。东侧近景

（右下）图1-600普斯科夫渡口圣母安息教堂。北侧近景

（左上）图1-601普斯科夫 渡口圣母安息教堂。钟楼，东北侧景色（绘画，取自Академия Стройтельства и Архитестуры СССР：《Всеобщая История Архитестуры》, I, Москва, 1958年）

（下）图1-602普斯科夫 渡口圣母安息教堂。钟楼，东南侧景色

（右上）图1-603普斯科夫 渡口圣母安息教堂。钟楼，西北侧景色

平面，通过环绕的廊道、礼拜堂和西立面上的吊钟山墙（即钟墙）进行扩展，上部单一的穹顶和鼓座，耸立在采用叠涩拱券体系的拱顶上（普斯科夫教堂的匠师们在采用叠涩拱券上表现出非凡的才干和创造精神）。主要装饰集中在穹顶鼓座和半圆室上，由石灰岩块体的装饰条带组成（见图1-562）。考古证据表明，最初的屋顶依从拱顶廊线，形成拱形山墙。

在普斯科夫，15世纪期间建造的约40个教堂中，留存下来的甚少，但从中可看到某些新的进展，如在主要立方体结构周围布置了更多的礼拜堂和廊道，但

最显著的变化——特别是对普斯科夫来说——是随着木板成为主要的屋面材料而导致的新型屋顶设计（普斯科夫典型教堂平面及剖面：图1-569）。由众多平面构成的这种屋盖体系被分成高度与拱顶对应的各个区段（如角上的区段要低于中央山墙）。相反，采用类似结构的诺夫哥罗德则发展出一种三叶形立面和屋顶线。不过，实践表明，普斯科夫这种复杂的十六坡屋顶并不实用，因而到该世纪末，便被更简单的形式取代，尚存的也进行了改造。桥边的圣科斯马和达米安教堂可作为这样一个过渡的实例，1462年建造的这座教堂原为十六坡屋顶，1507年因贮藏在一个礼拜堂

本页及右页：

（左上）图1-604普斯科夫 洞窟修道院。钟楼（16~17世纪），地段形势

（左下）图1-605普斯科夫 洞窟修道院。钟楼，西北侧景色

（中上）图1-606普斯科夫 洞窟修道院。钟楼，近景

（右上）图1-607普斯科夫 干地的圣尼古拉教堂（1371年，1535~1537年改建）。20世纪初景色（东北侧，老照片）

（右下）图1-608普斯科夫 干地的圣尼古拉教堂，西侧景观

内的火药爆炸大部结构被毁，重建时改用了更简单的八坡屋顶（轴测复原图：图1-570；外景：图1-571~1-573）。

在尚存的15世纪教堂中，1494年建造的坡地上的圣乔治教堂在后期改建中变动甚大，但其基本结构仍可视为15世纪后期和16世纪普斯科夫教区教堂设计的杰出实例（外景：图1-574~1-578；近景及细部：图

（上）图1-609普斯科夫 干地的圣尼古拉教堂，西南侧外景

（下）图1-610普斯科夫 干地的圣尼古拉教堂，东南侧全景

1-579~1-581）。普斯科夫河对面的主显教堂（1496年）规模更大也更为复杂，只是补全这个平面对称结构的东部礼拜堂已失（图1-582~1-590）。不过，由于西立面加了一个巨大的钟墙，这种对称效果实际上已不复存在。这道钟墙由四个镂空的山墙组成，洞口间形成粗壮的柱墩，为普斯科夫这种独特类型中给人印象最深刻的实例之一（图1-591、1-592）。具有类似比例独立钟楼的尚有1521年建造的渡口圣母安息教堂（外景：图1-593~1-598；近景：图1-599、1-600；钟楼：图1-601~1-603）。普斯科夫这类结构最后的

（上）图1-611普斯科夫 干地的圣尼古拉教堂，东南侧近景

（下）图1-612普斯科夫 干地的圣尼古拉教堂，东北侧近景

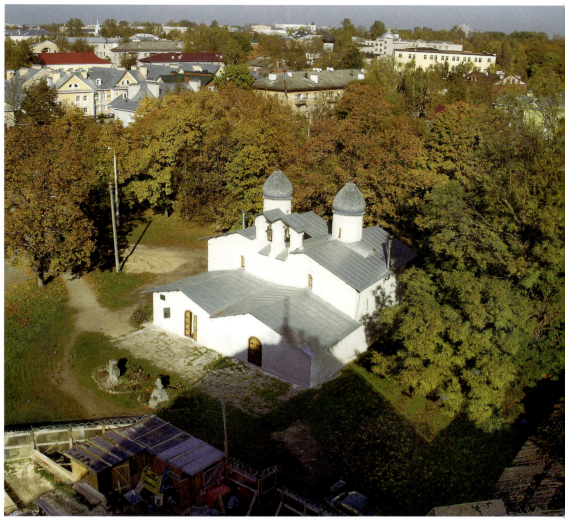

本页及左页：

（左上）图1-613普斯科夫 史密斯圣阿纳斯塔西亚教堂（16世纪早期，后经改造）。西南侧全景

（左下）图1-614普斯科夫 史密斯圣阿纳斯塔西亚教堂。东北侧全景

（中上）图1-615普斯科夫 史密斯圣阿纳斯塔西亚教堂。南侧近景

（右上）图1-616普斯科夫 圣诞及圣母代祷教堂（可能16世纪）。西南侧俯视全景

（中下）图1-617普斯科夫 圣诞及圣母代祷教堂。西侧（实为西偏南）全景

第一章 中世纪早期·413

（上）图1-618普斯科夫圣诞及圣母代祷教堂。东南侧全景

（下）图1-619普斯科夫圣诞及圣母代祷教堂。北侧全景

杰作位于城外约15公里处的洞窟修道院，在那里，16和17世纪建的钟楼（zvonnitsa，俄语：звонница）不仅保存完好而且一直在使用（图1-604~1-606）。

在普斯科夫，将钟楼和教堂组合到一起的更完美实例是干地的圣尼古拉教堂（始建于1371年，1535~1537年改建）。工程完成时，它是城市第二大教堂（规模仅次于三一大教堂；图1-607~1-612），但目前地面因堆积高出原标高近2米，效果已大打折扣。结构现经部分修复，钟楼复归原位（位于北立面上），形成自东北礼拜堂的小型穹顶到耸立在中央结构上的巨大穹顶之间的有效过渡（洋葱头状的穹顶均以木板瓦覆面）。16世纪早期的史密斯圣阿纳斯塔西

414·世界建筑史 俄罗斯古代卷

（上）图1-620普斯科夫圣诞及圣母代祷教堂。西北侧景色

（下）图1-621普斯科夫圣诞及圣母代祷教堂。西北侧雪景

亚教堂也采用了类似的设计，只是后来经历过改造（图1-613~1-615）。

在普斯科夫的教区建筑中，最简单但在某种意义上也是最引人注目的构造创新可在圣诞及圣母代祷教堂处看到（可能建于16世纪；图1-616~1-622）。两个相邻的教堂共用一道中墙，整个形成对称形体。屋顶和吊钟山墙的对应坡度，以及几乎没有任何装饰的结构分划，创造了协调一致的总体感觉，反映了深厚的文化传统和历史内涵。在特定的历史背景下，普斯科夫匠师将相邻结构整合成统一群体的这种能力，在推动16世纪莫斯科建筑的发展上起到了重要的作用。

事实上，自14世纪后期到16世纪中叶，在以莫斯

第一章 中世纪早期·415

图1-622普斯科夫 圣诞及圣母代祷教堂。西侧近景

科为首的俄罗斯中央集权国家的整个兴起过程中，诺夫哥罗德和普斯科夫的艺术家和建筑师们对新艺术形式的发展都作出了重大贡献。14世纪90年代拜占廷希腊画家狄奥凡前往莫斯科，标志着莫斯科肖像绘画一个伟大时代的起始，同样，越来越多经过严格专业培训的普斯科夫匠师来到莫斯科，也构成了建筑上一个新时代的标志，从这时开始，俄罗斯固有的传统和外来要素被以一种前所未有的方式综合在一起。

尽管在16世纪初，和诺夫哥罗德一样，普斯科夫也被迫放弃了自古以来的独立地位，屈从于莫斯科，但这座规模较小，地理位置更为偏远的城市却避免了像诺夫哥罗德那样，遭受惩罚性的征讨。普斯科夫于1510年接受了莫斯科的统治，开启了它历史上的一个新时代，开始和莫斯科的命运紧密联系在一起。1511年，来自普斯科夫叶列阿扎尔修道院的一位名菲洛费的修士，在致瓦西里三世大公的一封书信中宣称，莫斯科是"第三个罗马"："两个罗马（罗马和君士坦丁堡）已经崩溃，第三个（莫斯科）巍然耸立，第四个将不会存在"。不论人们对这句话如何理解，它至少说明，诺夫哥罗德和普斯科夫教会人士中，有相当一部分人出于保护东正教信仰，抵制异教影响的目的（这些异教倾向或来自地方或通过这两个外贸中心来自海外），支持莫斯科当局的统治，普斯科夫同时还成为莫斯科西征的防卫前哨。

第一章注释：

[1] 伊贾斯拉夫（Iziaslav），为雅罗斯拉夫第二个妻子所生，第一个妻子生的唯一兄长死在他父亲之前。

[2] 诺夫哥罗德共和国存在了300多年，直到1478年被莫斯科公国吞并，成为统一的俄罗斯国家的组成部分。

[3] 苏兹达利亚地区（Suzdalia）位于莫斯科东北，包括谢尔盖耶夫、罗斯托夫、弗拉基米尔、苏兹达尔和雅罗斯拉夫尔等几座历史古城。

[4] 尤里·多尔戈鲁基（约1099~1157年），全名尤里一世·弗拉基米罗维奇（Юрий I Владимирович，Yuri I Vladimirovich），尤里·多尔戈鲁基（Юрий Долгорукий，Yuri Dolgorukiy）是其绰号，意为"长枪尤里"。

[5] 安德烈大公，全名为安德烈一世·尤里耶维奇（Andrei I Yuryevich），绰号安德烈·博戈柳布斯基（Andrei Bogolyubsky，Андрей Боголюбский，意为"上帝宠幸的安德烈"）。

[6] 伏尔加河保加利亚（Volga Bulgaria或Volga-Kama Bulghar），为7~13世纪在伏尔加河和卡马河汇交处形成的保加利亚族国家，现为俄罗斯欧洲领土的一部分。

[7]《博物学》（Physiologus），公元2世纪由亚历山大里亚一位不知名的作者以希腊文撰写或编纂的教科书式的典籍，记载了有关动物、鸟类、各种怪兽，以及石头、植物等方面的知识（包括相关故事及象征意义），甚至还包括寓意文章和格言等内容，并配有大量的插图。约公元700年被译为拉丁文，以后又被译成许多欧洲及中东国家的文字。

[8] 见Meyer Schapiro：《On the Aesthetic Attitude in Romanesque Art》，1977年。

[9] 狄奥多尔·斯特拉季拉特斯（Theodore Stratilates，来自希腊语Στρατηλάτης，意"将军"或"军事首领"，亦称Theodore of Heraclea，?~319年），为东正教、东方天主教和罗马天主教会尊崇的圣徒-武士；卡帕多基亚的圣乔治为传说中刺死食人恶龙的英雄，在罗马皇帝戴克里先迫害基督教徒时被杀害。

[10] 卡尔卡河战役（Battle of the Kalka River，俄语：Битва на реке Калке，乌克兰语：Битва на річці Калка），该河位于亚速海附近的南方草原上。

[11] 亦译鞑靼羁绊（Tatar Yoke），1380年库利科沃会战后仅具空名；到1480年经"乌格拉河对峙"为伊凡三世彻底废除。

[12] 波维尔（boyar），贵族称号，在贵族阶层中地位仅次于王公。

[13] 狄奥凡（Theophanes the Greek，俄语名Феофан Греког，来自希腊语Θεοφάνης，约1340~1410年），拜占廷希腊艺术家，为莫斯科公国时期俄罗斯最伟大的肖像画家。

[14] 商业区（Trading Side），位于沃尔霍夫河右岸，左岸称圣索菲亚区（St.Sophia Side）。

[15] 先兆圣母像（Virgin of the Sign），画像上圣母抬手作祈祷状，胸口光环内为耶稣像。

[16] 斯特里戈尔尼克派（Strigolniki，其单数形式为Strigólnik，俄语Стригольник），指14世纪中和15世纪上半叶第一个俄罗斯异教派别及其追随者，该派首创于普斯科夫，稍后流传到诺夫哥罗德和特维尔。

[17] 尽管扎列夫提出，狄奥凡及其他艺术家离开拜占廷是因为在帕莱奥洛格王朝（Palaiologos dynasty）统治后期，刻板的静修观念占据了统治地位，但学界普遍认为，在那个社会动荡、局势不稳的年代（这也正是14世纪后期拜占廷和俄罗斯的真实写照），静修的思想体系不可能不对这位艺术家及其作品产生影响。

[18] 当时俄罗斯军队统帅为莫斯科大公德米特里（全名Saint Dmitry Ivanovich Donskoy，或Dimitrii、Demetrius，俄语Дми́трий Ива́нович Донско́й，1350~1389年，1359年起任莫斯科大公，1363年起任弗拉基米尔大公直至去世）。在俄罗斯，他是第一个敢于公开挑战蒙古人的莫斯科大公。因1380年在顿河边的库利科沃战役（Battle of Kulikovo）中大败鞑靼人，得绰号"顿河的"（Donskoy），并被东正教会封为圣人。

[19] 雅罗斯拉夫场院（Iaroslav Court，Ярославово Дворище），院名来自雅罗斯拉夫一世[Yaroslav I，全名雅罗斯拉夫·弗拉基米罗维奇（Yaroslav Vladimirovich），被称为智者雅罗斯拉夫（Yaroslav the Wise，Яросла́в Му́дрый），约978~1054年，大诺夫哥罗德和基辅大公；在他的统治下，两个公国一度统一]，他曾在这里建了一座宫殿。

第二章
莫斯科大公国时期

第一节 莫斯科：建筑艺术的开始

一、城市的创建和早期历史

1147年，基辅大公尤里一世·弗拉基米罗维奇（"长枪尤里"，约1099~1157年；图2-1）邀请他的盟友、切尔尼希夫大公斯维亚托斯拉夫来莫斯科，这是历史上有关这座城市的最早记载，实际上，它当时只是隶属弗拉基米尔-苏兹达尔公国的一个小的前哨基地，因位于莫斯科河畔而得名。1147年成为官方认定的城市创建年代，尤里·多尔戈鲁基则被认为是莫斯科的创立者。尽管这座建筑形式简朴的城市当时还不成气候，但既然能够向盟友发出邀请，想必已有了成型的居民点（估计是一些原木结构组群），同时还应有足够大的场院，以便举办庆祝结盟的盛大集会。由

(右) 图2-1莫斯科 尤里一世·弗拉基米罗维奇（"长枪尤里"，约1099~1157年）纪念碑（1954年，雕刻作者Serguëï Orlov）

(左) 图2-2卡缅斯克 圣尼古拉教堂（14世纪后半叶）。西南侧全景（右侧前景为近代修建的钟楼）

（上）图2-3卡缅斯克 圣尼古拉教堂。西南侧全景

（右中）图2-4卡缅斯克 圣尼古拉教堂。南侧入口近景

（右下）图2-5兹韦尼哥罗德 萨维诺-斯托罗热夫斯基修道院。圣母安息教堂（可能1399年），平面、北立面及纵剖面（据B.Ognev）

（左下）图2-6兹韦尼哥罗德 萨维诺-斯托罗热夫斯基修道院。圣母安息教堂，19世纪末景色（老照片，1899年）

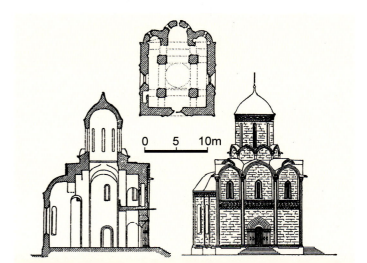

本页及右页：

（左上）图2-7兹韦尼哥罗德 萨维诺-斯托罗热夫斯基修道院。圣母安息教堂，东北侧远景

（中）图2-8兹韦尼哥罗德 萨维诺-斯托罗热夫斯基修道院。圣母安息教堂，东北侧全景

（左下）图2-9兹韦尼哥罗德 萨维诺-斯托罗热夫斯基修道院。圣母安息教堂，北侧全景

（右）图2-10兹韦尼哥罗德 萨维诺-斯托罗热夫斯基修道院。圣母安息教堂，西北侧全景

于尤里·多尔戈鲁基已认识到其地理区位的战略价值（位于商路和行政边界的结合处），因此在王位战争期间，将前蒙古时期俄罗斯的权力中心自基辅迁到位于他自己苏兹达利亚领地内的这个重镇。

1156年，在内格利纳亚河和莫斯科河汇交处的高地上，尤里建造了一座位于土墙上的木构城堡，保护一系列工场作坊和商业街道。在接下来的800年里，这一总体布局基本上没有多大变化：今日的克里姆林宫占据了尤里最初城堡的位置，城市最大的百货商店（原来的上商业中心）位于最早商业中心北面不远

处。从早期编年史有关这座城市的有限记载中可知，1176年城市在邻国大公的进袭中被焚，1210年代弗拉基米尔弗谢沃洛德三世的儿子们为争夺城市控制权曾一度爆发内斗，1238年1月拔都统率的蒙古大军在前往弗拉基米尔途中再次对城市进行了洗劫。

然而，被摧毁和洗劫的城市很快得到重建，城市人口还由于其他地区难民的流入有所增长（这些难民大都来自完全暴露在蒙古大军铁蹄下饱受战争祸害的地区，和这些地区相比，莫斯科不仅地理位置相对偏远，而且还有森林河道构成的天然屏障，可以有效地防止鞑靼人的突袭，安全上更有保障）。在蒙古人入侵后的一个世纪里，这个新兴公国实行了一系列行之

本页及右页：
（中上）图2-11兹韦尼哥罗德 萨维诺-斯托罗热夫斯基修道院。圣母安息教堂，南侧景色
（左上）图2-12兹韦尼哥罗德 萨维诺-斯托罗热夫斯基修道院。圣母安息教堂，南门近景
（中下）图2-13兹韦尼哥罗德 萨维诺-斯托罗热夫斯基修道院。圣母安息教堂，西侧近景，前景为钟亭
（右上）图2-14兹韦尼哥罗德 萨维诺-斯托罗热夫斯基修道院。圣母安息教堂，半圆室近景
（右下）图2-15兹韦尼哥罗德 萨维诺-斯托罗热夫斯基修道院。圣母安息教堂，墙面雕饰条带

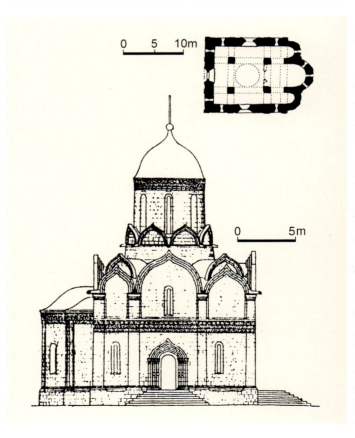

左页:
(上两幅) 图2-16 兹韦尼哥罗德 萨维诺-斯托罗热夫斯基修道院。圣母安息教堂，柱头细部

(左下) 图2-17 兹韦尼哥罗德 萨维诺-斯托罗热夫斯基修道院。圣母安息教堂，室内，壁画遗存

(右下) 图2-18 兹韦尼哥罗德 萨维诺-斯托罗热夫斯基修道院。圣母圣诞大教堂（可能1405年），平面及北立面（据V.Kaulbars）

本页:
(上) 图2-19 兹韦尼哥罗德 萨维诺-斯托罗热夫斯基修道院。圣母圣诞大教堂，西北侧远景

(下) 图2-20 兹韦尼哥罗德 萨维诺-斯托罗热夫斯基修道院。圣母圣诞大教堂，西北侧全景

有效的睦邻政策（如政治上向金帐汗国示好，尽管并不是出自真心），并巧妙地通过婚姻、购置及继承，将邻国的土地据为己有，逐步拓展了疆土。但崛起之路并非一帆风顺，地方自治的前提是要绝对服从蒙古人的宗主统治。亚历山大·涅夫斯基的幼子丹尼尔·亚历山德罗维奇（1261~1303年）继他父亲之后成为莫斯科的统治者（1283~1303年）。到13世纪末，莫斯科在政治上的影响越来越大。梁赞大公君士坦丁曾试

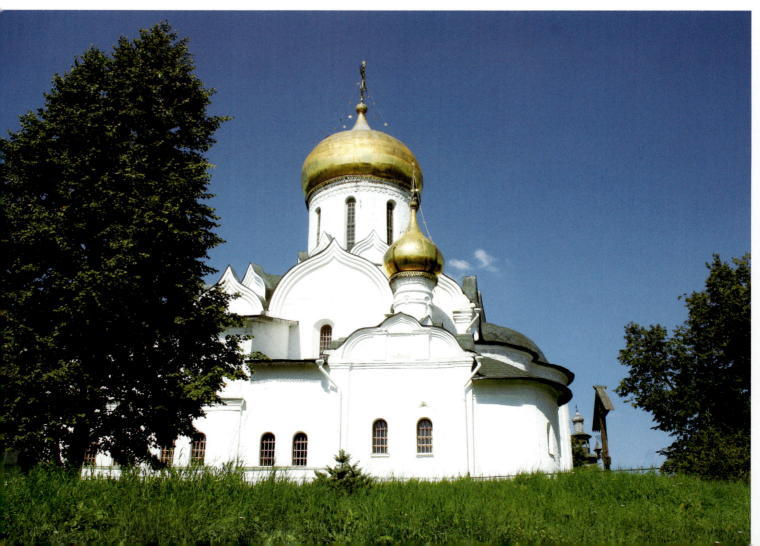

本页：

（上）图2-24兹韦尼哥罗德 萨维诺-斯托罗热夫斯基修道院。圣母圣诞大教堂，西南侧近景

（下）图2-25兹韦尼哥罗德 萨维诺-斯托罗热夫斯基修道院。圣母圣诞大教堂，西门廊近景

图借助蒙古人的帮助占领莫斯科，但被丹尼尔击退。这是俄罗斯第一次战胜鞑靼人，虽然算不上重大的胜利，但毕竟朝争取自由的方向迈进了一步。1300年，他"运用诡计"（编年史的说法）囚禁了梁赞公国的统治者，为了求得释放，后者只得把自己的科洛姆纳城堡割让给他。这是个重要斩获，因为这样一来，丹尼尔便控制了整个莫斯科河流域。1302年，他的侄子和同盟者、佩列斯拉夫尔的伊凡因无后裔，将自己所有的土地，包括佩列斯拉夫尔-扎列斯基，都遗赠给他，领土就这样得到了进一步扩大。

在蒙古人占领和罗斯各王公内战期间，丹尼尔让自己的公国保持了相对的和平。在他统治的30年内，

左页：

（左上）图2-21兹韦尼哥罗德 萨维诺-斯托罗热夫斯基修道院。圣母圣诞大教堂，北侧近景

（右上）图2-22兹韦尼哥罗德 萨维诺-斯托罗热夫斯基修道院。圣母圣诞大教堂，东侧现状

（下）图2-23兹韦尼哥罗德 萨维诺-斯托罗热夫斯基修道院。圣母圣诞大教堂，南侧全景

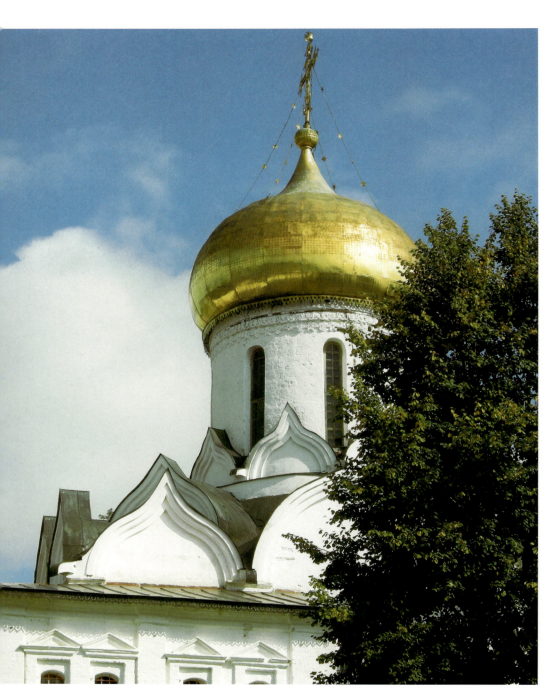

（左上）图2-26兹韦尼哥罗德 萨维诺-斯托罗热夫斯基修道院。圣母圣诞大教堂，山墙及穹顶近景

（左下）图2-27叠置拱券山墙，构造示意（取自Академия Строительства и Архитестуры СССР：《Всеобщая История Архитестуры》，I，Москва，1958年）

（右下）图2-28扎戈尔斯克 圣谢尔久斯三一修道院。三一大教堂（1422~1423年），平面及立面（据V.Baldin）：1、平面，2、西立面，3、南立面

（右上）图2-29扎戈尔斯克 圣谢尔久斯三一修道院。三一大教堂，屋顶复原图（取自Академия Строительства и Архитестуры СССР：《Всеобщая История Архитестуры》，I，Москва，1958年）

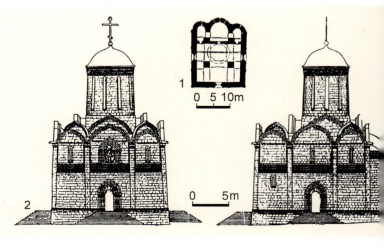

只有一次卷入战争的记录。据传他平易近人，深得臣民敬重。他建造的第一个带木构教堂（修士圣丹尼尔教堂）的修道院（现为圣丹尼尔修道院）据信最晚不超过1282年，位于莫斯科河右岸，距克里姆林宫约5英里处。

丹尼尔于1303年去世，年仅42岁（生前已为修士，按其意愿，葬在圣丹尼尔修道院公墓内）。此后俄罗斯大公们在鞑靼雇佣军的帮助下，为争夺俄罗斯中心地带的控制权展开了长期的斗争。主要的竞争对

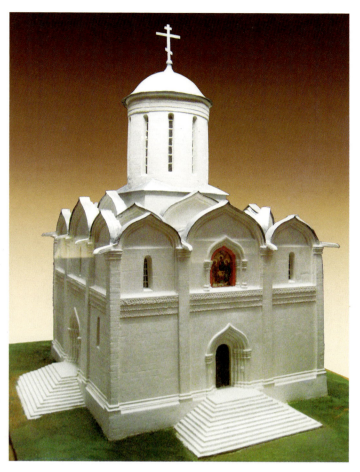

（右上）图2-30 扎戈尔斯克 圣谢尔久斯三一修道院。三一大教堂，模型

（左上）图2-31 扎戈尔斯克 圣谢尔久斯三一修道院。三一大教堂，东侧远景

（下）图2-32 扎戈尔斯克 圣谢尔久斯三一修道院。三一大教堂，北侧全景

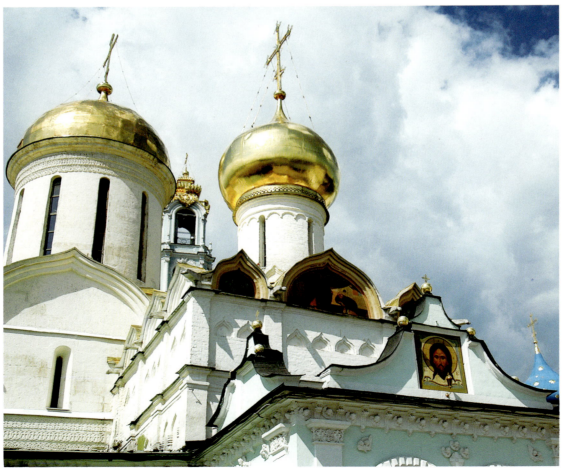

本页及右页：
（左上）图2-33扎戈尔斯克 圣谢尔久斯三一修道院。三一大教堂，东南侧景色（节庆活动期间）

（中上）图2-34扎戈尔斯克 圣谢尔久斯三一修道院。三一大教堂，东南侧近景（左侧为建于1548年的尼孔礼拜堂）

（左下）图2-35扎戈尔斯克 圣谢尔久斯三一修道院。三一大教堂，西南侧近景

（右上）图2-36扎戈尔斯克 圣谢尔久斯三一修道院。三一大教堂，中央穹顶鼓座细部

（右下）图2-37扎戈尔斯克 圣谢尔久斯三一修道院。三一大教堂，尼孔礼拜堂，穹顶东侧近景

手是莫斯科和位于它西北方向的特维尔城，卷入纷争的不仅有金帐汗国（它希望各派势力大体保持均衡），还有俄罗斯东正教会（其大主教驻地已于1300年从基辅迁往弗拉基米尔）。在这场争斗中莫斯科的成功固然有多方面的缘由，但最主要的是有一位精明强悍、不择手段的领导人，即1325年获取莫斯科统治权的伊凡一世·丹尼洛维奇·卡利塔（丹尼尔·亚历山德罗维奇的儿子，1288~1340/1341年，1325起为莫斯科大公，1328年起为弗拉基米尔大公）。伊凡在他哥哥尤里去世后接任莫斯科公国大公，不过，要获得弗拉

基米尔大公的称号还须得到金帐汗国大汗的批准。在经过和特维尔几个王公的争夺之后，1328年，伊凡终于得到穆罕默德·厄兹贝格汗的批准成为弗拉基米尔大公，并得到了在俄罗斯全境征税的权力，这个肥差使他获得了卡利塔（"富豪"）的绰号。

按俄罗斯历史学家克卢切夫斯基的说法，莫斯科

左页:

(左上)图2-38扎戈尔斯克 圣谢尔久斯三一修道院。三一大教堂,尼孔礼拜堂,山墙及半圆室屋顶近景

(右上)图2-39扎戈尔斯克 圣谢尔久斯三一修道院。三一大教堂,内景(版画,1856年)

(下)图2-40扎戈尔斯克 圣谢尔久斯三一修道院。三一大教堂,室内,圣像屏帏和圣谢尔久斯圣骨匣

本页:

(左)图2-41安德烈·鲁布列夫纪念像(位于莫斯科安德罗尼克救世主修道院入口前,作者Oleg Komov)

(右)图2-42扎戈尔斯克 圣谢尔久斯三一修道院。三一大教堂,圣像屏帏细部:《旧约三位一体》(可能1410年,原画现存莫斯科特列季亚科夫画廊)

公国在伊凡一世·卡利塔领导下兴起的主要因素有三个:首先是它位于俄罗斯中部,与相邻的两个公国梁赞和特维尔相比,较少受到东西两面外敌入侵的威胁;这种相对的安全导致它兴起的第二个因素,即吸引了俄罗斯其他地区为逃避战乱而来的大批工匠和纳税人;第三个因素是它位于自诺夫哥罗德到伏尔加河

的主要商路上。

同样具有深远意义的是，伊凡一世·卡利塔说服了俄罗斯教会的头目，当时具有极高声望的大主教彼得自弗拉基米尔迁往莫斯科。此举不仅大大提升了莫斯科的政治和宗教地位（这两者原本很难分开）；同样对城市建筑的发展具有重要意义。1326年，在彼得的参与下，伊凡为莫斯科克里姆林宫的第一个石构教堂——圣母安息大教堂举行了奠基仪式。同年晚些时候，彼得就葬在大教堂围墙内他为自己准备的陵墓里；1339年他被封为圣人，基址也因此被赋予了更多的宗教意义。这个为纪念圣母升天而建造的教堂，同样具有象征的作用，表明俄罗斯的政治和宗教中心已从前蒙古时期的弗拉基米尔转移到作为其继承者的莫斯科。但对这座教堂及克里姆林宫内其他早期石灰岩教堂的外貌，人们所知甚少。这些教堂的平面

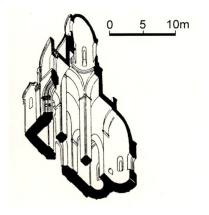

左页：

图2-44莫斯科 安德罗尼克救世主修道院。主显圣容大教堂，西侧全景

本页：

（左下）图2-43莫斯科 安德罗尼克救世主修道院。主显圣容大教堂（约1410~1427年），剖析复原图（取自Академия Строительства и Архитестуры СССР:《Всеобщая История Архитестуры》, I, Москва, 1958年）

（上）图2-45莫斯科 安德罗尼克救世主修道院。主显圣容大教堂，西南侧全景

（右下）图2-46莫斯科 安德罗尼克救世主修道院。主显圣容大教堂，南侧全景

想必类似尤里耶夫-波利斯基的圣乔治大教堂（见图1-377），尽管简朴，但明显表现出复兴弗拉基米尔建筑传统的意愿，只是还需要一段时日，才能具备足够的资源和动力把建筑提高到弗拉基米尔大教堂的水平。

在彼得的继承人费奥格诺斯特和阿列克谢任大主教期间，莫斯科当局和东正教会之间仍然具有同样的利益诉求，主教们视莫斯科为抵制俄罗斯贵族与西方

本页及左页：
（左上）图2-47莫斯科 安德罗尼克救世主修道院。主显圣容大教堂，东南侧地段形势
（左下）图2-48莫斯科 安德罗尼克救世主修道院。主显圣容大教堂，东南侧全景
（右）图2-49莫斯科 安德罗尼克救世主修道院。主显圣容大教堂，东侧地段形势
（中）图2-50莫斯科 安德罗尼克救世主修道院。主显圣容大教堂，东北侧全景

图2-51莫斯科 安德罗尼克救世主修道院。主显圣容大教堂,北侧雪景

天主教列强联盟的堡垒,大公们则成功地维系了和蒙古人相对友善和稳定的关系。伊凡于1340(或1341年)去世,葬在大天使米迦勒教堂里,他的实力政策直到他孙子顿河的德米特里执政时期,仍在持续发酵。后者于1359~1389年任莫斯科大公,在这期间,他联合了几个俄罗斯公国的力量,对抗已开始分裂的金帐汗国,并在1380年9月顿河附近的库利科沃旷野(今图拉省)会战中,击败了马迈率领的金帐汗国军队(德米特里名前的称号"顿河的"即由此而来)。尽管这次胜利并没有终结蒙古对俄罗斯的统治,但俄罗斯历史学家普遍认为,这是蒙古影响开始衰退,莫斯科国势崛起的转折点。这一过程最后导致了莫斯科的独立和近代俄罗斯国家的形成。

德米特里继续前任的扩张政策,不断拓展政治版图(1375年特维尔成为莫斯科的属国)和加强城市的防卫工程。1367年,原建于土墙基上的克里姆林宫橡

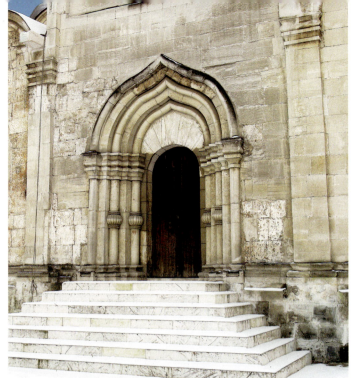

（上两幅）图2-52 莫斯科 安德罗尼克救世主修道院。主显圣容大教堂，入口近景（左右分别示西立面及南立面入口）

（下）图2-53 莫斯科 安德罗尼克救世主修道院。主显圣容大教堂，西立面近景

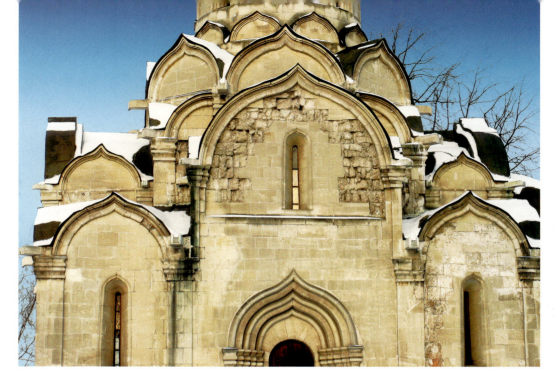

本页及左页：

（左上）图2-54莫斯科 安德罗尼克救世主修道院。主显圣容大教堂，南立面近景

（左下）图2-55莫斯科 安德罗尼克救世主修道院。主显圣容大教堂，穹顶及山墙，东南侧近景

（右）图2-56扎戈尔斯克 圣谢尔久斯三一修道院。圣灵教堂（1746年），模型

（中）图2-57扎戈尔斯克 圣谢尔久斯三一修道院。圣灵教堂，西北侧全景

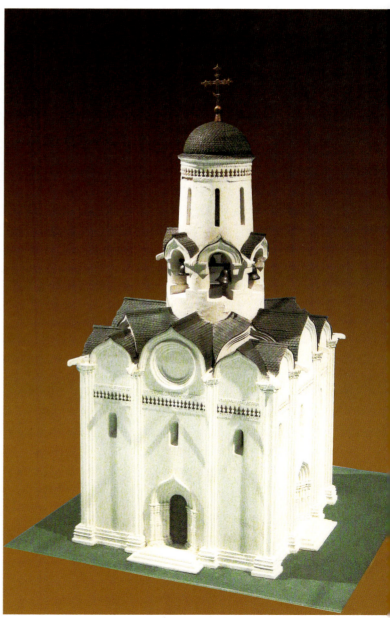

本页及右页：

（左）图2-58扎戈尔斯克 圣谢尔久斯三一修道院。圣灵教堂，西侧全景

（中）图2-59扎戈尔斯克 圣谢尔久斯三一修道院。圣灵教堂，东南侧景色

（右上）图2-60扎戈尔斯克 圣谢尔久斯三一修道院。圣灵教堂，东侧全景

（右下）图2-61扎戈尔斯克 圣谢尔久斯三一修道院。圣灵教堂，北侧形势

树原木墙被石灰石墙取代，基本上达到现在的长度（约2公里），同时建了若干城堡-修道院，以护卫城市的南北入径。

长期以来一直承认萨莱[1]大汗辖权的东正教会，此时变得越来越激进，极力鼓动俄罗斯军队集合在莫斯科大旗下讨伐金帐汗国。在库利科沃战役前不久，

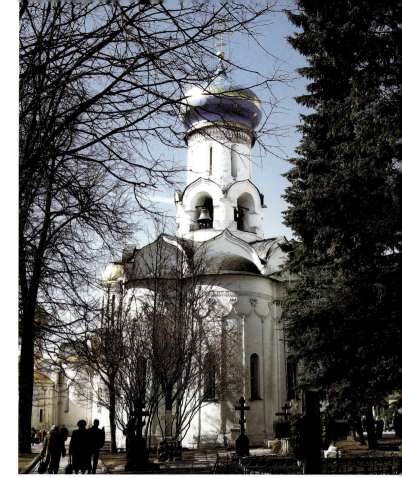

当时俄罗斯教会最受尊敬的领导人、圣三一修道院（见下文）院长、拉多内日的谢尔久斯即劝告德米特里，要关心上帝托付给他的子民，抵制异教徒。然而，德米特里的胜利并没有起到立竿见影的作用。1382年，脱脱迷失率领的一支蒙古军队，趁德米特里不在之机，包围了莫斯科，用计占领了克里姆林宫，焚烧和劫掠了城市，并带走了大量的战俘。尽管脱脱迷失以后被帖木儿率领的另一蒙古部落击败（后者破坏了位于伏尔加河边上的金帐汗国都城老萨莱），但在以后几十年期间，莫斯科仍继续向金帐汗国纳贡，领土仍然时不时遭到突袭和蹂躏。即令没有这些进犯，几乎全部以木材建造的莫斯科建筑也经常因火灾导致大部分城区毁坏。

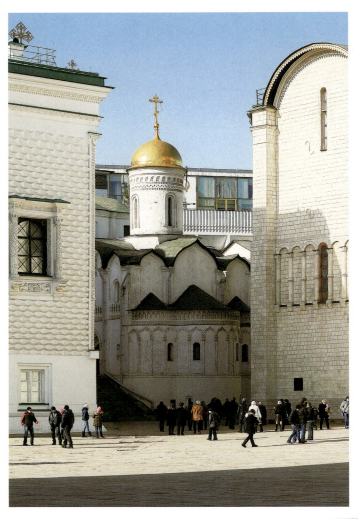

左页：

（左上）图2-62莫斯科 克里姆林宫。圣袍教堂（1484~1485年），东南侧，自教堂广场上望去的景色

（右上）图2-63莫斯科 克里姆林宫。圣袍教堂，东南侧全景

（下）图2-64莫斯科 克里姆林宫。圣袍教堂，室内，半圆室装饰细部

本页：

（左上）图2-65莫斯科 克里姆林宫。天使报喜大教堂（1484~1489年），平面及立面（取自William Craft Brumfield：《A History of Russian Architecture》，Cambridge University Press，1997年；平面据V.Suslov）

（右上）图2-66莫斯科 克里姆林宫。天使报喜大教堂，平面及剖面（取自David Roden Buxton：《Russian Mediaeval Architecture》，Cambridge University Press，2014年）

（右下）图2-67莫斯科 克里姆林宫。天使报喜大教堂，立面（取自Академия Стройтельства и Архитектуры СССР：《Всеобщая История Архитестуры》，II，Москва，1963年）

（左下）图2-68莫斯科 克里姆林宫。天使报喜大教堂，外景（水彩画，1848年，绘于1860年代重修前）

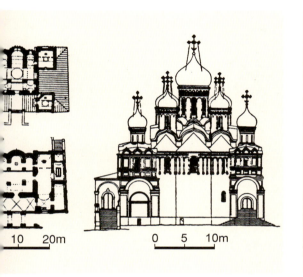

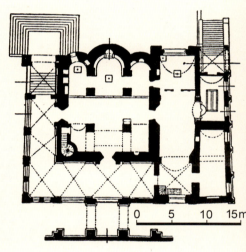

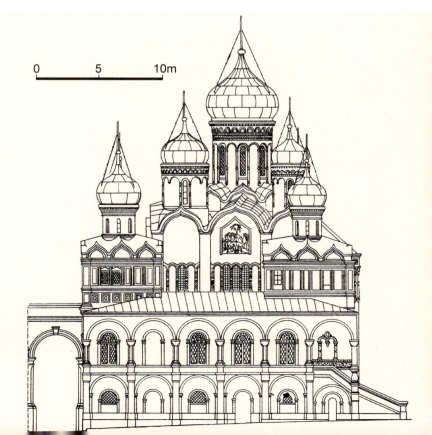

(上)图2-69莫斯科 克里姆林宫。天使报喜大教堂,外景(首次在外部采用莫斯科风格特有的叠涩拱券,图版取自David Roden Buxton:《Russian Mediaeval Architecture》,Cambridge University Press,2014年)

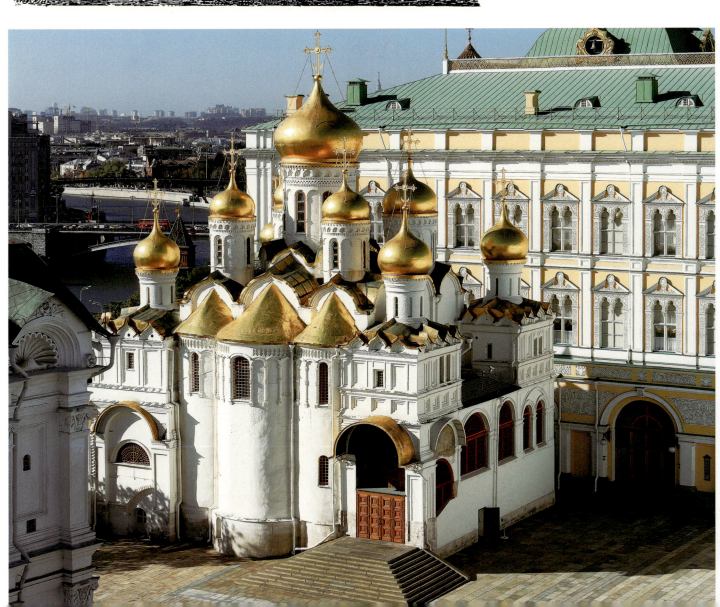

(下)图2-70莫斯科 克里姆林宫。天使报喜大教堂,东北侧俯视全景

（上）图2-71莫斯科 克里姆林宫。天使报喜大教堂，东北侧地段形势

（下）图2-72莫斯科 克里姆林宫。天使报喜大教堂，东北侧全景

本页：

（上）图2-73莫斯科 克里姆林宫。天使报喜大教堂，东南侧全景

（下）图2-74莫斯科 克里姆林宫。天使报喜大教堂，南侧全景

右页：

图2-75莫斯科 克里姆林宫。天使报喜大教堂，西南侧俯视景色（远处可看到伊凡大帝钟楼）

二、15世纪早期的石构教堂

到14世纪末，克里姆林宫的首批石构教堂已形成了一个组群（只是规模不大，且以后这部分全部重建）。在莫斯科地区，现存最早的复兴砖石建筑的实例位于莫斯科以西约80公里的一个名叫卡缅斯克的小村庄里。供奉圣尼古拉的这个以石灰石砌筑的小教堂可能建于14世纪后半叶，在兹韦尼哥罗德的尤里大公

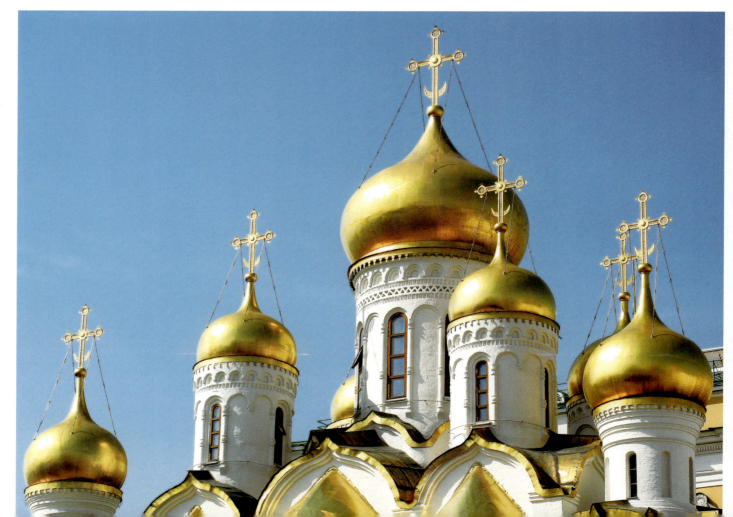

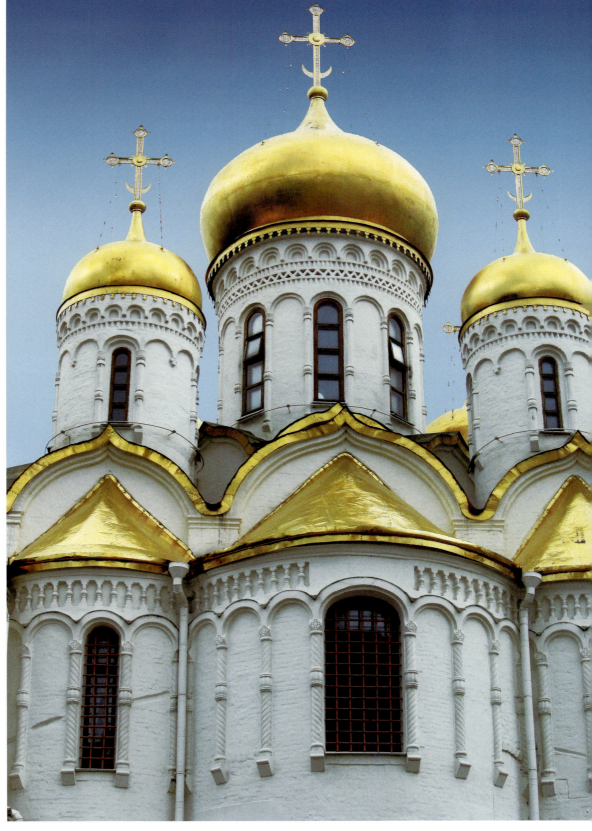

本页及左页：

（左上）图2-76 莫斯科 克里姆林宫。天使报喜大教堂，东南侧门廊近景

（右）图2-77 莫斯科 克里姆林宫。天使报喜大教堂，半圆室及穹顶，东侧景色

（左下）图2-78 莫斯科 克里姆林宫。天使报喜大教堂，穹顶，东北侧近景

（中上）图2-79 莫斯科 克里姆林宫。天使报喜大教堂，内景 [绘画，1866年，作者 Степан Михайлович Шухвостов（1821~1908年）]

领地内，这位大公还建造了其他一些具有类似设计且更为精炼的教堂。卡缅斯克的这座教堂仅部分修复，但檐口最初可能是以装饰性的拱形山墙作为结束（图 2-2~2-4）。室内柱墩并非独立设置，而是与角上相连；这是巴尔干建筑的特色之一，因此再次引发了在拜占廷帝国垮台前一个世纪期间塞尔维亚地区对俄罗

本页:

(上)图2-80莫斯科 克里姆林宫。天使报喜大教堂,室内,穹顶仰视

(下)图2-81莫斯科 克里姆林宫。天使报喜大教堂,室内,西南柱墩壁画:《圣君士坦丁和海伦娜》

右页:

图2-82莫斯科 克里姆林宫。天使报喜大教堂,室内,圣像屏帏

斯建筑的影响问题。尽管这个小教堂设计非常简单,但留存下来的透视门廊和底座线脚仍表现出弗拉基米尔地区石构传统的影响。

不过,给人印象更深刻的是莫斯科西面约60公里处兹韦尼哥罗德的大教堂。尽管其早期历史尚不清楚,但在12世纪期间,作为西部公国之一(很可能是切尔尼希夫)的前哨基地,这个城镇估计已经存在。到14世纪,文字记录已将兹韦尼哥罗德列入莫斯科大

图2-83莫斯科 克里姆林宫。天使报喜大教堂,大天使加百利礼拜堂,圣像屏帏

公的领地内;1389年,顿河的德米特里将城镇遗赠给他年仅15岁的儿子尤里。和他的父亲一样,尤里保持着和圣三一修道院的紧密联系(由谢尔久斯创建的这个修道院很快就成为俄国重要的宗教中心)。到14世纪末,尤里已积累了足够的资金在兹韦尼哥罗德建造他自己的修道院,并请修士萨瓦为宗教指导,后者于1392年谢尔久斯死后接任圣三一修道院院长,在这个岗位上干了6年。

为了发展和完善市中心的建设,尤里又建造了以后名萨维诺-斯托罗热夫斯基的修道院(根据所在的斯托罗日山,即"守望山"而名)。在15世纪初,他投资建造了两座石构教堂:圣母安息教堂(为城堡内的

454·世界建筑史 俄罗斯古代卷

（右上）图2-84 莫斯科 克里姆林宫。天使报喜大教堂，室内，门饰细部

（左）图2-85 莫斯科 克里姆林宫。天使报喜大教堂，室内，柱雕细部

（右下）图2-86 莫斯科 纳普鲁德内圣特里丰教堂（1490年代）。平面、立面及剖面（取自Академия Строительства и Архитестуры СССР:《Всеобщая История Архитестуры》，II，Москва，1963年）

宫廷教堂；平面、立面及剖面：图2-5；历史图景：图2-6；外景：图2-7～2-11；近景及细部：图2-12～2-16；内景：图2-17）和圣母圣诞大教堂（位于修道院内；平面及立面：图2-18；外景及细部：图2-19～2-26）。两座教堂的平面均沿袭弗拉基米尔和博戈柳博沃的先例，中央立方形体内布置四根柱墩，上承单一

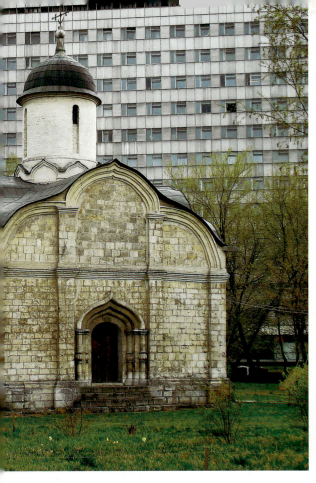

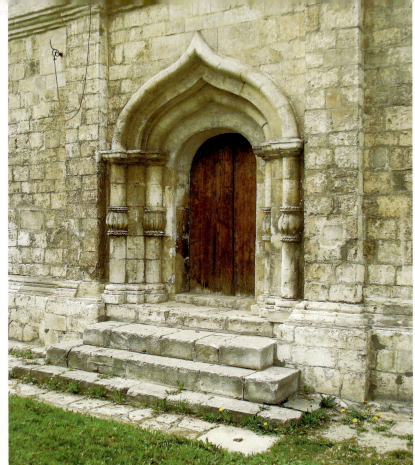

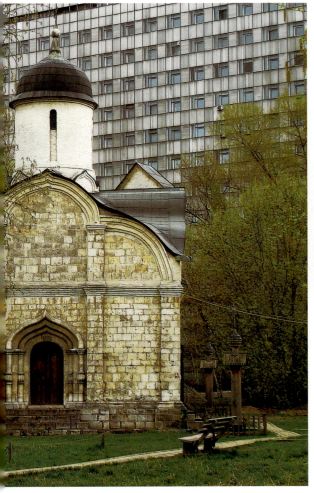

本页及左页：

（左上）图2-87 莫斯科 纳普鲁德内圣特里丰教堂，西南侧全景

（左下）图2-88 莫斯科 纳普鲁德内圣特里丰教堂，东南侧全景

（中上）图2-89 莫斯科 纳普鲁德内圣特里丰教堂，东北侧景色

（中下）图2-90 莫斯科 纳普鲁德内圣特里丰教堂，北侧全景

（右上）图2-91 莫斯科 纳普鲁德内圣特里丰教堂，南侧入口近景

（右下）图2-92 莫斯科 纳普鲁德内圣特里丰教堂，西北侧山墙，近景

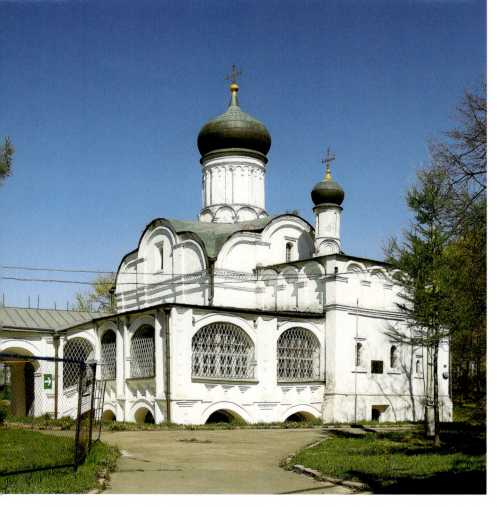

（左上）图2-93莫斯科 纳普鲁德内圣特里丰教堂，西南侧钟墙，近景

（左下）图2-94莫斯科 中国城。角上的圣安妮怀胎教堂（可能16世纪30年代），现状外景

（右）图2-95莫斯科 圣诞女修道院。圣母圣诞大教堂（可能1500~1505年，后期增建），剖析复原图（取自William Craft Brumfield:《A History of Russian Architecture》，Cambridge University Press，1997年）

的穹顶和鼓座，自圣所东墙处伸出三个半圆室。每个立面均通过附墙柱分成三个部分，并如弗拉基米尔诸教堂的样式，门廊周围布置透视退进的拱券。在圣母安息大教堂，这些表现可以看得很清楚。

然而，和前蒙古时期弗拉基米尔以石灰石建造的教堂相比，尤里的教堂在设计上要更为简化。在这

（上）图2-96莫斯科 圣诞女修道院。圣母圣诞大教堂，现状外景

（下）图2-97莫斯科 克里姆林宫。圣母安息大教堂（1475~1479年），平面：1、据F.Rikhter；2、取自David Roden Buxton：《Russian Mediaeval Architecture》（Cambridge University Press，2014年），轴线两边示不同标高的情况，右半侧标出穹顶方位；3、据Nekrasov

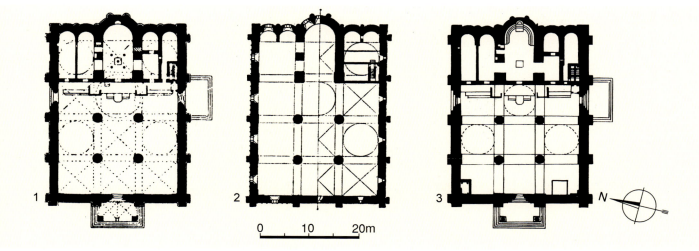

里，弗拉基米尔建筑特有的结构和装饰的复杂关系被少数不断重复的装饰母题所取代，如圣诞大教堂檐口和穹顶鼓座之间大量采用的尖券。圣母安息大教堂的尖券在一次屋顶改建时被拆除，建筑更类似安德烈·博戈柳布斯基时期的教堂，和具有较低廓线的圣诞大教堂相比（见图2-18），更加突出垂向构图（墙面稍稍收分更加强了这种印象）。

虽然明显借鉴了弗拉基米尔-苏兹达尔地区建筑的做法，但在兹韦尼哥罗德，同时也表现出若干差别，有的还预示了16和17世纪期间独特的莫斯科装饰风格的出现。弗拉基米尔地区的圆券和拱形山墙，在这里被尖券的形式取代，外部墙面的分划不再和内部柱墩和拱顶的布置相对应。从立面上看，弗拉基米尔的装饰性檐壁系用来区分较厚的下部墙体和上部嵌板，在这里却相反，采用了和墙体结构没有什么关联的形式：三个条带中最高的一个在另两个上方挑出，

第二章 莫斯科大公国时期·459

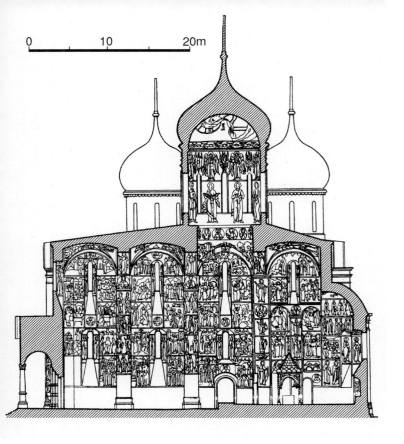

（左上）图2-98莫斯科 克里姆林宫。圣母安息大教堂，纵剖面（取自Академия Стройтельства и Архитестуры СССР：《Всеобщая История Архитестуры》，II，Москва，1963年）

（右上）图2-99莫斯科 克里姆林宫。圣母安息大教堂，南立面（取自William Craft Brumfield：《A History of Russian Architecture》，Cambridge University Press，1997年）

（左下）图2-100莫斯科 克里姆林宫。圣母安息大教堂，14世纪立面复原图（作者Сергей Заграевский）

（右下）图2-101莫斯科 克里姆林宫。圣母安息大教堂，东南侧外景（取自David Roden Buxton：《Russian Mediaeval Architecture》，Cambridge University Press，2014年）

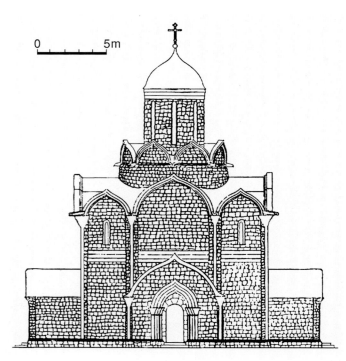

（上）图2-102莫斯科 克里姆林宫。圣母安息大教堂，东南侧外景（19世纪水彩画，作者Henry Charles Brewer）

（下）图2-103莫斯科 克里姆林宫。圣母安息大教堂，南侧地段形势

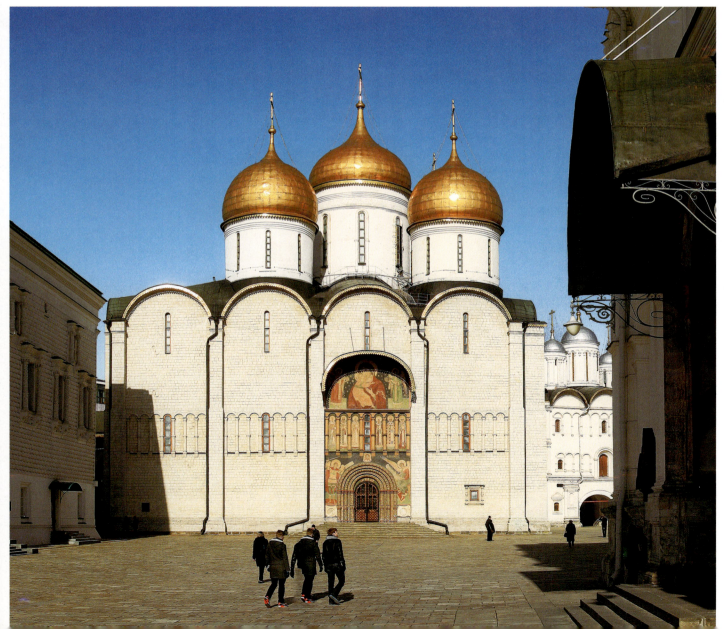

可能是为了保护复杂的石灰岩雕刻免遭雨水或湿气侵蚀（在弗拉基米尔地区的教堂，立面檐壁的盲券拱廊起到同样的作用）。最大的区别则是组成条带的装饰母题的性质：在兹韦尼哥罗德，看不到弗拉基米尔教堂立面上充斥的那种除装饰外还起说教作用的神话及圣经题材，整个条带均由不断重复的叶状图案构成，图案本身则很少变化。

由于最早的一批莫斯科教堂均遭破坏，已无法追溯自弗拉基米尔开始这一风格的演进过程，但从兹韦尼哥罗德大教堂的表现多少可寻得一些变化的迹象：从结构和装饰密切结合的早期建筑开始，到以更自由的态度对待室内外设计的关联，更多地追求与结构无关的装饰效果（如叠置拱券山墙，кокошник，

kokoshniki；图2-27）等。这种追求装饰的倾向在莫斯科建筑的发展中采取了多种形式，有的表现平平，有的则具有高度的想象力（如果不说是怪异的话）。不过，只是到16世纪，当砖取代石材成为主要建筑材

本页及左页：

（左上）图2-104莫斯科 克里姆林宫。圣母安息大教堂，东南侧俯视全景

（左下）图2-105莫斯科 克里姆林宫。圣母安息大教堂，东南侧景色

（中上）图2-106莫斯科 克里姆林宫。圣母安息大教堂，东侧全景

（右上）图2-107莫斯科 克里姆林宫。圣母安息大教堂，东立面

（中下）图2-108莫斯科 克里姆林宫。圣母安息大教堂，东北侧雪景

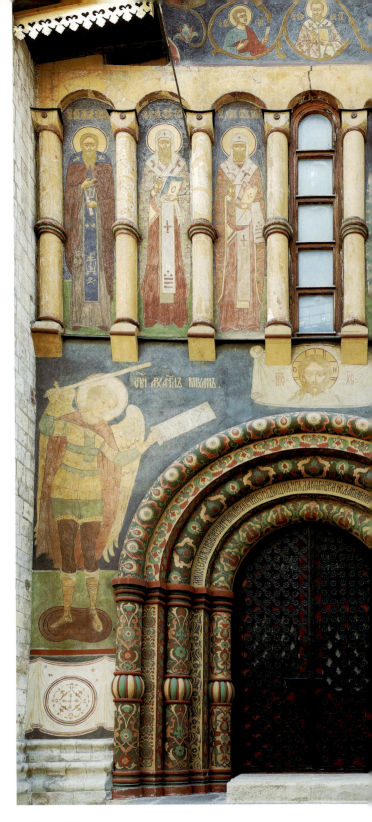

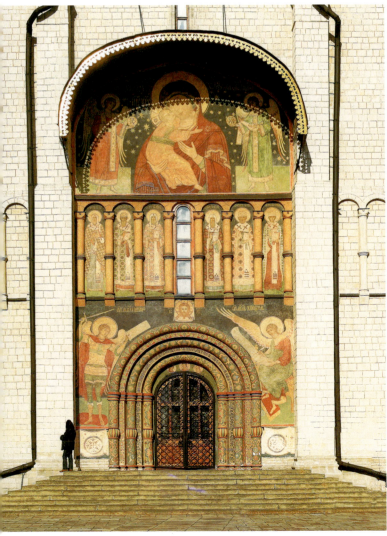

本页及右页：

（左上）图2-109莫斯科 克里姆林宫。圣母安息大教堂，西南侧景观

（左下）图2-110莫斯科 克里姆林宫。圣母安息大教堂，南立面，入口近景

（右两幅）图2-111莫斯科 克里姆林宫。圣母安息大教堂，南立面，入口处壁画及柱列

（中）图2-112莫斯科 克里姆林宫。圣母安息大教堂，西立面入口近景

464·世界建筑史 俄罗斯古代卷

料之时，这种倾向才得到了最充分的展现。

在15世纪的大部分时间里，莫斯科的石构教堂基本上就是以兹韦尼哥罗德的这些建筑为范本，如位于莫斯科东北（扎戈尔斯克）圣谢尔久斯三一修道院的三一大教堂。这座为纪念修道院的创始人、在俄罗斯修道院的发展上起到重要作用的拉多内日的谢尔久斯（可能1319~1392年）而立的大教堂系1422年由兹韦尼哥罗德的尤里亲王和瓦西里一世大公共同投资兴建。这是基址上的第三个教堂：第一个是1392年谢尔久斯去世后，在他的墓上很快建起来的一个原木礼拜堂；1408年，在一次鞑靼人大规模入侵时修道院被焚，之后基址上又用原木建了第二个更大的教堂；1422年，谢尔久斯被正式追封为圣人，这后一个建筑再次被现存教堂取代。在谢尔久斯的忠实信徒、修道

左页：

图2-113 莫斯科 克里姆林宫。圣母安息大教堂，东南侧近景

本页：

（上两幅）图2-114 莫斯科 克里姆林宫。圣母安息大教堂，东立面山墙壁画

（下）图2-115 莫斯科 克里姆林宫。圣母安息大教堂，穹顶近景

院院长尼孔的努力下，无论是1408年后修道院的重建还是石教堂的建造，都得以迅速高效地完成。

不过，从设计上看，和兹韦尼哥罗德教堂相比，三一大教堂即令不算是倒退，至少是没有多少进步：其装饰更为简朴（沿立面上部和鼓座，重复使用雕饰条带），在室内和立面设计的关系上也很别扭（平面、立面、复原图及模型：图2-28~2-30；外景：图

第二章 莫斯科大公国时期 · 467

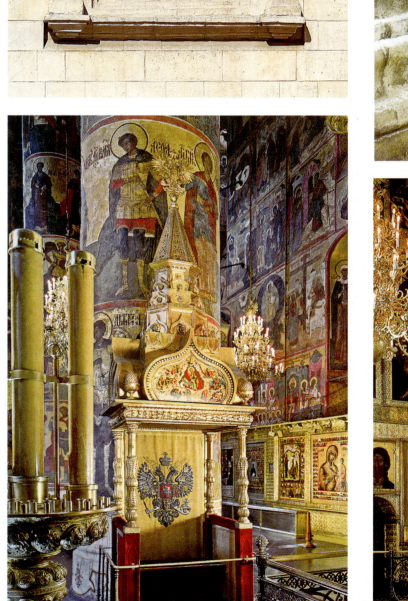

左页：

（左上）图2-116莫斯科 克里姆林宫。圣母安息大教堂，立面小窗细部

（右上）图2-117莫斯科 克里姆林宫。圣母安息大教堂，墙角十字架装饰

（下两幅）图2-119莫斯科 克里姆林宫。圣母安息大教堂，沙皇位（左图17世纪，19世纪重建；右图伊凡四世位1551年）

本页：

图2-118莫斯科 克里姆林宫。圣母安息大教堂，室内，柱墩及墙面壁画

2-31~2-33；近景及细部：图2-34~2-38；内景：图2-39、2-40）。在主要交叉处及穹顶已大幅东移的情况下，侧立面仍强行用壁柱对称分划（见图2-28），因而有悖于俄罗斯单穹顶教堂突出向心和集中的固有特色（至少是促成了这样一种印象和效果）。侧立面偏心的门廊进一步暴露了室内外构图的脱节。只是从东面和西面望去，结构才显得比较均衡、稳定（内斜的墙面扶垛和穹顶鼓座进一步加深了这种印象；见图2-22）。奇怪的是，这种均衡和由此引起的对垂直形体的关注使建筑看上去要比实际宽度长得多。尽管设计上显得有些怪异，但在当初建造的时候，和修道院组群的原木结构及周围低矮的围墙相比，这座石砌的

左页：

图2-120莫斯科 克里姆林宫。圣母安息大教堂，大主教赫尔摩根墓寝华盖（17世纪）

本页：

（上）图2-121莫斯科 克里姆林宫。圣母安息大教堂，仰视内景

（下）图2-122莫斯科 克里姆林宫。总平面，图中：1、圣母安息（升天）大教堂，2、报喜大教堂，3、大天使米迦勒教堂，4、十二圣徒大教堂（圣徒菲利普教堂）及主教宫，5、伊凡大帝钟楼，6、圣袍教堂，7、炮王，8、钟王，9、大克里姆林宫，10、多棱宫，11、阁楼宫，12、军械馆（军械作坊），13、参议院大楼，14、游戏宫，15、军械库（武库），16、"洞穴"，17、无名将士墓，18、国家历史博物馆，19、列宁墓，20、圣母代祷大教堂（圣瓦西里教堂），21、上商业中心（国营百货商场）

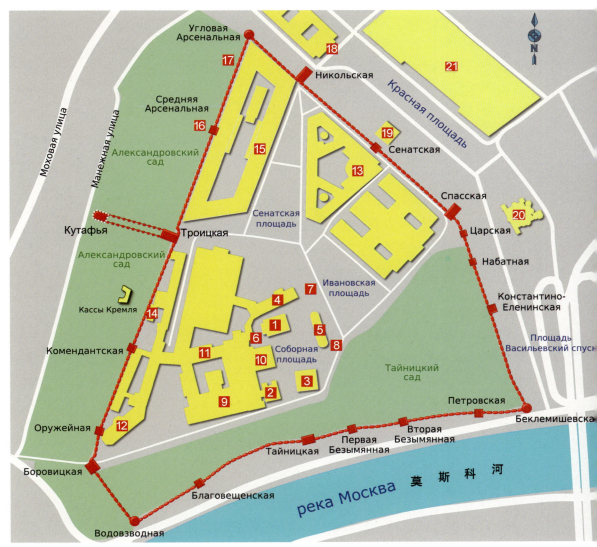

本页：

（上）图2-123莫斯科 克里姆林宫。全景图，图中：1、军械馆（军械作坊），2、圣母安息（升天）大教堂，3、报喜大教堂，4、大天使米迦勒教堂，5、十二圣徒大教堂（圣徒菲利普教堂）及主教宫，6、圣袍教堂，7、伊凡大帝钟楼，8、炮王，9、钟王，10、多棱宫，11、国家克里姆林宫，12、阁楼宫，13、大克里姆林宫，14、军械库（武库），15、参议院大楼，16、库塔菲亚塔楼，17、三一塔，18、司令塔，19、武器塔，20、博罗维奇塔楼，21、水塔，22、报喜塔楼，23、隐秘塔，24、第一个无名塔，25、第二个无名塔，26、彼得塔，27、莫斯科河塔楼（别克列米舍夫塔楼），28、圣君士坦丁与海伦娜塔楼，29、警钟塔，30、沙皇塔，31、弗罗洛夫塔楼（救世主塔楼），32、参议院塔楼，33、圣尼古拉塔楼，34、禁角武库塔楼（索巴金塔），35、中武库塔楼，36、密园，37、亚历山大公园，38、莫斯科大学，39、国家历史博物馆，40、圣母代祷大教堂（圣瓦西里教堂），41、驯马厅，42、猎人商场，43、上商业中心（国营百货商场）

（中）图2-124莫斯科 克里姆林宫。立面（17世纪末景观，自莫斯科河上望去的景色，取自Академия Строительства и Архитестуры СССР:《Всеобщая История Архитестуры》, II, Москва, 1963年）

（下）图2-126莫斯科 克里姆林宫。总平面（1760年代，含中国城地区）

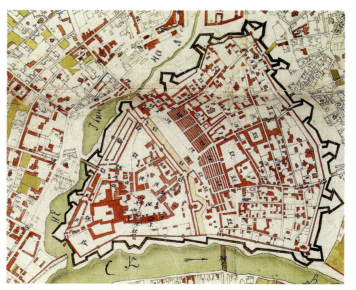

右页：

（上）图2-125莫斯科 克里姆林宫。全景图（1664年），献给沙皇阿列克谢·米哈伊洛维奇的这幅城图系表现鲍里斯·戈杜诺夫统治时期的状态，也是有关克里姆林宫建筑的第一个详图

（下）图2-127莫斯科 克里姆林宫。总平面（1842年）

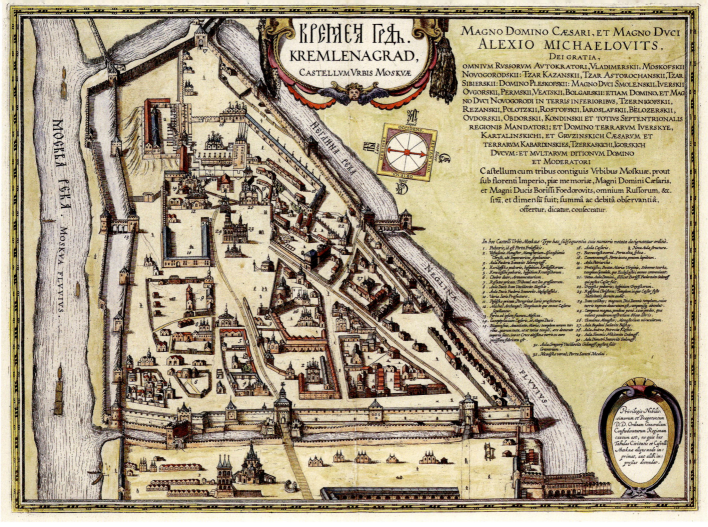
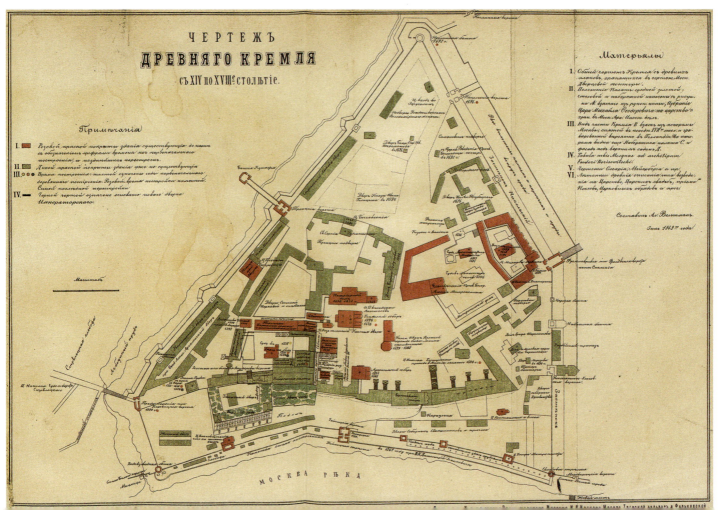

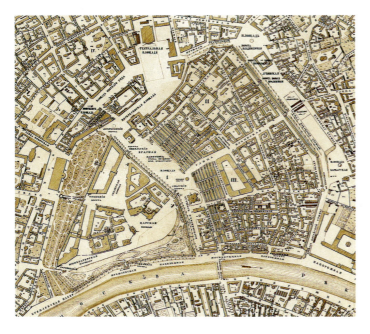

本页及右页:

(左上)图2-128莫斯科 克里姆林宫。总平面(1852~1853年,东面为中国城地区,取自A.Khotev:《Atlas of Moscow-Kremlin and Kitaigorod Area》)

(中)图2-129莫斯科 克里姆林宫。总平面(1910年,取自С.П.Бартенев:《Московский Кремль в старину и теперь》,图上标出被拆除的早期建筑)

(右上)图2-130莫斯科 克里姆林宫。总平面(1914年,示围墙的历次扩展)

(右下)图2-131莫斯科 克里姆林宫。总平面(右侧为红场,1917年)

圣三一教堂想必给人们留下了强烈的印象。

这个基址及与之相联系的圣人,同样激发了最伟大的俄罗斯画家之一安德烈·鲁布列夫[2]的创作灵感(他年轻时曾为三一修道院的一名修士;图2-41)。鲁布列夫为这个纪念谢尔久斯的教堂绘制的《旧约三位一体》(Old Testament Trinity)被认为是中世纪俄罗斯最著名的圣像画,尽管其准确的年代尚不清楚(可能1410年,图2-42)。大约1425~1426年,鲁布列夫和另一位著名的莫斯科画家丹尼尔·乔尔内应修道院院长尼孔之邀自莫斯科重返修道院,为教堂绘制

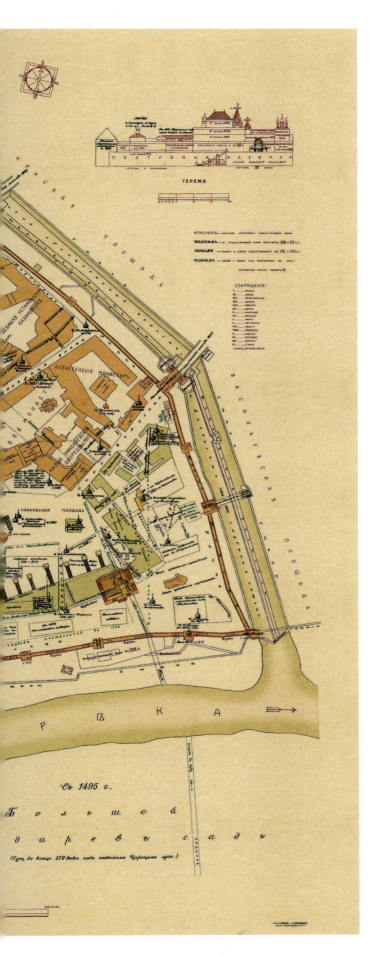

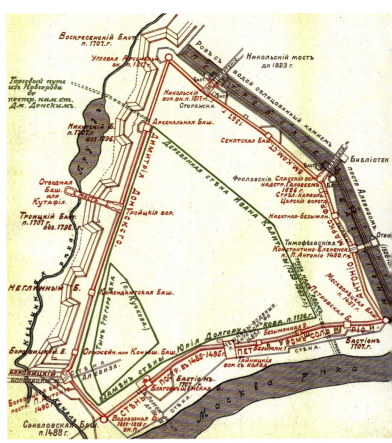

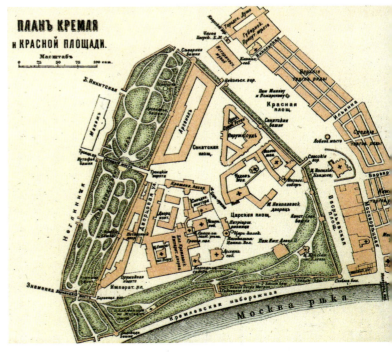

圣像屏帏（iconostasis）和壁画，画于1427年尼孔去世前不久完成，在教堂里留存了两个世纪；后因保存得不好（17世纪初修道院被波兰人长期围困令保存条件更为恶化），于1635年被替换。

虽说在俄罗斯，14世纪末已经开始出现了高的圣

476·世界建筑史 俄罗斯古代卷

本页及左页：

（左上）图2-132莫斯科 克里姆林宫。17世纪末景色，前景为万圣桥（绘画，作者Аполлинарий Михайлович Васнецов）

（左中）图2-133莫斯科 克里姆林宫。城墙及救世主桥，17世纪景色（绘画，作者Аполлинарий Михайлович Васнецов，约绘于1900年）

（右上）图2-134莫斯科 克里姆林宫。大教堂广场（绘画，作者Аполлинарий Михайлович Васнецов，左侧前景示正在建造的大天使米迦勒教堂）

（左下）图2-135莫斯科 克里姆林宫。东侧景色（版画，作者Августин Мейерберг，1661~1662年）

（右下）图2-137莫斯科 克里姆林宫。全景图（绘画，作者贾科莫·夸伦吉，1797年）

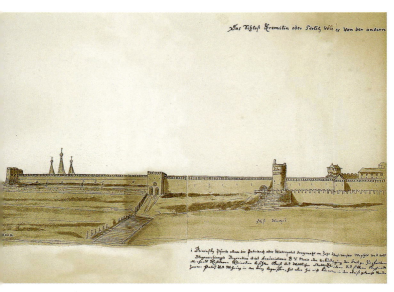

像屏帏（在这方面，狄奥凡的偶像画起到了很大的推动作用），但三一大教堂的圣像屏帏是第一个不间断地延伸横跨整个主体结构宽度的实例，同时它还起到把东部柱墩及半圆室和教堂中部空间分开的作用。实际上，在三一大教堂，穹顶和鼓座东移很可能是为了照亮圣像屏帏而进行的一次试验。也就是说，在莫斯科建筑的这一形成阶段，圣像屏帏的演化为俄罗斯教堂的室内设计引进了新的视觉要素（在某种程度上甚至影响到结构），并在室内空间的认知上带来了重大的变化。

在主显圣容大教堂，人们再次看到了对集中构图和对称形制的肯定。这座教堂位于安德罗尼克救世主修道院内（修道院之名来自其首任院长圣谢尔久斯的另一位忠实信徒安德罗尼克）。尽管其建造日期无法准确判定（大约建于1410~1427年，也可能更早），但它仍然被视为城市最早保存下来的古迹。其捐赠人叶尔莫林斯是莫斯科最早为建筑投资的商业精英。在当时的莫斯科，这座建筑可说是最华丽的一个，展现出很强的垂向构图特色（对位于修道院组群中央的

本页及左页：
（左上及中上）图2-136莫斯科 克里姆林宫。西侧景色（版画，作者Августин Мейерберг，1661~1662年）
（下）图2-138莫斯科 克里姆林宫。自宫内平台外眺景色（绘画，1797年，作者Gerard Delabart）
（右上）图2-139莫斯科 克里姆林宫。全景图（彩画，约1800年，作者不明）

教堂来说,这也是自11世纪以来的共同趋向;剖析复原图:图2-43;外景:图2-44~2-51;近景及细部:图2-52~2-55)。尖券山墙和装饰性的尖拱蹿升到位于结构中央的穹顶和高鼓座脚下,角上较矮的拱顶进一步强化了由此产生的垂向力度。八角形体的尖券山墙构成了自中央立方体到鼓座的视觉过渡。这一设计似

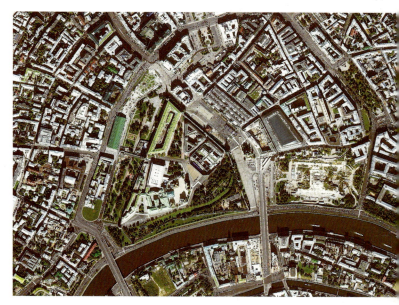

可视为16世纪莫斯科塔式教堂的原型，尽管可能还有其他的来源，但和兹韦尼哥罗德教堂相比，救世主大教堂无疑在很多方面以其独特的方式预示了日后莫斯科建筑的诸多特色。

与此同时，也应该看到，尽管安德罗尼克修道院的这座大教堂在延续弗拉基米尔石灰岩教堂传统的同时引进了一些变化，但如同兹韦尼哥罗德的早期建筑和三一大教堂一样，只是在有限范围内再现了早期那种更为出彩的风格。它们当中没有一个能在设计及结构上达到弗拉基米尔和博戈柳博沃建筑那样的精美和细致。在装饰方面，与后者最接近的是尤里耶夫-波利斯基的圣乔治大教堂。事实上，在中世纪的俄罗斯文化史上，这些教堂的重要性并不是因其建筑设计，而是由于安德烈·鲁布列夫至少参与了其中三个教堂的装饰工作（壁画和圣像画）。某些记述圣谢尔久斯履历的文献甚至提到，除壁画外，鲁布列夫还参与了安德罗尼克修道院主显圣容大教堂的建造工作。

左页：

（上）图2-140莫斯科 克里姆林宫。全景图[1839年，作者Johann Philipp Eduard Gaertner（1801～1877年）]

（下）图2-141莫斯科 克里姆林宫。全景图（版画，作者André Durand，1843年）

本页：

（左上）图2-142莫斯科 克里姆林宫。外景（速写，作者Robert Schumann，1844年）

（右上）图2-143莫斯科 克里姆林宫。卫星图（含东面中国城部分）

（左下）图2-144莫斯科 克里姆林宫。南侧俯视全景

（右下）图2-145莫斯科 克里姆林宫。东北侧俯视景色

在15世纪后期和16世纪早期，虽说建造大型结构的资源已相当充足，技术能力也大为提高，但在莫斯科，人们仍继续建造带单一穹顶和采用内接十字形平面的小型教堂。除了传统的平面外，后期的这组教堂同样汲取了某些新的要素。虽然它们采用了石灰石基础和石雕细部（如退阶的门廊拱券），但墙体仍为砖砌。在莫斯科地区，生产和使用砖作为主要结构材料应在15世纪中叶以后，最初可能是用于重建克里姆林宫的塔楼。和石灰石相比，砖显然具有更大的潜力。在莫斯科，引导人们充分认识这种材料在使用上的潜力并付诸实践的，不仅有意大利人（在15和16世纪，他们参与了重建克里姆林宫和改造俄罗斯建筑的工作），同样有来自外地（可能是诺夫哥罗德）的俄罗斯匠师。此外，人们还知道，1474年，伊凡三世还带了一批普斯科夫的匠师到莫斯科，在那里，他们很快适应了当地的环境，将砌筑石板的技术稍事变通用于砌造采用类似平面的砖构教堂。当时的记载还指出，来自普斯科夫的匠师是和"德国人"（很可能是波罗的海地区的）一起工作，这意味着，他们都是具有良好专业素质的技师。

在这组建筑中，特别值得注意的是位于谢尔久斯三一修道院三一大教堂东面的圣灵教堂（建于1746

左页：

图2-146莫斯科 克里姆林宫。东北侧现状（局部），近景左侧为圣母代祷大教堂（圣瓦西里教堂），右侧为弗罗洛夫塔楼（救世主塔楼），远处最高建筑为伊凡大帝钟楼

本页：

（上）图2-147莫斯科 克里姆林宫。西南侧远景

（下）图2-148莫斯科 克里姆林宫。东南侧景色（局部）

本页：
图2-149莫斯科 克里姆林宫。自宫内向莫斯科河方向望去的景色（左下方前景为大天使米迦勒教堂，右上方远处可看到1990年代重建的救世主大教堂）

右页：
图2-150莫斯科 克里姆林宫。弗罗洛夫塔楼[斯帕斯克（救世主）塔楼，1464~1466年，1491年改建，上部结构1624~1625年增建]，北侧全景

年）。这是个采用立方形体、内接十字形平面的结构；其不同寻常的特色是在中央十字形空间上面、穹顶鼓座之下布置了一个多边形的钟楼（模型：图2-56；外景：图2-57~2-61）。这一设计并无明显的原型可寻，但构成钟楼的沉重敦实的柱子可能是来自普斯科夫的吊钟山墙，只是后者在其他方面完全不同。这个钟楼显然是借助一个相邻木结构的通道上去（教堂内部和外部都没有发现建有楼梯的痕迹）。抛开实用问题暂且不论，这一设计更重要的意义似乎在于，它提供了莫斯科建筑突出集中式构图的明显证据，正是这种倾向导致了下一个世纪那些更为豪华的塔楼式教堂的诞生。

这个教堂的另一创新亮点是在立面上部和鼓座上采用了陶板装饰檐壁（包括上釉和未上釉两种）。砖石的装饰条带在苏兹达利亚地区、诺夫哥罗德和普斯科夫很早以前就可看到，但彩色釉板（其叶饰图案效法三一大教堂的石灰石装饰条带，见图2-35）似可视为莫斯科人追求豪华建筑装饰的新例证，白灰粉刷的砖墙面和精美的陶器装饰看来是有意识地沿袭前蒙古时期苏兹达利亚地区的石灰石教堂。

在莫斯科，普斯科夫匠师的后续作品还包括克里姆林宫的两个教堂。其中之一——圣袍教堂[3]系应大主教格龙季之托为纪念公元5世纪起始的一个节庆（庆贺圣母的长袍自巴勒斯坦运抵君士坦丁堡）建于

本页及右页:

(左) 图2-151莫斯科 克里姆林宫。弗罗洛夫塔楼[斯帕斯克(救世主)塔楼],东侧全景

(中) 图2-152莫斯科 克里姆林宫。弗罗洛夫塔楼[斯帕斯克(救世主)塔楼],东南侧近景

(右) 图2-153莫斯科 克里姆林宫。弗罗洛夫塔楼[斯帕斯克(救世主)塔楼],东北侧近景

1484~1485年,建筑位于克里姆林宫大教堂广场边前一个教堂(建于1451年)的基址上,负责施工的是来自普斯科夫的匠师(可能就是建造相邻的天使报喜大教堂的那批)。其装饰类似圣灵教堂(特别是砖构立面上的陶土装饰条带),但比例和尺度上要比原型简朴得多(外景:图2-62、2-63;内景:图2-64)。在鼓座的砖构装饰部件以及低矮并饰有大量附墙柱及装饰性檐壁的三个半圆室的设计上,都可以明显看到普

斯科夫传统的影响。不过，在结构方面，圣袍教堂似可视为安德罗尼克救世主修道院大教堂的一种简化的变体形式。

和简单质朴的圣袍教堂相反，1484~1489年建造的天使报喜大教堂由于变动太大，15世纪后期的部分已被后期礼拜堂及大量的穹顶掩盖（平面、立面及剖面：图2-65~2-67；外景画：图2-68、2-69；外景及细部：图2-70~2-78；内景：图2-79~2-85）。和莫斯科

本页及左页：
（左上）图2-154莫斯科 克里姆林宫。弗罗洛夫塔楼[斯帕斯克（救世主）塔楼]，大钟细部
（左下）图2-155莫斯科 克里姆林宫。弗罗洛夫塔楼[斯帕斯克（救世主）塔楼]，塔尖近景
（中及右）图2-156莫斯科 克里姆林宫。别克列米舍夫塔楼（莫斯科河塔楼，1487~1488年，尖塔1680年增建），东南侧，地段形势与近景

大公的宫廷教堂一样，最早的结构为一个采用内接十字形平面、以石灰石砌造的小型教堂，约建于14世纪下半叶（可能为60年代）。在俄罗斯艺术史上，这座规模不大的教堂同样具有里程碑的意义：1405年，三位艺术巨匠（狄奥凡、安德烈·鲁布列夫和戈罗杰茨的普罗霍尔）为它绘制了壁画和圣像屏帏的圣像画，后者被认为是已知最早的高圣像屏帏实例，经修复后的现存圣像成为国家最珍贵的文物。1484年教堂重建时，残破的老教堂被悉数拆除，壁画自然也随之毁掉。

1416年，普斯科夫匠师将老的石灰石基础加固扩大，作为其砖构教堂的基底；教堂最初的外观酷似圣灵教堂，只是没有钟楼。三个半圆室及侧立面带附墙柱的盲券拱廊使人想起弗拉基米尔的古代建筑，而在其他方面，则是融合了普斯科夫和莫斯科的结构及装饰母题。由于大教堂东面（半圆室一侧）对着开阔的克里姆林宫中央空间——大教堂广场，因而在东北和东南角跨间上，额外增加了两个穹顶。建筑在1547年的莫斯科大火中遭到严重破坏，趁16世纪60~70年代改建之机，在环绕着主体结构的廊道四角上方，增建了四个礼拜堂（见图2-65~2-67）。西跨间上同样增加了两个穹顶，总共九个穹顶和屋顶一起，均覆镀金铜板。

普斯科夫匠师们采用的这些形式，尽管尺度不大，但直到16世纪，实践证明，它们不仅非常实用，

本页及左页：

（左上）图2-157莫斯科 克里姆林宫。别克列米舍夫塔楼（莫斯科河塔楼），西北侧景色（自宫墙内望去的情景，前方为现总统直升机的停机坪）

（左下）图2-158莫斯科 克里姆林宫。别克列米舍夫塔楼（莫斯科河塔楼），塔顶仰视

（中）图2-159莫斯科 克里姆林宫。水塔（1488年，尖塔1672~1686年增建），南侧全景（背景为大克里姆林宫）

（右）图2-160莫斯科 克里姆林宫。水塔，东侧全景，远景为位于莫斯科河北岸的救世主大教堂

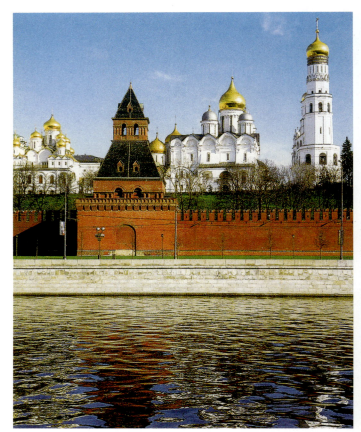

而且有很强的适应能力。15世纪90年代建造的纳普鲁德内圣特里丰教堂，是个位于伊凡三世一块领地内的小型石灰石建筑。建筑最令人感兴趣的是采用了普斯科夫的拱顶技术，没有立室内柱墩，鼓座支撑在交叉拱顶和穹状拱顶（kreshchatyi svod）相结合的屋盖体系上（平面、立面及剖面：图2-86；外景：图2-87~2-90；近景及细部：图2-91~2-93）。在室外，西南角上横跨一个小的吊钟山墙，显然是效法普斯科夫的做法（见图2-93）。在设计和规模上与之类似的尚有角上的圣安妮怀胎教堂（可能建于16世纪30年代，位于莫斯科老的商业区中国城内）。石灰石墙体砌到拱顶起券高度，按普斯科夫方式以一道装饰性条带（be-

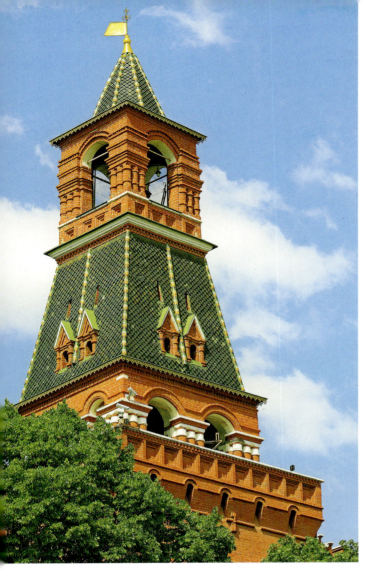

左页：

（左）图2-161莫斯科 克里姆林宫。水塔，上部尖塔近景

（右上）图2-162莫斯科 克里姆林宫。隐秘塔，南侧景观

（右下）图2-163莫斯科 克里姆林宫。三一塔（1495年），西侧景观

本页：

（左上）图2-164莫斯科 克里姆林宫。警钟塔（1495年），东南侧景色

（右上）图2-165莫斯科 克里姆林宫。沙皇塔（1680年），东南侧景色

（下）图2-166莫斯科 克里姆林宫。博罗维奇塔楼（1490~1493年），南侧，自宫墙外望去的景色

本页：
（右上）图2-167莫斯科 克里姆林宫。博罗维奇塔楼，西侧全景
（下）图2-168莫斯科 克里姆林宫。博罗维奇塔楼，东北侧，自宫城内部望去的景色（右侧为军械馆）
（左上）图2-169莫斯科 克里姆林宫。博罗维奇塔楼，塔顶近景

右页：
图2-170莫斯科 克里姆林宫。君士坦丁与海伦娜塔楼（1490~1493年，角锥形屋顶17世纪），东南侧景色（后部依次为警钟塔和弗罗洛夫塔楼）

gunets）界定（图2-94）。小砖用于结构上部，包括三叶形山墙，后者形成了至主要穹顶下高鼓座的有效过渡。和圣特里丰教堂一样，室内未设柱墩。

位于莫斯科圣诞女修道院内的圣母圣诞大教堂是这一类型的一个更复杂的变体形式。教堂可能建于1500~1505年，但由于后世的增建（特别是19世纪期间），外观已有很大改变，现仅部分进行了修复。尽管是用砖而不是石灰石建造，其现存核心部分非常接近安德罗尼克修道院大教堂。两者都是以较低的角上拱顶作为金字塔式构图的基底，通过一系列尖券山墙通向高耸的鼓座及穹顶（剖析复原图：图2-95；外景：图2-96）。结构的垂直推力明确限定在内部，四个柱墩之间以叠涩拱券连接，由柱墩上升起的拱券支撑鼓座。圣诞大教堂就这样提供了另一种合乎逻辑的结构方案，莫斯科的教堂设计也因此引进了一种新的、前所未有的表现垂直构图的方式。

三、克里姆林宫的建设：圣母安息大教堂

1475年，首批意大利建筑师到达莫斯科，俄罗斯工匠一个世纪以来积累的砖石建筑技术也因此发生了深刻的变化。虽说俄罗斯建筑并没有融入到文艺复兴

时期建筑艺术大步前进的浪潮中去,但来自15世纪意大利文艺复兴初期的这批建筑师毕竟为莫斯科提供了一些表达自己意愿的新工具。事实上,自1475年到16世纪末,建筑已成为莫斯科文化的主要表现方式。

为了更好地理解这一重大变化,有必要简要回顾一下与莫斯科崛起相关的政治事件。在瓦西里一世·德米特里耶维奇(1371~1425年,1389~1425年在位)统治时期,尽管鞑靼人的威胁并没有完全解除,进袭的事件时有发生(1408和1410年),但随着金帐汗国的解体,莫斯科得以不断强化对俄罗斯中部地区的控制。不过,这时期建筑上的有限复苏(以前述15世纪早期的石构教堂为代表),很快就因15世纪20年代末统治阶层内部旷日持久的争斗而中断,争斗双方分别是瓦西里的儿子瓦西里二世(1425~1462年在位,继位时年仅10岁)的追随者和他的叔父、兹韦尼哥罗德大公尤里(其权力基础来自雅罗斯拉夫尔北面的富饶地区加利奇)。1434年尤里死后,他的儿子们继续对王位提出要求,内战就这样一直持续到50年

本页及右页:
(左)图2-171莫斯科 克里姆林宫。君士坦丁与海伦娜塔楼,东北侧全景
(中)图2-172莫斯科 克里姆林宫。圣尼古拉塔楼(1490~1493年),东侧全景(右为禁角武库塔楼)
(右)图2-173莫斯科 克里姆林宫。圣尼古拉塔楼,入口近景

代，直到瓦西里二世取得最后胜利，随后又将王位传给了自己的儿子。

与此同时，东正教会内部发生的重大事件同样对莫斯科产生了直接或深远的影响。在土耳其人对君士坦丁堡构成重大威胁的形势下，拜占廷教会同意再次和罗马天主教会联合，在教义上作出让步并承认教皇的权威[即历史上著名的"佛罗伦萨联盟"（Union of Florence），1439年]。刚刚任命的俄罗斯大主教伊西多尔是联盟的坚定支持者，但伴随他去佛罗伦萨的其他俄罗斯代表态度相反，他们不仅成功地否决了联盟，还把伊西多尔逐出俄国。由于漠视君士坦丁堡的权威，俄罗斯教会事实上已成为独立组织。1448年俄罗斯主教大会选举梁赞的焦纳为大主教更成为双方正式分裂的标志。1453年君士坦丁堡的沦陷使俄罗斯东正教会更加孤立，但也正因为如此，进一步增强了俄罗斯东正教会和莫斯科当局捍卫东正教信仰的使命感和决心。

到15世纪中叶，在俄罗斯教会大主教和瓦西里二世大公的努力下，大型建筑项目在停滞了近25年后，第一次被提上了日程。尽管这时期的建筑，特别是克里姆林宫的，以后都经过改造或迁移，但像克里姆林宫大主教焦纳的宫邸及教堂这样一些项目，不仅成为莫斯科世俗和宗教建筑的代表及繁荣的象征，同时也为伊凡三世时期（1462~1505年）那些规模大得多的建筑铺平了道路。伊凡三世对保护苏兹达利亚地区古迹的重视不仅保证了文化的连续，同时也为复兴那个英雄时代的光荣作了铺垫。特别令人感兴趣的是1471年尤里耶夫-波利斯基的圣乔治大教堂的修复工程（教堂于该世纪中叶倒塌，原因不明）。尽管它很难说是近代意义上的全面修复，但在富足的莫斯科商人和承包人瓦西里·叶尔莫林的监督下，项目的实施仍表现出很高的技巧。教堂本身规模适中但装饰华丽，可视为俄罗斯重建和改建工程的重要范例。

14世纪克里姆林宫圣母安息（升天）大教堂（见前文）的改建亦属这类工程的杰出代表。到伊凡三世登基的1462年，圣母安息大教堂已将近倒塌，有的穹顶仅靠大的木梁支撑。改建大教堂的最初想法来自焦纳的继承人、大主教菲利普。1471年他成为这个改建项目的委托人，并开始在莫斯科附近的米亚奇科夫采石场开采石灰石，聘请建筑师伊凡·克里夫佐夫和梅什金为设计人。建筑以弗拉基米尔的圣母安息大教堂为范本但规模更大，为此在筹款上采取了特别措施（如征收专项税款，由莫斯科商人大量认捐等）。

（左上）图2-174莫斯科克里姆林宫。圣尼古拉塔楼，顶塔近景

（右上）图2-175莫斯科克里姆林宫。禁角武库塔楼（索巴金塔），1812年受损状态（版画，作者A.Bakarev）

（下）图2-176莫斯科克里姆林宫。禁角武库塔楼（索巴金塔），西侧远景（自亚历山大公园处望去的情景）

图2-177 莫斯科 克里姆林宫。禁角武库塔楼（索巴金塔），西侧全景

1472年4月30日，大主教菲利普主持了有伊凡三世参加的新教堂奠基仪式（但文献上找不到伊凡三世的捐赠记录，看来这位大公和大主教之间的关系并不如想像的那样密切）。这个新建筑将老教堂围在内部，后者在莫斯科王公及大主教的墓寝被迁移到位于新墙的埋葬地后，即被拆除。1473年春天，菲利普死于中风（据说是为新建筑操劳过度，身体透支），但工程在他的继承人、大主教格龙季的领导下继续紧张地进行，势头不减。到1474年5月，墙体和拱顶均已完成，并开始建造大的鼓座；但在5月20或21日夜间，拱顶连带结构的其他部分突然倒塌。关于事故的原因有多种说法，如灰浆质量太差，地方石材不适合

第二章 莫斯科大公国时期 · 499

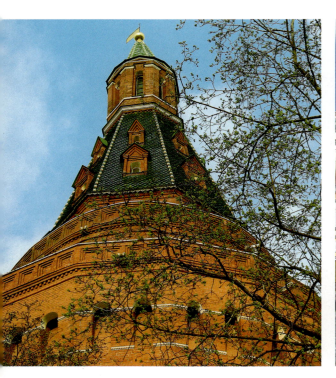

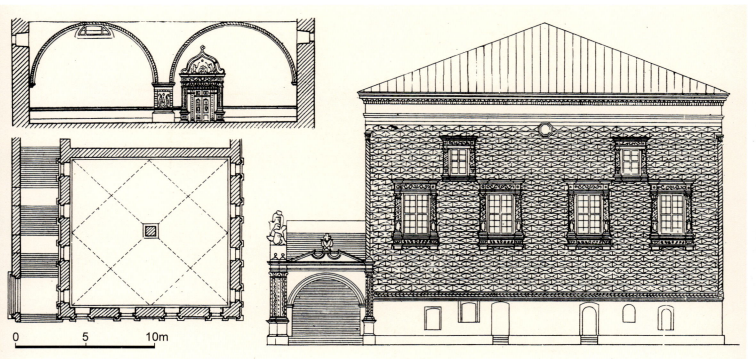

本页：

（左上）图2-178莫斯科 克里姆林宫。禁角武库塔楼（索巴金塔），塔顶仰视

（下）图2-179莫斯科 克里姆林宫。多棱宫（1487~1491年），平面、立面及大厅剖面（取自Академия Стройтельства и Архитестуры СССР：《Всеобщая История Архитестуры》，II，Москва，1963年）

（右上）图2-180莫斯科 克里姆林宫。多棱宫，东侧地段形势

右页：

（上）图2-181莫斯科 克里姆林宫。多棱宫，东侧俯视景色

（下）图2-182莫斯科 克里姆林宫。多棱宫，东北侧远景，远处为报喜大教堂

(上)图2-183莫斯科克里姆林宫。多棱宫,东北侧全景

(下)图2-184莫斯科克里姆林宫。多棱宫,东南侧近景

图2-185 莫斯科 克里姆林宫。多棱宫，窗饰细部

建造如此大跨的拱顶，在北墙内布置通向歌坛廊厅的楼梯间进一步削弱了主体结构等（由于采用了在石灰石墙夹层内以碎石填心的古老技术，墙体本身的稳定性本来就难以保证），特别是，除了结构设计自身的这些缺陷外，头一天还极为罕见地发生了一次可以感觉到的地震。

伊凡三世当即进行干预并对工程进行监督，项目本身遂上升到国家层面，和作为统治者的伊凡本人的声誉息息相关。为了找出倒塌的原因，他传唤了来自普斯科夫的一组匠师，他们认为石构本身无问题，只是灰浆太薄；这批匠人拒绝承担进一步的责任，但承诺完成前面提到的那些规模更小的其他项目。同年六月，伊凡派遣特使谢苗·托尔布津到意大利，使命中包括聘请一位能胜任建造大型项目的建筑师兼工程师。

在伊凡统治时期，托尔布津并不是第一位被派往

504·世界建筑史 俄罗斯古代卷

左页：

图2-186 莫斯科 克里姆林宫。多棱宫，室内，西墙大门

本页：

（下）图2-187 莫斯科 克里姆林宫。多棱宫，大厅内景（彩绘拱顶由中央单一柱墩支撑）

（上）图2-188 莫斯科 克里姆林宫。多棱宫，东墙壁画：王朝的首批大公（1882年）

意大利的俄罗斯使节。在伊凡的第一个妻子去世后，这位大公于1472年迎娶了最后一位拜占廷皇帝君士坦丁十一世的侄女索菲娅（佐伊）·帕列奥洛格[4]。君士坦丁堡陷落后，尚未成年的佐伊被带往罗马，受到教皇的监护。其随行人员中包括拜占廷教士和学者尼西亚的维萨里昂，他是（拜占廷和俄罗斯）联盟的积

（上）图2-189莫斯科 克里姆林宫。多棱宫，皇后金堂，内景

（下）图2-190莫斯科 克里姆林宫。多棱宫，皇后金堂，拱顶画（17世纪）

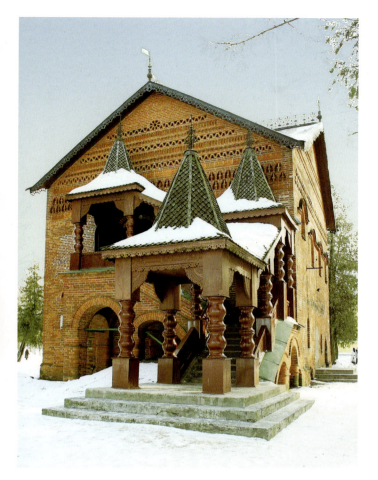

（左上）图2-191乌格利奇 大公宫邸（15世纪80年代，1890~1892年部分修复）。西北侧全景

（下）图2-192乌格利奇 大公宫邸。北侧雪夜

（右上）图2-193乌格利奇 大公宫邸。东侧景色

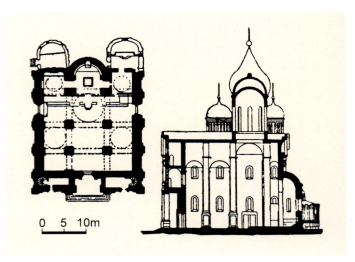
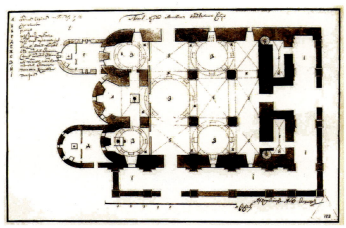
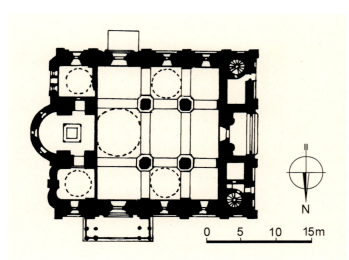

（左上）图2-194乌格利奇 大公宫邸。南侧细部

（左中）图2-195莫斯科 克里姆林宫。大天使米迦勒大教堂（1505~1508年），平面（图版，作者Yevlashev）

（左下）图2-196莫斯科 克里姆林宫。大天使米迦勒大教堂，平面（据Nekrasov）

（右上）图2-197莫斯科 克里姆林宫。大天使米迦勒大教堂，平面及剖面（据A.Vlasiuk）

（右下）图2-198莫斯科 克里姆林宫。大天使米迦勒大教堂，立面（取自Академия Строительства и Архитектуры СССР：《Всеобщая История Архитектуры》，II，Москва，1963年）

极支持者，后被选为红衣主教。维萨里昂成功地促成了这桩婚姻，显然是希望组成反土耳其人的联盟，由此产生的对俄罗斯文化和政治的影响几乎可与约5个世纪前基辅大公弗拉基米尔迎娶拜占廷帝王巴西尔的妹妹相比。尽管维萨里昂在托尔布津到达前的1472/1473年去世，但他和意大利北部艺术界精英的广泛接触和人脉关系显然为佐伊熟知并对托尔布津的工作提供了极大的便利。

托尔布津出使的详情并不清楚，他本人关于他会

（上）图2-199莫斯科 克里姆林宫。大天使米迦勒大教堂，外景（版画，取自David Roden Buxton：《Russian Mediaeval Architecture》，Cambridge University Press，2014年）
（下）图2-200莫斯科 克里姆林宫。大天使米迦勒大教堂，东北侧俯视全景

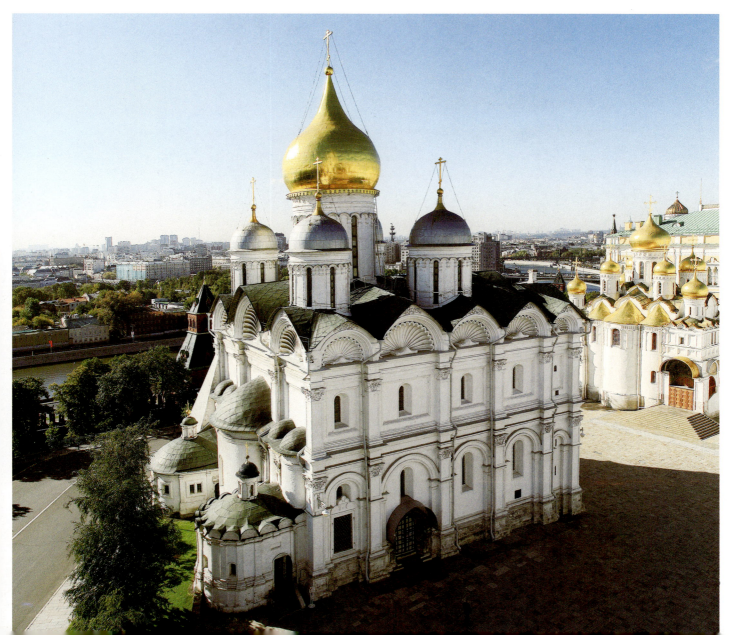

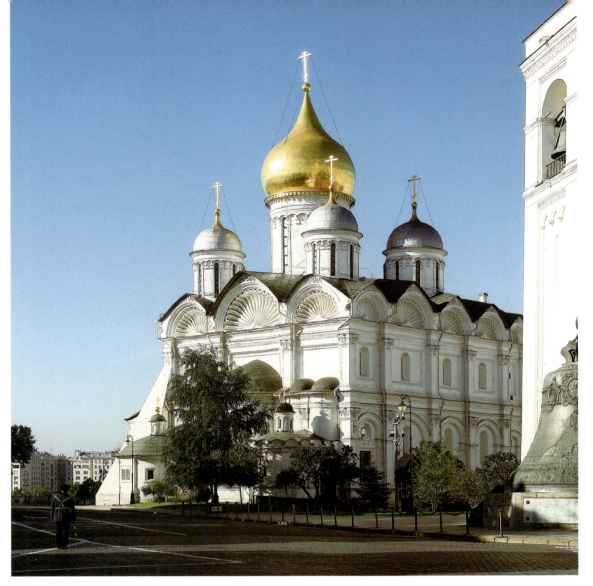

（上）图2-201莫斯科克里姆林宫。大天使米迦勒大教堂，东北侧全景

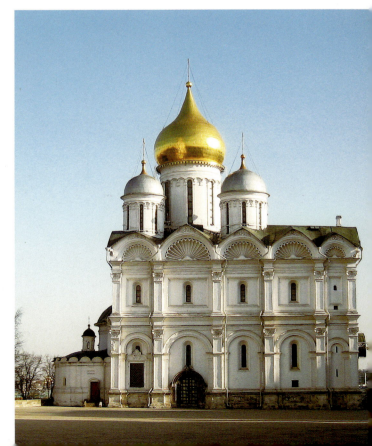

（下）图2-202莫斯科克里姆林宫。大天使米迦勒大教堂，北侧全景

见波伦亚（博洛尼亚）建筑师阿里斯托泰莱·菲奥拉万蒂（1418~1486年？）的记述更是离奇得让人难以置信。不过，他毕竟邀请到了这位建筑师（还包括他的儿子和一位助手）。此时的菲奥拉万蒂作为工程师、建筑师和艺术家已有一定的名气。他在意大利北部设计了不少项目，并于1458年受雇于米兰公爵弗朗切斯科·斯福尔扎。在那里，他结识了斯福尔扎家族的主要建筑师、文艺复兴时期最著名的建筑著作之一的作者安东尼奥·阿韦利诺·菲拉雷特。菲奥拉万蒂和菲拉雷特合作设计和建造了米兰的总医院，但他尚存的主要作品是波伦亚的拱廊广场。

菲奥拉万蒂于1475年3月底到达莫斯科（即在建筑季节开始前约两个月），他立即指挥拆除了圣母安息大教堂残存的墙体（这帮俄罗斯人惊奇地发现，他们花费了3年时间建起来的结构，被这位意大利的技术天才一星期就拆除了）；到6月，他已开始建造新的基础。位于橡木桩上的基础墙深度超过4米，是俄

（上）图2-203莫斯科克里姆林宫。大天使米迦勒大教堂，西北侧全景

（下）图2-204莫斯科克里姆林宫。大天使米迦勒大教堂，西南侧全景

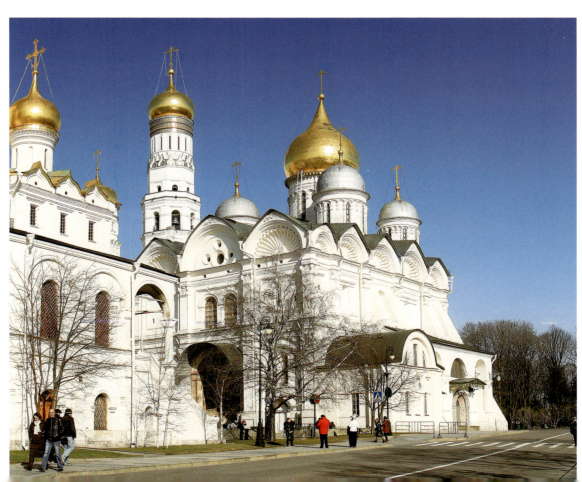

本页:
图2-205莫斯科 克里姆林宫。大天使米迦勒大教堂,南侧全景

右页:
图2-206莫斯科 克里姆林宫。大天使米迦勒大教堂,东南侧全景

罗斯这类建筑中最深的一个,就这样,确保石灰石墙体有一个坚实稳定的基础。上部用相互搭接砌筑的实体墙取代了原来的碎石填心墙,大大减少了墙体的厚度(按俄罗斯标准来看可说是异乎寻常地薄)。他还在安德罗尼克修道院附近建造了一栋砖构建筑,其烧制良好的大砖要比先前莫斯科生产的砖具有更高的强度,他进一步改进了普斯科夫匠师们指出的灰浆问题,通过较厚的粘接料使砌块牢固结合在一起(实际上,这是在弗拉基米尔和诺夫哥罗德早期建筑里已经掌握的技术,只是在蒙古人入侵以后,和许多其他的建筑技术一样,在相当长的一段时期内失传)。

在大教堂的建造步入正轨之后,菲奥拉万蒂委托他的儿子安德烈亚斯监督施工,自己则去弗拉基米尔实地考察圣母安息大教堂的原型(当然,在这里,所谓"原型"只是从更广泛的意义上说)。无论是弗拉基米尔还是莫斯科的大教堂,都是设五个穹顶,通过拱形山墙实现自立面到屋顶的过渡;两者均在立面中部布置盲券拱廊条带,外部分划反映内部跨间的布置;两座教堂门廊边上都采用了透视退阶的拱券及门柱。

然而,和传统俄罗斯砖石教堂特有的这种内接十

字形设计相比，菲奥拉万蒂的平面同样引进了一些重大的变化。这些变化部分来自结构设计，通过这些设计减缓了建筑重要部位的应力（实际上，弗拉基米尔的圣母安息大教堂也是在结构内纳入了另一个结构）。只是因为在拱顶和鼓座部位以砖替代了石头并在砌体内和横跨拱顶处加了铁制系杆，菲奥拉万蒂的教堂才能建造得如此轻快。对俄罗斯匠师来说，这些均属创新之举。在外部，墙体由大的壁柱支撑，壁柱将立面分划成相等的垂直区段，其比例由黄金分割确定。

菲奥拉万蒂就这样，引进了由几何规章确定的结构和谐的观念，将当时意大利人的理性主义思潮，传播到俄罗斯。事实上，他已放弃了内接十字形的平面；其圣母安息大教堂系由12个相等的矩形跨间组成，跨间上以交叉拱顶代替了筒拱顶（平面、立面、剖面及复原图：图2-97~2-100；外景：图2-101~2-109；近景及细部：图2-110~2-117；内景：图2-118~2-121）。这样的设计不仅可以增加砖拱顶的跨度，因其结构自重减少还可以相应缩小六个柱墩的尺寸（其中四个为圆柱，仅祭坛处两根为承接圣像屏帐为方墩）。尽管跨间尺寸相同，但由于菲奥拉万蒂将中央跨间主要鼓座从跨间内扩大到近外缘处（周围其他四个穹顶仍在跨间内），因而使教堂仍然保持了俄罗斯特有的以中央穹顶为中心的五穹顶的构图。这种解决方式实际上和菲拉雷特设计的米兰总医院内的集中式礼拜堂（约1455年）颇为相近。

由菲奥拉万蒂的创新设计所导致的这种宽敞的感觉，进一步因果断地取消了俄罗斯砖石教堂的一个重

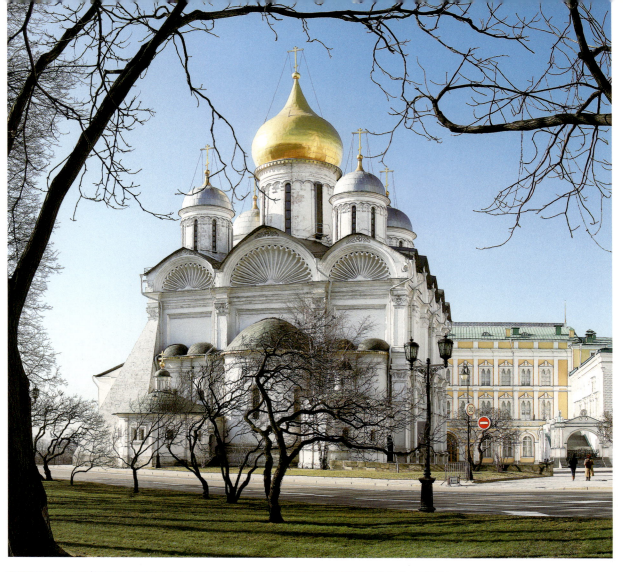

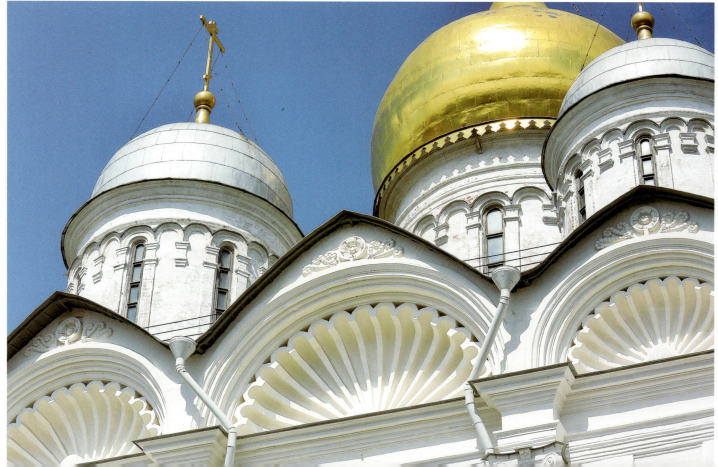

要传统部件——歌坛廊厅而得到增强。由此形成的整个室内,从圣像屏帱到西立面,包括那些色彩鲜丽的壁画和圣像画,均在自然光线的照耀下。结构工程于1479年完成后,室内壁画的绘制工作随即开始,到1515年,整个墙面均为壁画覆盖(见图2-98)。1481年,由著名的俄罗斯画家季奥尼西及其助手绘制了三排圣像屏帱(他可能也参与了最初壁画的绘制)。

整个建筑的造型完整统一(按一位俄罗斯编年史作者的说法,好似由一块石头雕出),在南立面上表现尤为突出(见图2-99、2-103)。东墙五个半圆室自祭坛中央形体上稍稍向外突出,由角上粗壮的柱墩围合,同时通过大的附墙柱联为一体,基座线脚进一步突出了半圆室的外廓。这个宏伟的东立面正好对着克里姆林宫大教堂广场的主入口(见图2-107)。在南北立面上,门廊周围布置圣像壁画(包括位于盲券拱廊内的圣徒画像),这种做法颇似安德烈·博戈柳布斯基时期圣母安息大教堂的墙面。顶上五个穹顶构成一组,据信,最初的穹顶上铺设了在诺夫哥罗德制造和打磨得非常光亮的所谓"德国"(German)铁板。1547年大火后,穹顶进行了重建,外覆镀金铜板,形成今日色调丰富的金色表面。

作为俄罗斯统治者加冕和俄罗斯东正教会大主教(metropolitans,以后称patriarchs)授权的庄严处所,菲奥拉万蒂设计的这座教堂恰到好处地体现了两种文化的结合:一种是承继了拜占廷遗产的俄罗斯文

本页及右页:

(左上)图2-207莫斯科 克里姆林宫。大天使米迦勒大教堂,东侧全景

(中上)图2-208莫斯科 克里姆林宫。大天使米迦勒大教堂,西侧大门近景

(右上)图2-209莫斯科 克里姆林宫。大天使米迦勒大教堂,西立面侧门近景

(左下)图2-210莫斯科 克里姆林宫。大天使米迦勒大教堂,穹顶及山面近景

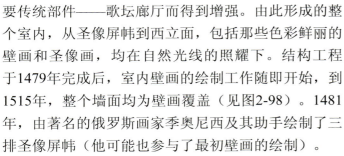

化，一种是以意大利文艺复兴建筑理想为代表的西欧文化。实际上，这座建筑已被视为弗拉基米尔传统的终极纪念碑，也是最后一个采用石灰石作为主要材料的大型教堂。尽管石灰石继续用于建造某些小型教堂（如圣特里丰教堂），但此后其使用主要限于结构基础（如天使报喜大教堂）和装饰细部。新的砖构形式不仅更容易获取，和石灰石相比，其适应范围也更广；因此，到15世纪末，砖已成为重要工程项目的主要建筑材料。在这些工程中，最重要的即克里姆林宫城墙的改建。

四、克里姆林宫的建设：城墙、塔楼等

克里姆林（城堡）是俄罗斯建筑的一种独特类型，作为其中最杰出的代表，在若干个世纪内逐渐形成的莫斯科克里姆林宫、其城墙及塔楼现已成为俄罗斯威权的象征（总平面及立面：图2-122~2-124；历代宫城图：图2-125~2-131；历史图景：图2-132~2-142；卫星图及俯视：图2-143~2-145；现状景色：图2-146~2-149）。宫城的外貌在很大程度上可视为民族文化及传统风格的产物，特别是17世纪地方建筑师增建的塔楼上的尖顶，然而，其主体结构，甚至是塔楼本身，实际上只是15世纪意大利防卫工程的再版，只是在莫斯科再现的时候，这种形式在意大利早已过时。不过，对防御莫斯科历史上的宿敌、来自草原的蒙古人来说，城墙仍不失为一种有效的手段：骑兵可以很快摧毁不带城墙的村镇，但由于没有或很少重型攻城器械，往往受阻于城墙脚下。

到15世纪60年代，顿河的德米特里时期以石灰石修建的克里姆林宫城墙由于年久失修，已濒于崩溃。如前所述，当局曾委托俄国承包商修复城墙的局部地

（上）图2-211 莫斯科 克里姆林宫。大天使米迦勒大教堂，室内，仰视景色

（下）图2-212 莫斯科 克里姆林宫。大天使米迦勒大教堂，室内，穹顶仰视

图2-213 莫斯科克里姆林宫。大天使米迦勒大教堂，室内，柱墩及墙面壁画

段，但大规模重建的需求使他们再次转向意大利人（在当时，意大利的城防工程是欧洲最先进的）。在1485~1516年，老的城墙被砖墙和塔楼取代，城墙延伸达2235米，厚度在3.5~6.5米之间变化（砖烧制质量极高，重量可达8公斤）。墙高8~19米，带有独特的意大利式的"燕尾"（swallowtail）雉堞，使人想起维罗纳的斯卡利杰里城堡和桥（14世纪后期）。城墙最高区段面对着没有自然屏障的红场（在平面三角形

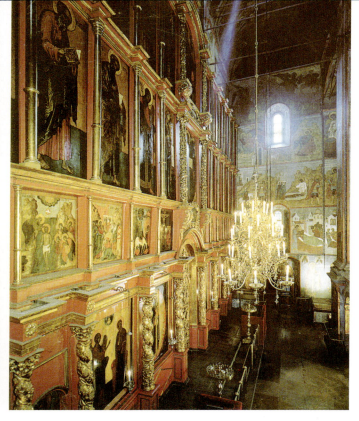

的宫城另两面，莫斯科河和内格利纳亚河形成天然屏障），为此，1508年，还沿着红场墙一面，挖了一道壕沟。

宫城有塔楼20座，最精美的均位于角上或主要入口处。其中最壮观的是1464~1466年由瓦西里·叶尔莫林建造的弗罗洛夫塔楼[以后称斯帕斯克（即救世主）塔楼，1491年改建，主持人为前一年由米兰来到莫斯科的彼得罗·安东尼奥·索拉里；外景及细部：图2-150~2-155]。采用"仿哥特"（Pseudo-Gothic）母题、装饰精美的顶部系1624~1625年由巴任·奥古尔佐夫和英国人克里斯托弗·哈洛威增建。城墙东南角华丽的别克列米舍夫塔楼（莫斯科河塔楼）建于1487~1488年，建筑师为经常和索拉里合作的马尔科·弗里亚津。塔楼主体圆形，上部八角形尖塔建于1680年（图2-156~2-158）。从这类克里姆林宫塔楼可看到莫斯科宫堡和米兰城堡之间的类似。位于宫城

左页：

图2-214莫斯科 克里姆林宫。大天使米迦勒大教堂，室内，圣像屏帏（正面，局部）

本页：

（上）图2-215莫斯科克里姆林宫。大天使米迦勒大教堂，室内，圣像屏帏（侧面）

（下）图2-216莫斯科克里姆林宫。大天使米迦勒大教堂，室内，圣像屏帏，门饰细部

西南角的水塔建于1488年，设计人安东·弗里亚津为首批到达莫斯科的意大利工程师之一，塔名来自哈洛威安置的将河水抽到克里姆林宫花园的机械（图2-159~2-161）。上部尖塔为1672~1686年增建。连接塔楼的城墙同时兴建，对顿河的德米特里时期城堡破坏严重的地段给予了特别的关注。宫城南侧的隐秘塔也是安东·弗里亚津等人的作品（图2-162）。位于西北墙中央的三一塔建于1495年，建筑师为阿洛伊西奥·达·卡尔卡诺（图2-163）；东南区段高38米的警钟塔建于1495年（图2-164）；旁边的沙皇塔（图2-165）是所有塔楼中最小和最晚近的一个（建于1680年），实际上只是一个小的观景亭，因伊凡四世坐在这里观察红场动态而得名。

尽管彼得罗·安东尼奥·索拉里没有建造教堂，但在整修改造克里姆林宫上他起到了重要的作用，他不仅修建了四个入口塔楼[除上述弗罗洛夫塔楼外，另三个分别是博罗维奇塔楼（图2-166~2-169）、君士坦丁与海伦娜塔楼（图2-170、2-171）及圣尼古拉塔楼（图2-172~2-174），均建于1490~1493年]、禁角武库塔楼及面对红场的宫墙，还参与了多棱宫的

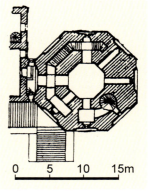

本页及左页：
（左）图2-217莫斯科 克里姆林宫。大天使米迦勒大教堂，大天使米迦勒圣像
（中上）图2-218莫斯科 克里姆林宫。大天使米迦勒大教堂，德米特里王子陵寝及华盖
（中下）图2-219莫斯科 克里姆林宫。大天使米迦勒大教堂，南墙边14~16世纪陵寝
（右两幅）图2-220莫斯科 克里姆林宫。伊凡大帝钟楼组群（1505~1508年，上层及穹顶1600年增建），平面及立面（渲染图作者Ivan Yegotov，1815年；线条平面图取自Академия Строительства и Архитестуры СССР:《Всеобщая История Архитестуры》, II, Москва, 1963年)

收尾工作。武库塔高60米，中世纪时曾设秘密通道自塔楼通往内格利纳亚河；15~16世纪期间通过一道半圆墙体进行了加固（历史图景：图2-175；现状：图2-176~2-178）。塔楼原依附近一栋贵族宫邸之名称索巴金塔，只是在18世纪建了克里姆林宫武器库后改为现名。1812年拿破仑战争期间，法国军队撤退时炸毁了许多建筑，禁角武库塔楼基部亦出现了大的裂缝，直到1946~1957年才最后修复。多棱宫之名来自其石灰石主立面的造型（平面、立面及大厅剖面：图2-179；外景：图2-180~2-183；近景及细部：图2-184、2-185；内景：图2-186~2-190）。在克里姆林宫建筑群内，用于宴会和国务接待的这个厅堂始建于1487年，开始阶段的主持人为建筑师马尔科·弗里亚津；按他的设计结构高3层，大厅拱顶由中央柱墩支撑。诺夫哥罗德的主教宫也用了类似的平面（见前文），克里姆林宫这座建筑的特色主要在其意大利的装饰，一般认为这部分属索拉里的作品（他于1490年监督该项目的执行）。

索拉里不仅是建筑师，同时也是一位技艺高超的雕刻师，他在意大利北部的作品表现出该地区特有的

第二章 莫斯科大公国时期·521

自由运用装饰的倾向。其天才不仅在多棱宫的主立面（东立面）上有所反映（每端设狭窄的附墙柱，带螺旋刻纹及柱头），同时也体现在南立面豪华的门廊上（现已无存）。最初没有抹灰的侧面砖墙被涂成暗红色，和正面的石灰石墙形成鲜明的对比。不过，许多装饰细部都在1682年由奥西普·斯塔尔采夫主持的一次改建中被变更或取消。最初采用后期哥特风格的成对窄窗被现存较宽的框饰取代（由雕刻精美的柱子及柱顶盘组成），陡峭的屋顶也改为坡度和缓的样式。采用钻石般多棱图案的墙面在16和17世纪的俄罗斯建筑中备受青睐，但很少用石造，地方匠师更喜欢在砖墙表面绘制棱面，形成花里胡哨的立体画[即法文所谓"幻景画"（trompe l'œil），意用逼真的绘画手法使人产生三维幻觉]。

在俄罗斯，15世纪留存下来的宫邸建筑极少，其中一个是位于莫斯科东北约220公里伏尔加河畔乌格利奇的大公宫邸，不妨将它与多棱宫（即令其形式已有所变动）作一比较。乌格利奇宫邸自然无法在规模上和莫斯科相比，但它同样位于中世纪俄罗斯文化上最富活力的地区之一（莫斯科-罗斯托夫-雅罗斯拉夫尔地区），同时占据了伏尔加河上一个有利于通商的位置，因而地方上的这位精力充沛的安德烈大公能有足够的财富建造砖构宫邸（15世纪80年代；图2-191~2-194）。由于年代久远和各种各样的修复，建筑（原为一个更大的宫邸建筑群的组成部分）的许多最初特征已不明显，但主体结构仍大部保存完好（包括塔式结构的三层窗户）。立面的许多细部显然是来自诺夫哥罗德的装饰样式，如窗户上的"眉毛"形拱券和砖构装饰条带。其他细部，如结构上部的陶土浮雕装饰则类似早几年（1476年）由来自普斯

科夫的建筑师设计建造的圣谢尔久斯三一修道院的圣灵教堂（见图2-56~2-61）。值得注意的是，在这里，完全没有当代意大利设计的任何迹象，看来这也是安德烈和他的兄长伊凡三世之间长期不和的反映。

左页：

（左右两幅）图2-221莫斯科 克里姆林宫。伊凡大帝钟楼组群，立面及剖面（渲染图作者Giovanni Gilardi，1815年）

本页：

（左上）图2-222莫斯科 克里姆林宫。伊凡大帝钟楼组群，17世纪广场景色（彩画，表现米哈伊尔一世被推举为沙皇的场景）

（右上）图2-223莫斯科 克里姆林宫。伊凡大帝钟楼组群，17世纪广场景色[彩画，作者Аполлинáрий Михáйлович Васнецóв（1856~1933年），绘于1903年]

（左下）图2-224莫斯科 克里姆林宫。伊凡大帝钟楼组群，外景（1805年版画，作者Gustav Hoppe，示1812年破坏前状况，为现存损毁前最后的图像记录）

（右下）图2-225莫斯科 克里姆林宫。伊凡大帝钟楼组群，1812年损毁状况（版画，作者John James，绘于1813年）

第二章 莫斯科大公国时期 · 523

五、克里姆林宫的建设:大天使米迦勒大教堂和伊凡大帝钟楼

伊凡大帝改建克里姆林宫的最后阶段始于1505年(即他去世那年),是年他下令建造位于大教堂广场南侧的大天使米迦勒大教堂,以此取代早期(伊凡·卡利塔时期,1333年)的同名教堂。据俄罗斯编年史记载,其建筑师为"新"阿列维兹(以此和"老"阿列维兹相别,后者为克里姆林宫西北城墙的建造人)。他于1504年到达莫斯科,此前他刚为克里米亚汗缅格利-格莱在巴赫奇萨赖建了一所宫殿。阿列维兹在莫斯科的作品显然和15世纪后期威尼斯地区的建筑非常相近。新近还有人认为,他就是当时威尼斯著名建筑师毛罗·科杜奇的门徒阿尔维斯·兰贝蒂·达·蒙塔尼亚纳。

到1505年初,阿列维兹已着手工作,这座大教堂直到200年后的彼得大帝时期,一直是俄罗斯大公和沙皇的安息之地。它是意大利匠师在克里姆林宫主事期间意大利特色表现得最完全的一座建筑(平面、立面及剖面:图2-195~2-198;外景:图2-199~2-207;近景及细部:图2-208~2-210;内景:图2-211~2-219)。其装饰细部和立面分划非常接近15世纪后期威尼斯的作品(如威尼斯圣马可学校的柱顶盘和山墙)。四个带有复杂雕饰和彩绘的门廊(其中三个位于西立面,见图2-208、2-209),则是在多棱宫精美入口的基础上进一步发展的结果(从大教堂西立面处可看到这个入口)。主门廊周围外墙上绘制壁画,表现俄罗斯接纳基督教的主题。

本页及左页：

（左）图2-226莫斯科 克里姆林宫。伊凡大帝钟楼组群，1839年状态[彩画，作者Johann Philipp Eduard Gaertner（1801~1877年）]

（中）图2-227莫斯科 克里姆林宫。伊凡大帝钟楼组群，1880年代状态（版画，取自1883年出版的《Through Siberia》第333页）

（右上）图2-228莫斯科 克里姆林宫。伊凡大帝钟楼组群，东南侧远景

（右下）图2-229莫斯科 克里姆林宫。伊凡大帝钟楼组群，东侧全景

图2-230莫斯科 克里姆林宫。伊凡大帝钟楼组群，西北侧俯视景色

不过，在结构上，米迦勒大教堂显然是回归到俄罗斯的传统，采用内接十字形平面，十字形的臂翼通过更大的宽度和粗大的柱墩界定（见图2-195~2-197）。在菲奥拉万蒂设计的圣母安息大教堂，传统平面经修改后空间变得更为宽阔敞亮，而在这里，阿列维兹又复归古代形制，只是规模更大而已。其主要结构在很大程度上类似威尼斯建筑，其最终源头还是来自拜占廷；如威尼斯的圣马可大教堂，就是于方形外廊内纳入十字形核心的典型实例。如果和较小的威尼斯教堂相比，类似的表现尤为明显。

(上)图2-231 莫斯科克里姆林宫。伊凡大帝钟楼组群,西北侧全景

(下)图2-232 莫斯科克里姆林宫。伊凡大帝钟楼组群,西南侧夜景

当16世纪初,大天使教堂除东立面外均设开敞拱廊时,来自15世纪的这些母题可看得更为清楚(这一特色不仅使人想起意大利北部的建筑,同样可追溯到弗拉基米尔12世纪的作品)。在这以后,大教堂又经历了许多重大变化,包括屋顶的重建(最初覆红瓦及黑瓦,直接搁置在筒拱结构上)。目前悬挑于拱形山墙之上外覆金属板的屋顶,掩盖了最初位于拱券之上使屋顶线显得颇为沉重的金字塔状的石构装饰。由石灰石雕制的扇贝装饰保留下来未加更动(来自威尼斯的这一母题很快成为莫斯科建筑师喜爱的装饰手法);大教堂的砖墙则通过一系列拱券、壁柱和檐口分划为两层。首层盲券拱廊自分划明确的石灰岩基座上拔起,和上层通过一道由系列古典柱头支撑的檐口分开;上层则用柱顶盘和扇贝状的拱形山墙明确区分;总体形成了一个具有方形体量带豪华屋顶装饰的建筑。砖结构和石灰石装饰之间的对比由于在砖墙上直接敷用红色颜料显得极为突出,但在18世纪墙面施加抹灰后,这一特色已不复存在。

本页及左页：
（左）图2-233 莫斯科 克里姆林宫。伊凡大帝钟楼组群，西侧全景
（中及右）图2-234 莫斯科 克里姆林宫。伊凡大帝钟楼组群，南侧景色

大天使教堂立面划分的零碎常受人诟病，指其破坏了跨间垂向构图的统一。实际上，在拱顶和立面设计上这种不统一本是早期俄罗斯教堂（包括菲奥拉万蒂设计的圣母安息大教堂）的共同问题。15世纪早期的莫斯科教堂往往也受到类似的批评（立面上引进了粗始的柱式部件，但没有对应室内的跨间分划）。在大天使教堂，众多的跨间也加深了这种零碎的感觉，特别是有五个尺寸不一跨间的南北立面（第五跨间内有歌坛廊厅，还设置了专供大公夫人及其随员使用的第三层廊厅）。

在形式体系的应用上，大天使教堂可说是另辟蹊径。阿列维兹大胆地在立面上采用了古代部件，引进了一种新的雕刻造型。他并没有简单地效法菲奥拉万蒂和索拉里的作品，而是用更华美的形式对之进行补充和完善。在与意大利文艺复兴相对隔绝的背景下，引进明确的古典柱式体系，对俄罗斯建筑未来的发展具有重要意义；在这里，与其说引进的是一组需要直接模仿的形式，不如说是一种与古典构造体系原理相

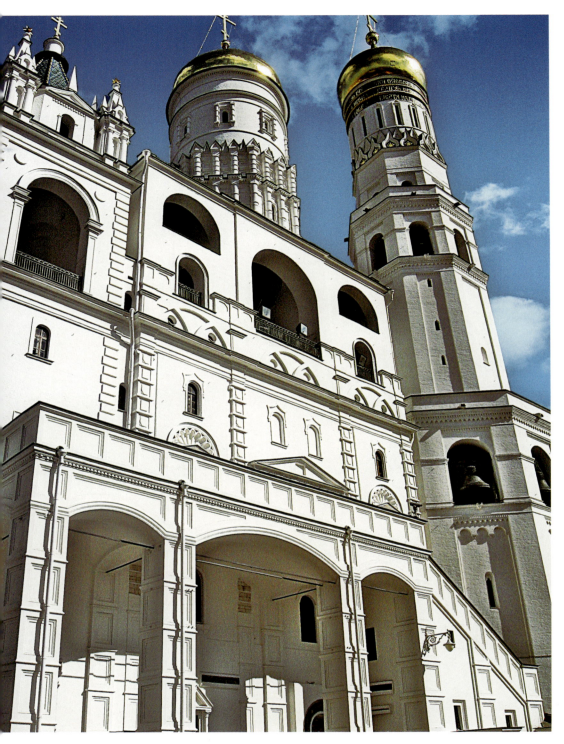

本页：
图2-235莫斯科 克里姆林宫。伊凡大帝钟楼组群，西北侧近景

右页：
（左）图2-236莫斯科 克里姆林宫。伊凡大帝钟楼组群，塔楼，西南侧仰视近景

（右）图2-237莫斯科 克里姆林宫。伊凡大帝钟楼组群，主塔上部

通，按层次处理造型，分级组合部件的思维方式。

实际上，俄罗斯所接受的古典世界遗产，都是以拜占廷作为中介；后者提供的平面十字形并带穹顶的教堂是一种适应性很强的类型，但仅仅是针对宗教建筑。文艺复兴时期对希腊-罗马建筑的重新评价只在某些方面能用于莫斯科。因此，有些学者（如威廉·克拉夫特·布伦菲尔德）认为，只是在涉及15世纪初俄罗斯文化和建筑的发展时，才能使用"复兴"和"柱式"这样一些字眼。

尽管作为莫斯科文化演进的象征，大天使教堂具有重要意义，但阿列维兹设计的具有意大利特色的教堂立面，在俄罗斯教堂建筑的发展上，并没有马上取得实质性的成果。除了一些独立的部件得到应用外，它所采用的构图体系，直到17世纪末，才重新出现。天使报喜大教堂是宫廷教堂，大天使米迦勒教堂是历代莫斯科统治者的埋葬地和皇家祠堂。因而，它的许

多母题,都在其他一些重要教堂里得到重复,如耶稣升天修道院的大教堂。修道院由顿河德米特里的妻子叶夫多基娅创建于1386年。最初的大教堂始建于1407年,为莫斯科大公夫人的埋葬地;1519年教堂进行了大规模改建,主持人可能是阿列维兹。虽然没有相关的图像资料留存下来,但1588年左右结构第三次改建据称在很大程度上是效法大天使教堂,从某种意义上说,后者正是是它的对应教堂(均作为统治者家族的埋葬地)。在16世纪末鲍里斯·戈杜诺夫时期,大天使教堂的装饰体系,出于政治的缘由,更是大受青睐(见下一节)。

这时期克里姆林宫改建的最后一个项目是伊凡大帝钟楼,它和大天使教堂一样,始建于1505年,1508年完成(平面、立面及剖面:图2-220、2-221;历史图景:图2-222~2-227;外景:图2-228~2-234;近景及细部:图2-235~2-238;内景:图2-239)。有关它的建筑师博恩·弗里亚津人们知之甚少,在莫斯科,也没有记在他名下的其他建筑。不过,他显然是位杰

本页:
图2-238莫斯科 克里姆林宫。伊凡大帝钟楼组群,北塔近景

右页
图2-239莫斯科 克里姆林宫。伊凡大帝钟楼组群,主塔内景

出的工程师,因为这座最初高60米的两层钟塔不仅经受住了几次摧毁克里姆林宫大部分建筑的大火及其他灾难的考验,在1812年法国军队的炸药爆炸荡平了相邻的两栋大建筑时它仍能安然无恙。在鲍里斯·戈杜诺夫统治时期,塔身增加了21米,总高达到81米,成为克里姆林宫最高的建筑,基层实体砖墙厚5米,二层厚2.5米(一层墙砌体内还通过铁梁加固)。博恩·弗里亚津赋予建筑简朴的外貌。八角形结构于立

面中部向内凹进，首层嵌板顶部设拱券条带，每层顶上均有带齿饰的砖构檐口。塔身具有基于黄金分割的完美比例，各角通过垂直条带加以强调。

随着博恩·弗里亚津钟塔的建造，由沉重城墙护卫的克里姆林宫核心部分大体成形，以后若干世纪虽有发展但无实质性的变化。这组重要的建筑群在约50年期间完成，这样的速度不但证实了伊凡大帝的雄才大略和他掌握的丰富资源，同时也说明了在当时敢于接手这项工作的伦巴第和威尼斯建筑师的冒险和进取精神。对15世纪欧洲文艺复兴早期形式的这种变通运用，究竟是反映了对意大利文化的更深理解还是仅仅出于好奇心，目前还是个无法明确回答的问题。但无可否认的是，这种外来的文化已对莫斯科的地方建筑产生了一定的影响。在16世纪上半叶天使报喜大教堂南北廊道的壁画上，可看到西方古典哲学家和作家的形象，如普鲁塔克、修昔底德、亚里士多德、荷马和维吉尔。在莫斯科，对意大利文化的兴趣，在整个16世纪，都在持续发酵。

然而，有两个重要因素，使俄罗斯很难进一步接受西方文艺复兴的思想。首先是这种文化和罗马天主教有着密切的联系，这不能不引起俄罗斯东正教会的警觉和疑虑[在此时的西方社会，实际上已经开始了使文化和教育脱离宗教的"凡俗化"（secularization）倾向，但这可能也正是东正教会所忌讳的]。第二个因素来自俄罗斯国家专制独裁的性质。伊凡大帝是第一个采用"沙皇"（tsar）称号的莫斯科大公。虽说直到他的孙子、伊凡雷帝时期，莫斯科的统治者才正式采用这一头衔，但实际上，直到15世纪末莫斯科崛起

之际，来自蒙古"可汗"（khans）并为"沙皇"这一称号所固有的专制观念一直延续下来未曾改变，在这点上俄罗斯和同时期西方的世俗民族国家有很大区别。详细追溯俄罗斯专制政权的确立已超出了本书的范围，在这里需要说明的只是，在这样的背景下，16世纪的俄罗斯建筑，只能将西方的风格部件和结构技术加以改造，以一种前所未有并与西方有别的方式，表现集权和专制的观念。

第二节 莫斯科：建筑的发展

一、16世纪早期的小型教堂

随着瓦西里三世统治时期（1505~1533年）克里姆林宫中央组群的完成，俄罗斯建筑完成了从乡土建筑到具有卓越的技术和美学品性的纪念性建筑的转变。参与重建克里姆林宫的意大利建筑师和工程师在这一过程中同样表现出杰出的才干，在引进意大利北部的装饰题材和结构技术时很快使之适应地方的需求，同时还吸收和接纳了前蒙古时期俄罗斯建筑的遗产，通过两者的结合使16世纪的俄罗斯建筑师在吸收

本页：

（左上）图2-240苏兹达尔 圣母代祷修道院（16~18世纪）。西南侧俯视全景

（下）图2-241苏兹达尔 圣母代祷修道院。东北侧俯视全景

（中）图2-242苏兹达尔 圣母代祷修道院。东北侧远景

（右上）图2-243苏兹达尔 圣母代祷修道院。东侧全景

右页：

（左上）图2-244苏兹达尔 圣母代祷修道院。东南侧近景

（左中上）图2-245苏兹达尔 圣母代祷修道院。圣母代祷大教堂（1510~1514年），西南侧全景

（左中下）图2-246苏兹达尔 圣母代祷修道院。圣母代祷大教堂，西北侧全景

（左下）图2-247苏兹达尔 圣母代祷修道院。圣母代祷大教堂，东侧全景

（右上）图2-248苏兹达尔 圣母代祷修道院。圣母代祷大教堂，西侧近景

（右中）图2-249苏兹达尔 圣母代祷修道院。天使报喜门楼教堂（约1516年），西南侧外景

（右下）图2-250苏兹达尔 圣母代祷修道院。天使报喜门楼教堂，东南侧景色

西方的创新成果时无须放弃自己的地方传统。如果说在采用意大利母题时尚有某些不尽如人意之处，也只是由于俄罗斯匠师并不打算接受整个西方建筑体系，而是希望在砖石结构的建筑中体现和强调俄罗斯东正教会的权威和莫斯科统治者的意志。

本页及左页：

（左上）图2-251亚历山德罗夫-斯洛博达 圣母代祷大教堂（1513年）。西侧远景

（左下）图2-252亚历山德罗夫-斯洛博达 圣母代祷大教堂。西南侧全景

（中下）图2-253亚历山德罗夫-斯洛博达 圣母代祷大教堂。南侧全景

（右下）图2-254亚历山德罗夫-斯洛博达 圣母代祷大教堂。东南侧全景

（右上）图2-255亚历山德罗夫-斯洛博达 圣母代祷大教堂。东北侧景色

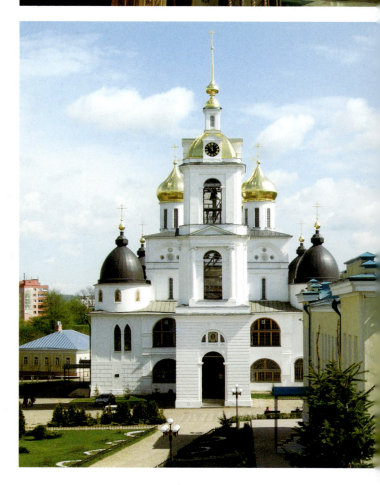

左页:

（左上）图2-256亚历山德罗夫-斯洛博达 圣母代祷大教堂。西侧入口近景

（左下）图2-257亚历山德罗夫-斯洛博达 圣母代祷大教堂。穹顶近景

（右上）图2-258亚历山德罗夫-斯洛博达 圣母代祷大教堂。室内全景

（右下）图2-260德米特罗夫 圣母安息大教堂（1509~1533年，后期改建）。西南侧全景

本页:

（上）图2-259亚历山德罗夫-斯洛博达 圣母代祷大教堂。圣像屏帷

（下）图2-261德米特罗夫 圣母安息大教堂。南侧全景

第二章 莫斯科大公国时期 · 539

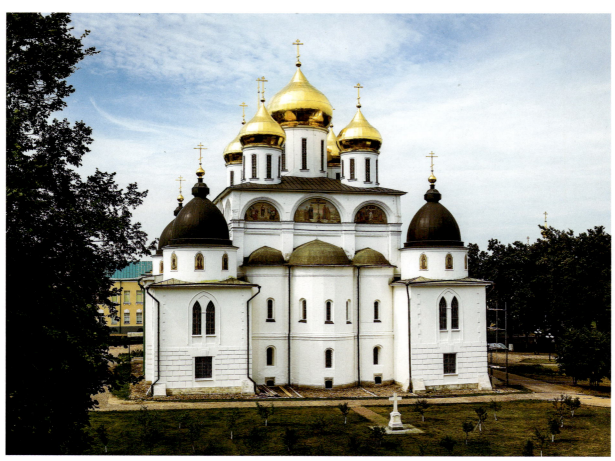

(上)图2-262 德米特罗夫 圣母安息大教堂。东北侧全景

(下)图2-263 德米特罗夫 圣母安息大教堂。西北侧全景

（左上）图2-264德米特罗夫 圣母安息大教堂。室内，圣像屏帏

（右上）图2-265佩列斯拉夫尔-扎列斯基 丹尼洛夫三一修道院。东侧全景

（中两幅）图2-266佩列斯拉夫尔-扎列斯基 丹尼洛夫三一修道院。东北侧景色

（下）图2-267佩列斯拉夫尔-扎列斯基 丹尼洛夫三一修道院。圣三一大教堂（1530~1532年），东侧全景

本页及右页：

（左上）图2-268佩列斯拉夫尔-扎列斯基 丹尼洛夫三一修道院。圣三一大教堂，东北侧景色

（左中）图2-269佩列斯拉夫尔-扎列斯基 丹尼洛夫三一修道院。圣三一大教堂，西南侧景色

（左下）图2-270佩列斯拉夫尔-扎列斯基 丹尼洛夫三一修道院。圣三一大教堂，东南侧全景

（中）图2-271佩列斯拉夫尔-扎列斯基 丹尼洛夫三一修道院。圣三一大教堂，室内，中央穹顶及穹隅，仰视景色（壁画作者Gurii Nikitin和Sila Savin，1662~1668年）

（右上）图2-272佩列斯拉夫尔-扎列斯基 费多罗夫斯基（狄奥多尔）修道院。圣狄奥多尔·斯特拉季拉特斯还愿教堂（1557年），南侧全景

（右下）图2-273佩列斯拉夫尔-扎列斯基 费多罗夫斯基（狄奥多尔）修道院。圣狄奥多尔·斯特拉季拉特斯还愿教堂，东南侧全景

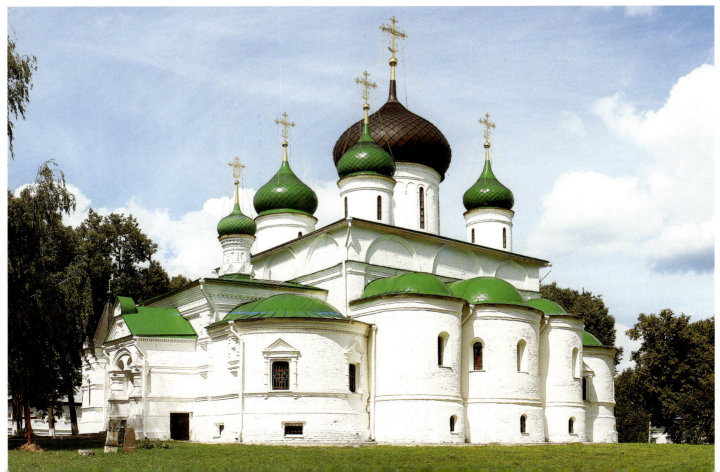

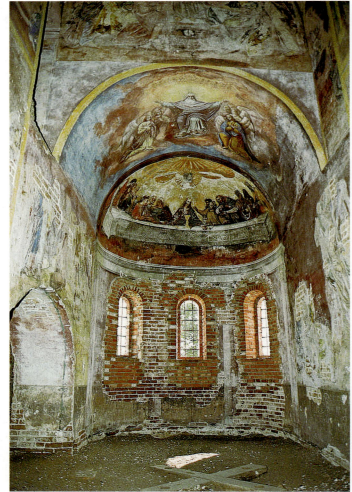

(左上)图2-274佩列斯拉夫尔-扎列斯基 费多罗夫斯基（狄奥多尔）修道院。圣狄奥多尔·斯特拉季拉特斯还愿教堂，室内，廊道及壁画遗存

(右上)图2-275佩列斯拉夫尔-扎列斯基 费多罗夫斯基（狄奥多尔）修道院。圣狄奥多尔·斯特拉季拉特斯还愿教堂，室内，半圆室景色

(右下)图2-276佩列斯拉夫尔-扎列斯基 费多罗夫斯基（狄奥多尔）修道院。圣狄奥多尔·斯特拉季拉特斯还愿教堂，室内，穹顶仰视全景

当西方建筑越来越多地由世俗赞助人投资建造时，俄罗斯各地的重要建筑仍然依附于东正教会和独裁统治者（后者坚信他们和上帝的特殊关系及对臣民的无上权威，因此常和教会发生摩擦）。由于木材资源丰富以及由此导致的俄罗斯人传统上对木构住宅的喜爱，在这里，砖石一如既往，几乎全用于建造教堂和城堡（主要用于保卫莫斯科防备外敌——特别是来自西方的——入侵）。尽管俄罗斯匠师们借鉴了15世纪西方的经验，但他们的作品和西方相比，仍有很大差距。

16世纪的莫斯科并没有继续建造宏伟的大教堂。由大公们委托建造的许多教堂亦如大多数教区教堂和修道院教堂的表现，设计上相当简朴（如纳普鲁德内圣特里丰教堂，见图2-86）。在上一章我们已经提到，来自普斯科夫的建筑师及其助手，积极参与了小型立方体教堂的建设工作，其设计是15世纪早期莫斯科建筑和普斯科夫建筑传统相结合的产物。这些教堂

（上）图2-277罗斯托夫 圣母安息大教堂（15世纪后期或16世纪初）。西南侧全景

（下）图2-278罗斯托夫 圣母安息大教堂。西北侧景色

中，有的（如圣诞女修道院教堂，见图2-95）还把结构和装饰以极其复杂的方式整合在一起。

到16世纪10年代，俄国匠师在建造带四个柱墩和一个穹顶的内接十字形教堂时，开始采纳来自克里姆林宫两个主要教堂（特别是大天使米迦勒教堂）的部件。反映这一进程的一个早期实例是位于苏兹达尔圣母代祷修道院（图2-240~2-244）内的同名大教堂。由瓦西里三世投资建于1510~1514年的这个立方形体的砖构建筑表现出莫斯科早期教堂的一些特色，如在鼓座基部按八角形平面布置尖头拱形山墙，主要穹顶下设陶土和砖构花饰（图2-245~2-248）；立面上的盲券拱廊和在同样高度上水平排列的拱形山墙则是早期苏兹达尔建筑的通常做法，以后又通过莫斯科的圣

第二章 莫斯科大公国时期 · 545

母安息大教堂得到振兴。

圣母代祷大教堂有三个穹顶和一个外部廊道（穹顶中两个在东侧角跨间的礼拜堂上，如克里姆林宫天使报喜大教堂的样式）。其多边形的钟塔与主要廊道相连，最初有一个两层高的礼拜堂，上层虽于17世纪重建，但仍属莫斯科砖构塔楼教堂的最早实例之一（上置锥形屋顶）。建于1516年左右的修道院天使报喜门楼教堂（图2-249、2-250）配有三个穹顶，主要鼓座设计上类似修道院大教堂。下部入口带退阶拱券，上层布置拱廊，结构比例上表现出对造型的熟练把握，想必是克里姆林宫匠师的作品，特别是因为所有这些建筑都是瓦西里三世和他的第一个妻子所罗门尼娅·萨布罗娃为祈求早生嗣子而建的还愿教堂。

瓦西里在登基后不久，就在莫斯科北面一个宜于狩猎和朝拜的地方建了一个新的场院。在被称为亚历山德罗夫-斯洛博达（亚历山德罗夫-克里姆林或亚历山德罗夫-城堡）的这个带围墙的场院内，房舍及附

本页及右页：

（左）图2-279罗斯托夫 圣母安息大教堂。东北侧全景

（中）图2-280罗斯托夫 圣母安息大教堂。东侧俯视景色

（右上）图2-281罗斯托夫 圣母安息大教堂。东南侧全景

（右下）图2-282罗斯托夫 圣母安息大教堂。南立面，门廊近景

属建筑均围着中央的圣母代祷大教堂布置（外景：图2-251~2-255；近景及细部：图2-256、2-257；内景：图2-258、2-259）。后者建于1513年，设计类似苏兹

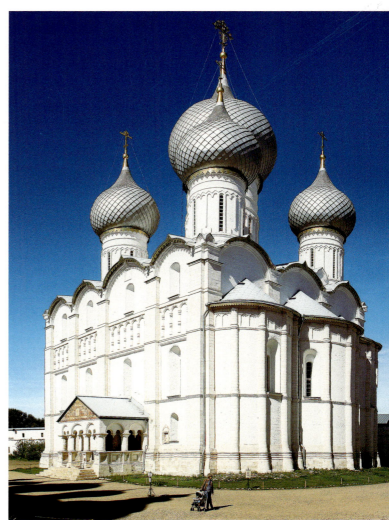

达尔的圣母代祷大教堂。亚历山德罗夫大教堂只有一个大的鼓座和穹顶,建筑因后期增建变动较大,目前仍可看到的主体结构配置了拱形山墙,其带线脚的拱

(上)图2-283罗斯托夫圣母安息大教堂。南立面,门廊内景

(中)图2-284罗斯托夫圣母安息大教堂。南立面盲券拱廊

(下)图2-285罗斯托夫圣母安息大教堂。东侧,半圆室上部

券底面自壁柱上部柱头处升起。建筑面层大部分由石灰石制作,包括沿立面布置的装饰条带、壁柱及柱头、内墙等(装饰条带现被附加的廊道掩盖)。实际上,结构之所以显得很高是因为砖面墙体立在石灰石基座上,这也是16世纪主要教堂(如大天使米迦勒教堂)的一大特色。尽管和大天使米迦勒大教堂的精美立面相去甚远,但从圣母代祷大教堂的分划上仍可看出意大利的影响(另一个采用类似立方体结构的建筑是位于莫斯科北面约36公里处德米特罗夫的圣母安息

图2-286罗斯托夫 圣母安息大教堂。室内,仰视景色

大教堂,原构建于1509~1533年,但以后变动较大;图2-260~2-264)。

到1525年,初见端倪的王朝危机迫使瓦西里谋求教会的支持。他宣布和未能生育的所罗门尼娅·萨布罗娃离婚,后者遂循入苏兹达尔圣母代祷修道院(在那里,她和大公十年前为祈求早生贵子而建的教堂早已落成)。瓦西里和叶连娜·格林斯卡娅的第二次婚姻一开始并没有产生理想的效果,这对国王

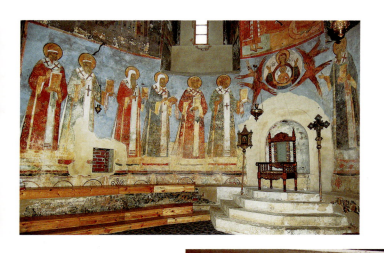

夫妇遂经常去修道院朝拜。瓦西里对佩列斯拉夫尔-扎列斯基的丹尼洛夫三一修道院（图2-265、2-266）格外尊崇，伊凡四世出生后，作为谢恩奉献物，他在这里投资建造了豪华的圣三一大教堂（1530~1532年）。尽管屋顶线经过改动（最初系依拱券山墙的外廊），但教堂的主要形式没有变化（图2-267~2-270），为16世纪早期立方体结构中比例最严谨的实例之一。17世纪期间，教堂增加了一个带"帐篷顶"的大型钟塔（1689年）和一组壁画（图2-271）。后者系1662~1668年由来自科斯特罗马的两位画师古里·尼

左页：

（上）图2-287罗斯托夫 圣母安息大教堂。室内，祭坛屏帐

（下）图2-288罗斯托夫 圣母安息大教堂。穹顶，仰视全景

本页：

（上）图2-289罗斯托夫 圣母安息大教堂。室内，宝座及壁画

（中）图2-290罗斯托夫 圣母安息大教堂。壁画遗存

（下）图2-291罗斯托夫 圣母安息大教堂。雕饰细部

基京和西拉·萨温绘制。他们同样参与了莫斯科大天使米迦勒大教堂壁画的改绘。

近30年后,在位于佩列斯拉夫尔-扎列斯基的费多罗夫斯基(狄奥多尔)修道院圣狄奥多尔·斯特拉季拉特斯还愿教堂中,再次采用了立方体的设计,充分证明了这种形制在大型砖构教堂中的生命力(外景:图2-272、2-273;内景:图2-274~2-276)。教堂系伊凡四世为纪念儿子费奥多尔的诞生(1557年)作为谢恩奉献物投资建造,和三一大教堂相比,不仅廓线更低,且由于增建了若干礼拜堂且改动了屋顶线,外貌变化较大。两个教堂设计上最引人注目的差别是在圣狄奥多尔大教堂出现了五个穹顶,开了17世纪期间小型教堂出于构图和装饰需要采用五个穹顶的先河;而在16世纪,五穹顶设计的复兴主要出现在西端带附加跨间(前厅)的大型修道院教堂里。

二、修道院大教堂:国家实力的象征

在莫斯科克里姆林宫的圣母安息大教堂和大天使

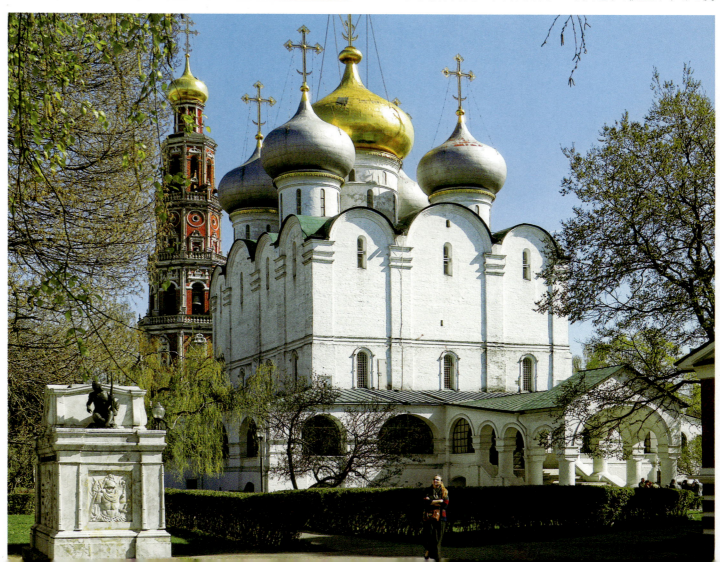

左页：

（上）图2-292罗斯托夫 圣母安息大教堂。柱身雕刻

（下）图2-293莫斯科 新圣女修道院（斯摩棱斯克修道院）。斯摩棱斯克圣母圣像大教堂（1524~1525年），西北侧全景

本页：

（上）图2-294莫斯科 新圣女修道院（斯摩棱斯克修道院）。斯摩棱斯克圣母圣像大教堂，西侧全景

（下）图2-295莫斯科 新圣女修道院（斯摩棱斯克修道院）。斯摩棱斯克圣母圣像大教堂，西南侧全景

554·世界建筑史 俄罗斯古代卷

本页及左页：

（左上）图2-296莫斯科 新圣女修道院（斯摩棱斯克修道院）。斯摩棱斯克圣母圣像大教堂，南侧景色

（左下）图2-297莫斯科 新圣女修道院（斯摩棱斯克修道院）。斯摩棱斯克圣母圣像大教堂，东南侧全景

（中上）图2-298莫斯科 新圣女修道院（斯摩棱斯克修道院）。斯摩棱斯克圣母圣像大教堂，东侧景色

（中下）图2-299莫斯科 新圣女修道院（斯摩棱斯克修道院）。斯摩棱斯克圣母圣像大教堂，东北侧全景

（右）图2-300莫斯科 新圣女修道院（斯摩棱斯克修道院）。斯摩棱斯克圣母圣像大教堂，北侧远景（前方小礼拜堂建于1911年，为普罗霍罗夫家族的陵寝）

米迦勒大教堂,菲奥拉万蒂和"新"阿列维兹再次在延长的内接十字形平面上引进了五穹顶的构图(在苏兹达利亚地区,自12世纪以来,这种形式已很少使用)。鼓座和穹顶的这种独特的布置形式,以后即成为按克里姆林宫圣母安息大教堂的样式建造的宏伟大教堂不可或缺的特征(哪怕平面不同)。其中最早的实例之一即罗斯托夫的圣母安息大教堂(外景:图2-277~2-281;近景及细部:图2-282~2-285;内景及细部:图2-286~2-292),教堂位于12和13世纪两个

本页及右页:

(左上)图2-301莫斯科 新圣女修道院(斯摩棱斯克修道院)。斯摩棱斯克圣母圣像大教堂,北立面全景

(中上)图2-302莫斯科 新圣女修道院(斯摩棱斯克修道院)。斯摩棱斯克圣母圣像大教堂,西侧,入口近景

(右)图2-303莫斯科 新圣女修道院(斯摩棱斯克修道院)。斯摩棱斯克圣母圣像大教堂,东南侧近景

(中下)图2-304莫斯科 新圣女修道院(斯摩棱斯克修道院)。斯摩棱斯克圣母圣像大教堂,穹顶近景

第二章 莫斯科大公国时期 · 557

(左)图2-305莫斯科 新圣女修道院(斯摩棱斯克修道院)。斯摩棱斯克圣母圣像大教堂,室内,圣像屏帷

(右)图2-306莫斯科 新圣女修道院(斯摩棱斯克修道院)。斯摩棱斯克圣母圣像大教堂,室内,圣母像(16世纪)

用石灰石建造的教堂基址上,其建造可能早至15世纪后期。新教堂的设计因此纳入了前蒙古时期苏兹达利亚地区的风格要素,有的可能是完全照搬,因为13世纪大教堂的装饰残段很多都被安置到新教堂的砖墙上。

尽管罗斯托夫这个新的圣母安息大教堂很多部件是取自原先的结构,但更直接的影响还是来自莫斯科的同名教堂,而后者室外的大部分细部又是沿袭12世

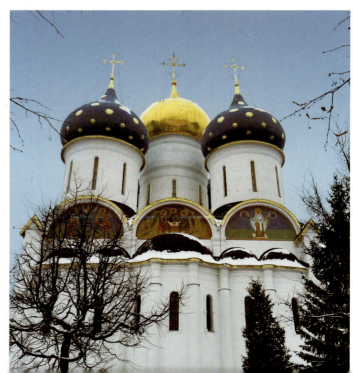

（上）图2-307扎戈尔斯克圣谢尔久斯三一修道院。圣母安息大教堂（1559~1585年），西南侧外景（奇迹井上的礼拜堂建于17世纪末）

（左下）图2-308扎戈尔斯克圣谢尔久斯三一修道院。圣母安息大教堂，西侧全景

（右下）图2-309扎戈尔斯克圣谢尔久斯三一修道院。圣母安息大教堂，东侧景色

本页及右页：

（左上）图2-310扎戈尔斯克 圣谢尔久斯三一修道院。圣母安息大教堂，东南侧近景

（左中）图2-311扎戈尔斯克 圣谢尔久斯三一修道院。圣母安息大教堂，西侧入口近景（不同时期因粉刷具有不同的色彩效果，试和图2-307比较）

（右上）图2-312沃洛格达 克里姆林（城堡，1567年，城墙和塔楼于1820年代拆除）。19世纪中叶景色（版画，1853年，作者А.Скино）

（中上）图2-313沃洛格达 克里姆林（城堡）。组群东侧俯视全景

（左下）图2-314沃洛格达 克里姆林（城堡）。组群东北侧远景

（右下）图2-315沃洛格达 克里姆林（城堡）。组群东北侧全景（自左至右分别为复活大教堂、钟楼及圣索菲亚大教堂）

纪弗拉基米尔的圣母安息大教堂。因此，位于罗斯托夫大教堂顶层窗下的盲券拱廊应视为按15世纪方式重新诠释的苏兹达利亚地区的母题。这类拱廊并无结构作用，但展示出15世纪早期莫斯科教堂装饰上特有的精炼品性（于华丽的柱身上起尖券）。事实上，石灰石拱廊柱头上的叶束母题不仅是效法莫斯科克里姆林宫天使报喜大教堂和圣袍教堂的样式，同样是来自木雕装饰。不过，莫斯科大教堂的主要效果还是体现在

第二章 莫斯科大公国时期 · 561

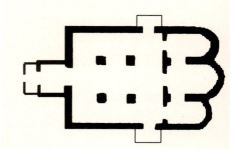

（上）图2-316沃洛格达 克里姆林（城堡）。组群南侧景观

（右下）图2-317沃洛格达 圣索菲亚大教堂（1568~1570年）。平面

（左下）图2-318沃洛格达 圣索菲亚大教堂。东南侧俯视全景

(上)图2-319沃洛格达圣索菲亚大教堂。北侧景色

(下)图2-320沃洛格达圣索菲亚大教堂。南侧全景

第二章 莫斯科大公国时期·563

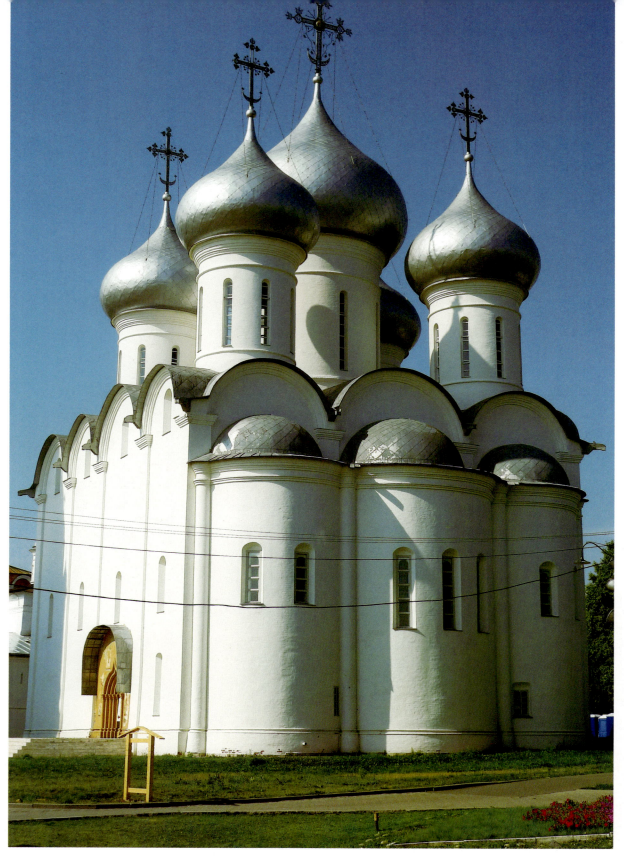

五个穹顶上（位于室内六个柱墩所界定的跨间上）。

无论是在伊凡三世或是瓦西里三世统治时期，罗斯托夫大教堂的改建无疑都是一个具有重大意义的事件，它表明，莫斯科已在政治上取得了统治地位，并决定保留和强化俄罗斯古代的宗教文化中心。很多新教堂的落成都标志着这时期发生的重要历史事件，如瓦西里三世于1524年建造的莫斯科新圣女修道院（斯摩棱斯克修道院）的斯摩棱斯克圣母圣像大教堂（外景：图2-293~2-301；近景：图2-302~2-304；内景：图2-305、2-306），就是纪念1514年斯摩棱斯克并入

本页及左页：
（左）图2-321沃洛格达 圣索菲亚大教堂。东侧全景
（中）图2-322沃洛格达 圣索菲亚大教堂。西侧近景
（右上）图2-323沃洛格达 圣索菲亚大教堂。西南侧入口
（右下）图2-324沃洛格达 圣索菲亚大教堂。东南侧入口

俄罗斯（在前一个世纪，这座具有重要战略地位的城市尚处在立陶宛的控制下）。

作为修道院内最早的建筑（据文献记载建于1524~1525年，但大多数学者认为，教堂于16世纪50或60年代重建），斯摩棱斯克大教堂位于两个入口大门轴线的中央，配置了六根柱墩并带五个穹顶，原先周围还有四个较小的礼拜堂，其布置类似克里姆林宫

左页：

（上）图2-325沃洛格达 圣索菲亚大教堂。穹顶，东南侧俯视景色

（下）图2-327沃洛格达 圣索菲亚大教堂。穹顶画：《全能上帝》像

本页：

（上）图2-326沃洛格达 圣索菲亚大教堂。仰视内景

（下）图2-328沃洛格达 圣索菲亚大教堂。西墙壁画：《最后的审判》（1686~1688年）

(上)图2-329沃洛格达 圣索菲亚大教堂。装修细部

(下)图2-330沃洛科拉姆斯克 约瑟夫-沃洛科拉姆斯克修道院(创建于1479年,城墙及塔楼17世纪下半叶)。东北侧,自湖面上望去的景色

的天使报喜大教堂,壁画则属莫斯科最精美的这类作品。尽管分划比较简单,但由于四个纵向跨间较高,在宏伟的程度上并不亚于罗斯托夫圣母安息大教堂。和克里姆林宫圣母安息大教堂及与之类似的建筑不同,在斯摩棱斯克大教堂,每个立面的主要拱形山墙,无论在宽度还是高度上,都要超出其他几个,就这样,更加突出了内接十字形的臂翼。由于将教堂提升到首层之上,垂向构图得到进一步的强调。和采用类似设计的其他教堂(如雅罗斯拉夫尔的主显圣容大教堂)一样,底层系作为富足的贵族或王室家族成员的墓室。教堂顶上以一组穹顶作为结束,上承镀金十

（左上）图2-331沃洛科拉姆斯克 约瑟夫-沃洛科拉姆斯克修道院。东侧，自湖面上望去的景色

（中）图2-332沃洛科拉姆斯克 约瑟夫-沃洛科拉姆斯克修道院。东南侧，冬季景象

（右上）图2-333沃洛科拉姆斯克 约瑟夫-沃洛科拉姆斯克修道院。钟塔（1490年代，已毁），外景（二战被毁前老照片）

（下）图2-334沃洛科拉姆斯克 约瑟夫-沃洛科拉姆斯克修道院。南围墙及主门楼（彼得和保罗门楼教堂），外景

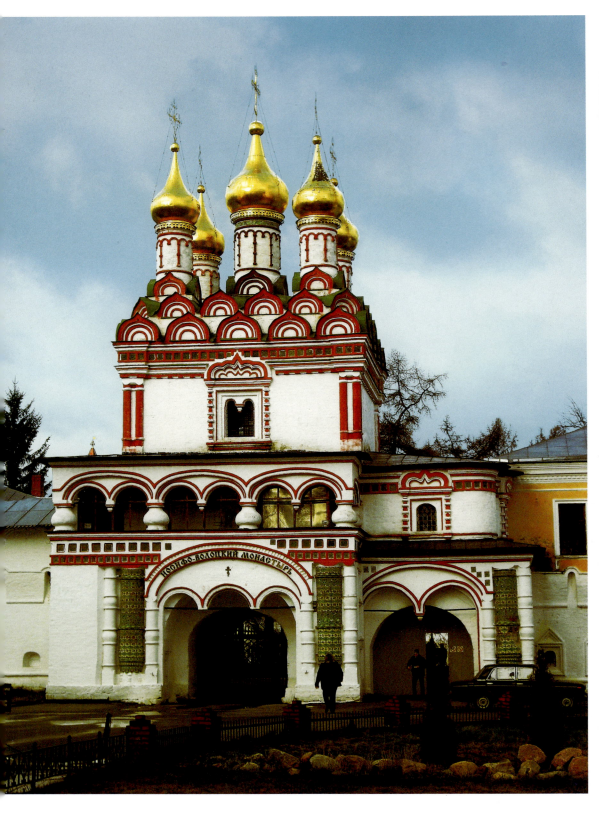

字架，后者高度与鼓座和穹顶相当（见图2-298）。

菲奥拉万蒂设计的圣母安息大教堂作为俄国主要教堂原型的重要地位和象征意义（特别是因为莫斯科统治者直接参与其创建）可从最后两个这类建筑看出来，其中之一建在俄国最受尊崇的修道院里并和克里姆林宫的这座教堂具有同样的供奉对象。位于圣谢尔久斯三一修道院的这座圣母安息大教堂（外景：图2-307~2-309；近景及细部：图2-310、2-311）系由沙皇伊凡四世（雷帝）委托，始建于1559年。在1564年一次毁灭性的大火中，修道院大部分建筑均遭破坏，

570·世界建筑史 俄罗斯古代卷

本页及左页：

（左）图2-335沃洛科拉姆斯克 约瑟夫-沃洛科拉姆斯克修道院。南围墙，彼得和保罗门楼教堂近景

（中及右上）图2-336沃洛科拉姆斯克 约瑟夫-沃洛科拉姆斯克修道院。南围墙，西塔楼全景及近景

（右下）图2-337沃洛科拉姆斯克 约瑟夫-沃洛科拉姆斯克修道院。南围墙，东塔楼（复活塔楼，1678年）全景

工程进度大受影响，加之这位沙皇在他统治后期对修道院上层已失去信任，教堂一直拖到1585年他死后才完成。

尽管时间相差了一个世纪，但圣谢尔久斯三一修道院的圣母安息大教堂，无论在室内还是室外，都极其忠实地再现了其克里姆林宫的原型。虽然比克里姆林宫的圣母安息大教堂规模更大（平面29.2×42.3米，克里姆林宫的27×39.75米），但沿用了它的许多独特的结构部件及细部，如东立面位于壁垛之间的五个半圆室的突出部分、立面中部的大型盲券拱廊条

第二章 莫斯科大公国时期·571

（左上）图2-338沃洛科拉姆斯克 约瑟夫-沃洛科拉姆斯克修道院。西北围墙，中塔楼（内侧景色）

（右上）图2-339沃洛科拉姆斯克 约瑟夫-沃洛科拉姆斯克修道院。餐厅教堂（1682年），东侧全景

（右下）图2-340沃洛科拉姆斯克 约瑟夫-沃洛科拉姆斯克修道院。圣母升天教堂（1682~1689年，室内1696年完成），西侧全景

（左下）图2-341沃洛科拉姆斯克 约瑟夫-沃洛科拉姆斯克修道院。圣母升天教堂，西南侧全景

带、高度划一的拱形山墙、等距分划的跨间,以及大的中央鼓座及穹顶等(穹顶最初形式上也类似莫斯科的教堂,但以后为洋葱头状的穹顶取代)。与此同时两者也有一些差别,如没有采用莫斯科圣母安息大教

(左上)图2-342沃洛科拉姆斯克 约瑟夫-沃洛科拉姆斯克修道院。圣母升天教堂,南侧近景

(下)图2-343沃洛科拉姆斯克 约瑟夫-沃洛科拉姆斯克修道院。圣母升天教堂,穹顶近景

(右上)图2-344下诺夫哥罗德 城堡(克里姆林,1500~1511年)。中世纪木构城堡总平面(13~14世纪状况,至1374年为石砌城堡取代,复原图作者С.Л.Агафонова,1960年),图中:1、救世主大教堂(13~14世纪),2、17世纪救世主大教堂位置,3、阿尔汉格尔斯克大教堂(13~14世纪),4、德米特罗夫塔楼(14世纪),5、尼古拉教堂(1371年),6、市场,7、河道;虚线示16世纪城堡(克里姆林)外廓,图左下为土城残迹

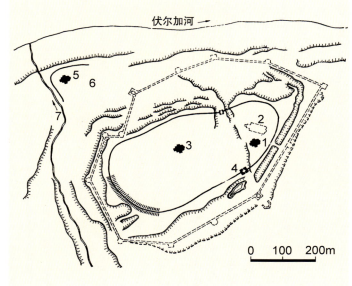

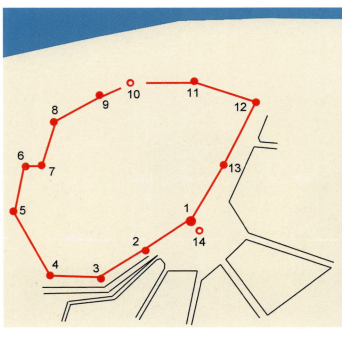

574·世界建筑史 俄罗斯古代卷

本页及左页：

（左下）图2-345 下诺夫哥罗德 城堡（克里姆林，1500~1511年）。塔楼名称示意，图中：1、德米特里塔楼，2、克拉多夫塔楼，3、尼古拉塔楼，4、科罗梅斯洛瓦塔楼，5、密塔，6、北塔，7、钟塔，8、伊万塔，9、白塔，10、残墟塔，11、鲍里斯塔楼，12、乔治塔楼，13、火药塔楼，14、排水塔（已毁）

（右下）图2-346 下诺夫哥罗德 城堡（克里姆林）。西侧俯视全景

（左上）图2-347 下诺夫哥罗德 城堡（克里姆林）。德米特里塔楼，东南侧景观

（右上）图2-348 下诺夫哥罗德 城堡（克里姆林）。乔治塔楼，自南面望去的景色

（右中）图2-349 下诺夫哥罗德 城堡（克里姆林）。北侧城墙，前景为残墟塔，远处可看到鲍里斯塔楼

堂那种强化内部空间感觉的圆柱，而是用了十字形的柱墩，并以砖作为主要结构材料。不过，从总体上看，室内外应该说还是很相近的。现存壁画直到1684年才开始绘制（从这里也可看出，在教堂完成后的一个世纪期间，时局的动荡和混乱）；不过，一旦下达委托，绘制的速度还是挺快的，以雅罗斯拉夫尔画师德米特里·格里戈里耶夫为首的一个35人组成的团队，仅用3个月就完成了任务。

象征性地采用克里姆林宫圣母安息大教堂部件的做法在沃洛格达主教堂的建设中得到了极致的表现。在16和17世纪期间，沃洛格达是俄罗斯北部的商业和行政中心，是通过阿尔汉格尔斯克和德维纳河和英国

（上）图2-350下诺夫哥罗德 城堡（克里姆林）。残墟塔，北侧景色

（中）图2-351下诺夫哥罗德 城堡（克里姆林）。伊万塔，南侧景观

（下）图2-352下诺夫哥罗德 城堡（克里姆林）。白塔，东南侧景色

以及随后和荷兰进行的利润丰厚的商贸活动的主要商品集散地。16世纪60年代后期，伊凡四世对沃洛格达给予了特别的关注，把它变成了国境内他直接统领的特区（Опри́чнина）。尽管他想把这座城市作为新都的传言并无实据，但很可能，他是打算在这里建一个设防的避难所，以摆脱他自己制造的混乱。依他的命令于1567年建在市中心的克里姆林（城堡），在16~17世纪的城防上起到了重要的作用。至1820年代，城墙和塔楼被拆除，仅和克里姆林同时建造的一批主要建筑留存下来（克里姆林区现状：图2-312~2-316）。

沃洛格达一个最主要的增建项目是1568~1570年

576·世界建筑史 俄罗斯古代卷

(上)图2-353下诺夫哥罗德 城堡(克里姆林)。北塔,东南侧景观

(下)图2-354下诺夫哥罗德 城堡(克里姆林)。密塔,西南侧仰视景色

建造的大教堂(1571年主教公署正式迁到这里)。然而,以菲奥拉万蒂的圣母安息大教堂为范本的这座建筑却不同寻常地改为供奉圣索菲亚(Divine Sophia),这也反映了沃洛格达和诺夫哥罗德的竞争,在莫斯科统治者的操控下,后者的宗教和世俗地位日趋式微。既然用了诺夫哥罗德大教堂的名称,沃洛格达的建筑师遂在莫斯科圣母安息大教堂的基础上适当进行了简化,壁柱条带通向主立面上水平排列的四个拱形山墙,其上起五个穹顶(平面:图2-317;外景:图2-318~2-321;近景及细部:图2-322~2-325;内景:图2-326~2-329)。作为圣母安息大教堂的衍生作品,沃洛格达大教堂和新圣女修道院的大教堂极

第二章 莫斯科大公国时期·577

本页：

（上）图2-355下诺夫哥罗德 城堡（克里姆林）。科罗梅斯洛瓦塔楼，南侧景观

（左下）图2-356下诺夫哥罗德 城堡（克里姆林）。尼古拉塔楼，东侧景色

（右中及右下）图2-358扎赖斯克 城堡（1528~1531年）。西侧围墙（上下两图分别为自西南和西北方向望去的景色，上图中央方塔示屋顶维修前状态）

右页：

（左上）图2-357下诺夫哥罗德 城堡（克里姆林）。克拉多夫塔楼，西南侧景色

（中）图2-359大鹿砦防线图（17世纪）

（下）图2-360大鹿砦防线，修建图（油画，作者M.Presnyakov）

（右上）图2-361科洛姆纳 克里姆林（1525~1531年）。外景（版画，1778年，作者Matvey Kazakov，前景为斯威布洛瓦塔楼）

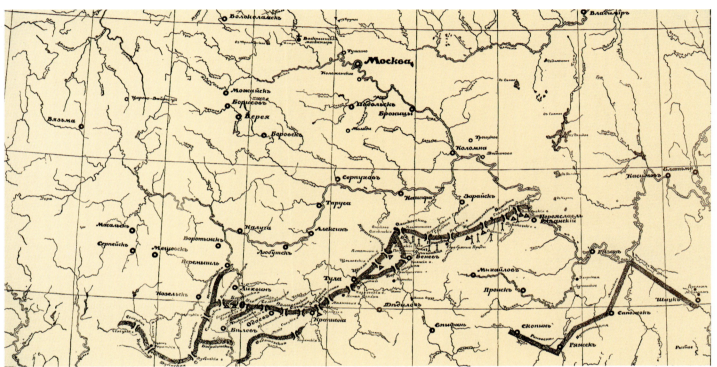

本页：

（上）图2-362科洛姆纳 克里姆林。皮亚特尼茨基门楼，外景

（左下）图2-363科洛姆纳 克里姆林。马林基纳塔楼，平面、立面及剖面（取自William Craft Brumfield:《A History of Russian Architecture》，Cambridge University Press，1997年；立面据L.Pavlov）

（右下）图2-364科洛姆纳 克里姆林。马林基纳塔楼，现状

右页：

（上）图2-365图拉 城堡（1507~1520年）。西南侧俯视全景

（左中）图2-366图拉 城堡。西南侧围墙（外侧，自东南方向望去的景色）

（右中）图2-367图拉 城堡。东北侧围墙（内侧，自东南方向望去的景色）

（左下）图2-368图拉 城堡。西南侧围墙，中央入口（自南向北望去的景色）

（右下）图2-369图拉 城堡。东北角塔

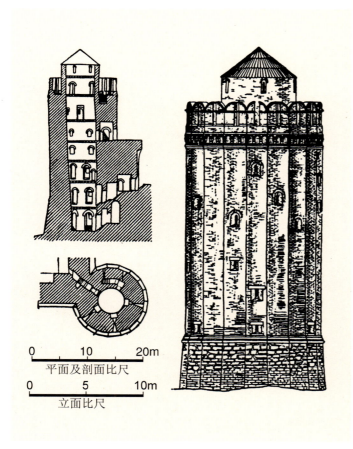

580·世界建筑史 俄罗斯古代卷

为相近。这座圣索菲亚教堂的室内壁画（包括西墙上生动的《最后的审判》，见图2-328）成于1686~1688年，由在圣谢尔久斯三一修道院圣母安息大教堂工作的同一组画师绘制，来自雅罗斯拉夫尔的这批画师约30余位，为首的是德米特里·格里戈里耶夫（或普列汉诺夫）。

在这时期的修道院建筑中，另一个值得一提的是位于莫斯科省沃洛科拉姆斯克东北17公里处创建于1479年的约瑟夫-沃洛科拉姆斯克修道院（全景：图2-330~2-332）。这是15和16世纪期间俄罗斯最富足

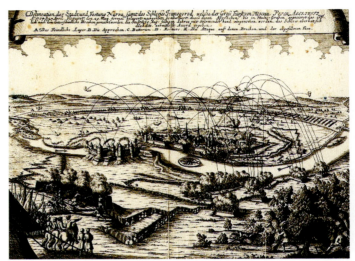

582 · 世界建筑史 俄罗斯古代卷

左页：

（左上）图2-370图拉 城堡。东北侧围墙，东起第二塔楼（内侧景观）

（左中）图2-371图拉 城堡。东北侧围墙，西起第二塔楼（外侧景观）

（左下）图2-372图拉 城堡。北端角塔

（右上）图2-373伊万哥罗德 城堡（1492~1507年）。西侧残迹景色（版画，作者Anthonis Goeteeris，1616年）

（右中上） 图2-374伊万哥罗德 城堡。俯视全景[作者Johann Christoph Brotze（1742~1823年），河对岸为纳尔瓦城堡]

（右中下）图2-375伊万哥罗德 城堡。自纳尔瓦城堡一侧望去的景色（版画，正面为纳尔瓦城堡，伊万哥罗德城堡位于右侧，取自Johann Christoph Brotze：《Sammlung verschiedner Liefländischer Monumente》）

（右下）图2-376伊万哥罗德 城堡。西北侧残迹景色（版画，作者Karl von Kügelgen，1818年）

和最有影响力的修道院之一。1486年建了一座砖砌的圣母升天教堂。接着于1490年代建成了高9层的钟塔（为当时俄罗斯最高的结构，成为莫斯科克里姆林宫伊凡大帝钟楼的先声，可惜毁于二战；图2-333）。17世纪末，修道院按当时流行的纳雷什金风格进行了改造，新围墙完成于1688年，配置了9个带锥形顶的石构塔楼（1679年在主要门楼上建了带金色穹顶的教堂；围墙及塔楼：图2-334~2-338），宽敞的餐厅亦于1682年增建了一个具有类似设计的教堂（图2-339）。1682~1689年老的圣母升天教堂为外部饰有精美彩色陶板的新教堂取代（图2-340~2-343）。

本页：

（上）图2-377伊万哥罗德城堡。北侧远景[版画，1867年，作者W.S.Stavenhagen（1814~1881年），示纳尔瓦河两侧景色，右侧远处为隔河相对的纳尔瓦城堡]

（中）图2-378伊万哥罗德城堡。卫星图

（下）图2-379伊万哥罗德城堡。西北侧俯视全景

本页及右页：

（中中及中下）图2-380伊万哥罗德 城堡。西侧（自纳尔瓦河对岸望去的景色）

（上）图2-381伊万哥罗德 城堡。南侧景色（左为纳尔瓦城堡）

（右中）图2-382伊万哥罗德 城堡。城堡西区，西南侧景色

（右下）图2-383伊万哥罗德 城堡。城堡东区，西南侧景色

（左两幅）图2-384伊万哥罗德 城堡。门塔（西棱堡东北角塔楼，上下分别为自西北和西南方向望去的景色）

三、城堡围墙及塔楼

俄国新教堂周围的厚重围墙,以及在教堂供奉对象中隐含的军事意义(如新圣女修道院的斯摩棱斯克大教堂),无不表明,在瓦西里三世统治时期防卫的重要意义。实际上,在通往莫斯科的主要通衢上,到处都建了城防工事,早期建造的有下诺夫哥罗德和图拉的城堡(克里姆林),前者建于1500~1511年(总平面:图2-344、2-345;城墙及塔楼:图2-346~2-357),后者建于1507~1520年(见图2-365~2-372)。1521年,作为莫斯科南面主要入径之一的科洛姆纳城,在克里米亚可汗穆罕默德·格莱攻打莫斯科时被洗劫,此后,新城堡的建造变得更为急迫。接下来建城堡的除科洛姆纳(1525~1531年)外,还有扎赖斯克(1528~1531年;图2-358)和卡希拉(1531年)各地。这些城堡构成了16和17世纪创建和扩展的所谓

图2-385伊万哥罗德 城堡。井塔(位于城堡西角),南侧景观

（上）图2-386伊万哥罗德 城堡。军需塔（前）与门塔（后），其间围墙将东西两堡分开

（左下）图2-387伊万哥罗德 城堡。军需塔及其步道

（右中）图2-388伊万哥罗德 城堡。宽塔（位于西南墙中部），自城堡内东侧望去的景色

（右下）图2-389伊万哥罗德 城堡。新塔（水塔，位于东南角，处女山上），西北侧残迹景色

第二章 莫斯科大公国时期·587

本页及右页：

（左上）图2-390伊万哥罗德 城堡。城堡内角处方塔（图2-378卫星图上A处），南侧景观

（中中）图2-391伊万哥罗德 城堡。长颈塔（位于北侧围墙东头）及部分内墙，现状景色

（左下）图2-392伊万哥罗德 城堡。通向长颈塔的台阶

（右下）图2-393伊万哥罗德 城堡。城堡内景色（向西北方向望去的情景）

（右上）图2-394伊万哥罗德 城堡。自北墙台阶处望门塔及教堂组群

（右中）图2-395伊万哥罗德 城堡。教堂组群：圣母升天大教堂（右，1558年）和圣尼古拉教堂（左，1498年）

"大鹿砦防线"（Zasechnaia cherta，Большая засечная черта，英译Great Abatis Line或Great Abatis Border）的重要据点（这条防线主要是为了保卫俄罗斯南部边界，防止克里米亚鞑靼人的入侵；图2-359、2-360）。圣谢尔久斯三一修道院的围墙和塔楼也在这时期进行了加固。

这些城堡大都沿袭莫斯科克里姆林宫的总体设计，以砖砌造，位于石灰石块体构筑的基础上；它们再次证实了瓦西里雇佣的俄罗斯匠师在吸收外来结构技术上的才干和能力（没有文献证据表明有意大利人

（上）图2-396伊万哥罗德 城堡。主堡西南角建筑（大琥珀堂）残迹

（右中）图2-397梁赞 克里姆林。东侧俯视全景

（右下）图2-398梁赞 克里姆林。西侧俯视全景

（左下）图2-399梁赞 克里姆林。北侧俯视景色

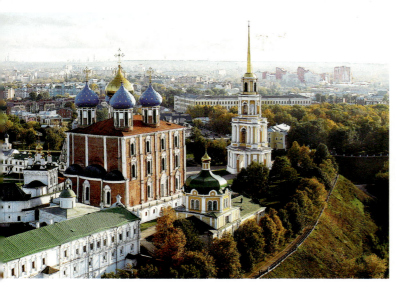

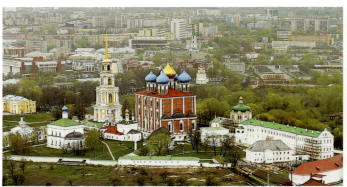

参与前述各项目）。和莫斯科克里姆林宫一样，以欧洲的标准来看，这些城堡技术上不免有些过时，但在俄罗斯，它们仍满足了人们的急迫需求。在17世纪初圣谢尔久斯三一修道院被波兰军队围困时，其围墙和塔楼就发挥了很大的作用（见第四章）。

1531年完工的科洛姆纳克里姆林围墙厚4.5米，配置了17个塔楼（其中4个为门楼，目前仅存7个塔楼和部分城墙；图2-361～2-364）。图拉城堡是按几何形式（矩形）设计的俄罗斯砖石结构城堡中最早的实例之一（图2-365～2-372）。伊万哥罗德城堡尽管设计上更为复杂，但形式与之类似；城堡建于1492~1507年（包括扩建；历史图景：图2-373~2-377；卫星图：图2-378；全景：图2-379~2-383；围墙及塔楼：图2-384~2-392；城堡内建筑：图2-393~2-396），与俄国西北边界利沃尼亚骑士团（Livonian Order，属条顿骑士团的一个分支）控制的纳尔瓦城

(上)图2-400 梁赞 克里姆林。东南侧全景

(下)图2-401 梁赞 克里姆林。建筑群,东侧景色

堡对峙。在西部的另一个战略要地普斯科夫，石构城墙在巴西尔统治时期进行了扩建和加固，工程一直持续到16世纪70年代。位于陡峭山崖上，周围为河流和峡谷环绕的梁赞克里姆林亦为俄罗斯最著名的这类组群之一，作为城市最早的核心，早在11世纪已经是一座设防的城堡（图2-397~2-401）。

在俄罗斯，最先进的防卫建筑仍属莫斯科，1535~1538年，围绕着城市商业区、自克里姆林宫东侧和红场向外延伸的"中国城"建了一道长约2.5公里的砖墙。和克里姆林宫高大宏伟的砖墙不同，中国城的围墙相对较低，主要是考虑到攻城技术的发展和大炮的使用（它们使欧洲中世纪后期和文艺复兴初期城堡的高城墙成为过时的设计）。虽然莫斯科此时尚没有面临密集炮轰的威胁，但围墙的尺寸（厚达6米，高平均6.5米）和14个塔楼的各种防卫构造已使安全有了进一步的保障（城墙历史图景及残迹：图2-402~2-409；弗拉基米尔门历史图景：图2-410~2-414；复活门历史图景及现状：图2-415~2-421）。

中国城围墙的主持人彼得罗克·马雷（彼得·弗里亚津）属来俄国工作的第三批（也是最后一批）意大

本页及左页：

（左上）图2-402莫斯科"中国城"（1535~1538年）。17世纪初街道景色[想像画，1900年，作者Appollinary Vasnetsov（1856~1933年）]

（左中）图2-403莫斯科"中国城"。17世纪城门景色，（想像画，1922年，作者Appollinary Vasnetsov）

（中左上）图2-404莫斯科"中国城"。从剧院广场望去的景色（老照片，1884年）

（左下）图2-405莫斯科"中国城"。全景（1888年景况，取自Николай Александрович Найдёнов的图册）

（中左中）图2-406莫斯科"中国城"。1920年代，城墙修复时状态

（中右上）图2-407莫斯科"中国城"。蛮门（老照片，1884年）

（中右中）图2-408莫斯科"中国城"。蛮门广场处城墙遗存

（右上）图2-409莫斯科"中国城"。中国城通道处城墙遗存

（右下）图2-410莫斯科"中国城"。弗拉基米尔门（尼古拉门），自树皮箱广场（Lubyanka Square）望去的景色[彩画，约1800年，作者Фёдор Яковлевич Алексéев（约1753~1824年）]

利建筑师。已知的少量传记信息表明,彼得罗克·马雷到达莫斯科是在1528年,并不是此前学界推测的1522年;然而他有文献记载的最早作品——莫斯科克里姆林宫的复活教堂建于1532年。鉴于当时俄国急需这样一些外国人才,很难想像像彼得罗克这样经教皇克雷芒七世(梅迪奇家族劳伦佐的侄子,许多文艺复兴艺术家的保护人)举荐派往俄国、且被俄罗斯编年史视为大师(arkhitekton)级的人物(仅有三位意大

本页:
(上)图2-411莫斯科"中国城"。弗拉基米尔门(尼古拉门),19世纪中叶景色(绘画,1852年,作者I.Veis,前景为弗拉基米尔圣母教堂)
(下)图2-412莫斯科"中国城"。弗拉基米尔门(尼古拉门),19世纪中叶景色(版画,1860年,作者Stich von Whymper-Vladimirskie,边上为中国城城墙上的塔楼)

右页:
(左上)图2-413莫斯科"中国城"。弗拉基米尔门(尼古拉门),19世纪后期景色[版画,1883年,作者Henry Lansdell(1841~1919年),《穿越西伯利亚》(Through Siberia)一书的插图]
(左下)图2-414莫斯科"中国城"。弗拉基米尔门(尼古拉门),1931年景色[美国旅行家和摄影师Branson De Cou(1892~1941年)的作品]
(右上)图2-415莫斯科"中国城"。复活门(伊比利亚礼拜堂,为中国城仅存城门,现红场北侧入口),19世纪初地段形势(彩画,作者Фёдор Яковлевич Алексéев)
(右中)图2-416莫斯科"中国城"。复活门(伊比利亚礼拜堂),19世纪景色(当时明信片上的图像)
(右下)图2-417莫斯科"中国城"。复活门(伊比利亚礼拜堂),1931年景色(Branson De Cou摄)

利建筑师得到这样的评价),能在长达4年的时间里无所事事或只参与了一些无足轻重的项目。但彼得罗克在俄罗斯设计的早期作品目前只能推测。很可能,正是在1529~1532年(即从他到俄国后不久,到有文献可查的莫斯科作品之前),彼得罗克创造了那些对16世纪俄罗斯还愿教堂起到重大作用的建筑和工程作品。

四、科洛缅斯克庄园的耶稣升天教堂

在俄罗斯建筑中,呈塔楼形式的集中式教堂是种特殊类型,其来源也更为复杂、不易厘清。带单一鼓

本页及左页：

（左上）图2-418莫斯科 "中国城"。复活门（伊比利亚礼拜堂），1995年重修后地段形势（西北侧景色）

（左下）图2-419莫斯科 "中国城"。复活门（伊比利亚礼拜堂），东南侧现状

（中上）图2-420莫斯科 "中国城"。复活门（伊比利亚礼拜堂），双塔近景

（中下）图2-421莫斯科 "中国城"。复活门（伊比利亚礼拜堂），双塔夜景

（右）图2-423莫斯科 上彼得罗夫斯基修道院。大主教彼得教堂，西北侧景色（老照片，开大窗时的情景）

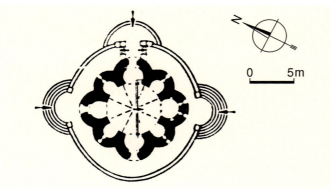

座和穹顶的紧凑结构（其鼓座由叠涩拱券支撑）至迟到13世纪初已经出现，如切尔尼希夫的圣帕拉斯克娃教堂（见图1-124等）。在15世纪的俄罗斯，像安德罗尼克救世主修道院的主显圣容大教堂和圣谢尔久斯三一修道院的砖构圣灵教堂这样一些作品，均属强调垂向构图的单穹顶教堂的变体形式。16世纪初莫斯科圣诞女修道院的大教堂（见图2-95、2-96），则是自

本页：

（下）图2-422莫斯科 上彼得罗夫斯基修道院。大主教彼得教堂（1514~1515年），平面（取自William Craft Brumfield:《A History of Russian Architecture》，Cambridge University Press，1997年）

（上）图2-424莫斯科 上彼得罗夫斯基修道院。大主教彼得教堂，东南侧全景

右页：

（左上）图2-425莫斯科 上彼得罗夫斯基修道院。大主教彼得教堂，南侧远景

（左下）图2-426莫斯科 上彼得罗夫斯基修道院。大主教彼得教堂，南侧全景

（右上）图2-427莫斯科 上彼得罗夫斯基修道院。大主教彼得教堂，西侧全景

（右下）图2-428莫斯科 上彼得罗夫斯基修道院。大主教彼得教堂，入口处圣彼得浮雕像

（上）图2-429苏兹达尔 圣叶夫菲米-救世主修道院。施洗者约翰礼拜堂（约1515年，1691年扩建）及钟楼（1599年），西南侧地段形势

（下）图2-430苏兹达尔 圣叶夫菲米-救世主修道院。施洗者约翰礼拜堂及钟楼，西南侧全景

（左上）图2-431苏兹达尔圣叶夫菲米-救世主修道院。施洗者约翰礼拜堂及钟楼，东侧景色

（下）图2-432苏兹达尔 圣叶夫菲米-救世主修道院。施洗者约翰礼拜堂及钟楼，东北侧全景

（右上）图2-433苏兹达尔圣叶夫菲米-救世主修道院。施洗者约翰礼拜堂及钟楼，西南侧近景

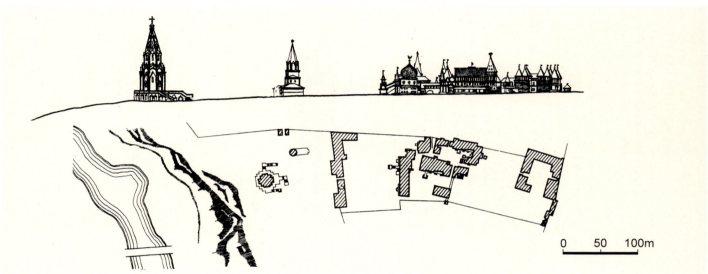

（上两幅）图2-434苏兹达尔 圣叶夫菲米-救世主修道院。施洗者约翰礼拜堂及钟楼，钟室，外景及内景

（中）图2-435莫斯科 科洛缅斯克。皇家庄园，总平面及建筑群立面（17世纪，取自Академия Стройтельства и Архитестуры СССР：《Всеобщая История Архитестуры》，II，Москва，1963年）

（下）图2-436莫斯科 科洛缅斯克。皇家庄园，全景图（水彩画，作者Giacomo Quarenghi，1795年，原大42.7×113厘米，现存莫斯科Tretyakov Gallery；画面左侧背景处为佳科沃施洗者约翰大辟教堂）

立方形体向逐层升起的八角形拱形山墙转化的过渡形态。有人还认为，在俄罗斯演化出来的内接十字形教堂，核心部分实际上已经包含了塔式教堂的要素。

最近的研究提供了一个更明晰的原型，即位于上彼得罗夫斯基修道院内的大主教彼得教堂（建于1514~1515年，建筑师"新"阿列维兹）。其首层平面为不同寻常的八叶形，位于正交主轴线上的"叶片"要比位于对角轴线上的为大（平面：图2-422；历史图景：图2-423；外景及细部：图2-424~2-428）。上层平面八角形，八个跨间上最初可能各开一个尖头窄窗。砖结构以一道短的拱廊檐壁作为结束，其上立檐口和一个八面盔状屋顶，上覆黑色瓦片（为阿列维兹喜用的屋面材料）。在室内，八叶形的"叶片"提供了额外的空间，并在结构上起到支撑扶垛的作用，因而人们可在18世纪初大大扩展窗户的宽度（见图2-422，现又复原成窄窗）。尽管建筑规模不大，但它预示了以后还愿教堂的发展，成为17世纪末华美的小型塔楼教堂回归的先兆。

在现存的俄罗斯教堂中，其他能作为16世纪塔楼教堂先例的作品极少，较多的是钟塔内布置礼拜堂。在苏兹达尔，尚存一个这类结构的下两层（约建于1515年，与圣母代祷修道院大教堂相连，见图2-245~2-247），但上部已于17世纪重建，顶部最初的形式已不复存在。在同样位于苏兹达尔的圣叶夫菲

（左上）图2-437莫斯科 科洛缅斯克。皇家庄园，东侧俯视全景

（右上）图2-438莫斯科 科洛缅斯克。皇家庄园，北侧俯视全景

（下）图2-439莫斯科 科洛缅斯克。耶稣升天教堂（约1529~1532年），平面及剖面（平面据Nekrasov；剖面取自David Roden Buxton：《Russian Mediaeval Architecture》，Cambridge University Press，2014年）

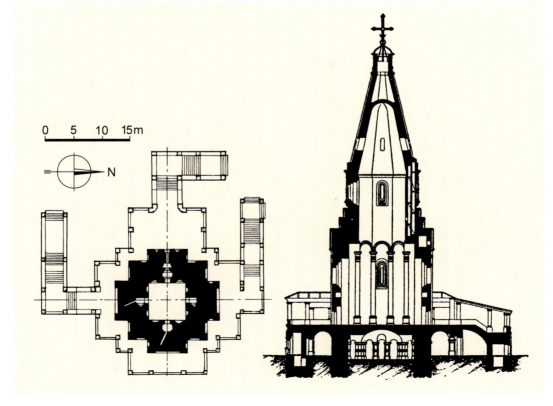

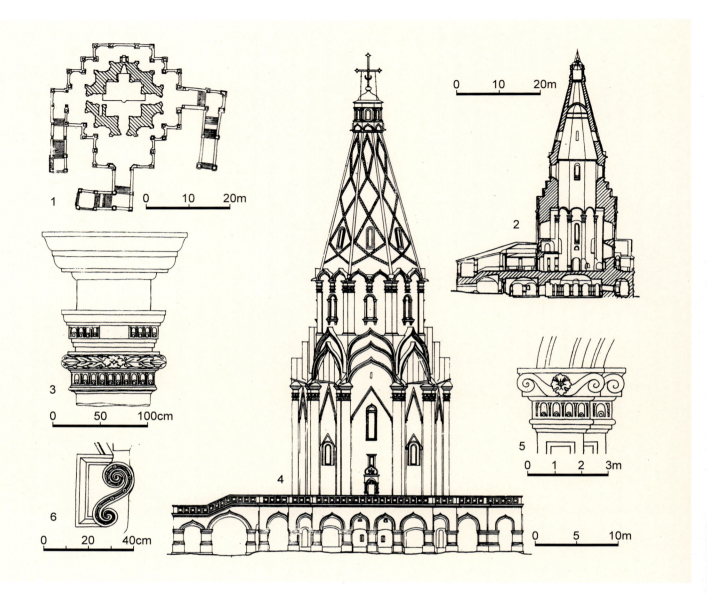

米-救世主修道院,尚存一个高三层供奉施洗者约翰的塔楼式礼拜堂(可能建于16世纪初)。结构以后经改造,1599年建了一个相邻的钟楼,1691年又再次扩大(外景:图2-429~2-432;近景及细部:图2-433、

本页:

(上)图2-440莫斯科 科洛缅斯克。耶稣升天教堂,平面、立面、剖面及细部(取自Академия Строительства и Архитестуры СССР:《Всеобщая История Архитестуры》,II,Москва,1963年),图中:1、平台处平面,2、纵剖面,3、四面体处壁柱柱头,4、东立面,5、八面体处窗户壁柱柱头,6、四面体处窗户挑腿

(下)图2-442莫斯科 科洛缅斯克。耶稣升天教堂,19世纪初景色(彩画,作者Фёдор Яковлевич Алексéев,绘于1800年代)

右页:

(左上)图2-441莫斯科 科洛缅斯克。耶稣升天教堂,轴测剖析图(作者V.Podkliuchnikov)

(右上)图2-443莫斯科 科洛缅斯克。耶稣升天教堂,西北侧外景(1972年照片,整修前状况)

(左下)图2-444莫斯科 科洛缅斯克。耶稣升天教堂,西侧远景

(右下)图2-445莫斯科 科洛缅斯克。耶稣升天教堂,西侧全景

2-434）。当然，16世纪早期这类建筑中最壮观的仍属伊凡大帝钟塔，第一层内部最初有一个供奉圣约翰·克利马库的小教堂。只是所有这些实例，都没有可靠的证据确定最初屋顶的形式。

同样，这时期的建筑中，没有一个能真正作为俄国第一个大型塔楼式教堂——1529年建造的科洛缅斯克的耶稣升天教堂的原型。科洛缅斯克位于莫斯科城区东南几公里处的莫斯科河畔，有关它的最早记载见于伊凡一世的遗嘱（1339年），以后逐渐发展成莫斯科公国王侯们最喜爱的皇家庄园（地段总平面及建筑群立面：图2-435；历史图景：图2-436；俯视全景：图2-437、2-438）。这座著名的耶稣升天教堂系瓦西里三世为纪念其儿子和继承人伊凡四世的诞生，作为还愿教堂投资兴建（平面、立面、剖面及细部：图2-439、2-440；剖析图：图2-441；历史图景：图2-442；外景：图2-443~2-453；近景及细部：图2-454~2-458；廊道内景：图2-459~2-461；内景：图2-462）。不仅其高度史无前例（不论从绝对尺寸上还是从与平面大小的比值上看，都是如此），而且没有采用俄罗斯传统教堂的穹顶造型，而是用了拉长的砖构锥顶[所谓"帐篷式屋顶"（shatior）]。由于教堂位于莫斯科河畔一个可俯视这片大公领地的陡峭台地上，给人的视觉冲击力尤为强烈。它位于一个木结构场院的中间，建筑中包括一个形式随意的大型木构宫邸（1571年焚毁，两次重建），组群当年的廓线显然要比现在丰富得多（目前，只有这个留存下来的砖石

左页：

（上下两幅）图2-446 莫斯科 科洛缅斯克。耶稣升天教堂，西南侧远景

本页：

（上）图2-447 莫斯科 科洛缅斯克。耶稣升天教堂，西南侧全景

（下）图2-448 莫斯科 科洛缅斯克。耶稣升天教堂，南侧远景

第二章 莫斯科大公国时期·607

建筑单独耸立在那里)。

耶稣升天教堂的独特造型,特别是位于八角形塔楼上的"帐篷式"屋顶(塔楼下为一个准十字形的基座层),往往使人们想起俄罗斯木构塔楼教堂的设计(见本章第三节)。有关这种形式起源的另一个佐证来自1941年发现和公布的一则编年史记录,其中提到,耶稣升天教堂的设计带有"木构样式的"(vverkh na dereviannoe delo)顶部。但所谓"木构原型"究竟是什么样式目前人们还说不清楚。首先是因为迄今还找不到确凿证据,表明有年代早于耶稣升天教堂的木构帐篷顶教堂,同时也因为编年史同样提到这种形式具有史无前例的性质,其锥形塔楼明显背离已被接受的东正教实践。A.I.涅克拉索夫干脆否认这种木构起源说,认为它不过是19世纪后期民族主义者玩弄的一种伎俩,不值得特别关注;他相信,耶稣升天教堂只是带锥形屋顶的罗曼塔楼式建筑的后期衍生形态。他进一步指出,帐篷顶是还愿教堂特有的形式,可能和祭坛天盖和宝座华盖的造型有关;前者在俄罗斯主要用

本页及左页：

（左）图2-449莫斯科 科洛缅斯克。耶稣升天教堂，南侧全景

（中）图2-450莫斯科 科洛缅斯克。耶稣升天教堂，东北侧全景

（右上）图2-451莫斯科 科洛缅斯克。耶稣升天教堂，北侧远景

（右下）图2-452莫斯科 科洛缅斯克。耶稣升天教堂，北侧全景

第二章 莫斯科大公国时期·609

(上)图2-453莫斯科 科洛缅斯克。耶稣升天教堂,西北侧远景

(下)图2-454莫斯科 科洛缅斯克。耶稣升天教堂,南侧近景

于标示有特殊意义的遗址(如圣井),后者通常布置在教堂内,用于保护大主教或大公的宝座。按照这种观点,编年史上谈到的木构形式可能只是和文献上提到的中世纪俄罗斯的通常做法(在城堡塔楼上布置角锥形的木构屋顶)进行了一番类比,仅此而已。

总之,在科洛缅斯克这个大胆设计里所包含的观念上的飞跃,目前还无法给予圆满的解释。就技术层面而言,应该问题不大,博恩·弗里亚津在伊凡大帝钟楼的设计中,已经成功地解决了超高建筑垂直重量的稳定问题(只是钟塔的平面要比耶稣升天教堂简单,后者采用了十字形平面和不同寻常的屋顶)。许多迹象表明,另一位意大利匠师——很可能是彼得罗克·马雷——在解决这一复杂问题上也提供了一些指导意见。彼得罗克不仅是一位经验丰富的工程师,从

610·世界建筑史 俄罗斯古代卷

（上）图2-455莫斯科 科洛缅斯克。耶稣升天教堂，东南侧近景

（下）图2-456莫斯科 科洛缅斯克。耶稣升天教堂，东侧近景

"中国城"围墙的建造上可知,他还是一位颇有名气的"大师"(arkhitekton)。遗憾的是,他主持设计并在科洛缅斯克教堂完成后仅一年即开工建造的克里姆林宫复活教堂,现已无迹可寻。但有关其形式的有限图像证据表明,它同样是个塔楼式结构,高度上和相邻的伊凡大帝钟楼(1599~1600年增建前)相当,底层平面则要大得多。

耶稣升天教堂是城防工程师和大型宗教建筑设计师的技艺相结合的产物。其墙体搁置在沉重的砖构十字拱顶上(拱顶内用铁拉杆加固),厚度在2.5~3米范围内变化(实际上已大大超过了支撑"帐篷顶"重量的需求),十字形的平面配置进一步起到了支撑和加固的作用。高起的平台(最初没有屋顶)如束带般围绕着教堂的下部,通向它的三部楼梯均带垂直转角,以此丰富了仪式队列行进途中所看到的景观变化。塔楼主要形体角上设粗壮的壁垛,以上起三层尖券山墙,类似的母题在八角形檐口处再次得到重复(见图2-440)。从这里开始,升起八面角锥形的"帐篷顶",各角以石灰石肋条分划。这种上升的态势通过同样用石灰石制作的菱形图案(其窄头朝向各面顶端)得到进一步的强调(见图2-443等)。塔楼最后以一个八角形顶塔及穹顶结束,在58米高度,竖起一个十字架。

(上)图2-457莫斯科科洛缅斯克。耶稣升天教堂,塔楼仰视

(下)图2-458莫斯科科洛缅斯克。耶稣升天教堂,北侧入口(自西面望去的景色)

（左两幅）图2-459莫斯科 科洛缅斯克。耶稣升天教堂，西廊内景

（右）图2-460莫斯科 科洛缅斯克。耶稣升天教堂，廊道龛室

耶稣升天教堂的外立面包含了一些具有文艺复兴特色的柱式细部，这也说明有意大利匠师（彼得罗克或其他人）参与其事。这样一些部件同样出现在大天使米迦勒大教堂（包括壁柱、柱头及样式粗始的柱顶盘）。耶稣升天教堂没有柱顶盘，但大量的其他部件表明，建筑师不仅熟悉文艺复兴时期的装饰样式，同样也了解哥特风格的部件：如带装饰性柱头的壁柱（位于八角形体跨间角上，上承排水口；类似的柱头还作为八角形体顶部尖券山墙的挑腿）、两侧布置壁柱和柱头的窗户，以及下部结构跨间内的陡坡山墙（顶部指向厚重的拱形山墙，内部开窄窗，每个窗上另有自己的尖券山墙）。这些山墙均搁置在高高的

附墙柱上（特别令人感兴趣的是类似哥特后期的细部），每个都有柱头和相应配件

教堂室内再次采用了许多类似的细部，在强调垂向构图上效果相当突出。室内基本平面为方形，边长8.5米，在这个有限的空间内自然无法设置独立柱墩。在这里，柱墩实际上已被转换成了附墙壁柱，立在不大的十字臂翼和主体结构的交会处，将每个墙面分成三个区段，中间形成壁柱围括的内凹跨间（见图2-441）。柱子的柱头成为拱券的起拱点，通过这些拱券将方形平面转换为八角形，直至上部的"帐篷顶"。整个空间一气呵成，结构明确统一（见图2-462）。虽说塔楼内部可能有过抽象的装饰细部，但目前仅存白灰粉刷的墙面，室内光线全部来自上部八角形体和帐篷顶上的窄窗。

耶稣升天教堂的室内最初曾有一个圣像屏帏，教堂本身没有半圆室结构，仅在东侧厚重的墙身内开了一个起半圆室作用的深龛。室外台地相应位置上安放了一个可能类似华盖的设施，供大公坐在宝座上，越

（左）图2-461莫斯科 科洛缅斯克。耶稣升天教堂，廊道门饰

（右）图2-462莫斯科 科洛缅斯克。耶稣升天教堂，内景

过下方的莫斯科河，远眺自己的领地。这个独一无二的建筑就这样，把这个传统东正教建筑最神圣的处所，和世俗权势结合在一起。教士们显然也意识到，瓦西里三世建造的这个还愿建筑的重要意义；作为这位大公的忠实支持者，大主教达尼埃尔本人（事实上，他的主教职位就是大公任命的）参加了为期三天的教堂奉献典礼。

其实，这本身就是个矛盾的选择，但由于东正教会的利益和俄罗斯国家的命运联系得如此紧密，因而教士们也就容忍和迁就了这种为了世俗权力的需要偏离传统教堂设计的做法。直到17世纪中叶，俄罗斯东正教会才试图遏制帐篷顶的传播（无论是木构还是由砖石砌造）。作为俄罗斯统治者和上帝特殊关系的象

征，科洛缅斯克这个耶稣升天教堂的造型可以比作一根奉献蜡烛，一个城堡塔楼或一座灯塔，所有这一切，都是象征着大公的权威，王朝的持续，以及在俄罗斯国家的形成中莫斯科的中心地位。

第三节 俄罗斯木构建筑

一、教堂

根据中世纪俄罗斯编年史的记载，早期人们曾建造了一些令人极感兴趣的复杂木构教堂，如诺夫哥罗德的第一个圣索菲亚教堂（可能989年）。这是一个橡木结构，具有13个"屋顶"（据推测有的可能是穹顶）。从大量的历史资料和考古证据可知，在俄罗斯，直到18世纪，几乎各种建筑类型都用过木材（相关的图像资料：图2-463~2-465）。由于地处广大的森林地带，俄罗斯人很熟悉木材的特性，并利用这种材料建造教堂、住宅和城防工事，创造了极其引人注目的建筑景观。但由于火灾和腐朽，中世纪早期俄罗斯木构匠师们的作品早已无存。18世纪以前的木构建筑能留存下来的已经不多，15和16世纪的原木结构就更少。事实上，就现在所知，最早的一个是位于奥涅加湖边穆罗姆修道院内的一个小教堂（拉撒路复活教

（左上）图2-463俄罗斯木结构建筑：库房（俄罗斯北部地区，18世纪）

（左中）图2-464俄罗斯木结构建筑：农场住宅（俄罗斯北部地区，18世纪）

（左下）图2-465俄罗斯木结构建筑：客栈（科斯特罗马和雅罗斯拉夫尔地区，18世纪，版画，作者André Durand，1839年）

（右）图2-466奥涅加湖区 穆罗姆修道院。拉撒路复活教堂（约1391年，现迁至基日岛）。西北侧外景

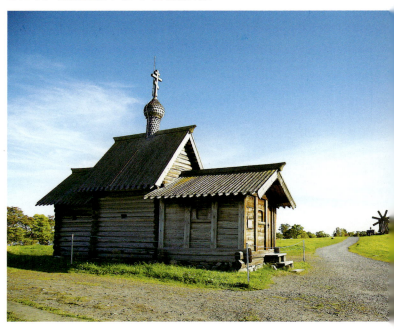

第二章 莫斯科大公国时期·615

本页：

（上）图2-467奥涅加湖区 穆罗姆修道院。拉撒路复活教堂，西南侧现状

（下）图2-468奥涅加湖区 穆罗姆修道院。拉撒路复活教堂，东南侧全景

右页：

（上）图2-469木构教堂平面模式：1、穆罗姆修道院教堂（14世纪末），2、帕尼洛夫村教堂（1600年），3、韦尔霍夫村教堂，4、孔多波格村教堂（1774年），5、基什墓地教堂（1714年）

（中）图2-470木构教堂平面（取自George Heard Hamilton：《The Art and Architecture of Russia》，Yale University Press，1983年），图中：1、奥洛涅茨 圣拉撒路教堂（可能1391年前），2、下乌夫秋加 安息教堂，3、尼奥诺克萨 三一教堂（1727年），4、波德波罗日耶 弗拉基米尔圣母教堂（1741年）

（下）图2-471木构教堂平面及剖面（取自David Roden Buxton：《Russian Mediaeval Architecture》，Cambridge University Press，2014年），图中：1、白斯卢达 八角形帐篷顶教堂平面，2、上一教堂的纵剖面（可看到实际使用空间相当有限），3、凯姆 矩形帐篷顶教堂平面，4、基日岛 教堂平面（图上标出22个穹顶的位置），5、典型的五穹顶十字形平面教堂，6、菲利（莫斯科附近）圣母代祷教堂；以上1~4项皆位于俄罗斯北部地区，第5个在乌克兰，第6个属莫斯科巴洛克建筑（可看到莫斯科教堂和乌克兰木构建筑的关系）

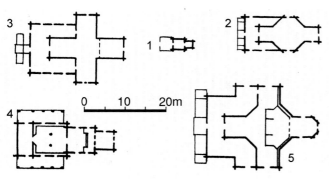

堂,建于1391年左右,现已迁至基日岛;图2-466~2-468)。一般认为,俄罗斯早期木构建筑基本上类似于后期留存下来的原木结构,只是这种说法尚缺乏足够的证据支持。

为了叙述的方便,我们将把木构建筑集中在本节叙述,尽管其中大部分实例已属17和18世纪,还有少数年代更为晚近的。

俄罗斯木构建筑的最早实例均为教堂(木构教堂

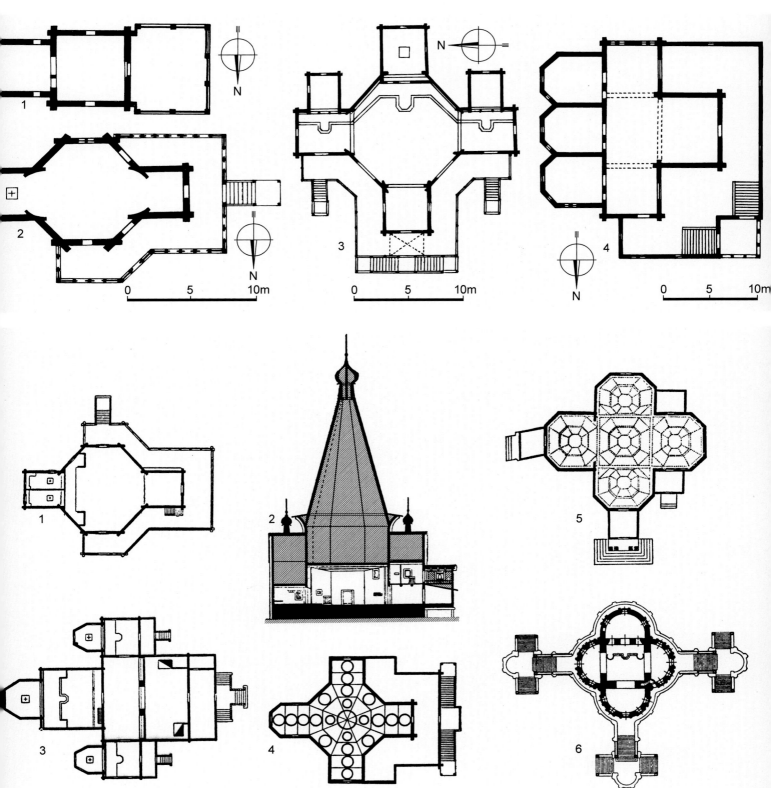

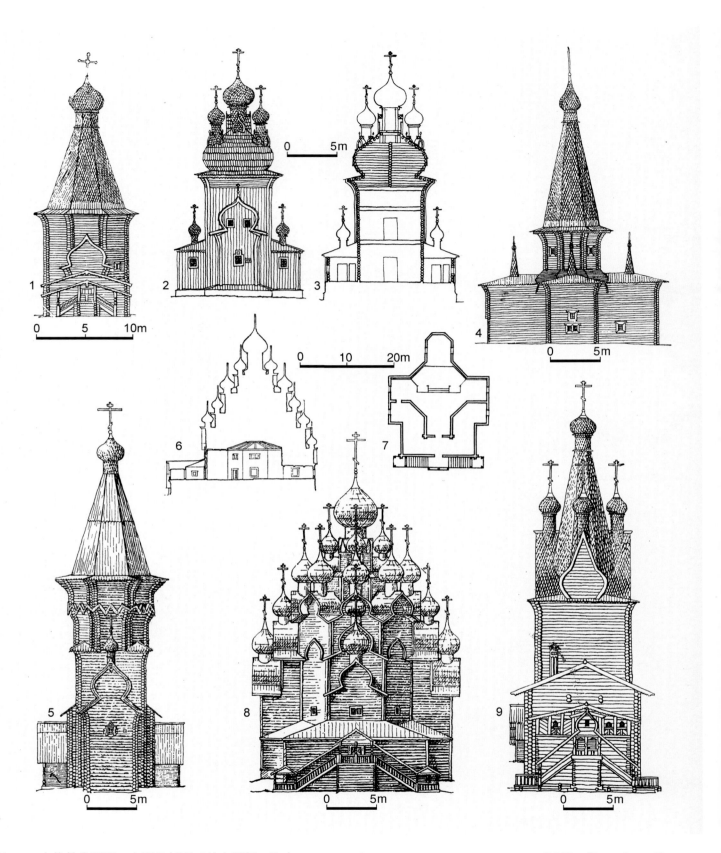

图2-472木构教堂平面、立面及剖面（综合图版，取自Академия Стройтельства и Архитестуры СССР：《Всеобщая История Архитестуры》，II，Москва，1963年），图中：1、帕尼洛夫村教堂，立面（1600年）；2、库舍列茨科村教堂，立面（1669年）；3、上述教堂，剖面；4、韦尔霍夫村教堂，立面；5、孔多波格村教堂，立面（1774年）；6~8、基什教堂，平面、立面及剖面（1714年）；9、尤罗姆墓地教堂，立面（1685年）

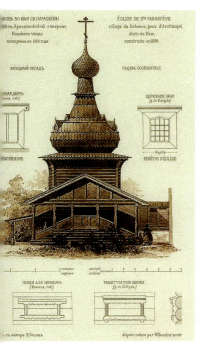
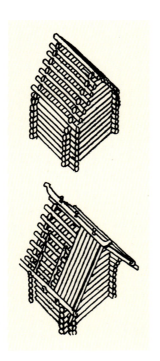

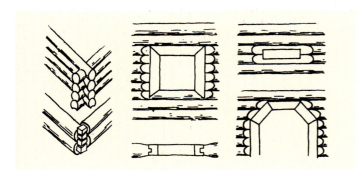

（左上）图2-473 典型木构教堂立面及细部

（右上）图2-474 典型木构教堂立面（17~18世纪）

（左中）图2-475 双坡屋顶的各种形式（取自Академия Строительства и Архитестуры СССР：《Всеобщая История Архитестуры》，II，Москва，1963年）

（左下）图2-476 原木墙交接构造及洞口做法（取自Академия Строительства и Архитестуры СССР：《Всеобщая История Архитестуры》，II，Москва，1963年）

（中上）图2-477 原木结构双坡屋顶做法（取自Академия Строительства и Архитестуры СССР：《Всеобщая История Архитестуры》，II，Москва，1963年）

（右下）图2-478 原木塔楼构造（取自Академия Строительства и Архитестуры СССР：《Всеобщая История Архитестуры》，II，Москва，1963年）

第二章 莫斯科大公国时期 · 619

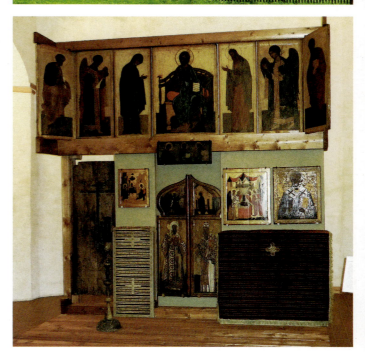
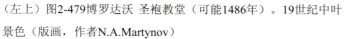

（左上）图2-479博罗达沃 圣袍教堂（可能1486年）。19世纪中叶景色（版画，作者N.A.Martynov）

（右上）图2-480博罗达沃 圣袍教堂。现状俯视全景

（右中）图2-481博罗达沃 圣袍教堂。背面景色

（左中）图2-482博罗达沃 圣袍教堂。正门近景

（下两幅）图2-483博罗达沃 圣袍教堂。内景，餐厅及圣像壁

（右上）图2-484博罗达沃 圣袍教堂。迁移及修复时场景（现迁至基里洛夫的基里洛-贝洛泽尔斯基修道院内，同时根据新近的研究进行了修复）

（中两幅）图2-485博罗达沃 圣袍教堂。屋顶内景，站立者为2010年主持修复的建筑师Alexander Popov，右图为他手绘的修复图稿

（下）图2-486尼库利诺村 圣母安息教堂（1599年）。东南侧俯视景色（现位于诺夫哥罗德木构建筑博物馆内）

平面、立面及剖面形式：图2-469~2-474；双坡屋顶的各种形式：图2-475；结构及构造做法：图2-476~2-478），和住宅相比，人们在使用和维护上对这类建筑要更为精心，有的甚至可延续使用3到4个世纪

（上）图2-487 尼库利诺村 圣母安息教堂。东南侧全景

（下两幅）图2-489 列利科泽罗 大天使米迦勒教堂（可能18世纪后期，已迁至基日岛）。西南侧远景

（左上）图2-488 尼库利诺村 圣母安息教堂。西南侧全景

（右上）图2-490 列利科泽罗 大天使米迦勒教堂。西南侧全景

（右下）图2-491 列利科泽罗 大天使米迦勒教堂。南侧全景

（上）图2-492列利科泽罗 大天使米迦勒教堂。北侧全景

（下）图2-493列利科泽罗 大天使米迦勒教堂。西北侧景色

（上）图2-494列利科泽罗 大天使米迦勒教堂。内景，圣所

（下）图2-495列利科泽罗 大天使米迦勒教堂。内景，天棚彩绘

（中）图2-496图霍利亚 圣尼古拉教堂（约1688年，现迁至诺夫哥罗德）。西侧远景

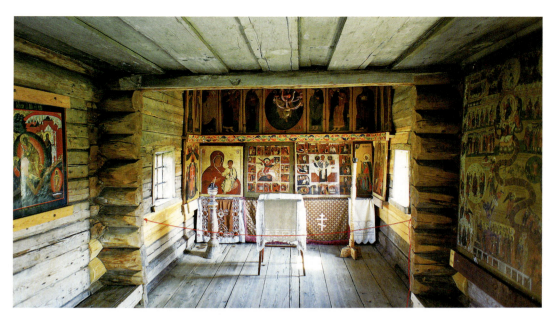

（当然，腐朽的原木须及时更换，屋顶亦须定时维修）。尽管出现的时间及具体演进过程都没有搞清楚，但这种结构的类型估计不外下列几种：

最简单的木构教堂——如博罗达沃的圣袍教堂（可能早至1485年；图2-479~2-485）或尼库利诺村的圣母安息教堂（1599年；图2-486~2-488）——类似农舍的基本单元，带坡屋顶和矩形的"内殿"（cell、klet），平面（墙体结构）取直线，主轴东西

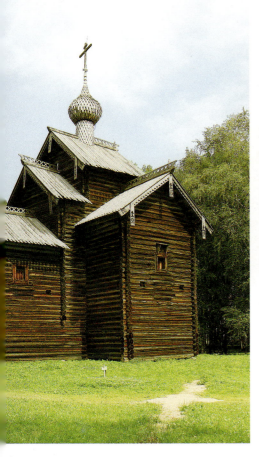

本页及左页：

（左上）图2-497图霍利亚 圣尼古拉教堂。西侧近景

（左下）图2-498图霍利亚 圣尼古拉教堂。西南侧全景

（右上）图2-499图霍利亚 圣尼古拉教堂。东南侧景色

（右下）图2-500图霍利亚 圣尼古拉教堂。西北侧近景

（中上）图2-501米亚基舍沃 圣尼古拉教堂（1642年，现迁至诺夫哥罗德）。西侧现状

（中下）图2-502米亚基舍沃 圣尼古拉教堂。西南侧景色

（左上）图2-503米亚基舍沃 圣尼古拉教堂。东南侧全景

（左中）图2-504米亚基舍沃 圣尼古拉教堂。北侧景观

（中上）图2-505斯帕斯-韦日 主显圣容教堂（1628年，现位于科斯特罗马伊帕季耶夫修道院）。东南侧现状

（右上）图2-506斯帕斯-韦日 主显圣容教堂。西南侧近景

（下）图2-507格洛托沃 圣尼古拉教堂（1766年，1960年迁至苏兹达尔木建筑博物馆）。南侧全景

（上）图2-508格洛托沃 圣尼古拉教堂。西南侧地段全景

（下）图2-509格洛托沃 圣尼古拉教堂。北侧现状

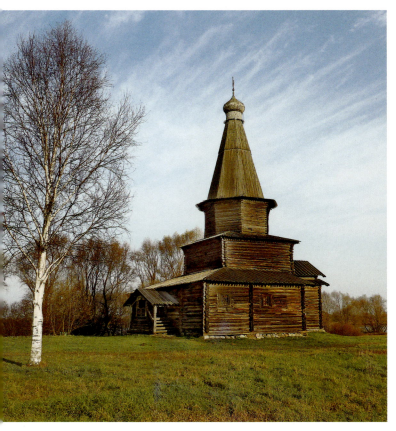

向，另有一个辅助单元和一个类似前厅（trapeza）的房间。这类教堂常配两个附加部分：一是东面的半圆室，内置祭坛；再一个是与前厅相连的钟塔[如列利科泽罗的大天使米迦勒教堂（已迁至基日岛）；外景：图2-489~2-493；内景：图2-494、2-495]。这种类型中更为精美的大都类似较大的农宅，在支撑屋顶

630·世界建筑史 俄罗斯古代卷

本页及左页：

（左上）图2-510格洛托沃 圣尼古拉教堂。东侧景色

（中）图2-511格洛托沃 圣尼古拉教堂。东南侧景观

（左下）图2-512库里茨科 圣母安息教堂（1595年，现迁至诺夫哥罗德木建筑博物馆）。西南侧远景

（右）图2-513库里茨科 圣母安息教堂。西南侧全景

的梁端，饰有起保护作用并带雕花的板材，在高起的门廊上布置带雕饰的廊道。这种类型有许多变体形式，有的教堂在较高的中央结构上为更好地保护墙面免遭雨水侵蚀布置两层屋顶（如图霍利亚的圣尼古拉教堂，约1688年；图2-496~2-500）。更复杂的则具有多重山墙，雕饰也更多，如米亚基舍沃的圣尼古拉教堂（1642年；图2-501~2-504）。其他这类平面的教堂还有很高的坡屋顶，以便更快地清除积雪[如斯帕斯-韦日的主显圣容教堂（图2-505、2-506）、格洛托沃的圣尼古拉教堂（图2-507~2-511）]。

尽管陡坡屋顶能使内殿较大的这类教堂具有宏伟的外廓线，但在第二种所谓"帐篷顶"（shatior，因中

第二章 莫斯科大公国时期·631

（上）图2-514库里茨科 圣母安息教堂。南侧全景

（左下）图2-515库里茨科圣母安息教堂。东南侧全景

（右下）图2-516库里茨科圣母安息教堂。东北侧景色

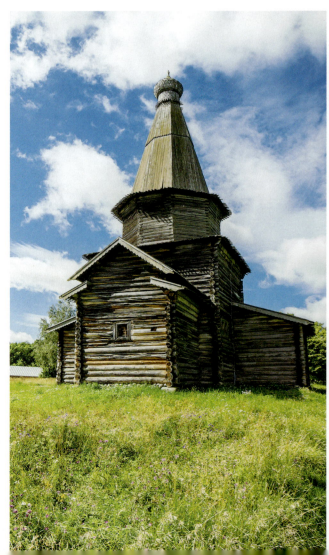

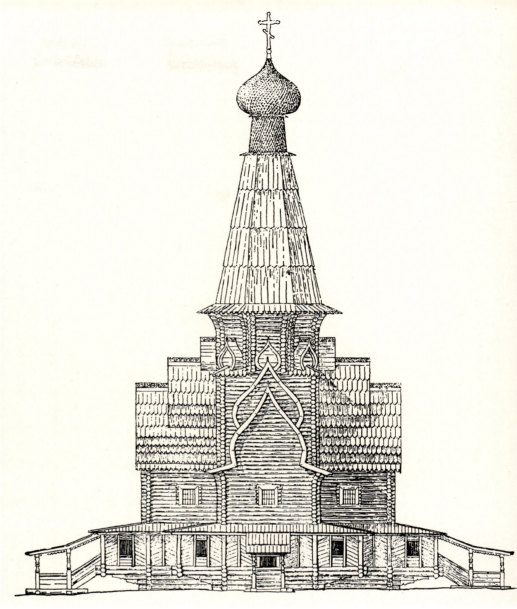

（左上）图2-517库里茨科 圣母安息教堂。木雕细部

（右上）图2-518奥西诺沃（阿尔汉格尔斯克地区）献主大教堂（1684年）。立面（取自William Craft Brumfield:《A History of Russian Architecture》，Cambridge University Press，1997年）

（右下）图2-519佩列德基 圣母圣诞教堂（1539年首见记载，现迁至诺夫哥罗德木建筑博物馆）。东南侧远景

本页及左页：

（左上）图2-520 佩列德基 圣母圣诞教堂。西南侧全景

（左下）图2-521 佩列德基 圣母圣诞教堂。西北侧近景

（中下）图2-522 维索基-奥斯特罗夫 圣尼古拉教堂（1757年，现迁至诺夫哥罗德木建筑博物馆）。东北侧俯视景色

（中上）图2-523 维索基-奥斯特罗夫 圣尼古拉教堂。东北侧，全景

（右上）图2-524 维索基-奥斯特罗夫 圣尼古拉教堂。东侧冬景

（右下）图2-525 维索基-奥斯特罗夫 圣尼古拉教堂。东南侧全景

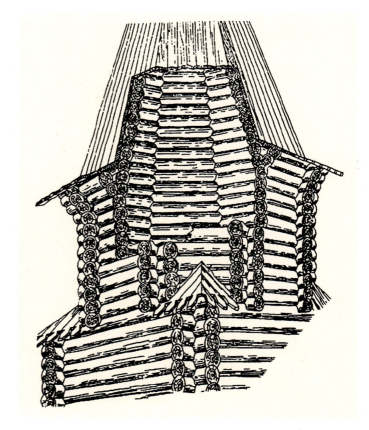

央塔楼的形式而名）木构教堂中，对垂直线条的强调要突出得多。在这里，线性的布局被代之以集中式的平面，其立方体的核心结构上立一个八面体，上承同样为八角形的塔楼（如库里茨科的圣母安息教堂，1595年；图2-512~2-517）。更复杂的变体形式则演化为十字形的平面（如阿尔汉格尔斯克地区奥西诺沃的献主大教堂，1684年；图2-518），有的还配有边侧的穹顶，如佩列德基的圣母圣诞教堂（为一修道建筑，1539年第一次见于记载；图2-519~2-521）。这座高约30米的教堂简朴宏伟，其最值得注意之处是布置在三面的廊道，廊道位于设计精美的外挑原木结构上，高出最高积雪深度；这样一些细部表明，在采用原木结构的这类教堂中，美学和功能需求同样可以结合得非常密切。

（左上）图2-526维索基-奥斯特罗夫 圣尼古拉教堂。南侧全景
（左下）图2-527维索基-奥斯特罗夫 圣尼古拉教堂。西北侧全景
（中上及右）图2-528俄罗斯木构建筑（17~18世纪）。檐口喇叭状外斜构造
（中下）图2-529科洛缅斯克 圣乔治教堂（1685年，原在阿尔汉格尔斯克附近）。现状外景（上层檐口处采用外斜构造）

（上）图2-530科洛缅斯克圣乔治教堂。侧面景色

（左下）图2-531科洛缅斯克圣乔治教堂。屋顶及檐口细部

（右下）图2-532穹顶构造图

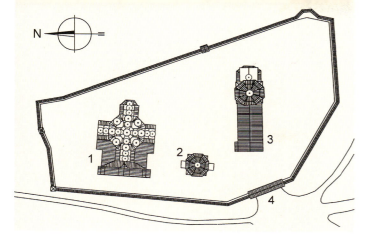

到17世纪中叶,帐篷顶由于受到宗教统治集团的抵制而式微(见第四章)。但俄罗斯人对教堂设计中垂向构图的喜爱(它象征着人的灵魂和对上帝的尊崇,实际上,这也是西方所有宗教建筑的共同特征)在第三种原木教堂类型中得到了体现,这就是所谓"层叠式"(ярусный)结构,其向上的角锥形外廓系通过在主要结构上布置的一系列体量逐层缩减的八角形体构成。这种塔楼式结构还可安置在矩形平面内,

(上)图2-533基日岛 教堂组群。总平面,图中:1、主显圣容教堂(夏季教堂),2、钟塔,3、圣母代祷教堂(冬季教堂),4、大门

(中)图2-534基日岛 教堂组群。西侧全景(自左至右分别为主显圣容教堂、钟塔、圣母代祷教堂及大门)

(下)图2-535基日岛 教堂组群。东侧全景

如蔚为壮观的维索基-奥斯特罗夫的圣尼古拉教堂（1757年，现位于诺夫哥罗德；图2-522~2-527）。当从东面望去的时候，整体看上去就像是一座塔楼。这座教堂，如前面评介过的那些教堂一样，在原木咬合上采用了两种基本方式：一是在圆形木料（通常为松木）上开半圆形缺口（обло с остатком），另一种是卯榫结构（лапа）。这后一种方式既可用于圆木，亦可用于方材，通常都用在精度要求较高或结构要求更稳定处，如圣尼古拉教堂的圣所（即通常所谓"半

本页及左页：

（左上）图2-536 基日岛 教堂组群。南侧景观（前景为民居）

（左下）图2-537 基日岛 风车。外景

（左中）图2-538 基日岛 主显圣容教堂（夏季教堂，1714年）。北侧地段形势（左后方为圣母代祷教堂）

（中）图2-539 基日岛 主显圣容教堂。西北侧景观（自围墙外望去的景色）

（右上）图2-540 基日岛 主显圣容教堂。西立面全景

（右下）图2-541 基日岛 主显圣容教堂。南侧景色（修缮期间）

圆室"部分，在这里是多边形）。最典型的这类层叠结构均采用十字形平面，自建筑核心部分起八角形结构（由带卯榫的木枋构建），如科兹利亚捷沃村的显容教堂（1756年，见图2-606等）。其垂向构图由位于十字形平面臂翼上的桶状装饰性山墙加以强调，在上面的八角形体上，类似的造型以逐层缩小的比例再次重复。

不论采用什么造型，这些结构方式都要求负责施工的匠师具有高度的技能并熟悉木材的特性。原木——通常为松木，也有冷杉——均在晚秋时节树木

（左上）图2-542基日岛 主显圣容教堂。东立面全景

（下）图2-543基日岛 主显圣容教堂。西南侧近景

（右上）图2-544基日岛 主显圣容教堂。穹顶近景

（上）图2-545 基日岛 主显圣容教堂。穹顶，木板瓦（"鱼鳞板"）构造细部

（下）图2-546 基日岛 圣母代祷教堂（冬季教堂，1764年）。南侧远景

本页及左页：

（左上）图2-547基日岛 圣母代祷教堂。南侧全景（前景为围墙）

（左下）图2-548基日岛 圣母代祷教堂。西侧全景

（中上）图2-549基日岛 圣母代祷教堂。西侧近景

（右下）图2-550基日岛 圣母代祷教堂。西北侧近景

（中下）图2-551基日岛 圣母代祷教堂。东侧近景

最后一层年轮变硬后砍伐，搁置在地面上直到春末建筑施工季节开始之时。木料运到工地后，由木匠进行修整、开槽，必要时还要刨平。最常用的工具是斧子（具有各种类型以满足不同的需求）、锛子，以及用于破木料的铁楔和在原木上开纵向凹槽的原始辐刨。在俄罗斯，原木结构极少用黏土堵缝，而是靠木料之间的密切结合，同时利用苔藓起保温隔绝作用。人们很少用锯，避免直接切割木材纹理使之暴露在湿气中，而是尽可能用封闭纹理的斧子加工；一般也不用钉子，即令在屋顶部分（屋面板通常为双层，开互相咬合的沟槽，顶部插入脊梁内）。

无论是使用圆形缺口还是卯榫结构，直接位于屋

顶下的原木一般均沿建筑通长延伸并逐层外斜,以便支撑悬挑部分并阻隔湿气。这种完全出自功能需求的喇叭状外斜形式(повал;图2-528)尽管并不特别引人注目,但却是俄罗斯木构建筑中最优雅的细部之一(科洛缅斯克的圣乔治教堂可视为这类构造的一个典型实例;图2-529~2-531)。条形屋面板下端通常都有雕花,如此构成的屋檐可在阳光照耀下于粗犷的原木墙上形成轮廓丰富、醒目的阴影。在教堂采

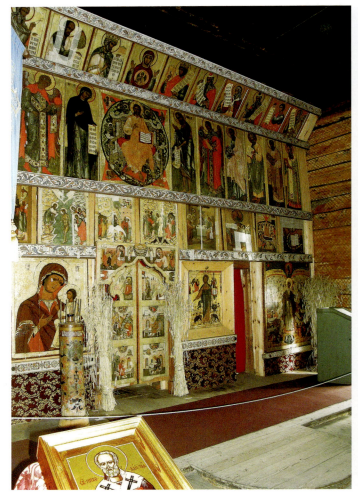

左页：

（左上）图2-552基日岛 圣母代祷教堂。东南侧近景

（右上）图2-553基日岛 圣母代祷教堂。前堂内景

（右下）图2-554基日岛 圣母代祷教堂。圣像壁近景

（左下）图2-555基日岛 钟塔（18世纪后期，1874年改建）。近景

本页：

（上及左中）图2-556基日岛 教堂组群。围墙（毛石砌体及原木墙相结合）

（右下）图2-557基日岛 教堂组群。角楼

（左下）图2-558基日岛 教堂组群。入口大门

用帐篷顶时,塔楼基部绕一圈坡度更为和缓的挑檐(полица)。这样的塔楼通常用板材建造,但有时也在外部铺带雕花的木瓦,如穹顶的做法。这些沿着穹顶框架外廓铺装的木板瓦(лемех、чешуя,所谓"鱼鳞板",通常由山杨木制作)属俄罗斯木构建筑中最精巧的部件之一,和下面的原木墙体形成了鲜明的对比(图2-532)。

位于奥涅加湖西北部的基日岛上集中了一批最典型的俄罗斯木构建筑(教堂组群总平面:图2-533;主要组群外景:图2-534~2-536;风车:图2-537),其中采用这种传统建造方法的最杰出实例是主显圣容教堂。堪称俄罗斯木构建筑瑰宝的这座层叠式教堂建于1714年,表面上的缘由是纪念彼得大帝打败瑞典人,实际上在基日岛,至少从17世纪初起,已有了一个显容教堂。和莫斯科红场上的圣母代祷大教堂一样,基日岛教堂给人的第一印象是个极其复杂的结构,实际上,无论从构造上还是美学上看,设计还是非常合乎逻辑、条理分明的[平面及剖面参见图2-471(4)及图2-472(6~8),外景:图2-538~2-542;近

左页:

(左四幅)图2-559典型俄罗斯木构住宅立面(17~18世纪,一)

(右四幅)图2-560典型俄罗斯木构住宅立面(17~18世纪,二)

本页:

(上四幅)图2-561典型俄罗斯木构住宅立面(17~18世纪,三)

(右下)图2-563俄罗斯木构住宅结构示意

第二章 莫斯科大公国时期·649

650·世界建筑史 俄罗斯古代卷

左页：

（上）图2-562 典型俄罗斯木构住宅立面（18~19世纪，图版取自Академия Стройтельства и Архитестуры СССР：《Всеобщая История Архитестуры》，II，Москва，1963年）

（左下）图2-564 克列谢拉村 雅科夫列夫住宅（可能1880~1900年，现迁至基日岛）。入口立面及挑台山墙面

（右下）图2-565 克列谢拉村 雅科夫列夫住宅。挑台山墙面及背立面（坡道通向谷仓）

本页：

（上）图2-566 克列谢拉村 雅科夫列夫住宅。山墙立面

（下）图2-567 克列谢拉村 雅科夫列夫住宅。山墙及挑台细部

景及细部：图2-543~2-545]。建筑位于岛西南一个开阔地带，形成了一个带教区教堂的封闭墓地的中心（在18世纪，这类围地通常被称为погост）。总高37米的金字塔式外廓从很远的地方就可看到，结构设计使它从各个方向望去都能充分体现其象征意义。

教堂八角形的核心部分由三层组成，在面积最大的底层于四个主要方向伸出矩形部分，对整个结构起类似扶垛的支撑作用。这四个延伸部分同样呈阶梯状布置，因此每个又衍生出两个上置穹顶的桶状（бочка）山墙。从下部延伸部分的这8个穹顶（位于两个阶台上）向上过渡到主要八角体上形成一圈的8个穹顶，再到位于第二个八角体上的4个穹顶，直到

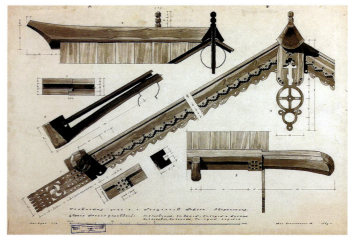

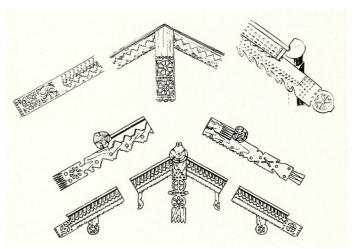

（左上）图2-568克列谢拉村雅科夫列夫住宅。主立面门廊近景

（右上）图2-569博风板构造图

（右中）图2-570博风板花饰

（下）图2-571雷舍沃 叶基莫瓦亚住宅（19世纪后半叶，现位于诺夫哥罗德木建筑博物馆内）。地段形势

（上）图2-572雷舍沃 叶基莫瓦亚住宅。立面全景

（中及右下）图2-573雷舍沃 叶基莫瓦亚住宅。巴洛克窗饰细部

（左下）图2-574俄罗斯木构建筑（17~18世纪）。木雕及装饰细部

第二章 莫斯科大公国时期·653

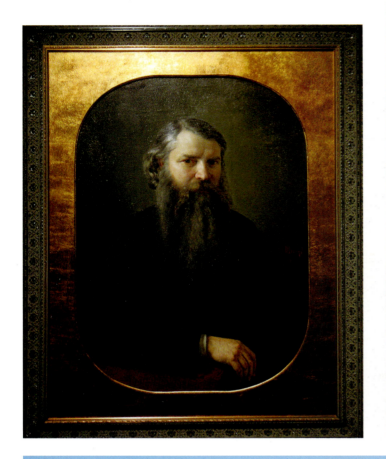

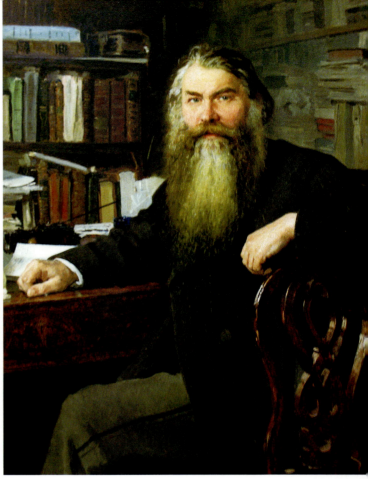

本页：

（上两幅）图2-575伊万·叶戈罗维奇·扎别林（1820~1908年）画像（右面一幅作者列宾，绘于1877年；左面作者V.Shervud，1871年）

（下）图2-576基日岛 奥舍夫内夫住宅。西南侧全景（远处为教堂组群）

右页：

（上）图2-577基日岛 奥舍夫内夫住宅。南侧全景

（下）图2-578基日岛 奥舍夫内夫住宅。西北侧景观

最后一个八角体上承载的最高和最大的一个穹顶。第22个穹顶则搁置在东面向外凸出但不太引人注目的圣所（即通常所说的"半圆室"）上。通过这种复杂的结构和穹顶配置创造出一种理性的和谐，形成了极其丰富的构图效果。材料的自然特性和构图潜力在这里得到了充分的发掘和利用，色调阴暗的红褐色松木墙体和明快的银灰色穹顶之间形成了悦目的对比（穹顶由总数约3万块山杨木制作的曲线板瓦覆盖，每块瓦端头均加工成阶梯状，见图2-545）。这种精巧的屋面构造体系具有很好的通风效果，从而保护结构免遭腐朽；不过对这类高大的木构教堂来说，上层结构通常都无法在室内看到，内部大都在较低的高度

（上）图2-579基日岛奥舍夫内夫住宅。西立面景色

（下）图2-580基日岛奥舍夫内夫住宅。南侧近景

（中两幅）图2-581基日岛 奥舍夫内夫住宅。内景

(上)图2-582基日岛 谢尔盖夫住宅。立面全景

(下)图2-583基日岛 谢尔盖夫住宅。阳台细部

上另起彩绘天棚,形成位于教堂中央空间上的"天空"(небо)。除了圣像屏帏上的宗教图像外,室内墙面未施彩绘,这也是俄罗斯原木教堂的典型特色。

显容教堂仅在北方短暂的夏季使用。在俄罗斯的城镇(如苏兹达尔),建一对教堂(分别供冬季和夏季使用)并不罕见。在基日岛围地,相邻的冬季教堂(圣母代祷教堂)建于1764年,是建筑群的第二个主要建筑(外景:图2-546~2-548;近景:图2-549~2-

（上）图2-584基日岛 叶利扎罗夫住宅。现状全景

（左下）图2-585基日岛 叶利扎罗夫住宅。墙面及栏杆细部

（右下）图2-586诺夫哥罗德 木构建筑博物馆。圣母圣诞教堂（1531年），东南侧景色

552；内景：图2-553、2-554）。和显容教堂强调飞升的效果不同，圣母代祷教堂更多地突出水平的构图效果，配有一个向前延伸的前厅（用于社区集会，为许多北方木构教堂的另一特色）。与显容教堂相比，安置祭坛的半圆室也更为凸出，上置巨大的桶状山墙和穹顶，从而进一步强调了建筑的水平轴线。圣母代祷教堂的上部是一种特殊的变体形式，无法归到前述三种类型里去。尽管有一些证据表明，教堂最初有一个帐篷顶的塔楼，但现存这个于八角形体顶部围绕中央穹顶布置8个小穹顶的构图应该说是一个更令人满

（上）图2-587诺夫哥罗德 木构建筑博物馆。圣母圣诞教堂，挑廊及原木墙构造

（下）图2-588诺夫哥罗德 木构建筑博物馆。圣母圣诞教堂，交叉处近景

意的解决方案，因为它起到了强化和衬托显容教堂的作用，而不是与之竞争。围地建筑群的最后一个组成部分是一个带帐篷顶的独立钟塔，位于两个教堂之间靠近它们前部（建于18世纪后期，1874年改建；图2-555）。整个围地由一道矮墙围护，墙体由水平原木构成，安置在毛石和卵石垒砌的基础上，北侧设两个方形塔楼，围墙及塔楼上均设木板屋顶（围墙及角楼：图2-556、2-557）。主入口系通过位于圣母代祷

第二章 莫斯科大公国时期 · 659

（左上）图2-589诺夫哥罗德 木构建筑博物馆。圣奎里库斯和茹列塔礼拜堂（18世纪），西北侧全景

（右上）图2-590诺夫哥罗德 木构建筑博物馆。圣奎里库斯和茹列塔礼拜堂，东南侧全景

（下）图2-591诺夫哥罗德 木构建筑博物馆。圣奎里库斯和茹列塔礼拜堂，东北侧景色

教堂前面的一个低矮宽阔的木门（图2-558）。

二、住宅

虽说俄罗斯原木结构的多样化及其艺术魅力主要是在教堂建筑中得到体现，但木结构的服务主体仍然是住宅（17~18世纪典型俄罗斯木构住宅立面：图2-559~2-562；结构示意：图2-563）。尽管原木住宅通常都比较简陋，即使是其中的佼佼者也无法和教堂媲美，但在设计上仍有许多可圈可点之处。农宅无论

（上）图2-592诺夫哥罗德 木构建筑博物馆。圣奎里库斯和茹列塔礼拜堂，西塔仰视近景

（下）图2-593诺夫哥罗德 木构建筑博物馆。多布罗沃利斯基住宅（1870年代及1910年代），东南侧景色

大小，中心部位照例都是一个砌筑的大炉灶，它不仅用于制作主食及烹调，同时还用来在漫长的冬季为主要居住空间采暖。炉灶有两种通风方式，由此确定了农宅的两种基本类型：一种称"白类型"，煤烟通过砖砌烟囱逸出；另一种称"黑类型"，烟气漂浮至顶棚处，由木导管收集后排到室外。这种"黑类型"的变体形式用得相当广泛，甚至用于一些大型住宅；由于设计精巧，烟气并不会弥漫到整个房间，而是集中到屋顶下某个便于清洁的区域。

本页：

（上）图2-594诺夫哥罗德木构建筑博物馆。什基帕雷夫住宅（1880年代），东北侧雪景

（中）图2-595诺夫哥罗德木构建筑博物馆。察廖娃住宅（19世纪初），西南侧现状

（下）图2-596诺夫哥罗德木构建筑博物馆。图尼茨基住宅（1870~1890年代），西南侧景色

右页：

（上）图2-597诺夫哥罗德木构建筑博物馆。叶基莫娃住宅（1882年），南立面

（下）图2-598诺夫哥罗德木构建筑博物馆。叶基莫娃住宅，门廊，西南侧近景

　　在俄罗斯中部，典型的住宅均带有用栅栏围起来的院落（двор），内有养动物的棚舍和存放农具的库房。在更为寒冷的北方，这些单元被综合到结构里，有三种基本形式：第一类只有一个长的矩形结构，生活区位于一侧，贮存区和家畜位于较大的另一侧（如克列谢拉村的雅科夫列夫住宅；图2-564~2-568）；第二类于矩形结构外加一个靠在边侧并成直角向后延伸的谷仓及畜棚，整体形成曲尺状（所谓глаголь，即俄文字母"Г"形）；最复杂的第三类为两层高的结构，生活区位于前面，谷仓及畜棚安置在后面一个扩展的屋顶下。

　　这类住宅，无论大小，均饰有精美的窗边饰和博

第二章 莫斯科大公国时期 · 663

风板（причелина），后者一般都有雕花，更考究的还做成锯齿状（图2-569、2-570）。在18和19世纪，来自民间的图案花纹已经制作得相当精美，与此同时，农村木匠们也开始采用城市建筑的装饰题材（如雷舍沃的叶基莫瓦亚住宅那种巴洛克的窗边饰；图2-571~2-573）。相关的知识可能是来自他们在城市打工时所见，也可能是来自城市居民的乡间别墅。在城市本身，直到19世纪，大多数住宅仍然是木构，但随着锯木车间的普及，原木墙外往往覆盖一层板材，因而墙面装饰上可设计得更为精致（图2-574）。从俄罗斯中部（如梁赞）直到托博尔斯克和托木斯克这样一些西伯利亚城市，乡土建筑就这样成为展示工艺技巧的载体，反映了房主的财富和他与民间传统的联系。

左页：

图2-600苏兹达尔 木构建筑博物馆。帕塔基诺耶稣复活教堂（1776年），西北侧全景

本页：

（上）图2-599诺夫哥罗德 木构建筑博物馆。叶基莫娃住宅，门廊，东南侧近景

（下）图2-601苏兹达尔 木构建筑博物馆。帕塔基诺耶稣复活教堂，西南侧外景

（上）图2-602苏兹达尔木构建筑博物馆。帕塔基诺耶稣复活教堂，南侧景色

（下）图2-603苏兹达尔木构建筑博物馆。帕塔基诺耶稣复活教堂，东侧景色

(上)图2-604苏兹达尔 木构建筑博物馆。帕塔基诺耶稣复活教堂,室内,穹顶及圣像壁

(下)图2-605苏兹达尔 木构建筑博物馆。帕塔基诺耶稣复活教堂,室内,圣像壁近景

本页及右页：

（左上）图2-606苏兹达尔 木构建筑博物馆。科兹利亚捷沃显容教堂（1756年，1960年代迁至苏兹达尔木构建筑博物馆），西南侧全景

（左下）图2-607苏兹达尔 木构建筑博物馆。科兹利亚捷沃显容教堂，南侧全景

（中上）图2-608苏兹达尔 木构建筑博物馆。科兹利亚捷沃显容教堂，东南侧景色

（右两幅）图2-609苏兹达尔 木构建筑博物馆。典型民宅，全景及装修细部

实际上，在19世纪，农民的原木住宅已成为俄罗斯民族身份的象征，如杰出的史学教授米哈伊尔·波戈金在其莫斯科庄园里建造的"茅舍"，斯拉夫民族统一运动的倡导者波罗霍夫希科夫建造的原木住宅，均属这类性质（见第九章）。和这种展示传统木构形式的潮流相适应，不仅学术界加强了对俄罗斯木构建筑的研究，还有人进一步认为原木结构是俄罗斯固有建筑形式的主要来源。这种理念的主要倡导者是历史学

本页：
（上）图2-610苏兹达尔木构建筑博物馆。富裕农户住宅
（下）图2-612苏兹达尔格洛托沃圣尼古拉教堂（1766年，1960年自格洛托沃村迁至苏兹达尔圣母圣诞大教堂附近）。西南侧远景

右页：
（上）图2-611苏兹达尔木构建筑博物馆。农宅内景
（下）图2-613苏兹达尔格洛托沃圣尼古拉教堂。西南侧全景（右侧远处可看到圣母圣诞大教堂）

670·世界建筑史 俄罗斯古代卷

者和考古专家伊万·叶戈罗维奇·扎别林（1820~1908年；图2-575），他根据自己的研究认为，俄罗斯本土建筑的基本要素最终都是来自木材的应用。其他一些研究俄罗斯传统教堂和乡土建筑的学者，如V.V.苏斯洛夫也认同他的观点，对木构形式给予了很高的评价。以后更有人将16和17世纪俄国的"帐篷顶"教堂视为本土起源的至高楷模。

实际上，俄罗斯木工匠师的杰出成就可视为某种特定自然地理环境下的产物，其中表现出来的一些特色同样可在俄罗斯的砖石建筑里看到，如在教堂建筑里对垂向构图的强调（以此象征人和上帝之间的联系），喜用精美的装饰及富有造型特色的结构形式等。在极北地区酷寒的气候条件下，和保温相比，人们对采光的需求自然退居次要地位。因此窗户普遍较小，室内照明亦相对黯淡。木建筑和砖石结构的这些类似表现在宗教建筑中尤为突出。从这点看，两者似乎并没有明显的起源和依从关系，而是平行发展，相互影响。

在基日岛，除了教堂组群外，同样保留了几栋大型的木构住宅（如奥舍夫内夫住宅：图2-576~2-581；谢尔盖夫住宅：图2-582、2-583；叶利扎罗夫住宅：图2-584、2-585）。为了更好地保护和展示古代木构建

图2-614苏兹达尔 格洛托沃圣尼古拉教堂。南侧冬景

筑，在俄罗斯很多地方都兴建了所谓木构建筑博物馆，即在郊区划出一片场地，将邻近地区的木建筑完整地搬迁到那里，集中保管和展示。最著名的两座分别位于诺夫哥罗德和莫斯科以东近200公里的古城苏兹达尔。前者（Музей Деревянного Зодчества 'Витославлицы'）位于沃尔霍夫河畔，建于1964年，自所属地区迁来了20多座建造于14至19世纪的木构房屋，以16世纪的教堂为代表，还有农舍、粮仓等（主要教堂及礼拜堂：图2-586~2-592；住宅：图2-593~2-599）。后者（Музей Деревянного Зодчества и Крестьянского Быта）创建于20世纪60~70年代，位于苏兹达尔郊区卡缅卡河右岸高地上（原为11世纪圣德米特里修道院所在地，1917年前，尚存两座18世纪的教堂），由弗拉基米尔地区各地移来的18~19世纪典型木建筑组成，包括各种档次的住房及乡村教堂（帕塔基诺耶稣复活教堂：图2-600~2-605；科兹利亚捷沃显容教堂：图2-606~2-608；典型民宅：图2-609~2-611）。还有的迁来后安置到市内其他地方（如1960年自格洛托沃村迁来的圣尼古拉教堂，就安置在卡缅卡河左岸圣母圣诞大教堂西南，与木建筑博物馆隔河相对；图2-612~2-614）。

第二章注释：

[1]萨莱（Sarai，亦称Saraj、Saray），为先后成为金帐汗国都城的两座城市——老萨莱（Old Sarai）和新萨莱（New Sarai）——的名字，在3和14世纪，这个蒙古王国统治着大部分中亚和部分东欧地区。

[2]安德烈·鲁布列夫（Andrei Rublev，Андре́й Рублёв），出生于14世纪60年代，卒于1427或1430年元月29日或1428年10月17日，被认为是俄罗斯中世纪最伟大的东正教圣像画和壁画家。

[3]建筑全名为：Church of the Deposition of the Robe（Церковь Ризоположения），名字有诸多写法，如Church of the Virgin's Robe、Church of Laying Our Lady's Holy Robe、Church of the Veil；通常简称为Church of the Deposition。

[4]索菲娅（佐伊）·帕列奥洛格[Sophia（Zoe）Paleologue, Sophia Palaiologina, София Фоминична Палеолог]，原名佐伊·帕莱奥洛吉娜（Zoe Palaiologina, 希腊名Ζωή Παλαιολογίνα），约1440/1449~1503年，为拜占廷王室成员（其父为最后一位拜占廷皇帝君士坦丁十一世的幼弟），莫斯科大公伊凡三世的第二任妻子，通过其长子瓦西里三世成为全俄罗斯第一位沙皇伊凡雷帝的祖母。

第二部分

俄罗斯沙皇国和帝国时期

第三章
16世纪后期建筑

第一节 主要实例（装饰风）

一、佳科沃施洗者约翰教堂

在耶稣升天教堂完成后不到20年，瓦西里三世的继承人伊凡四世（1529~1584年）在莫斯科投资建造了另一个与王室相关的还愿教堂。建筑的准确时间尚不清楚，可能是在1547年（伊凡加冕登基）和1554年（他的儿子伊凡出生）之间。位于佳科沃的这个施洗者约翰大辟教堂在形式的创新上和耶稣升天教堂相比

（左）图3-1莫斯科 佳科沃。施洗者约翰大辟教堂（可能1547~1554年）。平面（上图据F.Rikhter，下图取自Академия Строительства и Архитестуры СССР：《Всеобщая История Архитестуры》，II，Москва，1963年）

（右）图3-2莫斯科 佳科沃。施洗者约翰大辟教堂，立面及剖面（取自Академия Строительства и Архитестуры СССР：《Всеобщая История Архитестуры》，II，Москва，1963年）

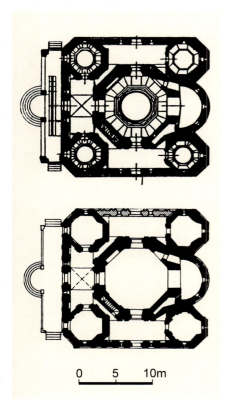
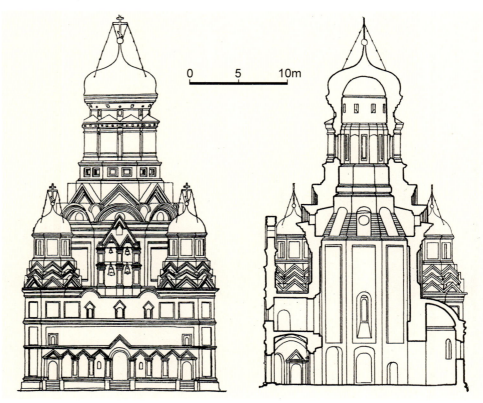

可以说毫不逊色(平面、立面及剖面：图3-1、3-2；历史图景：图3-3、3-4；外景：图3-5~3-10；内景：图3-11)。佳科沃为隶属于大公领地科洛缅斯克的一个村落，和后者之间通过一道宽阔的深谷分开。这座施洗者约翰教堂和对面的科洛缅斯克教堂一样，位于俯瞰莫斯科河的悬崖上，景观效果极为突出。尽管它缺乏科洛缅斯克教堂因采用帐篷顶而产生的那种垂直向上的特色，但仍可视为塔楼式教堂的另一种变体形式，即所谓柱墩式(因中央穹顶下方的鼓座分划而名)。

佳科沃教堂的主体结构呈八角形，每个跨间不是像科洛缅斯克教堂那样以壁柱分划，而是通过两阶退进的嵌板，类似阿列维兹设计的大天使米迦勒大教堂的侧立面。檐口之上，两排山墙(拱形和双坡式)构成向巨大鼓座的过渡，后者由一系列粗壮敦实的半圆柱形体组成，立在高高的八角形基座上。这种不同寻常的形式可在保证鼓座强度的同时有效地减少其自

左页：

(左上)图3-3莫斯科 佳科沃。施洗者约翰大辟教堂，19世纪景色(绘画，1879年，作者С.Аликосов；远处为科洛缅斯克的耶稣升天教堂)

(右上)图3-4莫斯科 佳科沃。施洗者约翰大辟教堂，19世纪景色[绘画，作者Nikolay Makovsky(1842~1886年)]

(下两幅)图3-5莫斯科 佳科沃。施洗者约翰大辟教堂，远景，自河滩方向望去的景色(左图右侧为科洛缅斯克的耶稣升天教堂)

本页：

(上)图3-6莫斯科 佳科沃。施洗者约翰大辟教堂，西南侧全景

(下)图3-7莫斯科 佳科沃。施洗者约翰大辟教堂，南侧景色

重。圆柱形体上的一圈嵌板将穹顶和下面变化多样的形式分开。不同形体的组合和各种表面的搭配,形成了动态的感觉,周边的四个礼拜堂进一步加强了这种视觉效果(它们同样采用了八角形体及和主塔类似的设计)。

从结构上看,这种围绕中央形体对称布置小教堂的做法(所有这些结构都位于同一个基座上,见图3-1、3-2),是施洗者约翰教堂最富有特色的创新,和科洛缅斯克的帐篷顶相比,其缘起也更为令人费解。沿袭父王瓦西里三世的先例,伊凡及其教士们设置了分开的祭坛,以此确认沙皇(此时已成为这位统治者的正式头衔)和上帝的直接联系。中央教堂纪念《圣经·新约》《约翰福音》中记载的这一重大事件

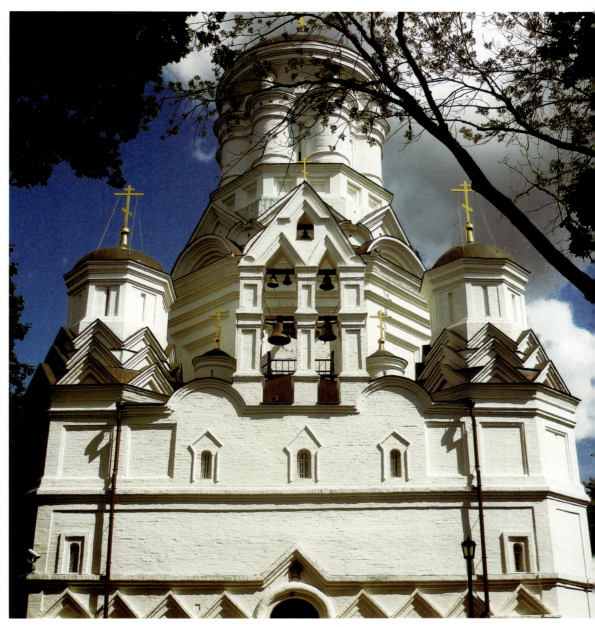

（约翰洗礼，在教堂里，其纪念日同样是伊凡的命名日[1]），这也是整个建筑名称的由来。四个次级塔楼教堂中，两个敬献宗教节庆圣安妮[2]怀胎（Conception of St.Anne）和施洗者约翰的孕育（Conception of John

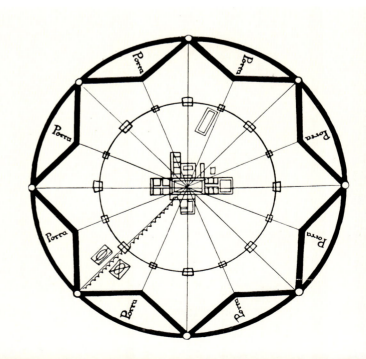

本页及左页：
（左上）图3-8莫斯科 佳科沃。施洗者约翰大辟教堂，东南侧全景
（中上）图3-9莫斯科 佳科沃。施洗者约翰大辟教堂，西立面现状
（右上）图3-10莫斯科 佳科沃。施洗者约翰大辟教堂，西立面近景
（左下）图3-11莫斯科 佳科沃。施洗者约翰大辟教堂，室内仰视景色
（右下）图3-12理想城斯福尔津达（Sforzinda）。平面[取自安东尼奥·阿韦利诺·菲拉雷特（约1400~1469年）：《论建筑》（Trattato di Architettura），1457年]

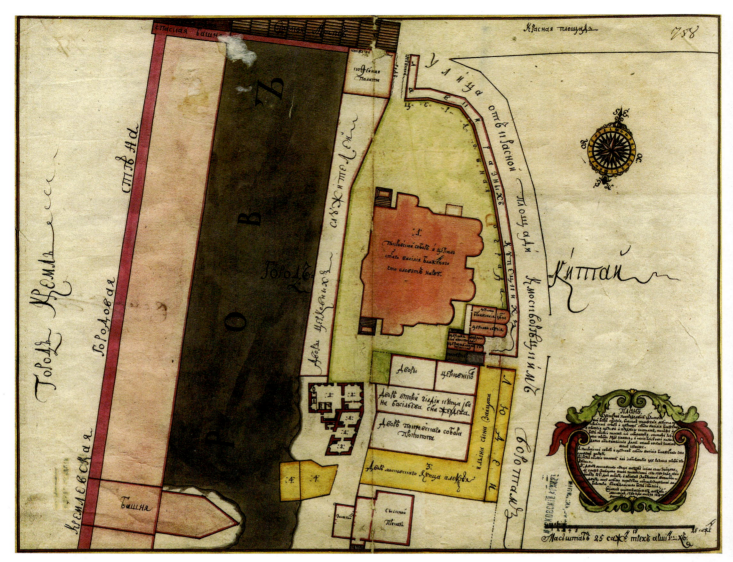

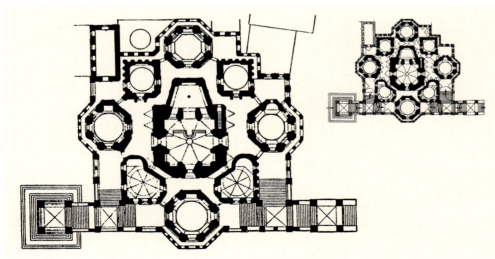

（上）图3-13莫斯科 壕沟边的圣母代祷大教堂（圣瓦西里教堂，1555~1560/1561年）。地段总平面（1750年）

（下）图3-14莫斯科 壕沟边的圣母代祷大教堂（圣瓦西里教堂）。平面（左图取自David Roden Buxton: 《Russian Mediaeval Architecture》, Cambridge University Press, 2014年；右上图复原据Nikolai Brunov, 1930年代）

the Baptist）；这也表明，奉献的主要目的是祈求一位王位继承人。在伊凡的第一个儿子德米特里于1552年出生，但于次年夭折后，此事自然变得更为急迫。另两个塔楼教堂供奉宗教圣人——耶稣的十二信徒和莫斯科大主教彼得、阿列克谢和焦纳，他们的仁爱守护进一步巩固了作为上帝亲自选定的人间统治者沙皇的地位。在西立面教堂主入口上方的廊厅里，设置了一个附加的微型礼拜堂，供奉圣君士坦丁和海伦娜。

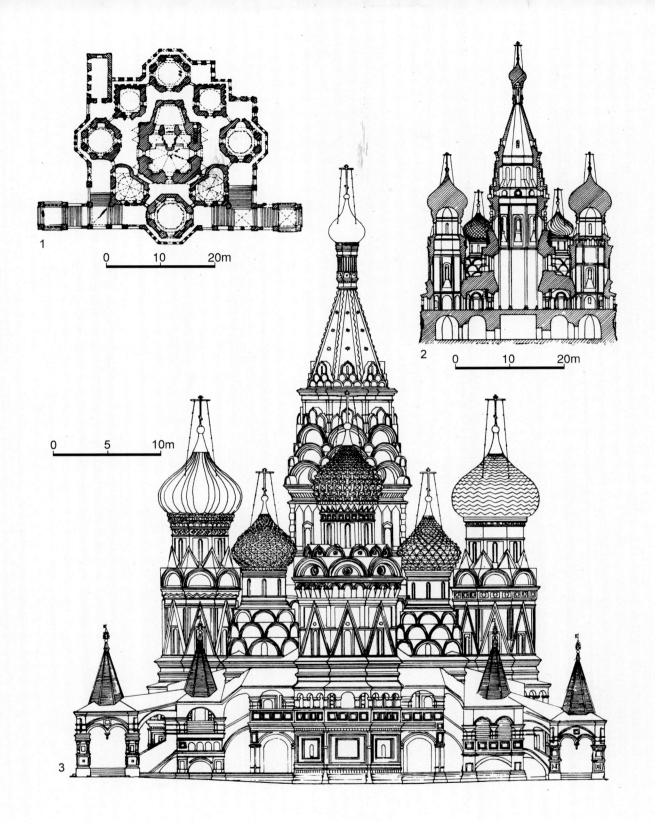

图3-15莫斯科 壕沟边的圣母代祷大教堂（圣瓦西里教堂）。平面、立面及剖面（取自Академия Стройтельства и Архитестуры СССР：《Все-общая История Архитестуры》, II, Москва, 1963年），图中：1、平台处平面，2、横剖面，3、西立面（作者F.Rikhter）

作为第一个基督教皇帝和他的母亲，他们在教堂里的象征意义自然非常明显，实际上，这也是纪念同名的伊凡的母亲[3]。

自然，明确了这些附属礼拜堂的祭祀对象及其意义并不等于澄清了佳科沃教堂这种前所未有的独特形式的来源。在俄罗斯，大部分大型教堂，乃至许多并不是特别大的教堂，都有相连的具有自己供奉对象的礼拜堂。在少数实例中，它们还和主体结构形成对称

第三章 16世纪后期建筑 · 681

的布局；但在任何情况下，都不是一个完整单一的建筑平面的必要组成部分。而佳科沃教堂则不同，这些附属礼拜堂构成了一个高度综合的总体设计的一部分，在方形基座的四个角上重复了中央形体的设计，并将这五个组成部分用一道环廊联系在一起。由于在主塔东侧突出一个大型半圆室，并和东面的两个边侧礼拜堂相连，整个形制显得更为复杂。塔楼内部装饰无存，但墙面分划极为明确，构造细部和艺术造型紧密地结合在一起，通过层层叠涩挑出的砖构实现上下两部分结构的过渡（见图3-11）。不论这种塔楼形式本身的可能原型是什么，佳科沃教堂平面的精确和复杂显然具有其他的渊源，很可能是来自意大利的文艺复兴建筑。

（左上）图3-16莫斯科 壕沟边的圣母代祷大教堂（圣瓦西里教堂）。17世纪初教堂及红场景色（彩画，1613年前，表现米哈伊尔·罗曼诺夫被推举为沙皇的历史场景）

（左中）图3-17莫斯科 壕沟边的圣母代祷大教堂（圣瓦西里教堂）。东侧景观（作者Адам Олеарий，17世纪中叶，表现带顶廊道增建前景况）

（左下）图3-18莫斯科 壕沟边的圣母代祷大教堂（圣瓦西里教堂）。17世纪下半叶景色（August von Meyerberg莫斯科全景图局部，1660年，自东面望去的情景）

（右上）图3-19莫斯科 壕沟边的圣母代祷大教堂（圣瓦西里教堂）。18世纪末景色（彩画，原大43.5×57厘米，作者Giacomo Quarenghi，1797年，背景为克里姆林宫弗罗洛夫塔楼及沙皇塔）

（左下）图3-20 莫斯科 壕沟边的圣母代祷大教堂（圣瓦西里教堂）。19世纪前景色（彩画《上帝弄臣圣瓦西里》中的建筑形象）

（上）图3-21 莫斯科 壕沟边的圣母代祷大教堂（圣瓦西里教堂）。19世纪初教堂及红场景色（油画，1801年，作者Fedor Alekseev）

（右下）图3-22 莫斯科 壕沟边的圣母代祷大教堂（圣瓦西里教堂）。19世纪上半叶景色（版画，1838年，作者Jean-Marie Chopin）

第三章 16世纪后期建筑·683

（上）图3-23莫斯科 壕沟边的圣母代祷大教堂（圣瓦西里教堂）。19世纪中叶景色[版画，1855年，取自Johann Heinrich.Schnitzler（1802~1871年）的相关著述]

（下）图3-24莫斯科 壕沟边的圣母代祷大教堂（圣瓦西里教堂）。19世纪下半叶景色（版画，1869年，画稿作者К.О.Брож，镌版Л.А.Серяков）

威廉·克拉夫特·布伦菲尔德认为，意大利人直接参与这个教堂设计的想法之所以很容易被接受是因为建造日期一直被认定为1529年。实际上并非如此，而是晚了20年左右，意大利建筑师和工程师在俄国工作的主要时期已经过去（16世纪20~30年代来俄国的彼得罗克已属最后一批在俄罗斯工作的意大利人），况且建筑上也没有表现出意大利作品的特色，诸如山墙、柱头、附墙柱这样一些在16世纪意大利人设计的莫斯科主要建筑上经常可看到的细部。但带附属结构的集中式教堂的总体构思很可能是通过意大利匠师传给他们的地方同事，来自文艺复兴早期的这批意大利匠师在设计复杂的集中式教堂上已积累了丰富的经验和知识。

在这方面，最可能的来源是意大利著名建筑师和建筑理论家安东尼奥·阿韦利诺·菲拉雷特（约1400~1469年）的作品，其建筑论著(《论建筑》，Trattato di Architettura)在意大利已广为流传。在其中，他提出了一个理想社区的规划构思[称为斯福尔津达（Sforzinda），以此纪念其保护人，统治米兰的斯福尔扎家族；图3-12]，这是一个围着八角形城市

（左上）图3-25莫斯科 壕沟边的圣母代祷大教堂（圣瓦西里教堂）。19世纪末景色[版画，1899年，作者Harry Willard French（1854~1915年）]

（右上）图3-26莫斯科 壕沟边的圣母代祷大教堂（圣瓦西里教堂）。20世纪初景色[老照片，1902年，取自Henry Norman（1858~1939年）：《All the Russias：travels and studies in contemporary European Russia，Finland，Siberia，the Caucasus，and Central Asia》]

（下）图3-27莫斯科 壕沟边的圣母代祷大教堂（圣瓦西里教堂）。北侧景色（老照片，1918年前）

广场、完全对称的设计。论著中提供的理想建筑方案中，就有集中式教堂的设计（同样围绕着八角形核心）。八角形的优点是可以明确地将一些附属结构组织成对称的整体，如菲拉雷特为斯福尔津达设计的教堂。尽管四个角塔要比中央结构更高，具有空想的成分，但构思上和佳科沃教堂的相似，还是很明显的。

菲拉雷特论著中提出的设计，因其抽象的几何特色及复杂的组合，在意大利很难真正付诸实施；但在俄国则不然，在那里有限的砖石结构主要不是用于具有实用价值、而是具有象征意义的建筑。不论在城市还是乡村，大部分建筑都采用木料，也没有哪个文化或商业社团需要建造花费巨大、坚固耐久的建筑；在俄国，砖石和石灰等资源仅用来建造城堡围墙和教堂。这些建筑不仅反映了国家和教会相互依赖的利益关系，在16世纪，同时也是国家威权的象征（在莫斯科红场最主要的建筑还愿教堂的彩色塔楼里，这点得到了最有力的表现）。

因而，如果沙皇希望建造一个能够代表统治集团

左页：

图3-28莫斯科 壕沟边的圣母代祷大教堂（圣瓦西里教堂）。东南侧地段俯视全景

本页：

（上）图3-29莫斯科 壕沟边的圣母代祷大教堂（圣瓦西里教堂）。南侧地段全景

（下）图3-30莫斯科 壕沟边的圣母代祷大教堂（圣瓦西里教堂）。东南侧地段夜景

的利益并体现中央集权的奉献教堂，同时还希望得到教会人士支持的话，他手边可能就有适合的意大利范本。在莫斯科的意大利建筑师中，菲奥拉万蒂曾受聘于米兰的斯福尔扎家族，克里姆林宫多棱宫（见第二章第一节）的设计人彼得罗·安东尼奥·索拉里也有过同样的经历。事实上，索拉里还参与了菲拉雷特应弗朗切斯科·斯福尔扎委托设计的米兰总医院工程（1451年）。此外，菲拉雷特还为医院设计了一座教

本页：
图3-31莫斯科 壕沟边的圣母代祷大教堂（圣瓦西里教堂）。外景（透视图，取自John Julius Norwich:《Great Architecture of the World》，Da Capo Press，2000年；最初色调较为单纯，17世纪始施加彩绘）

右页：
图3-32莫斯科 壕沟边的圣母代祷大教堂（圣瓦西里教堂）。东南侧俯视景色

堂（未建，平面方形，由一个中央穹顶和角上的四个带高穹顶的礼拜堂组成）。因此，菲奥拉万蒂和索拉里应该很熟悉菲拉雷特的建筑构思（或通过其论著，或通过在米兰与其本人在工程上的合作）。在莫斯科的其他意大利人（可能包括彼得罗克·马雷），通过不同的途径，对菲拉雷特的这些方案设想，想必也都有一定程度的了解。

当时人们是仅绘制了草图还是有更详尽的平面设计图，现已无法知道。在15世纪的意大利，建筑师已开始接受并采纳菲利波·布鲁内莱斯基研发的成果，用精确的几何方法绘制建筑平面，在当时的俄罗斯，可能也有人掌握了这种技巧。但对佳科沃教堂，由于缺乏历史资料，具体设计人很难确定。如果没有意大利人参与的话（因建造年代较晚），那么主持人很可

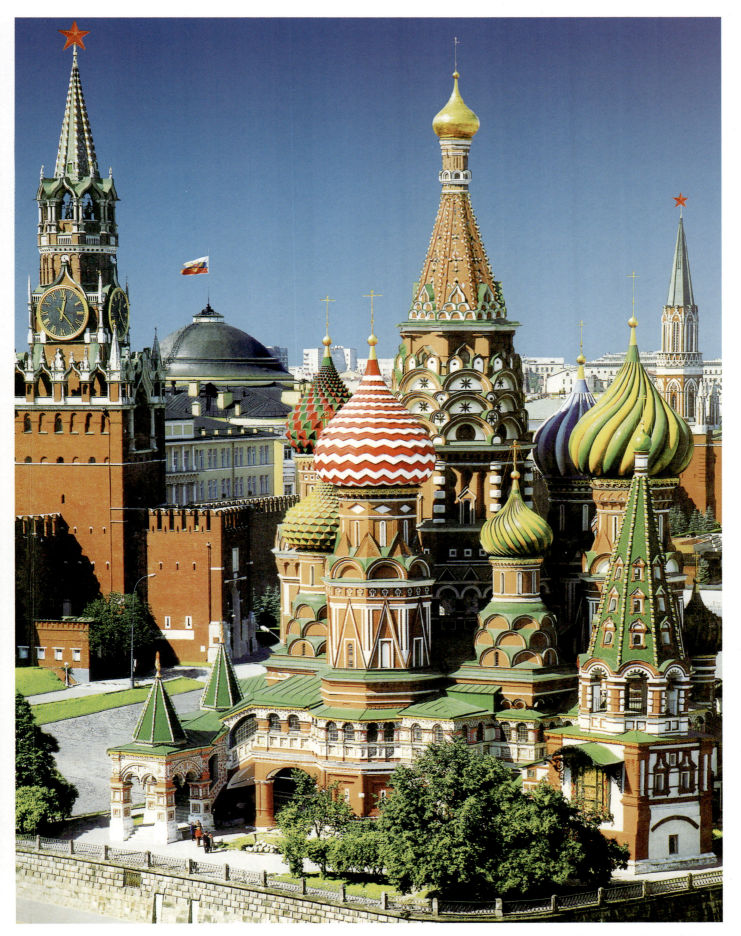

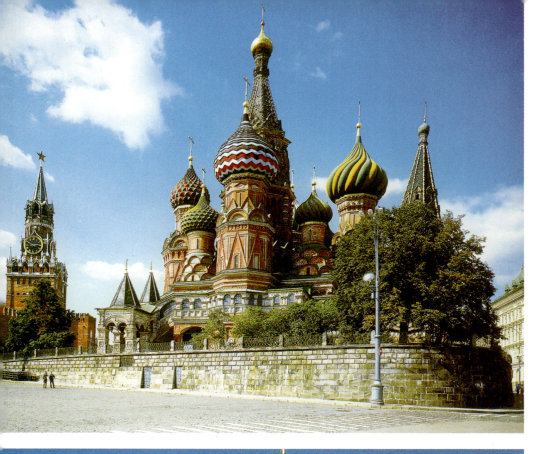

本页及右页：

（左上）图3-33莫斯科 壕沟边的圣母代祷大教堂（圣瓦西里教堂）。东南侧全景

（右上）图3-34莫斯科 壕沟边的圣母代祷大教堂（圣瓦西里教堂）。南侧全景

（左下）图3-35莫斯科 壕沟边的圣母代祷大教堂（圣瓦西里教堂）。西南侧景观

（中下）图3-36莫斯科 壕沟边的圣母代祷大教堂（圣瓦西里教堂）。西侧全景

（右下）图3-37莫斯科 壕沟边的圣母代祷大教堂（圣瓦西里教堂）。北侧全景

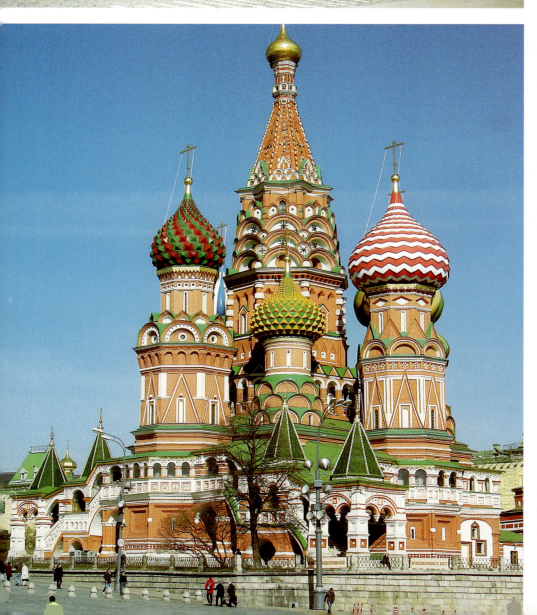

能是位来自普斯科夫的建筑师。一则因为长期以来，在莫斯科地区有一个活跃在建筑行业擅长砖构工程的普斯科夫团队（见第二章第一节）；再则是因为建筑的某些特征使人想起普斯科夫风格（如西立面上开敞的吊钟山墙）。同时还有文献提到，确有来自普斯科夫为伊凡四世建造城堡的工程师和建筑师，在莫斯科本身，他们最著名的作品则是圣母代祷大教堂（圣瓦西里教堂）。

尽管佳科沃的施洗者约翰教堂前有科洛缅斯克的壮观先例，后有红场的教堂作为光辉的后继，但它仍不愧为16世纪俄国砖石结构的代表作：如城堡般魁伟的形体；各个组成部分的优美造型和完整统一的组合，创造出一种奇特的光影效果。角上的礼拜堂达到中央结构檐口的高度，因而并不妨碍人们观赏它的造型。各个塔楼装饰性的坡顶山墙构成形体的过渡并强化了逐层向上的动态，但整个建筑从外观上看并不像教堂（虽然具有一定的规模，但并没有为仪式庆典准

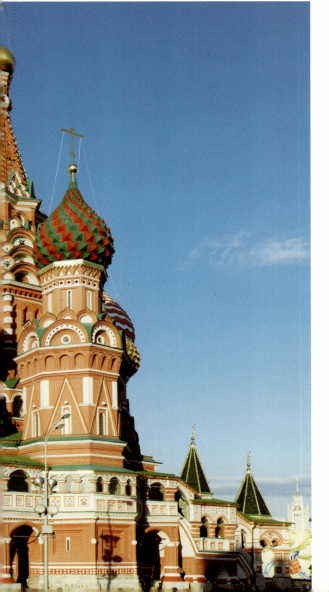

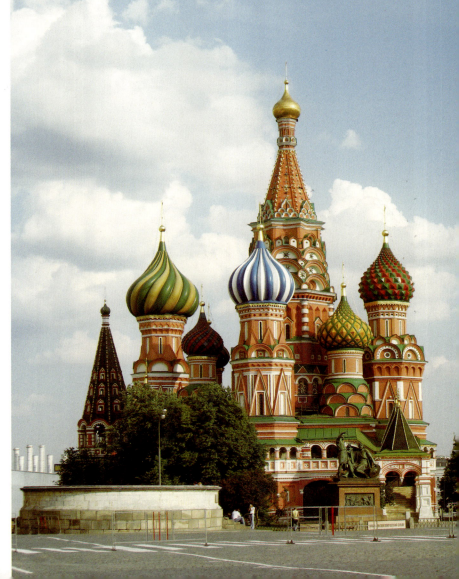

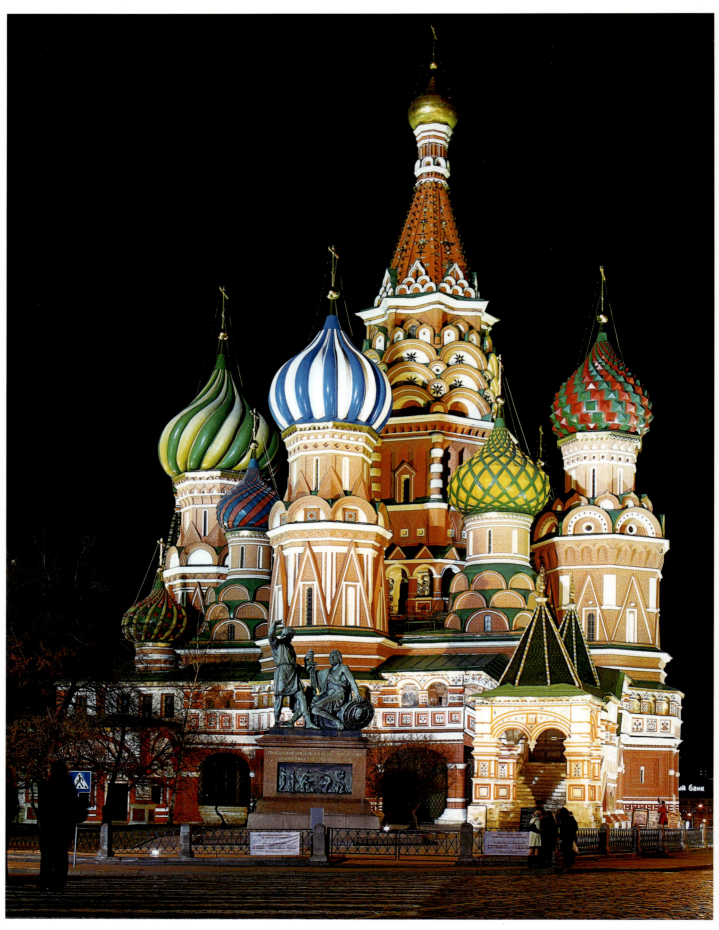

左页：

图3-38 莫斯科 壕沟边的圣母代祷大教堂（圣瓦西里教堂）。北侧夜景

本页：

图3-39 莫斯科 壕沟边的圣母代祷大教堂（圣瓦西里教堂）。东北侧景色

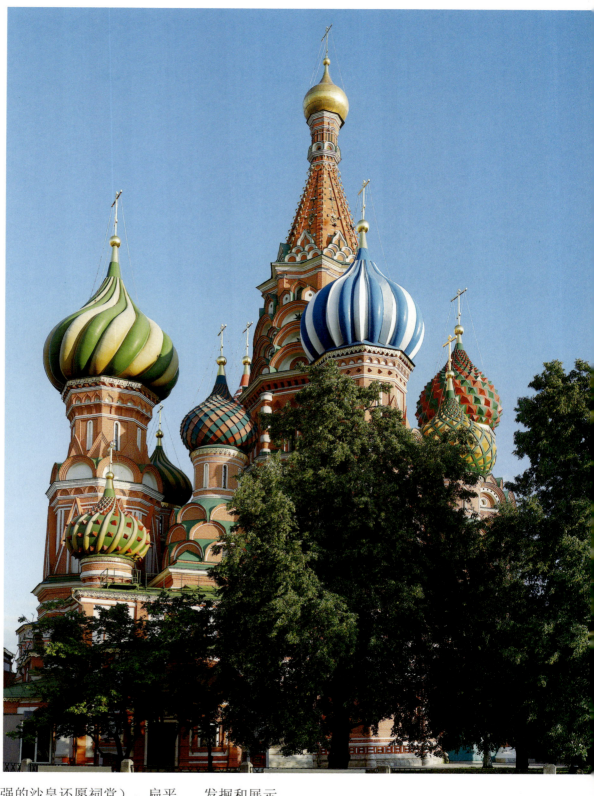

备的楼梯，是个私密性较强的沙皇还愿祠堂）。扁平的穹顶则使人想起直接受拜占廷影响的前蒙古时期的教堂形式，由角上礼拜堂组成的构图体系则可视为五穹顶设计的变体形式。所有这些构图的潜力和可能性很快就在最著名的俄罗斯建筑作品——壕沟边的圣母代祷大教堂（通称圣瓦西里教堂）里，得到了充分的发掘和展示。

二、圣母代祷大教堂（圣瓦西里教堂）

这座著名建筑（其全称为壕沟边的圣母代祷大教堂）的声誉和魅力不仅来自它那充满想象力、变化

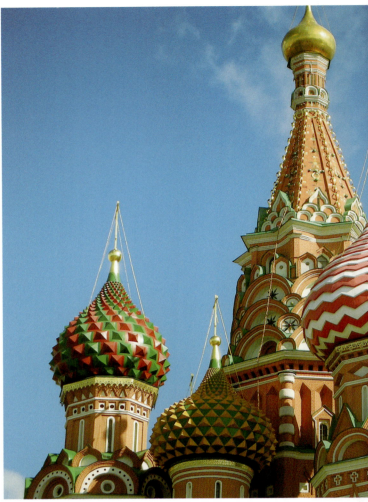
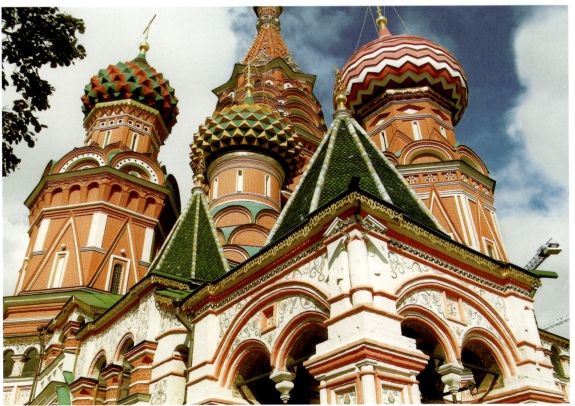

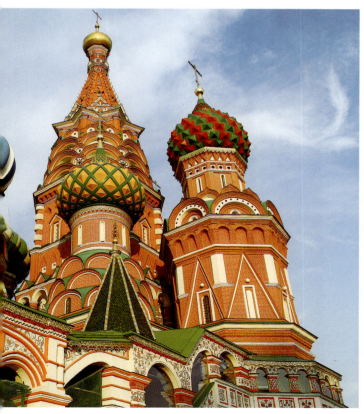

万千的形体,同样——甚至可说是在更大程度上——来自其华丽缤纷的色彩。由伊凡四世委托建于1555年的这座教堂系为了纪念这位沙皇1552年攻占喀山汗国（Khanates of Kazan）。有人（如威廉·克拉夫特·布伦菲尔德）认为，这位沙皇的残暴性格[其绰号"威严、可怕"（Грóзный）即由此而来]和他后期的野蛮

本页及左页：

（左上）图3-40莫斯科 壕沟边的圣母代祷大教堂（圣瓦西里教堂）。西南侧近景（摄于1999年，整治前状态）

（左下）图3-41莫斯科 壕沟边的圣母代祷大教堂（圣瓦西里教堂）。西南角仰视近景

（中上）图3-42莫斯科 壕沟边的圣母代祷大教堂（圣瓦西里教堂）。中央塔楼及各穹顶，西南侧近观

（右上）图3-43莫斯科 壕沟边的圣母代祷大教堂（圣瓦西里教堂）。西塔西侧近景（墙面整修前）

（中下）图3-44莫斯科 壕沟边的圣母代祷大教堂（圣瓦西里教堂）。西北侧仰视近景

统治[4]，促成了这个缺乏理性和节制的建筑。然而，应该承认，文献记载的建筑师巴尔马和波斯尼克·亚科夫列夫（后者来自普斯科夫）创造了一个条理分明、合乎逻辑的平面，无论从结构还是其组成部分的象征意义上看，均可视为佳科沃教堂的进一步发展。和科洛缅斯克和佳科沃教堂一样，圣母代祷大教堂也是坐落在莫斯科河左岸一个较高的地段上，俯瞰着周围的广阔街区（虽在拥挤的市中心，但周围的木构建筑要比教堂塔楼低很多）。由于位于大广场边上，人们很远就可以看到它；广场原称波扎尔（Пожар，即"火灾、被大火荡平之处"），至17世纪中叶始称红场（Красная площадь，即"红色的、美丽的"广场）。教堂就这样成为政治权力中心克里姆林宫和中国城内居民密集的商业区[即"大关厢"（Великий Посад），在那里，伊凡享有很大的声望]之间的联系环节。这种联系既是景观上的，同时也具有一定的象征意义。

圣母代祷大教堂的塔楼和穹顶组群，折射出16世纪拥有许多教堂的"中国城"的环境和氛围。它由位于同一平台上的中央塔楼和围绕着它的八个独立教堂组

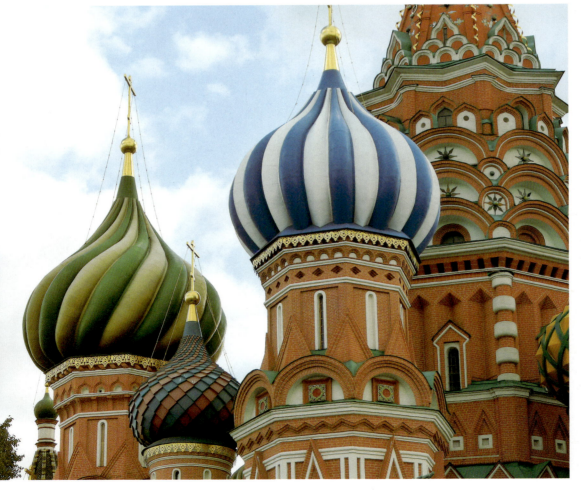

（上）图3-45莫斯科 壕沟边的圣母代祷大教堂（圣瓦西里教堂）。西北教堂穹顶

（下）图3-46莫斯科 壕沟边的圣母代祷大教堂（圣瓦西里教堂）。北侧及东侧穹顶

（上）图3-47莫斯科 壕沟边的圣母代祷大教堂（圣瓦西里教堂）。圣瓦西里礼拜堂穹顶

（下）图3-48莫斯科 壕沟边的圣母代祷大教堂（圣瓦西里教堂）。东南角钟塔，仰视景象

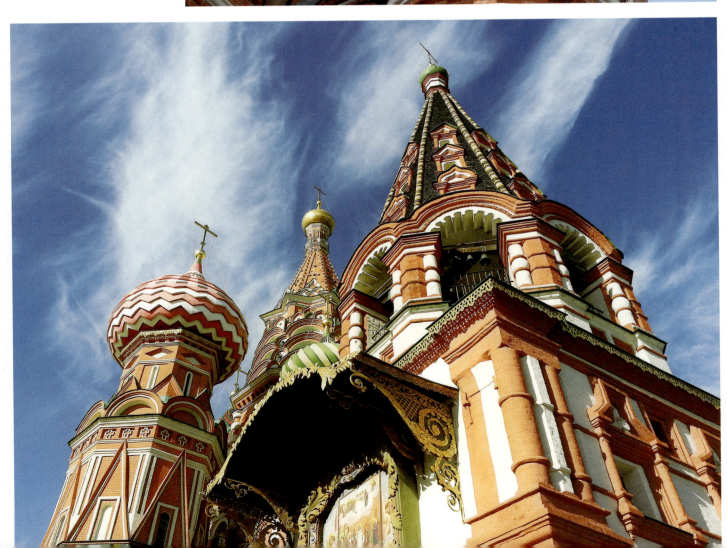

698·世界建筑史 俄罗斯古代卷

成,每个都有自己单独的入口(总平面、平面、立面及剖面:图3-13~3-15;历史图景:图3-16~3-27;地段全景:图3-28~3-30;建筑外景:图3-31~3-39;近景及细部:图3-40~3-56;纪念雕像:图3-57;内景:图3-58~3-74)。由于17世纪的增建其形式显得极为丰富,整个构图由带帐篷顶的中央塔楼统领,周围八个教堂高度不一:位于正向轴线上的较大,位于对角轴线上的较小。中央塔楼的鼓座和帐篷顶均采用了八角形的平面形制,位于正向轴线上的四个教堂再次重复了八角形的母题。其他较小的教堂(部分被17世纪教堂台地的围栏掩盖)下部为立方形体,圆形鼓座和穹顶耸立在三层拱形山墙之上。从西侧望去(见图3-15、3-36),教堂及其两侧通向入口的台阶构成一个规整、宏伟的立面和典礼仪式的终点,该面正好对着克里姆林宫主入口之一的弗罗洛夫塔楼(后称救世主塔楼)。

但从南面莫斯科河方向或自北面红场方向望去时,教堂呈现出这类设计固有的多轴线外廓:中央塔

本页及左页:
(左上)图3-49莫斯科 壕沟边的圣母代祷大教堂(圣瓦西里教堂)。东南角钟塔,上部近景
(中上)图3-50莫斯科 壕沟边的圣母代祷大教堂(圣瓦西里教堂)。中央塔楼,西北侧近景
(左下及中下)图3-51莫斯科 壕沟边的圣母代祷大教堂(圣瓦西里教堂)。西南入口,近景及顶部
(右)图3-52莫斯科 壕沟边的圣母代祷大教堂(圣瓦西里教堂)。中央顶塔,细部

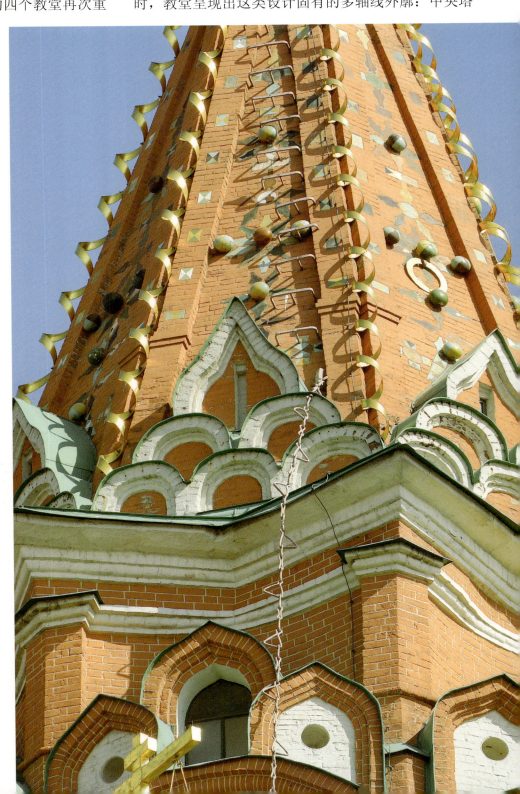

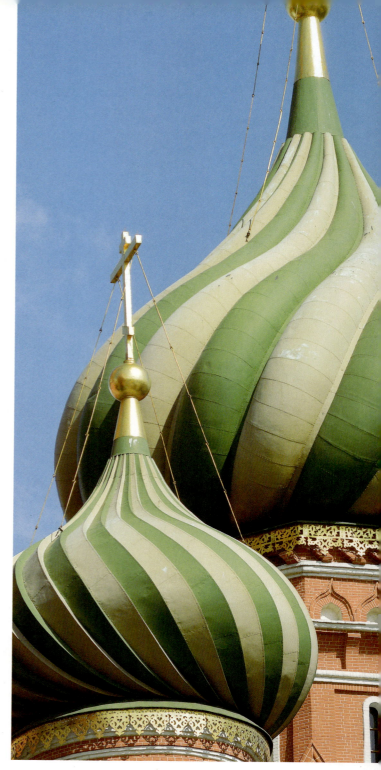

楼并不是位于平面的几何中心,而是为了容纳半圆室结构向西偏移(见图3-14)。教堂就这样具有了塔楼本身和结构总平面的两个中心(后者南北轴线自南塔楼中心开始至相应的北塔楼中心)。同时主要塔楼和东侧两个附属教堂之间的距离要大于和西侧教堂的间距,后者遂产生了被压缩的感觉,形体和色彩的密度亦相应有所增加(见图3-34)。

　　和形式一样,圣母代祷大教堂的缘起也是一个复杂的问题。在伊凡于1552年10月初攻占了喀山城后不

久,他就下令在克里姆林宫弗罗洛夫大门外广场处建一座供奉圣三一的教堂。基于这次胜利对国家和民族的重要意义,伊凡可能希望将这个具有纪念性质的教堂建在人口稠密的中国城附近。1553年完成的这座位于克里姆林宫前壕沟边的砖砌三一教堂,的确很快就成为一个颇具声望的圣所,配有七个附属的木构礼拜堂。但有关这个组群的外貌尚无可靠的记录,也没有理由认为,这个有许多教堂构成的组群具有独特完整的建筑平面,可作为现存杰作的原型。因为在俄罗

本页及左页:

(左上)图3-53莫斯科 壕沟边的圣母代祷大教堂(圣瓦西里教堂)。南教堂穹顶

(中)图3-54莫斯科 壕沟边的圣母代祷大教堂(圣瓦西里教堂)。东教堂及东南教堂穹顶

(右)图3-55莫斯科 壕沟边的圣母代祷大教堂(圣瓦西里教堂)。西教堂及西南教堂穹顶

(左中及左下)图3-56莫斯科 壕沟边的圣母代祷大教堂(圣瓦西里教堂)。入口及外墙花饰

本页：

图3-57莫斯科 壕沟边的圣母代祷大教堂（圣瓦西里教堂）。米宁与波扎尔斯基纪念碑（位于教堂北面，1804~1818年，雕刻师Ivan Martos）

右页：

（左上）图3-58莫斯科 壕沟边的圣母代祷大教堂（圣瓦西里教堂）。廊道内景

（右上）图3-59莫斯科 壕沟边的圣母代祷大教堂（圣瓦西里教堂）。中央塔楼（圣母代祷教堂），仰视内景

（左下）图3-60莫斯科 壕沟边的圣母代祷大教堂（圣瓦西里教堂）。中央塔楼，圣像壁

（右下）图3-61莫斯科 壕沟边的圣母代祷大教堂（圣瓦西里教堂）。中央塔楼，金饰细部

斯，围着一个圣所以自然增长的方式增添礼拜堂本是一种习见的做法。

看来伊凡不久就希望重建一座规模更大的教堂，以体现击败喀山的重要意义。这次胜利不仅消除了长期以来蒙古残余势力的威胁和骚扰，同时还开拓了广阔的殖民区，展现出更多的商机。随着1554~1556年征服位于伏尔加河入里海河口的阿斯特拉罕汗国（Khanate of Astrakhan），打开了俄国通往欧亚的一条最重要的商路。征服东方的伊斯兰汗国，则主要在宗教上具有重要意义，它标志着俄罗斯东正教会的胜利，特别是在这个教会面临着来自各方异教势力对其财富、机制和最神圣的教义进行挑战的时刻[最初的

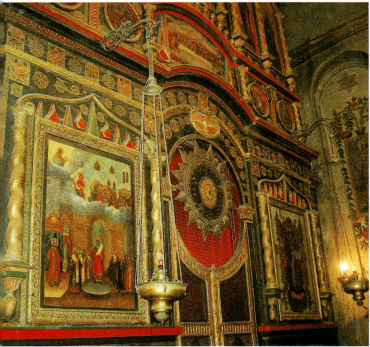

第三章 16世纪后期建筑·703

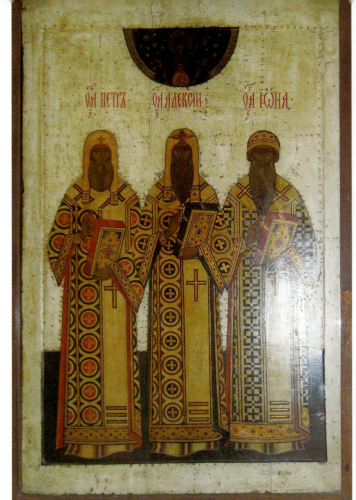

左页：

（左两幅）图3-62 莫斯科 壕沟边的圣母代祷大教堂（圣瓦西里教堂）。西教堂（纪念基督进入耶路撒冷），圣像画

（右上）图3-63 莫斯科 壕沟边的圣母代祷大教堂（圣瓦西里教堂）。西北教堂（供奉亚美尼亚主教格列高利），圣像画

（右下）图3-64 莫斯科 壕沟边的圣母代祷大教堂（圣瓦西里教堂）。北教堂（供奉圣西普里安和乌斯季尼娅，1786年后改奉尼科米底亚的圣阿德里安和纳塔利娅），圣像壁

本页：

（上）图3-65 莫斯科 壕沟边的圣母代祷大教堂（圣瓦西里教堂）。北教堂，穹顶仰视

（下）图3-66 莫斯科 壕沟边的圣母代祷大教堂（圣瓦西里教堂）。东南教堂（供奉斯维尔圣亚历山大），仰视内景

教堂供奉圣三一，就是针对反对和抵制三位一体说的派别（antitrinitarian）］。

因而，对圣母代祷大教堂的创建人——大主教马卡里和沙皇来说，新建筑显然担负着表现东正教和俄国胜利的双重使命。手稿记录指出，三一教堂曾和一个供奉圣母代祷的教堂及以它为中心的七个礼拜堂相邻，但三一教堂和它在重要性上不相上下。在教堂的总数上，至少有一则17世纪的文献指出，大主教马卡里最初要求有八个教堂（即最初圣所的数目），但建筑师坚持要设九个，以达到对称的组群布局。

大教堂的设计显然部分来自前面所说的这些奉献教堂，如取自科洛缅斯克的中央帐篷顶塔楼和效法佳科沃的附属塔楼。但没有令人信服的证据表明有来自本地的木构原型，尽管围绕着一个圣所成组布置木构礼拜堂的做法可视为这种观念的先声。在西方的教堂建筑里，不乏八角形的设计，从中世纪的洗礼堂到菲利波·布鲁内莱斯基设计的天使圣马利亚圆堂（1434

（左上）图3-67莫斯科 壕沟边的圣母代祷大教堂（圣瓦西里教堂）。南教堂（供奉圣尼古拉圣像），圣像壁

（下）图3-68莫斯科 壕沟边的圣母代祷大教堂（圣瓦西里教堂）。南教堂，仰视内景

（右上）图3-69莫斯科 壕沟边的圣母代祷大教堂（圣瓦西里教堂）。东北附属礼拜堂（圣瓦西里礼拜堂，1588年），廊道内景

（左）图3-70莫斯科 壕沟边的圣母代祷大教堂（圣瓦西里教堂）。东北附属礼拜堂，圣瓦西里遗骨盒

（右）图3-71莫斯科 壕沟边的圣母代祷大教堂（圣瓦西里教堂）。东北附属礼拜堂，圣瓦西里像

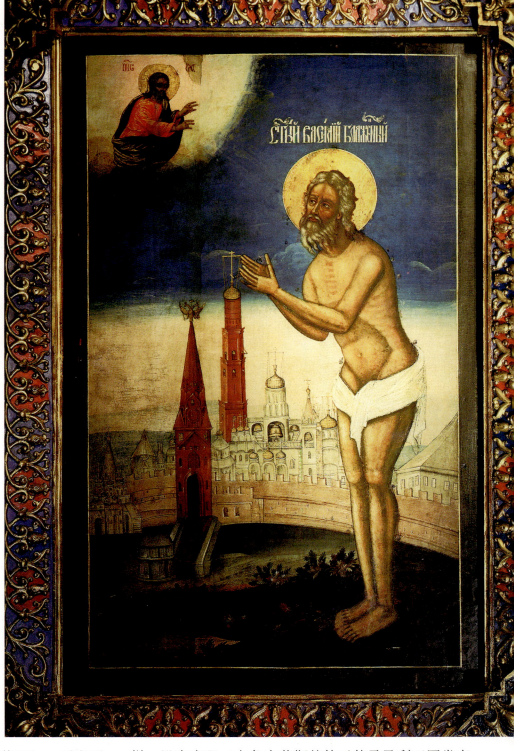

年，1437年建到底层处，因资金短缺停工），后者平面由中央八角形组成，每个跨间均向外敞开形成周围八个礼拜堂。列奥纳多·达·芬奇同样绘制了一些带八个穹顶的教堂草图。实际上，多纳托·布拉曼特设计的罗马圣彼得大教堂的底层平面，就其抽象形式来看，也类似圣母代祷大教堂的平面。然而，除了圣彼得以外，上述这些设计，都和菲拉雷特的理想教堂一样，没有实现（布鲁内莱斯基的天使圣马利亚圆堂直到20世纪30年代才接续完成）。虽说意大利建筑师有可能将这几何构图观念带到莫斯科，但没有根据认为，他们曾参与圣母代祷大教堂的设计。

不论在这个教堂的设计上有多少借鉴来的母题，也不论其中是否部分来自意大利，最后的形式明确昭示了当时俄罗斯军事扩张的成就、其民族的自信和霸

第三章 16世纪后期建筑·707

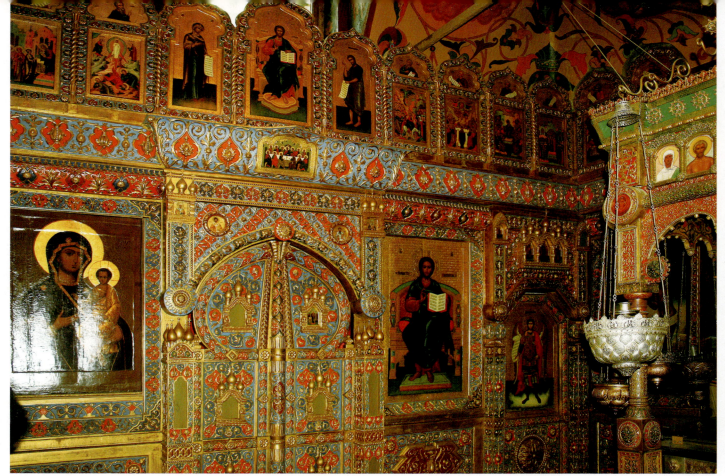

气。教堂的每个组成部分都被赋予了各种图像和象征的意义。主要轴线始自东端最初供奉三位一体的教堂。虽然半圆室设在圣母代祷教堂塔楼内，但就整个组群而言，三一教堂仍可视为最神圣的处所（即所谓"圣中之圣"，holy of holies)，不仅因其占据的东部位置，同时也因为它供奉的对象构成了大教堂数据体系的基础。每个正向轴线和对角轴线，以及每个侧面，均为三个塔楼；各个塔楼结构自台地面开始，同样分为三个部分：主层（八角形体或立方体）、山墙层（半圆头或尖头）和顶上的八角体（其上立穹顶，见图3-15）。

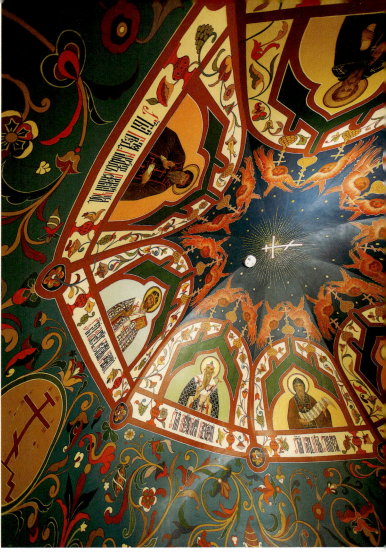

左页：
（上）图3-72莫斯科 壕沟边的圣母代祷大教堂（圣瓦西里教堂）。下教堂，圣像屏帏
（下）图3-73莫斯科 壕沟边的圣母代祷大教堂（圣瓦西里教堂）。下教堂，顶棚仰视

本页：
（上）图3-74莫斯科 壕沟边的圣母代祷大教堂（圣瓦西里教堂）。下教堂，穹顶仰视
（下）图3-75喀山 城堡（克里姆林）。天使报喜大教堂（1556~1562年），西北侧全景

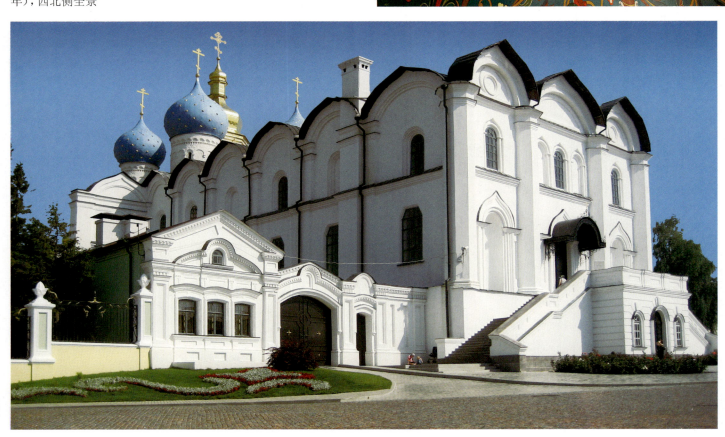

（上）图3-76喀山 城堡（克里姆林）。天使报喜大教堂，东头，西北侧景色

（下）图3-77喀山 城堡（克里姆林）。天使报喜大教堂，西南侧全景

(上)图3-78喀山 城堡(克里姆林)。天使报喜大教堂,东南侧全景

(下)图3-79喀山 城堡(克里姆林)。天使报喜大教堂,东侧全景

第三章 16世纪后期建筑·711

（上）图3-80喀山 城堡（克里姆林）。天使报喜大教堂，南侧，入口近景

（下）图3-81喀山 城堡（克里姆林）。天使报喜大教堂，南侧，东端近景

三一教堂的陡坡三角形山墙和波浪状的洋葱头穹顶形成了鲜明的对比，后者和其他的洋葱头穹顶一样，均属1586年大教堂的修复工程（1583年莫斯科的一场大火对建筑造成了严重损害）。由于缺少16世纪建筑的图像资料，最初穹顶的形式只能揣测，很可能是头盔状或如佳科沃教堂那样的扁平穹顶，外部铺单色调的镀锡铁板。四个主要的附属教堂均于穹顶下设三一教堂那种雉堞，只是复杂的程度不一。

主要轴线中心为纪念俄罗斯最受尊崇的宗教节庆之一——圣母显灵节[5]的塔楼（见第一章第三节）。它不仅有庆贺神佑俄罗斯的意义，还因为节庆日（10月1日）正好是最后征讨喀山的出发日。由于具有这双重意义，圣母代祷塔楼遂成为大教堂中体量最大的组成要素，到1600年伊凡大帝钟楼完成之前，它一直是莫斯科最高的建筑（约61米，与其科洛缅斯克的原型相当）。事实上，从结构的角度来看，圣母代祷塔楼在很大程度上是效法八角形的克里姆林宫大钟塔的设计，也就是说，它是在一个基本属俄罗斯的结构主体上以一种极富成效的独特方式综合了意大利文艺复兴和俄国的众多设计母题。立在几层拱形山墙上的帐篷顶基部呈八角星形，最初系作为八个小型鼓座和穹顶的平台，就这样在中央塔楼上再现了更宏伟的大教堂布局。帐篷顶外部沿肋条（上带釉陶装饰）综合布置镀金和交织的金属条带（见图3-52）。

20世纪50年代探查中央塔楼室内面层时，在帐篷顶基部发现了最初的铭文，称圣母代祷教堂于1561年6月29日（使徒彼得和保罗的节庆日）为向圣三位一体表示敬意，举行奉献典礼，出席的有沙皇、王子伊凡和费奥多尔、大主教马卡里（最初较小的教堂已于1560年举行了奉献仪式）。对室内进行修复时还揭示了简朴的装饰图案（可能类似科洛缅斯克和佳科沃这类还愿教堂的室内）。室内主要部分涂成红砖色，并用白色线条模仿灰缝，这种装饰手法被称为"仿砖图案"（под кирпич）。同样的做法亦用于大教堂的外

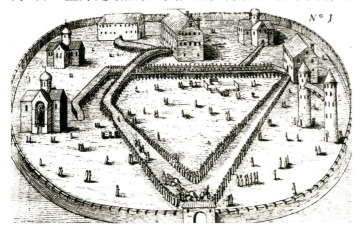

（上）图3-82亚历山德罗夫-斯洛博达（城堡、克里姆林）。16世纪景色（版画，1627年，作者Theodor de Bry）

（下）图3-83亚历山德罗夫-斯洛博达（城堡、克里姆林）。全景图（2013年发行的创立500周年纪念邮票上的形象）

（左上）图3-84亚历山德罗夫-斯洛博达（城堡、克里姆林）。西侧远景

（右上）图3-85亚历山德罗夫-斯洛博达（城堡、克里姆林）。西部入口门楼

（左中）图3-86亚历山德罗夫-斯洛博达（城堡、克里姆林）。东北角塔（自西面望去的景色）

（左下）图3-87亚历山德罗夫-斯洛博达（城堡、克里姆林）。西北角塔（自东北方向望去的景色）

（右下）图3-88亚历山德罗夫-斯洛博达（城堡、克里姆林）。东南角塔（内侧景色）

墙（可能是由意大利传入，16世纪早期克里姆林宫的一些建筑，如多棱宫，最初也是以这种方法进行彩绘）。这些彩绘砖墙图案不仅可以保护墙面免遭湿气渗透，还可突出墙面的色彩效果。尽管相邻教堂中至少有一半以后绘制了壁画，但复归最初砖墙图案的一些室内表明，这种手法比较适合狭窄的封闭空间。礼

（左上）图3-89亚历山德罗夫-斯洛博达 圣三一餐厅教堂（圣母庇护教堂，1570~1571年）。北立面（含17世纪60年代扩建部分，据N.Sibiriakov）

（右上）图3-90亚历山德罗夫-斯洛博达 圣三一餐厅教堂。20世纪初状态（老照片，1911年）

（下）图3-91亚历山德罗夫-斯洛博达 圣三一餐厅教堂。西南侧现状

(上下两幅)图3-92亚历山德罗夫-斯洛博达 圣三一餐厅教堂。东南侧景观

拜堂室内穹顶下饰风车般的螺旋图案,如佳科沃教堂边侧礼拜堂的做法(见图3-11)。较大的圣母代祷塔楼室内自地面起算高46米,装饰亦更为精巧,帐篷顶内表面以彩绘模仿科洛缅斯克教堂外部的菱形图案。

如果说三一教堂是代表整个组群的圣所(即半圆室),那么圣母代祷教堂就是中央神殿,而通向组群的主要入口则是纪念基督进入耶路撒冷的西教堂。完成主要轴线和纪念棕榈主日(Palm Sunday,复活节

（左上）图3-93 亚历山德罗夫-斯洛博达 圣三一餐厅教堂。钟楼及入口近景

（下）图3-94 亚历山德罗夫-斯洛博达 圣三一餐厅教堂。南侧东头近景

（右上）图3-95 亚历山德罗夫-斯洛博达 圣三一餐厅教堂。室内，帐篷顶仰视效果

第三章 16世纪后期建筑·717

（上）图3-96亚历山德罗夫-斯洛博达 圣母安息教堂（16世纪70年代初，17世纪60年代扩建）。西侧全景

（下）图3-97亚历山德罗夫-斯洛博达 圣母安息教堂。西北侧全景

前的星期日，是日基督徒纪念基督在遇害前几天到达耶路撒冷）的西教堂同样象征伊凡雷帝胜利进入喀山。通过喀山和耶路撒冷这两个事件的联想，早在1557年就确立了一个周年庆典日，是日领队的沙皇模仿棕榈主日的游行，骑在一匹着华丽服饰象征驴的马上（因传基督是骑驴进入耶路撒冷的）。最初仪式是在克里姆林宫大教堂处进行（圣母安息大教堂内有一个专门纪念进入耶路撒冷的祭坛）；但到1559年，游行队列便超出了克里姆林宫的范围，到达作为圣母代祷大教堂的扩建工程正在建造的三一教堂。可见正是

（上）图3-98亚历山德罗夫-斯洛博达 圣母安息教堂。东北侧全景

（下）图3-99亚历山德罗夫-斯洛博达 圣母安息教堂。东侧全景

这个新的圣所（而不是克里姆林宫及其大教堂）代表圣城耶路撒冷及锡安山。事实上，圣母代祷大教堂经常简称为"耶路撒冷"，这一名称亦见于17世纪到莫斯科的西方旅游者（如亚当·奥列阿里，1599~1671年）的记载（见图3-17）。

耶路撒冷的重要地位不仅在伊凡雷帝时期的建筑上有所体现，它在俄国意识形态领域的影响一直持续到以后一个世纪。圣母代祷大教堂将各种帐篷式塔楼聚集在一起的做法，不仅代表了天国城市的梦想，也是为了确立莫斯科自身的救世主地位。为了弘扬民族

第三章 16世纪后期建筑 · 719

本页及左页：

（左上）图3-100亚历山德罗夫-斯洛博达 圣母安息教堂。东南侧全景

（中上）图3-101亚历山德罗夫-斯洛博达 圣母安息教堂。南侧近景

（左下）图3-102亚历山德罗夫-斯洛博达 圣母安息教堂。穹顶近景

（右上）图3-103亚历山德罗夫-斯洛博达 耶稣蒙难教堂及钟塔（1570年代）。东南侧全景

（中下）图3-104亚历山德罗夫-斯洛博达 耶稣蒙难教堂及钟塔。西北侧全景

（右下）图3-105亚历山德罗夫-斯洛博达 耶稣蒙难教堂及钟塔。塔顶近景

（上）图3-106莫斯科科洛缅斯克。圣乔治教堂及钟塔（1534年），东侧地段全景

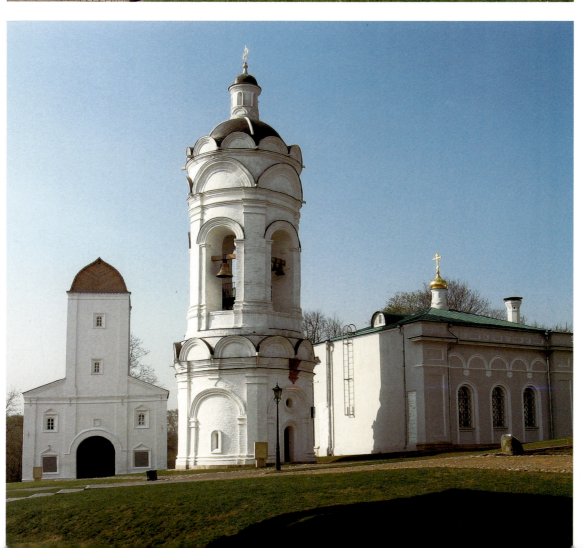

（下）图3-107莫斯科科洛缅斯克。圣乔治教堂及钟塔，东北侧全景

图3-108莫斯科 科洛缅斯克。圣乔治教堂及钟塔,西北侧景色

精神,反对来自东方、西方和南方的敌对势力,莫斯科的所有努力,全都在这座大教堂的形式上有所表现;如将各种成分组合到一起,将它们放到一个单一的基座上,模仿城堡建筑(乃至采用雉堞),在造型设计上表现中央集权和等级制度的观念,等等。教堂所在的位置则体现了克里姆林宫和居住在"中国城"及市镇[6]的世俗民众的联系。

除了东西主轴上各建筑所代表的主要宗教及象征意义外,其他六个教堂中至少有四个与征讨喀山相关。西北教堂供奉亚美尼亚主教格列高利,其节庆日(9月30日)标志着攻占喀山前的两个主要事件:一是在阿尔斯克旷野击退敌军的突围,二是炸毁城市的主要堡垒之一阿尔斯克塔楼。北教堂(见图3-37、

3-38)供奉圣西普里安和乌斯季尼娅(10月2日),纪念城市在前一天的猛攻下被全面占领。东北教堂供奉亚历山德里亚三元老(亚历山大、约翰和保罗),表现8月30日在叶潘恰大公率领下战胜鞑靼骑兵,以此消除了对围困喀山的主要威胁。献给斯维尔圣亚历山大(其节庆日同样为8月30日)的东南教堂可能是再次纪念这次战役。

位于南侧的另两个教堂(见图3-34)延续了早期还愿教堂(如佳科沃教堂)确立的做法,供奉沙皇家族成员。西南教堂(见图3-35)祭祀诺夫哥罗德附近胡腾修道院的圣瓦尔拉姆(即这位沙皇的父亲瓦西里三世,后者去世前不久依传统充当修道士,取名瓦尔拉姆)。南教堂供奉被带往莫斯科的韦利科雷斯克

第三章 16世纪后期建筑·723

图3-109莫斯科 科洛缅斯克。圣乔治教堂及钟塔,西南侧全景

(据普斯科夫地区韦利卡亚河而名)的圣尼古拉圣像。普斯科夫修道士在夯实莫斯科集权统治的理论基础上起到了很大的作用,因此在祠堂里尊崇一位普斯科夫圣徒本在情理之中,况且普斯科夫匠师在15和16世纪莫斯科砖石建筑的发展上作出了重大贡献,圣母代祷大教堂本身就是这方面的极致表现。

圣母代祷大教堂最后一个大众化的祭祀对象是圣瓦西里(Василий Блаженный,1468/1469~1552年,Блаженный同样有仙逝升天、得福之意),一位俄国的"上帝弄臣"(iurodivyi),因其预言的天赋、善良和勇气,深受沙皇本人和普通民众的尊崇。由于瓦西里去世的年代刚好和攻占喀山相合,因此在最初三一教堂东侧修建了一个供奉他的木构祠堂。在建造圣母代祷大教堂期间祠堂保留未动,至1588年,始为一个与大教堂东北角相连的小型砖构礼拜堂取代(圣瓦西里礼拜堂)。尽管和周围塔式教堂相比,其规模极为有限,但对瓦西里的崇拜是如此深入人心,以致目前它几乎取代了大教堂以前的所有名称(无论是官方的或非官方的),成为整个大教堂的俗名。甚至其朴实的结构(在穹式拱顶上立单一的鼓座和穹顶,不设内部柱墩)也成为该世纪末一系列所谓戈杜诺夫风格(Godunov style)教堂的典型结构样式。

约1585~1598年任摄政王、1598~1605年成为沙皇的鲍里斯·戈杜诺夫(约1551~1605年)在1583年大火后大教堂独特的洋葱头穹顶(lukovitsa)的创造上可能确实起到了重要的作用。在俄罗斯砖石建筑中,这

（上）图3-110苏兹达尔圣叶夫菲米-救世主修道院。圣母安息餐厅教堂（16世纪后期），东南侧全景

（下）图3-111苏兹达尔圣叶夫菲米-救世主修道院。圣母安息餐厅教堂，东北侧全景

（上）图3-112苏兹达尔 圣母代祷修道院。圣安妮怀胎教堂（1551年），东北侧远景

（中）图3-113苏兹达尔 圣母代祷修道院。圣安妮怀胎教堂，东南侧远景

（下）图3-114苏兹达尔 圣母代祷修道院。圣安妮怀胎教堂，西南侧全景

些穹顶构成了这种类型最早的确凿实例。据说，其球根状的形式来自15世纪后期的圣物匣，而后者则再现了中世纪圣墓华盖上的穹顶造型，因而成为令戈杜诺夫心仪的另一种表现耶路撒冷的母题。在莫斯科再现锡安山的想法进一步使洋葱头穹顶带上了神圣的光环。因而在16世纪末这种形式得到了广泛的应用，不仅取代了许多早期教堂的穹顶，还为以后的建筑确立了样板。只是有关俄罗斯洋葱头穹顶起源的这些设想以及相关的其他理论（如来自印度这样一些东方国家，或由北方木构原型演化而来），目前都只是揣测。

17世纪期间，圣母代祷大教堂的增建达到了顶峰，台地上加了围墙，东侧和圣瓦西里相连建了另一个教堂，底层亦增加了许多内容（包括从红场壕沟边迁建来的13个礼拜堂）。但这些祠堂中大部分都在18世纪80年代大教堂翻修时被拆除。约1680年，在大教堂东南角上按17世纪装饰风格重建了一个独立的大型钟塔，除彩色装饰外还有以陶瓷瓦铺面的帐篷式屋顶。外墙上的大部彩绘装饰（特别是新廊道上的），同样是在该世纪后期增添。作为莫斯科人口最稠密地区之一的主要教堂，这座建筑（圣母代祷大教堂，或三一大教堂，或圣瓦西里教堂，或简称为耶路撒冷教堂）在以后的年代里，又历经多次改建（特别是近代，进行了若干次大修），虽说保留了许多变更的痕迹，但其基本形态和风格始终未变。

(上)图3-115苏兹达尔 圣叶夫菲米-救世主修道院。主显圣容大教堂(1582~1594年),西南侧现状

(下)图3-116苏兹达尔 圣叶夫菲米-救世主修道院。主显圣容大教堂,东侧全景

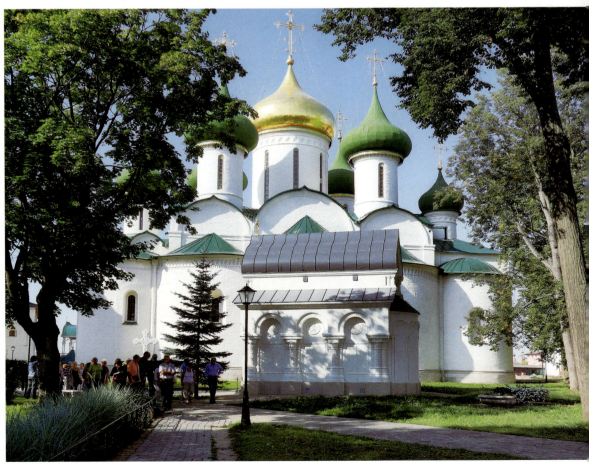

(上)图3-117苏兹达尔 圣叶夫菲米-救世主修道院。主显圣容大教堂,东南侧近景

(下)图3-118苏兹达尔 圣叶夫菲米-救世主修道院。主显圣容大教堂,南立面近景

三、其他建筑

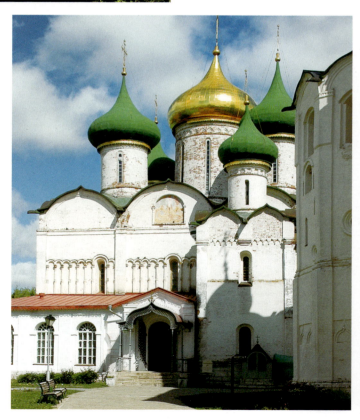

圣母代祷大教堂建造后的一个世纪期间,塔楼式教堂再次为俄罗斯建筑增添了若干最独特的实例,但传统的五穹顶设计仍继续得到应用,甚至出现在征服喀山和阿斯特拉罕汗国后10年间建造的还愿教堂中。始建于1559年的圣谢尔久斯三一修道院的圣母安息大教堂(见图2-307~2-311)可视为这方面的一个例证,尽管它直到1585年才最后完成。在喀山本身1555年成为大主教驻地后,同样在城堡内原主要清真寺基址上建了一座带五个穹顶的天使报喜大教堂(1556~1562年;图3-75~3-81)。

事实上,克里姆林宫内大公的宫廷教堂——天使报喜大教堂本身即于1564~1566年进行了扩建,在南北两立面带顶廊厅上建了四个礼拜堂(见图2-65、2-72等)。据称,伊凡增建这些礼拜堂是为了实现1563年在立窝尼亚战争开始阶段夺取波洛茨克后的一个誓愿。礼拜堂的敬献内容包括耶稣进入耶路撒冷

（上）图3-119苏兹达尔 圣叶夫菲米-救世主修道院。主显圣容大教堂，南立面近景（大修前，尚存17世纪壁画残迹）

（下）图3-120苏兹达尔 圣叶夫菲米-救世主修道院。主显圣容大教堂，穹顶近景

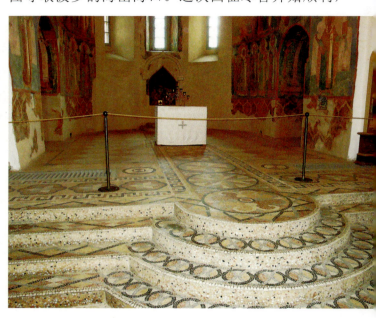

（其象征意义前已论及），圣母和大天使米迦勒（沙皇的保护者）等，并以微缩形式再现了相邻的大天使米迦勒大教堂立面上的意大利风格特色。

不过，对伊凡来说，自16世纪60年代初开始，前程并不乐观，特别是在他的第一个妻子阿纳斯塔西娅1560年去世后。他于1558年发动了立窝尼亚战争，企图夺取波罗的海出海口。这次西征尽管开始顺利，

（上两幅）图3-121苏兹达尔 圣叶夫菲米-救世主修道院。主显圣容大教堂，半圆室内景

（下）图3-122苏兹达尔 圣叶夫菲米-救世主修道院。主显圣容大教堂，室内，拱顶仰视景色

(上)图3-123苏兹达尔 圣叶夫菲米-救世主修道院。主显圣容大教堂,室内,穹顶仰视景色

(下)图3-124苏兹达尔 圣叶夫菲米-救世主修道院。主显圣容大教堂,室内,壁画现状

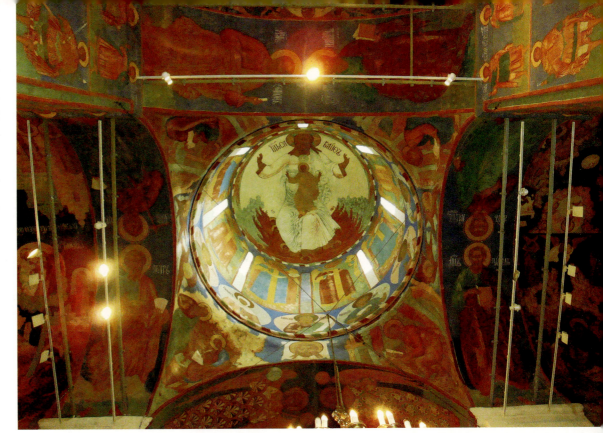

但很快遇到波兰国王斯蒂芬·巴托里的坚强抵抗,波罗的海主要国家都卷入了这场打了四分之一个世纪(1558~1583年)的战争。它消耗了伊凡一生的大部分精力,由于孤立无援,俄国最终未能逃脱失败的命运(夺取波罗的海出海口的夙愿直到100多年后始由彼得大帝完成)。随着社会危机的加深和在执政的最后20年折磨着这位沙皇的精神分裂症,从这时开始,俄国建筑亦进入了停滞期。

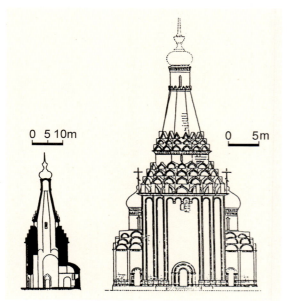

　　1564年立窝尼亚战争的失利和领主的叛变，促使伊凡四世于1565年1月宣布实行特辖制，将国家领土划分为两部分，一为特辖区（oprichnina），包括全国经济上和军事上最重要的地区和一部分城市，归沙皇直接管理；一为领主辖区（zemshchina），由领主杜马管辖。在实行特辖制期间，特辖区内的王公和领主均被遣走，他们的世袭领地被分配给军队和中小贵族。为了镇压王公和领主的反抗，伊凡建立了一支主要由服役的中小贵族组成、绝对效忠他的特辖军（起初有1000人，后增至5000~6000人），对有实力抵抗沙皇的封建王公和大贵族开始了一场大屠杀。1565~1572年，7年间大约有4000多名大贵族被杀。1570年初，他的军队洗劫了一直有独立和共和倾向的诺夫哥罗德，以参与叛国阴谋，与莫斯科的敌人波兰有联系的莫须有罪名处死了几千人。伊凡四世在铲除大贵族的同时，大力扶植小贵族和市民的力量。而特辖制最主要的作用是消除了地方领主割据的隐患，加强了中央集权。

左页：

（左上）图3-125莫斯科 奥斯特罗夫村显容教堂（16世纪后期）。西立面及纵剖面（据A.Khachaturian）

（左下）图3-126莫斯科 奥斯特罗夫村显容教堂。西南侧俯视全景

（右）图3-127莫斯科 奥斯特罗夫村显容教堂。西侧现状

本页：
图3-128莫斯科 奥斯特罗夫村显容教堂。西北侧景观

在实行特辖制期间，主要的建筑项目是伊凡雷帝在亚历山德罗夫-斯洛博达建造的带围墙的场区（compound），这个建筑组群位于16世纪初他父亲瓦西里三世所喜爱的领地内。1565年元月，这里形成了他的另一个宫廷，几乎10年期间，都是俄国的中心（历史图景及全景图：图3-82、3-83；城墙、城门及

第三章 16世纪后期建筑·733

本页及右页：

（左上）图3-129莫斯科 奥斯特罗夫村显容教堂。东侧全景

（左下）图3-130莫斯科 奥斯特罗夫村显容教堂。东南侧全景

（中上）图3-131莫斯科 奥斯特罗夫村显容教堂。半圆室近景

（右）图3-132莫斯科 奥斯特罗夫村显容教堂。顶塔近景

塔楼：图3-84~3-88）。在对特维尔（1569年）和诺夫哥罗德（1570年）进行了野蛮的惩罚性征讨之后，伊凡下令为"赎罪"在亚历山德罗夫-斯洛博达建两座教堂，两者均位于大的拱顶地下室上，地下室内贮存他从诺夫哥罗德及其他俄罗斯城市里掠夺来的财宝。圣三一餐厅教堂（1570~1571年，后改名为圣母庇护教堂）是个于礼拜场地上起截锥八角体，上承帐篷顶塔楼的建筑；17世纪60年代，其餐厅进一步扩大，并在西面增建了一座钟楼（立面：图3-89；外景：图3-90~3-92；近景及细部：图3-93、3-94；内景：图3-95）。伊凡的宫殿与这座建筑相连，这是朝17世纪"餐厅教堂"（refectory church, трапезная церковь）演化的另一个实例，其帐篷顶已为带五个穹顶的屋顶取代。相邻的圣母安息教堂在16世纪70年代初开始建造时仅有一个穹顶，但到17世纪60年代就获得了五个穹顶的形式，还增建了一排房间和一个餐厅（外景：图3-96~3-100；近景及细部：图3-101、3-102）。两个教堂墙体结构除砖外，还大量用了石灰石，为16世纪后期俄国建筑特有的表现。

16世纪70年代亚历山德罗夫-斯洛博达的建筑中，最具特色且和还愿塔楼关系最密切的结构是在17世纪末祭奉耶稣蒙难的钟塔及教堂（图3-103~3-105）。最初的八角形钟塔可能和圣母代祷大教堂同时建造（1515年）并形成了后期结构的核心。到16世纪70年代中叶，在特辖制废止后，塔楼被包在一个高两层、平面为多边形的粗壮拱廊内，上承三层拱形山墙，一个开敞的八角体和一个带穹顶的帐篷式屋顶，整个高度达到56米。伊凡就这样为亚历山德罗夫-斯洛博达建筑群配置了一个俄罗斯大型修道院特有的垂向地标，并成为他本人从这里进行统治的纪念碑。其形式显然是效法莫斯科圣母代祷大教堂的中央塔楼，但除了史无前例的尺度和拱廊形式外，其创新还表现在将帐篷顶用于钟塔，在教堂本身已不再使用这种形式后，这一做法很快传播到整个俄罗斯，在教堂组群中得到应用。

某些被认为属伊凡统治后期的塔楼式教堂实际上日期鉴定并不准确。新近有人指出，原来定为16世纪后期的科洛缅斯克的圣乔治教堂（图3-106~3-

（上）图3-133佩列斯拉夫尔-扎列斯基 大主教彼得教堂（1584~1585年）。19世纪末景况[老照片，И.Ф.Барщевский（1851~1948年）摄]

（下）图3-134佩列斯拉夫尔-扎列斯基 大主教彼得教堂。现状外景

（上）图3-135 佩列斯拉夫尔-扎列斯基 大主教彼得教堂。内景，圣像壁

（下）图3-136 佩列斯拉夫尔-扎列斯基 大主教彼得教堂。内景，穹顶仰视

109），实际上是1534年为纪念一年前伊凡四世的弟弟尤里（乔治）的诞生而建的还愿教堂。圆形的塔楼展现出16世纪早期建筑里出现的某些意大利特色，但其平面和像尖券山墙这样一些特点表明，其建造者在采用外来母题时缺乏深入的理解，特别是和设计上完整统一的上彼得罗夫斯基修道院的大主教彼得教堂

第三章 16世纪后期建筑·737

图3-137佩列斯拉夫尔-扎列斯基 圣尼基塔修道院（16世纪60年代）。围墙及西北塔楼，现状

（见图2-421）相比，这种缺憾表现得更为明显。

苏兹达尔圣叶夫菲米-救世主修道院的圣母安息餐厅教堂在年代的鉴定顺序上刚好相反。原先定为1525年建造的这座教堂，现在看来不会早于该世纪最后25年（图3-110、3-111）。其帐篷顶塔楼类似莫斯科壕沟边的圣母代祷大教堂，很可能是受到它的影响。同样有利于后期说的是直到该世纪下半叶，少有分划明确的餐厅教堂。在17世纪兴起的这种俄罗斯修道机构，看来开始时只是由一个简朴的餐厅构成，并没有明确标记的附加祭坛空间，如苏兹达尔圣母代祷修道院的圣安妮怀胎教堂（1551年；图3-112~3-114）。

值得注意的是，在圣叶夫菲米-救世主修道院餐厅，已有了明确界定的教堂结构，配有一个位于几层

(上)图3-138普斯科夫城堡(克里姆林,16世纪)。西北侧俯视全景

(下)图3-139普斯科夫城堡(克里姆林)。西北侧景色,前景为韦利卡亚河(大河)

拱形山墙上的帐篷顶塔楼,一个半圆室和位于东南角上的附属礼拜堂。尽管和圣母安息教堂相比,餐厅本身的简朴结构并不起眼,但两者形式上结合得比较密切。在这里还要顺便说一下,圣叶夫菲米-救世主修道院内还有一些混用不同时代风格的表现:主显圣容大教堂(1582~1594年;外景:图3-115~3-120;内景:图3-121~3-124)系按该世纪中叶修道院大教堂的风格建造,而后者本身又是模仿菲奥拉万蒂的圣母安息大教堂。其盲券拱廊就这样,同时出现了15世纪俄国和13世纪苏兹达尔的母题。

在16世纪后期的俄罗斯建筑中,没有一个能像莫斯科附近的显容教堂那样,充分发掘帐篷顶形式的构图潜力(立面及剖面:图3-125;外景:图3-126~3-130;近景:图3-131、3-132)。这个引人注目的建

（上）图3-140普斯科夫 城堡（克里姆林）。城堡北端，自东面望去的景色（近景为普斯科夫河，远方是它和大河的交会处）

（中）图3-141普斯科夫 城堡（克里姆林）。西南侧全景

（下）图3-142普斯科夫 城堡（克里姆林）。自城堡西墙向北望去的景色（后为圣三一教堂及塔楼）

筑位于莫斯科南郊的奥斯特罗夫村（为另一个以后成为沙皇领地的大公地产），由于缺少文献记载，有关它的建造历史，还有很多地方不是很清楚。其帐篷式屋顶很可能由另一位建筑师完成，和下部结构相比，年代上要更为晚近（可能晚至17世纪上半叶，教堂于1646年举行奉献仪式，到场的有沙皇阿列克谢·米哈伊洛维奇）。下部教堂的中心部分为一个坚实的平面

740·世界建筑史 俄罗斯古代卷

（左上）图3-143普斯科夫 城堡（克里姆林）。南侧景观（前景为多夫蒙特城残迹）

（左中）图3-144普斯科夫 城堡（克里姆林）。进袭门（14~16世纪，位于东南角，见上图），近景

（右上）图3-145普斯科夫 城堡（克里姆林）。中塔，外景

（下）图3-146普斯科夫 城堡（克里姆林）。弗拉谢夫塔，内侧景色

第三章 16世纪后期建筑·741

十字形的石灰石结构,使人想起科洛缅斯克的耶稣升天教堂,但在东面半圆室端头的构造上,完全不同。科洛缅斯克教堂没有外部半圆室,奥斯特罗夫教堂东端明显向外突出,室内分划出另一个空间。在外部,中央塔楼和角上礼拜堂均采用了成组分层排列的装饰性拱券山墙(礼拜堂一组,中央塔楼两组),是16世纪中叶建筑中,最大限度地发挥拱券山墙造型表现力的实例。

在尺度更小的纪念性建筑中,采用帐篷顶塔楼的形式往往能取得很好的效果,如佩列斯拉夫尔-扎列斯基的大主教彼得教堂(外景:图3-133、3-134;内景:图3-135、3-136);建于1584~1585年的这个建筑系纪念这位在莫斯科公国形成的早期阶段曾给予它大力支持的14世纪早期东正教会的大主教(见第二章第一节)。这座教堂的某些造型特色类似其原型——科洛缅斯克的耶稣升天教堂(只是其尺度要比原型小得多):如平面十字形的结构下部由位于拱廊拱顶上的开敞台地支撑(台地以后封闭),但砖结构上部以木梁加固,没有像更大的莫斯科还愿教堂那样采用铁拉杆。尽管在16世纪早期和后期的这两个帐篷顶教堂之间有类似之处,但由于相差了半个世纪,也可以看

左页：

（上）图3-147普斯科夫 城堡（克里姆林）。三一塔，自城堡内望去的地段形势

（下）图3-148普斯科夫 城堡（克里姆林）。高塔，外景（前景为普斯科夫河口，与隔河相对的平塔合称双塔，见图3-140）

本页：

（上）图3-149普斯科夫 城堡（克里姆林）。平塔（建于16世纪或更早）

（下）图3-150普斯科夫 城堡（克里姆林）。雷布尼茨塔（位于多夫蒙特城南侧，为通往克里姆林的入口塔楼），外景

第三章 16世纪后期建筑·743

到一些差别，如更加强调拱形山墙之类的装饰，和科洛缅斯克教堂那种整体飞升的效果相比，主要结构和帐篷顶之间分划得更为明确。

尽管教堂仍然是莫斯科纪念性建筑的主要类型，但在伊凡统治后期，动乱的环境和持续的战事，使城堡建筑如瓦西里三世时期那样，占有重要的地位。南部边界的开阔场地要求动态的防御，从而导致构造精巧可迅速装配的原木防卫塔楼的诞生。事实上，在俄国人征讨喀山时已经用上了这种便于运送和快速装配的预制原木结构，如位于喀山北面约30公里处的斯维亚日斯克城堡（1551年）。但对国家北部和西部边界上更为坚实的防卫工程来说，砖石继续得到广泛的应用，特别是在建造带防御工事的修道院时（如佩列斯拉夫尔-扎列斯基的圣尼基塔修道院，其砖构围墙建于16世纪60年代，几乎完全遵循彼得罗克·马雷在设计"中国城"围墙时引进的防卫原则；图3-137）。

虽说这些工程缺乏瓦西里三世时期砖构城堡那种宏伟的纪念品性，但事实证明，伊凡时期的这些城防工事相当坚固、耐用，在抵抗围攻时能起到很大的作用，如普斯科夫的城墙（石城墙于1516年在一位意大利工程师的主持下进行了延伸，到该世纪中叶再次翻新；全景：图3-138~3-143；城墙及塔楼：图3-144~3-150）。1581年波兰国王斯蒂芬·巴托里围攻城市时，南城墙及塔楼遭到炮火的集中攻击；尽管巨大的圣母代祷塔楼（位于现市中心处；图3-151）最后被波兰人拿下，但第二道木构城墙仍能使抵抗者击退进攻和修复缺口。日后整修的塔楼类似彼得罗克·马雷的莫斯科作品，为防炮火袭击，造得更为低矮、宽阔。

（上）图3-151普斯科夫 圣母代祷塔楼（16世纪）。现状景色

（下）图3-152普斯科夫 洞窟修道院（1553~1565年）。围墙，南侧景色

（上）图3-153普斯科夫 洞窟修道院。西南侧，围墙及塔楼（自左至右分别为泰洛夫塔楼、上格栅塔楼和塔拉雷吉纳塔楼）

（下）图3-154普斯科夫 洞窟修道院。自泰洛夫塔楼向南望去的景色

在立窝尼亚战争中，俄罗斯最独特的城堡设计位于普斯科夫西南约40公里处深谷里的洞窟修道院（1553~1565年）。其石围墙沿崎岖地势修建，由九座塔楼护卫，深谷底部的卡门内茨溪流通过巨大的上格栅塔楼注入修道院（图3-152~3-155）。其六个层位的火力点覆盖了所有四个方向，高高的角锥形木构

图3-155普斯科夫 洞窟修道院。下格栅塔楼及边侧围墙

屋顶上设一观测塔。1581年,洞窟修道院成功击退了斯蒂芬·巴托里一支分遣队的进攻;在接下来的两个世纪里,其教堂组群和大钟楼(见图1-604～1-606)均进行了扩建,采用了古朴的彩色装饰风格。

第二节 戈杜诺夫统治时期

16世纪末,在沙皇鲍里斯·戈杜诺夫(1598～1605年在位)统治下,建筑经历了短暂的复兴。戈杜诺夫并非出身于皇室家族(其祖先是鞑靼的没落贵族,14世纪期间投奔莫斯科大公),而是作为伊凡特辖制时期最能干的行政官员之一登上权力的宝座。伊凡雷帝削藩时期,提拔了一大批出身平凡但对其忠心耿耿的青年军官,其中就包括戈杜诺夫和他的父亲。1578年,戈杜诺夫被伊凡四世任命为御膳侍臣,两年后又担任沙皇寝宫御前侍臣。同年,戈杜诺夫的妹妹伊琳娜被沙皇选中,嫁给了弱智的皇子费奥多尔。1581年,在亚历山德罗夫行宫,伊凡雷帝在狂怒之中失手打中了皇储伊凡的太阳穴。十天后,伊凡不治身亡。皇储的意外死亡,使得伊凡雷帝只能将弱智的费奥多尔立为皇储。从此戈杜诺夫成为朝中重臣。

伊凡四世临终前任命的五位摄政大臣中就有鲍里斯·戈杜诺夫。除了因为他绝对忠于伊凡雷帝以外,他的妹妹伊琳娜还是费奥多尔之妻,也就是未来的皇后。伊凡雷帝死后,在几位权臣的权力角逐中,戈杜诺夫胜出,成为大权独揽的摄政王。在费奥多尔在位的14年中(1584～1598年),至少有13年是戈杜诺夫实际掌权。他开始整治伊凡后期留下的烂摊子,推行休养生息的政策。除了巩固对西伯利亚地区和南部草原地带的控制外,没有对外用兵,也没有对内政治镇压,还和西方宿敌(特别是波兰)休战,扩大了和英国的商贸及外交往来(这时期的俄罗斯版图:图3-156)。1589年,莫斯科成为东正教大主教驻地,大大提高了它的政治和宗教地位。在和君士坦丁堡教廷的谈判中,戈杜诺夫力挺莫斯科大主教约伯,使他担任了全俄大主教的要职。

从16世纪80年代开始,戈杜诺夫开展了一系列建筑活动,并在教堂建筑里创造了所谓"戈杜诺夫风格"(Godunov style,单穹顶结构,通常不设内部柱墩，主要檐口之上叠置拱形山墙，形成金字塔状的外廓）。改进后的穹式拱顶构成了戈杜诺夫式教堂室内的一大特色，它第一次出现在红场圣母代祷大教堂东端的圣瓦西里礼拜堂里（1588年），但作为这种风格更成熟的形态，其最早的实例应是至迟于1593年完成的顿河修道院的顿河圣母主教堂。

（左上）图3-156 戈杜诺夫时期的俄罗斯版图（1595年）

（右上）图3-157 莫斯科 顿河修道院。小顿河圣母主教堂（1593年，礼拜堂及钟塔1670年代增建），平面及纵剖面（据N.Sobolev）

（左下）图3-158 莫斯科 顿河修道院。小顿河圣母主教堂，东侧远景

第三章 16世纪后期建筑·747

顿河修道院位于通往莫斯科的南部要道上，是保卫这个中世纪城市的最后一个重要的修道院据点。1591年，克里米亚可汗卡齐-格莱的一支军队奔袭莫斯科，在通往城市南部的卡卢加和图拉大道之间的这个地方，鲍里斯·戈杜诺夫布置了一个活动的木构堡垒（为伊凡雷帝时期一种经过改进的防卫设施），用来保护前方的炮队。戈杜诺夫成功地击退了敌军，取得了决定性的胜利，这也是鞑靼人最后一次到达莫斯科郊区。此后，戈杜诺夫将因战功奖赏给他的大部分钱财捐赠出来，在他安放木堡垒的地方建了这座修道院。修道院主教堂供奉备受尊崇的顿河圣母的圣像。1380年，正是在离顿河不远的斯尼普旷野，俄罗斯第一次取得了击败鞑靼人的重大胜利。戈杜诺夫这一选择显然意味着，在抵御南方异教徒的长期斗争中，俄罗斯将永远得到上帝的支持和庇护。

和瓦西里三世及伊凡雷帝统治时期的还愿教堂相比，顿河修道院的这座主教堂规模并不算大（因此也称为"小教堂"，以和后来建的大教堂相别），也没有采用引人注目的造型，只是沿袭了庆功建筑的模式；由三层拱形山墙形成金字塔式的构图，以白色勾勒的山墙拱券在施彩色灰泥的砖墙底面上显现出来（平

本页及右页：

（左）图3-159莫斯科 顿河修道院。小顿河圣母主教堂，西南侧全景

（中）图3-160莫斯科 顿河修道院。小顿河圣母主教堂，西侧全景

（右）图3-161莫斯科 顿河修道院。小顿河圣母主教堂，西南侧近景

面及剖面：图3-157；外景：图3-158~3-160；近景：图3-161~3-165）。17世纪70年代，教堂周围增建了许多项目，包括位于半圆室边上的两个附属礼拜堂[分别供奉神奇工匠圣尼古拉（St. Nicholas the Miracle Worker）和圣狄奥多尔·斯特拉季拉特斯]、一个餐厅及钟塔，由于它们的遮挡，教堂的垂直构图效果大打折扣，只是从东侧望去，中央部分的情况相对好些，可以看出结构、三层过渡山墙和鼓座之间的关系。在室内，鼓座由穹形拱顶内叠涩挑出的拱券支撑（见图

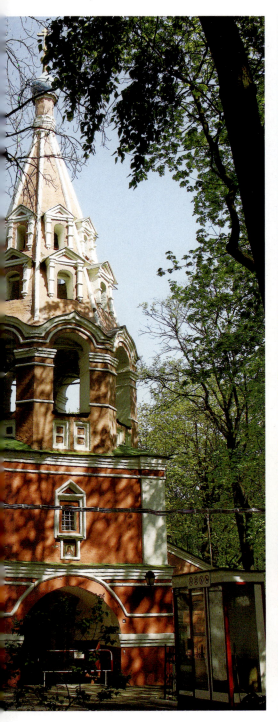

3-157);室外拱形山墙的过渡颇似亚历山德罗夫-斯洛博达的耶稣蒙难教堂,但摒弃了帐篷顶,转而采用单一穹顶,从而确立了一种新风格,其先例可上溯到诺夫哥罗德14世纪的教区教堂。

接下来还有一批戈杜诺夫投资建造的教堂,只是其准确时间不易确定。有三个教堂建在他的私人领地内(分别位于霍罗舍沃、别谢德和维亚济奥梅)。其中最接近顿河大教堂的是位于霍罗舍沃的三一教堂(剖面:图3-166;外景:图3-167~3-170),建筑用石灰石和砖砌造,可能建于1598年;其拱顶体系和位于中央结构单一穹顶下的半圆形山墙基本遵循前述模式。但和顿河大教堂的初始形态不同的是,三一教堂作为最初平面的一部分,设计了一个完整统一的半圆室组群(用石灰石砌造,包括两个侧面礼拜堂的半圆室)。最后完成的这部分,无论从总体形式还是细部上看,都类似菲奥拉万蒂设计的圣母安息大教堂的半圆室结构,只是后者的规模要大得多(见图2-107)。

然而，霍罗舍沃三一教堂的立面分划似乎是有意（可能还有政治上的考虑）效法俄国教堂设计中影响最大的一个——阿列维兹设计的大天使米迦勒大教堂。作为莫斯科统治者的葬仪祠堂，这座大教堂的象征意义，以及它对相邻的耶稣升天修道院大教堂（俄国统治者妻子的埋葬地）的影响，已在前面论及。到

1587～1588年，阿列维兹的大教堂再次成为改建耶稣升天大教堂的范本，只是这次是得到伊琳娜和鲍里斯·戈杜诺夫的支持。有人认为，这个项目的抛出，正好是戈杜诺夫全力阻止一个反对派图谋（使沙皇费奥多尔和他妹妹离婚）的关键时刻；也就是说，这是一个利用建筑风格为政治斗争服务的典型实例（在

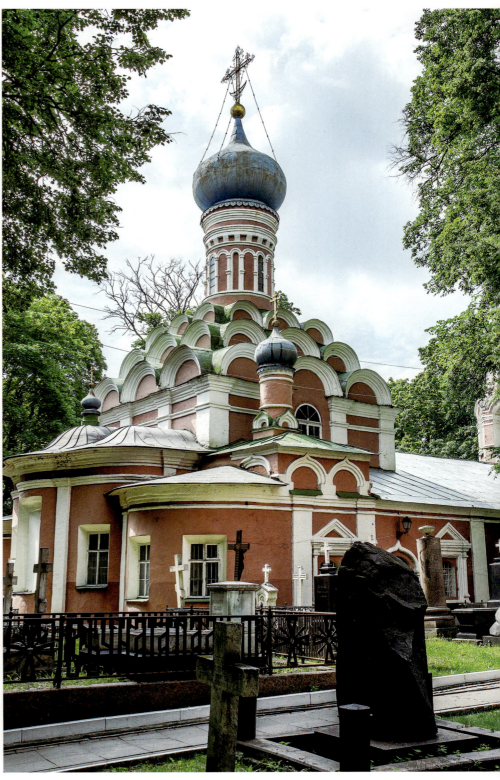

当时的形势下,戈杜诺夫尤其需要取得教会高层人士的支持)。

在戈杜诺夫于1589年战胜了他的竞争对手以后,他的建筑师们继续以大天使大教堂为范本自在情理之中,不仅是因其精美的立面分划,更因为它和俄国王室的密切联系。如果说,霍罗舍沃的三一教堂是把顿

本页及左页:

(左)图3-162莫斯科 顿河修道院。小顿河圣母主教堂,东南侧近景(东头)

(中)图3-163莫斯科 顿河修道院。小顿河圣母主教堂,东南侧近景(西头)

(右)图3-164莫斯科 顿河修道院。小顿河圣母主教堂,东北侧近景

第三章 16世纪后期建筑 · 751

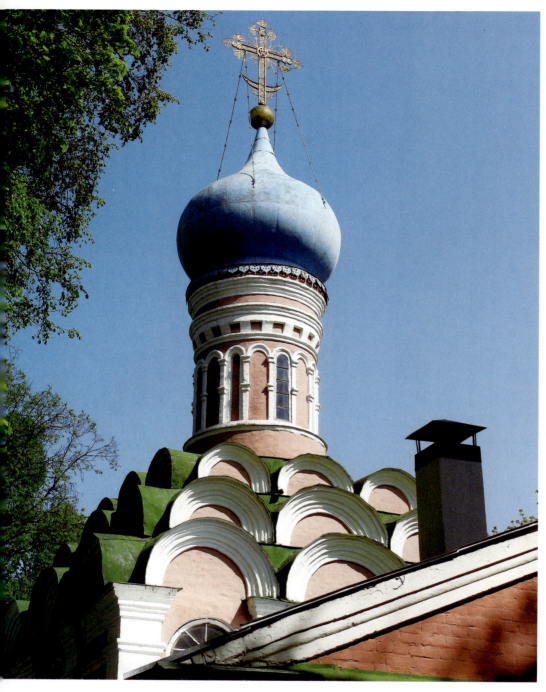

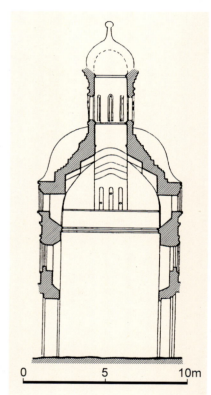

（左上）图3-165莫斯科 顿河修道院。小顿河圣母主教堂，穹顶及山墙近景

（右上）图3-166莫斯科 霍罗舍沃。三一教堂（约1598年），剖面（取自William Craft Brumfield：《A History of Russian Architecture》，Cambridge University Press，1997年）

（下）图3-167莫斯科 霍罗舍沃。三一教堂，西北侧俯视景色

河修道院的单一穹顶及装饰造型和意大利式的檐口完美地结合在一起的话，那么，在戈杜诺夫的维亚济奥梅领地，16世纪90年代后期建造的另一个更大的三一教堂里，我们将看到，这些题材又有了新的变化。立在一个高高的石灰石基座上的维亚济奥梅教堂（到17世纪末，改名为主显圣容教堂）保留了小型教堂的半圆形龛室，但采用了更传统、气势更宏伟的五穹顶形制，立面按阿列维兹的方式分划（平面、立面及剖面：图3-171、3-172；外景：图3-173~3-178；近景及细部：图3-179、3-180）。除了利用壁柱及双檐口对

(上)图3-168莫斯科霍罗舍沃。三一教堂,西北侧全景

(下)图3-169莫斯科霍罗舍沃。三一教堂,北侧全景

立面跨间进行精确分划外,维亚济奥梅的建筑师还按意大利匠师的做法,在每个跨间的上部,布置带线脚的拱券,以此强调结构的垂向构图(阿列维兹则是在大天使米迦勒教堂的第一层布置拱廊母题)。

实际上,维亚济奥梅教堂不仅用了大天使米迦勒大教堂的构图手法,同样也汲取了菲奥拉万蒂设计的圣母安息大教堂的某些做法:石灰石墙体一直砌到檐口高度,以砖建造拱顶和穹顶鼓座;最初覆橡木板瓦的屋顶依从半圆形山墙的外廓。以琢石砌筑的五个半圆室跨间类似克里姆林宫圣母安息大教堂东头的石灰石结构;和同样效法圣母安息大教堂半圆室设计的霍罗舍沃三一教堂一样,由于纳入了中央结构(该部分带有通常的三个跨间)两侧的礼拜堂,东立面遂具有五个半圆室的宽度。尽管附属礼拜堂的高度远不及主体结构,但借助通向礼拜堂上面小穹顶的金字塔状拱形山墙减少了视觉上的反差。较宽的教堂东端通过另三面(南、西和北立面)围绕中央核心的高起台地被纳入到主体结构内(见图3-171)。

维亚济奥梅教堂的建筑师就这样,以娴熟的技巧,将组合成金字塔状的装饰性拱形山墙和来自克里姆林宫大教堂及带高台地的塔楼式还愿教堂的要素结合在一起。同期建造的一个设计独特的砖构钟楼,是三一组群的另一亮点(图3-181~3-184)。位于教堂东北处的这个独立塔楼,和教堂本身一样,立在一个高起的台地上。钟楼本身高两层,每层由三个拱券组成,上部设拱形及三角形山墙,最后以三个帐篷顶结

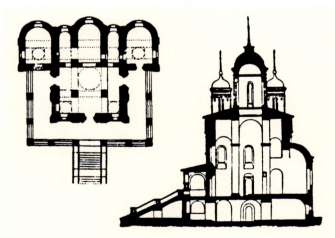

本页：

（上）图3-170莫斯科 霍罗舍沃。三一教堂，东南侧全景

（左下）图3-171维亚济奥梅（莫斯科附近） 三一教堂（16世纪90年代后期，17世纪末易名为主显圣容教堂）。平面及纵剖面（据V.Suslov）

（右下）图3-172维亚济奥梅（莫斯科附近） 三一教堂。立面（图版，1911年）

右页：

（左上）图3-173维亚济奥梅（莫斯科附近） 三一教堂。东北侧景观（油画）

（左下）图3-174维亚济奥梅（莫斯科附近） 三一教堂。西南侧远景

（右上）图3-175维亚济奥梅（莫斯科附近） 三一教堂。东侧全景

（右中）图3-176维亚济奥梅（莫斯科附近） 三一教堂。东北侧全景

（右下）图3-177维亚济奥梅（莫斯科附近） 三一教堂。北立面景色

束。从设计上看，它颇似普斯科夫地区的吊钟山墙，而精确的细部则是最优秀的16世纪俄国建筑的特征。

如果说维亚济奥梅的三一教堂是戈杜诺夫时期最完美的教堂，那么，这时期给人印象最深刻的作品应是圣鲍里斯和格列布教堂（建筑已于19世纪初拆除；图3-185），建于17世纪初的这座教堂位于莫斯科东

南莫扎伊斯克附近鲍里斯·戈杜诺夫的一个带围墙的场院内。至少在某些方面，戈杜诺夫的这个组群看来是模仿伊凡雷帝的亚历山德罗夫-斯洛博达（戈杜诺夫对后者应该非常熟悉）。但圣鲍里斯和格列布教堂拉长的帐篷顶造型首先使人想起科洛缅斯克的还愿教堂，在这里，显然还有王室更迭的政治考量。献给圣鲍里斯的这个教堂具有双重含义，它正好是该地的地名（Борисов Городок，其字面意义即"鲍里斯城"），同时也是昭示和庆贺鲍里斯新王朝的诞生（1598年沙皇费奥多尔一世·伊万诺维奇死后无男性后裔，莫斯

第三章 16世纪后期建筑 · 755

756·世界建筑史 俄罗斯古代卷

科留里克王朝后继无人；群臣无奈，只好立皇后伊琳娜·戈杜诺娃为沙皇。伊琳娜不贪恋皇位，拒绝了沙皇宝座，在夫君死后遁入新圣女修道院做了修女。最后由东正教全俄大主教约伯出面，选举戈杜诺夫为新沙皇，就这样开创了一个新的王朝）。

戈杜诺夫时期另一个塔楼式建筑即16世纪90年代后期建造的基督诞生教堂（位于莫斯科南面他的别谢德领地内；外景：图3-186~3-189；近景及细部：图3-190~3-192；内景：图3-193、3-194）。奥斯特罗夫教堂（见图3-125）可能大部也是建于这一时期。和科洛缅斯克的耶稣升天教堂一样，别谢德和奥斯特罗夫教堂全都布置在俯视莫斯科河的地方，就这样，在这个穿过俄罗斯中心地区的蜿蜒水道上昭显了这位俄国统治者的权势。

瓦西里三世时期出现的还愿教堂，就这样在16世纪的俄国具有了表现王朝更迭的世俗意义。不过，此前70年（圣鲍里斯和格列布教堂完成于1603年）的风格演化影响仍在，鲍里斯·戈杜诺夫教堂的下部结构和维亚济奥梅教堂就极为相似（如高起的拱廊台地，类似的立面分划）。檐口上面的三层拱形山墙为戈杜诺夫风格的表现，和维亚济奥梅教堂传统的五穹顶构图形成鲜明的对比；但鲍里斯城的建筑组群同样配置了独立的钟楼，在形式上和维亚济奥梅的非常接近。

戈杜诺夫时期这些建筑的设计人均无文献记载，人们只能从这些教堂和其他同时期建筑的类似表现上进行推测。例如，有人认为，大多数教堂都是极具才

左页：

（左上）图3-178维亚济奥梅（莫斯科附近）三一教堂。西侧全景

（左中）图3-179维亚济奥梅（莫斯科附近）三一教堂。入口近景

（左下）图3-180维亚济奥梅（莫斯科附近）三一教堂。穹顶近景

（右上）图3-181维亚济奥梅（莫斯科附近）三一教堂。钟楼，东南侧现状

（右下）图3-182维亚济奥梅（莫斯科附近）三一教堂。钟楼，南侧景观

本页：

（上）图3-183维亚济奥梅（莫斯科附近）三一教堂。钟楼，西南侧全景

（下）图3-184维亚济奥梅（莫斯科附近）三一教堂。钟楼，仰视近景

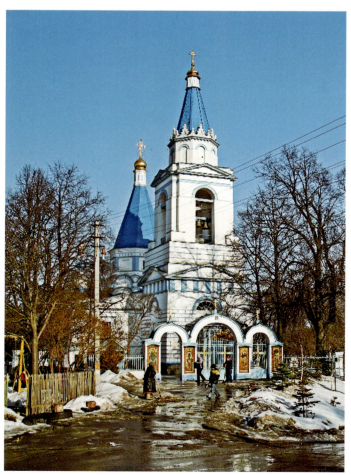

（左上）图3-185鲍里斯城 圣鲍里斯和格列布教堂（17世纪初，19世纪初拆除）。西北侧景观（复原图作者P.Rappoport）

（左下）图3-186莫斯科 别谢德。基督诞生教堂（16世纪90年代后期），西侧全景

（右上）图3-187莫斯科 别谢德。基督诞生教堂，西南侧现状

（右中）图3-188莫斯科 别谢德。基督诞生教堂，南侧景观

（右下）图3-189莫斯科 别谢德。基督诞生教堂，东南侧全景

华的工程师、戈杜诺夫在斯摩棱斯克和莫斯科建造的宏大城防工程（见下文）的主持人费奥多尔·科恩的作品。还有人提出另外的假设，认为戈杜诺夫的主要教堂是由科恩以外的另一位建筑师设计，从风格的类似上看，显然是出自一位大师之手。另外一种看法是，作为城防工程大师，科恩可能建造了鲍里斯城的围墙组群和教堂，但和其他教堂建筑无涉。

不论科恩是否或在怎样的程度上参与了戈杜诺夫教堂建筑的设计和建造，他主持的斯摩棱斯克城防工程已经奠定了他在俄罗斯建筑史上的重要地位。作为戈杜诺夫针对波兰的防务工程的重要组成部分，建于1595~1602年的斯摩棱斯克城堡（克里姆林）围墙总长达6.5公里，沿线配置了38个沉重坚实的塔楼，为彼得大帝之前俄罗斯最大的工程项目（各塔楼：图3-195~3-203）；为此从全国各地征集了大量物资和调用劳动力，包括征用修道院和私人的制砖厂（在彼得大帝建设彼得堡的开始阶段，甚至禁止私人建造砖石建筑，违者处以极刑）。

为了建造斯摩棱斯克城墙，生产了上亿块砖，外加大量石灰石块（用于砌基础）、石灰及铁件等。显然，只能在中央集权的行政体制下，推行建筑材料的标准化（特别是砖的尺寸），高效地组织生产及调配劳动力才能实现这一目标。为此早在1584年就成立了"砌筑工程局"（Office of Masonry Work, Каменный Приказ），借以鼓励和推动私人和国家的砖石工程。在莫斯科，杂乱的木构建筑很容易引发火灾，为了鼓励市民沿规则的街道线建砖石房屋，还发放了长期贷款。

在莫斯科，这些新的机构和举措很快见效（图3-204）。1584~1593年，建造了"沙皇城"（Царь Город），以保护克里姆林宫和"中国城"以外迅速扩展的商业区。蔚为壮观的坚实砖墙因墙面刷白灰又得名"白城"（Белый Город，город最初意义即"带墙的围地"或"城堡"，белый-"白"；城区示意：图3-205；历史图景：图3-206、3-207）。同时，为了防范克里米亚鞑靼人的入侵（最近一次入侵发生在1591年），

（上）图3-190莫斯科 别谢德。基督诞生教堂，山墙及鼓座近景
（中）图3-191莫斯科 别谢德。基督诞生教堂，钟楼底部
（下）图3-192莫斯科 别谢德。基督诞生教堂，钟楼细部

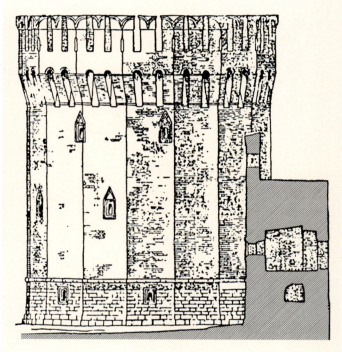

（上两幅）图3-193莫斯科 别谢德。基督诞生教堂，大堂内景

（左中）图3-194莫斯科 别谢德。基督诞生教堂，帐篷顶仰视

（右下）图3-195斯摩棱斯克 城堡（克里姆林，1595~1602年）。鹰塔（建筑师Fedor Kon），立面（据P.Pokryshkin）

（左下）图3-196斯摩棱斯克 城堡（克里姆林）。鹰塔，外景

另建了一道范围更大带原木墙的土城（亦称木城）。由于在1591年一个季度内快速建成，故得名"快速工程"（Skorodom）。

然而，这时期国家建筑的中心仍然是克里姆林宫，戈杜诺夫希望在这里通过改造被视为"圣中之圣"的大教堂建筑群，重塑莫斯科的形象。他还打算在宫中广场上建一个与伊凡大帝钟楼相邻并超过现存各教堂的巨大神殿；1589年莫斯科被确立为大主教驻地，俄罗斯教会的声望大大提高，这自然更激起了他把莫斯科变成新耶路撒冷的渴望。但有关戈杜诺夫的这些计划和设想，目前仅有片段的信息可查；一般认为，其原型（或说是范本，当然只是指总体观念而非精确的细部）是来自耶路撒冷圣墓上的圆堂（复活堂）。虽说建设的准备工作1598年已经启动，但在17世纪初阻力重重，1605年戈杜诺夫死后，计划就此搁浅（到17世纪中叶，新耶路撒冷的建筑理想再一次在俄国兴

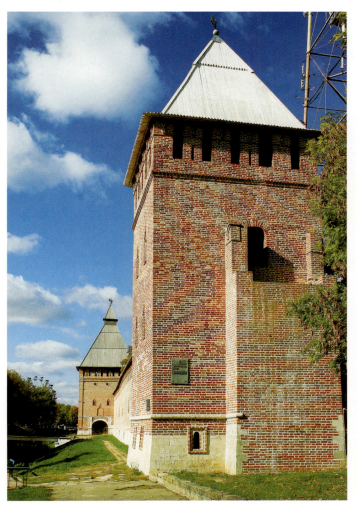

(左上)图3-197斯摩棱斯克 城堡(克里姆林)。布布列伊卡塔楼

(左下)图3-198斯摩棱斯克 城堡(克里姆林)。顿聂茨塔楼

(右上)图3-199斯摩棱斯克 城堡(克里姆林)。雷电塔

(右下)图3-200斯摩棱斯克 城堡(克里姆林)。纳德福拉特塔楼

起,见第四章)。

在组成克里姆林宫"圣中之圣"的这些项目中,仅有少数得以付诸实施。1599~1600年,伊凡大帝钟楼进行扩建,增加了两层,使整个建筑高度达到现在的81米。这个项目同样被赋予王朝更迭的意义,在金色的穹顶下,有三条在深蓝色背景下镶金字的铭文条带,宣称这次改建是"应全俄罗斯的统治者、沙皇及大公鲍里斯·费多罗维奇陛下……及他的儿子、王储费奥多尔·鲍里索维奇之命"(见图2-237)。鲍里斯

第三章 16世纪后期建筑·761

右页：

（上）图3-204莫斯科 16世纪城市总平面（图上标出主要城墙和修道院位置，取自William Craft Brumfield：《A History of Russian Architecture》，Cambridge University Press，1997年）

（左下）图3-205莫斯科 城区图[图中：1、克里姆林宫，2、中国城，3、白城，4、土城；原图作者Matthäus Merian（1593~1650年），1638年]

（右中）图3-206莫斯科 白城（"沙皇城"，1584~1593年）。17世纪景色[彩画，1924年，作者Аполлинáрий Михáйлович Васнецóв（1856~1933年），左侧大塔因有七个尖顶故名七顶角塔]

（右下）图3-207莫斯科 白城（"沙皇城"）。17世纪场景（彩画，1926年，作者Аполлинáрий Михáйлович Васнецóв，表现米亚斯尼茨基门附近的景色）

就这样，在莫斯科最高的建筑铭文上，宣示了新王朝的到来和他儿子继位的合法性。具有讽刺意味的是，他儿子（全名费奥多尔二世·鲍里索维奇·戈杜诺夫，1589~1605年）实际在位不到两个月（1605年4月23日~6月10或20日）即被谋杀。

戈杜诺夫的梦想在一系列他无法控制的自然灾害的打击下最后破灭（在伊凡雷帝的统治结束后，国力的衰颓使形势更趋恶化）。特别是他——可能更重要的是他的继承人——的权力基础和合法性正受到所谓"伪德米特里"事件的挑战。有关伪德米特里一世（1581~1606年）的身世在历史上并没有明确记载，但多数人认为他就是潜逃到波兰的莫斯科丘多夫修道院的教士格里高利·奥特列别夫。伪德米特里在修道院做教士的时候，曾听人说起鲍里斯·戈杜诺夫杀害伊凡雷帝（伊凡四世）的幼子德米特里·伊万诺维奇的传言（德米特里1591年在乌格利奇市神秘死亡时，年仅9岁），因而自称就是侥幸逃生的皇子德米特里。在遭到戈杜诺夫追杀后，伪德米特里逃到波兰。波兰本是俄国的宿敌，国王齐格蒙特三世出于自己的政治目的，正好借机兴风作浪，他不仅马上承认伪德米特里是伊凡雷帝的幼子，给予资助，并出动军队帮助他复位。适逢俄罗斯国内连年饥荒，瘟疫流行，戈杜诺夫执政失误，众叛亲离，伪德米特里在波兰军队的帮助下，势如破竹，很快就打到了莫斯科近郊。戈杜诺夫1605年去世，继位的儿子费多尔二世当即派出督军瓦西里·舒伊斯基率兵抵抗。

本页：

（上）图3-201斯摩棱斯克 城堡（克里姆林）。韦塞卢哈塔楼
（中）图3-202斯摩棱斯克 城堡（克里姆林）。沃尔科瓦塔楼
（下）图3-203斯摩棱斯克 城堡（克里姆林）。日姆布尔卡塔楼

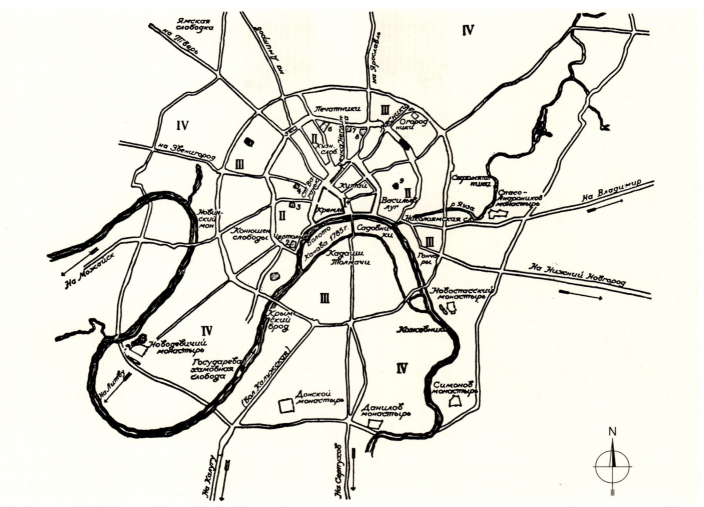

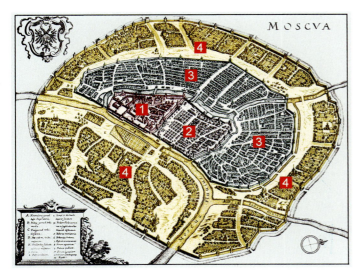

舒伊斯基出身于俄罗斯古老的贵族世家，在戈杜诺夫时代做到督军，成为沙皇手下一名重要的武将，但他看不起这个鞑靼没落贵族出身的沙皇，一直心怀不满，企图取而代之，所以对伪德米特里并未认真抵抗，很快就把伪德米特里放进了莫斯科。费奥多尔二世即位49天即被杀死。

戈杜诺夫家族倒台后，1605年6月，伪德米特里入主克里姆林宫。此时的舒伊斯基更坚定了做沙皇的决心，因为他知道这个伪德米特里是冒牌货。很快他就放出流言，说新登基的沙皇并非伊凡雷帝的幼子德米特里，而是逃走的教士格里高利·奥特列别夫，真正的沙皇幼子德米特里早在幼年已被戈杜诺夫杀死。舒伊斯基在伪德米特里进军莫斯科时，声言支持伪德米特里，承认他是伊凡雷帝幼子，如今又自曝真相，无非是因为当初想利用伪德米特里推翻戈杜诺夫的继承人，在戈杜诺夫家族倒台后再用真相打倒伪季米特里，达到自己夺权任沙皇的目的。这一流言传播甚广，但未等伪德米特里下令追查，拥戴他的大臣们就联合起来逮捕了舒伊斯基并判处死刑。伪德米特里在登位之初，不想杀人立威，下令赦免了舒伊斯基，却不想因此留下后患。1606年5月17日深夜，舒伊斯基精心策划了一场宫廷政变，乘乱处死了伪德米特里，结束了他不足一年的统治。5月19日，在部将的拥戴下，舒伊斯基登基成为俄罗斯沙皇瓦西里四世（图

图3-208沙皇瓦西里四世·伊万诺维奇·舒伊斯基（1552~1612年）

3-208）。

自戈杜诺夫1605年去世后，俄国政局一直在动荡之中，史称"动乱时期"（Time of Troubles）。瓦西里四世上台后并没有结束动乱，刚刚镇压了南方的农奴起义，紧接着又是波兰军队的入侵。1610年6月，波兰军队抵达莫斯科外城。7月，在城中贵族的压力下，舒伊斯基下诏宣布退位。莫斯科开城投降，波兰军队占领了克里姆林宫。9月，舒伊斯基被波兰军队囚禁，随后被转至斯摩棱斯克关押，当年冬天被押往波兰。1612年，舒伊斯基在距离华沙130里的戈斯特宁城堡被杀身亡。

1611年，设有坚固城防的斯摩棱斯克经长期围困后落入波兰人手中，长达半个世纪之久。但在1612年秋，一支由底层民众和地主武装组成的民族军队解放了莫斯科，为1613年罗曼诺夫王朝（Romanov Dynasty）的建立创造了条件。俄国也开始从中世纪迈进到近代。

第三章注释：

[1]伊凡（Иван，更标准的译名应为伊万），为俄语、保加利亚语和塞尔维亚语的习见名字，相当于西方其他语言中的约翰。

[2]圣安妮（St.Anne），为传统上认定的圣母马利亚之母，即耶稣的外祖母。

[3]两者名字均为Elena，只是君士坦丁之母另作Helen，通译海伦娜，伊凡之母依俄文发音译为叶连娜。

[4]1560年伊凡四世的第一任妻子安娜塔西亚死后，其神志越来越不正常，多数史家认为他得了梅毒，当梅毒进入晚期，就会使患者神经错乱。

[5]圣母显灵节（俄语Покровъ，相当于希腊文Σκέπη），具有圣母显灵、庇护、代祷等意义，或简称圣母节。

[6]市镇（посад），通常指俄罗斯帝国时期的居民点，常以围墙及壕沟环绕，与城市、城堡（克里姆林）相邻但位于其外，10~15世纪期间还有建在修道院附近的。居民主要为工匠和商人，有的以后发展成为城市。